"十二五"职业教育国家规划教材
经全国职业教育教材审定委员会审定

火电厂热工检测与自动控制技术

主　编　文群英　李献忠
副主编　付爱彬　吕晓娟
　　　　李福东　赵美凤
编　写　张庆丰
主　审　张海燕

中国电力出版社
CHINA ELECTRIC POWER PRESS

内 容 提 要

本书为“十二五”职业教育国家规划教材。全书共设置了十五个学习情境，以项目导向、任务引领的方式，首先介绍了热工测量仪表的基本知识，其次介绍了温度测量系统、压力测量系统、流量测量系统、水位测量系统及其他参数测量系统的构建方法，然后介绍了加热器水位控制系统、锅炉汽包水位控制系统、锅炉过热汽温控制系统、汽包锅炉燃烧控制系统、汽轮机数字电液控制系统（DEH）、单元机组协调控制系统（CCS）、炉膛安全监控系统（FSSS）、顺序控制系统（SCS）的分析方法及工程应用概况，最后简要介绍了计算机控制系统。

本书可作为高职高专火电厂集控运行、热能动力设备等专业“火电厂热工检测与自动控制技术”及同类课程的教材，也可供有关专业师生及从事热工自动化工作的工程技术人员参考。

图书在版编目（CIP）数据

火电厂热工检测与自动控制技术 / 文群英，李献忠主编. —北京：中国电力出版社，2016.5（2022.7重印）
“十二五”职业教育国家规划教材
ISBN 978-7-5123-9112-3

Ⅰ. ①火… Ⅱ. ①文… ②李… Ⅲ. ①火电厂－热工测量－职业教育－教材②火电厂－热工自动控制－职业教育－教材 Ⅳ. ①TM621.4

中国版本图书馆 CIP 数据核字（2016）第 060891 号

中国电力出版社出版、发行
（北京市东城区北京站西街 19 号 100005 http://www.cepp.sgcc.com.cn）
北京天泽润科贸有限公司印刷
各地新华书店经售

*

2016 年 5 月第一版 2022 年 7 月北京第二次印刷
787 毫米×1092 毫米 16 开本 21.75 印张 535 千字
定价 **68.00** 元

前 言

本书以《电力行业职业技能鉴定规范》、有关电力生产岗位规范及现行的国家标准、电力行业技术规程为依据，坚持高职高专技术技能型人才培养的办学定位，制定合理的课程标准，着眼于电力新技术、新设备的应用，坚持以就业为导向，以能力为本位，采用项目导向、任务引领的方式编写，力求实现做学合一。

全书共设置十五个学习情境，学习情境一至六为火电厂热工检测技术部分，为便于理解并掌握火电厂热工参数的测量原理及方法，在每个学习情境中又设置了若干个学习单元，每一个学习单元均以任务描述与分析、相关知识、相关技能、请你做一做、反思与探讨等部分进行递进。书中的任务均为实际工作任务；"相关知识"对工作任务的相关知识进行讲解；"相关技能"主要对完成本工作任务所需技能进行重点阐述；"请你做一做"用于检验学生的学习效果；部分任务后安排有"反思与探讨"，主要介绍一些项目拓展知识，丰富学生知识内涵。学习情境七至十五为火电厂热工控制技术部分，为便于理解火电厂控制系统的构建方法及工程应用，在这九个学习情境的每个学习情境中也设置了若干个学习单元，每个学习单元按学习目标、学习任务、任务分析、任务实施和单元测试等部分进行编排。通过这十五个情境的学习，使学生能够掌握火力发电厂锅炉、汽轮机、辅机控制及运行方面的职业技能，适应岗位需要，提高全面素质，增强适应职业变化的能力和继续学习的能力打下坚实的基础。书中内容充分体现了火电厂生产过程自动化中的新知识、新工艺、新技术、新方法。本书注重以能力为本，体现学科体系之长，灵活实用，符合教学规律。

本书在形式和文字等方面可做到符合高职教育教和学的需要，突出表现形式上的直观性和多样性，做到图文并茂，可大大激发学生的学习兴趣。在内容安排上考虑到高职教育的特点，理论的阐述仅限于学生掌握技能的需要，而不要囿于理论上的推导，并运用形象化的语言使抽象的理论易于为学生认识和掌握；对于实践性内容，突出了操作步骤，且可满足学生自学和参考的需要；在内容的选择时，注意选择反映生产与社会实践中的实际问题，做到有创见性、针对性和科学性。

本书由武汉电力职业技术学院文群英教授和郑州电力高等专科学校李献忠副教授主编。长沙电力职业技术学院李福东编写了学习情境四、六；湖北华电襄阳发电有限公司热控高级技师张庆丰编写了学习情境五，李献忠编写了学习情境七、八；郑州电力高等专科学校吕晓娟编写了学习情境十一、十二；山西电力职业技术学院赵美凤编写了学习情境一、三，付爱彬编写了学习情境十、十三，文群英编写了学习情境二、九、十四、十五，并负责全书的统稿工作。本书由广西电力职业技术学院张海燕教授主审。

限于编者水平，书中难免有不足之处，敬请读者批评指正。

编　者

2016 年 2 月

目 录

学习情境一　热工测量的基本知识

通过本学习情境的学习，应对热工测量和热工测量仪表的基本知识有个概括的了解，知道火电厂主要的热工参数有哪些，热工测量的目的是什么，了解热工测量仪表是由哪三个基本部件组成的，各部件的作用及信号之间的传递过程。知道热工测量仪表如何分类，掌握测量对感受件的要求，测量过程中为什么会产生测量误差。掌握绝对误差、相对误差和折合误差的表示和计算方法，充分理解其含义。知道仪表有哪些质量指标，学习时要着重理解仪表的基本误差、准确度等级和变差的概念，学会综合应用，能通过计算仪表的质量指标来判断和选择仪表。

本学习情境的重点和难点：

重点：热工测量仪表的组成，测量误差的表示方法，测量仪表的主要质量指标。

难点：测量误差和仪表主要质量指标的计算。

学习单元一　测量的概念和测量方法

一、测量及测量过程

无论过去、现在或者是将来，运行人员总是坐在控制室内和测量数据打交道。也许是控制操作台上或者是控制操作台后立盘上面对的仪表，更有可能的是计算机屏幕，无论哪种控制方式都需要各种各样的检测数据。没有这些检测数据就无法控制被控对象，离开检测数据运行人员将无法正确操作，甚至酿成大祸。可见检测数据之重要，而检测数据由测量而来，所以研究测量是了解自动控制的第一步。

测量是人类对自然界中客观事物取得数量观念的一种认识过程。在这一过程中，人们借助于专门工具，通过试验和对试验数据的分析计算，求得被测量包含测量单位多少的数值，获得对于客观事物的定量的概念和内在规律的认识，得到的数值和测量单位合称测量结果。例如用米尺丈量某路段的长度，实际上就是将路段和"m"单位进行比较，最后求得路段共有多少个m单位。数值和具体单位相结合才具有实际的物理意义。例如，56km、300MW等。不过，不是所有的测量都像米尺丈量长度那样，有些测量的具体过程难以看到。电厂中的温度、压力等测量就是如此，测量的单位及测量的具体过程都是不可见的。使测量结果有意义需包括两点要求：一是用来进行比较的标准量应该是国际上或国家所公认的，且性能稳定；二是进行比较所用的方法和仪表必须经过验证。

用数学的方式来表示测量的结果如式（1-1）所示

$$x \approx \alpha U \tag{1-1}$$

式中 x——被测量的物理量；

α——被测量包含测量单位的个数；

U——测量单位。

其中近似等于号说明任何测量过程都存在误差，准确是相对的，误差存在是绝对的。只不过高精度等级的测量设备得到的测量结果误差会更小些，而低精度等级的测量设备得到的测量结果误差会比较大。可见，测量不仅要获得测量的结果，而且要知道其误差。只有这样方能评估测量结果的可信程度。例如，运行现场共有三块精度等级不同的水位指示仪表，当它们的指示数值均不相等时，精度等级高的那块仪表的数据作为测量结果。用测量过程来分析，三块仪表的指示值就是各自的 α 数值大小，α 表示用各自仪表测量得到的水位高度包含测量单位（mm）的个数。由于仪表的精度等级不同，测量结果也不相同，还必须考虑误差后方能确定测量结果。由此可以得到：仪表的指示值只是测量结果的一部分，考虑误差因素后才能得到较为准确的结果。平时我们选择高精度仪表作为可信的测量结果，实际上就是考虑误差对测量结果的修正。

测量单位是人为规定的，测量同类量时可以选择不同的测量单位。用不同的测量单位来表示同一个被测量时必然会出现不同的结果。例如，汽包水位一般使用毫米水柱来表示其高低，当然也可以用水位高度来表示，显然两者数值大小会大不相同。为了便于对测量结果进行研究分析以及相互交流，我国政府专门以法令的形式明确规定了在全国统一实行法定计量单位。

综上所述，测量结果由三部分组成，即数值、误差和单位。

二、测量的基本方法

研究测量方法的目的是客观的分析仪表的示值误差，从而得到较为准确的测量结果。测量方法就是实现被测量与标准量比较的方法。

一般地说，依据获得测量结果的方式不同，测量的基本方法可分为直接测量、间接测量和组合测量。

（1）直接测量：就是将被测量直接与所选用的标准量进行比较，或者用预先标定好的测量仪表进行测量，从而直接得出测量值的方法。如用尺测长度、用玻璃管水位计测水位等。

（2）间接测量：通过直接测量与被测量有确定函数关系的其他各个变量，然后将所得的数值代入函数式进行计算，从而求得被测量值的方法称为间接测量。例如，用平衡容器测量汽包水位；通过测量导线电阻、长度及直径求电阻率等。

（3）组合测量：组合测量是在测量出几组具有一定函数关系的量值的基础上，通过解联立方程来求取被测量的方法。例如，在一定温度范围内铂电阻与温度的关系为

$$R_t = R_{t0}(1 + At + Bt^2) \tag{1-2}$$

式中 R_{t0}——铂电阻在 0℃时的电阻值；

R_t——铂电阻在 t℃时的电阻值；

t——温度；

A、B——温度系数（常数）。

为了求出温度系数 A、B，可以分别直接测出 0、t_1、t_2℃三个不同温度值及相应温度下的电阻值 R_{t0}、R_{t1}、R_{t2}，然后通过解联立方程来求得 A、B 的数值。

根据检测装置动作原理不同，测量可分为：

（1）直读法：被测量作用于仪表比较装置，使比较装置的某种参数按已知关系随被测量发生变化，由于这种变化关系已在仪表上直接刻度，故直接可由仪表刻度尺读出测量结果。例如，用玻璃管水银温度计测量温度时，可直接由水银柱高度读出温度值。

（2）零值法（平衡法）：将被测量与一个已知量进行比较，当两者达到平衡时，仪表平衡指示器指零，这时已知量就是被测量值。例如，用天平测量物体的质量，用电位差计测量电势都是采用了零值法。

（3）微差法：当被测量尚未完全与已知量相平衡时，读取它们之间的差值，由已知量和差值可求出被测量值，用不平衡电桥测量电阻就是用微差法测量的例子。零值法和微差法测量对减小测量系统的误差很有利，因此测量精度高，采用较为广泛。

根据仪表是否与被测对象接触，测量可分为：

（1）接触测量法：仪表的一部分与被测对象相接触，受到被测对象的作用才能得出测量结果的测量方法。例如用玻璃管水银温度计测温度时，温度计的温包应该置于被测介质之中，以感受温度的高低。

（2）非接触测量法：仪表的任何部分都不必与被测对象直接接触就能得到测量结果的测量方法。例如用光学高温计测温，这种测温原理是用被测对象所产生的热辐射对仪表的作用而实现测温的，因此仪表不必与对象直接接触。

学习单元二　热工测量仪表的组成与分类

一、热工测量仪表的组成

如果将热工测量系统看成是一座数据加工的工厂，现场的被测量就是该工厂的加工原料，控制室内各种数据的显示就是该工厂的产品。下面我们将要进入工厂参观其加工过程。

人们之所以要研究热工测量系统的工作原理，无非是当测量系统故障后，能迅速作出准确地判断以避免事故的发生。

热工测量仪表的品种繁多，原理和结构各不相同，但从信息处理角度来看，可看成由检测元件（传感器）、传输与变换部件和显示装置三个主要环节组成。这些环节可以分成许多部件，也可以组合为一个整体，就是在有些简单的仪表中，各环节的界限也难以明确划分。热工测量仪表的原理与结构如图 1-1 所示。

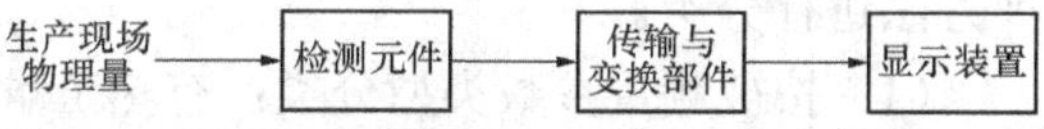

生产现场物理量 → 检测元件 → 传输与变换部件 → 显示装置

图 1-1　热工测量仪表的原理与结构

1. 检测元件

检测元件是这个数据加工工厂的第一道工序，检测元件将现场的各种物理量如流量、压力、温度等转变成和各种物理量相对应的信号，（一般转变成电信号，也有转变成压差等形式的信号）以供传输与变换环节的使用。例如温度检测元件大多使用热电偶和热电阻，热电偶将温度转换成和温度比例的电动势信号，热电阻将温度的改变转变成电阻数值的变化。因为检测元件是数据处理的第一道工序，其特性的好坏直接影响整个测量仪表的准确度。一般测量仪表对检测元件有下列的要求：

（1）检测元件的输出与被测物理量之间应有稳定的单值函数关系，最好能使其输出和输入的物理量成比例变化（线性关系），而且这种函数关系能按一定工艺准确地复现。

（2）检测元件的输出特性应具有足够的灵敏度和稳定性。

（3）在测量过程中，检测元件应尽量少的消耗被测对象的能量，并尽量避免对被测对象的状态的干扰。

2. 传输与变换部件

传输与变换是将检测元件的输出信号按着显示设备的要求进行加工后传送给显示装置。目前现场的传输常用两种方式对检测信号进行传送。一是将信号变换成抗干扰能力强的电流信号进行传送；二是采用屏蔽措施后的直接传送。后者是近年来计算机采样经常采用的一种方法。

3. 显示装置

将传输和变换部件送来的信号，按被测量的物理单位进行一定形式的显示。测量仪表发展的初期大多采用机械指针式仪表显示被测物理量。后来由于数字电路和计算机仪表的发展又出现了数字显示和图形显示。现将几种显示分别介绍如下：

（1）指针式仪表显示方式又称模拟显示，是用仪表的指针在刻度标尺上的线位移或者角位移的形式来显示被测物理量的数值。所谓模拟显示就是连续显示，模拟具有连续的含义，它表示任意两个示值之间存在着无穷多个示值。例如，200℃和201℃温度间存在着200.1℃，200.2℃，…。

（2）数字显示是以数字方式显示被测量的大小，一般其后还尾随有单位显示，读数非常方便，尤其是计算机仪表几乎将所有数据都以此方式来显示。数字显示和模拟显示不同，它仅能显示有限个数据且在时间上也是间断的。例如带一位小数仅有三位数据的显示仪表，其显示数据为0.1，0.2，…，1.1，1.2，…，99.9，有时也称这种数据为离散数据。虽然在任意两个示值之间仍存在着无穷多个数据，但显示仪表无法显示。另外数字显示的数据在时间上也是不连续的，其显示方式是每间隔一段时间变换一次数据。数据变换称为刷新，间隔的时间称为刷新周期。刷新周期数值越小显示的数值和实际越接近，但刷新周期越小表明数字变换越快，这和人的视觉相矛盾。一般刷新周期是1s左右。

（3）数字显示和模拟显示都是瞬时显示，而不能显示过去的数据。有时希望能将被测量的历史变化趋势利用曲线的形式显示出来，这种显示称为图形显示。

二、热工测量仪表的分类

由于热工测量仪表的用途、原理及结构等的不同，其分类方法也很多，一般可按下列几种方法进行分类。

（1）按被测量参数类型分类：有热工量（包括温度、压力、流量、物体位移等）仪表、机械量（如位移、厚度、应力、振动、速度等）仪表、电工量（如电流、电压等）仪表以及成分分析仪表。

（2）按测量对象可分为下列类型：压力测量仪表、流量测量仪表、气体含尘率测量仪表、气体湿度测量仪表、温度测量仪表、气体成分分析仪表等。

（3）按仪表的显示功能分类：有指示式、记录式仪表等。

（4）按仪表的采用的信号能源分类：有气动式、液动式、电动式仪表等。

（5）按仪表的结构方式分类：有基地式、单元组合式仪表。

（6）按仪表的安装地点分类：有就地式、远距离传送式仪表。

总的来讲，观察角度不同分类的结果就不同，随着测量仪表的发展，还会有许多新型仪表的产生和在生产过程中应用。了解了上述的分类方法后，可以快速了解新型仪表的使用特点，以便更好地为运行服务。

学习单元三　测量误差及其种类

由测量过程可知，测量结果不是仅由测量得到的数值能完全描述的，要准确描述必须考虑误差的大小。换句话讲，我们在运行现场将仪表的示值作为测量结果是不准确的，还必须用误差对示值进行修正后方可作为准确数值以供使用。仪表示值可以直接从仪表上观察得到，而误差与测量过程、使用的设备以及环境干扰等有关。所以要分析误差必须首先了解误差的产生原因和分类。

一、测量误差的表示

1. 示值的绝对误差

仪表的指示值（测量值）x 和被测量的真实值（真值）x_0 之间的代数差，称为该示值的绝对误差 Δx。即

$$\Delta x = x - x_0 \tag{1-3}$$

求取示值的绝对误差存在两个问题，一是真值从何而来；二是此计算式如何应用。

先研究真值的求取方法。从理论上讲任何测量过程都存在误差，即无论用什么方法都不可能得到被测量的真值。但是要研究误差，真值又是必需的，否则误差不可求得。一般有两种方法来求取真值：一是将高精度等级（比使用仪表的精度等级记高）仪表的指示作为真值；二是将相同等级仪表的多次测量示值的平均值作为被测量的真值。

从真值的求取方法上可见，误差计算式无法用于运行实践。在运行现场不可能为了求取误差而另增加一块高级仪表；也不可能使用仪表对某被测量进行重复多次测量。

这个误差计算公式不能直接使用于运行现场，以求取准确的测量结果，而是应用于实验室对测量仪表进行等级标定。例如，在实验室利用专门设备产生一个被测量，用高精度等级的仪表和被校验的仪表各自对被测量进行测量，用式（1-3）计算误差结果，称为被校验仪表在相应示值的绝对误差。再根据其他计算公式标定出仪表的精度等级，运行人员是根据仪表的精度等级来分析仪表示值的可信程度。虽然绝对误差和运行人员的测量示值没法直接联系（不可能将仪表的每一点绝对误差都标明在仪表上），但是绝对误差是研究其他误差的基础，这里研究绝对误差仍具有实际意义。

绝对误差的表示由式（1-3）决定。从表达式可知，绝对误差可能为正，也可能为负。正的绝对误差说明测量值大于真值；反之，测量值小于真值。所以绝对误差不仅反映测量值和真值的差别，而且反映了它们之间的大小关系，测量的绝对误差也是一种向量。当绝对误差为正时说明仪表示值比实际数值偏大；当绝对误差为负时说明仪表示值比实际数值偏小。

绝对误差的大小不能说明仪表测量结果的准确程度。例如，假设某医用体温表在测量37℃的人体体温时出现了3℃绝对误差，而某工业用测量炉膛温度的温度计在测量2000℃时出现了30℃绝对误差。哪种表计测量结果比较准确？显然是绝对误差为30℃的工业温度计，因为30℃和2000℃比较，绝对误差微不足道；而体温表虽然只有3℃的绝对误差，当测量正常人体温时可能示值为40℃，显然示值已严重歪曲事实。从数值角度来看，3℃在37℃中比例要比30℃在2000℃中的比例大的多。可见绝对误差数值的大小并不能直接反映测量结果的准确程度。所以在实际使用过程中，一般不用绝对误差来表示测量的准确程度。

2. 示值的相对误差

相对误差正是为了克服绝对误差描述误差的缺陷而引入的另一种误差表达方式。示值的相对误差是示值的绝对误差与所取的参考值（约定值）的比值，常用百分数表示。按所选择的参考值不同，可以分为以下三种表示方法：

（1）实际相对误差：示值相对误差是示值的绝对误差与被测量的真实值（真值）的比值，称为示值的实际相对误差，常用百分数表示为

$$\delta_{x_n}=\frac{\Delta x}{x_0}\times 100\% \tag{1-4}$$

（2）标称相对误差：标称相对误差是示值的绝对误差与被测量的仪表示值（测量值）的比值，称为示值的标称相对误差，常用百分数表示为

$$\delta_{x_c}=\frac{\Delta x}{x}\times 100\% \tag{1-5}$$

（3）引用相对误差：引用相对误差是示值的绝对误差与仪表示值的量程（刻度范围）的比值，称为示值的引用相对误差，常用百分数表示为

$$\delta_{x_m}=\frac{\Delta x}{x_{\max}-x_{\min}}\times 100\% \tag{1-6}$$

以上三种形式都是示值的相对误差表示方式。在已知被测量真值 x_0 情况下，示值相对误差是仪表误差最准确的表达形式，但是真值一般不容易得到，这就限制了这种准确表达式的使用。标称相对误差虽然准确程度稍差，但测量值容易得到，是一种实用的相对误差表达方式。引用相对误差由于考虑了绝对误差对测量范围的比值，是反映仪表准确程度的一种理想表示方法，常用的仪表精度等级就是以引用相对误差为基础，经过简单演化而来的。

【例 1-1】某体温计的测量范围是 20～50℃，在测量 37℃的人体体温时，体温表的示值为 34℃，求测量示值的绝对误差、实际相对误差、标称相对误差和引用相对误差。

解：

根据式（1-3）可得

绝对误差 $\Delta x=x-x_0=34-37=-3(℃)$

实际相对误差 $\delta_{x_n}=\frac{\Delta x}{x_0}\times 100\%=\frac{-3}{37}\times 100\%=-8\%$

标称相对误差 $\delta_{x_c}=\frac{\Delta x}{x}\times 100\%=\frac{-3}{34}\times 100\%=-8.8\%$

引用相对误差 $\delta_{x_m}=\frac{\Delta x}{x_{\max}-x_{\min}}\times 100\%=\frac{-3}{50-20}\times 100\%=-10\%$

答：体温表在 34℃示值时的绝对误差是−3℃，实际相对误差是−8%，标称相对误差是−8.8%，引用相对误差是−10%。

二、测量误差的分类

按照测量误差产生的原因及其性质不同，测量误差可分为疏失误差、系统误差和偶然误差。只要掌握了各种误差的产生原因和表现特点后，就可以在运行操作时及时发现仪表的故障以便进行正确操作。

1. 疏失误差

明显地歪曲了测量结果的误差称为疏失误差，疏失误差也称粗大误差和疏忽误差。

疏失误差的产生分两种情况，一种是人为的读数误差；另一种情况是人为地造成仪表测量环境的错误而引起的指示误差。

人为误差的产生，是由于测量者对设备性能和环境认识不足，或因疲劳、思想不集中，甚至粗心大意导致不正确的行为而引起。测量条件的突然变化也会引起疏失误差，对应疏失误差的测量值称为坏值，直接利用坏值的操作会导致事故发生的严重后果。疏失误差是人为的误差，所以通过提高运行人员本身的素质和平时加强有关仪表原理的技术训练，运行操作时要有高度责任心方可避免产生疏失误差。

仪表疏失误差的产生可能是由于安装不当，或仪表相关电路出现故障而引起的。

无论属于哪种情况，误差的特点是其示值明显偏离正常数值，或者其变化和实际情况明显不相符合。例如，由于测量仪表本身的故障使得测量数值明显偏大或者明显偏小；计算机测量仪表在“死机”后，数值不再变化等。这些都是明显违背常规的现象，也是疏失误差的最典型表现。测量仪表出现疏失误差后应该立即针对情况予以修正。

由于运行人员本身的粗心大意，使得观察和记录数据也有可能出现疏失误差。当怀疑测量数值时，应该认真复核以排除疏失误差。

2. 系统误差

在相同条件下用同一仪表多次测量同一个被测物理量时，误差的绝对值和符号保持不变，或者遵循着某种规律变化的误差称作系统误差，测量系统和测量环境不变时，增加测量次数并不能减少测量误差，因为系统误差的符号不变，多次测量等于误差的多次累加，求平均值后误差大小没有变化。

系统误差通常是由于仪表使用不当，以及测量外界条件变化等原因引起的。例如，仪表零位或者量程未调整好就会引起一个固定的系统误差，其大小和方向都是不变的。对这类误差的校正，往往通过检验仪表求得系统误差的大小，然后在测量数值上，加上或减去一个固定误差。例如某测量电压的仪表，在被测量电压为零时仪表指示为 10V，则测量 10V 电压时仪表指示就是 20V，被测量电压为 20V 电压指示就是 30V……。此仪表的系统误差就是 10V，校正的方法是读数减去 10V 即可。

另一种情况是变动的系统误差。当仪表的实际使用环境温度和仪表校验时的温度不相同且不断变化时，就会测量值上带来一个变动的系统误差。变动误差的误差校正不能通过简单运算来实现。这类误差可通过实验或理论计算，找出误差和造成误差原因之间的确定关系式，然后对仪表的附加补偿线路加以校正。如热电偶测温系统的温度显示不仅与被测的热电偶热端（被测量物体的温度）温度有关，而且与热电偶冷端温度的变化也有关系，当冷端温度变化时即使被测量物体的温度没有变化，其温度显示也会变化，这就是典型的变动的系统误差。克服的方法是增加冷端补偿器。

系统误差是引起示值绝对误差增加的主要原因，而相对误差又和绝对误差成正比，所以仪表示值误差主要取决于系统误差。如果系统误差很小，测量结果的准确程度就会很高。

消除系统误差是热工仪表人员的工作，但是发现仪表的系统误差是运行人员和热工人员的共同责任。

3. 偶然误差

偶然误差又称随机误差，当相同条件下用同一仪表多次测量同一个被测量时，误差的大小和符号均无规律，也不能事前估计，这种误差称为偶然误差。

偶然误差的产生总是有其根源的，只不过受限于现阶段人类对客观世界的认识，还没有找到相关原因。况且在测量过程中的变化的因素太多，各种因素的影响太微小或太复杂，以致无法掌握其具体规律，所以将偶然误差的产生归于偶然因素的影响，其大小和符号都不固定，而且是不可预知的。但事实上，在相同条件下对同一被测量进行多次重复测量时，可以发现其规律性。在这一系列测量中出现的偶然误差就其总体来说，具有一定的统计规律，大多数情况下，绝对值相等的正负误差个数相等，这一规律称为正态分布规律。或者说只要将多次测量结果相加，则测量过程中的偶然误差就会相互抵消，这正是式（1-3）中被测量真值用多次测量平均值取代的原因。不过使用这一规律时，要注意正态分布条件的成立是建立在测量次数无限多的基础上，测量次数越多，就越符合正态分布规律；另外测量误差在数值大小的分布上也有规律可遵循，绝对值小的误差出现的次数较多，而绝对数值较大的误差出现的次数较少，这是误差正态分布的第二大特点。

所有测量系统都存在偶然误差，其示值表现为以某数值为中心上下变动。即使测量数值的上下变动是由于被测对象本身输出变化而引起的，只要其变化符合正态分布一样可以按偶然误差规律来处理。例如，炉膛负压的示值波动比较频繁，究其原因是负压本身就在波动，但是示值变化符合正态分布，所以完全可以用偶然误差规律来分析测量的准确性。即使被测对象输出不变化，但由于测量现场的复杂环境也肯定会使测量示值发生波动。综合来看测量系统存在偶然误差是必然的，所以应当对偶然误差有所了解。

学习单元四　仪表的质量指标及仪表的校验

前文叙述的误差分类，研究的是仪表某一测量点的属性。而仪表的每一测点误差又不相同，作为仪表不可能将每一测点的误差情况随仪表一起传递给使用者。如果真要这样传递误差，一块仪表将附加一本误差手册，这样肯定会失去仪表的实用价值。下面研究仪表如何给使用者传递误差信息。

一、仪表的质量指标

仪表的质量指标是评估仪表质量优劣的标准，它与仪表的设计和制造质量有关，是正确选择和使用仪表的重要依据，也是仪表工校验仪表，判断仪表是否合格的重要依据。

1. 仪表的基本误差

仪表的基本误差是指在规定的技术条件下（所有影响示值的因素都考虑在内），仪表全量程示值中的最大引用相对误差。即

$$\text{基本误差} = \frac{\Delta x_{max}}{x_{max} - x_{min}} \times 100\% \tag{1-7}$$

式中　Δx_{max}——仪表全量程中最大的绝对误差。

基本误差是用引用相对误差的形式表示，但是和前文介绍的引用相对误差有本质区别。前文介绍的引用相对误差是某一测点的示值引用相对误差，是测点的属性，离开测点分析误差是毫无意义的。例如，某工业用温度仪表在 2000℃示值下的实际相对误差是 0.5%，那么同

样是该仪表在1800℃示值下的实际相对误差就未必是0.5%。严格地讲，仪表的每一测点误差属性都是不相同的。一般把这种误差称为测点误差。

仪表的基本误差和测点误差不同，是代表整个仪表的误差特性。从基本误差定义上可以看出，基本误差是从众多测点（仪表的全量程）的测点误差中选择了一个最大的引用相对误差作为误差信息传递给使用者。所以基本误差是依赖于某测点（最大误差测量点）而产生的，但是，使用者在使用基本误差来估算整个仪表测量示值时和原来测点无关系。

【例1-2】 某工业温度测量仪表的基本误差是±2%，仪表的测量范围是1500～2500℃，求仪表的示值为2000℃时对应的实际温度可能是多少？

解：

根据基本误差式（1-7）得：

$$\text{基本误差}=\frac{\Delta x_{\max}}{x_{\max}-x_{\min}}\times 100\%=\pm 2\%$$

$$\frac{\Delta x_{\max}}{2500-1500}\times 100\%=\pm 2\%$$

$$\Delta x_{\max}=\frac{2}{100}\times 1000=\pm 20$$

计算表明仪表所有测点中最大的绝对误差是±20℃。此误差实际出现在仪表的哪个测点，基本误差没有传递此信息。在估算测点的误差时认为最大绝对误差可能出现在仪表的任意测点上。所以2000℃测点的实际数值可能为

$$x_{\text{测量值}}-x_{\text{真值}}=\pm\Delta x$$

$$x_{\text{真值}}=x_{\text{测量值}}\pm\Delta x=2000℃\pm 20℃$$

答：仪表2000℃示值点处对应的实际温度可能是1980～2020℃之间的任何一个数值。即最小不会小于1980℃，最大不会超过2020℃。

基本误差是取全量程中，所有测点中最大的误差作为全量程测量误差使用。这样做可能过分夸大了其他测点的误差，不过充分估计误差对运行有利无害。

基本误差是整个仪表的所有测点的误差属性，由于$\Delta x_{\max}$可能出现在整个量程的所有测量点上，由此估算每个测点的实际相对误差或者标称相对误差会发现，仪表的示值低端由于示值对应的真值较小，其标称相对误差就比较大；而仪表的高端由于示值较大其标称相对误差就比较小。测点的标称相对误差（实际相对误差近似等于标称相对误差）越小，其示值的可信程度就越高。可见仪表的示值越是靠近高端，其正确度就越高。例如，已知某被测压力的示值约为1.2MPa，如果不考虑其他因素，最好选择测量范围为0～1.2MPa的压力仪表。因为从误差角度考虑，示值指示1.2MPa刚好在仪表的最高端，标称相对误差最小，示值的可信程度最高，但是若从仪表的机械强度方面考虑是不妥的，如果被测量的压力略有升高，可能造成仪表的损坏。两方面考虑仪表的通常指示应该在仪表的中心部分较好，称这个中心部分为仪表的有效量程范围。一般仪表的有效量程范围是仪表量程范围的1/3～3/4处。对于压力表应有较大的安全系数，其有效量程范围是仪表量程范围的1/3～1/2处。不过，从运行角度考虑，示值越靠近仪表量程的高端，示值的相对误差越小。

2. 仪表的允许误差

基本误差虽然能够用来估算被测参数的实际大小，但每一块测量仪表就需要一个基本误

差，要传递误差参数就意味着每块表上都得标明其基本误差大小，而现场需要检测的参数成千上万，传递如此多误差参数显然不利于对被测参数的误差估算。

允许误差是指生产厂家对出厂的仪表规定了其基本误差不得超过某一允许数值，这一人为规定的允许数值称为仪表的允许误差。仪表基本误差小于允许误差的是合格产品，予以出厂，否则是不合格产品予以报废或降低等级使用，仪表出厂时仅标明允许误差的数值，所以允许误差仍然是引用相对误差的形式，但是其描述的不再是一块仪表而是一批仪表的误差特性，如果现场使用的是同批次仪表仅需记忆一个误差参数就可以对测量结果的实际值进行估算。这就是之所以使用允许误差的原因。允许误差实际上是国家对仪表的规范行为，我国仪器仪表工业目前采用的允许误差等级系列为±0.005%、±0.01%、±0.02%、±0.04%、±0.05%、±0.1%、±0.2、±0.5、±1.0%、±1.5%、±2.5%、±4.0%、±5.0%。生产厂家制造的仪表按基本误差的数值决定其属于允许误差的那一级别。

另外必须注意，仪表的允许误差大于或等于仪表的基本误差，或者说利用允许误差估算出来的被测参数误差往往大于实际仪表的误差。所以具体到一个被测参数点上，误差被扩大了两次。基本误差是仪表所有测点中出现的最大误差，但使用时认为所有测点误差都等于基本误差，这样大多数测点误差被扩大；允许误差是同批次仪表中某仪表存在的最大基本误差，但使用其估算误差时认为所有同批次仪表基本误差均相等，等于其允许误差，这样多数仪表的基本误差数值被扩大。

3. 仪表精度等级

工业仪表为了传递误差参数的方便，在仪表的表盘上刻写允许误差时将“±”号以及“%”号去掉，仅将中间的有效数值刻写在一个圆形记号内，这个圆形记号内的数值称为仪表的精度等级，一般也称为准确度或精确度，数字越小，准确度越高。可见精度等级就是允许误差，只是表达形式稍有差别而已。我国目前规定的准确度等级有0.005、0.01、0.02、0.04、0.05、0.1、0.2、0.4、0.5、1.0、1.5、2.5、4.0、5.0等级别。

由此可见

仪表的允许误差=±准确度等级%

【例1-3】 欲测量0.5MPa的压力，要求测量误差不大于±3%，现有两块压力表，一块量程0～0.6MPa，准确度为2.5级；一块量程0～6MPa，准确度为1.0级，问应选用哪一块压力表，并说明理由。

解：

量程为0～0.6MPa，准确度为2.5级的压力表的绝对误差为

$$\Delta x_1 = 0.6\times(\pm 0.025) = \pm 0.015\text{MPa}$$

量程为（0～6）MPa，准确度为1.0级的压力表的绝对误差为

$$\Delta x_2 = 6\times(\pm 0.01) = \pm 0.06\text{MPa}$$

而需要测量压力的误差要求不大于±3%对应的绝对误差为

$$\Delta x = 0.5\times(\pm 0.03) = \pm 0.015\text{MPa}$$

比较以上计算结果，应选用量程为0～0.6MPa，准确度为2.5级的压力表。

4. 仪表的变差

用一定的方法使某物理量连续缓慢的变化，在物理量的逐渐增加过程中用仪表对其进行测量，称为正行程测量；在物理量的逐渐减小过程中用仪表进行测量，称为反行程测量。用

同一仪表对相同数值的物理量进行正、反行程测量时会发现，仪表正、反行程的示值不相等。例如，使温度从40℃缓慢变化到60℃，当温度等于50℃时（以准确度高的仪表指示为准），记录被检验仪表的指示数值（一般不会刚好等于50℃），假设其等于x'，使温度从60℃缓慢变化到40℃，被校验仪表在温度为50℃时示值为x''，x'和x''分别为正行程和反行程的示值，两者一定不相等，对某一测量点所得到的正、反行程两次示值之差称为该测量点的示值变差，即

$$\Delta x_{b} = x' - x'' \tag{1-8}$$

式中　Δx_{b} ——测量点的变差；

x'、x''——正、反行程示值。

在整个仪表量程范围内，各测点的最大示值变差称为该仪表的变差，一般用引用相对误差的形式来表示，即

$$y_{bm} = \frac{\Delta x_{b\max}}{x_{\max} - x_{\min}} \times 100\% \tag{1-9}$$

式中　$\Delta x_{b\max}$——仪表量程范围内各测点的最大示值变差。

仪表产生变差的原因很多，例如仪表运动系统的摩擦、间隙；弹性元件的弹性滞后以及电磁元件的磁滞影响等都是变差的来源。合格仪表的变差绝对值必须小于其对应的允许误差的绝对值。

5. 仪表的灵敏度

单位输入信号作用下仪表输出变化的数值称为仪表的灵敏度。假设在Δx输入信号作用下，仪表的输出为ΔL，则仪表的灵敏度表示为

$$s = \frac{\Delta L}{\Delta x} \tag{1-10}$$

仪表输出的变化量ΔL可以是指针直线位移或偏转角度的变化，也可以是数字显示仪表的数字量变化。

如果仪表的输出为指针的位移，则运行人员肯定希望在显示同样信号范围情况下，仪表的位移越大越好。因为仪表的输出位移越大使用者越容易观察其输出。如果仪表的输出为数字量变化，数字显示位数越多越容易观察对象的输出变化。从使用者角度来看，仪表的灵敏度越高其示值越容易分辨；从输入信号角度来看，仪表的灵敏度越高，能反应的最小被测量变化量也越小。但是实际使用的仪表尺寸不可能无限大，显示位数也不可能无限多，在有限的指针位移和角度变化或有限显示数字位数情况下，若要提高灵敏度只能提高仪表的等效放大倍数。例如某指针显示仪表和热电偶配接，当温度由0℃变化到200℃时，显示仪表指针满偏转（其指针位移为20cm），根据灵敏度定义可得

$$s = \frac{20\text{cm}}{(200-0)℃} = 0.1（\text{cm}/℃）$$

即仪表灵敏度为0.1cm/℃。如果更换热电偶后当温度从0℃变化到100℃时，显示仪表就达满偏转，则仪表的灵敏度为

$$s = \frac{20\text{cm}}{(100-0)℃} = 0.2（\text{cm}/℃）$$

即仪表的灵敏度为0.2cm/℃，其灵敏度提高了2倍，同样距离下后者比前者更容易观察。

不过不能为了便于观察而无限制地提高其灵敏度，因为仪表灵敏度提高的同时对测量产生了两方面不良的影响：一是在仪表尺寸或数字显示位数固定不变情况下减小了仪表的显示范围，上例当仪表灵敏度提高了 2 倍时其显示范围却变成了原来 1/2；二是灵敏度的提高会增加仪表的相对误差。

【例 1-4】 一块温度显示表，其标尺长度为 40cm，量程为 0～400℃，准确度等级为 0.5。求该仪表的灵敏度。如果通过提高仪表的放大倍数，使灵敏度提高到 0.2cm/℃，仪表的准确度有何变化？

解：

由仪表灵敏度定义可得

$$s=\frac{\Delta L}{\Delta x}=\frac{40\text{cm}}{(400-0)℃}=0.1（\text{cm}/℃）$$

如果将仪表的灵敏度提高到 0.2cm/℃，则仪表的量程范围表示如下

$$\text{量程范围}=\frac{40\text{cm}}{0.2\text{cm}/℃}=200℃$$

即仪表的量程范围由原来的 400℃减小到 200℃。

根据准确度的定义可以求得更改放大倍数前仪表示值最大绝对误差为 400×(±0.5%)=±2℃。如果更改仪表放大倍数后仪表可能出现的绝对误差仍为 2℃（当仪表灵敏度为正常大小时，继续提高其灵敏度，仪表的示值绝对误差只会增加而不会减小），对应的基本误差为 $\frac{\pm 2}{(200-0)}=\pm 0.01=\pm 1\%$。

根据准确度的定义可知仪表的准确度由 0.5 级降为 1.0 级，或者说仪表示值的可信程度下降，相对误差数值增加。可见不适当地提高仪表的灵敏度会导致其准确度的下降。对于数字显示仪表，尽管显示位数可以几乎不受仪表尺寸的限制，但显示的最小单位如果远小于仪表的绝对误差，显示结果也会毫无意义。例如，上例的温度显示仪表绝对误差为 2℃，实际显示的有效数字是百位和十位，其个位显示的数字仅为估算的依据，假设仪表显示 245℃，实际被测温度可能是 243～247℃之间的任何数值。若用四位小数的模式显示温度，虽然确实提高了仪表的灵敏度，但由于仪表的个位数字尚且不可靠，因此小数点之后的数字就肯定不会有参考价值。再例如一个人在没有计时工具情况下，让其凭感觉来报时，可以将此人看成是报时的仪表，此报时仪表的最大误差可能为 15min。这样当其报时 1h 15min 时，报时结果基本可信，如果当其报时为 1h 45min 30s 25ms 时，虽然其报时的灵敏度比较大，但使用者清楚其报时中分尚且值得怀疑，秒和毫秒根本没有参考价值。不适当的增加仪表的显示位数就类似上例的报时仪表。因此通常规定仪表的刻度标尺上的分格值不应小于仪表由仪表允许误差确定的绝对误差数值，对于数字显示仪表而言，最小显示单位应不小于仪表的绝对误差数值。

6. 仪表的分辨率

仪表响应输入量微小变化的能力为仪表的分辨率。仪表分辨率是描述仪表对微小信号的感知能力，即能引起仪表输出变化的最小输入信号为仪表的分辨率。我们熟悉的医学上对眼睛的视力测试，就是在测量眼睛的分辨率。

仪表的分辨率和仪表的测点位置有关，仪表上不同的示值点有不同的分辨率，一般取其所有测点中分辨率最大的数值作为仪表的分辨率。仪表的分辨率数值越大对应仪表的分辨率就越低。例如两个温度仪表的分辨率分别为 0.2℃和 1℃，则前者就比或者分辨率高。

仪表的分辨率不足会引起分辨误差，即在被测物理量变化到某一数值时，仪表示值（输出）仍不变化，这个不能引起输出变化的输入信号（被测量）的最大幅度就是分辨误差，也可称为仪表的不灵敏区（或死区）。

使用者对仪表分辨率的期望是分辨率对应的数值越小越好，但是提高仪表分辨率的手段往往是提高仪表的等效放大倍数，前文已经介绍不适当的提高仪表放大倍数会降低仪表的准确度。一般要求仪表的分辨率应不大于仪表允许误差所确定的绝对误差的1/2。例如某温度显示仪表由允许误差求得的最大绝对误差为±2℃，则仪表的分辨率应小于$(\pm2)\times1/2=\pm1$℃，即即仪表分辨率小于1℃。

一个合格的仪表在基本误差符合准确度规定条件下还必须满足仪表变差、灵敏度、分辨率的要求，尤其是仪表变差条件不满足时就为不合格仪表。

二、仪表的校验

在检测技术中，经常会遇到标定与校准两个概念。

所谓标定，就是在传感器或仪表正式出厂投入使用之前，给它加上已知的标准输入信号（例如，在测力传感器上加已知的标准负荷），采用更高一级的基准仪器，得出其输出量与输入量之间的对应关系。根据静态标定的结果可以画出相应的定标曲线；根据动态标定可以测定传感器或仪表的动态特性，确定其可应用的频率范围及动态误差大小。

仪表在标定后的实际使用过程中，为了保证工作的可靠性，需要定期或不定期地重复进行全部或部分标定操作，并进行适当的调整（修正、补偿等），或者对某一特性的指标进行校验和调整，这种操作过程即所谓校准。

在工业生产中，为了确保测量结果的真实性和可靠性，对使用了一定时间之后以及检修过的仪表，都应进行校验，以确定仪表是否合格。仪表校验的步骤一般包括外观检查、内部机件性能检查、绝缘性能检查及示值校验等。示值校验一般是判断仪表的基本误差、变差等是否合格。示值校验方法通常有两种：

（1）示值比较法。用标准仪表与被校仪表同时测量同一参数，以确定被校仪表各刻度点的误差。校验点一般选取被校表上的整数刻度点，包括零点及满刻度点不得少于五点（校验精密仪表时校验点不得少于七点），校验点应基本均匀分布于被校仪表的整个量程范围。各校验点的误差不超过该仪表准确度等级规定的允许误差则认为合格。

校验仪表时所用的标准仪表，其允许误差应不大于被校表允许误差的1/3（绝对误差值），量程应等于或略大于被校仪表的量程。

（2）标准状态法。利用某些物质的标准状态来校验仪表。例如，利用一些物质（如水、各种纯金属）的状态转变点温度来校验温度计，利用空气中含氧量一定的特性来校验工程用氧量计等。

另外，校验就其实验内容来说，都是测定仪表的特性参数。校准可进一步分为静态校准与动态校准。

（1）静态校准。以静态标准量作为输入信号，测定仪表的输出–输入特性，从中确定线性度、灵敏度和回差等静态特性参数。校准时所用基准仪表的精确度至少应比被校准仪表的精确度高一级。例如，在油压式压力表校验器上校准压力表时，对于0.5级以下的普通压力表，一般采用与标准压力表相比较的方法来进行校准，此时所用标准压力表的精确度等级要比被校压力表高两级。

（2）动态校准。以正弦信号或阶跃信号等典型信号作为仪表的输入信号，来测定仪表的动态响应特性。通过动态校准，可以测定仪表的时间常数、阻尼率和固有频率等动态特性参数。

反思与探讨

1．测量仪表主要由哪几部分组成？各部分的作用是什么？

2．测量误差有几种表示方法？各代表什么意义？

3．测量误差的种类有哪些？它们是如何产生的？

4．何谓仪表的允许误差、准确度等级、基本误差和变差？

5．评价仪表质量优劣的标准有哪些？怎样才算是合格的仪表？

6．工艺上提出选表要求如下：测量范围为0～300℃，最大绝对误差不能超过±4℃，试选择合适精度的温度表。

7．被测温度为400℃，现有量程范围为500℃、精度为1.5级和量程范围为1000℃、精度为1.0级的温度仪表各一块，问选用哪一块仪表进行测量更准确？为什么？

8．对某精度等级为1.5级、量程范围为0～1.6MPa的弹簧管压力表进行示值校验，所得校验数据见表1-1。

表1-1　　校验数据

校验点（MPa）		0	0.4	0.8	1.2	1.6
标准表示值（MPa）	正行程	0	0.39	0.81	1.22	1.61
	反行程	0.01	0.40	0.79	1.19	1.60

试求该压力表的允许误差、基本误差和变差，并判断该仪表是否合格。

学习情境二　温度测量系统构建

通过本情境的学习首先要知道温度和温标的概念，常用测温仪表的大致分类及基本工作原理，然后再根据温度测量系统的构成，从测温元件热电偶开始，理解热电效应原理、热电偶测温的三个基本定律，即均质导体定律、中间温度定律、中间导体定律，并会灵活运用。熟悉常用热电偶、热电阻的种类、结构。冷端温度补偿是热电偶测温中十分重要的内容，只有保持冷端温度恒定，才能使热电偶回路中的热电势与热端温度呈单值函数关系，学习时应特别注意，要能够理解热电偶冷端温度补偿原理，会对热电偶的冷端温度进行修正。对于热电阻测温，要理解电阻温度特性、热电阻不同的接线方式对测量的影响。不同分度号的热电偶和热电阻具有不同的特性，可作不同的用途，其结构主要有普通型和铠装型，学习时可对照实物加深理解。

动圈式显示仪表、电子自动平衡式显示仪表和数字显示仪表是三种不同的温度测量显示仪表，学习时要分别理解和掌握其特点、基本结构组成和各自实现温度显示的工作原理，能在实际使用中灵活选择仪表。

本学习情境的重点和难点：

重点：热电偶、热电阻的测温原理，热电偶测温的基本定律，热电偶冷端温度的修正和处理方法，常用温度显示仪表的工作原理。

难点：热电偶测温基本定律的使用，热电偶冷端温度补偿原理的理解，各种热电偶冷端温度补偿方法的灵活应用。

学习单元一　热电偶的应用

热电偶的基本原理是把被测量的变化直接转换为电压量的变化，然后通过对此信号的放大处理并把此信号检测出来，从而达到测量被测量的目的。本单元将从应用角度出发，介绍热电偶的工作原理、测量转换电路及一些应用实例。

一、任务描述与分析

温度是表示物体冷热程度的物理量，自然界中的许多现象都与温度有关，在工农业生产和科学实验中，会遇到大量有关温度测量和控制的问题。

在火电厂中，温度测量对于保证生产过程的安全、经济性有着十分重要的意义。例如，锅炉过热器的温度非常接近过热器钢管的极限耐热温度，如果温度控制不好，会烧坏过热器；在机组启、停过程中，需要严格控制汽轮机汽缸和锅炉汽包壁的温度，如果温度变化太快，汽缸和汽包会由于热应力过大而损坏；蒸汽温度、给水温度、锅炉排烟温度等过高或过低都会使生产效率降低，导致多消耗燃料，而这些都离不开对温度的测量。锅炉汽水生产流程及检测系统如图 2-1 所示。

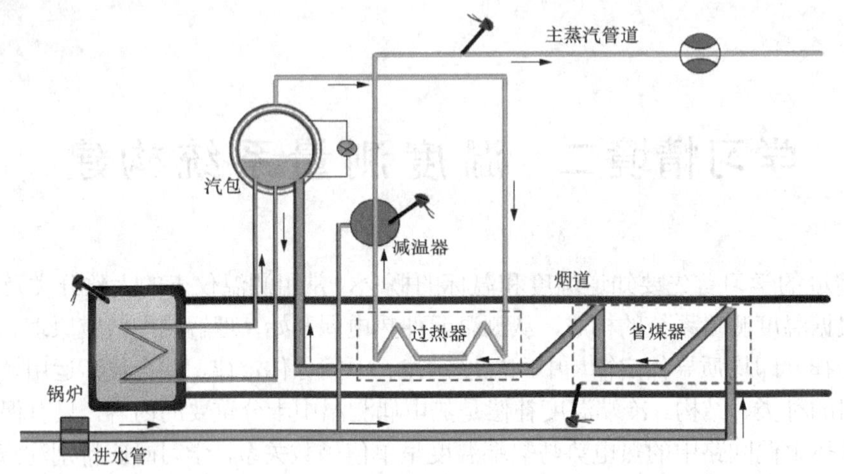

图 2-1 锅炉汽水生产流程及检测系统图

热电偶是将温度转换成电动势的一种测温传感器。它与其他测温装置比较具有精度高、测温范围宽、结构简单、使用方便、可远距离测量等优点。在轻工、冶金、机械、电力、化工等工业领域中被广泛用于温度的测量、调节和自动控制等方面。

本次学习任务掌握热电偶测温的基本原理，了解热电偶的分类及特点、热电偶的使用方法，重点进行了热电偶测量两点温差电路的设计及制作，要求同学们通过实际设计的动手制作掌握热电偶在温度测量与控制中的应用，会正确选用热电偶并按要求组成一定的测温电路。

二、相关知识

（一）热电偶测温的工作原理

1. 热电效应

热电偶是通过把两根不同的导体或半导体线状材料 A 和 B 的一端焊接起来而形成的，A、B 就称为热电极（或热电偶丝），焊接起来的一端置于被测温度 t 处，称为热电偶的热端（或称测量端、工作端）；非焊接端称为冷端（或参考端、自由端），冷端则置于被测对象之外温度为 t_0 的环境中。

如把热电偶的两个端点连接起来则形成一个闭合回路，如图 2-2 所示，则当热端温度和冷端温度不相等，即 $t \neq t_0$ 时，回路中有电流流过，这说明在回路中产生了电动势。则由于热电偶两个接点处的温度不同而产生的电动势称为热电（动）势，上述现象称为热电效应，或称塞贝克效应。热电偶就是利用热电效应来测量温度的。进一步的研究表明，热电势是由接触电势和温差电势组成的。

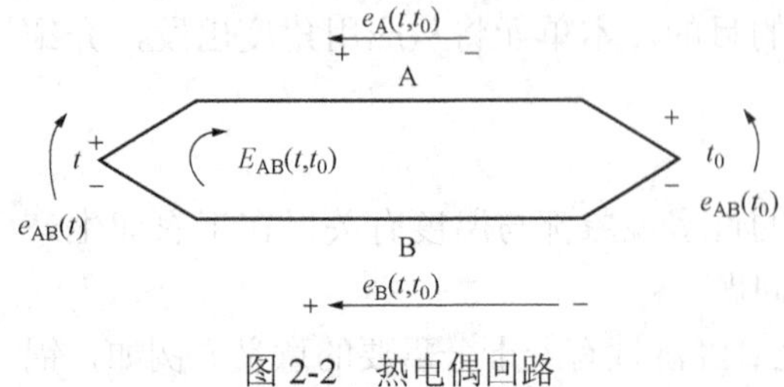

图 2-2 热电偶回路

（1）接触电势。两种均质导体 A 和 B 接触时，由于 A 和 B 中的自由电子密度不同（设自由电子密度 $N_A > N_B$），导体 A 将通过接点向导体 B 进行自由电子扩散，则 A 失电子，B 积累电子，从而使接点两侧产生电位差，建立了静电场 E，如图 2-3 所示。静电场 E 的存在将阻止自由电子继续扩散。当扩散力和电场力的作用相互平衡时，电子的扩散就相对停止，最终在接点两侧之间产生电势，此电势称为接触电势，用符号 $e_{AB}(t)$表示，其中 t 为接点处的温度，接触电势的大小与接触面温度 t 和两种导体的性质有关，方向如图 2-3 所示，由电子密度小的电极指向电子密度大的电极。

（2）温差电势。因导体的自由电子密度会随温度升高而增大，因此当同一导体两端温度不同时（见图 2-4），温度高的一端自由电子密度将高于温度低的一端，因此在两端之间也会出现与接触电势中相似的自由电子扩散过程，最终在导体的两端间产生电位差，建立起电势，这种电势被称为温差电势，用符号 $e_A(t,t_0)$表示，其大小与导体两端温度 t、t_0 及导体性质有关，方向如图 2-4 所示，由低温端指向高温端。为了便于分析问题，温差电势有时也写成下面的形式，即 $e_A(t,t_0)=e_A(t)-e_A(t_0)$。

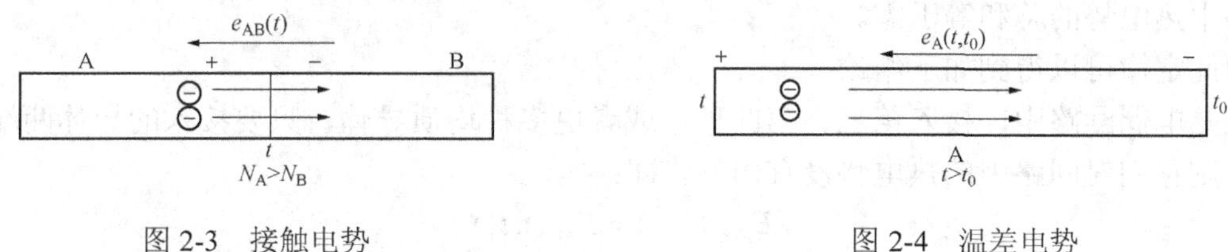

图 2-3　接触电势　　图 2-4　温差电势

（3）热电势。综上所述，在图 2-2 所示的热电偶回路中，当 $t>t_0$，$N_A>N_B$ 时，回路内将产生两个接触电势 $e_{AB}(t)$和 $e_{AB}(t_0)$、两个温差电势 $e_A(t,t_0)$和 $e_B(t,t_0)$。各电势的方向如图 2-2 中所示。这时，回路的总电动势，即热电势 $E_{AB}(t,t_0)$是这些接触电势和温差电势的代数和，即

$$\begin{aligned}E_{AB}(t,t_0)&=e_{AB}(t)-e_A(t,t_0)-e_{AB}(t_0)+e_B(t,t_0)\\&=e_{AB}(t)-[e_A(t)-e_A(t_0)]-e_{AB}(t_0)+[e_B(t)-e_B(t_0)]\\&=[e_{AB}(t)-e_A(t)+e_B(t)]-[e_{AB}(t_0)-e_A(t_0)+e_B(t_0)]\\&=f_{AB}(t)-f_{AB}(t_0)\end{aligned} \tag{2-1}$$

由于温差电势比接触电势小，又 $t>t_0$，所以在总电势 $E_{AB}(t,t_0)$中，接触电势 $e_{AB}(t)$所占百分比最大，故总电势 $E_{AB}(t,t_0)$的方向取决于 $e_{AB}(t)$的方向。又因 A 的电子密度大，所以 A 为正极，B 为负极，在正热电极里，电势的方向由热端指向冷端。

上式表明，当两个热电极的材料选定后，热电势就是两个分别与接点温度有关的函数之差。如果冷端温度 t_0 保持不变，则 $f_{AB}(t_0)=C$（常数），那么，$E_{AB}(t,t_0)=f_{AB}(t)-C$，热电势就与热端温度 t 成一一对应关系。因此，测得热电势 $E_{AB}(t,t_0)$，就可以确定被测温度 t 的数值，这就是热电偶测量温度的原理。

为了使用方便，标准化热电偶的热端温度与热电势之间的对应关系都有函数表可查。这种函数表是在冷端温度为 0℃条件下，通过实验方法制定出来的，称为热电偶分度表。热电偶分度表可用于表达热电偶的热电特性。几种常用热电偶的分度表见附录 A 中表 A1、表 A2、表 A3、表 A4。应注意 t_0 不等于 0℃时不能使用分度表由 t 直接查 $E_{AB}(t,t_0)$ 值，也不能直接由 $E_{AB}(t,t_0)$ 查 t。

2. 热电偶回路的主要性质

在实际测温时，热电偶回路中必然要引入测量热电势的显示仪表和连接导线。因此，理解了热电偶的测温原理之后，还要进一步掌握热电偶的一些基本定律，并在实际测温中灵活而熟练地应用。

（1）均质导体定律。由一种均质导体组成的闭合回路，无论其几何尺寸和温度分布如何，都不会产生热电势。

这条定律说明：

1）热电偶必须由两种材料不同的均质热电极组成。

2）热电势与热电极的几何尺寸（长度、截面积）无关。

3）由一种导体组成的闭合回路中存在温差时，如果回路中产生了热电势，那么该导体一定是不均匀的。由此可检查热电极材料的均匀性。

4）两种均质导体组成的热电偶，其热电势只取决于两个接点的温度，与中间温度的分布无关。

（2）中间导体定律。由不同材料组成的闭合回路中，若各种材料接触点的温度都相同，则回路中热电势的总和等于零。

由此定律可以得到如下结论：

在热电偶回路中，接入第三、第四种，或者更多种均质导体，只要接入的导体两端温度相等，则它们对回路中的热电势没有影响。即：

$$E_{ABC}(t,t_0)=E_{AB}(t,t_0) \tag{2-2}$$

其中 C 导体两端温度相同。

从实用观点看，这个性质很重要，正是由于这个性质存在，我们才可以在回路中引入各种仪表、连接导线等，而不必担心会对热电势有影响，而且也允许采用任意的焊接方法来焊制热电偶。同时应用这一性质可以采用开路热电偶对液态金属和金属壁面进行温度测量，如图 2-5 所示，只要保证两热电极 A、B 插入地方的温度一致，则对整个回路的总热电势将不产生影响。

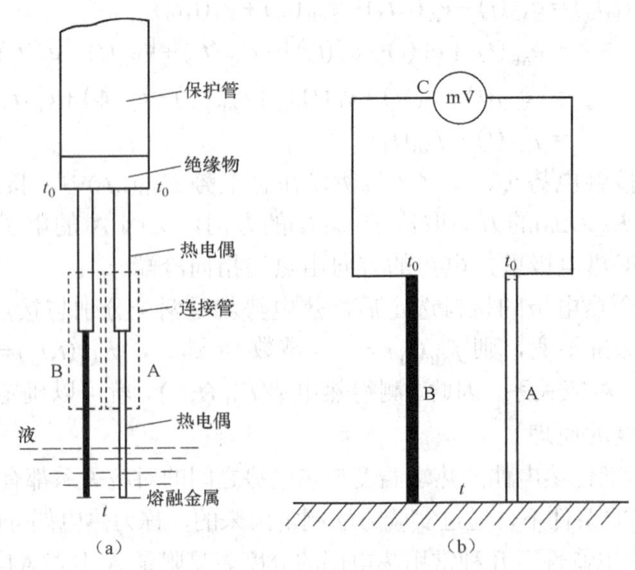

图 2-5　开路热电偶的使用

（a）液态金属温度测量；（b）金属壁面温度测量

（3）中间温度定律。两种不同材料组成的热电偶回路，其接点温度为 t、t_0 的热电势，等于该热电偶在接点温度分别为 t、t_n 和 t_n、t_0 时的热电势的代数和。t_n 为中间温度。如图 2-6 所示，即

$$E_{AB}(t,t_0)=E_{AB}(t,t_n)+E_{AB}(t_n,t_0) \tag{2-3}$$

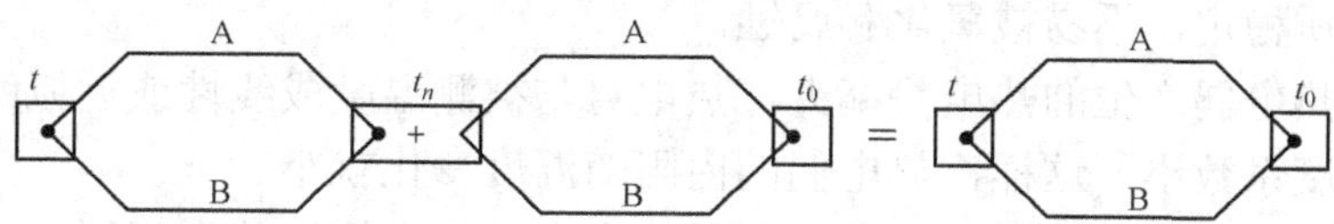

图 2-6 中间温度定律示意图

由此定律可以得到如下结论：

1）已知热电偶在某一给定冷端温度下进行的分度，只要引入适当的修正，就可在另外的冷端温度下使用。这就为制定和使用热电偶分度表奠定了理论基础。

【例 2-1】 已知铂铑 10-铂热电偶（分度号 S）的冷端温度 t_0 为 20℃时，测得的热电势为 9.474mV，求测量端温度 t。

解：

由题可知： $E_S(t,20)=9.474(\text{mV})$

由 S 分度表查得： $E_S(20,0)=0.113(\text{mV})$

由中间温度定律得：

$$E_S(t,0)=E_S(t,20)+E_S(20,0)=9.474+0.113=9.587(\text{mV})$$

由 $E_S(t,0)$ 查 S 分度表，可得 $t=1000℃$。

2）为使用补偿导线提供了理论依据。一般把在 0～100℃的范围内和所配套使用的热电偶具有同样热电特性的两根廉价金属导线称为补偿导线。则有：

a．当在热电偶回路中分别引入与材料 A、B 有同样热电性质的材料 A′、B′，如图 2-7 所示。A′、B′组合成为补偿导线，其热电特性为

$$E_{AB}(t_0',t_0)=E_{A'B'}(t_0',t_0) \tag{2-4}$$

b．回路总电势为

$$E_{AB}(t,t_0)=E_{AB}(t,t_0')+E_{A'B'}(t_0',t_0)=E_{AB}(t,t_0')+E_{AB}(t_0',t_0) \tag{2-5}$$

c．只要 t 、t_0 不变，接 A′、B′后无论接点温度如何变化，都不会影响总热电势，这就是引入补偿导线的原理。

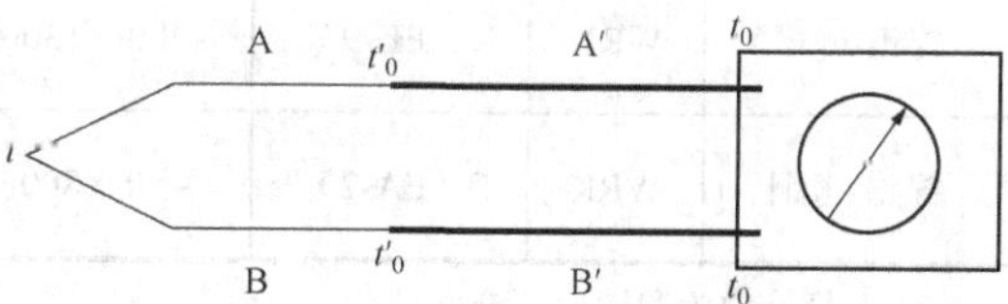

图 2-7 热电偶补偿导线接线图

（4）标准电极定律。当工作端和自由端温度为 t 和 t_0 时，用导体 A、B 组成热电偶的热电势等于 AC 热电偶和 CB 热电偶的热电动之代数和，即

$$E_{AB}(t,t_0)=E_{AC}(t,t_0)+E_{CB}(t,t_0) \tag{2-6}$$

或

$$E_{AB}(t,t_0)=E_{AC}(t,t_0)-E_{BC}(t,t_0) \tag{2-7}$$

利用标准电极定律可以方便地从几个热电极与标准电极组成热电偶时所产生的热电势，求出这些热电极彼此任意组合时的热电势，而不需要逐个进行测定。由于纯铂丝的物理化学性能稳定、熔点较高、易提纯，因此目前常用纯铂丝作为标准电极。

（二）热电偶的种类和结构形式

从应用的角度看，并不是任何两种导体都可以构成热电偶的。为了保证测温具有一定的准确度和可靠性，一般要求热电极材料满足下列基本要求：

（1）物理性质稳定，在测温范围内，热电特性不随时间变化。

（2）化学性质稳定，不易被氧化和腐蚀。

（3）组成的热电偶产生的热电势率大，热电势与被测温度成线性或近似线性关系。

（4）电阻温度系数小，这样，热电偶的内阻随温度变化就小。

（5）复制性好，即同样材料制成的热电偶，它们的热电特性基本相同。

（6）材料来源丰富，价格低。

但是，目前还没有能够满足上述全部要求的材料，因此，在选择热电极材料时，只能根据具体情况，按照不同测温条件和要求选择不同的材料。根据使用的热电偶的特性，常用热电偶可分为标准化热电偶和非标准化热电偶两大类。

1. 热电偶的种类

（1）标准化热电偶。标准化热电偶的工艺比较成熟，应用广泛，性能优良稳定，能成批生产。同一型号可以互相调换和统一分度，并且有配套显示仪表。国产标准化热电偶如铂铑10-铂、铂铑30-铂铑6等。表2-1列出了几种常用标准化热电偶的测温范围及特点。

（2）非标准化热电偶。非标准化热电偶有钨-铼丝热电偶、铱-铑丝热电偶、铁-康铜丝热电偶等。非标准化热电偶在高温、低温、超低温、真空和核辐射等特殊环境中使用具有特别良好的性能。它们在节约贵重稀有金属方面具有重要意义。这类热电偶无统一分度表。

表2-1　　常用热电偶

名称	型号	分度号	测温范围（℃）	100℃时热电势（mV）	特　点
铂铑30-铂铑6	WRR	B（LL-2）①	0～1800	0.033	使用温度高，范围广，性能稳定，精度高；易在氧化和中性介质中使用；但价格贵，热电势小，灵敏度低
铂铑10-铂	WRP	S（LB-3）①	0～1600	0.645	使用温度范围广，性能稳定，精度高，复现性好。但热电势较小，高温下铑易升华，污染铂极，价格贵，一般用于较精密的测温中
镍铬-镍硅	WRN	K（EU-2）①	−200～1300	4.095	热电势大，线性好，价廉，但材质较脆，焊接性能及抗辐射性能较差
镍铬-考铜	WRK	E（EA-2）①	−50～800	6.95	热电势大，线性好，价廉，测温范围小，考铜易受氧化而变质

① 括号内为我国旧的分度号。

2. 热电偶的结构形式

为了保证热电偶可靠、稳定地工作，对它的结构要求如下：①组成热电偶的两个热电极的焊接必须牢固；②两个热电极彼此之间应很好地绝缘，以防短路；③补偿导线与热电偶自由端的连接要方便可靠；④保护套管应能保证热电极与有害介质充分隔离。

由于热电偶的用途和安装位置不同，其外形也常不相同。热电偶的结构形式常分为以下几种：

（1）普通型热电偶。普通型热电偶是工程实际中最常用的一种形式，其结构大多由热电极、绝缘套管、保护套管和接线盒四部分组成，如图2-8所示。

1）热电极。热电偶常以热电极材料种类来定名，例如铂铑-铂热电偶、镍铬-镍硅热电偶等。其直径大小由材料价格、机械强度、导电率以及热电偶的用途和测量范围等因素决定。

热电偶长度由使用情况、安装条件，特别是工作端在被测介质中插入深度来决定。

2）绝缘套管。绝缘套管又称绝缘子，用来防止两根热电极短路，其材料的选用视使用的温度范围和对绝缘性能的要求而定。绝缘套管一般制成圆形，中间有孔，长度为 20mm，使用时根据热电偶长度可多个串起来使用，常用的材料是氧化铝、耐火陶瓷等。

3）保护套管。保护套管的作用是使热电极与测温介质隔离，使之免受化学侵蚀或机械损伤。热电极在套上绝缘套管后再装入保护套管内。对保护套管的基本要求是经久耐用及传热良好。常用的保护套管材料有金属和非金属两类，应根据热电偶类型、测温范围和使用条件等因素来选择套管的材料。

4）接线盒。接线盒供连接热电偶和测量仪表之用。接线盒固定在热电偶的保护套管上，一般用铝合金制成，分普通式和密封式两类，为防止灰尘、水分及有害气体侵入保护套管内，接线盒出线孔和盖子均用垫片及垫圈加以密封，接线端子上注明热电极的正、负极性。

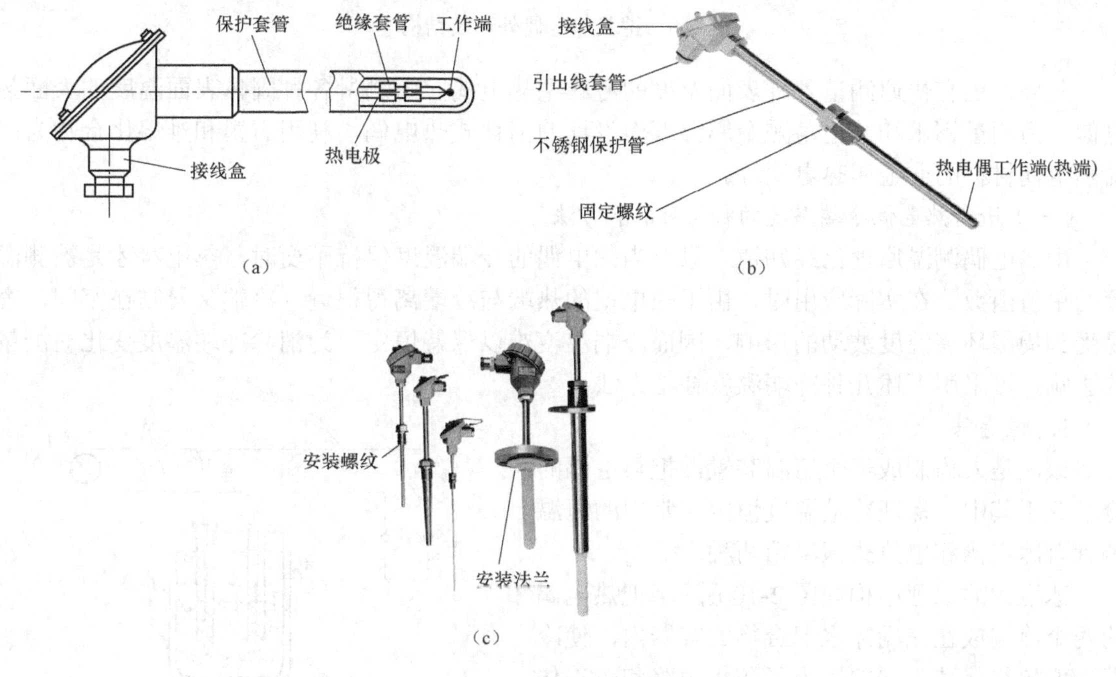

图 2-8　普通热电偶结构

（a）热电偶组成图；（b）热电偶的外形图；（c）多种热电偶的外形图

普通型热电偶主要用于测量气体、蒸汽和液体介质的温度。根据测温范围和测温环境不同，可选择合适的热电偶和保护套。按其安装时的连接形式可分为螺纹连接和法兰连接两种。按使用状态的要求又可分为密封式和高压固定螺纹式。

（2）铠装热电偶。铠装热电偶的外形像电缆，也称缆式热电偶。它是由金属套管、绝缘材料和热电偶丝三者组合而成一体的特殊结构的热电偶。热电偶的套管外径最细能达 0.25mm，长度可达 100m 以上。铠装热电偶具有体积小、精度高、响应速度快、可靠性好、耐振动、抗冲击、可挠性好、便于安装等优点，因此特别适用于复杂结构（如狭小弯曲管道内）的温度测量。使用时，可以根据需要截取一定长度，将一端护套剥去，露出热电极，焊成结点，即成热电偶。铠装热电偶外形及结构如图 2-9 所示。

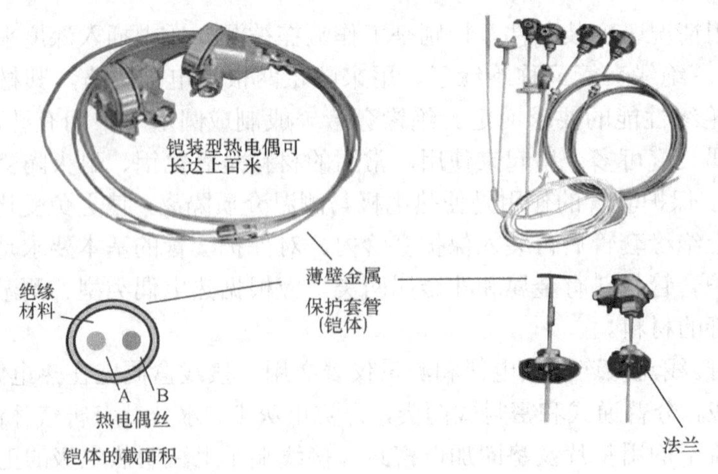

图 2-9 铠装热电偶外形及结构

此外，还有快速测量各种表面温度的薄膜型热电偶，为测量各种固体表面温度的表面热电偶，为测量钢水和其他熔融金属温度而设计的消耗式热电偶，利用石墨和难熔化合物为高温热电偶材料的非金属热电偶等。

（三）进行热电偶冷端温度的补偿目的和方法

由热电偶测温原理已经知道，只有当热电偶的冷端温度保持不变时，热电势才是被测温度的单值函数。在实际应用时，由于热电偶的热端与冷端离得很近，冷端又暴露在空间，容易受到周围环境温度波动的影响，因而冷端温度难以保持恒定，为消除冷端温度变化对测量的影响，可采用下述几种冷端温度补偿方法。

1. 恒温法

该法是人为制成一个恒温装置，把热电偶的冷端置于其中，保证冷端温度恒定。常用的恒温装置有冰点槽和电热式恒温箱两种。

冰点槽的原理结构如图 2-10 所示，把热电偶的两个冷端放在充满冰水混合物的容器内，使冷端温度始终保持为 0℃。为了防止短路和改善传热条件，两支热电极的冷端分别插在盛有变压器油的试管中。这种方法测量准确度高，但使用麻烦，只适用于实验室中。

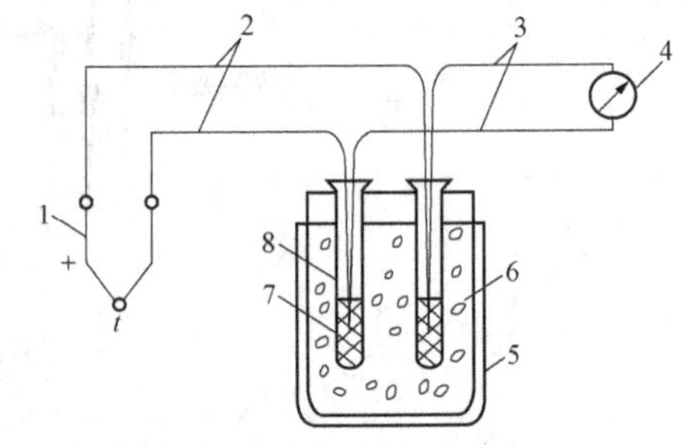

图 2-10 冰点槽的原理结构

1—热电偶；2—补偿导线；3—铜导线；4—显示仪表；5—冰点器；6—冰水混合物；7—变压器油；8—试管

在现场，常使用电加热式恒温箱。这种恒温箱通过接点控制或其他控制方式维持箱内温度恒定（常为 50℃）。

2. 公式修正法

热电偶的冷端温度偏离 0℃时产生的测温误差也可以利用公式来修正。测温时，如果冷端温度为 t_0，则热电偶产生的热电势为 $E_{AB}(t,t_0)$。根据中间温度定律可知 $E_{AB}(t,0)=E_{AB}(t,t_0)+E_{AB}(t_0,0)$。因此可在热电偶测温的同时，用其他温度表（如玻璃管水银温度表等）测量出热电偶冷端处的温度 t_0，从而得到修正热电势 $E_{AB}(t_0,0)$。将 $E_{AB}(t_0,0)$ 和热电势 $E_{AB}(t,t_0)$ 相加，计算出 $E_{AB}(t,0)$，然后再查相应的热电偶分度表，就可以求得被测温度 t。

例如，用 K 型热电偶测温，热电偶冷端温度 t_0=35℃，测得热电势 $E_K(t,t_0)$=34.604mV。从 K 型热电偶的分度表中查得 $E_K(35,0)$=1.407mV，则由中间温度定律可得：$E_K(t,0)$=34.604+1.407=36.121(mV)，用 36.121mV 再查分度表便可得到被测温度 t=870℃。

使用公式修正法时，需要多次查表计算，在生产现场很不方便，因此这种方法只适用于实验室中或在间断测量时对示值进行修正。

3. 显示仪表的机械零点调整法

显示仪表的机械零点是指仪表在没有外电源的情况下，即仪表输入端开路时，指针停留的刻度点，一般为仪表的刻度起始点。若预知热电偶冷端温度为 t_0，在测温回路开路情况下，将仪表的刻度起始点调到 t_0 位置，此时相当于人为给仪表输入热电势 $E_{AB}(t_0,0)$，在接通测温回路后，虽然热电偶产生的热电势即显示仪表的输入热电势为 $E_{AB}(t,t_0)$，但由于机械零点调到 t_0 处，相当于已预加了一个电势 $E_{AB}(t_0,0)$，因此综合起来，显示仪表的输入电势相当于 $E_{AB}(t,t_0)+E_{AB}(t_0,0)=E_{AB}(t,0)$，则显示仪表的示值将正好为被测温度 t，消除了 $t_0\neq0$ 引起的示值误差。本方法简单方便，适用于冷端温度比较稳定的场所。但要注意冷端温度变化后，必须及时重新调整机械零点。在冷端温度经常变化的情况下，不宜采用这种方法。

4. 补偿导线法

热电偶特别是贵金属热电偶，一般都做得比较短，其冷端离被测对象很近，这就使冷端温度不但较高而且波动也大。为了减小冷端温度变化对热电势的影响，通常要用与热电偶的热电特性相近的廉价金属导线将热电偶冷端移到远离被测对象，且温度比较稳定的地方（如仪表控制室内）。这种廉价金属导线就称为热电偶的补偿导线，其外形如图 2-11 所示。

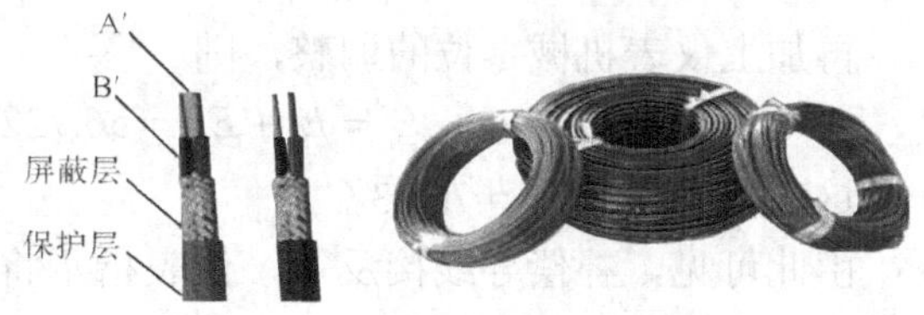

图 2-11 补偿导线外形图

在前面的热电偶补偿导线连接图 2-7 中，A′、B′分别为测温热电偶热电极 A、B 的补偿导线。在使用补偿导线 A′、B′时应满足的条件为：

（1）补偿导线 A′、B′和热电极 A、B 的两个接点温度相同，并且都不高于 100℃。

（2）在 0～100℃内，由 A′、B′组成的热电偶和由 A、B 组成的热电偶具有相同的热电特性，即 $E_{AB}(t_0',t_0)=E_{A'B'}(t_0',t_0)$。根据中间温度定律可以证明，用补偿导线把热电偶冷端移至温度 t_0 处和把热电偶本身延长到温度 t_0 处是等效的。

补偿导线虽然能将热电偶延长，起到移动热电偶冷端位置的作用，但本身并不能消除冷端温度变化的影响。为了进一步消除冷端温度变化对热电势的影响，通常还要在补偿导线冷端再采取其他补偿措施。

在使用热电偶补偿导线时必须注意型号相配，极性不能接错，补偿导线与热电偶连接端的温度不能超过 100℃且必须相等。常用热电偶的补偿导线列于表 2-2 中。

表 2-2 常用热电偶的补偿导线

配用热电偶分度号	补偿导线型号	补偿导线正极		补偿导线负极		补偿导线在 100℃的热电势允许误差（mV）	
		材料	颜色	材料	颜色	A（精密级）	B（精密级）
S	SC	铜	红	铜镍	绿	0.645 ± 0.023	0.645 ± 0.037
K	KC	铜	红	铜镍	蓝	4.095 ± 0.063	4.095 ± 0.105

续表

配用热电偶分度号	补偿导线型号	补偿导线正极		补偿导线负极		补偿导线在 100℃的热电势允许误差（mV）	
		材料	颜色	材料	颜色	A（精密级）	B（精密级）
K	KX	镍铬	红	镍硅	黑	4.095 ± 0.063	4.095 ± 0.105
E	EX	镍铬	红	铜镍	棕	6.317 ± 0.102	6.317 ± 0.170
J	JX	铁	红	铜镍	紫	5.268 ± 0.081	5.268 ± 0.135
T	TX	铜	红	铜镍	白	4.277 ± 0.023	4.277 ± 0.047

注　补偿导线型号头一个字母与热电偶分度号相对应；第二个字母字 X 表示延伸型补偿导线，字母 C 表示补偿型补偿导线。

【例 2-2】 现有 E 分度号的热电偶、温度显示仪表，它们是由相应的补偿导线相连接，如图 2-7 所示。已知测量温度 t=800℃，接点温度 t_0'=50℃，仪表环境温度 t_0=30℃，仪表机械零位 t_m=30℃。如将补偿导线换成铜导线，仪表指示为多少？如将两根补偿导线的位置对换，仪表的指示又为多少？

解：

当补偿导线都改为铜导线时，热电偶的冷端便移到了 t_0'=50℃处，故仪表的输入电动势为

$$E_t = E_1 + E_2 = E_E(800,50) + E_E(30,0) = 59.77(\text{mV})$$

此时显示仪表的指示为 t=784.1℃，应将机械零位调到 50℃，才能指示出 800℃。

若两根补偿导线反接，线路电动势为

$$E_1 = E_E(800,50) - E_E(50,30) = 56.722(\text{mV})$$

再加上仪表机械零位的调整，则

$$E_t = E_1 + E_m = 56.722 + 1.801 = 58.523(\text{mV})$$

这时仪表指示为 t=768.3℃。

由此可见，补偿导线接反了，仪表指示将偏低，偏低的程度与接点处温度有关，所以补偿导线和热电偶的正负极不能接错。

5．补偿装置法

热电偶所产生的热电势 $E_{AB}(t,t_0) = f_{AB}(t) - f_{AB}(t_0)$，当热电偶的热端温度不变，而冷端温度从初始平衡温度 t_0 升高到某一温度 t_x 时，热电偶的热电势将减小，其变化量为 $\Delta E = E_{AB}(t,t_0) - E_{AB}(t,t_x) = E_{AB}(t_x,t_0)$，如果能在热电偶的测量回路中串接一个直流电压 U_{cd}，如图 2-12 所示，且 U_{cd} 能随冷端温度升高而增加，其大小与热电势的变化量相等，即 $U_{cd} = E_{AB}(t_x,t_0)$，则 $E_{AB}(t,t_x) + U_{cd} = E_{AB}(t,t_0)$，也就是送到显示仪表的热电势 $E_{AB}(t,t_0)$ 不会随冷端温度变化而变化，那么，热电偶由于冷端温度变化而产生的误差即可消除。

怎样产生一个随温度而变化的直流电压 U_{cd} 呢？以前用冷端温度补偿器（由一个直流不平衡电桥构成）来产生一个随冷端温度变化的 U_{cd}；现在一般都在相应的温度显示仪表或温度变送器中设置热电偶冷端温度补偿电路，产生 U_{cd}，从而实现热电偶冷端温度自动补偿。

正确使用冷端温度补偿器应注意以下几点：

（1）热电偶冷端温度必须与冷端温度补偿器工作温度一致，否则达不到补偿效果。为此热电偶必须用补偿导线与冷端温度补偿器相连接。

（2）要注意冷端温度补偿器在测温系统中连接时的极性。

（3）冷端温度补偿器必须与相应型号的热电偶配套使用。

以上几种补偿法常用于热电偶和动圈显示仪表配套的测温系统中。由于自动电子电位差计和温度变送器等温度测量仪表的测量线路中已设置了冷端补偿电路，因此，热电偶与它们配套使用时不用再考虑补偿方法，但补偿导线仍旧需要。

【例 2-3】 有一采用 S 分度号热电偶的测温系统，如图 2-12 所示。当 t=1000℃，t_n=40℃，冷端温度补偿器的平衡温度为 20℃。试问此温度显示表的机械零位应调在多少摄氏度上？当冷端温度补偿器的电源开路（失电）时，仪表指示为多少？电源极性接反时，仪表指示又为多少？

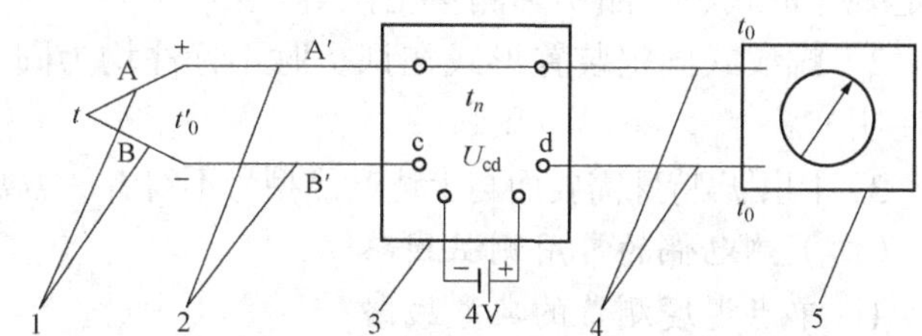

图 2-12　具有冷端温度补偿装置的热电偶测量线路

1—热电偶；2—补偿导线；3—补偿装置；4—连接导线；5—显示仪表

解：

（1）热电偶冷端在 40℃，但由于冷端温度补偿器的作用，相当于冷端温度在 20℃，此时仪表的机械零位应调整到 20℃，仪表指示 t=1000℃。

（2）当冷端温度补偿器电源开路而失去补偿作用时，仪表输入的电势为

$$E_t = E_1 + E_2 = E_S(1000, 40) + E_S(20, 0) = 9.465(\text{mV})$$

则得 t=989℃

（3）当冷端温度补偿器电源接反，它不但不补偿，还抵消了一部分热电势，即

$$E_t = E_1 - U_{cd} + E_2 = E_S(1000, 40) - E_S(40, 20) + E_S(20, 0) = 9.334(\text{mV})$$

t=989℃

三、相关技能

（一）热电偶的选型

1. 热电偶的选型原则

选择热电偶要根据使用温度范围、所需精度、使用气氛、测定对象的性能、响应时间和经济效益等综合考虑。

（1）测量精度和温度测量范围的选择。使用温度在 1300～1800℃，要求精度又比较高时，一般选用 B 型热电偶；要求精度不高，气氛又允许可用钨铼热电偶，高于 1800℃时一般选用钨铼热电偶；使用温度在 1000～1300℃要求精度又比较高时可用 S 型热电偶和 N 型热电偶；在 1000℃以下时一般用 K 型热电偶和 N 型热电偶，低于 400℃时一般用 E 型热电偶；250℃下以及负温测量时一般用 T 型热电偶，在低温时 T 型热电偶稳定而且精度高。

（2）使用气氛的选择。S、B、K 型热电偶适合于强的氧化和弱的还原气氛中使用，J 型和 T 型热电偶适合于弱氧化和还原气氛，若使用气密性比较好的保护管，对气氛的要求就不太严格。

（3）耐久性及热响应性的选择。线径大的热电偶耐久性好，但响应较慢，对于热容量大的热电偶，响应就慢，测量梯度大的温度时，在温度控制的情况下，控温就差。要求响应时间快又要求有一定的耐久性，选择铠装型热电偶比较合适。

（4）测量对象的性质和状态对热电偶的选择。运动物体、振动物体、高压容器的测温要求机械强度高，有化学污染的气氛要求有保护管，有电气干扰的情况下要求绝缘比较高。

2. 热电偶的选型方法

（1）选型流程：型号—分度号—防爆等级—精度等级—安装固定形式—保护管材质—长

度或插入深度。

（2）产品选型及订货时要求注明：

1）产品型号。产品型号包括分度号、保护管材料及直径、保护管总长 L 及置入深度 I、固定装置形式、产品实际测量范围等。

2）螺纹式固定装置形式在订货时不标注均为固定外螺纹 M27×2（其余螺纹固定形式均需注明）。

3）因用户特殊需要而与上述产品型号不符者，需要专门制造的产品，需注明特殊技术要求。

（二）热电偶的常用测温线路

1. 单点温度测量的典型线路

热电偶测温时，它可以直接与显示仪表（如电子电位差计、数字表等）配套使用，也可与温度变送器配套，转换成标准电流信号，图 2-13 为典型的热电偶测温线路。

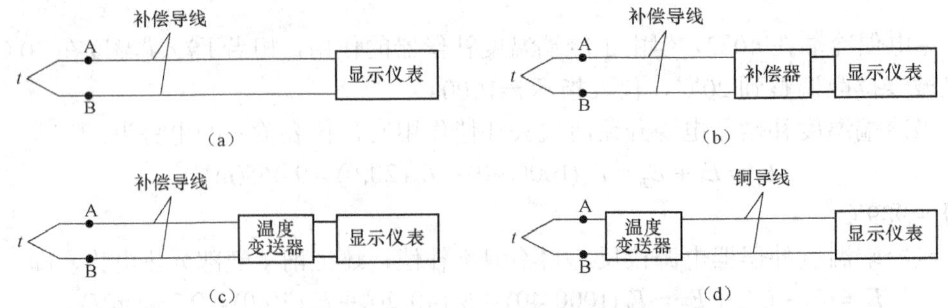

图 2-13 热电偶典型测温线路

（a）普通测温线路；（b）带有补偿器的测温线路；

（c）具有温度变送器的测温线路；（d）具有一体化温度变送器的测温线路

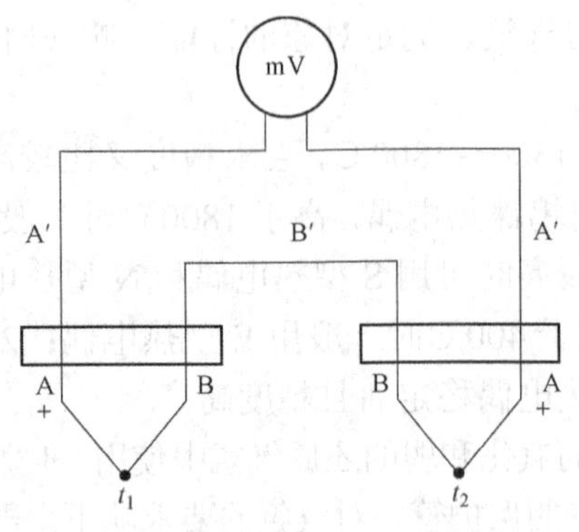

图 2-14 两点温差的测量（热电偶的反向串联）

2. 两点间温差的测量

图 2-14 是用两支热电偶和一个仪表配合测量两点之间温差的线路。图中用了两支型号相同的热电偶并配用相同的补偿导线。工作时，两支热电偶产生的热电势方向相反，故输入仪表的是其差值，这一差值正反映了两支热电偶热端的温差。为了减少测量误差，提高测量精度，要尽可能选用热电特性一致的热电偶，同时要保证两热电偶的冷端温度相同。

3. 多点平均温度的测量

有些大型设备，需测量多点的平均温度。可以通过热电偶并联的测量电路来实现，如图 2-15 所示。将 n 支同型号热电偶的正极和负极分别连接在一起的线路称并联测量线路。如果 n 支热电偶的电阻均相等，则并联测量线路的总热电势等于 n 支热电偶热电势的平均值，即

$$E_{并} = \frac{E_1 + E_2 + \cdots + E_n}{n} \tag{2-8}$$

热电偶并联线路中，当其中一支热电偶断路时，不会中断整个测温系统的工作。

4. 多点温度之和的测量

将 n 支同型号热电偶依次按正负极相连接的线路称串联测量线路，如图 2-16 所示。串联测量线路的热电势等于 n 支热电偶热电势之和，即

$$E_{串} = E_1 + E_2 + \cdots + E_n = nE \tag{2-9}$$

串联线路的主要优点是热电势大，仪表的灵敏度大为增加。缺点是只要有一支热电偶断路，整个测量系统便无法工作。

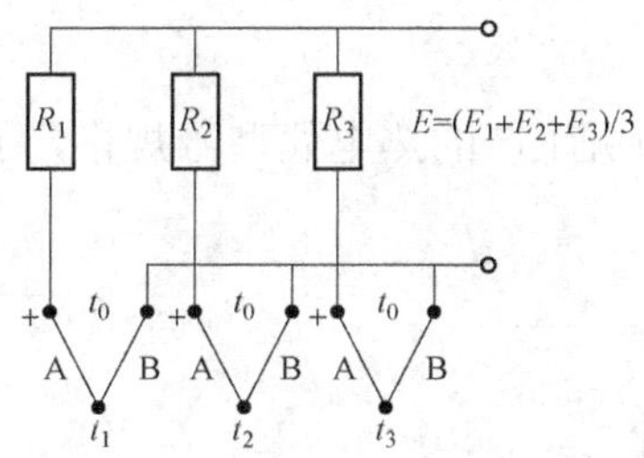

图 2-15　多点平均温度的测量（热电偶并联）

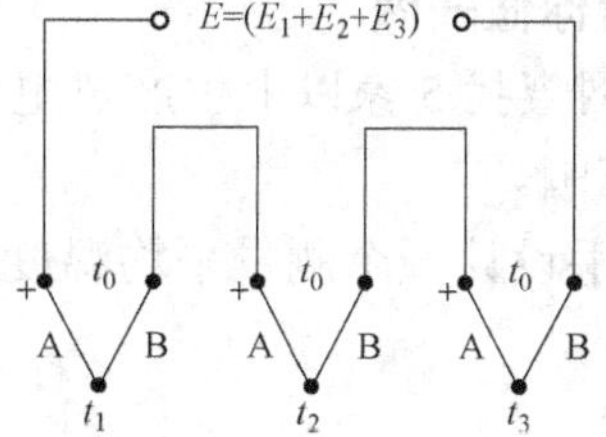

图 2-16　多点温度之和的测量（热电偶串联）

（三）热电偶常见故障原因及其处理方法

热电偶常见故障原因及处理方法见表 2-3。

表 2-3　热电偶常见故障原因及处理方法

故障现象	可能原因	处理方法
热电势比实际值小（显示仪表指示值偏低）	热电极短路	找出短路原因，如因潮湿所致，则需进行干燥；如因绝缘子损坏所致，则需更换绝缘子
	热电偶的接线柱处积灰，造成短路	清扫积灰
	补偿导线线间短路	找出短路点，加强绝缘或更换补偿导线
	热电偶热电极变质	在长度允许的条件下，剪去变质段重新焊接，或更换新热电偶
	补偿导线与热电偶极性接反	重新接正确
	补偿导线与热电偶不配套	更换相配套的补偿导线
	热电偶安装位置不录或插入深度不符合要求	重新按规定安装
	热电偶冷端温度补偿不符合要求	调整冷端补偿器
	热电偶与显示仪表不配套	更换热电偶或显示仪表使之相配套
热电势比实际值大（显示仪表指示值偏高）	热电偶与显示仪表不配套	更换热电偶或显示仪表使之相配套
	补偿导线与热电偶不配套	更换补偿导线使之相配套
	有直流干扰信号进入	排除直流干扰
热电势输出不稳定	热电偶接线柱与热电极接触不良	将接线柱螺栓拧紧
	热电偶测量线路绝缘破损，引起断续短路或接地	找出故障点，修复绝缘
	热电偶安装不牢或外部振动	紧固热电偶，消除振动或采取减振措施

续表

故障现象	可 能 原 因	处 理 方 法
热电势输出不稳定	热电极将断未断	修复或更换热电偶
	外界干扰（交流漏电，电磁场感应等）	查出干扰源，采用屏蔽措施
热电偶热电势误差大	热电极变质	更换热电极
	热电偶安装位置不当	改变安装位置
	保护管表面积灰	清除积灰

四、请你做一做

1．上网查找5家以上生产热电偶的企业，列出它们所生产的热电偶型号规格，了解其特点和适用范围。

2．动手设计一个测量平均温度的电路。

反思与探讨

1．什么叫热电效应？试说明热电偶的测温原理。

2．试简述热电偶回路的主要性质，说明它们的实用价值。

3．热电偶的结构有哪几种类型？各有何特征？

4．用K型热电偶测量温度时，其仪表指示为520℃，而冷端温度为25℃，则实际温度为545℃，对吗？为什么？正确值应为多少？

5．补偿导线的作用是什么？使用补偿导线的原则是什么？

6. 为什么要对热电偶的冷端温度进行补偿？有哪几种方法？仅采用补偿导线能否消除冷端温度变化的影响？为什么？

7．一支S分度号热电偶，用铜导线直接接至显示仪表，仪表量程为20～600℃。试问：

（1）当热电偶测量端温度为20℃，冷端温度的两个连接点温度也为20℃时，回路中的热电势是多少mV？

（2）当热电偶测量端温度为20℃，冷端中的铂铑热电极与铜线的连接点温度为100℃，而铂热电极与铜线的连接点温度为20℃时，回路中的热电势是否有变化？此时的示值是多少？

8．绘出由热电偶、补偿导线、补偿器、显示仪表、连接导线构成的测温系统原理图，并说明各部分的作用。

9．用两支分度号为K的热电偶测量 t_1 和 t_2 的温差，连接回路如图2-14所示。当热电偶参考端温度 t_0 为0℃时，仪表指示200℃。问在参考端温度上升25℃时，仪表的指示值为多少？为什么？

学习单元二 热电阻的应用

热电阻温度传感器的基本原理是把被测量的变化直接转换为电阻值的变化，然后通过对此信号的放大处理并把此信号检测出来，从而达到测量被测量的目的。本单元将从应用角度出发，介绍热电阻的工作原理、测量转换电路及一些应用实例。

一、任务描述与分析

热电阻是中低温区最常用的一种温度传感器，通常用来测量–200～500℃范围内的温度。例如，火电厂的锅炉给水、排烟、轴瓦回油、循环水等的温度就是用热电阻温度传感器测量的。热电阻测温是基于金属导体的电阻值随温度的增加而增加这一特性来进行温度测量的。它的主要特点是测量精度高，性能稳定。其中铂热电阻的测量精确度是最高的，它不仅广泛应用于工业测温，而且被制成标准的基准仪。热电阻大都由纯金属材料制成，目前应用最多的是铂和铜，此外，现在已开始采用镍、锰和铑等材料制造热电阻。金属热电阻常用的感温材料种类较多，最常用的是铂丝。工业测量用金属热电阻材料除铂丝外，还有铜、镍、铁、铁-镍等。热电阻通常需要把电阻信号通过引线传递到计算机控制装置或者其他二次仪表上。

本次学习任务掌握热电阻测温的基本原理，了解热电阻的分类及特点，热电阻温度传感器的使用方法。

二、相关知识

（一）热电阻测温的工作原理

物质的电阻值随物质本身的温度变化而变化，这种物理现象称为热电阻效应。在测量技术中，利用热电阻效应可以制成对温度敏感的热电阻元件。当热电阻元件与被测对象通过热交换达到热平衡时，就可以根据热电阻元件的电阻值确定被测对象的温度。习惯上，常把一个热电阻元件叫作热电阻。

常用的热电阻元件有金属导体热电阻和半导体热敏电阻，它们是热电阻温度计的敏感元件。

物理学中指出，各种材料的电阻值都随温度而变化，实验证明，当温度升高 1℃时，大多数金属导体的电阻值增加 0.4%～0.6%，而半导体的电阻值要减小 3%～6%。热电阻就是利用导体或半导体的电阻值随温度变化而变化的性质来测温的。用于测温目的的金属导体称为热电阻，而半导体称为热敏电阻。

对于金属导体，在一定的温度范围内，其电阻与温度的关系为

$$R_t = R_{t_0}[1+\alpha(t-t_0)] \tag{2-10}$$

式中 R_t、R_{t_0} ——温度为 t 和 t_0 时金属导体的电阻值，Ω；

α ——温度在一定范围内，金属导体的电阻温度系数（通常应取平均值），1/℃；

金属材料的纯度对电阻温度系数 α 的影响很大，材料纯度越高，α 值越大；杂质越多，α 值越小且不稳定。若用 R_0 和 R_{100} 分别表示 0℃和 100℃时的电阻值，则由 $R_t = R_{t_0}[1+\alpha(t-t_0)]$ 可得：$\alpha=\left(\dfrac{R_{100}}{R_0}-1\right)\dfrac{1}{100}$。该式表明，$R_{100}/R_0$ 越大，α 就越大，材料纯度也就越高。因此常用 R_{100}/R_0 代表材料的纯度。

当金属导体热电阻在温度为 t_0 时的电阻值 R_{t_0} 和电阻温度系数 α 都已知时，只要测量电阻 R_t 就可以知道被测温度的高低。

半导体热敏电阻与温度之间通常为指数关系，其电阻温度系数 α 大多数为负值。近年来用半导体热敏电阻作为感温元件来测量温度已有应用，它的优点有：①电阻温度系数大，灵敏度高；②电阻率大，可以做成体积很小而电阻很大的热敏电阻元件；③由于电阻大，连接导线电阻变化的影响可以忽略不计；④热容量小，可以测量点的温度。其的缺点是性能不稳定，测量准确度低，同一型号热敏电阻的电阻温度关系分散性大；此外，电阻温度关

系非线性严重，使用起来很不方便。这些缺点使热敏电阻的应用受到一定限制。目前，热敏电阻大多用于测量要求不高的场合，以及作为仪器、仪表中的温度补偿元件，其测量范围一般为−100～300℃。

（二）热电阻的种类和结构形式

与热电偶一样，工业热电阻有普通型和铠装型两种，它们都由感温元件、引出线、保护套管、接线盒、绝缘材料等组成。

并不是所有的金属材料都可以制作热电阻的，制造热电阻的材料要满足一定的要求：

（1）电阻温度系数大，电阻和温度之间尽量接近线性关系。

（2）电阻率高，以便把热电阻体积做得小些。

（3）测温范围内物理、化学性质稳定。

（4）工艺性好、易于复制、价格便宜。

综合上述要求，比较适宜做热电阻丝的材料有铂、铜、铁、镍等。而目前应用最广泛的热电阻材料是铂和铜，并且已制成标准化热电阻。

1. 铂电阻

铂热电阻的温度特性：

在0～850℃范围内：

$$R_t = R_0(1 + \mathrm{A}t + \mathrm{B}t^2) \tag{2-11}$$

在−200～0℃范围内：

$$R_t = R_0[1 + \mathrm{A}t + +\mathrm{B}t^2 + \mathrm{C}(t-100)t^3] \tag{2-12}$$

式中，A、B、C为常数，分别为A=3.90802×10^{-3}C^{-1}、B=-5.802×10^{-7}C^{-2}、C=-4.27350×10^{-12}C^{-4}。

铂电阻阻值与温度的分度关系由上两式决定。铂电阻在工业上通常用于测量−200～500℃范围内的温度。它的主要优点是物理、化学性能稳定，测量准确度高。但它在还原性气氛中容易变脆，使电阻温度关系发生变化。

工业测温用的标准化铂电阻有 R_0=50.00Ω 和 R_0=100.00Ω 两种规格，其纯度为 R_{100}>R_0≥1.3910。它们的分度号分别为Pt50和Pt100，相应的热电阻分度表见附录A中表A6、表A7。

工业上常用的铂电阻的结构，是用直径为0.03～0.07mm的纯铂丝绕在云母制成的平板形骨架上，如图2-17所示。云母骨架边缘呈锯齿形，铂丝绕在齿隙间以防短路，绕好后的云母骨架两面覆盖云母片绝缘。为了增加机械强度，改善热传导性能，云母片两侧再用薄金属片

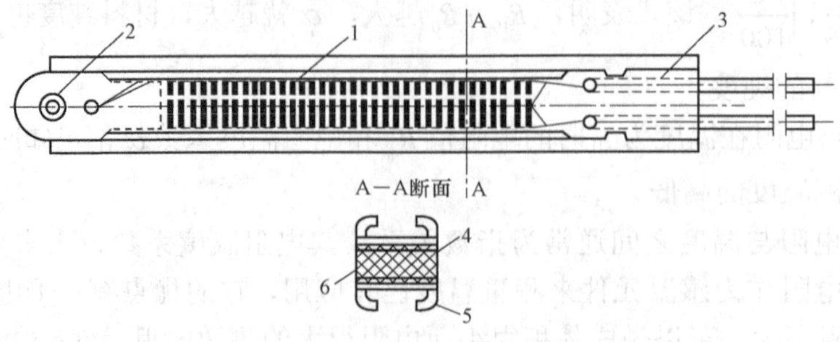

图2-17　铂电阻元件

1—铂电阻丝；2—铆钉；3—银引出线；4—绝缘片；5—夹持片；6—骨架

铆合在一起，这样就构成了铂电阻元件。铂丝绕组的两个线端各由直径为 0.5mm 或 1mm 的银丝引出，并固定在接线盒内的接线端子上；引出线上套有绝缘瓷管。保护套管套在热电阻元件和引出线的外面，其形状和作用与热电偶相同。

2. 铜电阻

铜热电阻的温度特性：

在−50～150℃范围内，

$$R_t = R_0(1 + \mathrm{A}t + \mathrm{B}t^2 + \mathrm{C}t^3) \tag{2-13}$$

式中 A、B、C 为常数，分别为 $\mathrm{A}=4.28899\times10^{-3}\mathrm{C}^{-1}$、$\mathrm{B}=-2.133\times10^{-7}\mathrm{C}^{-2}$、$\mathrm{C}=1.233\times10^{-9}\mathrm{C}^{-3}$。

铜电阻和温度的分度关系由式（2-4）决定，铂热电阻和铜热电阻的技术性能见表 2-4。

表 2-4 常用热电阻的技术性能

名称		分度号	温度范围	温度为 0℃时阻值 R_0（Ω）	电阻比 R_{100}/R_0	主要特点
标准热电阻	铂电阻（WZP）	Pt10	−200～850℃	10 ± 0.01	1.385 ± 0.001	测量精度高，稳定性好，可作为基准仪器
		Pt50		50 ± 0.05	1.385 ± 0.001	
		Pt100		100 ± 0.1	1.385 ± 0.001	
	铜电阻（WZC）	Cu50	−50～150℃	50 ± 0.05	1.428 ± 0.002	稳定性好，便宜；但体积大，机械强度较低
		Cu100		100 ± 0.1	1.428 ± 0.002	
	镍电阻（WZN）	Ni100	−60～180℃	100 ± 0.1	1.617 ± 0.003	灵敏度高，体积小；但稳定性和复制性较差
		Ni300		300 ± 0.3	1.617 ± 0.003	
		Ni500		500 ± 0.5	1.617 ± 0.003	
低温热电阻	铟电阻		3.4～90K	100		复现性较好，在 4.5～15K 温度范围内，灵敏度比铂电阻高十倍；但复制性较差，材质软，易变形
	铑铁热电阻		2～300K	20、50 或 100	$R_{4.2K}/R_{273K}$ 约为 0.07	有较高的灵敏度，复现性好，在 0.5～20K 温度范围内可作精测量；但长期稳定性和复制性较差
	铂钴热电阻		2～100K	100	$R_{4.2K}/R_{273K}$ 约为 0.07	热响应好、自然小，机械性能好，温度低于 300K 时，灵敏度大大高于铂；但不能作为标准温度计

铂是贵重金属，在测温准确度要求不很高，温度又较低的场合，普遍采用铜电阻。铜电阻通常用于测量−50～150℃范围的温度，它的主要优点是电阻温度关系几乎是线性的，电阻温度系数比较大，材料容易加工和提纯，价格也比较便宜。缺点是电阻率较小；另外，铜在高温下容易氧化，只能在低温和无腐蚀性介质中使用。

工业测温用的标准化铜电阻也有 R_0=50.00Ω 和 R_0=100.00Ω 两种规格，其纯度为 $R_{100}/R_0 \geqslant 1.425$。它们的分度号分别为 Cu50 和 Cu100，相应的热电阻分度表见附录 A 中表 A8、表 A9。

铜电阻的结构是用双线无感绕法，将直径为 0.1mm 的绝缘铜丝绕在圆柱形塑料骨架上，构成铜电阻元件，如图 2-18 所示。为防止铜丝松散，提高其导热性和机械紧固程度，电阻元件经酚醛树脂（环氧树脂）浸渍处理。铜丝绕组的两个线端各由直径 1mm 的铜丝或镀银铜丝引出，并固定在接线盒内的接线端子上，引出线上套绝缘瓷管。保护套管套在热电阻元件和引出线外面，其形状和作用与热电偶相同。

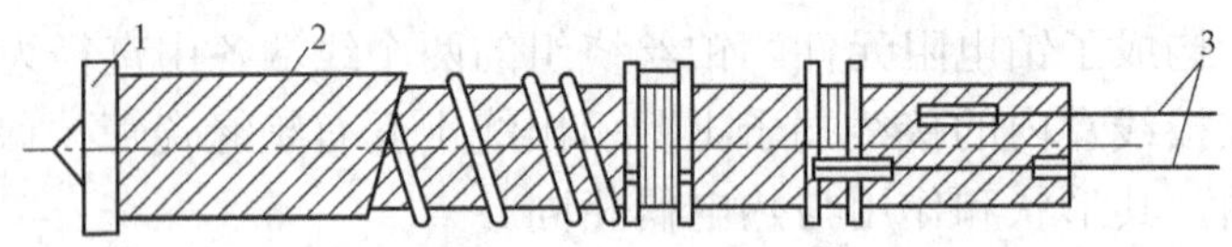

图 2-18 铜电阻元件

1—塑料骨架；2—铜电阻丝；3—铜引出线

三、相关技能

（一）热电阻的选择与误差分析

1. 热电组的选用原则

选用热电阻测温时，需要考虑以下几点：

（1）测温范围。了解经常测定的温度值和温度变化范围，以正确选用热电阻的测量范围。

（2）测温准确度。应明确要求测量准确度，不要盲目追求高准确度，因为准确度越高，热电阻的价格越高，应选择既满足测量要求，准确度又适宜的热电阻。

（3）测温环境。应明确测温场所的化学因素、机械因素以及电磁场的干扰等，这对正确合理选用保护管材料，形状及尺寸十分有用。在500℃以下一般采用金属保护管。

（4）成本。在满足测量准确和使用奉命寿命的情况下，成本越低越好。

2. 热电阻测温系统的误差分析

热电阻温度计的测量准确度比热电偶的高。但在使用中应注意产生误差的原因，防止因使用条件不当而降低测量准确度。

使用热电阻测温时要特别注意线路电阻的影响，因为线路电阻的变化使温度产生误差。所以必须测准导线电阻，再绕制线路调整电阻，使线路总电阻等于仪表的线路总电阻等于仪表的线路总电阻值。为克服环境温度变化对导线电阻的影响，尽可能采用三线制或四线制接线方式。

用XCZ-102动圈式仪表或电子平衡电桥作为显示仪表时，流过热电阻回路的电流均应小于6mA，设计时已考虑了把该电流所引起热电阻的自热误差限制在允许误差范围之内。如果自己组合测量回路，并采用电位差计或手动电桥测量热电阻的阻值，则应限制热电阻回路电流不超过6mA，以免增大自热误差。

规定的技术数据指标，以确定温度计是否合格。

（二）热电阻故障原因及处理方法

热电阻的常见故障是热电阻的短路和断路。一般断路更常见，这是因为热电阻丝较细所致。断路和短路是很容易判断的，可用万用表的“×1Ω”挡，如测得的阻值小于 R_0，则可能有短路的地方；若万用表指示为无穷大，则可断定电阻体已断路。电阻体短路一般较易处理，只要不影响电阻丝的长短和粗细，找到短路处进行吹干，加强绝缘即可。电阻体的断路修理必然要改变电阻丝的长短而影响电阻值，为此更换新的电阻体为好，若采用焊接修理，焊后要校验合格后才能使用。热电阻测温系统在运行中常见故障及处理方法见表2-5。

表2-5 热电阻测温系统常见故障及处理方法

故障现象	可 能 原 因	处理方法
显示仪表指示值比实际值低或示值不稳	保护管内有金属屑、灰尘、接线柱间脏污及热电阻短路（水滴等）	除去金属，清扫灰尘、水滴等，找到短路点，加强绝缘等

续表

故障现象	可能原因	处理方法
显示仪表指示无穷大	热电阻或引出线断路及接线端子松开等	更换电阻体，或焊接及拧紧线螺栓等
阻值与温度关系有变化	热电阻丝材料受腐蚀变质	更换电阻体（热电阻）
显示仪表指示负值	显示仪表与热电阻接线有错，或热电阻有短路现象	改正接线，或找出短路处，加强绝缘

四、请你做一做

1．上网查找 5 家以上生产热电阻的企业，列出它们所生产的热电阻型号规格，了解其特点和适用范围。

反思与探讨

1．什么叫热阻效应？试说明热电阻的测温原理。

2．电厂常用的热电阻有哪几种？写出它们的分度号、初始值及测温范围？工业用热电阻采用几线制测量线路？其目的是什么？

3．热电阻的结构有哪几种类型？各有何特征？

学习单元三　温度显示仪表的应用

一、任务描述与分析

在工业生产中，不仅需要测量出生产过程中各个参数量的大小，而且，还要求把这些测量值进行指示、记录，或用字符、数字、图像等显示出来。这种作为显示被测参数测量值的仪表称为显示仪表。

显示仪表直接接收检测元件、变送器或传感器的输出信号，然后经测量线路和显示装置，把被测参数进行显示，以便提供生产所必需的数据，让操作者了解生产过程进行情况，更好地进行控制和生产管理。

显示仪表按显示方式可分为模拟显示、数字显示和图像显示等三大类。

模拟显示仪表是以仪表的指针（或记录笔）的线位移或角位移来模拟显示被测参数连续变化的仪表。这类仪表使用了磁电偏转机构或电机式伺服机构，因此，测量速度较慢，读数容易造成多值性。但它可靠，又能反映出被测参数的变化趋势，因此，目前工业生产中仍大量地被应用。

所谓数字显示仪表，是直接以数字形式显示被测参数量值大小的仪表。它具有测量速度快、精度高、读数直观，并且对所检测的参数便于进行数值控制和数字打印记录，也便于和计算机联用等特点，为此，这类仪表得到了迅速的发展。

图像显示就是直接把工艺参数的变化量，以文字、数字、符号和图像的形式在屏幕上进行显示的仪器。它是随着电子计算机的推广应用相继发展起来的一种新型显示设备。图像显示的实质是属于数字式，它具有模拟式与数字式显示仪表两种功能，并具有计算机大存储量的记忆能力与快速性功能，是现代计算机不可缺少的终端设备，常与计算机联用，作为计算机综合集中控制不可缺少的显示装置。

本单元学习任务理解和掌握动圈式显示仪表、电子自动平衡式显示仪表和数字显示仪表这三种不同的温度测量显示仪表的特点、基本结构组成和各自实现温度显示的工作原理，并能在实际使用中灵活选择仪表。

二、相关知识

（一）模拟显示仪表

模拟显示仪表又可分为动圈式显示仪表和电子自动平衡式显示仪表。

1. 动圈式显示仪表

动圈式显示仪表是我国自行设计制造的系列仪表产品，目前有XC、XF、XJ等几个系列，每一个系列中又分为指示型（Z）和指示调节型（T）。它与热电偶、热电阻或其他输出为直流毫伏或电阻变化的测量元件配合，可以显示被测介质的温度或其他参数。和热电偶配套的动圈仪表型号为 $\mathrm{X}_{\mathrm{F}}^{\mathrm{C}}$Z–101或 $\mathrm{X}_{\mathrm{F}}^{\mathrm{C}}$T–101等；和热电阻配套的动圈仪表型号为 $\mathrm{X}_{\mathrm{F}}^{\mathrm{C}}$Z–102或 $\mathrm{X}_{\mathrm{F}}^{\mathrm{C}}$T–102等。

动圈式显示仪表具有结构简单、体积小、性能可靠、成本低、使用维护方便，并具有一定的抗干扰能力，因此在我国中小型企业中应用较普遍。

（1）与热电偶配套的XCZ-101动圈式温度指示仪

动圈式仪表测量机构的核心部件是一个磁电式毫伏计。如图2-19所示，动圈6是用具有绝缘层的细铜线绕制成的矩形框，用张丝7支承(张丝还兼作导流丝)，置于永久磁钢8的空间磁场中。当热电偶产生的热电势 $E_{AB}(t,t_0)$——毫伏信号加在动圈上时，便有电流 I 流过动圈，根据载流线圈在磁场中受力的原理，动圈在电磁力矩（$M = C_1 I$）的作用下产生转动。动圈的偏转使张丝扭转，从而产生反抗动圈转动的力矩（$M_f = C_2\alpha$）。当两力矩平衡时，线圈就停在某一位置上，此时动圈偏转角 α 为

$$\alpha = \frac{C_1}{C_2}I = CI = C\frac{E_{AB}(t,t_0)}{\sum R} = C\frac{E_{AB}(t,t_0)}{R_W + R_N} \quad (2\text{-}14)$$

式中 C——仪表常数；

$\sum R$——回路中的总电阻值；

t_0——冷端温度；

R_W——回路中的外电阻；

R_N——回路中的内电阻。

由式（2-6）可知，在 $\sum R$ 和 t_0 一定时，动圈的位置 α 与被测温度 t 具有单值函数关系，当面板直接刻成温度标尺时，装在动圈上的指针就指示出被测介质的温度值。

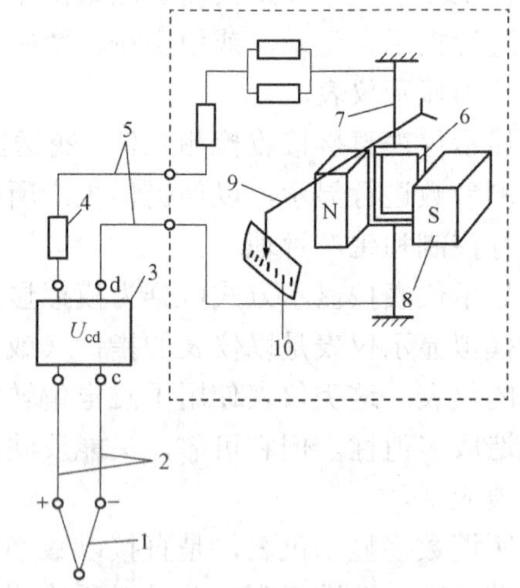

图2-19 XCZ-101动圈式温度指示仪表的测量原理图

1—热电偶；2—补偿导线；3—冷端补偿装置；4—外接电阻；5—连接导线；6—动圈；7—张丝；8—永久磁钢；9—指示指针；10—刻度面板

从式（2-6）可以看出，回路中的电流（也就是流过动圈的电流）不仅和热电势有关，而且与回路内总电阻有关，也就是说，对于相同的热电势值，如果整个测量回路的电阻值不同，流过动圈的电流值也不同，而在实际测温时，从测温现场到显示仪表的距离有长有短，热电偶本身的长度、粗细也随型号规格不同而不同，R_W 不是一个确定值，这将带来很大的测量误差。为了使流过

动圈的电流只与热电势或所测温度成正比，在动圈仪表进行刻度时，采用规定外线路电阻数值为定值的办法来解决这一问题。配热电偶的动圈表统一规定 R_W 为 15Ω。此值标注在仪表面板上。

（2）与热电阻配套的 XCZ-102 动圈式温度指示仪。由 XCZ-101 指示仪可知，动圈式仪表测量机构实际上是一个带动圈的磁电式毫伏计，它要求输入毫伏信号。因此，当用热电阻来测量温度时，首先就得设法将随温度变化的电阻值转换成毫伏信号，然后送至动圈测量机构，以指示出被测介质的温度。因此，与热电阻配套的 XCZ-102 动圈温度指示仪主要由两部分组成，将电阻变化值转换成毫伏信号的测量桥路和动圈测量机构，如图 2-20 所示。

测量桥路是一不平衡电桥，由电阻 R_0、R_2、R_3、R_4 和热电阻 R_t 组成。采用稳压电源为其供电。当被测温度为仪表刻度起始点温度时，电桥平衡，U_{ab}=0，没有电流流过动圈，指针指在起始点位置；当热电阻 R_t 随温度变化时，电桥失去平衡，U_{ab} 不等于零，此时电流流过动圈，在磁场的作用下，动圈转动，与此同时，张丝产生反抗力矩，当两力矩平衡时，指针指示相应的温度。

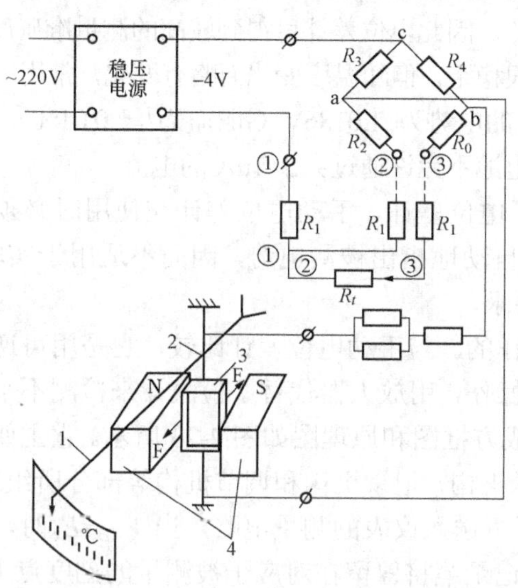

图 2-20　XCZ-102 动圈式温度指示仪表的测量原理

1—指示指针；2—张丝；3—动圈；4—磁钢

为了减小连接导线电阻变化而引起的误差，用热电阻测温时常采用三线制接法。如图 2-21 所示，这样，连接导线 2 和 3 分别加在电桥的两个相邻的桥臂上，环境温度引起的导线电阻变化可以相互抵消一部分，减小了对仪表读数的影响，提高了测量的准确性。

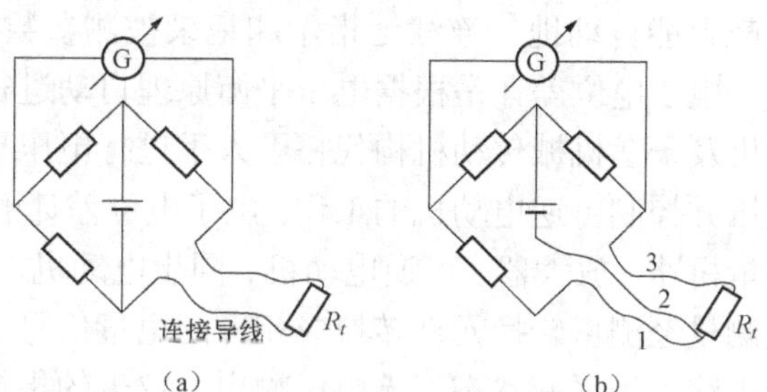

图 2-21　热电阻连接法

（a）二线制接法；（b）三线制接法

与 XCZ-l01 动圈式指示仪相同，统一规定了外接电阻值。对三线制连接法规定每根外接导线电阻为 5Ω，使用时，若每根连接导线电阻不足 5Ω 时，用调整电阻补足。

2. 电子自动平衡式显示仪表

（1）电位差计显示仪表。动圈式显示仪表虽然具有结构简单、价格便宜、易于维护、测量方便等优点，但是它的读数受环境温度和线路电阻的影响较大，测量准确度不高，不宜用于精密测量。另外，它的可动部分容易损坏，怕振动，阻尼时间长，且不便于实现自动记录。因此，使用电位差计却可大大减小因上述原因而产生的误差并实现自动记录。电位差计测量方法在实验室和工业生产中得到广泛应用。

电位差计测量热电势的工作原理是，用一个已知的标准电压与被测电势相比较，平衡的时候，二者之差值为零，被测电势就等于已知的标准电压。这种测量方法亦称补偿法或零值法。

电位差计测量方法的特点是：在读数时通过热电偶及其连接导线的电流等于零，因而热电偶及其连接导线的电阻值即使有些变化，也不会影响测量结果，使测量准确性大为提高，这点与用动圈式仪表的测量方法是不同的。但要注意，热电偶连接线路的电阻不能太大，否则会使热电偶支路中的不平衡电流变得很小，以致使检流计读不出偏差来，这样会降低测量的灵敏度和准确度。

1）手动电位差计。实验室用的手动电位差计中采用了直流分压线路，如图 2-22 所示。图中标准电池 E_N、标准电阻 R_N 及检流计 G 组成的回路是用来校准工作电流 I_1 的。校准工作电流时将切换开关 K 接向“标准”，调整 R_S 以改变 I_1 大小，直至 $I_1R_N=E_N$ 时，检流计 G 指针指零。因为标准电池的电势 E_N 是恒定的，R_N 是用锰铜丝绕制的标准电阻，其值也是不变的，所以当检流计 G 指针指零时 I_1 就符合规定值，这个操作过程通常称作为工作电流标准化。

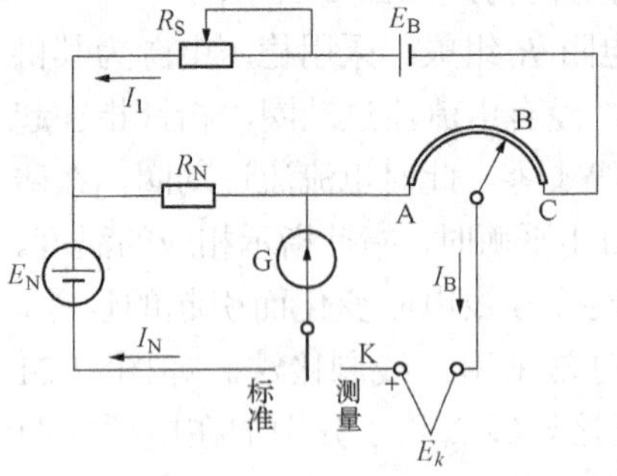

图 2-22　手动电位差计

然后将切换开关接向“测量”位置，调整 B 点位置使检流计指针指零，此时 B 的位置就指出被测电势的大小。

由于标准电池及标准电阻的准确度都比较高，加上应用了高灵敏度的检流计，因此电位差计可得到较高的测量准确度。标准电池的电势很稳定，但随温度变化而略有变化，常用的标准电池在+20℃时的电势为 1.0186V（准确度达±0.01%）。使用中需注意标准电池不允许通过大于 1μA 的电流。

2）自动电子电位差计。手动电位差计在使用时必须用手调节测量变阻器，因此，电位差计不能连续地、自动地指出被测电势，因而不适用于实验、生产上能自动地、连续地指示和记录被测参数的要求。

电子电位差计是根据电压平衡原理自动进行工作的。与手动电位差计比较，它是用可逆电动机及一套机械传动机构代替了人手进行电压平衡操作，用放大器代替了检流计来检测不平衡电压并控制可逆电动机的工作。电子电位差计的组成方框图和原理图如图 2-23 所示。它主要由测量桥路、放大器、可逆电动机、同步电动机、指示机构、记录机构和调节机构等部分所组成。被测量经测量转换元件转换成相应的电量信号 E_x 后，送入仪表的测量电路，当 $V_{AB}=E_x$ 时，测量电路处于平衡状态，无电压输出，仪表的指针和记录笔将停留在对应于被测量的刻度点上。

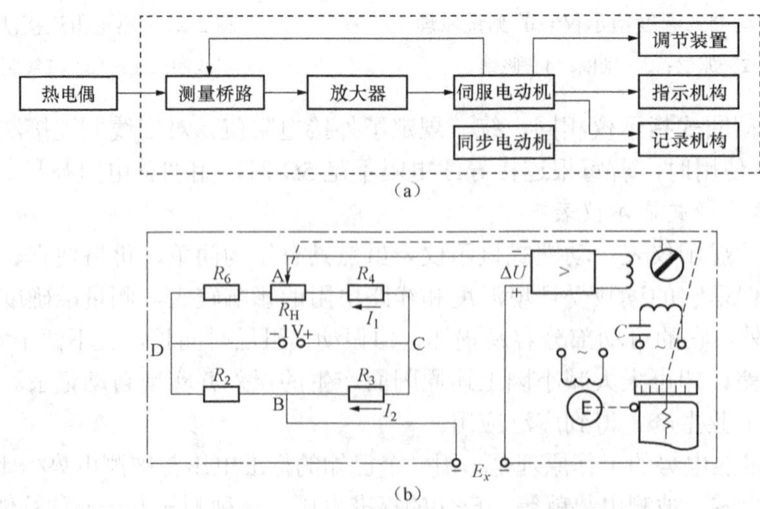

图 2-23　电子电位差计原理和组成方框图

当被测量的变化使仪表的输入信号发生相应的变化时，就破坏了原来的平衡状态，测量电路将输出一个不平衡电压 $\Delta V \neq 0$，经过放大器放大后，驱动可逆电动机旋转。可逆电动机通过一套机械传动机构带动测量电路中滑线电阻的滑动臂，从而改变滑动臂的位置，直至测量电路消除不平衡电压达到新的平衡时，可逆电动机即停止转动。在可逆电动机带动滑动臂移动的同时，还带动指针和记录笔沿着刻度标尺滑动，并停留在新的平衡点所对应的位置，显示出被测量的瞬时值。同步电动机带动走纸、打印、切换等机械传动机构，在记录纸上以画线或打点的形式，把被测量对应于时间的变化过程描绘成曲线。由此可见，电子电位差计是一个随动装置，它总是随着输入信号（被测量）的变化，从一个平衡状态过渡到另一个平衡状态。

由于这种测量方法在读数时要达到电压平衡，此时在被测回路中没有电流流过，测量回路中的线路电阻（导线及热电偶的电阻）的变化，不会影响测量结果，因此测量精度可以大大提高，通常电子电位差计的精度为±0.2%～0.5%。

（2）平衡电桥。平衡电桥是测量电阻的显示仪表，按其能否自动平衡分为手动平衡电桥和电子自动平衡电桥。

1）手动平衡电桥。手动平衡电桥测量电阻的原理如图 2-24 所示。图中，R_x 是待测电阻，R_2 和 R_3 是锰铜线绕固定电阻（通常取 $R_2=R_3$），R_4 是可调电阻，E 是电池的电动势，G 是检流计。

测量 R_x 时，调整 R_4 使检流计 G 指零，这时电桥处于平衡状态，即

$$I_1R_x = I_2R_2 \qquad I_4nR_4 = I_3R_3$$

式中 n——取 0～1，为可调电阻 R_4 滑触点的位置系数。

上面两式相除，并考虑 $R_2=R_3$，于是有：$n = \dfrac{1}{R_4}R_x$

待测电阻 R_x 可以用 R_4 滑触点在标尺上的位置 n 来表示。

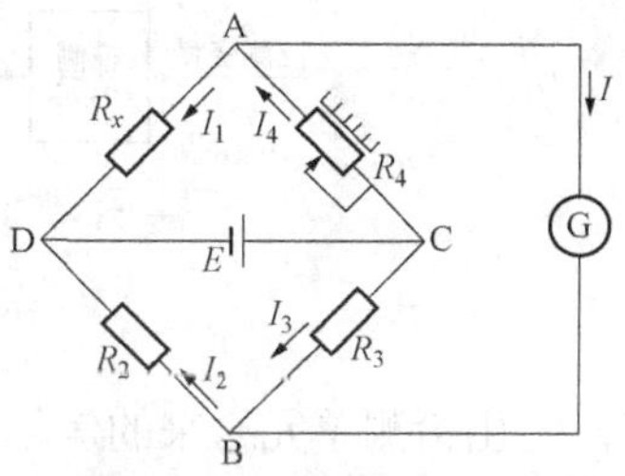

图 2-24 手动平衡电桥

2）电子自动平衡电桥。电子自动平衡电桥和电子自动电位差计一样，是一种自动平衡式显示仪表。两种仪表的基本结构相同，都是由检零放大器、可逆电动机、机械传动机构、指示记录机构、同步电动机和测量桥路等几部分组成的。不同之处主要是，电子自动平衡电桥是测量电阻的仪表，其测量桥路是一个平衡电桥。因此，凡是能变换成电阻的量都可以用电子自动平衡电桥来测量，而电子自动电位差计是测量直流电压的仪表，其测量桥路是一个不平衡电桥。

图 2-25 是电子自动平衡电桥的测量电路简图。实际测量中，热电阻与显示仪表之间相距较远，为了减小当环境温度变化时，连接导线电阻的变化所引起的附加温度误差，热电阻 R_t 按三线制接法接到平衡电桥的桥臂 AD 中。使用时，应调整外接电阻的调整电阻 R_{WT}，使连接导线上的电阻 R_1 为规定值。滑线电阻 R_H 跨接在两个相邻的桥臂 AC 和 AD 之间，移动 R_H 滑触点将同时改变这两个桥臂的电阻，这样可以提高电桥平衡速度；同时，还可以消除 R_H 滑触点的接触电阻对测量的影响。

当被测对象温度变化引起热电阻 R_t 的阻值变化时，电桥不平衡，不平衡电压输至放大器放大后，推动伺服电动机，带动滑线电阻上的滑点移动，改变上支路两个桥臂的比值，最后测量桥路恢复平衡，同时由伺服电动机带动指针指示出温度的数值。

（二）数字显示仪表

数字显示仪表可以与不同的传感器（变送器）配合，对压力、温度、流量、物位、转速

等参数进行测量并以数字的形式显示被测结果，故称为数字显示仪表。它显示直观、没有人为视觉误差、反应迅速、准确度高等优点。目前数字显示仪表在各个行业已等到广泛的应用。

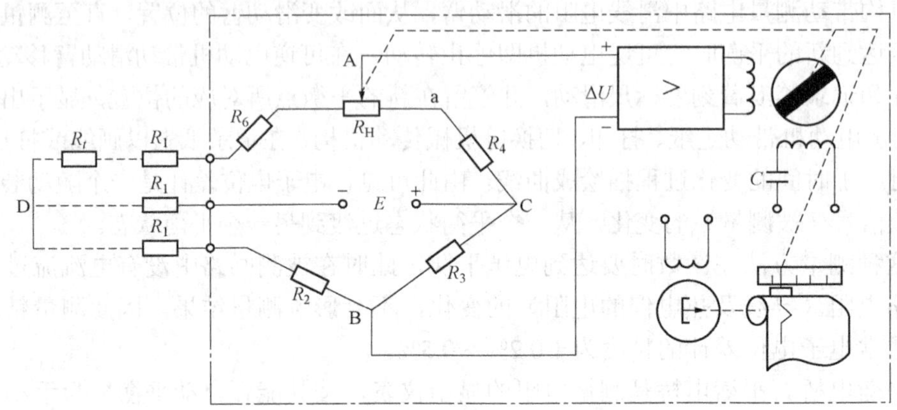

图 2-25　电子自动平衡电桥

1. 数字显示仪表的组成及工作原理

普通数字显示仪表由前置放大器、模数转换器（A/D）、非线性补偿、标度变换和显示装置等部分组成，其组成原理框图如图 2-26 所示。其中 A/D 转换、非线性补偿和标度变换的顺序是可以改变的，可组成适用于各种不同场合的数字式显示仪表。

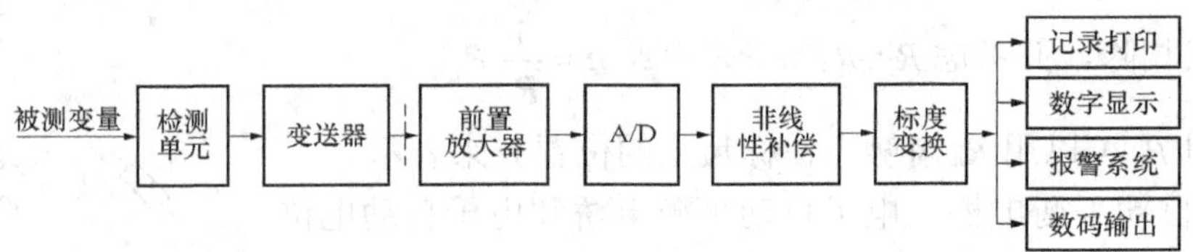

图 2-26　数字显示仪表原理

由检测单元送来的信号首先经变送器转换成电信号，由于信号较小，通常需进行前置放大后才能进行 A/D 转换，把连续变化的模拟信号转换成断续变化的数字量；然后经非线性补偿、标度变换后，最后送入计数器计数并显示；同时还可送往报警系统和打印机构，需要时也可把数字量输出，供其他计算单元使用，它还可与单回路数字调节器或计算机配套作定值控制等。

（1）A/D 转换。A/D 转换是数字式显示仪表的核心部分。其任务是将连续变化的模拟量转换成与其成比例的、断续变化的数字量，以便进行数字显示。要完成这一任务，必须用一定的计量单位使连续量整量化，才能得到近似的数字量。数字量的计量单位越小，同一模拟量转换的单位数字量越多，则断续的数字量越接近连续的模拟量，整量化的误差也就越小，转换精度越高。

常用的 A/D 转换器有双积分型（双斜率型）和逐次比较型。其中，双积分型 A/D 转换器的工作原理是将一段时间内输入的电模拟量通过两次积分，变换成与其平均值成正比的时间间隔，然后由脉冲发生器和计数器来测量此时间间隔而得到数字量。它属于间接法测量，即电模拟量不是直接转换成数字量，而是首先转换成时间间隔这一中间量，再由中间量转换成数字量。

而逐次比较型 A/D 转换器为直接法测量，它是基于电位差计的电压比较原理（相当于用天平称重），用一个标准的可调电压与被测电压进行逐次比较，不断逼近，最后达到一致。当两者一致时，已知标准电压的大小，就表示了被测电压的大小。再将这个和被测电压相平衡的标准电压以二进制形式输出，就实现了 A/D 转换。

逐次比较型 A/D 转换器采用逻辑电路，实现高速转换，其转换速度可达微秒数量级。具有测量精度高、稳定性好，测量速度快等优点。尽管电路复杂，抗干扰能力差，要求精密元件多，但在当前飞速发展的高速多点巡回检测系统及计算机参与生产过程控制系统中，仍采用它作为 A/D 转换的主要手段。

（2）非线性补偿。非线性补偿是为了使仪表显示的数字与被测参数成对应的比例关系而采取的各种补偿措施。因为大多数检测元件和传感器都存在着输入输出的非线性特性。在测量电路中，也往往存在着非线性元件或非线性转换。所以为了使仪表的输出与被测参数一一对应，在数字式显示仪表内一般都有非线性补偿环节。目前常用的方法有模拟式非线性补偿、非线性模-数转换补偿法、数字式非线性补偿法等。如检测元件或变送器的输入输出线性关系很好，或是对仪表的精度要求不高，非线性补偿环节也可省略。

（3）标度变换。标度变换的实质就是量程变换，它使仪表的显示数字能直接表征被测参数的工程量，即直接显示多少温度、压力、流量或液位，所以是一个量纲的还原。因为测量值与工程值之间往往存在一定的比例关系，测量值必须乘上某一常数，才能转换成数字式仪表所能直接显示的工程值。标度变换可以在模拟部分进行，也可以在数字部分进行。

（4）显示装置。数字显示装置通过计数器对所接受的脉冲信号进行计数，再经译码器等，将被测量结果用十进制数显示出来，以便操作人员能直接精确地读取所需的数据。常用数字显示器有辉光数码管显示器、发光二极管显示器、液晶显示器等。

2. 数字显示仪表的特点及基本功能

（1）数字显示仪表的特点。与模拟显示仪表相比，普通数字显示仪表具有以下特点:

1）结构紧凑，测量精度高、灵敏度高。

2）测量速度快，从每秒几十次到每秒上百万次。

3）数字显示，读数清晰、直观、准确、方便，可以方便地实现多点测量。

4）便于与计算机联用。

（2）数字式显示仪表的基本功能。数字式显示仪表具有以下基本功能:

1）输入信号一般为电压、电流或频率脉冲信号及开关信号等。

2）以 0～9 数字形式及其单位符号显示被测参数的测量值。

3）可对被测参数自动测量和显示，可对被测参数设定报警，当被测参数达到设定值时可输出控制信号。并可进行多点测量、显示、报警、输出控制信号。

3. 数字式显示仪表的分类

数字式显示仪表的分类方法很多，按输入信号分，有电压型和频率型两大类；按测量显示的点数分，有单点显示和多点显示两大类；按功能分，有数字显示仪、数字显示报警仪、数字显示输出仪、数字显示记录仪、数字显示报警输出记录仪等。

4. 智能显示仪表

随着现代化工业控制技术的飞跃发展和新技术、新工艺的不断应用，以 CPU 为核心的新型显示仪表——智能化的显示仪表已经越来越广泛地应用于各行各业。智能式显示仪表包括智能数显表和图像显示仪表，后者常称为无纸记录仪或电子记录仪。无纸记录仪就是直接把工艺参数的变化量，以文字、图形、曲线、字符等多种方式在屏幕上进行显示的仪表。这类仪表是随着电子计算机的应用而发展起来的一种新型显示仪表，兼有模拟式显示仪表和数字式显示仪表的功能，并具有计算机大存储量的记忆能力与快速性功能，是现代计算机不可缺少的终端设备，也是计算机综合集中控制不可缺少的显示装置，如图 2-27 所示。

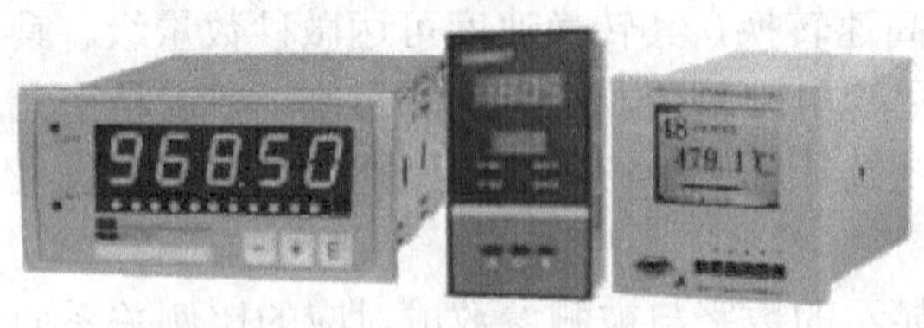

图 2-27 智能显示仪表

（1）智能显示仪表的功能和特点。

1）全功能输入信号，可同时测量标准直流毫伏、伏、毫安及热电阻、热电偶等多种信号。

2）采用高可靠性无触点开关和动态校零技术，具有自动温度补偿及自动校零环节。稳定性好，测量精度高。

3）具有光柱显示、数字显示、字符说明、曲线显示、棒图显示等多种显示方式，显示直观、准确；并有趋势记录、表格记录、分区记录、放大/缩小记录及量程自动切换等多种记录方式。

4）具有代数运算和逻辑运算功能，并能进行流量积算和 PID 控制，带有报警功能。

5）可对信号类型、测量范围、报警内容、记录方式、走纸速度、打印报表内容及 PID 调节参数等进行设置。

6）具有掉电保护功能，内置掉电保护存储器（掉电后数据可保存十年），实现超大容量信息存储，并可随时在仪表上重现各种现场数据。

7）具有超量程、断线、断偶指示等故障自诊断功能。

8）可以通过通信接口和计算机联网，构成计算机管理系统。

（2）智能显示仪表的组成。智能显示仪表主要由工业专用微处理器、A/D 转换器、EEPROM、显示控制器、液晶显示器、键盘控制器等部分组成。

整个智能数字显示仪表的工作由微处理器负责，它根据键盘的按键命令，通过总线对各部件进行控制。由标准信号、热电偶、热电阻等送来的信号经前端处理送至模拟开关，在微处理器的控制下分别送至调理电路变换成适当的电压信号，经 A/D 转换后成为数字量，微处理器对该测量值经校零、线性化运算、冷端补偿等处理后，送至显示器显示。必要时可将记录曲线或数据送往打印机打印，也可将相关数据送往计算机加以保存或进一步处理。

三、相关技能

（一）数字显示仪表和模拟显示仪表的比较

作为工业生产过程参数的显示，数字式和模拟式各有自己的特点，选用时应根据具体情况而定。数字式仪表准确，分辨率高，有助于减少含糊不清的疑点，并便于和计算机配用，目前多用于单点测量显示或多点巡检带数字打印的场合。模拟式仪表最大的优点是性能稳定，记录显示能反映测量趋势。对于高密度安装仪表的表盘来说，使用模拟式仪表便于操作者全面了解掌握生产过程的情况。数字式显示仪表和模拟式显示仪表的比较见表 2-6。

表 2-6 数字式显示仪表与模拟式显示仪表比较

比较项目	数字显示仪表	模拟显示仪表
输入信号	电压、电流、脉冲、频率	电压、电流
测量精度	<0.05%	0.5%
测量速度	快	慢
显示形式	数字	指针标尺
测量点数	多	少
数值存储	数字打印	曲线记录

（二）数字显示仪表的技术指标

1. 显示位数

显示位数常见的有三位、四位，更高可达八位。位数越多读数的准确度就越高。现场使用多为三位、四位，它们都可以再增加半位，即$3\frac{1}{2}$、$4\frac{1}{2}$。

2. 分辨率

分辨率是指数字显示仪表显示的最小数和最大数的比值。

分辨力是指数字显示仪表在最低量程上，最末位改变一个字时相对应的被测信号值，它相当于模拟式仪表的灵敏限。

3. 显示误差

显示误差：低于±0.5%满量程。

（三）数字显示仪表的型号命名

数字显示仪表的型号一般有三节。第一节有三位，用大写汉语拼音字母表示仪表的名称和类型。第一位 X 表示显示仪表；第二位 M 表示模拟输入数字式；第三位 Z 表示显示仪，T 表示显示调节仪，B 表示显示报警仪，D 表示巡回检测仪。

第二节由若干位拼音字母组成，表示仪表的某些附加功能和结构特点。A 表示带变送器输出；B 表示外供 24V 电源；G 表示面板尺寸为 72mm×72mm；J 表示面板尺寸为 96mm×96mm；H 表示竖式面板尺寸为 80mm×160mm。

第三节由三位阿拉伯数字和一位拼音字母组成。第一位通常为 1，表示一个被测量；第二位表示调节方式，即 0 表示两位调节，1 表示三位狭带调节，2 表示三位宽带调节，3 表示时间比例调节，4 表示时间比例调节加两位调节，6 表示连续 PID 调节加两位调节，9 表示连续 PID 调节；第三位表示配接的检测元件或传感器、变送器类型，即 1 表示热电偶或辐射温度计，2 表示热电阻，3 表示霍尔式压力变送器，4 表示电阻式远传压力计，5 表示输入电流电压信号，6 表示热敏电阻。

第四位用拼音字母表示仪表的适用场合，C 表示船用，F 表示耐大气腐蚀，K 表示开方。

四、请你做一做

1．上网查找 5 家以上生产显示仪表的企业，列出它们所生产的显示仪表型号规格，了解其特点。

反思与探讨

1．数字显示仪表由几部分组成？

2．A/D 转换有几种方式？

3．对于一台 4 位的数字显示仪表，其分辨率为多少？

4．数字仪表按输入信号的方式分为几类？

5．数字显示仪表和模拟显示仪表相比，有什么特点？

学习情境三　压力测量系统构建

在工业生产中，压力是个非常重要的参数，直接影响到设备安全和系统经济运行。压力是表征生产过程中工质状态的基本参数之一，只有通过压力及温度的测量才能确定生产过程中各种工质所处状态。在发电厂中需要测量的压力很多，如给水压力、饱和蒸汽压力、过热蒸汽压力、凝汽器内的真空、炉膛负压等。除了压力测量外，流体的压力差（简称压差）也是火电厂生产过程中需要测量的参数，例如通过测量压差可以测量管道中的流量和容器内的液位等。在热力设备运行时，为了保证工质状态符合设计要求，取得最佳经济效益，压力和温度一样，都是不可缺少的测量参数。通过压力测量，还可以监视各重要压力容器，如除氧器、加热器等以及管道的承压情况，防止设备超压爆破。

通过本情境的学习，应能说出压力及压差的概念；会进行各种压力单位的换算；知道常用压力表的种类及工作原理；知道弹性元件的种类并能说明弹簧管压力表的结构及工作原理；知道电接点压力表的特点和用途；能说出膜盒式微压计的工作原理；知道1151系列电容式压力（差压）变送器的特点及用途。

弹性元件是实现压力测量的感受元件，常见的有弹簧管、波纹管、膜片（膜盒），利用不同的弹性元件可制成不同的弹性压力计，如弹簧管压力表、膜盒式微压计、双波纹管差压计等。学习时先弄清弹性元件的压力-位移转换原理，然后再根据弹性压力计的结构来分析仪表是如何实现压力信号测量显示的。每种仪表的结构、特点不同，用途及测量范围也不一样，注意彼此的区别。

压力（差压）变送器是实现压力（差压）测量的中间变换部件，可实现压力（差压）信号的远传，也可将压力（差压）信号变换为统一的电流或电压信号送至控制系统中去，要重点理解电容式压力（差压）变送器的工作原理，注意建立完整压力测量系统的概念。

本学习情境的重点和难点：

重点：常用测压仪表的种类，弹簧管压力表的结构及工作原理，压力变送器的种类及特点，1151系列电容式压力（差压）变送器的工作原理。

难点：新旧压力单位的换算，1151系列电容式压力（差压）变送器工作原理的理解。

学习单元一　液柱式压力计的应用

液柱式压力计是利用仪表使液柱高度的重力与被测压力相平衡的原理测量压力。所用液体叫作封液，常用的有水、酒精、水银等。本单元将从应用角度出发，介绍液柱式压力计的工作原理及一些应用实例。

一、任务描述与分析

液柱式压力计是利用一定高度的液体所产生的静压力来平衡被测压力的原理进行压力测量的，其示值为大气压和被测介质压力之差。由于其结构简单、精度高、价格低廉，被广泛用于测量低压、负压和压差，如锅炉炉膛负压、风道风压等。液柱式压力计的输出也可作为压力标准来校验低压或微压仪表。

本次学习任务重点掌握液柱式压力计的测压原理，了解液柱式压力计的分类及特点，液柱式压力计的使用方法。

二、相关知识

（一）压力的概念及压力测量仪表的分类

1. 压力的概念

工程技术中，压力的定义为垂直作用在物体单位面积上的力，在物理学上称之为压强。严格地讲工程上的压力定义只是一种习惯用语，它指的实际上就是压强，而俗称压力罢了。

压力测量总是在大气压环境下进行的，所以一般仪表显示的压力数值是被测压力和大气压力的差值，用差值表示压力有其实用价值。所以我们平时所讲的压力实质上是被测介质的绝对压力减去大气压力后的结果。在火电厂测量气体或液体压力大多使用这种压力表，这种压力表测量显示的压力又称为表压力（或指示压力）。只有测量大气压力的压力表是测量绝对压力。绝对压力和表压力之间关系可表示为表压力等于绝对压力与大气压的差，或绝对压力等于表压力与大气压的和。

当绝对压力高于大气压时，表压力的数值为正，称为正压。绝对压力低于大气压时，表压力的数值为负，称为负压或真空。但在差压式流量计和液位计中，习惯上把较高一侧的压力称为正压，较低一侧的压力称为负压，而这个负压不一定低于大气压，与前述不要混淆。

2. 压力的量纲

压力的量纲（单位）是力的单位除以面积单位，这和压力定义“垂直作用在物体单位面积上的力”是一致的。在国际单位制和我国法定计量单位中，力的单位是牛顿（N）、面积的单位是平方米（m^2），则压力的单位是 N/m^2，称为帕斯卡，简称帕，符号为 Pa。

我国在过去曾经使用过一些压力单位，现在有些还在使用。为了在工作中能进行简单的换算，特将定义介绍如下。

在 $1cm^2$ 的面积上作用 1kgf（1 kgf=9.8N）定义为 1 个工程大气压。气体虽轻也有质量，空气中气体作用在 $1cm^2$ 面积上（在规定的海拔高度上）的力称为 1 个标准大气压。毫米水柱是以高度来表示压力的一个单位，$1mmH_2O$ 相当于 9.806Pa。表 3-1 所示是各种实用压力单位和标准压力单位 Pa 的换算表。

表 3-1　　实用压力单位与标准压力单位 Pa 的换算表

压力单位	符　号	与 Pa 换算关系
1 工程大气压	kgf/cm^2	9.807×10^4
1 标准大气压	atm	1.013×10^5
$1mmH_2O$	mmH_2O	9.806
1mmHg	mmHg	1.33×10^2

可见 Pa 的单位是比较小的，实际使用的单位还有 kPa、MPa 等。

3. 常用压力测量仪表的分类

常用压力测量仪表按照其工作原理的不同，大致可分为以下四大类：

（1）液柱式压力计：利用管内一定垂直高度液柱在管底面积上产生的压力与被测压力平衡的原理，将被测压力转换成液柱高度差实现测量。在测量较低压力（20kPa 以下）时，常采用液柱式压力计。

（2）弹性压力计：利用弹性材料在压力的作用下产生弹性变形的原理，将被测压力转换成弹性元件的变形位移而实现测量。在不同原理的压力测量仪表中，弹性压力计的应用最广泛。其结构简单、使用方便、环境适应性强、测量范围大，也便于实现信号转换。

（3）电气式压力计：利用电气元件将压力位移信号变为电量实现压力测量。电气式压力计可用于高频脉动压力以及超高压力的测量。

（4）活塞式压力计：利用活塞及标准质量重物的重力在单位底面积上所产生的压力，通过封闭液体的传递与被测压力平衡的原理实现测量。活塞式压力计用于实验室作为标准仪表校验其他压力计。

（二）液柱式压力计的工作原理

液柱式压力计利用液柱对液柱底面产生的静压力与被测压力相平衡的原理，通过液柱高度来反映被测压力的大小。这类压力计的优点是：结构简单、使用方便、有相当高的准确度。缺点是：量程受液柱高度的限制、体积大、玻璃管容易损坏及读数不方便。

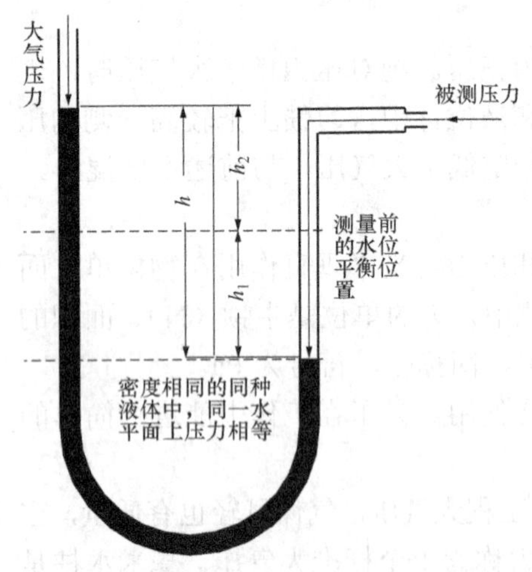

图 3-1 U 形管压力计的测压原理

（三）液柱式压力计的种类和特点

液柱式压力计定型产品有 U 形管压力计、单管压力计和倾斜式微压计三种。

U 形管压力计的测压原理如图 3-1 所示。右侧为被测压力，由密封的管路将被测压力引入，它的压力与被测介质的对象有关，与大气压毫无关系。左侧直接和空气连通，大气压直接作用在 U 形管左侧液体的表面，所以左侧液体表面的压力是一个大气压。当右侧被测介质的压力高于大气压时会形成如图 3-1 所示的情况，两者差压越大，U 形管中的左右液位高低差别就越大。根据流体静力学原理可知，密度相同的同种液体中，同一水平面上的压力相等。一般将此平面称为等压面。图 3-1 中右侧介质和液体交界面（虚线所在平面）就是一等压面。等压面找好后，分析等压面上的压力组成，就可以求出被测压力和大气压力的差值。

U 形管的右侧等压面（虚线所在平面）上的压力为被测压力 p_1。左侧等压面上压力由大气压和液柱 h 产生的压力两部分组成，所谓等压面就是此面上压力相等，所以有

$$p_1=\text{大气压}+\text{液柱 } h \text{ 产生的压力} \tag{3-1}$$

液柱 h 产生的压力为 ρgh。其中 ρ 为 U 形管中液体的密度，g 为重力加速度，h 为左右管中的液位高度差。整理式（3-1）可得

$$p_1-\text{大气压}=\rho gh=\rho g(h_1+h_2) \tag{3-2}$$

U 形管的液位差表示了被测压力和大气压的差，这个压力差称为被测压力的表压力。若

U 形管内液体为水的话，则用 U 形管表示的表压力单位是毫米水柱（mmH_2O）。

为了减少毛细管现象对测量精度的影响，U 形管内径不宜太细，一般管内使用水银液体时管径不小于 5mm；管内装水时，不小于 8mm。

考虑到 U 形管两侧内径不可能完全一致，分别读取 h_1 和 h_2 的数值，然后将把两者之和 h 作为读数结果，不可用 $2h_1$ 或 $2h_2$ 来代替 h。当 U 形管压力计的刻度标尺分格值为 1mm 时，这样产生的读数误差在±1mm 之内。因此当读数很小时产生的相对误差可能就很大，而且需要 U 形管两侧读数，使用不很方便。

液柱式压力计通常用来测量气体压力，气体密度远小于液体，故管内气柱重力可忽略不计。

为了简化读数方法，出现了单管压力计。它是将 U 形管的一侧管径改大，成为杯形，如图 3-2（a）所示。设杯的内径为 D，管的内径为 d，则表压力 Δp 为

$$\Delta p = p - p_{amb} = \rho g(h_1 + h_2) = \rho g\left(\frac{d^2}{D^2}h_2 + h_2\right) = \rho g h_2\left(\frac{d^2}{D^2}+1\right) \approx \rho g h_2 \tag{3-3}$$

式中　p——压力；

p_{amb}——大气压力。

若 D=31.6d，则截面积之比可达 1000 倍，只要读出 h_2 便知被测压力，误差不超过 0.1%，甚至还可以把上式中括弧内的数作为修正值，使误差更小。

在此基础上，为了使读数方便，可以把单管改为斜管，如图 3-2（b）所示。利用斜边大于高的关系，将读数标尺加长，有一定的放大作用。

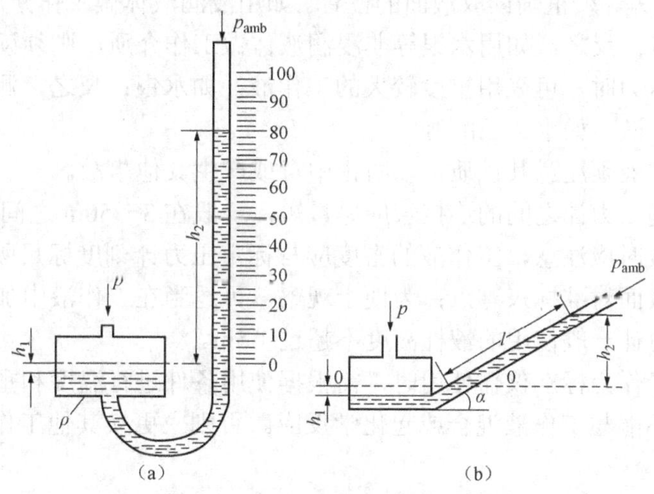

图 3-2　单管与斜管压力计

（a）单管压力计；（b）斜管压力计

液柱式测压原理也有其难以克服的缺点，主要是：

（1）量程受到液体密度的限制。除水银外，目前尚无密度大且化学稳定性好的液体，而水银又是人们所不愿意使用的有害物质。

（2）不适合测量剧烈变动的压力。由于 U 形管两端必须和被测压力及大气相通，压力突变时会使液体冲出管外。况且管内液体阻尼系数太小，虽然测微小变化的压力相当灵敏，而

在动态性质上却是欠阻尼的，因此遇到压力的扰动就反复振荡许久方能使液柱静止。

（3）对安装位置和姿势有要求。除占用空间较大不够紧凑之外，姿势必须垂直，使得安装条件受到限制。

由于液柱式压力计使用中存在这些问题，工业上已经很少使用，但在实验室仍然普遍采用，因为它简单、灵敏、精确。

三、相关技能

（一）液柱式压力计的使用

液柱式压力计是用一定高度的液柱所产生的静压力平衡被测压力的方法来测量正压力、差压和真空度。由于它结构简单、坚固耐用、价格低廉、使用寿命长（若无外力破坏可永久使用），读取方便，而且在 0.1MPa 范围内其测量准确度比较高，并可通过注入不同的工作液而灵活地测量不同介质的正压力、差压和真空度。因此被广泛地用于工矿企业和科研院所各部门。

将单管压力计的透明管制成倾斜的形式是斜管微压计。测压时，由于透明管的倾斜，使液面位移距离放大了 1/sinα 倍，从而可以提高压力计的读数精度。斜管微压计适合于测量微小（2000Pa 以下）的正压、负压或压差。

斜管微压计的定型产品一般都附有水准指示器，水表、远传式水表以便在安装使用时把仪表调整成水平，以保证倾角 α 的准确。有的斜管微压计的斜管倾角 α 可以根据需要进行调整。

液柱式压力计虽然有许多优点，但它有测量范围小、透明管易破碎、指示值与工作液体密度有关等缺点，因此使用中应注意以下几点：

（1）液柱式压力计应避免在过热、过冷、有腐蚀或振动的地方使用。

（2）为了减小视差，须正确读取液面的位置。如用浸润液体做工作介质（如水、酒精等），须读其凹面的最低点；反之，如用水银等非浸润液体做工作介质，则须读其凸面的最高点。

（3）测量较大压力时，可采用重度较大的工作液，如水银；反之，测量较小压力时，可采用重度较小的工作液，如水、乙醇等。

（4）使用的工作液须注意其性质，以防止中毒或产生其他事故。

（5）从测压点到压力计之间的连接管应尽量短，一般在 3～50m 之间。

（6）灌注工作液时应注意，工作液的密度应与标定压力计刻度标尺所用的液体密度相一致；应注意使工作液面对准标尺零点；为便于观察，可适当在工作液中加入一点颜色。

（7）U 形管压力计一般使用的液柱高度不超过 1.5m。

（8）单管压力计作为标准仪器使用时，需根据使用条件进行温度和重力加速度的修正。

（9）被测介质不能与工作液混合或起化学反应。否则应更换其他工作液或加装相应的隔离罐。

（10）为了减小读数误差，读数时应注意保持视线与透明管相互垂直，并在工作液的弯月面顶点处从标尺上读数值。

（二）液柱式压力计的安装

液柱式压力计的玻璃管是用高硼玻璃加工而成，其物理和化学性质稳定，透明度好且不易碎裂，安装架是用优质木材加工的平板，可根据现场工作需要在上面灵活的钻孔和安装挂勾等配件。安装时应注意以下几点：

（1）液柱式压力计应避免安装于过热、过冷和有振动的地方。因为过热时，工作液容易蒸发掉，过冷时工作液可能冻结，振动太大会把玻璃管振破，造成测量误差，或根本无法测量。

（2）需水平放置的仪表，测量前应将仪表放平，再校正零点。如果工作液面不在零位上，可调零位器或移动可变刻度标尺，或灌注工作液体，将零位对好。

（3）灌注工作液的重度必须与制作仪表刻度标尺时的液体重度一致。否则将会产生测量误差。

（4）工作液为水时，可以在水液中加入一点红墨水或其他颜料，以便于观察读数。

（5）温度变化，将使工作液（水或酒精）蒸发，液体压力计零点的位置会改变，此时可将带切口的标尺沿固定螺钉移动，使标尺对准零点，无需再灌入工作液。

（6）被测压力不能超过仪表测量范围。有时因生产上突然停电或操作不注意会造成压力突增，使工作液被冲走。若是水银工作液被冲走，既带来损失，又可能造成水银中毒的危险。在这种情况下，可采用接长玻璃管或装设收集瓶的方法。

（7）被测介质不能与工作液混合，或起化学反应。如被测介质能与水或水银混合，或发生反应时，则应更换其他工作液或采取加隔离液的方法。

（8）液柱式压力计的安装，应根据水平仪校正垂直安装位置，不可倾斜安装。安装地方必须有良好照明，以便于读数。

反思与探讨

1．U 形管压力计两肘管的内径分别为 d_1=6mm，d_2=6.5mm，管内封液为水，被测压力作用于较细肘管，使水柱从零位下降 195mm。如果以该值的 2 倍作为被测压力值，试确定由于没有读取较粗肘管的水柱从零位的升高值而造成的测量误差。

2．斜管式微压计用水作介质，可以吗？

3．液柱式压力计，水作为工作介质，为了便于读数，在水中加入红墨水，可以吗？

4．斜管式微压计，测量时看不到液柱，是怎么回事？

学习单元二　弹性式压力计的应用

弹性压力计是根据弹性元件受到压力作用后，所产生的变形与压力大小具有一一对应的确定关系的力平衡原理进行压力测量的。这种仪表结构简单、测量范围广、造价低廉、有足够的精确度，还可以制成发信器远距离传输。因此，弹性式压力计是工业上应用最广泛的一种压力测量仪表。

一、任务描述与分析

在工业过程控制与技术测量过程中，由于机械式压力表的弹性敏感元件具有很高的机械强度以及生产方便等特性，使得机械式压力表得到越来越广泛的应用。机械压力表中的弹性敏感元件随着压力的变化而产生弹性变形。机械压力表采用弹簧管（波登管）、膜片、膜盒及波纹管等敏感元件并按此分类。所测量的压力一般视为相对压力，一般相对点选为大气压力。弹性元件在介质压力作用下产生的弹性变形，通过压力表的齿轮传动机构放大，压力表就会显示出相对于大气压的相对值（或高或低）。在测量范围内的压力值由指针显示，刻度盘的指示范围一般做成 270°。

本次学习任务掌握弹性式压力计的基本原理，了解弹性式压力计的分类及特点，弹簧管压力计的使用方法，重点进行弹簧管压力计测压系统的设计，会正确选用弹性式压力计并构成相应的测量系统。

二、相关知识

（一）弹性式压力计的工作原理

弹性压力计是利用各种形式的弹性元件，在被测介质的表压或真空度作用下产生的弹性变形与被测压力之间的关系制成的。它是工业生产和实验室中应用最广的一种压力计，具有如下特点：

（1）结构简单、坚实牢固、价格低廉。

（2）准确度较高、测量范围广。

（3）便于携带和安装使用，可以配合各种变换元件做成各种压力计。

（4）可以安装在各种设备上或用于露天作业场合，制成特殊形式的压力表还能在恶劣的环境条件下工作，如高温、低温、振动、冲击、腐蚀、黏稠、易堵和易爆等。

（5）其频率响应低，不宜用于测量动态压力。

1. 基本原理

弹性元件受外部压力作用后，通过受压面表现为力的作用，其力 F 的大小为

$$F=Ap \tag{3-4}$$

式中 A——弹性元件承受压力的有效面积，m^2；

p——外部压力。

根据虎克定律，弹性元件在一定范围内弹性变形与所受外力成正比，即

$$F=Cx \tag{3-5}$$

式中 C——弹性元件的刚度系数，N/m；

x——弹性元件在外力 F 作用下所产生的位移（即形变），m。

由式（3-4）、式（3-5）可得

$$x=A/C\cdot p \tag{3-6}$$

式（3-6）中弹性元件的有效面积 A 和刚度系数 C 与弹性元件的性能、加工过程和热处理等有较大关系。当位移量较小时，它们可视为常数，压力与位移成线性关系；否则，不为常数，应分段线性化或进行修正，使用时还应注意温度对其的影响。比值 A/C 的大小决定了弹性元件的压力测量范围和灵敏度，比值越大，可测压力范围越小，灵敏度越高，反之亦然。

2. 弹性元件

弹性元件是弹性压力计的测压敏感元件，不同的弹性元件所适用的测压范围有所不同。工业上常用的弹性压力计所使用的弹性元件有以下 3 种：弹簧管（可分为单圈弹簧管和多圈弹簧管）、膜片（分为平面膜、波纹模、挠性膜）和波纹管，结构如图 3-3 所示。

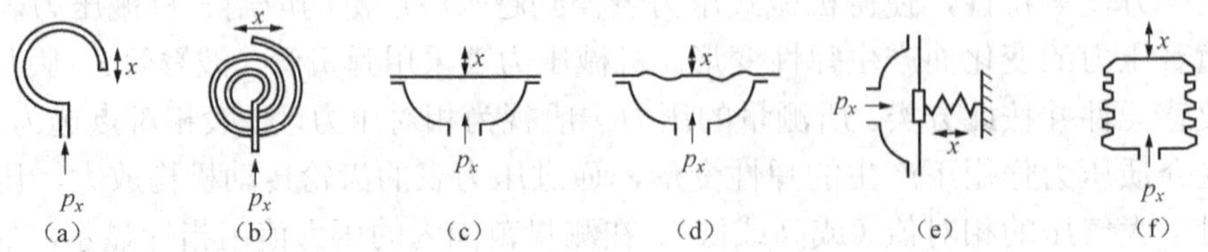

图 3-3 弹性元件示意图

（a）单圈弹簧管；（b）多圈弹簧管；（c）平面膜；（d）波纹膜；（e）挠性膜；（f）波纹管

（1）弹簧管。弹簧管是由法国人波登发明的，所以又称为波登管。它是一根弯成270°圆弧的、具有椭圆形（或扁圆形）截面的空心金属管子，如图3-4所示，管子的自由端B封闭，管子的另一端A开口且固定在接头上，空心管的扁形截面长轴$2a$与和图面垂直的弹簧管几何中心轴平行。弹簧管结构简单，测量范围最高可达 10^9Pa，因而在工业上应用普遍。弹簧管有单圈和多圈之分，多圈弹簧管自由端的位移量较大，测量灵敏度也较单圈弹簧管高。

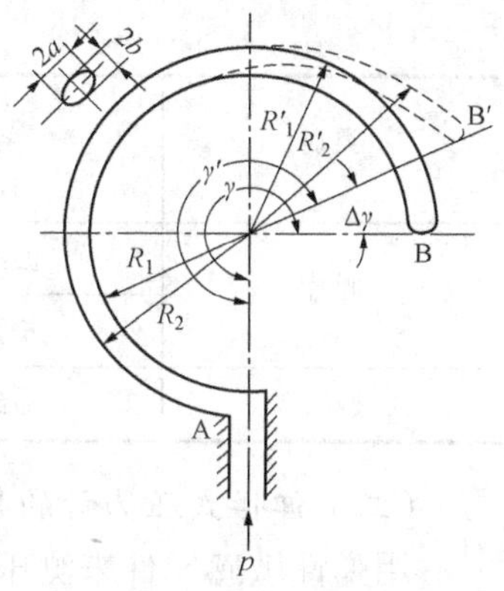

图3-4　单圈弹簧管结构

当被测介质从开口端进入并充满弹簧管的整个内腔时，椭圆截面在被测压力p的作用下将趋向圆形，即长半轴a将减小，短半轴b将增加，由于弹簧管长度一定，使弹簧管随之产生向外挺直的扩张变形，结果改变弹簧管的中心角，使其自由端产生位移，由B移到B′，如图3-4中的虚线所示，若输入压力为负压时，B点的位移方向与此完全相反。

弹簧管既可以直接带动传动机构就地显示，又可以接转换元件将信号远传。根据弹性元件的各种不同形式，弹性压力计可分为多种类型。

（2）膜片。膜片是一种沿外缘固定的片状测压弹性元件，在外力作用下通过膜片的变形位移测取压力的大小。膜片的特性一般用中心的位移和被测压力的关系来表征。

膜片又分为平面膜、波纹膜和挠性膜。其中平面膜可以承受较大被测压力，但变形量较小、灵敏度不高，一般在测量较大的压力而且要求变形不很大时使用。波纹膜是一种压有环状同心波纹的圆形薄膜，其波纹的数目、形状、尺寸和分布均与压力测量范围有关。其测压灵敏度较高，常用在小量程的压力测量中。为提高灵敏度，得到较大位移量，可以把两块金属膜片沿周边对焊起来，成一薄膜盒子，称为膜盒。挠性膜一般不单独作为弹性元件使用，而是与线性较好的弹簧相连，起压力隔离作用，主要是在较低压力测量时使用，膜片可直接带动传动机构就地显示，但是由于膜片的位移较小，灵敏度低，更多的是与压力变送器配合使用。

（3）波纹管。波纹管是一种具有等间距同轴环状波纹，能沿轴向伸缩的测压弹性元件，用金属薄管制成，形状类似于手风琴的褶皱风箱。波纹管在受到外力作用时，其膜面产生的机械位移量主要不是靠模面的弯曲形变，而是靠波纹柱面的舒展或压屈来带动膜面中心作用点的移动。波纹管有单波纹管和双波纹管之分。

由于波纹管的位移相对较大，一般可直接带动传动机构，就地显示。其优点是灵敏度高，可以用来测取较低的压力或压差。但波纹管迟滞误差较大，准确度最高仅为1.5级。

各种弹性元件的机构和性能指标见表3-2。

表3-2　弹性元件的机构和性能指标

类别	名称	测量范围（MPa）	动态性质	
			时间常数（s）	自振频率（Hz）
弹簧管	单圈弹簧管	0～981		10^2～10^3
	多圈弹簧管	0～98.1		10～10^2
膜片	平面膜	0～98.1	10^{-5}～10^{-2}	10～10^4

续表

类别	名称	测量范围（MPa）	动态性质	
			时间常数（s）	自振频率（Hz）
膜片	波纹膜	0～0.981	10^{-2}～10^{-1}	10～10^2
	挠性膜	0～0.0981	10^{-2}～1	1～10^2
波纹管	波纹管	0～0.981	10^{-2}～10^{-1}	10～10^2

（二）弹性式压力计的种类和结构形式

用弹性敏感元件来测压的仪表称为弹性式压力计。它是基于弹性元件的变形输出（力或位移）来实现压力测量的，然后通过传动机构直接造成压力（或差压）的指示，也可以通过某种变送方法，实现压力（或差压）的远距离指示。根据弹性敏感元件的类型不同，弹性压力计通常可分为弹簧管压力计、膜盒微压计、电接点压力计等几种类型。

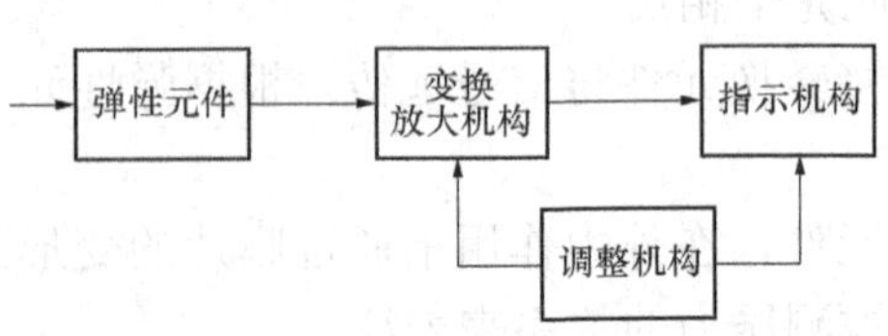

图 3-5 弹性压力计的组成框图

弹性压力计的组成一般包括几个主要环节，如图 3-5 所示。弹性元件是仪表的核心部分，其作用是感受压力并产生弹性变形，弹性元件采用何种形式要根据测量要求选择和设计；在弹性元件与指示机构之间的变换放大机构，其作用是将弹性元件的变形进行变换和放大；指示机构主要是指针与刻度标尺，用于给出压力指示值；调整机构适用于调整仪表的零点和量程。

（1）弹簧管压力计。弹簧管压力计分多圈及单圈，可用于测量真空或 0.1～10^4MPa 的压力。准确度等级为 0.1～4.0 级。普通单圈弹簧管压力计的结构图如图 3-6 所示，它主要由弹簧管、传动放大机构、指示机构及外壳组成。

当压力介质由接头 4 引入弹簧管 1 内时，弹簧管的自由端 5 将产生位移。此位移通过拉杆 6 带动扇形齿轮 7 转动，使与 7 啮合的小齿轮 8 旋转，从而使固定在小齿轮轴上的指针 9 一起转动，进行压力指示。游丝可消除扇形齿轮与小齿轮之间因有啮合间隙而产生的测量误差。扇形齿轮与拉杆相连的一端有开口槽，改变拉杆与扇形齿轮的连接位置，可以改变传动机构的传动比，实现量程满度值的调节。

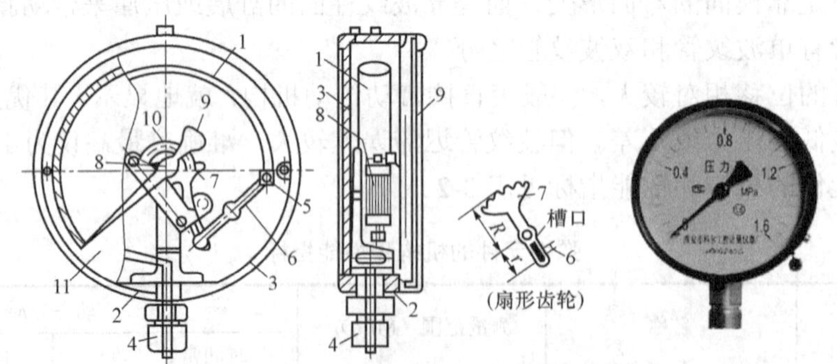

图 3-6 普通单圈弹簧管压力计的结构图

1—弹簧管表；2—支座；3—外壳；4—接头；5—带有铰轴的塞子（自由端）；6—拉杆；7—扇形齿轮；8—小齿轮；9—指针；10—游丝；11—刻度盘

（2）膜盒微压计。膜盒微压计常用于火电厂锅炉风烟系统的风、烟压力测量及锅炉炉膛负压测量，其结构如图 3-7 所示。测量范围为 150～40000Pa，精度等级一般为 2.5 级，较高的可达 1.5 级。

仪表工作时，压力信号由导压管 10 将压力引入到膜盒 7 内，膜盒形状是上下面积大而侧面积小，上下受压力大于侧面压力，所以扁形的膜盒有变圆的趋势，当膜盒下部侧面固定不动时，只能是上侧面向上移动。通过膜盒上的膜盒杠杆推动 7 字型杠杆 6 绕杠杆转动支点 5 逆时针转动，又通过拉杆 4 和曲柄 3 带动指针 8 的转动，从而进行压力指示。其中曲柄 3 和拉杆 4 是铰接（接点可转动）。

压力信号由接头、导压管引入膜盒内，使膜盒产生变形。变形后膜盒中心处向上位移，与膜盒中心相连的杠杆动作，带动杠杆绕支点做逆时针转动，从而带动杠杆向左移动。拉杆又带动曲柄和轴逆时针转动，与轴相连的指针做逆时针转动进行压力指示。调节微调螺栓可以改变杠杆的绕支点旋转半径，实现量程满度调整。此外，改变拉杆的连接孔位置也可以改变传动放大倍数，实现量程调整。调零机构用于调整膜盒的初始高低位置，以实现仪表的零点调整。

（3）电接点压力计

在热力生产过程中，不仅需要进行压力显示，而且需要将压力控制在某一范围内。例如，锅炉汽包压力、过热蒸汽压力等，当压力低于或高于给定值时就会影响机组的安全、经济运行。而电接点压力计可用作电气发信设备、连锁保护装置和自动操纵装置，以提醒运行人员注意，及时进行操作，保证压力尽快地恢复到给定值上。其测量工作原理和一般弹簧管压力计完全相同，但它有一套发信机构。在指针的下部有两个指针，一个为高压给定指针，一个为低压给定指针，利用专用钥匙在表盘的中间旋动给定指针的销子，将给定指针拨到所要控制的压力上限和下限值上。

在高低压给定值指针和指示指针上各带有电接点。电接点式压力计的结构和电路示意图如图 3-8 所示。当指示指针位于高、低压给定指针之间时，三个电接点彼此断开，不发讯号。当指示指针位于低压给定值指针的下方时，低压接点接通，低压指示灯亮，表示压力过低。当压力高过压力上限时，即指示指针位于高压给定值针的下方，高压接点接通，高压指示灯亮，表

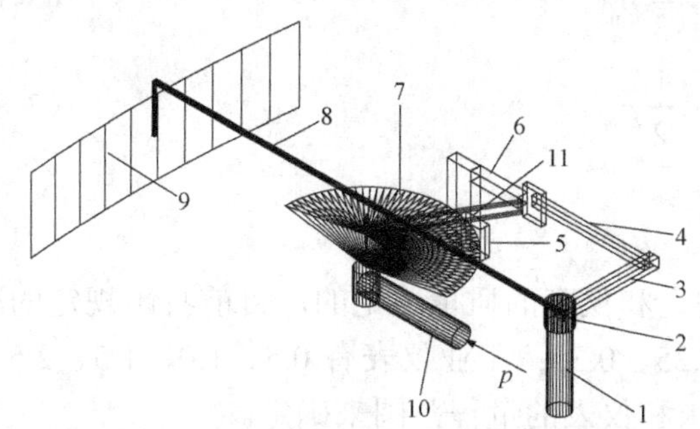

图 3-7　膜盒微压计原理结构

1—表针转轴；2—外套筒；3—曲柄；4—拉杆；5—杠杆转动支点；6—杠杆；7—膜盒；8—指针；9—表盘；10—导压管；11—膜合杠杆

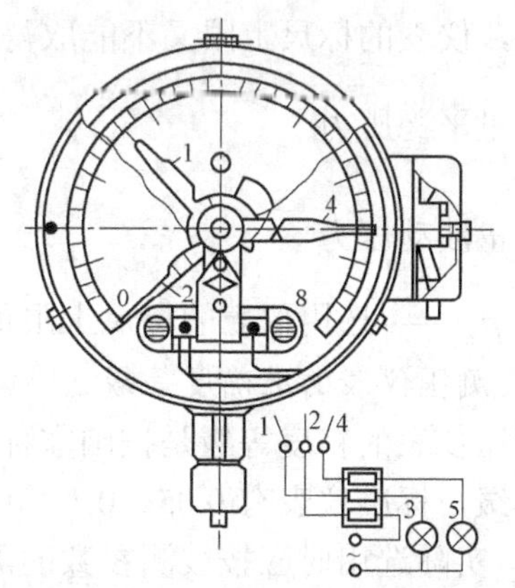

图 3-8　电接点压力计的结构和电路示意图

1—低压给定指针及接点；2—指针及接点；3—绿灯；4—高压给定指针及接点；5—红灯

示压力过高。电接点压力计除作为高、低压报警信号灯和继电器外，还可以接其他继电器等自动设备，起连锁和自动操纵作用。但这种仪表只能报告压力的高低，不能远传压力指示。触点控制部分的供电电压，交流电压不得超过 380V，直流电压不得超过 220V。触点的最大容量为 10VA，通过的最大电流为 1A。使用中不能超过上述电功率，以免将触头烧掉。电接点压力计的准确度一般为 1.5～2.5 级。

三、相关技能

（一）弹性式压力表的规格

在火力发电厂中常用的弹簧管式压力表，一般有两类。一类是精密弹簧管压力表，精确度等级为 0.25、0.4、0.6 级，主要用于检定普通压力表和精密测量；另一类是用于直接测量介质压力的普通压力表，其精确度等级为 1、1.5（1.6）、2.5、4 级。

（二）弹性式压力表的选型

为了准确测量压力，必须根据被测对象的特点，适当地选用测压仪表。选择压力表应根据被测压力的种类（压力、负压和压差），被测介质的物理、化学性质和用途（标准表、指示表、记录表和远传表等）以及生产过程所提的技术要求，同时应本着既满足测量准确度又经济的原则，合理地选择压力表的型号、量程和准确度等级。

1．种类与结构形式

根据被测对象的要求，可选用弹性式压力计或非弹性式压力计；就地读数的仪表可选用直读式，集中控制盘读数的可选用压力电变送仪表；根据压力的种类（压力、负压和压差）选用不同量程的仪表（压力表、真空表和差压计）；根据使用场合不同，可选用不同外径（ϕ100、ϕ150、ϕ200、ϕ250 等）的仪表；根据安装条件不同选用不同外壳结构，如径向接头、不带边的适合就地安装，轴向接头适合盘式安装，带前边的适合控制盘安装，带后边的适合就地安装等。

2．测压仪表的标尺上限

我国的测压仪表按系列生产，其标尺上限的刻度值为 1.0、1.6、2.5、4.0、6.3×10^nMPa，其中 n 为整数。为了减小相对误差，仪表的标尺上限值不能取得过大，考虑到弹性元件有滞后效应，仪表的标尺上限又不能取得太小。通常被测压力 p_x 应满足下列范围：

测量平稳压力
$$\frac{1}{3}p_{\mathrm{m}} < p_x < \frac{2}{3}p_{\mathrm{m}} \tag{3-7}$$

测量波动压力
$$\frac{1}{3}p_{\mathrm{m}} < p_x < \frac{1}{2}p_{\mathrm{m}} \tag{3-8}$$

式中 p_{m}——选用仪表的标尺上限值。

3．测压仪表的准确度等级

测压仪表的精度等级是按国家标准系列化规定和仪表的质量确定的。目前我国规定的准确度等级，标准仪表有 0.05、0.1、0.16、0.2、0.25、0.35；工业仪表有 0.5、1.0、1.5、2.5、4.0 等。实际选用时应按被测参数的测量误差要求和仪表的量程范围来确定。

【例 3-1】 已知测点压力约为 100MPa，测量误差不允许超过±4MPa，试选用测压仪表的标尺上限值和准确度等级。

解：

（1）若被测压力属于平稳压力，由式（3-7）可得测压仪表的标尺上限的范围为

$$p_{\mathrm{m}} > \frac{3}{2}p_x = \frac{3}{2}\times 100 = 150\text{（MPa）}$$

$$p_{\mathrm{m}} < 3p_x = 3\times 100 = 300\text{（MPa）}$$

根据以上计算范围，选用测压仪表的量程为 0～160MPa 或 0～250MPa

若选 0～160MPa 的测压仪表，则其准确度等级α应满足

$$\alpha \leqslant \frac{4}{160-0}\times 100 = 2.5$$

若选 0～250MPa 的测压仪表，则其准确度等级α应满足

$$\alpha \leqslant \frac{4}{250-0}\times 100 = 1.6$$

即可选准确度等级 2.5 级，量程为 0～160MPa 的测压仪表或选准确度等级 1.5 级，量程为 0～250MPa 的测压仪表。

（2）若属波动压力，由式（3-8）可得测压仪表的标尺上限的范围为

$$p_{\mathrm{m}} = 2p_x = 2\times 100 = 200\text{（MPa）}$$

根据这个范围，选用测压仪表的量程为

0～250MPa

准确度的选取方法与前同，即选准确度等级 1.5 级，量程为 0～250MPa 的测压仪表。

四、请你做一做

1．上网查找 5 家以上压力表的企业，列出它们所生产的压力表型号规格，了解其特点和适用范围。

2．动手检定一块普通型弹簧管压力表，看其是否合适，并分析原因。

反思与探讨

1．简述弹性式压力计的测压原理。

2．简述弹簧管式压力计的动作原理。能否选用圆形截面的弹簧管？

3．简述膜片式弹性压力计和膜盒微压计的动作原理。

4．如何区分弹簧管式压力、膜片式弹性压力计和膜盒微压计，在实际使用时应该注意些什么？

学习单元三　压力（差压）变送器的应用

为了适应集中检测、热工保护、自动控制等热工测量以及自动化的需要，通常是在测点附近用压力、差压变送器或传感器将流体的压力、压差变换成电信号，然后再用电缆传输到控制室进行集中显示或自动控制。本单元将从应用角度出发，介绍压力（差压）变送器的工作原理、测量转换电路及一些应用实例。

一、任务描述与分析

压力、压差变送器是压力、压差测量显示的延伸和继续。液柱式、弹性压力仪表由于实际使用条件的限制，仅能将被测压力就地显示，变送器能提供电信号，因此能将压力传输到

远处的控制室。

本单元学习任务是掌握压力（差压）变送器的工作原理及使用知识，了解压力（差压）变送器的分类及特点，压力（差压）变送器的实际使用方法，要求同学们通过变送器的实际使用掌握变送器在测量与控制中的应用。

二、相关知识

（一）压力（差压）变送器的种类

变送器在自动化仪表中起着十分重要的作用，是仪表的基本单元。而压力变送器的作用是将被测压力转换成标准的电信号或气信号输出。该标准信号就作为指示、记录和控制仪表的输入信号，从而实现对被测参数的自动检测和控制。压力（差压）变送器的种类：

（1）根据其工作原理可以分为：电容式压力变送器、扩散硅压力变送器、压阻式压力变送器、陶瓷压力变送器、高温压力变送器。

（2）根据其输出信号的压力不同，变送器可分为气动压力变送器和电动压力变送器两类。

（3）根据其结构特点，分为杠杆式、力矩平衡杠杆式和电容式等不同形式。

（二）压力（差压）变送器的工作原理

变送器这一词是指将被测的某一物理量按照一定转换规律转换成另一种已知的物理量的一种转换装置。它是一个用于检测控制变量（信息）的器件，它具有检测、转换、传输信息的功能。压力（差压）变送器直接感测的信号是压力或两个被测压力的差值，常用于连续检测流体（液体、气体、蒸汽）的压力、压差及液位等参数，它与节流装置配合可连续测量流量，并将被测参数变换成统一标准信号，输送给调节器或运算、显示单元，以实现生产过程的自动检测与控制。现在在发电厂中主要使用的是电容式压力（差压）变送器。

电容式压力（差压）变送器是美国罗斯蒙特公司 1959 年研制，1969 年正式公开。随后日本、德意志联邦共和国（简称联邦德国）相继研制生产。我国是在 20 世纪 70 年代末开始生产电容式压力（差压）变送器的。目前在火力发电厂中使用的有西安仪表厂生产的 1151 系列，美国罗斯蒙特公司的 3051 系列，北京远东仪表有限公司生产的 1751 系列，上海自动化仪表有限公司生产的 CECY 系列，重庆川仪横河有限公司生产的 EJA 系列。

电容式压力（差压）变送器突破了力平衡式压力（差压）变送器的复杂结构，唯一可动部件是测量膜片，利用测量膜片的微位移产生电容量的变化，经测量电路将其转化为 4～20mA 的统一标准信号。测量精度达到 0.2%，具有可靠性高、体积小、质量轻的特点。它集测量变送于一身，既是测量检测元件又是传输变换部件，且具有准确度高、稳定性好、结构简单、测量范围宽、维护使用方便等特点。因此，得到广泛的应用和发展。在目前的新型变送器中，电容式变送器是发展最快、使用最多的变送器之一。

由物理学可知，两个平板电极可构成一台最简单的电容器，其电容值与板极面积、极板间距以及极板间介质的介电常数有关。如果在上述参数中设定其中两个参数为常量，则电容值的大小为另外一个参数的单值函数。在压力测量领域中，常常利用电容极板间的微小位移变化作为压力检测的手段。当压力作用到一个电容极板时，极板受力产生位移。工程应用中往往采用一种双电容式结构，即差动电容结构。1151 压力变送器便是典型代表。

1. 电容式变送器的特点

电容式变送器用于连续测量流体介质的压力、差压、流量、液位等热工参数。将它们转换成统一标准形式的直流电流信号。其类型分为差动电容式和单端电容式两种，尤以前者发展较快，品种较多。电容式变送器结构上由测量和转换两部分串联构成，1151 系列电容式压力变送器的总体结构如图 3-9 所示。由图 3-9 可见，被测差压 Δp 作用在金属膜片上，使膜片产生微小位移 Δd，引起差动电容的电容量发生变化，再由测量电路和放大输出电路将电容量的变化转换为标准电流信号。因此，电容式变送器是由各个环节串联构成的无整机负反馈回路的开环式结构的仪表。它采用 24V（DC）集中供电，4～20mA（DC）电流信号制，是两线制传输式仪表，该压力（或差压）变送器具有以下主要特点：

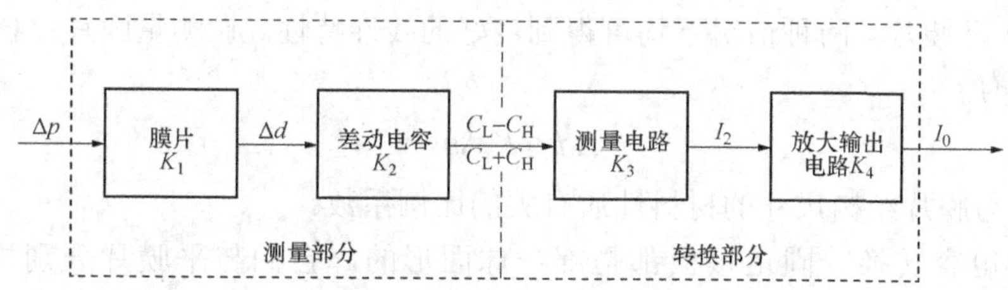

图 3-9　1151 系列电容式压力变送器的总体结构

（1）结构方面。因为采用微位移式工作原理，并以差动电容作为检测元件，整个变送器无机械传动和机械调整部分；感测部分零部件很少，测量电路也不复杂；结构简单，体积小，质量轻；另外，变送器结构组件化，线路板插件化，基型品种的外形尺寸统一，压力、差压感测部分只采用一种结构形式，对于不同的测量范围，只需改变测量膜片的厚度即可，所以通用化、系列化程度高、安装维护方便。

（2）性能方面。变送器除中央测量膜片作为可动电极产生微小位移之外，无其他可动零部件，而且电容的相对变化量较大；测量膜片采用预先张紧工艺，所受压力与位移呈线性关系，故准确度高（±0.2%～±0.5%），线性度好；由于结构简单，测量膜片的质量小，故动态响应快，耐振动、冲击；固定电极采用球面形状，过载保护性能好；敏感部件采用全焊接对称式结构，可承受环境温度影响以及介质温度、压力急剧变化的影响；此外，静压影响也极小。因此电容式变送器能满足现代工业生产对检测、变送仪表提出的高准确度、高稳定性、高可靠性的要求。

（3）使用方面。电容式变送器品种齐全，测量范围为 0.123kPa～7MPa，最高工作压力为 32MPa，被测压力最高可达到 42MPa。仪表的调整使用也方便。

由此可见，电容式变送器优点很多，在几种新型微位移式变送器中，它以结构简单、测量范围宽、技术性能好而得到广泛的应用。

2．测量部分的结构原理

测量部分的作用是把被测压力（或差压）的变化转换成差动电容值的变化。

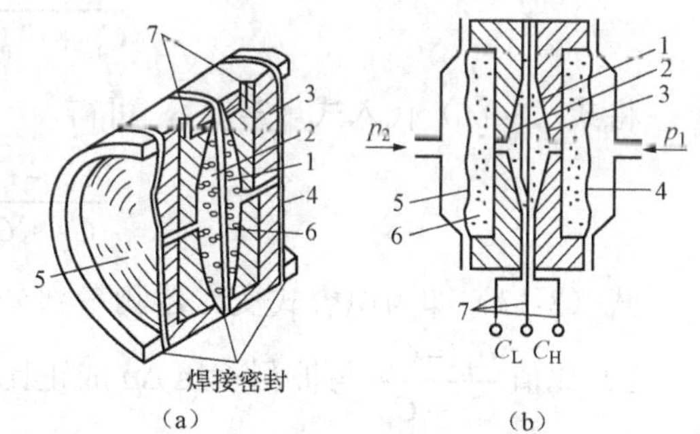

图 3-10　测量部分结构原理图

（a）结构；（b）结构示意

1—测量膜片（可动极板）；2、3—固定极板；4、5—隔离膜片；6—工作液体；7—引线

（1）测量部分的结构。1151 系列电容变送器采用球面形结构。图 3-10 所示为该变送器的测量部分结构原理图，测量部分主要由测量膜片、固定电极、刚性绝缘体、隔离膜片、基体、工作液体、引线等组成。测量膜片与固定极板构成两个电容器 C_H 和 C_L。当被测差压 Δp 进入

变送器的高、低压室时，经隔离膜片和工作液体的传递而作用在测量膜片上，则测量膜片发生挠曲，产生与差压成比例的微小位移 Δd。因此测量膜片与固定电极之间距离发生变化使 C_H 减小，C_L 增大，这样就将被测差压转换成电容量的变化。

（2）差压-位移转换。电容式压力（差压）变送器中，无论被测差压高或低，都采用金属平膜片做敏感元件以得到相应的位移。金属平膜片形状简单，根据它的压力-位移特性和微小位移的情况，在测量较高压力时采用结构尺寸恰当的厚膜片，测量较低压力时采用张紧的（具有预紧应力的）薄膜片。两种情况下均可得到良好的线性特性。设测量膜片位移为 Δd，被测压差为 Δp，则有

$$\Delta d = K_1 \Delta p \tag{3-9}$$

式中 K_1——与膜片结构尺寸的材料性质有关的比例系数。

（3）位移-电容转换。固定极板都是部分球面形的。它们与平膜片分别构成球面电容 C_H 和 C_L。由于固定极板球面的球体半径较大，固定极板与可动极板间距离较小，因此球面容器的特性近似于平行板电容器的特征。下面用平行板电容器来讨论位移 Δd 与电容间的转换关系。

差动平行板电容器如图 3-11 所示，其电容量可表示为

$$C_H = \frac{\varepsilon A}{d_0 + \Delta d},\ C_L = \frac{\varepsilon A}{d_0 - \Delta d} \tag{3-10}$$

式中 ε——极板间介质的介电常数；

A——电容极板的有效面积；

d_0——极板间初始距离，m；

Δd——可动电极的位移，m。

式（3-11）中电容 C_H 和 C_L 与可动极板位移 Δd 之间呈非线性关系。如果取电容之差比电容之和，解得

$$\frac{C_L - C_H}{C_L + C_H} = \frac{\Delta d}{d_0} = K_2 \Delta d \tag{3-11}$$

将式（3-11）代入式（3-12），可得

$$\frac{C_L - C_H}{C_L + C_H} = K_1 K_2 \Delta p \tag{3-12}$$

式（3-13）即为电容式变送器测量部分差压-电容转移关系式，由此可得出结论：

1）比值 $\frac{C_L - C_H}{C_L + C_H}$ 与被测差压 Δp 成正比。

2）比值 $\frac{C_L - C_H}{C_L + C_H}$ 与介电常数 ε 无关，从设计原理上消除了介电常数的变化带来的误差。

3）如果差动电容结构完全对称，可得到良好的线性转换关系。

由上述分析可知，如果在转换部分设计一种电路，使电路中电流

$$I_i = K_3 \frac{C_L - C_H}{C_L + C_H}，则 I_i = K_3 K_2 K_1 \Delta p \tag{3-13}$$

那么，就可将被测差压 Δp 成比例地转换成电流信号。

3. 转换部分的工作原理

转换部分的作用是将电容比$\frac{C_L-C_H}{C_L+C_H}$的变化转换成标准输出电流信号[4～20mA(DC)]，同时还具有零点调整、零点迁移、量程调整和阻尼调整、线性调整等功能。

1151 系列电容式差压变送器的转换部分电路方框图如图 3-12 所示。转换部分电路又可分为测量电路和放大输出电路两部分组成。测量电路包括振荡器、解调器和振荡控制放大器，其任务是将电容比$\frac{C_L-C_H}{C_L+C_H}$转换成电流信号I_i。放大输出电路包括电流控制放大器、电流转换器、调零电路、调量程电路、电流限制器和电压调整器等，其作用是将I_i转换成 4～20mA(DC)的统一标准直流电流信号。

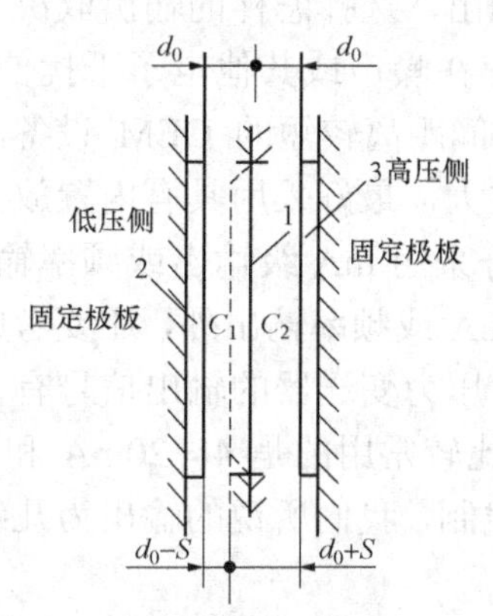

图 3-11 差动平行板电容器

1—可动极板；2—低压侧固定极板；

3—高压侧固定极板

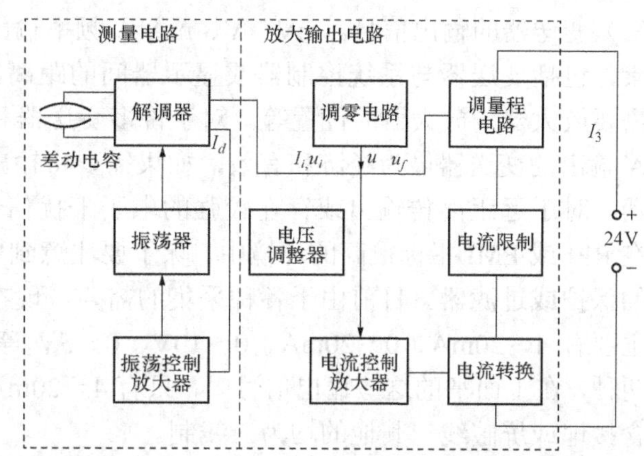

图 3-12 1151 系列电容式差压变送器的转换部分电路方框图

三、相关技能

(一) 压力(差压)变送器的选型

压力（差压）变送器的选用上主要依据是以被测介质的性质指标为准，以节约资金、便于安装和维护为参考。变送器在实际使用过程中，尽管有不同的规格和型号，在选型中都要考虑以下几点：

（1）变送器所测量的压力。先确定系统中要确认测量压力的最大值，一般而言，需要选择一个具有比最大值还要大 1.5 倍左右的压力量程的变送器。这主要是在许多系统中，尤其是水压测量和加工处理中，有峰值和持续不规则的上下波动，这种瞬间的峰值能破坏压力传感器，持续的高压力值或稍微超出变送器的标定最大值会缩短传感器的寿命，由于这样做会使精度下降，因此可以用一个缓冲器来降低压力毛刺，但这样会降低传感器的响应速度。所以在选择变送器时，要充分考虑压力范围，精度与其稳定性。

（2）变送器所测量的压力介质。我们要考虑的是压力变送器所测量的介质，黏性液体、泥浆会堵上压力接口，溶剂或有腐蚀性的物质会不会破坏变送器中与这些介质直接接触的材料。以上这些因素将决定是否选择直接的隔离膜及直接与介质接触的材料。一般的压力变送器的接触介质部分的材质采用的是 316 不锈钢，如果介质对 316 不锈钢没有腐蚀性，那么基本上所有的压力变送器都适合介质压力的测量，如果介质对316不锈钢有腐蚀性，那么就要采用化学密封，这样不但可以测量介质的压力，也可以有效的阻止介质与压力变送器的接液部分的接触，从而起到保护压力变送器，延长了压力变送器的寿命的作用。

（3）变送器的精度。决定精度的有：非线性，迟滞性，非重复性，温度、零点偏置刻度，温度的影响。但主要有非线性，迟滞性，非重复性。精度越高，价格也就越高。

（4）变送器的温度范围。通常一个变送器会标定两个温度范围，即正常操作的温度范围和温度可补偿的范围。正常操作温度范围是指变送器在工作状态下不被破坏的时候的温度范围，在超出温度可补偿范围时，可能会达不到其应用的性能指标。温度补偿范围是一个比操作温度范围小的典型范围。在这个范围内工作，变送器肯定会达不到其应有的性能指标。温度变送器从两方面影响着其输出，一是零点漂移；二是影响满量程输出。

（5）变送器的输出信号。mV、V、mA及频率输出数字输出，选择怎样的输出取决于多种因素，包括变送器与系统控制器或显示器间的距离，是否存在噪声或其他电子干扰信号。是否需要放大器，放大器的位置等。对于许多变送器和控制器间距离较短的OEM设备，采用mA输出的变送器最为经济和有效，如果需要将输出信号放大，最好采用具有内置放大的变送器。对于远距离传输出或存在较强的电子干扰信号，最好采用mA级输出或频率输出。如果在RFI或EMI指标很高的环境中，除了要注意到要选择mA或频率输出外，还要考虑到特殊的保护或过滤器。目前由于各种采集的需要，现在市场上压力变送器的输出信号有很多种，主要有4～20mA、0～20mA、0～10V、0～5V等，但是比较常用的是4～20mA和0～10V两种，在上面举的这些输出信号中，只有4～20mA为两线制，我们所说的输出为几线制不包含接地或屏蔽线，其他的均为三线制。

（6）其他。确定上面的一些参数之后还要确认压力变送器的过程连接接口以及压力变送器的供电电压。如果在特殊的场合下使用还要考虑防爆以及防护等级。

（二）压力（差压）变送器的使用

（1）表压压力变送器的方向。低压侧压力口（大气压参考端）位于表压压力变送器的脖颈处，在电子外壳的后面。此压力口的通道位于外壳和压力传感器之间，在变送器上360°环绕。保持通道的畅通，包括但不限于由于安装变送器时产生的喷漆，灰尘和润滑脂，以至于保证过程通畅。图3-13为低压侧压力口。

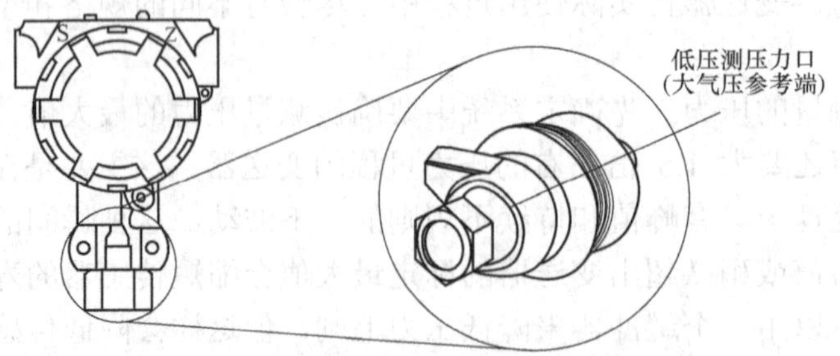

图3-13 低压侧压力口

（2）电气接线。拆下标记“FIELD TERMINALS”电子外壳。

将正极导线接到“PWR/COMN”接线端子上，负极导线接到“–”接线端子上。注意不得将带电信号线与测试端子（test）相连，因通电将损坏测试线路中的测试二极管。应使用屏蔽的双绞线以获得最佳的测量效果，为了保证正确通信，应使用 24AWG 或更高的电缆线。用导管塞将变送器壳体上未使用的导管接口密封。重新拧上表盖。

（3）电子室旋转。电子室可以旋转以便数字显示位于最好的观察位置。旋转时，先松开壳体旋转固定螺钉。

（三）电容式（差压）变送器的调校

电容差压变送器是无整机负反馈回路的开环式仪表。因此，调校电容式差压变送器是以开环结构为依据的。

调整零点和进行零点迁移对量程没有影响，但调整量程则会影响零点，无零点迁移时影响较小。下面讲述一般的调校方法和步骤。

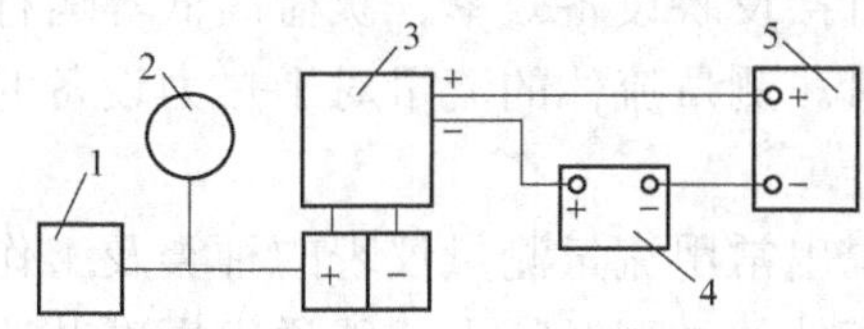

图 3-14　电容差压变送器校验线路图

1—加差压设备；2—差压显示仪表；3—变送器；4—0.2 级直流毫安表（或数字毫安表）；5—24V（DC）电源

按图 3-14 所示的校验线路图接好线，经检查无误后接通电源。

在变送器输入差压为零时，调零点调整螺钉，使输出电流 I_0 为 4mA。

给变送器加满量程的差压信号，调整量程调整螺钉，使输出电流为 20mA。

反复进行零点和量程的调整直至零点和量程均满足精度要求为止。

将被测差压范围分为四等分，按 0%、25%、50%、75%、100%逐点输入相应的差压值，则变送器输出电流为 4、8、12、16、20mA，其误差应小于仪表的允许误差。如果超差，应重新进行上述各项的调整，必要时应进行线性调整。

低、中、高压电容式变送器精度为 0.2 级，包括线性、变差和重复性的综合误差。而线性误差为调校量程的±0.1%，变差为调校量程的±0.5%，重复性误差为调校量程的±0.5%。

在调好变送器精度之后，进行零点迁移。根据正迁移或负迁移，将插接件 SW1 插在相应的位置上。然后给变送器加零点迁移信号，调整零点调整螺钉，使变送器输出电流为 4mA，则零点迁移调整完毕，最后还应检查一下量程和零点，必要时可进行微调。

四、请你做一做

1. 上网查询差压（压力）变送器的 2 个主要生产厂家及相关产品的技术指标。
2. 上网查询其他现场应用较多的智能变送器，列出它们的特点和不同。
3. 动手检定一台智能型压力变送器，看其是否合格，并分析原因。

反思与探讨

1. 什么叫电容式变送器？1151 系列电容式变送器由哪几部分组成？其作用是什么？
2. 简述 1151 系列电容变送器的测量原理。
3. 能读懂差压变送器的产品说明书。
4. 能根据工艺特点与控制要求合理选择仪表型号。
5. 某储罐内存储了水，液位变化范围为 6～10m，要求远传显示，试选择一台压力变送器（包括精度等级和量程）。如果液位由 6m 变化到 12m，问这时压力变送器的输出变化了多少？如果附加迁移机构，问是否可以提高仪表的精度和灵敏度？请计算说明。

学习情境四　流量测量系统构建

在火力发电厂的热力生产过程中，由于流体的流量直接反映设备效率、负荷高低等运行情况，因此，要连续监视水、汽和煤、油等的流量或总量。测量流体的流量对于热力设备的安全、经济运行有着重要意义。

通过本情境的学习，应知道流量的定义及单位，能说出常用流量测量仪表的种类及工作原理。能叙述差压式流量测量仪表的工作原理，知道节流件的类型及特点，能说出标准节流装置的取压方式及安装常识。能说明超声波流量计的工作原理、特点和用途。

在学习过程中，要建立一个完整的流量测量系统的概念，首先弄懂流体流动的节流原理，知道流体的流量与差压的平方根成正比，差压式流量计由哪几部分构成。然后考虑流量信号如何取出、如何传输、又怎样通过显示仪表正确地显示出来。这就要求掌握标准节流件孔板和喷嘴的取压方式和适用范围，节流装置的安装条件，应该选择什么样的显示仪表来显示流量。

本学习情境的重点和难点：

重点：差压式流量计的组成及工作原理，标准节流件的形式及取压方式，超声波流量计的结构和工作原理。

难点：一个完整的流量测量系统概念的建立。

学习单元一　差压式流量计的应用

一、任务描述与分析

流量测量是研究物质量变的科学，质量互变规律是事物联系发展的基本规律，因此其测量对象已不限于传统意义上的管道液体，凡需掌握量变的地方都有流量测量的问题。流量和压力、温度并列为三大检测参数。对于一定的流体，只要知道这三个参数就可计算其具有的能量，在能量转换的测量中必须检测此三个参数。能量转换是一切生产过程和科学实验的基础，因此流量和压力、温度仪表一样得到最广泛的应用。

在电力生产过程中，流量是反映生产过程中物料、工质或能量的产生和传输的量。由于流体（水、蒸汽、煤、油等）的流量直接反映设备效率、负荷高低等运行情况，因此要连续监视水、汽和煤、油等的流量或总量。监视的目的是多方面的，例如：为了进行经济核算，需要测量锅炉原煤消耗量及汽轮机蒸汽消耗量；锅炉汽包水位的调节，应以给水流量和蒸汽流量的平衡为依据；监视锅炉每小时的蒸发量及给水量，在额定压力下的给水流量，能判断该设备是否在最经济和安全的状况下运行等，可见连续监视、测量流体的流量对于热力设备的安全、经济运行有着重要意义。

本单元的任务是学习流量的概念和单位，流量测量方法及其测量仪表。重点掌握差压式流量计的结构、工作原理和应用情况，通过差压式流量计的安装，学会热力生产场合典型的差压式流量计的安装、调试和维护技能。

二、相关知识

（一）流量的概念及单位

1. 流量测量的意义

流体（水、蒸汽、煤、油等）的流量直接反映设备效率、负荷高低等运行情况；连续监视、测量流体的流量对热力设备的安全、经济运行有重要意义。

2. 流量的定义及单位

单位时间内通过管道横截面的流体数量，称为瞬时流量 q，简称流量，可表示为

$$q = \frac{dQ}{dt} \tag{4-1}$$

式中　dQ——流体数量，单位取质量或体积的相应单位；

dt——时间间隔，s、min 或 h。

按物质量的单位不同，流量有“质量流量 q_m”和“体积流量 q_v”之分，它们的单位分别为 kg/s 和 m^3/s。上述两种流量之间的关系为

$$q_m = \rho q_v \tag{4-2}$$

式中　ρ——被测流体密度。

瞬时流量是判断设备工作能力的依据，它反映了设备当时是在什么负荷下运行的，所以流量监测的内容主要在于监督瞬时流量。一般我们所说的流量指的就是瞬时流量。

从 t_1 至 t_2 这一段时间间隔内通过管道横截面的流体数量称为流过的流体总量，例如，在 24h 内汽轮机消耗的主蒸汽量，热力网 24h 内对外供应的热汽（水）量等。检测流体总量，是为热效率计算和成本核算提供必要的数据。显然流体流过的总量可以通过在该段时间内瞬时流量对时间的积分得到，所以流体总量又称为积分流量或累计流量。

$$Q = \int_{t_1}^{t_2} q\,dt \tag{4-3}$$

流量总量的单位是 kg、m^3。流体总量除以得到总量的时间间隔称为该段时间内的平均流量。测量瞬时流量的仪表称作流量表（或流量计）；测量总量的仪表称为计量表，它通常由流量计再加积分装置组合而成。

在表示流量大小时，要注意所使用的单位的不同。由于流体的密度受压力、温度的影响，因此在用体积流量表示流量大小时，必须同时指出被测流体的压力和温度的数值。当流体的压力和温度参数未知时，体积流量的资料只模糊地给出了流量，所以严格地说要用标准体积流量（m^3/s）。标准体积流量即指在温度为 20℃（或 0℃），压力为 1.013×10^5Pa 下的体积流量数值。在标准状态下，已知介质的密度 ρ 为定值，所以标准体积流量和质量流量之间的关系是确定的，能确切地表示流量。

（二）流量测量的方法及流量计的分类

测量流量的方法很多，各种方法的选用应考虑到流体的种类（相态、参数、流动状态、物理化学性能）、测量范围、显示形式（指示、报警、记录、积算、控制等）、测量准确度、现

场安装条件、使用条件、经济性等。目前工业上常用的流量测量仪表大致可分为速度式、差压式、容积式和质量式四类。

1. 速度式流量计

以测量流体在管道内的流速 v 作为测量依据，在已知管道截面积 A 的条件下，流体的体积流量 $q_V = vA$，而质量流量由体积流量乘上流体密度 ρ 而得到，即质量流量 $q_m = q_V\rho = vA\rho$。属于这一类的流量仪表很多，例如涡轮式流量计、涡街流量计、超声波流量计以及电磁流量计等。

2. 差压式流量计

以测量流体通过安装在管道中的节流元件时产生的差压来反映流量的大小。例如节流变压降（差压）式流量计、均速管式流量计以及转子流量计等。

3. 容积式流量计

以单位时间内所排出的流体的固定容积 V 作为测量依据。属于这一类的流量计有：椭圆齿轮流量计、腰轮流量计等。如果单位时间内排出次数为 n，则体积流量 $q_V = nV$，而质量流量则是 $q_m = nV\rho$。

4. 质量式流量计

测量所流过的流体的质量 m。目前这类仪表有：直接式和补偿式两种，如科里奥利质量流量计。这种质量流量计具有被测流量不受流体的温度、压力、密度、黏度等变化的影响，是一种处在发展中的流量测量仪表。

流量仪表的结构和原理是多种多样的，产品型号也较多，严格地给予分类比较困难。一些常见的流量测量仪表原理和特点见表 4-1。

表 4-1　　常见的流量测量仪表

类型	典型产品	工作原理	主要特点
差压式流量计	标准孔板 标准喷嘴 差压变送器 智能流量计	流体通过节流装置时，其流量与节流装置前后的差压有一定的关系；差压变送器将差压信号转换电信号送到智能流量计进行显示	技术比较成熟，应用广泛，仪表出厂时不用标定
容积式流量计	椭圆齿轮流量计 腰轮流量计 刮板流量计	椭圆形齿轮或转子被流体冲转，每转一周便有定量的流体通过	准确度高、灵敏，但结构复杂
超声波流量计	超声波流量计	超声波在流动介质中传播时的速度与在静止介质中传播的速度不同，其变化量与介质的流速有关	非接触式测量，对流场无干扰、无阻力，不产生压损，安装方便，可测量有腐蚀性和黏度大的流体，输出线性信号
电磁流量计	电磁流量计	导电性液体在磁场中运动，产生感应电动势，其值和流量成正比	适于测量导电性液体
质量流量计	直接式质量流量计	利用流体在振动管内流动时所产生的与质量流量成正比的科氏力的原理来制成的	测量范围大、准确度高；测量管内无零部件，可测量其他流量计难于测量的含气流体、含固体颗粒液体等；可同时测量流体的质量、密度、温度等

在火电厂中，差压式流量计使用最为广泛。本单元以差压式流量计为重点，另外再介绍一些常用的其他流量测量仪表。

（三）差压式流量计的测量原理

差压式流量计（以下简称 DPF 或流量计）是根据安装于管道中流量检测件产生的差压、已知的流体条件和检测件与管道的几何尺寸来测量流量的仪表。DPF 由一次装置（检测件）和二次装置（差压转换和流量显示仪表）组成。通常以检测件的形式对 DPF 分类，如孔板流量计、文丘里管流量计及均速管流量计等。二次装置为各种机械、电子、机电一体式差压计，差压变送器和流量显示及计算仪表，它已发展为三化（系列化、通用化及标准化）程度很高的种类规格庞杂的一大类仪表。差压计既可用于测量流量参数，也可测量其他参数（如压力、物位、密度等）。

DPF 按其检测件的作用原理可分为节流式、动压头式、水力阻力式、离心式、动压增益式和射流式等几大类，其中以节流式和动压头式应用最为广泛。

节流式 DPF 的检测件按其标准化程度分为标准型和非标准型两大类。所谓标准节流装置是指按照标准文件设计、制造、安装和使用，无需经实流校准即可确定其流量值并估算流量测量误差，非标准节流装置是成熟程度较差，尚未列入标准文件中的检测件。

标准型节流式 DPF 的发展经过漫长的过程，早在 20 世纪 20 年代，美国和欧洲即开始进行大规模的节流装置试验研究。用得最普遍的节流装置——孔板和喷嘴开始标准化，孔板流量计如图 4-1 所示，节流原理如图 4-2 所示。现在标准喷嘴的一种形式 ISA 1932 喷嘴，其几何形状就是 20 世纪 30 年代标准化的，而标准孔板亦曾称为 ISA 1932 孔板。节流装置结构形式的标准化有很深远的意义，因为只有节流装置结构形式标准化了，才有可能把国际上众多研究成果汇集到一起，它促进检测件的理论和实践向深度和广度拓展，这是其他流量计所不及的。1980 年 ISO（国际标准化组织）正式通过国际标准 ISO 5167，至此流量测量节流装置第一个国际标准诞生了。ISO 5167 总结了几十年来国际上为数有限的几种节流装置（孔板、喷嘴和文丘里管）的理论与试验的研究成果，反映了此类检测件的当代科学与生产的技术水平。

差压式流量计的优点包括：方法简单、仪表无可动部件、工作可靠、寿命长等；其主要缺点有：测小口径管的流量较困难、压力损失大、仪表刻度非线性、测量的准确性不高、维护工作量大、感测组件与显示仪表须配套使用。

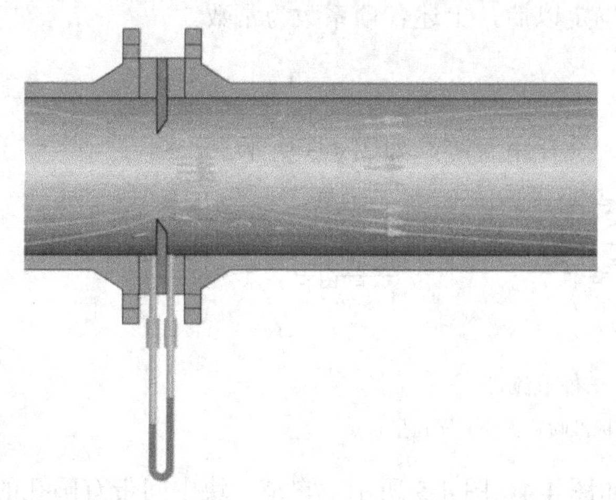

图 4-1　孔板流量计

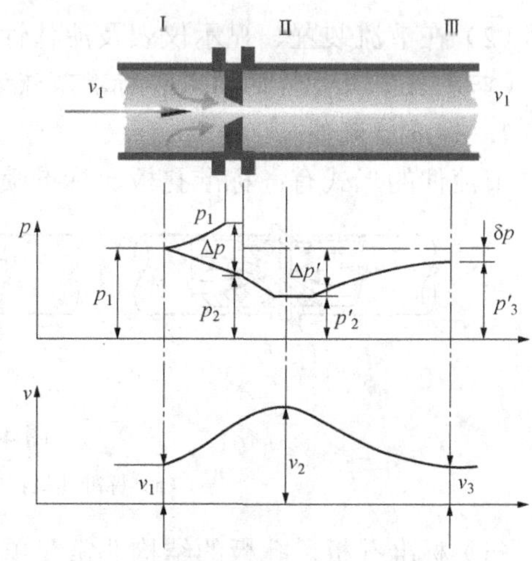

图 4-2　节流原理

1. 节流

流体流过阻挡件时，流体产生局部收缩，部分位能转化为动能，收缩截面处流体的平均流速增加，静压力减小。在阻挡件前后产生静压差，这种现象称为节流。

差压式流量测量是目前工业生产过程中气体、液体和蒸汽流量最常用的流量测量方法。其中以节流变压降式流量测量方法应用最为广泛。节流变压降式流量测量是通过测量流体流经节流装置时所产生的静压力差来测量流量的，它是电厂中使用最多的流量测量方法。

节流变压降式流量测量的原理是，在充满流体的管道中固定放置一个流通面积小于管道截面积的阻力件，当流体流过该阻力件时，由于流体流束的收缩而使流速加快、静压力降低，其结果是在阻力件前后产生一定的压力差。它与流量（流速）的大小有关，流量越大，差压也越大。实践证明，对于一定形状和尺寸的阻力件，一定的测压位置和前后直管段，在一定的流体参数情况下，阻力件前后的差压与体积流量之间有一定的函数关系，因此通过测量阻力件前后的差压来测量流量。把流体流过阻力件因流束的收缩而造成压力变化的过程称为节流过程，其中的阻力件称为节流件。

由节流装置前后的变化情况可知：①截面流体未受节流件影响，流束充满管道；②节流装置造成流速局部收缩，同时流体保持连续流动状态，在图 4-2 截面Ⅱ处流束截面收缩到最小，流速最大，静压力最低；③在流束充分恢复后，静压力不能恢复到原来的数值，静压力下降的数值就是流体流经节流件的压力损失；④流量越大，流束的局部收缩和动能的转化越明显，节流装置两端的差压 Δp 也越大，即 Δp 可以反映流量，这就是节流式流量计的工作原理。

2. 差压-流量转换公式（以能量守恒定律和流动连续性方程为基础）

（1）若将 $p_1'-p_2'$ 用实际差压 Δp 代替，用节流件开孔直径 d 代替 d'，并引入流量系数 α 或流出系数 C，则

$$q_{\mathrm{m}}=\frac{C}{\sqrt{1-\beta^4}}\frac{\pi}{4}d^2\sqrt{2\rho\Delta p} \tag{4-4}$$

或

$$q_{\mathrm{m}}=\alpha\frac{\pi}{4}d^2\sqrt{2\rho\Delta p} \tag{4-5}$$

（2）在节流装置、显示仪表及流体性质确定以后，上述各项系数为常数。

（四）差压流量计的组成和标准节流装置

1. 标准节流件

节流件的形式有：标准孔板、标准喷管、文丘里管等，如图 4-3 所示。

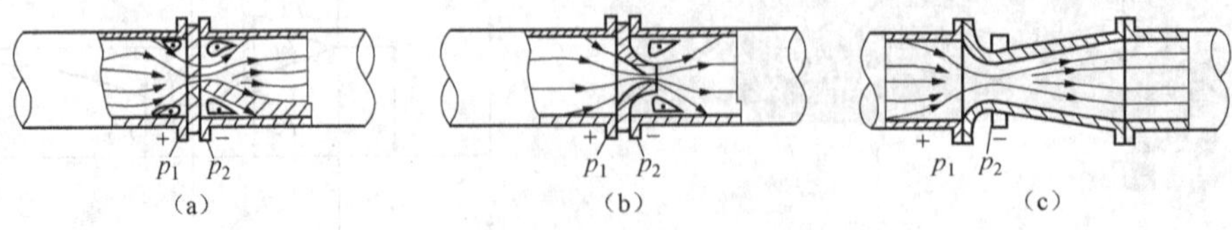

图 4-3 三种节流件

（a）标准孔板；（b）标准喷管；（c）文丘里管

（1）标准孔板。孔板的结构非常简单，如图 4-4、图 4-5 所示，它是一块中间带有圆孔的圆板，圆孔与管道同心，圆孔比管道的直径小，由圆柱形的流入面和圆锥形的流出面所组成。

孔扳开孔上游侧的直角入口边缘应锐利无毛刺和划痕。孔板必须与管道轴线垂直安装，其偏差不超过±1°。流体通过节流孔板时，流速加快，后取压管处的压力减小。孔板尺寸有具体规定。工业上应用较多，测量准确度低，压力损失大，只能用于清洁的流体。

（2）标准喷管。标准喷管如图 4-6 所示，喷嘴的制造比孔板难，它是一块带短喇叭的圆板，流入面的截面是逐渐变化的。标准喷管由垂直于轴线的入口部分 A、圆弧形曲面 C_1 和 C_2 所构成的入口收缩部分、圆筒形喉部 I 和为防止边缘损伤所需的保护槽 H 组成。压力损失比孔板小，可用于测量温度和压力较高的蒸汽、气体流量。测量准确度较高，但结构复杂，体积大，取压方式仅采用角接取压。主要用于高速的蒸汽流量测量。

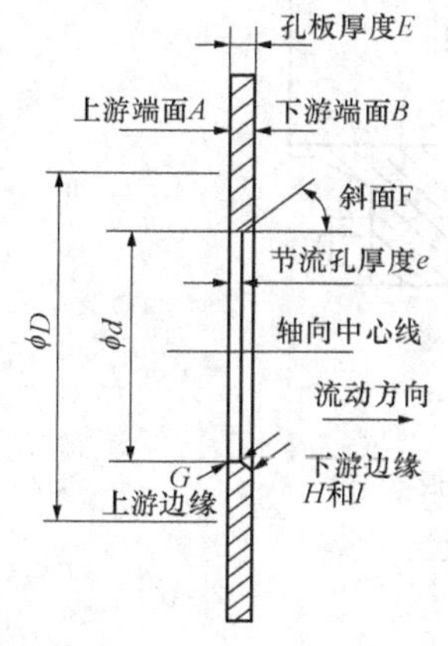

图 4-4 孔板示意图

图 4-5 取压管及内部的节流孔板

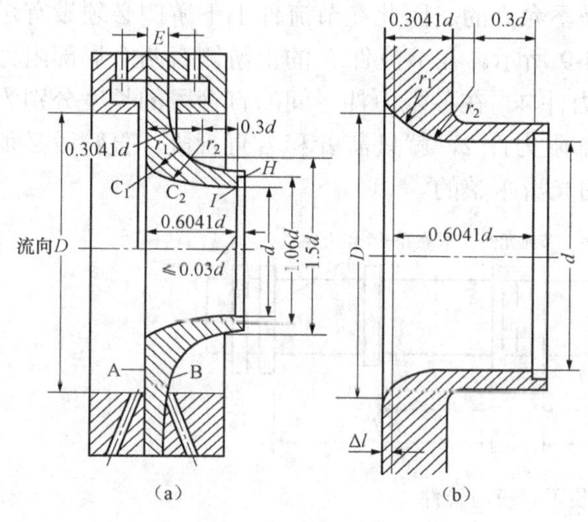

图 4-6 标准喷管

（3）文丘里管。文丘里管如图 4-7 所示，其内表面的形状和流体的线性非常接近，流体流过时速度是逐渐变化的，文丘里喷嘴的压力损失较小。但由于制造复杂，应用较少。

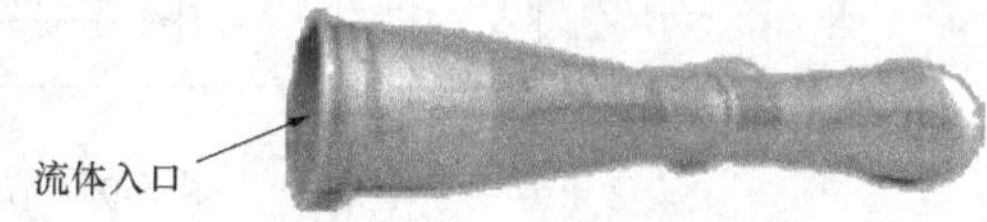

图 4-7 文丘里管

2. 取压方式

标准节流装置的取压方式有三种：角接取压、法兰取压和径距取压。标准孔板可采用角接环室取压、法兰取压，如图 4-8 所示。标准喷嘴采用角接取压，角接取压装置有单独钻孔和环室取压两种。环室取压有均压作用，压差比较稳定，被广泛采用。当管径大于 500mm 时，环室加工麻烦，而采用单独钻孔取压。法兰取压装置是有一对带有取压孔的法兰组成。

三、相关技能

（一）差压式流量计的安装

标准节流装置的流量系数是在节流件上游侧 1*D*（*D* 为管道直径）处形成流体典型紊流流

速分布的状态下取得的。如果节流件上游侧 $1D$ 长度以内有漩涡或旋转流等情况，则引起流量系数的变化，故安装节流装置时必须满足规定的直管段条件。

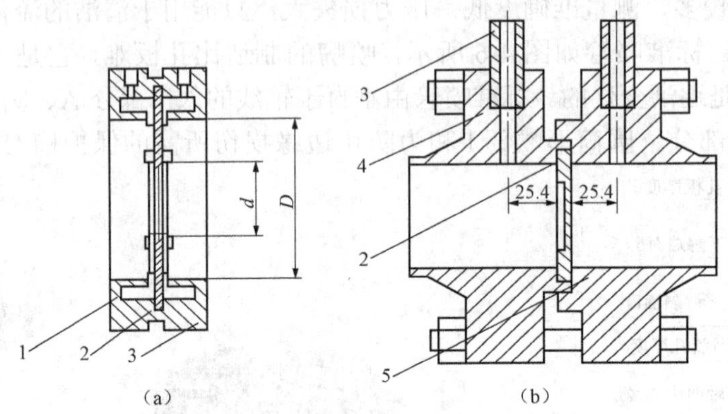

图 4-8 标准孔板取压方式

（a）角接环室取压标准孔板；（b）法兰取压标准孔板

1—前后环室；2—孔板；3—取压管；4、5—前后法兰

1．节流件上下游侧直管段长度的要求

安装节流装置的管道上往往有拐弯、扩张、缩小、分岔及阀门等局部阻力出现，它们将严重扰乱流束状态，引起流量系数变化，这是不允许的。因此在节流件上下游侧必须设有足够长度的直管段。节流装置的安装管段如图 4-9 所示。在节流件 3 的上游侧有两个局部阻力件 1、2，节流装置的下游侧也有一个局部阻力件 4。在各阻力件之间的直管段的长度分别为 l_0、l_1 和 l_2。如在节流装置上游侧只有一个局部阻力件 2，就只需 l_1 和 l_2 直管段。直管段必须是圆形截面的，其内壁要清洁，并且尽可能的光滑平整的。

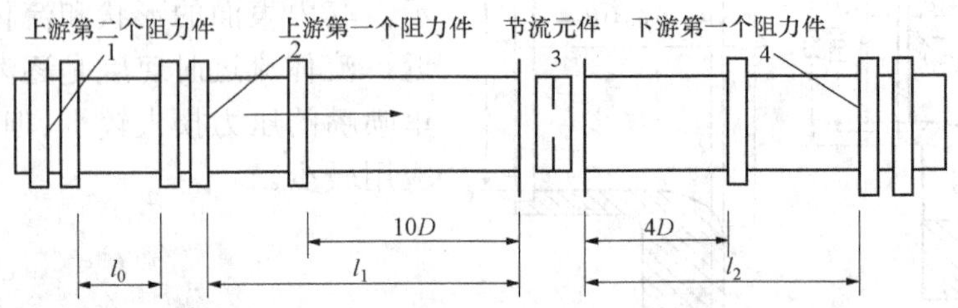

图 4-9 节流装置管段与管件

2．节流件的安装要求

安装节流件时必须注意它的方向性，不能装反。例如孔板以直角入口为“+”方向，扩散的锥形出口为“−”方向，安装时必须使孔板的直角入口侧迎向流体的流向。

节流件安装在管道中时，要保证其前端面与管道轴线垂直；还要保证其开孔与管道同轴。夹紧节流件用的垫片，包括环室或法兰与节流件之间的垫片，夹紧后不允许凸出管道内壁。在安装之前，最好对管道系统进行冲洗和吹灰。

3．差压计信号管路的安装

测量流量用的差压计与节流装置之间用差压信号管路连接，信号管路应按最短的距离敷设，一般总长度不超过 60m。差压信号管路敷设主要应满足以下条件：①所传送的差压，不因信号管路而发生额外误差；②信号管路应带有阀门等必要的附件，使得能在生产设备运行条件下冲洗信号管路，现场校验差压计以及在信号管路发生故障情况下能与主设备隔离；③信号管路与水平面之间应有不小于1:10的倾斜度，能随时排出气体（对液体、蒸汽介质）或凝结水（对于气体介质）；④为了能防止有害物质（如高温介质）进入差压计，在测量腐蚀性介质时应使用隔离容器，如信号管路中介质有凝固或冻结的可能，应沿信号管路进行保温及蒸汽或电加热，此时应特别注意防止两信号管路加热不匀，或局部汽化造成误差。

下面介绍几种不同情况下信号管路安装的一般原则。

（1）测量液体流量的信号管路。主要是防止被测液体中存在的气体进入并存积在信号管路内，造成两信号管路中介质密度不等而引起误差。因此取出口最好在节流装置取压室的中心线下方45°的范围内，以防止气体和固体沉积物进入。为了能随时从信号管路中排出气体，管路最好向下斜向差压计。如差压计比节流件高，则在取压口处最好设置一个U形水封。信号管路最高点要装设气体收集器，并装有阀门，以使定期排出气体。

（2）测量蒸汽流量时的信号管路。主要是保持两信号管路中凝结水的液位在同样高度，并防止高温蒸汽直接进入差压计。因此在取压口处一定要加装凝结容器，容器截面要稍大一些（直径约75mm）。自取压室到凝结容器的管道应保持水平或向取压室倾斜，凝结容器上方两个管口的下缘必须在同一水平高度上，以使凝结水液面等高。其他如排气等要求同测量液体时的相同。

（3）测量气体流量时的信号管路。测量气体流量时，主要是防止被测气体中存在的凝结水进入并存积在信号管路中，因此取压口应在节流装置取压室的上方，并希望信号管路向上斜向差压计。如差压计低于节流装置，则要在信号管路的最低处装设集水器，并装设阀门，以便定期排水。差压计一般都装有五只阀门，其中两只做隔离阀，一只做平衡阀，打开平衡阀可检查差压计的零点，另两只阀门是用于冲洗信号管路和现场校验差压计，操作这两个阀门时应特别注意防止差压计单向受压而造成损坏。

（二）差压式流量计的使用

差压式流量计包括标准节流装置、差压变送器和流量显示仪表。差压变送器已在前面中做过介绍，目前使用最多的是弹性式差压计，形式很多。工业上流量测量用的差压计标尺一般都是以流量分度的，并刻出最大流量处的差压值。如前所述，流量标尺与节流件是相配套的。改变节流件的形式和尺寸或者改变被测介质的种类和参数，都必须重新分度标尺。由于流量与差压之间为开方关系，因此差压计标尺上的流量分度是不均匀的，越接近标尺上限，分格越大，这就造成读数困难。对于要进行流量积算求得累计流量或者要将流量信号输入调节系统的流量计，必须对流量标尺进行线性化，即实现开方运算，然后通过差压计累计装置或电子积算线路进行流量累计。

目前在火电厂中对主蒸汽流量的测量普遍都采用差压式流量计。而差压式流量计的节流装置是在额定压力和温度以及正常流量下设计计算的。因此，差压式流量计只有在额定压力工况下，流量公式中的系数K才为定值，其流量和差压之间才有确定的对应关系。

但是，在实际运行中，蒸汽压力是在经常变化的，因此流量公式中的系数K也要发生变化，其中蒸汽密度ρ的变化对系数K的影响最大，所引起的测量误差也大。尤其在机组滑参数运行、变工况下运行以及启停过程中所引起的测量误差就更大，有时蒸汽流量指示值会比给水流量指示值大一倍多。因此，必须对蒸汽的密度，即对蒸汽的压力和温度参数进行校正。

对中小型电厂采用组合仪表自动予以校正；对大型电厂，可通过组装仪表中的运算组件、计算机的准确运算功能等进行校正，也可采用带压力、温度自动补偿的智能流量表，以确保流量测量的准确性。

测量蒸汽流量时，为保证两根信号管内的凝结水高度相等和防止高温蒸汽直接进入差压变送器，在取压孔处一定要装设凝结容器。容器截面要大一些，直径约为 75mm。两个容器应位于同一水平面上，容器至取压孔两连接管孔的下沿必须在同一水平高度上。凝结容器与节流装置之间不应设切断阀。差压变送器应装设在节流装置下方，如果不得不装在其上方时，信号管路应先向下，然后在弯向上方。同时信号管路的最高点处应加装集气器。

应用差压变送器远传流量信号时，差压变送器的启停操作必须遵守一定顺序：启动时，应先打开平衡门，使正负压室相通，再打开正压门，然后关闭平衡门，最后打开负压门，使仪表投入运行。停止时，则先关闭正压门，然后打开平衡门，最后关闭负压门，以防止仪表损坏。

四、请你做一做

1．上网或到图书馆查询相关资料，统计出大型火电厂现场安装流量计的主要测点、主流产品型号和具体规格。

反思与探讨

1．标准节流件有哪几种？各有什么优缺点？

2．标准节流件装置有哪些安装要求？

3．何谓标准节流装置？电厂常用的节流件是什么？其取压方式有何规定？标准节流件在管道中的安装方向应怎样？

4．流体流过节流件后，其状态参数将如何变化？热工测量中如何利用此特性来测量流量？

学习单元二　超声波流量计的应用

管段式超声波流量仪表是以“速度差法”为原理，测量圆管内液体流量的仪表。它采用了先进的多脉冲技术、信号数字化处理技术及纠错技术，使流量仪表更能适应工业现场的环境，计量更方便、经济、准确。产品达到国内外先进水平，可广泛应用于石油、化工、冶金、电力、给排水等领域。

一、任务描述与分析

众所周知，工业流量测量普遍存在着大管径、大流量测量困难的问题，这是因为一般流量计随着测量管径的增大会带来制造和运输上的困难，造价提高、能损加大、安装。超声波流量计是近十几年来随着集成电路技术迅速发展才开始应用的一种非接触式仪表，适于测量不易接触和观察的流体以及大管径流量。它与水位计联动可进行敞开水流的流量测量。使用超声波流量比不用在流体中安装测量元件故不会改变流体的流动状态，不产生附加阻力，仪表的安装及检修均可不影响生产管线运行，因而是一种理想的节能型流量计。

超声波流量计的测量准确度很高，几乎不受被测介质的各种参数的干扰，尤其可以解决其他仪表不能的强腐蚀性、非导电性、放射性及易燃易爆介质的流量测量问题。超声波在流动的流体中传播时就载上流体流速的信息。因此通过接收到的超声波就可以检测出流体的流速，从而换算成流量。根据检测的方式，可分为传播速度差法、多普勒法、波束偏移法、噪声法及相关法等不同类型的超声波流量计。

因为各类超声波流量计均可管外安装、非接触测流，仪表造价基本上与被测管道口径大小无关，而其他类型的流量计随着口径增加，造价大幅度增加，故口径越大超声波流量计比相同功能其他类型流量计的功能价格比越优越。被认为是较好的大管径流量测量仪表，多普勒法超声波流量计可测双相介质的流量，故可用于下水道及排污水等脏污流的测量。在发电厂中，用便携式超声波流量计测量水轮机进水量、汽轮机循环水量等大管径流量，比过去的皮脱管流速计方便得多。超声被流量计也可用于气体测量。管径的适用范围从 2cm～5m，从几米宽的明渠、暗渠到 500m 宽的河流都可适用。

另外，超声测量仪表的流量测量准确度几乎不受被测流体温度、压力、黏度、密度等参数的影响，又可制成非接触及便携式测量仪表，故可解决其他类型仪表所难以测量的强腐蚀性、非导电性、放射性及易燃易爆介质的流量测量问题。另外，鉴于非接触测量特点，再配以合理的电子线路，一台仪表可适应多种管径测量和多种流量范围测量。超声波流量计的适应能力也是其他仪表不可比拟的。超声波流量计具有上述一些优点，因此它越来越受到重视并且向产品系列化、通用化发展，现已制成不同声道的标准型、高温型、防爆型、湿式型仪表，以适应不同介质、不同场合和不同管道条件的流量测量。

本次学习任务重点学习超声波流量计的测量原理、结构和工作过程，掌握火电厂中典型的超声波流量计的测点分布、使用技能、检修维护方法，通过理论学习和实践应用掌握从事超声波流量计应用维护的必要知识和技能。

二、相关知识

超声波流量计由超声波换能器、电子线路及流量显示和累积系统三部分组成，如图 4-10 所示。超声波发射换能器将电能转换为超声波能量，并将其发射到被测流体中，接收器接收到的超声波信号，经电子线路放大并转换为代表流量的电信号供给显示和积算仪表进行显示和积算。这样就实现了流量的检测和显示。

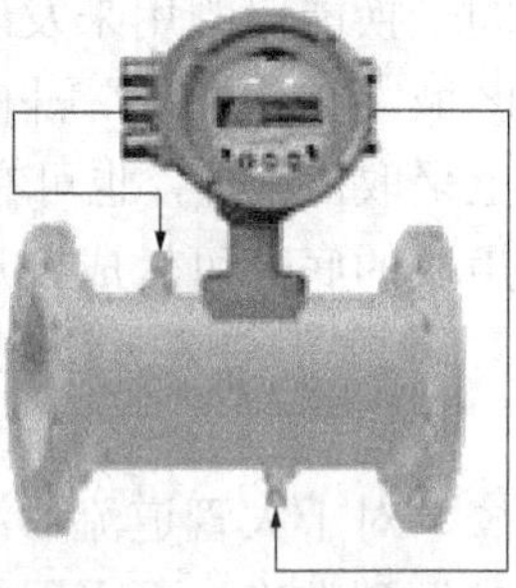

图 4-10　超声波流量计

根据对信号检测的原理超声流量计可分为传播速度差法（直接时差法、时差法、相位差法和频差法）、波束偏移法、多普勒法、互相关法、空间滤法及噪声法等。

超声流量计和超声波流量计一样，因仪表流通通道未设置任何阻碍件，均属无阻碍流量计，是适于解决流量测量困难问题的一类流量计，特别在大口径流量测量方面有较突出的优点，它是发展迅速的一类流量计之一。

超声波流量计采用时差式测量原理：一个探头发射信号穿过管壁、介质、另一侧管壁后，被另一个探头接收到，同时，第二个探头同样发射信号被第一个探头接收到，由于受到介质流速的影响，二者存在时间差 Δt，根据推算可以得出流速 v 和时间差 Δt 之间的换算关系，进而可以得到流量值 Q。

（一）超声波及其在检测中的原理

声波是一种机械波，是机械振动在媒质中的传播过程，当振动频率在十余赫兹到万余赫兹时可以引起听觉，也称可闻声波。更低频率的机械波称为次声波。20kHz 以上频率的机械波称为超声波，这是人耳听不见的。超声波的波长较短，近似做直线传播，在固体和液体媒质内衰减比电磁波小，能量容易集中，可形成较大强度，产生剧烈振动，并能引起很多特殊作用。超声学是一门学科，已有几十年的历史，其应用范围很广泛。超声检测技术则是利用较弱的超声波来进行各种检验和测量，媒质的许多非声学特性和媒质的某些状态参量都可用超声方法来加以测定，在超声检测技术中要涉及到超声波的产生和接收，即所谓的超声波换能器技术，超声波换能器的材料和结构即是超声波换能器的主要问题。

超声波换能器的作用是使其他形式的能量转换成超声波的能量（发射换能器）和使超声能量转换成其他形式易于检测的能量（接收换能器）。电能的应用最为方便，因此一般是应用电能和超声能量相互转换的电声换能器。用适当的发射电路把电能加到发射换能器上可使其做超声振动，并在周围的媒质中产生超声波。接收换能器是把接收到的超声信号转换成电信号，采用相应的接收电路获得适当的电信号输出。在超声检测中往往用一个超声波换能器既做发射换能器又做接收换能器。在超声检测中最常用的是压电换能器。

1918 年法国的浪之万发明了利用石英晶体的压电效应制成的电声换能器，开展了超声波技术的应用。到 1930 年开发了磁制伸缩材料。20 世纪 40 年代后期应用钛酸钡压电陶瓷。50 年代末期广泛应用性能更好的锆钛酸铅压电陶瓷。PZT-4 和 PZT-5 是应用较多的锆钛酸铅压电陶瓷。

压电材料可以分为两大类，第一类是天然或人工制造的压电单晶体，如石英；第二类是人工烧制的多晶压电陶瓷，如上述锆钛酸铅压电陶瓷。

压电片的振动方式很多，如薄片的厚度振动，纵片的长度振动，横片的长度振动等。当同一换能器既用来发射脉冲波又用来接收回波时，为了缩短无法辨别接收信号和发射信号的区域，往往要求脉冲的持续时间越短越好，有的甚至是单个脉冲。为了改善效果，除在电路上采取措施外，也可在压电片的背后加上吸声块，使得向背后发射的能量被吸声块所吸收，吸声块的底部可做成楔形以进一步减小回波。

（二）超声波检测技术在流量测量中的应用

1. 超声波流量计的特点

对于大管道流量测量，采用差压式流量计测量时，标准节流装置制作很困难，测量也很难做到准确。而采用超声波流量计则不然，具体地说超声波流量计具有以下优点：

（1）由于超声波流量计采用非接触测量的方法，因此可以在特殊条件下（如高温高压、防爆、强腐蚀等）进行测量。即使在一般条件下，接触式流量计（如差压式流量计等），会对流体的流动产生一定的阻力，而且在黏性比较大的流体中使用时，精度会显著降低。而超声波流量计不会产生附加阻力，也很少受流体黏性的影响。可见超声波流量计属于非接触式测量，对流体场无干扰，无阻力件，不产生压力损失。

（2）安装方便。只要将管外壁打磨光，摸上硅油，使其接触良好即可。

（3）超声波流量计受介质物理性质的限制比较少，适应性较强。例如电磁流量计和激光流量计对不导电和不透明的流体就难以应用，而超声波流量计则不受影响，可测量各种介质。适合于腐蚀性、黏性、混浊度大的流体，而且测量精度高。

（4）输出信号为线性的。其主要缺点是可测流体的温度范围受超声波换能器及换能器与管道之间的耦合材料耐温程度的限制，以及高温下被测流体传声速度的原始数据不全。目前我国只能用于测量 200℃以下的流体。另外，超声波流量计的测量线路比一般流量计复杂。这是因为，一般工业计量中液体的流速常常是每秒几米，而声波在液体中的传播速度约为1500m/s，被测流体流速（流量）变化带给声速的变化量最大也是10^{-3}数量级，若要求测量流速的准确度为1%，则对声速的测量准确度需为10^{-5}～10^{-6}数量级，因此必须有完善的测量线路才能实现，这也正是超声波流量计只有在集成电路技术迅速发展的前提下才能得到实际应用的原因。

2. 超声波流量计的测量原理

超声波在流动介质中传播时，其传播速度与在静止介质中的传播速度不同，其变化量与介质流速有关，测得这一变化量就能求得介质的流速，进而求出流量，例如超声波在顺流和逆流中的传播情况，如图4-11所示，图中F为发射换能器，J为接收换能器，u为介质流速；C为介质静止时声速，顺流中超声波的传播速度为$C+u$；逆流中超声波的传播速度为$C-u$，顺流和逆流之间速度差与介质流速u有关。测得这一差别可求得流速u，进而通过计算得到流量值$q_v=Au$（其中A为与流速u相垂直的管道横截面积，m^2）。测量速度差的方法很多，常用的有时间差法、相位差法和频率差法。

图4-12所示为超声波在管壁间的传播轨迹。介质静止时超声轨迹为实线，它与轴线之间的夹角为θ。当介质平均流速为u时，传播的轨迹为虚线所示，它与轴线间夹角为θ'。速度C_u为两个分速度（u和C的）向量和，为了使问题简化，认为$\theta=\theta'$（因为在一般情况$C \gg u$），这时可得$C_u = C + u\cos\theta$。下面推导各种超声波流量计基本公式时就用这一结论。

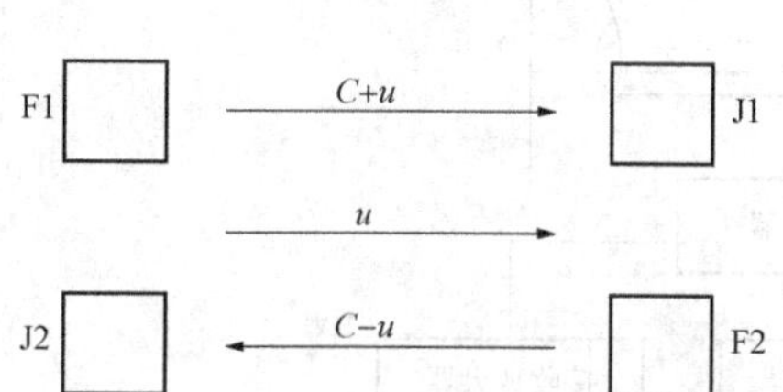

图4-11　超声波在顺、逆流中的传播情况

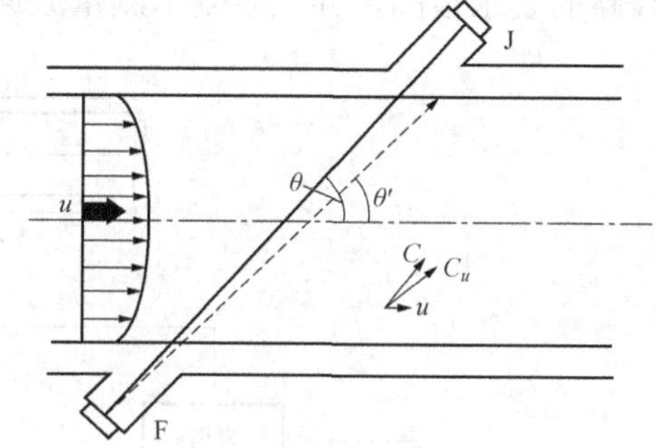

图4-12　超声波在管壁间的传播

（三）超声波测量计的测量方法

1. 时间差法

时间差法是通过测量逆流和顺流中超声波传播的时间差来测量流速的。图4-13所示为时间差法超声波流量计的原理方框图。安装在管道两侧的换能器交替地发射和接收超声脉冲波，设顺流传播时间为t_1，逆流传播时间为t_2，有下列关系式

$$t_1 = \frac{D/\sin\theta}{C + u\cos\theta} + \tau \tag{4-6}$$

$$t_2 = \frac{D/\sin\theta}{C - u\cos\theta} + \tau \tag{4-7}$$

式中　D——管道直径；

τ——超声波在管壁内传播所用的时间。

两者差值为

$$\Delta t = \frac{2D\cot\theta}{C^2 - u^2}u \approx 2\frac{D\cot\theta}{C^2}u \tag{4-8}$$

即

$$u = \frac{C^2\tan\theta}{2D}\Delta t \tag{4-9}$$

对于已安装好的换能器和已定的被测介质，式中 D、θ 和 C 都是已知常数，体积流量等于介质流速乘以管道面积，故和时间差 Δt 成正比。图 4-13 中，主控振荡器以一定频率控制切换器，超声波顺流传播时，切换器 1 与 2 连通，切换器 3 与 4 连通；超声波逆流传播时，切换器 1 与 4 连通，切换器 2 与 3 连通，由此使两个换能器以一定频率交替发射和接收脉冲波。接收到的超声脉冲信号由接收放大器放大。发射与接收的时间间隔由输出门获得，当发射超声波时输出门打开，由输出控制的锯齿波电压发生器输出一个上升速率不变的信号，一旦接收到回波信号，输出门马上关闭，这样使锯齿波发生器输出一个良好线性的锯齿波电压，其电压峰值与输出门所输出的方波宽度成正比。由于逆流和顺流传播的超声波所获得的方波宽度不同，相应产生的锯齿波电压的峰值也不相等，其工作波形如图 4-14 所示，利用主控振荡器控制的峰值检波器分别将逆流和顺流的锯齿波电压峰值检出后送到差分放大器进行比较放大。这个信号将与时间差 Δt 成正比，对其进行一定的运算处理，可以得到流量信号。时间差法中，声速 C 受介质温度、密度等变化的影响，且声速的温度系数并非常数。由时间差法的基本流量方程式可知，如果声速变化时，由此产生的流量测量的相对误差将等于声速相对误差的两倍。由于时差 Δt 的数值很小。例如，D 为 300mm，u 为 1.33m/s，C 为 1500m/s，θ 为 20° 时，Δt 为 1×10^{-6}s。如果要保证 1%的准确度，则要求测量时差达到 0.01μs 的准确度，所以对电子线路的要求很高，并且限制了测量流速的下限。

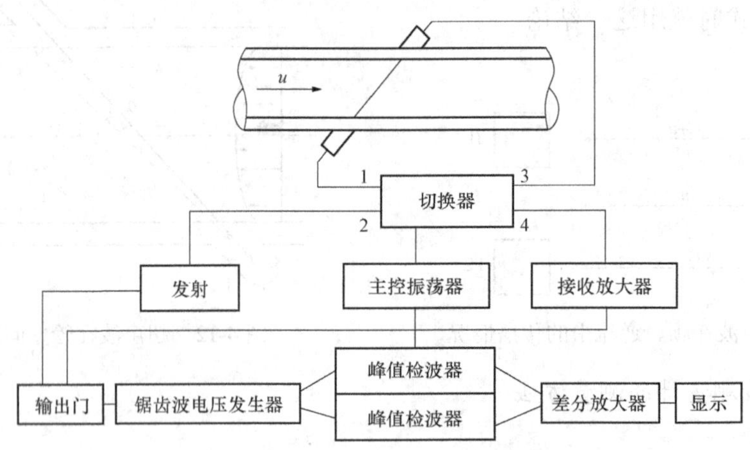

图 4-13　时间差法超声波流量计原理方框图

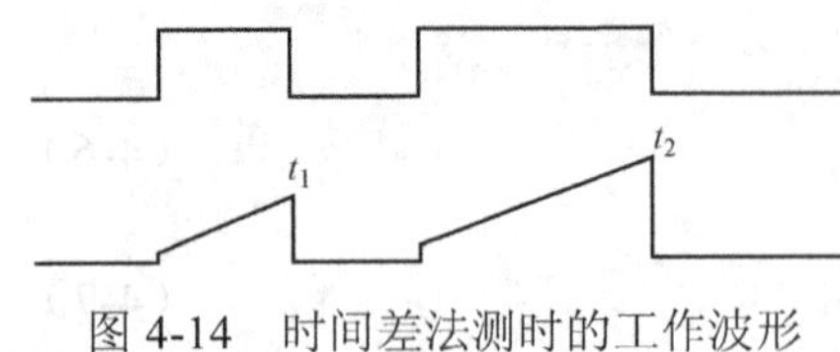

图 4-14　时间差法测时的工作波形

2. 相位差法

连续超声波振荡的相位可以写成：$\varphi = \omega t$，这里角频率 $\omega = 2\pi f$，f 为超声波的振荡频率。如果换能器发射连续超声波或者发射周期较长的脉冲波列，则在顺流和逆流发射时接收到的信号之间就产生了相位差 $\Delta\varphi$，$\Delta\varphi = \omega\Delta t$，$\Delta t$ 就是前面的时间差。因此可根据时间差法的流速公式得到

$$u = \frac{C^2 \tan\theta}{2\omega D}\Delta\varphi \tag{4-10}$$

图 4-15 所示为相位差法超声波流量计的方框图。换能器采用双通道形式，振荡器发出连续正弦波电压激励发射换能器，经过一段时间后此超声波被接收换能器接收。调相器用来调

整相位检波器的起始工作点及零点。放大器把接收换能器输出的信号放大后送到相位检波器。相位检波器输出的直流电压信号与相位差$\Delta\varphi$成正比，即与介质流量成正比。相位法测量的精度比时间法高。

3. 频率差法

频率差法超声波流量计的工作原理是，超声换能器向被测介质发射超声脉冲波，经过一段时间此脉冲波被接收并放大，放大了的信号再去触发发射电路，使发射换能器再次向介质发射超声脉冲流，系统形成振荡。设顺流的振荡频率为f_1，逆流时振荡的频率为f_2，则

$$f_1=\left[\frac{D}{(C+u\cos\theta)\sin\theta}+\tau\right]^{-1},f_2=\left[\frac{D}{(C-u\cos\theta)\sin\theta}+\tau\right]^{-1}$$

则频率差

$$\Delta f=f_1-f_2\approx\frac{\sin 2\theta}{D\left(1+\dfrac{\tau C\sin\theta}{D}\right)^2}u \tag{4-11}$$

由此得

$$u=\frac{D\left[1+\dfrac{\tau C\sin\theta}{D}\right]^2}{\sin 2\theta}\Delta f \tag{4-12}$$

其中τ为固定迟延时间，即超声波经过塑料楔、管壁和衬材传播所需要的时间以及电信号滞后时间之和。

在式（4-11）中，括号内的第二项包含声速 C，而在大口径管道中，这一项非常小，因此即使声速C发生变化也几乎不影响测量结果。

图 4-16 所示为频率差法超声波流量计方框图。定时器控制切换器，使两个超声波换能器交替发射超声脉冲波，由收发两用电路来发射和接收信号。顺流和逆流的重复频率分别选出后进行M倍频，倍频器输出Mf_1及Mf_2的频率信号送去可逆计数器进行频率差的运算，得到$M\Delta f$的值，经过一定的运算处理，可以算出流量值。除了液体流量的测量，在气体和气粉体（双相流体）流速测量方面，超声波方法也有其可取之处，在气体介质方面可测出瞬时和脉动

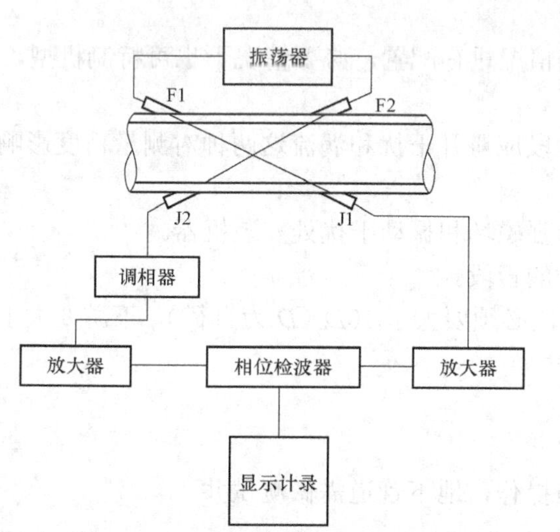

图 4-15 相位差法超声波流量计方框图

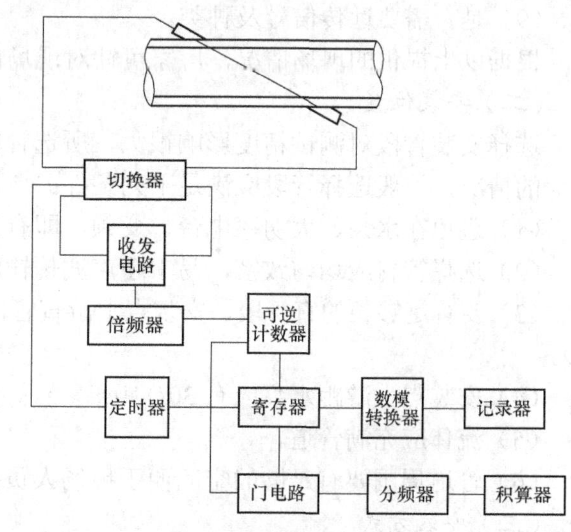

图 4-16 频率差法超声波流量计方框图

流速，它还能同时测出气体温度。在火电厂中采用气动方式输送煤粉燃料，需要测得煤粉的质量流量，通常的方法难以获得满意的结果。超声波法可以单独测量粉状物质的点速度（如超声多普勒法），也可以测量煤粉气流的流速（如相差法等），然后根据粉状材料颗粒大小计算颗粒物质的流速，或者配合以气粉体密度测量，获得气粉体质量流量。

近年来超声波流量测量技术已获得了迅速地发展，它已经成为流量测量技术中的一个重要分支。

超声波流量计虽然具有许多的优点，但也存在一些缺点：当液体中有气泡或有噪声时，会影响声波传播；超声波流量计实际测定的是流体速度，它将受速度分布不匀的影响，虽可以校正，但不十分准确，故要求超声波流量计前后分别有10*D*和5*D*的直管道长度；另外从以上的分析可知，超声波流量计结构较复杂，成本较高。

三、相关技能

时差式超声波流量计是当今世界上具竞争力的流量测量手段，其测量线精度高于1.0%。由于工业现场特别是管路周围环境的多样性，因此怎样根据特定的环境安装调试超声波流量计，就成了超声波流量测量领域的一个重要课题，详解超声波流量计的安装细节，从而进一步完整发挥超声波流量计的精度、可靠性和稳定性的优势，可以大大降低日后的维护工作甚至免维护。

（一）安装前准备

超声波流量计在安装之前应了解现场情况，包括：

（1）安装传感器处距主机距离为多少。

（2）管道材质、管壁厚度及管径。

（3）管道年限。

（4）流体类型、是否含有杂质、气泡以及是否满管。

（5）流体温度。

（6）安装现场是否有干扰源（如变频、强磁场等）。

（7）主机安放处四季温度。

（8）使用的电源电压是否稳定。

（9）是否需要远传信号及种类。

根据以上提供的现场情况，厂家可针对现场情况进行配置，必要情况下也可特制机型。

（二）安装位置

选择安装管段对测试精度影响很大，所选管段应避开干扰和涡流这两种对测量精度影响较大的情况，一般选择管段应满足下列条件：

（1）避免在水泵、大功率电台、变频，即有强磁场和振动干扰处安装机器。

（2）选择管材应均匀致密，易于超声波传输的管段。

（3）要有足够长的直管段，安装点上游直管段必须要大于10*D*（*D*为直径），下游要大于5*D*。

（4）安装点上游距水泵应有30*D*距离。

（5）流体应充满管道。

（6）管道周围要有足够的空间便于现场人员操作，地下管道需做测试井。

（三）安装方式

超声波流量计一般有两种探头安装方式，即Z法和V法。但是，当$D<200$mm而现场情况

为下列条件之一者，也可采用 Z 法安装：

（1）当被测量流体浊度高，用 V 法测量收不到信号或信号很弱时。

（2）当管道内壁有衬里时。

（3）当管道使用年限太长且内壁结垢严重时。

对于管道条件较好者，即使 D 稍大于 200mm，为了提高测量精度，也可采用 V 法安装。

（四）探头位置

（1）将管道参数输入仪表，选择探头安装方式，得出安装距离。

（2）在水平管道上，一般应选择管道的中部，避开顶部和底部（顶部可能含有气泡、底部可能有沉淀）。

（3）V 法安装：先确定一个点，按安装距离在水平位置量出另一个点。

Z 法安装：先确定一个点，按安装距离在水平位置量出另一个点，然后测出此点在管道另一侧的对称点。

（五）管道处理

确定探头位置之后，在两安装点±100mm 范围内，使用角磨砂轮机、锉、砂纸等工具将管道打磨至光亮平滑无蚀坑。

要求：光泽均匀，无起伏不平，手感光滑圆润。需要特别注意，打磨点要求与原管道有同样的弧度，切忌将安装点打磨成平面，用酒精或汽油等将此范围擦净，以利于探头黏接。

（六）接线

接线包括：探头与仪表接线；探头（传感器）。探头根据实际测量管道可分三种：S 型传感器（15～100mm）；M 型传感器（50～700mm）；L 型传感器（300～6000mm）。

1. 微调探头

接完线后把探头内部用硅胶注满，放置 0.5h，然后用硅胶和卡具把探头固定到打磨好的管道上（注意探头方向，引线端向外），然后观察仪表的信号强度、良度与传输时间比，如发现不好，则细微调整探头位置，直到仪表的信号达到规定的范围之内（信号强度：一般应大于 6.5，少数可根据现场具体情况另定；信号良度：低峰值一般为 7～14，高峰值一般为 25～80；传输时间比：在 100±4 范围之内，此值必须稳定）。

2. 固定探头

仪表信号调整好以后，用所配卡具将探头固定好，注意不要使钢丝绳倾斜，以免拉动探头，使探头移位，再用硅胶将探头与管道接触的四周封住。此胶凝固大约需 1 天时间，在未干之前必须注意探头防水。信号线的外屏蔽线必须可靠接地。

（七）注意事项

超声波流量计在使用时的注意事项有：

（1）正确选型。这是超声波流量计能够正常工作的基础。如果选型不当，或会造成流量无法测量，或者用户使用不便等后果。

（2）合理安装。换能器安装不合理是超声波流量计不能正常工作的主要原因。安装换能器需要考虑位置的确定和方式的选择两个问题。确定位置时除保证足够的上、下游直管段外，尤其要注意换能器尽量避开有变频调速器、电焊机等污染电源的场合。

（3）及时核校。对于现场安装固定式超声波流量计数量大、范围广的用户，可以配备一台同类型的便携式超声波流量计，用于核校现场仪表的情况。一是坚持一装一校，即对每一台新装超声波流量计在安装调试时进行核校，确保选位好、安装好、测量准；二是对在线运行的超声波流量计发生流量突变时，要利用便携式超声波流量计进行及时核校，查清流量突变的原因，弄清楚是仪表发生故障还是流量确实发生了变化。

（4）定期维护。与其他流量仪表相比，超声波流量计的维护量是比较小的。对于外贴换能器超声波流量计，安装以后无水压损失，无潜在漏水，只需定期检查换能器是否松动，与管道之间的粘合剂是否良好即可；插入式超声波流量计，要定期清理探头上沉积的杂质、水垢等有无漏水现象；如果是一体式超声波流量计，要检查流量计与管道之间的法兰连接是否良好，并考虑现场温度和湿度对其电子部件的影响，等待。定期维护可以确保超声波流量计的长期稳定运行。

四、请你做一做

1. 画出火电厂典型的超声波流量计结构原理图，并制定典型超声波流量计的检修维护方案。

反思与探讨

1. 超声波流量计的测量原理是什么？有何特点？
2. 超声波流量计在火电厂中主要测量的对象有哪些？
3. 超声波流量计安装中应该注意哪些问题？

学习情境五 水位测量系统构建

火电厂中一般要测量锅炉汽包水位、凝汽器水位、除氧器水位和各种水箱水位等。汽包水位的测量对于保证锅炉、汽轮机等主要设备的安全运行非常重要。汽包水位过高会造成蒸汽带水，使蒸汽品质恶化，轻则使管道和汽轮机结垢加重，降低效率，重则使机组发生严重事故。水位过低会破坏锅炉水循环，使水冷壁局部过热甚至发生爆管。因此，及时准确地测量汽包水位，并将其控制在规定的范围内，对保证火电厂安全、经济运行有重要意义。

测量汽包实际水位，涉及问题较多，在技术上还有一定困难。这是由于：①汽包水位很不稳定，总是上下波动，这种快速波动在水位计中不容易反映出来；②汽水界面不明显，汽包内实际汽水界面模糊不清；③沿汽包横向及轴向各处水位不一致，一般沿汽包轴向中间水位高，两端低，沿横向，在上升管较密的一侧水位较高；④锅炉蒸汽负荷突然变化会造成虚假水位。目前，水位测量方法及仪表种类很多，本学习情境以火电厂中常用的水位计为例，重点介绍云母水位计、差压式水位计和电接点水位计的结构、原理及其使用。

通过本学习情境的学习，应知道火电厂常用水位测量仪表的种类，能简要说明差压水位计的工作原理，水位差压转换原理，能说出平衡容器种类和特点，能简要说明电接点水位计的工作原理，知道水位发送器的结构特点及电接点水位计对水位发送器的要求，能说出电接点水位计显示仪表的种类。

为保证对汽包水位的可靠监视，通常电厂锅炉的汽包上往往同时安装了云母水位计（锅炉的附属设备）、差压式水位计和电接点水位计，学习时要着重理解这三种不同的水位计分别是利用什么原理工作的，各有什么特点，分别适用于何种用途，尤其是差压式水位计和电接点水位计要重点掌握。

本学习情境的重点和难点：

重点：差压式水位计的水位差压转换原理，电接点水位计的测量原理。

难点：改进后的平衡容器如何消除汽包压力变化所造成的测量误差，电接点水位计的数字显示。

学习单元一 就地水位计的应用

一、任务描述与分析

就地水位计指的是就地安装指示的水位计，较成熟的产品有玻璃管水位计、云母水位计、双色水位计等。云母水位计结构简单、显示清晰、指示值可靠，因此成为火电厂测量汽包水位的主要方法之一。云母水位计主要用于高压锅炉汽包水位测量，对于低压或中压锅炉，连通器采用平板玻璃制造，称为玻璃水位计。双色水位计是在云母水位计基础上改进而成。

二、相关知识

（一）云母水位计的基本结构及工作原理

云母水位计测量汽包水位的原理和基本结构如图 5-1 所示。从图 5-1（a）中可见，水位计的上部与汽包的蒸汽空间相通，水位计的下部与汽包的饱和水相通，构成一个连通器。根据连通器原理，水位计中水面高度与汽包水位相等，因此从水位计的水面高度便可看出汽包的水位值。水位计主要由一个连通器和一个标尺组成，在连通器的上方和下方与汽包连接处分别装有阀门，以便接通或断开水位计，如图 5-1（b）所示。

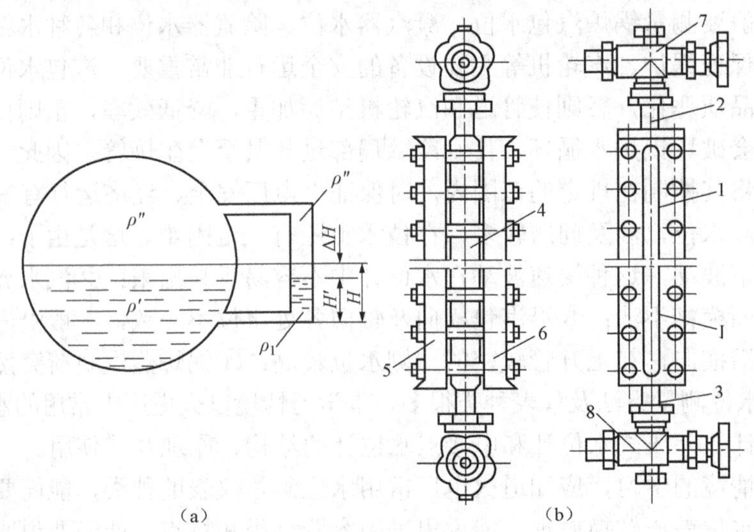

图 5-1　云母水位计

（a）测量原理；（b）基本结构

1—云母（玻璃）板；2、3—上、下金属管；4—水位计体；5、6—前后夹板；7、8—阀门

根据连通器平衡原理得

$$H\rho' g = H'\rho_1 g + (H - H')\rho'' g \tag{5-1}$$

式中　H——汽包内的实际水位高度；

H'——水位计显示的水位高度；

ρ'、ρ''——汽包压力下的饱和水、饱和蒸汽的密度；

ρ_1——水位计中水的密度；

g——重力加速度。

（二）云母水位计的测量误差

云母水位计虽然可直接测量水位，但其测量仍有误差，这是由于水位计向周围空间散热，连通器内水柱温度低于汽包内的饱和水温度的缘故。水位计内的水为汽包压力下的过冷水，其密度 ρ_1 大于相同压力下的饱和水密度 ρ'，因此水位计指示的水位值 H'，比汽包内实际水位 H 要低，如图 5-1（a）所示。

由式（5-1）可得出连通器式水位计的测量误差为

$$\Delta H = H' - H = -\frac{\rho_1 - \rho'}{\rho' - \rho''}H' \tag{5-2}$$

由上式可以看出，水位计散热越多，ρ_1越大，测量误差ΔH也就越大。此外，汽包压力越高，对应的ρ'减小，ρ''增大，在同样散热条件下测量误差也越大。这种现象在高水位时显得更明显，即水位越高，水位计指示值越偏离汽包实际水位。一般高压锅炉在高水位运行时，该误差值可达100～150mm，正常水位（即零水位）时，一般可达50mm左右。中压锅炉在正常水位时，一般误差为30mm左右。

为了减小和消除云母水位计的误差，应尽力减少水位计向四周的散热量。一般采用在水位计水侧至连通器处加保温的方法，以减小水柱温度与汽包饱和水温度之差。

（三）双色水位计工作原理

双色水位计是在云母水位计的基础上，利用光学系统改进其显示方式的一种连通器式水位计。双色水位计将云母水位计的汽水两相无色显示变成红绿两色显示，即汽柱显红色，水柱显绿色，提高了显示清晰度，克服了云母水位计观察困难的缺点。这种水位计可在就地目视监视水位，还可采用彩色工业电视系统远传至控制室进行水位监视。

图5-2为双色水位计原理结构示意图。光源8发出的光经过红色和绿色滤光玻璃10、11后，红光和绿光平行到达组合透镜12，由于透镜的聚光和色散作用，形成了红绿两股光束射入测量室5。测量室是由水位计本体钢座3、云母片15和两块光学玻璃板13以及垫片等构成的。测量室截面成梯形，内部介质为水柱和蒸汽柱［见图5-2（b）、图5-2（c）］，连通器内水和蒸汽形成两段棱镜。当红、绿光束射入测量室时，绿光折射率较红光大（光折射率与介质和光的波长有关）。在有水部分，由于水形成的棱镜作用，绿光偏转较大，正好射到观察窗口17，人们看见水柱呈绿色，红光束因出射角度不同未能到达观察窗口，在测量室内蒸汽部分棱镜效应较弱，使得红光束正好到达观察窗口，而绿光因没发生折射不能射到窗口，因此所见汽柱呈红色。

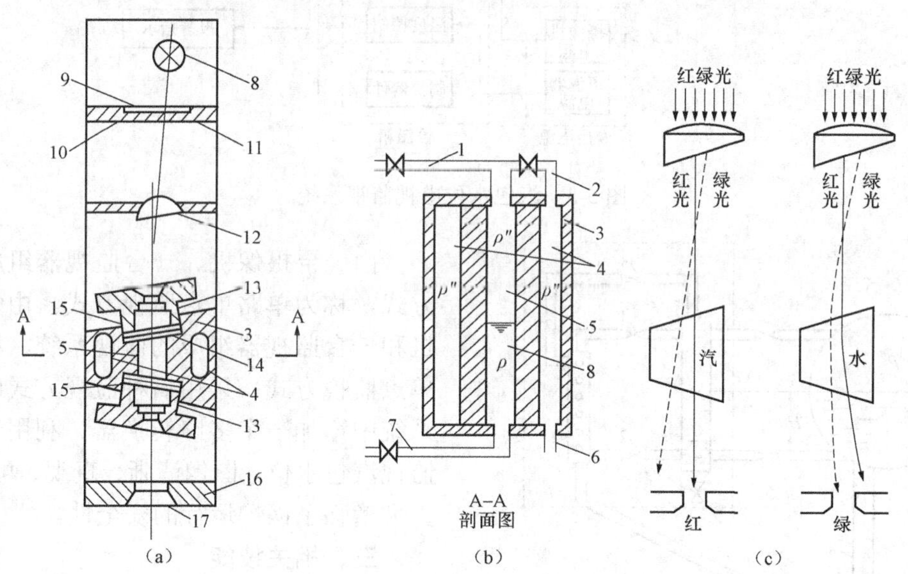

图5-2　双色水位计原理结构示意图

（a）基本结构；（b）测量室；（c）光路系统

1—汽侧连通管；2—加热用蒸汽进口管；3—水位计本体钢座；4—加热室；5—测量室；6—加热用蒸汽出口管；7—水侧连通管；8—光源；9—毛玻璃；10—红色滤光玻璃；11—绿色滤光玻璃；12—组合透镜；13—光学玻璃板；14—垫片；15—云母片；16—保护罩；17—观察窗口

当用于超高压及以上压力的锅炉汽包水位测量时，水位计的光学玻璃由长条形板改做成多个圆形板，这样玻璃板小，装配容易，受力较好，而水位计显示窗也由长条形（称为单窗式）变为沿水位高度排列的圆形窗口，称为多窗式双色牛眼水位计。该结构的缺点是小窗之间有一段不透明，观察水位变化趋势不如单窗式。

为了减小由于测量室温度低于被测容器内水温而引起的误差，双色水位计还设有加热室4对测量室加热，使测量室温度接近容器内水温。当被测对象为锅炉汽包时，加热室应使测量室水温接近饱和温度，并维持测量室中的水有一定的过冷度。否则汽包压力波动时，水位计内水沸腾而影响测量。

（四）工业电视如何监视汽包水位

就地安装的双色水位计可以通过工业电视远距离观察其水位的指示值，这样可大大减轻工作人员的劳动强度。

工业电视监视系统由双色牛眼水位计、彩色摄像机、彩色监视器等部分组成，如图5-3所示。摄像机将摄取的双色水位信号转换成电信号，再通过视频电缆传送到集控室内的彩色监视器上显示，便可看到汽红、水绿的“牛眼”式水位信号，从而看出水位的变化。

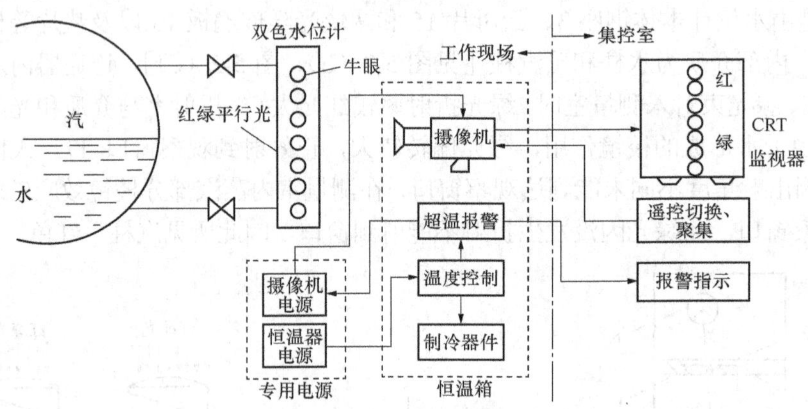

图5-3　汽包水位电视监视系统

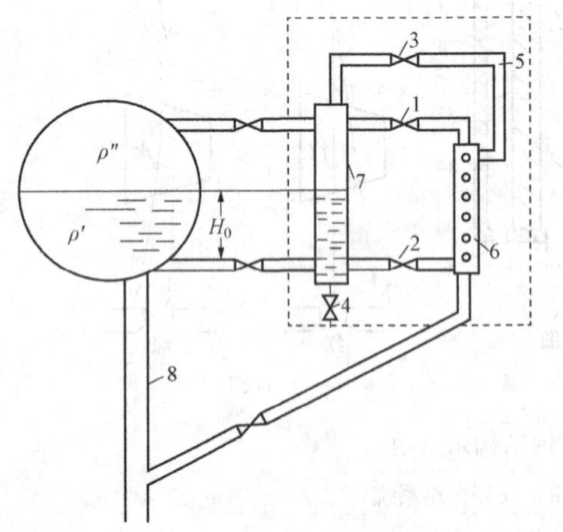

图5-4　双色水位计安装系统图

1—汽阀；2—水阀；3—加热阀；4—排污阀；5—加热管；6—水位计本体；7—凝结水管；8—锅炉下降管

由一台摄像机、一台监视器组成的监视方式，称为单路单点监视方式。由多台摄像机和一台监视器组成的监视系统，称为多路单点监视方式。采用后种监视方式时，需在系统中增加一个多路转换器。利用工业电视监视汽包水位，图像清晰、直观、可信度高，大大增强了锅炉运行的安全性。

三、相关技能

（一）双色水位计的安装

安装双色水位计通过汽、水阀门分别与汽包汽侧、水侧相连接，形成连通体，利用连通器的原理使水位计的水位与汽包相一致，双色水位计安装系统图如图5-4所示。

水位计与汽包的连通管，应保证管道的倾斜度不小于100:1，对于汽侧取样管应使取样孔侧高，对于水侧取样管应使取样孔侧低。汽水侧取样管、取样阀门和连通管均应良好保温。由于水位计安装位置的环境温度与汽包内温度相差很大，因此水位计的显示水位低于汽包实际水位，具体数值随汽包工作压力等级不同而有所不同。

（二）双色水位计故障分析与处理方法

运行中双色水位计常发生水位显示不清或泄漏现象，原因分析见表5-1。

表5-1　运行中双色水位计常见故障原因分析及处理方法

故障	缺陷原因	处理方法及注意事项
显示不清	红、绿颜色调整不好。	重新调整水位计灯座角度、红绿玻璃架位置和反光镜角度。
	出现假水位。	重新投水位计。
	像头位置不正确。	调整摄像头位置。
	水位计灯坏。	更换新灯柱（或灯泡）。
	水位计云母结垢	冲洗水位计或更换新的云母组件
泄漏	汽包超压运行。	注意汽包运行压力，一般水位计不参与锅炉超压试验。
	水位计检修不正确。	严格按照水位计说明书或检修工艺进行检修。
	水位计备件不合乎有关技术指标的要求。	最好采用与水位计厂家配套的水位计备件。
	水位计表体或压盖变形。	安装水位计密封组件前，要测量水位计表体及压盖的变形度，发现变形及时进行修整或更换。紧固水位计压盖螺栓时一定要用力矩扳手按要求力矩紧到位。
	云母结垢严重，发生腐蚀。	定期冲洗水位计，减少水位计的结垢量，延长水位计密封组件的使用周期。
	水位计云母密封组件已到使用周期	水位计云母片的使用周期一般为一个小修周期（10～12 月），不泄漏也应定期更换

反思与探讨

1．在火电厂中，常用的水位测量仪表有哪几种？

2．云母水位计具有哪些特点？其指示误差与哪些因素有关？

3．用云母水位计测量汽包水位，汽包的绝对压力为11MPa，汽包水位为400mm，水位计内水的平均温度为200℃。如果采用蒸汽加热器维持水位计内水的温度为300℃，试求水位计示值误差减少了多少？

4．运行中双色水位计经常出现的故障状态及处理措施有哪些？

学习单元二　差压式水位计的应用

一、任务描述与分析

差压式水位计在火电生产过程中是应用最为普遍的一种水位计。它是静压式液位测量仪表，在汽包水位、高压加热器水位、除氧器水位测量中都能得到应用。

差压式水位计是将水位高低信号转换成相应差压信号来实现水位测量的仪表。它是由水位-差压转换容器（又称平衡容器）、压力信号导管及差压计三部分组成的，如图 5-5 所示。水位信号首先由水位-差压转换容器转换成差压信号，差压计测出差压值的大小，并指示出水位的高低。如果将差压计改为差压变送器，可将水位信号转换成电流信号，远传至控制室进行连续水位指示、记录以及为调节系统提供水位信号。

二、相关知识

（一）水位-差压转换原理

差压式水位计准确测量汽包水位的关键在于水位与差压之间的准确转换，这种转换是通过平衡容器来实现的。图 5-6 所示为一种常用的双室平衡容器，汽包的汽侧连通管与宽容室（也称正压室）相接；汽包的水侧连通管直接与窄容室（也称负压室）相接。正压头从宽容室中引出，负压头从窄容室中引出。宽容室的水位高度为定值，当水位升高时，水经汽侧连通管溢流至汽包，但水位下降时，由蒸汽冷凝来补充，当宽容室中水的密度一定时，正压头为定值。负压头中输出压头的变化代表了水位 H 的变化。因此，由正负两个导压管得到的差压信号为

$$\Delta p = p_+ - p_- = L\rho_1 g - [H\rho' g + (L-H)\rho'' g] = L(\rho_1 - \rho'')g - H(\rho' - \rho'')g \tag{5-3}$$

式中 H——汽包中的水位高度；

ρ_1——正压室中水的密度；

ρ'、ρ''——汽包压力下饱和水、饱和蒸汽的密度；

L——汽侧、水侧连通管距离。

由式（5-3）可知，平衡容器结构确定后（即 L 为已知常数），在汽包压力维持恒定（ρ'、ρ'' 确定）和 ρ_1 一定的条件下，正、负导压管的差压输出 Δp 与汽包水位 H 呈单值函数关系。因此，若将 p_+、p_- 接差压计或差压变送器，就可根据所测出的差压数值知道相应的水位值。

由式（5-3）还可以看出，水位越高，差压越小，两者之间成反比例关系。

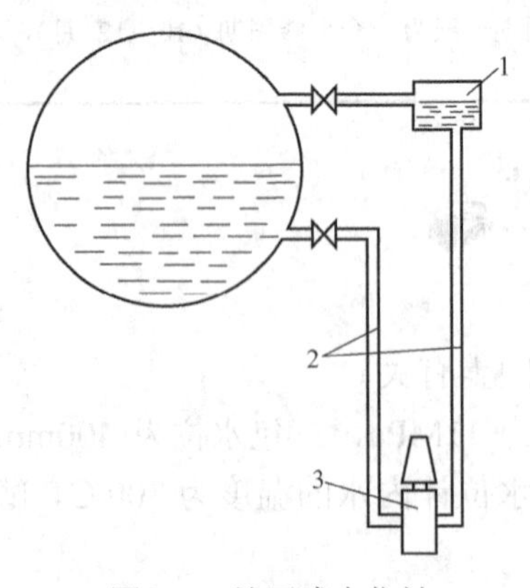

图 5-5 差压式水位计

1—平衡容器；2—压力信号导管；3—差压计

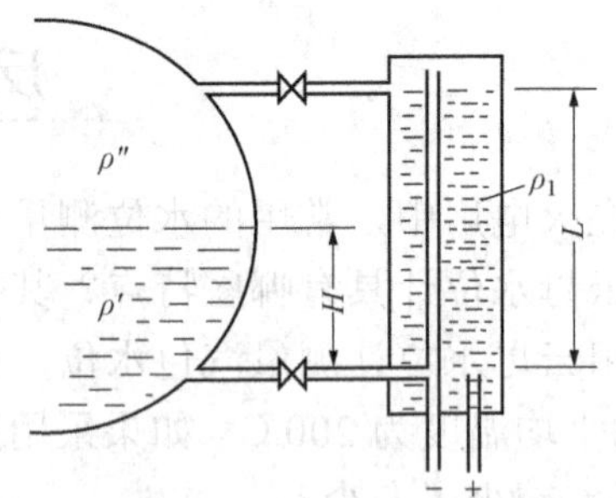

图 5-6 双室平衡容器

一般测水位用的差压计都按 Δp 与 H 关系式直接采用水位刻度。式中 ρ'、ρ'' 按汽包额定压力由饱和蒸汽状态表查出，ρ_1 按管外环境温度及传热条件确定。

【例 5-1】 已知图 5-6 中双室平衡容器的汽水连通管之间的跨距 L=300mm，汽包水位分别为 H_1=100mm，H_2=150mm，H_3=200mm，饱和水密度 ρ' =680.075kg/m^3，饱和蒸汽密度 ρ'' =59.086kg/m^3，正压室中水的密度 ρ_1 =962.83kg/m^3，试求此时平衡容器的输出差压为多少？

解： 按力学原理，当汽包水位在任意值时，平衡容器的输出差压为

$$\Delta p = p_+ - p_- = L\rho_1 g - [H\rho' g + (L-H)\rho'' g] = L(\rho_1 - \rho'')g - H(\rho' - \rho'')g$$

由此可得，在不同水位时平衡容器的输出差压分别为

$$\begin{aligned}\Delta p_1 &= 0.3\times(962.83-59.086)\times 9.81 - 0.10\times(680.075-59.806)\times 9.81\\ &= 2051.2(\text{Pa})\end{aligned}$$

$$\begin{aligned}\Delta p_2 &= 0.3\times(962.83-59.086)\times 9.81 - 0.15\times(680.075-59.806)\times 9.81\\ &= 1745.9(\text{Pa})\end{aligned}$$

$$\begin{aligned}\Delta p_3 &= 0.3\times(962.83-59.086)\times 9.81 - 0.20\times(680.075-59.806)\times 9.81\\ &= 1442.8(\text{Pa})\end{aligned}$$

答：输出差压分别为 2051.2Pa，1745.9Pa，1442.8Pa。

根据上述分析可知，当水位升高，输出差压减小。因此在使用差压变送器测量水位时，为使输出信号与水位变化一致，一般将负压管与变送器正压室相接，而正压管与变送器负压室相接，这样水位升高时，变送器输出电流增大。

（二）双室平衡容器实际使用中存在的问题

因为平衡容器向外散热，正、负压容室中的水温由上至下逐渐下降，并且温度不易确定。所以用式（5-3）分度差压计时，由于密度的数值 ρ_1 较难确定，分度好的差压式水位计装到现场后，其指示值与云母水位计的示值不同。即使在现场对照云母水位计的指示调整好刻度值，随着温度的变化，ρ_1 的数值也变化，差压式水位计的指示值仍存在误差。

差压式水位计一般是在汽包额定工作压力下分度的，因而，只有当汽包工作在额定压力下时，差压式水位计的指示值才是正确的。饱和水密度和饱和蒸汽密度随汽包压力变化，使差压式水位计的指示产生很大误差。饱和水密度 ρ' 、饱和蒸汽密度 ρ'' 随汽包压力变化的关系如图 5-7 所示。由图可知，当压力升高时，饱和水密度 ρ' 减小，饱和蒸汽密度 ρ'' 增大。压力上升到临界压力（p_k=22.12MPa）时，饱和水和饱和蒸汽的密度相同。

由式（5-3）可知，汽包工作压力变化时，主要是负压头[$Hg\rho' + (L-H)g\rho''$]的变化使差压 Δp 发生改变。而 ρ' 与 ρ'' 随压力变化的方向相反，因此负压头中两项的变化可互相抵偿。但因 ρ' 与 ρ'' 的变化率不同，这两项的变化不能完全抵消，而且在不同水位 H 时，两项随压力变化的数值也不相同。图 5-8 所示在不同水位 H 时，负压头与汽包压力变化的关系。由图可以看出，当水位较高时（50～315mm），差压转换容器中的负压头随着汽包工作压力的下降而增大，即 Δp 减小，此时水位计指示值比实际值偏高，出现正误差；水位较低时（−200～−100mm），负压头随汽包工作压力变化所产生的变化较小。一般情况下，汽包水位都控制在 ±50mm 之间，因此在锅炉启停或滑参数运行时，差压式水位计的指示随汽包压力下降而偏高，反之指示偏低。

【例 5-2】 已知图 5-6 中双室平衡容器的汽水连通管之间的跨距 L=550mm，汽包正常水位 H_0=300mm，则用该平衡容器测量锅炉汽包水位时，要求计算：

（1）当汽包压力为 10.5MPa、正压室水温为 40℃时，汽包在正常水位时的输出差压值。

（2）当汽包压力为 10.5MPa、正压室水温为 80℃时，汽包在正常水位时的输出差压值，并求输出差压的绝对误差值。

（3）当汽包压力为 5.0MPa、正压室水温为 40℃时，汽包在正常水位时的输出差压值，并求输出差压的绝对误差值。

（4）当汽包压力为 0.5MPa、正压室水温为 40℃时，汽包在正常水位时的输出差压值，并求输出差压的绝对误差值。

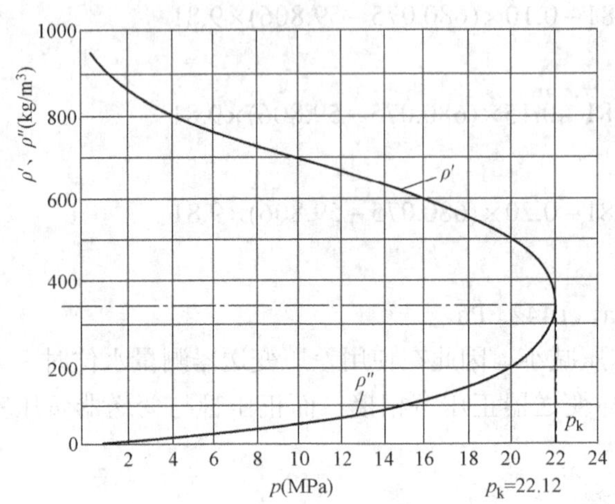

图 5-7 饱和水密度 ρ'、饱和蒸汽 ρ'' 密度与汽包压力的关系

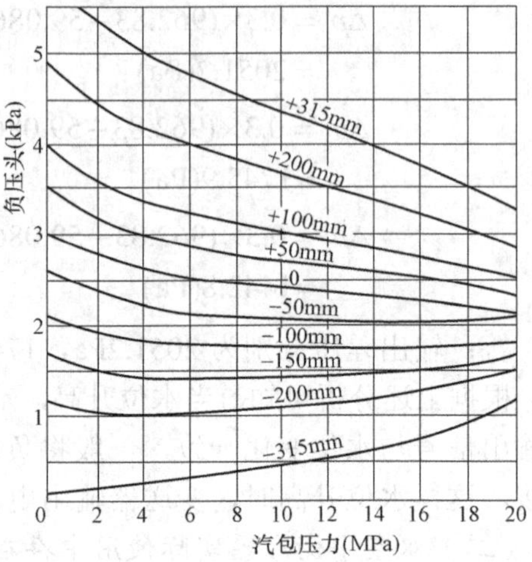

图 5-8 不同水位时，平衡容器的负压头 p_- 与汽包工作压力的关系

已知 10.5MPa 时： $\rho'=680.075\text{kg/m}^3, \rho''=59.086\text{kg/m}^3$；

10.5MPa、40℃时： $\rho_1=996.81\text{kg/m}^3$；

10.5MPa、80℃时： $\rho_1=976.37\text{kg/m}^3$；

5.0MPa 时： $\rho'=777.73\text{kg/m}^3, \rho''=25.374\text{kg/m}^3$；

0.5MPa 时： $\rho'=915.08\text{kg/m}^3, \rho''=2.668\text{kg/m}^3$。

解：按力学原理，当汽包水位在正常水位时，平衡容器的输出差压为

$$\Delta p_0 = p_+ - p_- = L\rho_1 g - [H_0\rho' g + (L-H)\rho'' g] = L(\rho_1 - \rho'')g - H_0(\rho' - \rho'')g$$

（1）10.5MPa、40℃时：

$$\Delta p_{0e(40)} = 550\times10^{-3}\times(996.81-59.086)\times9.81 - 300\times10^{-3}\times(680.075-59.086)\times9.81 = 3231.9(\text{Pa})$$

（2）10.5MPa、80℃时：

$$\Delta p_{0e(80)} = 550\times10^{-3}\times(976.37-59.086)\times9.81 - 300\times10^{-3}\times(680.075-59.086)\times9.81 = 3121.6(\text{Pa})$$

因正压室温度变化引起的绝对误差为

$$\Delta = \Delta p_{0e(40)} - \Delta p_{0e(80)} = 3231.9 - 3121.6 = 110.3(\text{Pa})$$

（3）5.0MPa、40℃时：

$$\Delta p_{05(40)} = 550\times10^{-3}\times(996.81-25.374)\times9.81 - 300\times10^{-3}\times(777.73-25.374)\times9.81 = 3027.2(\text{Pa})$$

因汽包压力变化引起的绝对误差为

$$\Delta = \Delta p_{0e(40)} - \Delta p_{05(40)} = 3231.9 - 3027.2 = 204.7(\text{Pa})$$

（4）0.5MPa、40℃

$$\Delta p_{00.5(40)}=550\times10^{-3}\times(996.81-2.668)\times9.81-300\times10^{-3}\times(915.08-2.668)\times9.81$$
$$=2678.7(\text{Pa})$$

因汽包压力变化引起的绝对误差为

$$\varDelta=\Delta p_{0e(40)}-\Delta p_{05(80)}=3231.9-2678.7=553.2(\text{Pa})$$

答：当汽包压力为 10.5MPa、正压室水温为 40℃时，汽包在正常水位时的输出差压值为 3231.9Pa。水温变为 80℃时，输出差压值为 3121.6Pa，其绝对误差为 110.3Pa。当汽包压力变为 5.0MPa，输出差压值为 3027.2Pa，其绝对误差为 204.7Pa。当汽包压力变为 0.5MPa，输出差压值为 2678.7Pa，其绝对误差为 553.2Pa。

这种由于平衡容器温度变化和汽包压力变化而产生的测量误差（称系统误差）随平衡容器的结构不同而各异。为了使差压式水位计在汽包压力变化（主要是下降）时，也能较准确地反映真实水位，必须采取相应措施减小或消除该项误差。

为减小或消除汽包压力变化造成的测量误差，由两种改进方法：一是改进平衡容器的结构；二是采用汽包压力自动补偿措施。

（三）平衡容器结构的改进

改进后的平衡容器结构如图 5-9 所示，它可以保证在正常水位时，水位指示基本不随汽包压力变化。当汽包水位发生变化时，为使正压管中的水位保持恒定，增大了正压容室的截面积，使其直径大于 100mm，同时，在其上面装有一凝结水漏盘，使凝结水不断流入正压室，正压室中多余的水不断溢出，通过蒸汽加热的方法使正压室中的水温等于饱和温度。蒸汽凝结水由泄水管流入下降管，负压管直接从汽包水侧引出。为确保压力引出管的垂直部分水的密度ρ_1等于环境温度下水的密度，压力引出管的水平距离必须大于 800mm。在正常水位时，平衡容器的输出差压为

$$\begin{aligned}\Delta p_0=p_+-p_-&=[(L-l)\rho_1 g+l\rho' g]-[H_0\rho' g+(L-H_0)\rho'' g]\\&=L(\rho'-\rho'')g-l(\rho_1-\rho')g-H_0(\rho'-\rho'')g\end{aligned}\tag{5-4}$$

当水位偏离正常水位 $\Delta H(\Delta H=H-H_0)$ 时，输出差压为

$$\Delta p=\Delta p_0-\Delta H(\rho'-\rho'')g\tag{5-5}$$

在设计平衡容器时，如果能确定恰当的 L 和 l 值，使汽包压力从很小值（例如 0.5MPa）变至额定工作压力时，正常水位下平衡容器输出的差压不变，那么就可消除差压式水位计的零位漂移。

根据式（5-4），当汽包压力为 0.5MPa 时，零水位差压输出为

$$\Delta p_{05}=(L-l)\rho_1 g+l\rho_5' g-H_0\rho_5' g-(L-H_0)\rho_5'' g\tag{5-6}$$

在额定工作压力下，零水位差压输出为

$$\Delta p_{0e}=(L-l)\rho_1 g+l\rho_e' g-H_0\rho_e' g-(L-H_0)\rho_e'' g\tag{5-7}$$

令 $\Delta p_{05}=\Delta p_{0e}$，则有

$$(L-l)\rho_1 g+l\rho_5' g-H_0\rho_5' g-(L-H_0)\rho_5'' g=(L-l)\rho_1 g+l\rho_e' g-H_0\rho_e' g-(L-H_0)\rho_e'' g\tag{5-8}$$

此外，由于考虑平衡容器输出差压最大值与差压计测量上限制应为一致，即在汽包压力最低和水位最低时，平衡容器输出的最大差压等于差压计测量上限 Δp_{max}，即

$$\Delta p_{max}=(L-l)\rho_1 g+l\rho_5' g-L\rho_5'' g\tag{5-9}$$

连立解式（5-8）和（5-9）得

$$L=\frac{\Delta p_{\max}+H_0(1-\frac{\Delta\rho''}{\Delta\rho'})(\rho_1-\rho_5')g}{\frac{\Delta\rho''}{\Delta\rho'}(\rho_5'-\rho_1)g+(\rho_1-\rho_5'')g} \tag{5-10}$$

$$l=H_0+(L-H_0)\frac{\Delta\rho''}{\Delta\rho'} \tag{5-11}$$

其中$\Delta\rho''=\rho_e''-\rho_5''$；$\Delta\rho'=\rho_e'-\rho_5'$。

求得L和l的值后，即可以用差压-水位关系式（5-4）、式（5-5）来分度差压水位计。此种改进后的平衡容器（见图5-9），可以使正常水位下的差压受汽包压力变化的影响大大减小。但当水位偏离正常值时，输出还将受汽包压力变化的影响。与改进前的平衡容器相比，改进后的差压式水位计的准确度有很大的提高，为进一步消除汽包压力变化对差压式水位计指示值的影响，可以同时测得汽包压力信号，根据汽包压力与密度之间的关系，对差压信号进行校正运算，校正因汽包压力偏离额定值带来的测量误差。

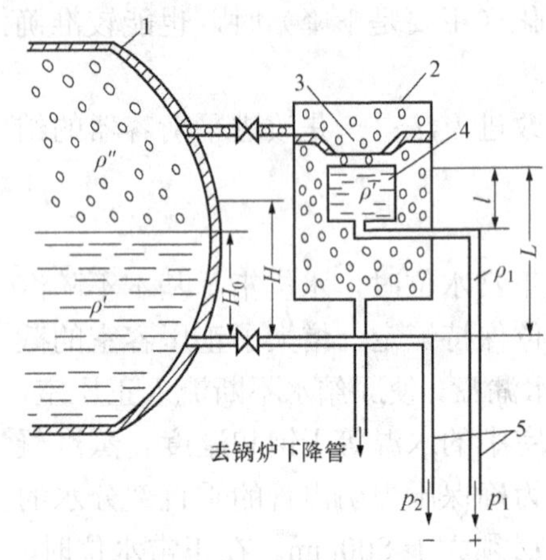

图5-9 改进后的平衡容器结构

1—汽包；2—热套管；3—漏斗；4—正压室；5—压力导管

（四）差压式水位计的汽包压力自动校正

目前常采用对差压信号引进密度校正的方法消除汽包压力对测量的影响，使差压水位计在启停炉的全过程中有比较准确的指示。由图5-7可知，饱和水和饱和蒸汽的密度与压力成单值函数关系，如果利用函数发生器模拟汽包压力p与ρ'、ρ''的函数关系，将其输出与差压信号进行校正运算，可消除ρ'、ρ''变化对Δp的影响，即消除由于汽包压力偏离额定值所带来的误差。

由式（5-3）可得双室平衡容器的修正公式如下

$$H=\frac{L(\rho_1-\rho'')g-\Delta p}{g(\rho'-\rho'')} \tag{5-12}$$

式中 Δp——平衡容器输出差压值。

$(\rho_1-\rho'')$、$(\rho'-\rho'')$随汽包压力变化的关系可根据水蒸气状态图5-10得出。其中ρ_1按环境温度为50℃时取值。根据压力变化范围大小，可用一段或几段直线模拟两条曲线。一般认为该关系可近似线性函数，即

$$f_1(p)=\rho_1-\rho''=K_1p+a \tag{5-13}$$

$$f_2(p)=\rho'-\rho''=K_2p+b \tag{5-14}$$

式中 K_1、K_2——斜率；

a、b——截距，可由图5-10数据确定。

将两直线方程代入式（5-12）中，即可得到水位与差压Δp及汽包压力p的函数关系，即

$$H=\frac{L(K_1p+a)g-\Delta p}{g(K_2p+b)} \tag{5-15}$$

根据式（5-15）可组成差压式水位计的自动压力校正系统，如图 5-11 所示。

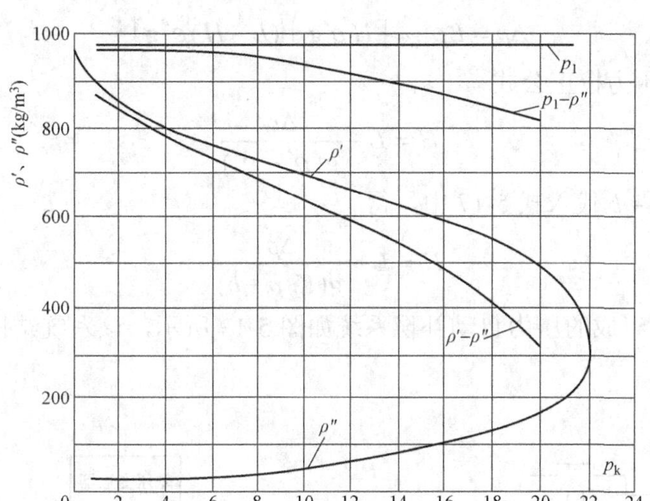

图 5-10 $(p_1-\rho')$ 和 $(\rho'-\rho'')$ 与汽包压力的关系曲线

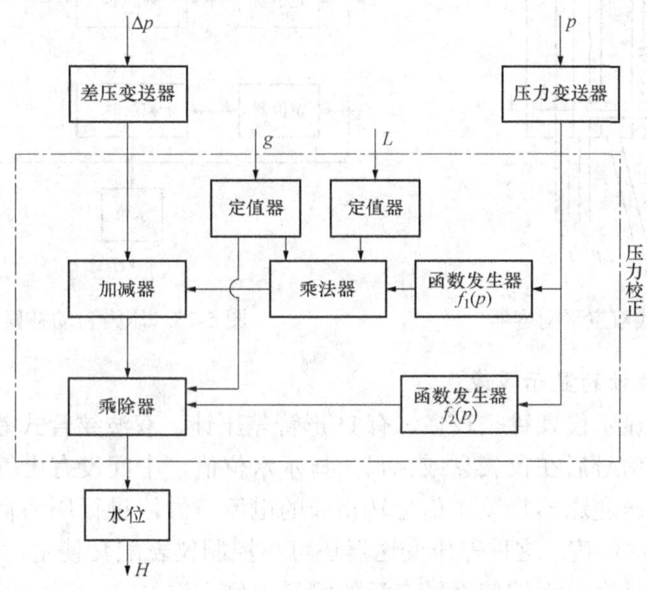

图 5-11 带压力校正的差压水位计测量系统框图

该系统可由控制仪表或计算机实现。差压变送器将平衡容器输出的差压信号 Δp 转换为 4～20mA 直流电流送加减器，同时汽包压力经压力变送器转换为 4～20mA 直流电流信号，分别送函数发生器 $f_1(p)$、$f_2(p)$。$f_1(p)$、$f_2(p)$的输出与代表常数 L、g 的电量以及差压变送器的输出做乘除运算后，乘法器的输出信号即代表不受汽包压力影响的水位值，实现了汽包压力的自动补偿。该信号可送显示仪表或作为调节系统的输入信号。

上述压力自动校正系统能在汽包压力大范围变化以及任何水位情况下，取得较好的补偿效果，但是环境温度变化对 p_1 的影响无法消除。

如果采用如图 5-12 所示平衡容器，用蒸汽对正压室进行加热，使 p_1 接近 ρ'，可减小因

环境温度变化对测量带来的误差。平衡容器输出的差压为

$$\Delta p = L\rho' g - [H\rho' g + (L-H)\rho'' g] \tag{5-16}$$

由式 5-16 可得压力校正公式

$$H = L - \frac{\Delta p}{g(\rho' - \rho'')} \tag{5-17}$$

将 $\rho' - \rho'' = K_2 p + b$ 代入式 5-17 中，得

$$H = L - \frac{\Delta p}{g(K_2 p + b)} \tag{5-18}$$

根据式（5-18）组成的压力自动补偿系统如图 5-13 所示，该系统结构简单，且水位指示不受温度的影响。

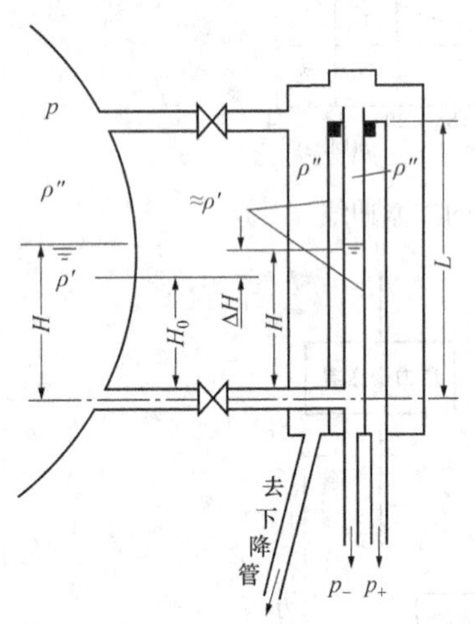

图 5-12 带加热套式双室平衡容器

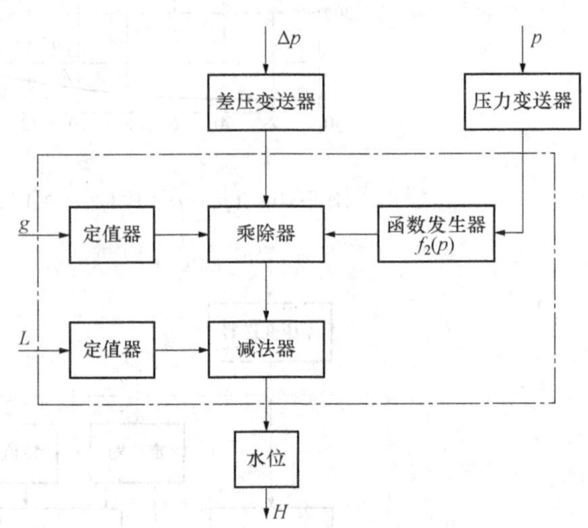

图 5-13 压力自动补偿系统

（五）差压式水位计的显示仪表

差压式水位计的显示仪表种类较多，有 U 形管差压计、双波纹管式差压计等。这类仪表接收平衡容器的差压信号后在仪表盘或标尺上显示水位值，中间没有电气转换部件，因此指示比较可靠。采用差压变送器将差压信号转换成的电流信号，进行压力自动校正后送显示仪表，可显示较准确的水位值。这种差压变送器还可与控制仪表配套使用，构成水位控制系统，因此差压式水位测量是汽包锅炉使用最广泛的测量水位方法。

目前，电厂广泛应用 DCS 实施机组的监控，而且其锅炉水位监视信号也均来自于差压水位表。为了保证锅炉汽包水位测量的可靠性，一般配置三套差压式水位计，对应三个差压变送器的输出一般采用三选中值的优选逻辑。

三、相关技能

水位计是由测量部件（或称取源部件）、压力导管或连接导线及水位显示仪表等组成。水位计的取源部件直接与主体设备连接，因此正确安装水位计的取源部件，对准确测量水位值和保证机组安全运行有着重要意义。在火力发电厂中，常用水位计的取源部件有测量筒（也称水位容器或凝结筒）和平衡容器等。在此重点介绍它们的安装方法及要求。

水位平衡容器是差压水位计的一次取源部件，其安装质量好坏直接影响水位计的运行可

靠性和准确性。因此，安装水位平衡容器时，应按下列步骤及要求进行。

（一）平衡容器安装前的工作

1. 平衡容器安装水位线的确定

平衡容器制作后，应在其外表标出安装水位线。单室平衡容器的安装水位线应为平衡容器汽侧取压孔内径的下缘线。双室平衡容器的安装水位线应为平衡容器正、负取压孔间的平分线。蒸汽罩补偿式平衡容器的安装水位线应为平衡容器正压恒位水槽的最高点（见图 5-14）。

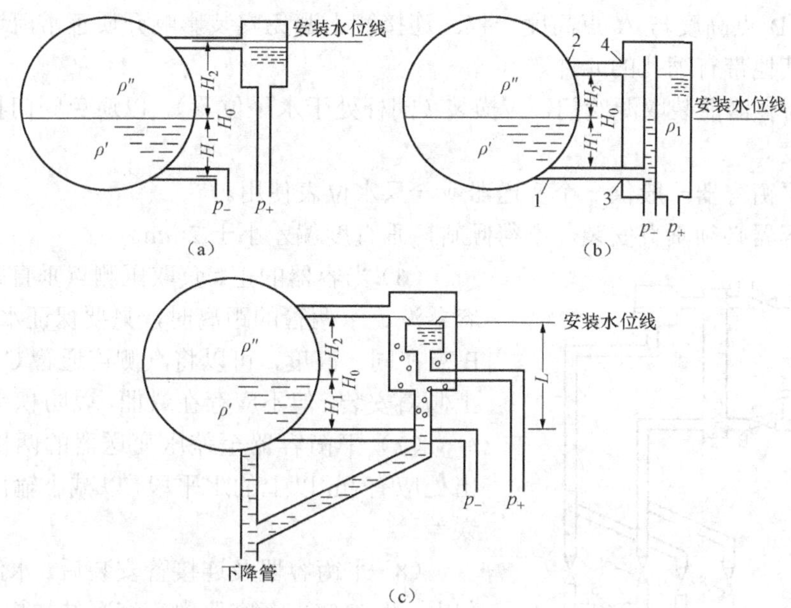

图 5-14 平衡容器的安装水位线与水位测点位置及汽包正常水位之间的关系

（a）单室平衡容器；（b）双室平衡容器；（c）蒸汽罩补偿式平衡容器

1—负取压测点；2—正取压测点；3—平衡容器负取压孔；4—平衡容器正取压孔

2. 水位测点位置的确定

水位的正、负取压点一般已由制造厂确定并安装好取压装置，此时需检查容器内部装置是否影响压力的取出。如果制造厂未安装，可根据显示仪表的全量程选择测点高度：

（1）对于零水位在刻度盘中心位置的显示仪表，以汽包的正常水位线向上加上仪表的正方向最大刻度值，为正取压测点高度；汽包正常水位线向下加上仪表的负方向最大刻度值，为负取压测点高度。设水位计负方向最大刻度值为 H_1，正方向最大刻度值为 H_2，水位正、负取压测点位置如图 5-14 所示。安装水位测点时，正、负压测点应在同一垂直线上。

（2）对于零水位在刻度起点的显示仪表，应以汽包的云母水位计零水位线为负取压测点高度；汽包的零水位线向上加上仪表最大刻度值为正取压测点高度。

3. 平衡容器安装高度的确定

（1）对于零水位在刻度盘中心位置的显示仪表，如采用单室平衡容器，其安装水位线应和汽包的正取压测点高度一致；如采用双室平衡容器，其安装水位线应和汽包的正常水位线相一致；如采用蒸汽罩补偿式平衡容器，其安装水位线应比负取压口高出 L 值（见图 5-14）。

（2）对于零水位在刻度盘起点位置的显示仪表，如采用单室平衡容器，其安装水位线应比被测容器的云母水位计的零水位线高出仪表的整个刻度值；如采用双室平衡容器，其安装水位线应比被测容器的零水位线高出仪表的整个刻度值的1/2。

（二）平衡容器的安装及要求

安装水位平衡容器时，应遵照下列要求：

（1）水位取压测点的位置和平衡容器的安装高度按上述原则确定。

（2）平衡容器与汽包壁之间的连接管应尽量缩短，水侧取样管应严格按水平位置敷设（图5-15），即保证B点高度与A点高度一致。连接管上避免安装影响介质正常流通的元件，如接头、锁母及其他带有缩孔的元件。

（3）在平衡容器前装取源阀门，应横装（阀杆处于水平位置），以避免阀门积聚空气泡而影响测量准确度。

（4）一个平衡容器一般供一个变送器或一只水位表使用。

（5）平衡容器必须垂直安装，不得倾斜，垂直度偏差小于2mm。

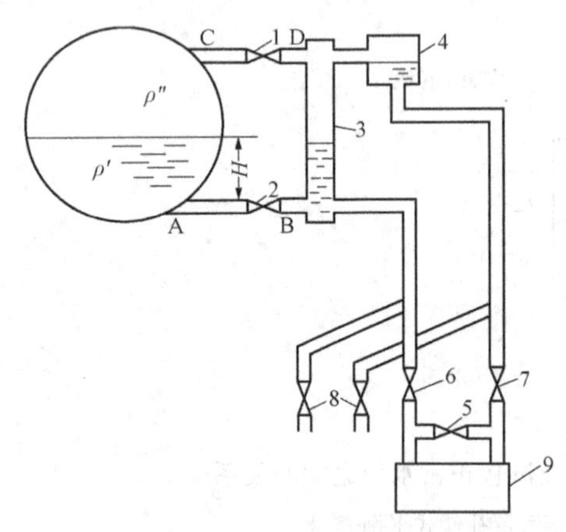

图5-15　单室平衡容器与差压变送器配接时的安装示意

1—汽侧一次阀；2—水侧一次阀；3—凝结水管；4—平衡容器；5—平衡阀；6—负压二次阀；7—正压二次阀；8—排污阀；9—差压变送器

（6）当容器的正、负取压测点垂直距离小于平衡容器汽、水两管的距离时，只要保证水侧连通管A、B点在同一高度，可以将汽侧连通管C、D做直线向上倾斜安装，但不应存在弯曲，以防积水，影响运行。

（7）平衡容器至差压变送器的两根导管，在引出处应有1m以上的水平段，以减小输出差压的附加误差。

（8）平衡容器及连接管安装后，水侧连通管应加保温。但为使平衡容器内蒸汽凝结加快，汽侧连通管与平衡容器上部应不加保温。

（9）工作压力较低（如凝汽器、除氧器等）的平衡容器安装时，可在平衡容器顶部加装水源管（中间应装截止阀）或灌水丝堵，以保证平衡容器内有充足的凝结水，以便能较快地投入水位表。如图5-15中凝结水管3用于投运时向平衡容器内充水或冲洗导压管。

反思与探讨

1．差压式水位计是由哪几部分组成的？其测量水位的基本原理是什么？如何正确使用差压变送器测量汽包水位？

2．用如图5-6所示双室平衡容器测量汽包水位，设汽包的额定压力为10MPa，正常水位H_0=350mm。若汽包压力下降到1MPa，求正常水位时水位计的指示误差（其中L=650mm，$\rho_1=987.6\text{kg/m}^3$）。

3．在锅炉额定压力下，已知汽包内偏差水位在0mm和140mm时，测得图5-6所示平衡容器的输出差压分别为2000Pa和1475Pa。试求差压计刻度水位分别为+320、+160、−160、

−320mm 时其校验差压应各为多少 Pa？

4. 锅炉汽包水位测量为什么要进行压力校正？以双室平衡容器为例分析差压式水位计受汽包压力的影响情况？并设计一个汽包压力自动校正系统？

学习单元三 电接点水位计的应用

一、任务描述与分析

电接点水位计在水位测量中得到广泛的应用。它采用电信号，便于远传指示，而且结构简单、迟延小，能够适应锅炉变参数运行，在锅炉启停过程中都能准确地显示汽包水位。电接点水位计还可用于凝汽器、除氧器和加热器等设备的水位测量。它输出的信号是不连续的开关信号，一般只做水位显示，或在水位越限时进行声光报警，不宜用做自动控制信号。

二、相关知识

（一）电接点水位计的工作原理

电接点水位计是利用汽包内汽、水介质的电阻率相差很大的性质来测量汽包水位的。在360℃以下的饱和水，其电阻率小于$10^4\Omega\cdot m$，而饱和蒸汽的电阻率大于$10^6\Omega\cdot m$。因为锅水中含盐，电阻率较纯水低，所以锅炉水与蒸汽的电阻率相差更大。电接点水位计就是依据这一特点将水位信号转变成相应的电接点的通断信号，由水位显示器远距离显示锅炉汽包水位的。

电接点水位计的基本结构如图 5-16 所示。它由水位发送器（包括测量筒、电接点）、传送电缆和水位显示器等组成。电接点安装在水位容器的金属壁上，电极芯与金属壁绝缘，显示器内有氖灯，每一个电接点的中心极芯与一个相应氖灯组成一条并联支路。水位容器中，汽水界面以下的电接点被水淹没，而汽水界面以上的电接点处于饱和蒸汽当中。当某一电极被淹没在水下时，因水的导电性能好，电极芯与水位容器壁相连构成回路，使相应的氖灯燃亮，而处在饱和蒸汽中的电接点，由于蒸汽电阻很大，相当于断路，相应的氖灯不亮。水位越高，被淹没的电接点多，显示器上燃亮的氖灯数量越多，通过观察显示器上燃亮氖灯的数量，即可了解水位的高低。

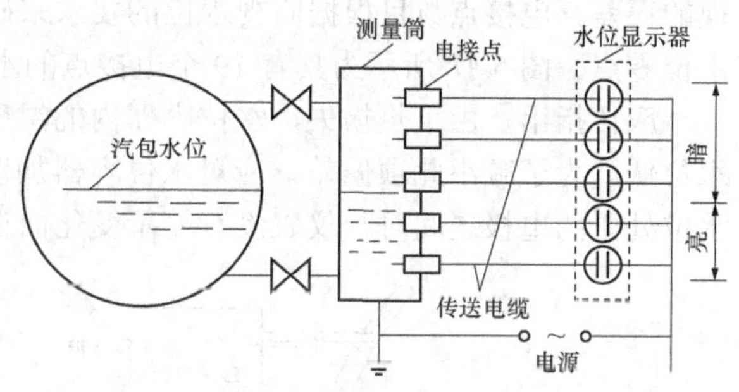

图 5-16 电接点水位计的基本结构

（二）电接点水位发送器的结构特点

1. 电接点

电接点是水位计的关键部件，它由电极芯和绝缘材料制成。由于它在高温、高压下工作，故为了保证电接点水位计长期可靠地运行，要求电极芯与水位容器金属壁间有可靠的绝缘，并且具有一定的机械强度和抗化学腐蚀性能。

目前高压或超高压锅炉上的电接点，是用超纯氧化铝瓷管作绝缘子，如图 5-17 所示。电极芯 6 和瓷封件 1 钎焊在一起，作为电接点的一个极，电极螺栓 4 和瓷封件 3 焊在一起，作为电接点的另一个极（即公共接地极），两极之间用超纯氧化铝瓷管绝缘子 2 和芯杆绝缘套管 5 隔离开。瓷封件 1、3 与氧化铝管之间是用银铜合金或纯铜在一定温度下封接而成的。封接质量的好坏对电接点的使用寿命有很大影响。

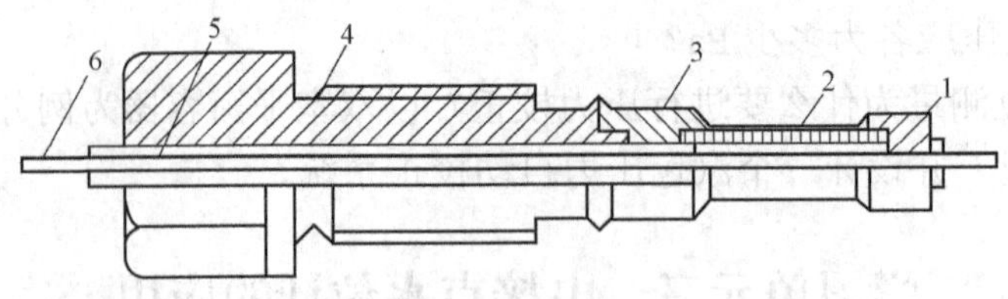

图 5-17　用超纯氧化铝绝缘的电接点结构

1、3—瓷封件；2—绝缘子；4—电极螺栓；5—芯杆绝缘套管；6—电极芯

氧化铝瓷管具有很高的机械强度和优良的绝缘性能，还具有很强的高温抗酸碱腐蚀能力，用于炉水品质较好的高压及超高压锅炉，寿命可达一年以上。另外，超纯氧化铝瓷管的抗热冲击性能较差，易造成绝缘子和瓷封件封口处损坏而泄漏，因此在使用中，应尽可能缓慢预热电接点，防止因汽流冲击和温度骤变损坏电极。拆卸电极时，应待测量筒充分冷却后方可拆卸，以防电极螺栓和电极座的螺纹损坏。目前采用一种等离子喷涂氧化锆技术，可使绝缘子和瓷封件封口寿命延长。

2. 水位容器

水位容器通常用 20 号无缝钢管制造，其长度由水位测量范围决定。容器的直径和壁厚根据强度要求选择。直径选择过大，测量迟延大；直径过小，机械强度差，且散热较快。通常水位容器直径有$\phi76$ 或$\phi89$。为了保证水位容器有足够的强度，安装电接点时，通常呈等角距形式，在筒壁上分三列或四列排开。在正常水位附近，电接点的间距较小，以减小水位监视的误差。电接点数目根据监视水位的要求来确定，一般为 15、17 或 19 个，一般中间点为水位零点。图 5-18 所示为具有 19 个电接点的水位容器呈三列布置的情况简图。

应该指出，由于热损失，水位容器内的温度低于饱和温度，故容器内的水位较汽包实际水位低。为了减小此项偏差，应对水位容器加以保温。此外，电接点之间有一定的间距，当水位处于两电极之间时，仪表没有显示变化而造成指示误差，此误差等于两电极之间距离。

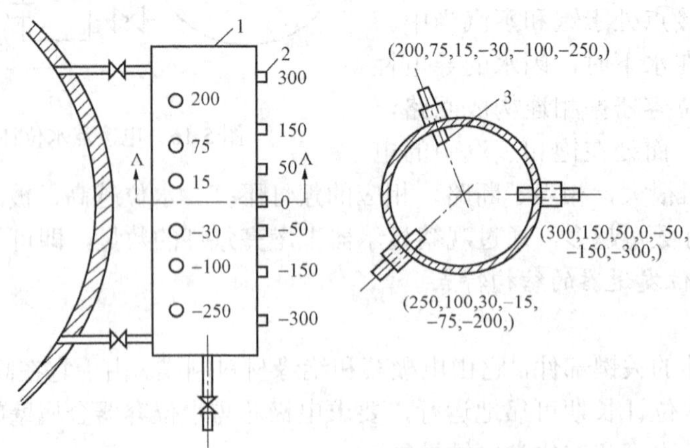

图 5-18　具有 19 个电接点的水位容器呈三列布置的情况简图

1—外壳；2—电极；3—电极芯

（三）电接点水位显示仪表的种类

电接点水位计的显示方式种类很多，常用有氖灯显示、双色显示和数字水位显示等。随着微电脑的广泛应用，近期智能化电接点水位计得到迅速发展。

1. 氖灯显示电路

电接点的通断信号可以直接由氖灯进行显示，其电路如图 5-19 所示。用氖灯显示水位的电路，其结构简单、指示可靠。一般采用交流氖灯，可以省略整流电路，并避免电极极化现象。由于氖灯的内阻高、功耗小，因此在没有放大电路的情况下也能可靠地显示。

供给氖灯的电源电压必须高于氖灯的极限起辉电压。为了防止氖灯导通时，通过氖灯的电流过大，缩短氖灯寿命，在电路中串联一电阻 R_c。当接点浸入水中时，水的电阻很小；未浸入水中的电接点两极之间为饱和蒸汽，其阻值很大，氖灯不应起辉，但由于电接点水位计的电缆较长（50～80m），电缆之间分布电容 C 较大（图 5-19 中虚线所示），其容抗 $X_C=\dfrac{1}{2\pi fC}$，（f 为电源频率），该容抗在电极没接通的情况下可能使氖灯起辉，造成误指示。为了防止这种情况，在每个氖灯支路上并联一个分压电阻 R_b，以保证氖灯不会起辉。

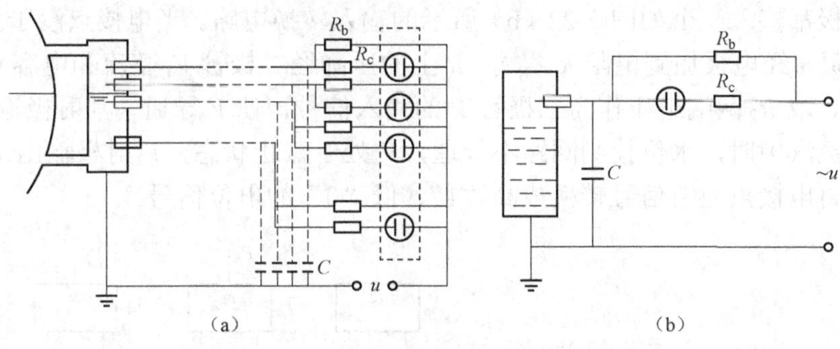

图 5-19　氖灯显示电路

（a）原理电路；（b）电缆分布电容的影响

2. 双色显示仪表

双色显示是以红、绿两种颜色的灯光来表示水位的高低，其显示电路如图 5-20 所示。红、绿双色显示屏的外形与结构如图 5-21 所示。交流电源经过导线、电接点及电阻 R_1 组成一个回路。当电接点处在水中时，回路接通，因此在 R_1 上产生一交流电压，经二极管 V_1 半波整流、电容 C_1 滤波和电阻 R_2、R_3 分压后，加到晶体管 V_2 的基极，使 V_2 导通，射极电阻 R_4 上产生的压降驱动 V_4 导通，绿灯亮；V_5 基极为低电位而截止，红灯灭。当电接点处于蒸汽中时，相当于电路断开，R_1 上无压降，即 V_2、V_4 截止，V_5 导通，这时绿灯灭，红灯亮。

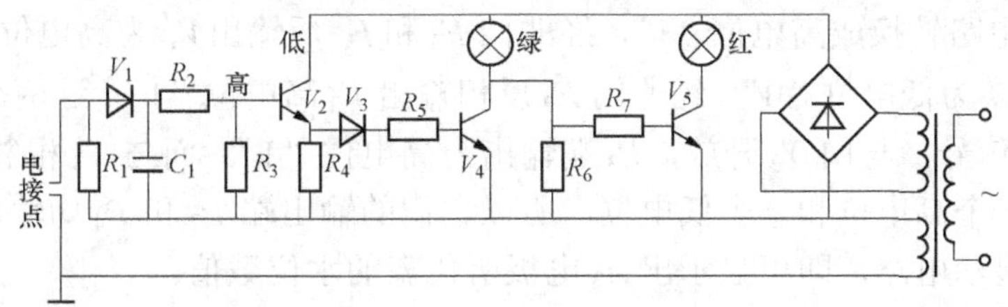

图 5-20　带放大器的灯光显示电路

双色水位计显示屏的外形及内部结构如图 5-21 所示。整个结构为一个长方槽形盒子，盒内用隔光片隔成与电接点数目相同的小暗室，将显示电路中红、绿灯　（用普通灯加红绿透光片）水平安装在暗室内。盒子面板上是一截面为半圆形的有机玻璃屏，仪表工作时，在显示

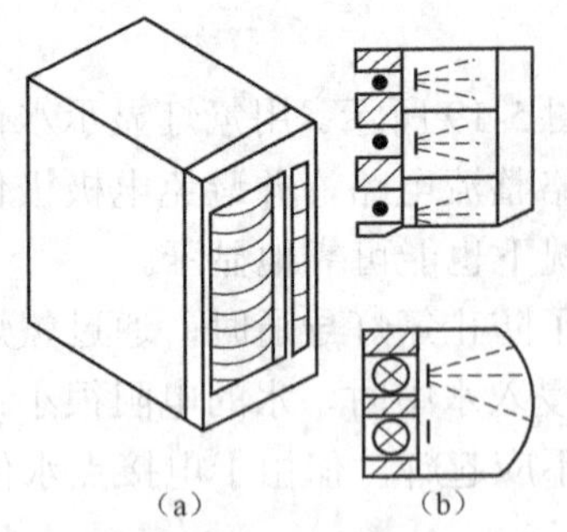

图 5-21　红、绿双色显示屏的外形与结构
(a) 外形；(b) 结构

屏上可见到光色均匀的红绿光带。

电接点的开关信号也可控制继电器，利用常开或常闭接点的动作来实现水位超越限值时的声光报警及连锁保护。

3. 数字水位显示

电接点工作时输出开关信号，便于采用数字方式显示。数字水位显示原理如图 5-22 所示。

图 5-22（a）的电极 A_3 有以下特点：自身浸于水中，而与之相邻的上方电极 A_2 处于蒸汽中，其他电极则不具备这一特点。因此，水位在量程范围内变化时，距水面最近且淹没在水中的电极仅有一个。为此，通过逻辑电路可实现数字水位显示。

每一个电极都接入一个如图 5-22（b）所示的输入转换电路。当电接点浸于水中时，电极导通，交流电源 u 经电极加到电阻 R 两端，R 上的压降经二极管 V_1 整流和电容 C 滤波后，在 R_2 上得到分压，取 R_2 两端电压作为三极管 V 的输入信号，使 V 导通，其射极输出为高电位；当电接点处在蒸汽中时，水位检测回路不导通，V 处于截止状态，V 射极输出 $U_0 \approx 0V$，即低电位，这样就将电接点通断信号转换成高“1”、低“0”的电位信号。

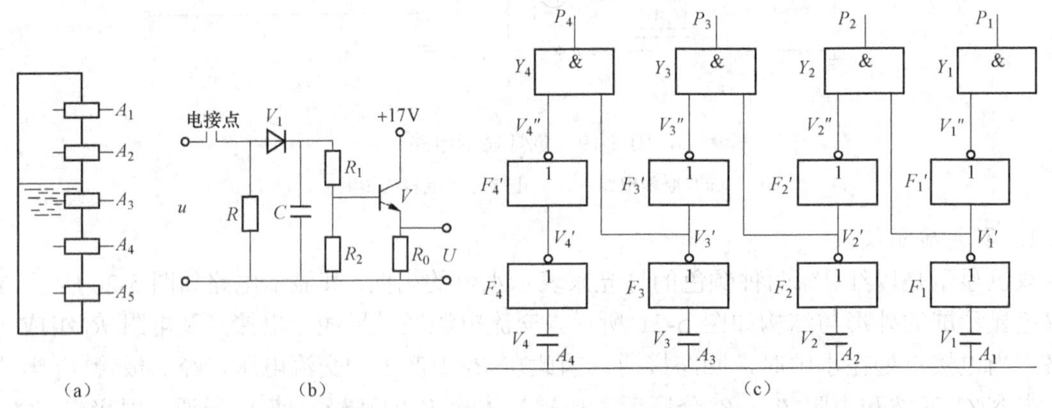

图 5-22　数字水位显示原理

各电极转换电路的输出电平都送至图 5-22（c）所示的逻辑电路。当水位上升浸没电极 A_3 时，A_3 经转换电路转换成高电位“1”，经非门 F_3 和 F_3' 后输出 V_3' 为高电位；它上边与其相邻的电极 A_2 被转换为低电位“0”，经非门 F_2 反相输出 V_2 高电位“1”，这两个高电位“1”作为与门 Y_3 的输入信号，与门 Y_3 开放，P_3 端输出为高电位“1”。而与 Y_3 相邻的与门 Y_2 及 Y_4 的两个输入均为一个高电位和一个低电位，所以它们的输出端 P_2 和 P_4 均输出低电位。将 P_3 的输出送至译码显示电路，即可显示出 A_3 电极所代表的水位数值。

由此可见，在水位计的测量范围内的任何位置，所有的与门中只有一个与门开通，译码显示电路有显示，而其余的与门均关闭，无显示。因此，电接点数字式水位计显示了水中靠近水面最近电极所代表的水位数值。

（四）电接点水位计测量的误差分析

电接点水位测量系统的测量误差主要来自水位测量筒。影响水位测量准确性的因素主要有：水位测量筒内水柱的温度、锅炉汽包的工作压力、相邻电接点的间距。

1. 水位测量筒内水柱温度的影响

水位测量筒与被测汽包的连接是连通方式，筒内水柱产生的压力与汽包内重量水位产生的压力相平衡。测量筒内水柱温度低于汽包内汽水温度，所以测量筒内水柱高度低于汽包内重量水位。分析表明，当汽包工作压力 p=14MPa，H_0=300mm，ΔH=0 条件下：测量筒内水温240℃时，其筒内水位误差为−83mm；测量筒内水温 300℃时，筒内水位误差为−48mm。显然测量筒内水温的影响不可忽视。测量筒内水温造成的这种测量误差可预见、分析，在实际的水位测量中通常是采取一些措施尽量消除其影响。使测量筒水的温度尽量地与汽包内的汽水温度保持一致。目前采用的措施有：水位测量筒的安装尽量地离汽包的连通管的管径不宜过小，以便于筒内汽水向汽包的回流。目前也有采用套管保温结构形式保证水位测量筒内水的温度与汽包饱和温度一致以消除温度影响的。

2. 锅炉汽包工作压力的影响

用于测量汽包水位的电接点水位测量筒，因测量筒内水温与汽包内汽水温度总有差异(类似云母水位计的情况)，所以汽包工作压力和汽包水位对测量筒内的水位高度都将产生影响。对于一定结果尺寸的测量筒，压力越高，筒内水柱高度越低（误差越大）。分析表明，在 H_0=300mm，ΔH=0，测量筒内水温 300℃条件下：当汽包工作压力 p=10MPa 时，测量筒内水位误差为−12mm；汽包工作压力 p=14MPa 时，测量筒内水位误差为−48mm。显然汽包工作压力的影响也是不可忽视的。

3. 相邻电接点间距的影响

电接点间距对示值的影响是显然的。电接点间距对示值的影响是负误差，误差的大小取决于测量筒内水柱的高度。这种误差由于结构原因不能消除，但电接点间距产生的测量误差也是可分析的。

三、相关技能

(一) 电接点水位计测量筒的安装

电接点水位计的一次取源部件是一测量筒，亦称水位容器，其结构有普通单筒式和热套式等形式。它们各自与二次显示仪表配套使用，构成完整的电接点水位计。

图 5-23 所示为常见的带有 19 个电接点的单筒式水位容器。水位容器由密封筒体与电接点组成。筒体采用 20 号无缝钢管，周围四侧 A、B、C、D 垂直线上开有 19 个取样孔，依直线排列，接点螺孔为 M16×1.5，筒体全长的中点为零位，最低接点至最高接点的距离为 600mm，以零位为基准时，各接点距离分别为：A 侧为 0，±75，±250mm；B 侧为+200，+50，−15，−100，−300mm；C 侧为±30，±150mm；D 侧为+300，+100，+15，−50，−200mm。

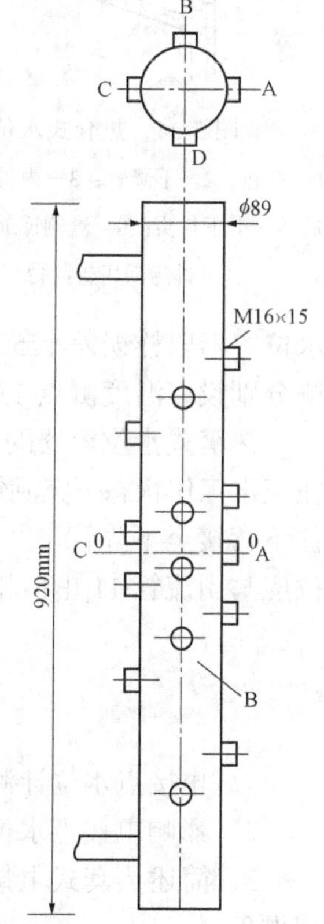

图 5-23　单筒式水位容器

筒体安装孔设于 C 侧，安装孔开孔口径为 $\phi 24$，开孔距离根据实际需要而定。测量筒必须垂直安装，垂直度偏差应小于 2mm，当用于测量汽包水位时，筒体中点零水位电极中轴线须与汽包的正常水位线处于同一水平面，即与云母水位表的零水位对准。

测量筒与汽包的连接管不要过长、过细或弯曲。测量筒越接近汽包其筒内的压力、温度、水位就越接近汽包内的真实情况。测量筒体底部应接放水阀门及放水管，便于冲洗。

电极在安装前应做退火处理，并检查电极的丝牙与筒体丝口配合应良好，用500V兆欧表测量电极对地绝缘电阻应大于100M，安装电极时应加装紫铜垫圈旋入筒体接点孔，丝口要涂抹二硫化钼或铅油并旋紧和密封好。测量筒上的引线应使用耐高温的氟塑料线绑扎整齐引至接线盒。测量筒处用瓷接线端子连接，不得用锡焊。测量筒本体接地，并由此引出公用线。

热套式水位容器的结构及安装系统如图5-24所示。该水位容器是在单筒水位容器的基础上增加一蒸汽加热套筒，可以减少水位容器的热量损失。水位容器内部温度接近汽包饱和温度，其内部水位可认为与汽包水位相同，因此，热套式电接点水位计的测量误差小，可作为标准表校核其他水位表。

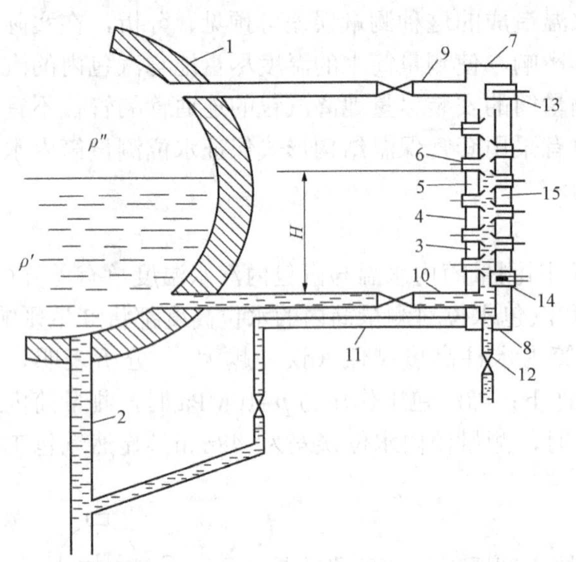

图5-24 热套式水位容器的结构及安装系统图

1—汽包；2—下降管；3—内管；4—外管；5—短管；6—电接点座；7、8—上下封头；9—汽侧连通管；10—水侧连通管；11—引流管；12—排污泄压管；13、14—汽水温度测点；15—热套

（二）热套式水位容器的安装

热套式水位容器的结构特点是：①具有内外两个连通器，即由汽包1、水侧连通管10、内管3和汽侧连通管9构成内连通器，汽包1、下降管2、引流管11，内外管之间的热套15和汽侧连通管9构成外连通器；②热套水位容器采用套管结构，外管承受压力较大，内管承受压力较小，因此内管可选用管壁较薄、直径较小的钢管制造，其优点是水位容器传热快，而且能迅速响应水位变化。实践表明，热套式水位容器比单管水位容器取样误差小50～70mm，响应水位变化快2～3倍。此外，热套水位容器的汽侧和水侧分别设有温度测点13和14，用于测出温度，以便查表精确计算水位测量误差。

热套式水位容器的安装要点与单管水位容器相同。除此之外，为使内管3与外管4之间在正常工作状态下充满饱和蒸汽，引流管11应紧靠着水侧连通管10下面敷设至汽包附近，再往下弯接至下降管，并将两管水平段保温在一起，其余部分裸露。热套内饱和蒸汽凝结水水位应与引流管11出口相同。

反思与探讨

1．电接点水位计测量汽包水位的原理是什么？该水位计有哪几种显示方式？

2．影响电接点水位计测量汽包水位的因素有哪些？如何克服？

3．简述热套式电接点水位计测量筒的结构？该测量筒有哪些优点？安装时应注意哪些问题？

学习情境六　其他参数测量系统构建

在热力发电厂中，除了对温度、压力、流量、物位等常规热工参数进行连续的测量与监视之外，为了保证电厂锅炉和汽轮机运行的经济性和安全性以及对电厂进行经济核算的需要，还需对烟气的成分、输煤皮带的输煤量及汽轮机的轴向位移、转速、振动等进行测量和监视。

知道烟气含氧量测量的目的，能说明氧化锆氧量计的测量原理。知道原煤量测量仪表的种类，能简述电子皮带秤的组成及工作原理。

烟气的含氧量和燃煤的原煤量是两种不同的热工参数，学习时应分别消化理解。对于烟气含氧量的测量，首先应该明白其测量的目的是什么？为达到这一目的，采用了什么样的测量手段，以此为思路来理解氧化锆氧量计的结构和工作原理。对于原煤量的测量，同样也应知道其测量的目的是什么？可以用什么方法（哪些仪表）获得原煤量的量值，电厂广泛采用的电子皮带秤是怎样实现煤量称量的？对照电子皮带秤的结构原理方框图，来理解测速传感器和荷重传感器的作用、电子皮带秤的工作原理。

教学提示：本章讲述了氧化锆氧量计的测量原理、基本结构、测量系统及使用时的注意事项；电子皮带秤的工作原理。

本学习情境的重点和难点：

重点：氧化锆氧量计、电子皮带秤工作原理的理解。

难点：氧化锆氧量计的测量原理；电子皮带秤的工作原理。

学习单元一　氧化锆氧量计的应用

氧化锆氧量分析仪(zirconia oxygen analyzer，又称氧化锆氧分析仪、氧化锆分析仪、氧化锆氧量计、氧化锆氧量表)，主要用于测量燃烧过程中烟气的含氧浓度，同样也适用于非燃烧气体氧浓度测量。在传感器内温度恒定的电化学电池（氧浓差电池，也简称锆头）产生一个毫伏电势，这个电势直接反应出烟气中含氧浓度值。将此分析仪应用于燃烧监视与控制，将有助于充分燃烧，减少 CO_2、SO_x 及 NO_x 的排放，从而为防止全球变暖及空气污染做出贡献。

一、任务描述与分析

随着人们环保和节能意识的逐渐提高，众多大中型企业如钢铁冶金、石油化工、火力发电厂等，已将提高燃烧效率、降低能源消耗、降低污染物排放、保护环境等作为提高产品质量和增强产品竞争能力的重要途径。钢铁行业的轧钢加热炉、电力行业的锅炉等燃烧装置和热工设备，是各行业的能源消耗大户。因此，如何测量和提高燃烧装置的燃烧效率、确定最佳燃烧点，是十分令人关心的。

供给加热炉、锅炉等加热设备的燃料燃烧热并不是全部被利用了。以轧钢加热炉或锅炉为例，有效热是为了使物料加热或熔化（以及工艺过程的进行）所必须传入的热量，炉子烟气带走的物理热是热损失中主要部分。当鼓风量过大时（即空燃比 α 偏大），虽然能使燃料充分燃烧，但烟气中过剩空气量偏大，表现为烟气中 O_2 含量高，过剩空气带走的热损失 Q_1 值增大，导致热效率 η 偏低。与此同时，过量的氧气会与燃料中的 S、烟气中的 N_2 反应生成 SO_2、NO_x 等有害物质。而对于轧钢加热炉，烟气中氧含量过高还会导致钢坯氧化铁皮增厚，增加氧化烧损。

当鼓风量偏低时（即空燃比 α 减小），表现为烟气中 O_2 含量低，CO 含量高，虽说排烟热损失小，但燃料没有完全燃烧，热损失 Q_2 增大，热效率 η 也将降低。另外，烟囱也会冒黑烟而污染环境。

所谓提高燃烧效率，就是要适量的燃料与适量的空气组成最佳比例进行燃烧。热效率与烟气中的 CO、O_2、CO_2 含量以及排烟温度、供热负荷、雾化条件等因素有关。因此，可通过测量并控制烟道气体中 CO、O_2、CO_2 的含量来调节空气消耗系数 λ，来达到最高燃烧效率。

燃烧效率控制由来已久，20 世纪 60 年代，曾广泛采用 CO_2 分析仪监测烟道气体中 CO_2 含量来控制空气消耗系数 λ 以达到最佳，但 CO_2 含量受燃料品种影响较大。20 世纪 70 年代后，逐渐采用烟气中 O_2 含量或 O_2 含量和 CO 含量相结合的方法来控制燃烧效率。

提高燃烧效率最直接的方法就是使用烟气分析仪器（如烟气分析仪、燃烧效率测定仪、氧化锆氧含量检测仪）连续监测烟道气体成分，分析烟气中 O_2 含量和 CO 含量，调节助燃空气和燃料的流量，确定最佳的空气消耗系数。

本次学习任务是认识氧化锆氧量计的测量原理、基本结构、测量系统及使用方法技能。掌握在热工生产领域从事氧化锆氧量计应用、检修和维护的必备知识和技能。

二、相关知识

测量烟气中含氧量的仪表称为氧分析仪（氧量计）。常用的氧分析仪主要有热磁式和氧化锆式两种。氧传感器的关键部件是氧化锆，在氧化锆元件的内外两侧涂上多孔性铂电极制成氧浓度差电池。它位于传感器的顶端。为了使电池保持额定的工作温度，在传感器中设置了加热器。用氧分析仪内的温度控制器控制氧化锆温度恒定。氧化锆氧量分析仪的构成是由氧传感器（又称氧探头、氧检测器）、氧分析仪（又称变送器、变送单元、转换器、分析仪）以及它们之间的连接电缆等组成。

（一）氧化锆

氧化锆（ZrO_2）是一种陶瓷，一种具有离子导电性质的固体。在常温下为单斜晶体，当温度升高到 1150℃时，晶型转变为立方晶体，同时约有 7%的体积收缩；当温度降低时，又变为单斜晶体。若反复加热与冷却，ZrO_2 就会破裂。因此，纯净的 ZrO_2 不能用作测量元件。如果在 ZrO_2 中加入一定量的氧化钙（CaO）或氧化钇（Y_2O_3）作稳定剂，再经过高温焙烧，则变为稳定的氧化锆材料，这时，四价的锆被二价的钙或三价的钇置换，同时产生氧离子空穴，所以 ZrO_2 属于阴离子固体电解质。ZrO_2 主要通过空穴的运动而导电，当温度达到 600℃以上时，ZrO_2 就变为良好的氧离子导体。

当温度上升到数百度以上时，掺有氧化钙或氧化钇的氧化锆晶体便成为一种良好的氧离子导体，处于晶格点阵上的氧离子就可以通过晶格中的氧离子空穴而迁移。

（二）氧化锆测氧原理——氧浓差电势

氧化锆两侧分别附以多孔的铂电极，并使其处于高温下，如果两侧气体中的含氧量不同，那么在电极两侧就会出现电势，称为氧浓差电势，这样的装置叫氧浓差电池，其原理如图 6-2 所示。

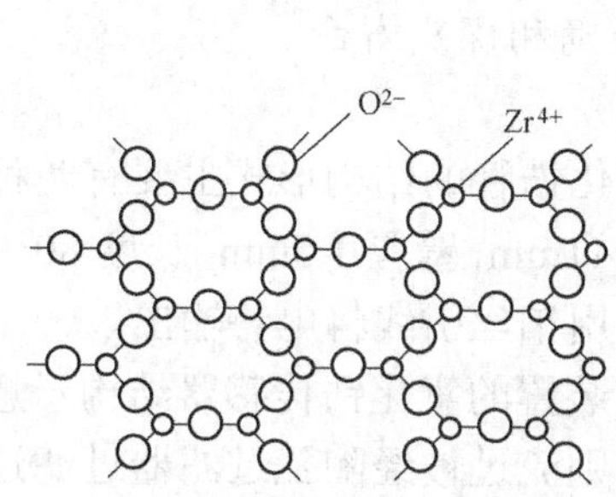

图 6-1　氧化锆晶体结构

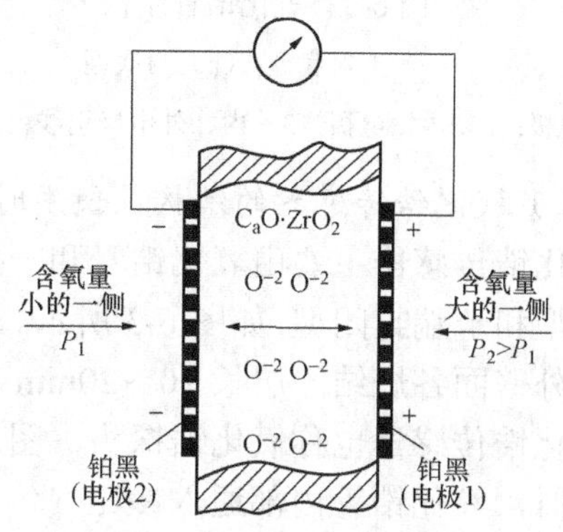

图 6-2　氧浓差电池原理

在氧化锆电解质的两面各烧结一个铂电极，当氧化锆两侧的氧分压不同时，氧分压高的一侧的氧以离子形式向氧分压低的一侧迁移，结果使氧分压高的一侧铂电极失去电子显正电，而氧分压低的一侧铂电极得到电子显负电，因而在两铂电极之间产生氧浓差电势。此电势在温度一定时只与两侧气体中氧气含量的差（氧浓差）有关。若一侧氧气含量已知（如空气中氧气含量为常数），则另一侧氧气含量（如烟气中氧气含量）就可用氧浓差电势表示，测出氧浓差电势，便可知道烟气中氧气含量。因其这一特性，在一定高温下，当锆管两边的氧含量不同时，它便是一个典型的氧浓差电池，在此电池中，空气是参比气，它与烟气分别位于内外电极。在实际的氧探头中，空气流经外电极，烟气流经内电极，当烟气氧含量 P 小于空气氧含量 P_0（$20.6\%O_2$）时，空气中的氧分子从外电极上夺取 4 个电子形成 2 个氧离子，发生如下电极反应：

$$\text{在空气侧（参比侧）电极上：O}(P_0)+4e^-\rightarrow 2O^{-2} \tag{6-1}$$

氧离子在氧化锆管中迅速迁移到烟气边，在内电极上发生相反的电极反应：

$$\text{在低氧侧（被测侧）电极上：}2O^{-2}\rightarrow \text{O}(P_0)+4e^- \tag{6-2}$$

由于氧浓差导致氧离子从空气边迁移到烟气边，因而产生的电势又导致氧离子从烟气边反向迁移到空气边，当这两种迁移达到平衡后，便在两电极间产生一个与氧浓差有关的电势信号 E，该电势信号符合能斯特方程：

$$E=(RT/4F)\ln(P_0/P) \tag{6-3}$$

式中　R、F——气体常数和法拉第常数；

T——锆管绝对温度，K；

P_0——空气氧含量（$20.6\%O_2$）；

P——烟气含量。

由式（6-3）可见，在一定的高温条件下（一般为 600℃），一定的烟气氧含量便会有一对应的电势输出，在理想状态下，其电势值在高温区域内对应氧含量。在理想状态下，当被测烟气与参比气浓度一样时，其输出电势 E 值为 0mV，但在实际应用中，锆管实际条件和现场情况均不是理想状态。故事实上的锆管是偏离此值的。实际上，一定氧含量锆

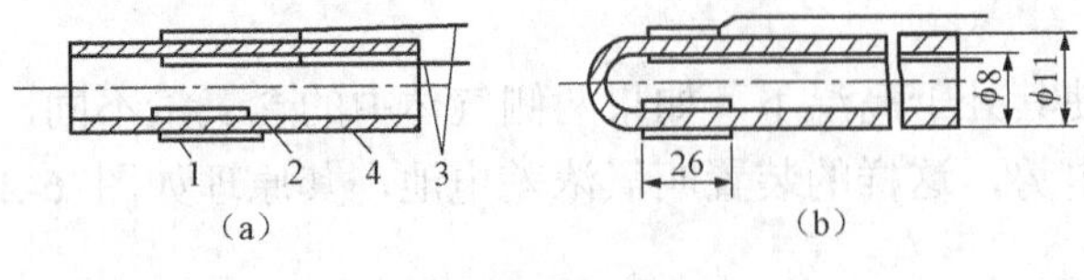

图 6-3 氧化锆管结构

(a) 不封底型；(b) 封底型

1—外铂电极；2—内铂电极；3—内、外电极引线；4—氧化锆管

管输出的电势为理论值和本底电势的和，称为无浓差条件下锆管输出的电势值为本底电势或称为零位电势，此值的大小又在不同温度下呈不同的值，并且随锆管使用期延长而变化。因此，如不对此情况处理，会严重影响整套测氧仪的准确和探头寿命。

（三）氧化锆传感器的结构及使用时应注意的问题

氧化锆传感器主要由氧化锆管和一些附件组成。氧化锆管的结构形式主要有两种，即两端开口型和一端封闭型，如图 6-3 所示。氧化锆管外径约 11mm，壁厚 1.5mm，长度 80～90mm，管内、外壁面各烧结一层长 10～20mm 的多孔铂电极，用铂丝引线将电势输出。

氧化锆传感器也称氧化锆探头，图 6-4 为一带恒温装置的氧化锆传感器结构示意图。一般使用时，氧化锆管内部通入参比气体——空气，外部则流过被经陶瓷过滤器过滤过的被测气体——烟气。陶瓷过滤器主要用来滤除烟气中的杂质颗粒（如烟尘、炭粉等）并可对信号起阻尼作用，防止指针抖动。

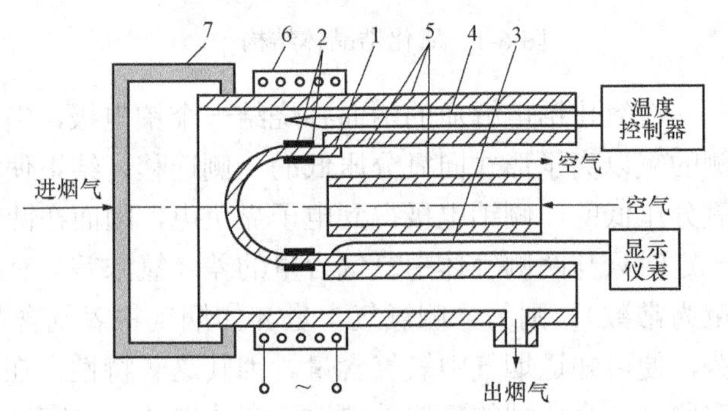

图 6-4 带恒温装置的氧化锆传感器结构示意图

1—氧化锆管；2—内外铂电极；3—电极引出线；4—热电偶；5—氧化铝管；6—加热炉丝；7—陶瓷过滤器

在选择和使用氧化锆管时应注意以下几点：

（1）氧化锆管的工作温度应保持恒定，或在仪表线路中采取温度补偿措施。这是由于，根据能斯特公式，氧浓差电势不但与被测气体的含氧量有关，还与氧化锆管的工作温度成正比关系。所以，只有当其工作温度恒定时，输出电势才与被测气样的含氧量呈单值关系。一般，温度应保持在 800℃左右。温度过低（<600℃），输出灵敏度下降；温度过高（>1200℃），烟气中的氧在铂的催化作用下，易与可燃物质化合，使含氧量下降，输出电势增大。如果不能保持其工作温度恒定，则应采取补偿措施，使输出不受温度变化的影响。

（2）氧化锆管材质应均匀致密，不能有裂纹或微小孔洞，否则氧气直接漏过，使两侧的氧浓差下降，输出电势减小；氧化锆材料的纯度要高，如存在杂质，特别是铁元素，则会使电子通过氧化锆本身短路，从而使输出的氧浓差电势降低。

（3）参比气体和被测气体压力应保持相等。因为只有这样两种气体的氧分压之比才能等于两种气体中的氧的体积含量之比，输出电势才能真正反映含氧量。

（4）氧化锆管内外两侧气体要不断流动更新，否则两侧含氧量会逐渐平衡，输出下降。

（5）电极引线应用纯铂丝，以防止出现接触电势，影响测量的准确性。

（6）由于氧化锆材料本身的阻抗很高，并且随着工作温度的降低按指数规律上升，因此与氧化锆管配接的二次仪表应有很高的输入阻抗。

（7）如果氧化锆管的输出作为自动调节信号，则应采用线性化电路将氧浓差电势与含氧浓度之间的对数关系转换为线性关系。

另外应该注意的是，由于氧化锆探头长期使用在高温状态下，易由于膨胀造成裂纹或电极脱落；氧化锆管表面附着有烟尘微粒，也会造成铂电极上的微孔堵塞、积炭，使输出电势出现异常，甚至使铂电极中毒，所以在使用过程中要经常清洗。

（四）测量系统的构成

氧化锆氧量计的测量系统，根据探头的工作温度要求，可分为定温式及温度补偿式两种测量系统；根据氧化锆管安装方式不同，可分为直插式与抽出式两种测量系统。抽出式系统是将气样抽出后再送入氧化锆管测量，带有抽气和净化系统，能除去杂质和 SO_2 等有害气体对保护氧化锆管有利，并且氧化锆管处于 800℃恒温下工作，准确度较高，但系统复杂，迟延较大，不能及时反映被测烟气的含氧量变化，生产中一般多采用直插式测量系统，直插式就是将氧化锆管直接插入烟道的高温部分。

1. 直插补偿式测量系统

补偿式是根据温度在 700～800℃之间时，K 型热电偶的热电势随热端温度的变化与氧化锆氧浓差电势随烟气温度的变化基本相等，二者之差基本与温度无关的原理来实现补偿的。

所以，可以将一只 K 型热电偶放在氧化锆探头内，使氧化锆输出的氧浓差电势与 K 型热电偶的热电势反向串联，然后再送到二次仪表，如图 6-5 所示。这种方法虽不能完全补偿，但系统简单，所以在工业上应用很广。

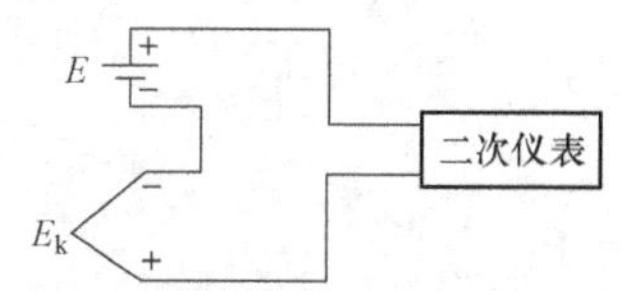

图 6-5　最简单的补偿式测量系统

对于直插补偿式测量系统，氧化锆管的工作温度最好在 650～900℃之间，温度太高太低都会直接影响测量。而对于电厂锅炉，过热器出口或高、低温过热器之间的烟气温度符合上述温度范围（700～800℃）。直插补偿式测量系统示意图如图 6-6 所示，把氧化锆管输出的氧浓差电势和 K 型热电偶输出的热电势分别接到高阻毫伏变送器和温度变送器，转换为相应的电流，然后再经除法器运算后输出，可基本消除氧化锆管工作温度对测量的影响，此种补偿范围较广，效果也较好。

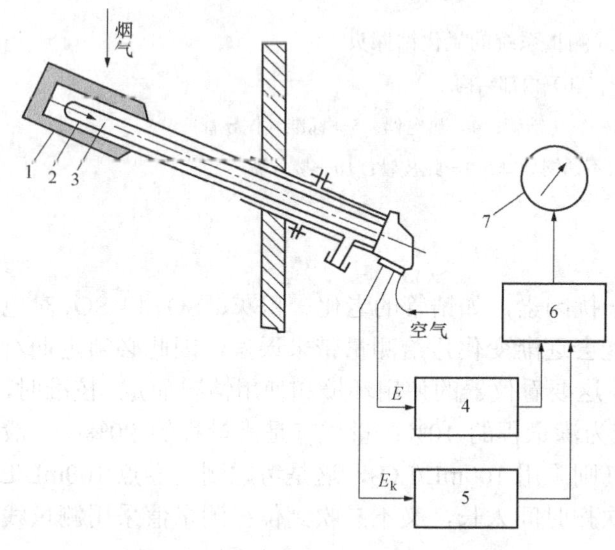

图 6-6　直插补偿式测量系统示意图

1—陶瓷过滤器；2—氧化锆管；3—K 型热电偶；4—温度变送器；5—高阻毫伏电势变送器；6—除法器；7—显示仪表

2. 直插定温式测量系统

直插定温式系统是采用控温电炉加热方式使氧化锆管维持恒温的测量系统，其测量探头的结构如图 6-7 所示。它主要由碳化硅过滤器、氧化锆管、恒温室、热电偶、气体导管和接线盒等组成。过滤器处于恒温室前端，氧化锆管置于恒温室内部，热电偶（常用镍铬-镍硅热电偶）用来测量恒温室内的温度。恒温室衬套内装有一组均匀排列的加热电阻丝，衬套外边是一个用绝热材料制成的保温套。不锈钢导管用来作为加热丝、热电偶、氧浓差电极的引线通道，以及作为参比空气和标准校正气样导管的引入通道。末端接线盒内装有接线座及参比空气和校正气样的接气嘴。

探头内热电偶输出的热电势送到温度控制器，由温度控制器来控制流过加热炉丝的电流的通断，使恒温室温度控制在 700℃左右。探头的氧浓差电势输出可以接显示仪表，或通过非线性校正后再送入显示仪表。

氧化锆氧分析仪具有结构和采样预处理系统较简单、灵敏度和分辨率高、测量范围宽、响应速度较快等优点。氧化锆氧量分析仪广泛应用于多种行业的燃烧监视与控制过程，并且帮助各行业领域取得了相当可观的节能效果。应用领域包括能耗行业，如钢铁业、电子电力业、石油化工业、制陶业、造纸业、食品业、纺织品业，还包括各种燃烧设备，如焚烧炉、中小型锅炉等。例如：热电厂循环流化床锅炉用于燃烧控制室的烟道气体监测；钢铁厂轧钢加热炉用于解决降低氧化烧损或脱碳层厚度时的炉气气氛检测；全氢热处理炉用于检测辐射管是否烧穿漏气；研制新型燃烧器（蓄热式、低 NO_x 式、辐射管式）时用于燃烧器结构尺寸的设计研究；汽车尾气排放检测；其他工业窑炉及垃圾焚烧炉烟气监测。

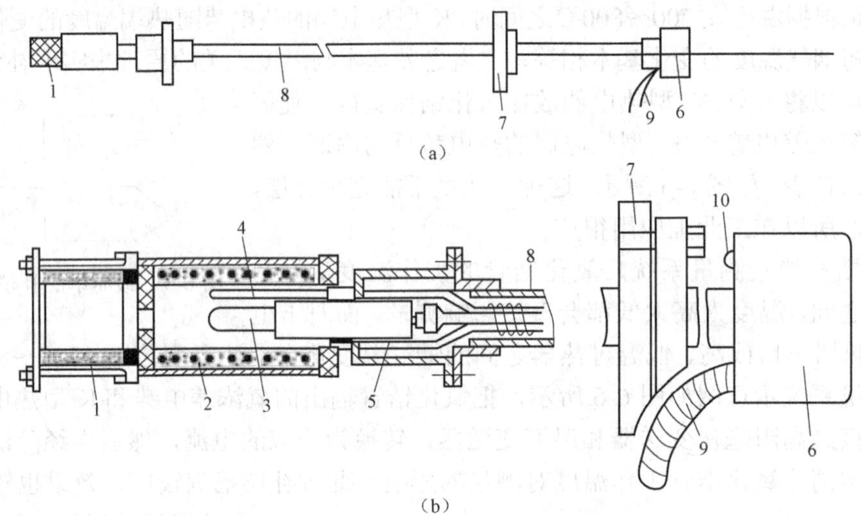

图 6-7 直插定温式测量系统的氧化锆探头

（a）外形；（b）内部结构

1—碳化硅过滤器；2—恒温室衬套；3—氧化锆管；4—热电偶；5—标准气体导管；6—接线盒；7—安装法兰；8—不锈钢导管；9—蛇皮管；10—接气嘴

三、相关技能

（一）定期对氧化锆分析仪进行校准

氧化锆分析仪在使用过程中存在许多干扰因素，如锆管的老化、积灰、SO_2 和 SO_3 对电极的腐蚀等。运行一段时间后，仪器的性能会逐渐变化，给测量带来误差，因此必须定期对仪器进行校准。校准周期通常为 1～3 个月，这要看仪器的使用环境和使用情况而定。校准时，不能使用纯 N_2 作为零点气，通常零点气应为满量程的 10%；量程气是满量程的 90%；一般现场采用的是干燥空气作为量程气；零点气则采用 100mL/LO_2，这是考虑到，零点 100mL/L 以下，标气误差对仪器的影响太大且校验吹扫时间太长，又不易吹到位；测量值采用测量线性的下延线。

（二）投用仪器后，不能立即进行校验

冷机投运 24h 内，指示是不正常的，投用 1 天后，再用标气进行校准。冷机检测器或新

装检测器内会存在一些吸附水分或可燃性物质，热机后，在高温下，这些吸附水分蒸发，可燃性物质燃烧，会消耗参比侧电池中的参比空气，导致参比空气的氧含量低于正常值20.6%，会出现检测器信号偏低，甚至出现负信号，造成测量的氧含量值偏高，甚至大于 20.6%的现象，这时的测量值是不准确的。应该等到检测器内部的水分和可燃性物质被新鲜空气置换干净后，才能使测量准确。所以，氧化锆检测器至少需要热机一天以上才能进行校准。

（三）氧化锆仪器不要轻易开关

原因包括两个方面：一是由于氧化锆管是一根陶瓷管，虽然有一定的抗热振性能，但在停开过程中，因急冷、急热等温变大而可能导致锆管断裂，因此，最好少做一些无谓的停开操作；二是涂敷在锆管上的铂电极与氧化锆管间的热膨胀系数不一致，使用一段时间后，容易在开停过程中产生脱落现象，导致探头内阻变大，甚至损坏检测器。停机要慎重。

（四）氧化锆分析仪中检测器恒温的判断

进入温度测量系统的操作菜单，检查检测器温度与电压是否一致，这有助于判断加热和温控系统是否正常。当检测器温度远高于恒定温度，则说明热电偶断路。因为转换器内设有断偶保护电路，一旦热电偶断路，它将产生一个毫伏信号代替热电偶信号，使检测器温度显示偏高，并使加热电源断开以保护检测器不至于烧坏。此时，虽然温度超高，实际上电炉并未加热，测量热电偶两端电阻（必须断开引线）可以证实这一点，热电偶正常电阻应小于 20Ω。若检查了发现温度低于恒定值，这应考虑加热没进行或加热丝断或温控系统故障与损坏。

（五）测量探头的维护方法

探头老化的原因和症状：通常我们所指的探头老化是指氧化锆检测器的老化，主要表现在内阻升高和本底电势增大这两项上。

（1）内阻升高实际运用中，探头老化引起的内阻增大较多。内阻是指信号线两端间的输入电阻，它是引线电阻、电极与氧化锆间界面电阻及氧化锆体积电阻三部分之和，因此电极挥发、电极脱落和氧化锆电解质的反稳（由稳定氧化锆变为不稳定氧化锆），都将引起内阻升高。测量检测器内阻，可以判断其老化情况。根据经验，当内阻增大到接近其使用极限时，将出现信号大跳动现象，有些反应为响应迟缓的现象。对于这些检测器，其本底电势不一定很大。

（2）本底电势是电池附加电势。引起本底电势增大的因素有两种：一种属于永存因素，它寄生的电池上，如 SO_2 和 SO_3 的腐蚀作用、电池不对称因素；另一种属于暂存因素，如电极各灰、空气对流差等因素，一旦条件改善，本底电势便可降低。本底电势的变大，往往反映检测器的老化程度，当 E_0 值超过分析仪的最大调节量时，就说明检测器已经损坏。举个例子：一个氧化锆，出厂时的 E_0 为−5mV，其允许变化范围为 0～−30mV，使用半年后，变为−13mV；使用 18 个月后变为−29mV。这种情况就表明，此检测器已经老化，需要更换。需要注意的是，有些检测器的老化表现在本底电势变大上，而有些检测器虽然老化，但却没有这种现象，所以我们需要认真分析对待。当本底电势变大的原因是由暂存因素引起时，随着使用时间的推移，则有可能出现本底电势先变大，再变小的现象。由于本底电势增大而导致探头老化的数量比内阻增大数量要少，单纯本底增大，一般不会出现信号跳动大的现象。

四、请你做一做

1．查阅相关资料，收集目前在火电厂中氧化锆氧量计应用的主要测点位置，测量计的主要型号和规格有哪些？

2．制定氧化锆氧量计的检修方案，包括拆装方法、检定的详细步骤、方法和注意事项。

反思与探讨

1．为什么能采用氧化锆氧量计测量氧量？

2．氧化锆探头的本底电压应如何测量？

3．对氧化锆管的工作温度有什么要求？为什么？

4．影响氧化锆测量效果的因素有几个方面？用什么方法减小这些影响？

学习单元二　电子皮带秤的应用

电子皮带秤是在皮带输送机输送物料过程中同时进行物料连续自动称重的一种计量设备，其特点是称量过程是连续和自动进行的，通常不需要操作人员的干预就可以完成称重操作。在火电厂中，电子皮带秤是连续测量和累计皮带运输原煤量的重要设备。它由称量框架、传感器和显示仪表组成，可以称量出皮带上的瞬时输煤量，也可以指示皮带上的累计输煤量。

电子皮带秤可以用于各种形式的动态自动配料，可以提高生产效率、节约能源和提高产品的质量。

一、任务描述与分析

电子皮带秤是对包括 ICS 电子皮带秤（又名通过式皮带秤）、定量给料机、DGP 吊挂式皮带秤等在内的所有皮带秤的一个总称。一般情况下 ICS 皮带秤是指安装在长的输送皮带架上的单独的一个称重装置，它只有称重架、传感器和仪表组成，没有驱动电动机等动力装置，它只对输送皮带上通过的物料起称重累计作用，不控制物料流量的大小。它的优点是造价低、安装简单，不需要对原有设备做太大改动，不足之处是受输送皮带影响大计量精度不高。定量给料机是有环形皮带、秤架、电动机、称重和测速传感器等组成的一个整体，它是集称重计量与流量控制于一体的连续称重设备，也叫调速秤。DGP 吊挂式皮带秤是指用称重传感器把整个（包括环形皮带、秤架、电动机、传感器等）秤体吊挂起来的一种连续称量装置，它的特点是整个称体吊挂不受其他因素影响，所以计量精度高，还可根据流量控制给料装置的给料速度以达到定量给料的目的。

本学习任务对电子皮带秤的种类、结构、工作原理和安装维护技能进行系统学习，以掌握在电力和其他工业生产现场应用的电子皮带秤的安装、检修和维护的必备知识和技能。

二、相关知识

（一）电子皮带秤的测量原理

1．称重原理

在火电厂中安装的电子皮带秤主要用于煤的称重测量，输煤皮带在单位时间内输送的原煤量 Q 为

$$Q=qv \tag{6-4}$$

式中　q——单位长度皮带上的原煤量，kg/m；

v——皮带运行速度，m/s。

由此可知，只要测出单位长度皮带上的原煤量和皮带的运行速度，就可求得单位时间内输送的原煤量。

2. 电子皮带秤的传感装置

电子皮带秤的传感装置由荷重传感器及测速传感器组成。

（1）荷重传感器。荷重传感器是将煤重力转变为相应电压输出的装置，常用的有压磁式荷重传感器及电阻应变式荷重传感器，电子皮带秤中多采用后者。

电阻应变式荷重传感器是利用弹性元件在重力作用下发生应变，并通过黏贴在该弹性元件上的应变电阻片转化为电阻值的变化来实现重力-电阻变换的。

电阻应变片的结构和工作原理如图 6-8 所示。图中，电阻应变片的电阻为

$$R = \rho \frac{1}{S} \tag{6-5}$$

以金属电阻应变丝应变电阻为例：当金属电阻应变丝拉伸，电阻增大；当金属电阻应变丝压缩，电阻减小。

电子皮带秤所采用的应变弹性体的结构形式很多，有筒支梁、等强度悬臂梁及圆筒体等，如图 6-9 所示。

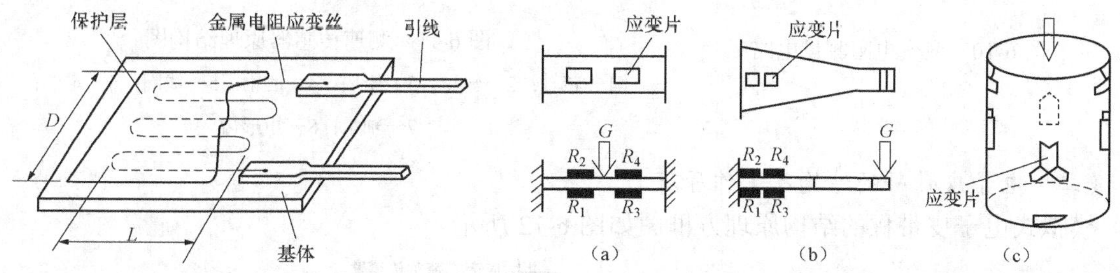

图 6-8　电阻应变片结构和工作原理

图 6-9　应变弹性体的结构形式

（a）筒支梁；（b）等强悬臂梁；（c）圆筒体

设荷重传感器采用图 6-9（b）所示的等强度悬臂梁，梁未受力时 R_1=R_1=R_3=R_4=R，当受力后 R_2、R_4 阻值减小 ΔR，R_1、R_3 阻值增大 ΔR，将电阻应变片接成电桥电路，如图 6-10 所示。电桥输出电压 ΔU 为

$$\Delta U = U_{AB} \frac{R_1 R_3 - R_2 R_4}{(R_1 + R_1)(R_2 + R_3)} = U_{AB} \frac{(R+\Delta R)^2 - (R-\Delta R)^2}{4R^2} = U_{AB} \frac{\Delta R}{R} = U_{AB} K \varepsilon \tag{6-6}$$

式中　K——应变片的灵敏系数；

ε——应变。

当 U_{AB} 恒定时，可由输出电压 ΔU 得知应变的大小，即得知所测重力的大小。把电阻应变式荷重传感器安装在电子皮带秤的托辊上方或底部，就可称量皮带上的煤量。

（2）测速传感器。测速传感器是把皮带速度转换为电信号的测量装置，电子皮带秤通常采用变磁阻式测速传感器，其原理结构图如图 6-11 所示。

传感器的转子通过转轴 1 与皮带测速滚轮连接，当皮带运转时，滚轮带动传感器转子 2 旋转，使转子与定子之间的气隙大小交替变化。当定子齿顶与转子齿顶相对时，气隙减小，磁阻减小；齿顶与齿间相对时，气隙增大，磁阻增大，因而在线圈中产生交变感应电势。如果齿轮的齿数为 Z，皮带测速滚轮直径为 D，皮带的速度为 v，则感应电势的频率 f 为

$$f = \frac{Zv}{\pi D} \tag{6-7}$$

感应电势的大小与磁通的变化率成正比，即$e=-W\dfrac{\mathrm{d}\phi}{\mathrm{d}t}$，$W$为感应线圈的匝数，为定值。所以输出电势只取决于磁通的变化率，转子的转速越大，磁通的变化率越大，感应电势越大。在电子皮带秤中将这个交流电势转变成0～10V直流电压，加到荷重传感器的电桥上，作为上桥电压U_{AB}。

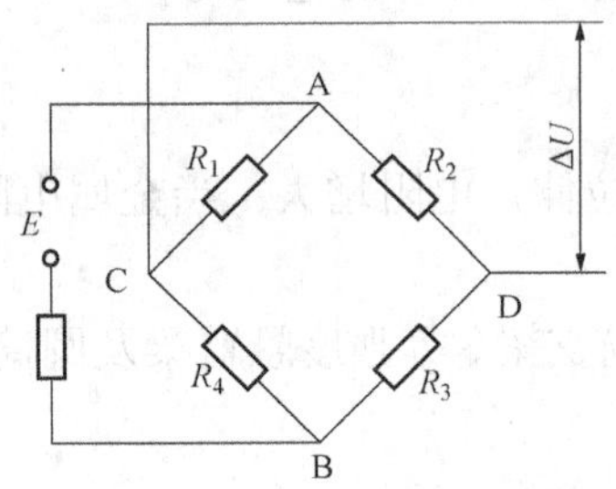

图 6-10　应变电阻测量电路

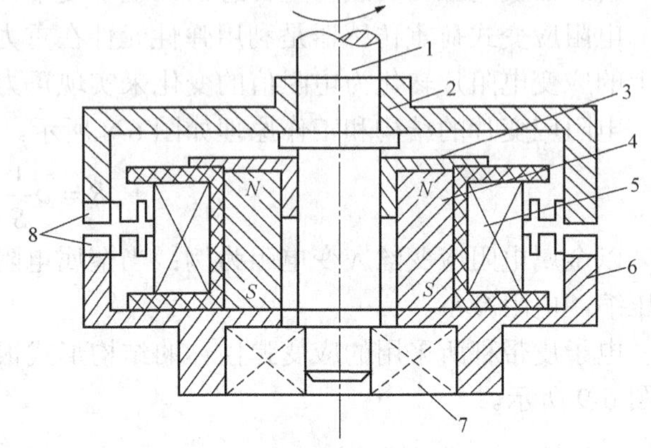

图 6-11　测速传感器原理结构图

1—转轴；2—转子；3—压块；4—磁钢；5—线圈；6—定子；7—轴承；8—矩形齿

（二）电子皮带秤的结构及工作原理

模拟式电子皮带秤的结构原理方框图如图 6-12 所示。

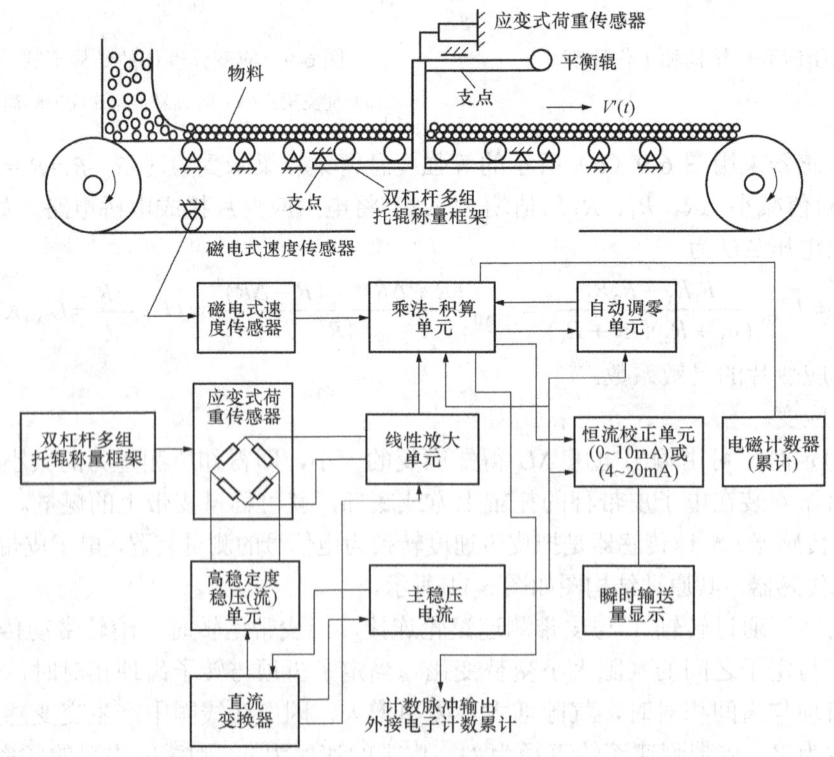

图 6-12　模拟式电子皮带秤的结构原理方框图

在输煤皮带中的适当位置，安装一个专门用于称量的框架，它采用双杠杆多组托辊称量框架托住称量段的皮带及其上的煤层。当在皮带上运送煤料时，处于框架上有效称量段上的煤料的重力通过托辊、传力杆传给应变式荷重传感器，荷重传感器将煤重力转变为相应的电压输出，该电压经线性放大单元放大后送入乘法-积算单元，此外，在皮带传动装置上安装有磁电式速度传感器，该传感器将感受到的皮带速度转变为频率信号，经频率-电压（电流）转换器（图中未画出）转换成电压（电流）后送往乘法-积算单元。经乘法-积算单元运算，皮带上的煤量和皮带速度相乘，得到单位时间内的原煤量，再经过积算，就可得到一段时间内输送的原煤总量。

三、相关技能

（一）电子皮带秤的日常维护检测

因为皮带秤是动态称重，现场工作状态经常变化，实际上是皮带在不断变化。尽管皮带输送机都装有恒定皮带张力的自动调节装置，但这种自动调节装置只能减少皮带张力变化而不能使之不变。所以电子皮带秤必须定期检验才能维持称量准确度。

皮带秤动态称量时有两个重要指标，一是动态零点（使用零点 zero），二是称量量程，有的国家叫跨度，也有的国家叫间隔（span）。影响电子皮带秤称量主要因素还是动态零点的变化，国家检定规程中的 3min 短期零点稳定性，和 3h 长期零点稳定性的检定时间，是不适合使用中维护考核标准，结合生产过程中实际情况，为了便于日常维护动态零点应以 8、24h 或 7 天为考核周期。国产化称重仪表已具有动态自动置零和零点跟踪功能，国外已研制成功动态自动跟踪去皮重的方法。

秤架上积尘，传递部分不灵活也能造成零点变化，所以必须加强现场维护。电力系统规定电子皮带秤实物检验周期，各地区不统一，有 10、15、30 天这种不切实际的硬规定迫使人们弄虚作假。现场调查结果是，规定 10 天检验一次的单位基本是一个月检验二次做假报表一份，规定 15 天检验一次的是一个月检验一次，做假报表一份。遇上雨雪天气或状态性检修也就不检验了。既要维持电子皮带秤称重准确度，又要结合现场实际情况，不调整系数（量程）周期为 30～40 天。笔者认为这一指标比较适合皮带秤使用周期的实际情况。如果是采用模拟载荷检验装置（滚动链码、循环链码等）检验，必须经实物检验修正后进行检验，修正后的使用周期为 3～6 个月，没有通过修正的检验装置不能作为标准器具。检验时标准物料不得超过三个转换点。转换点太多不能保证标准煤不多不少地经过皮带秤称量段，且秤架的安装位置也不合适。给循环链码提供一个准确的修正系数都困难。

（二）电子皮带秤的准确等级

按现行国际建议［OIML R50:1996《连续累计自动衡器（皮带秤）》］、国家计量检定规程［JJG 195—2002《连续累计自动衡器（皮带秤）检定规程》］、国家标准［GB/T 7721—2007《连续累计自动衡器（电子皮带秤）》］规定，电子皮带秤设 0.5 级、1 级、2 级三个准确度等级，即要求在使用中检验时其自动称量物料时的动态累计误差分别不大于 0.5%、1%、2%，而在初次检定和后续检定时的允许误差为前述指标的一半，即分别不大于 0.25%、0.5%、1%。

目前国内已有准确度更高的皮带秤问世。对于一台 0.2 级的皮带秤，应能在相当长的时间内保持 0.2%的指标，检定时误差不大于 0.1%。用户应对电子皮带秤的准确度指标有清楚的了解，有些皮带秤厂商有意无意地对两者混淆，用检定时要求的指标来冒充准确度等级，何况皮带秤的性能极易受到环境与工况的影响，因此只有耐久性优良的皮带秤才能长期可靠、稳定地保持其准确度等级相应的性能要求，不能光看交付时的标定数据。

四、请你做一做

1．调研相关资料，画出大型火电厂应用的典型电子皮带秤测量系统的结构和工作过程，制定电子皮带秤的日常检修维护方案。

反思与探讨

1．电子皮带秤是如何工作的？常用于什么场合？

2．影响电子皮带秤测量准确度的因素都有哪些？

学习情境七　加热器水位控制系统分析

学习单元一　加热器水位控制方案拟订

一、学习目标

通过本单元学习，能够明确加热器水位控制的任务，通过对加热器设备的作用及生产工艺流程的了解，理解加热器水位控制对象的特性，进而确定恰当的水位控制手段，能够构建出加热器水位控制系统，通过对该系统的工作原理分析与整定找到加热器水位控制系统的评价方法。

二、学习任务

本单元的学习任务有五个：

（1）明确加热器水位控制的任务。

（2）理解加热器水位控制对象的特性。

（3）确定加热器水位控制手段。

（4）构建加热器水位控制系统。

（5）评价加热器水位控制系统。

三、任务分析

高、低压加热器是火力发电厂给水回热系统的重要设备，运行高、低压加热器可提高锅炉给水温度，降低机组能耗。同时其性能和可靠性直接影响机组整体运行的经济性，还影响到机组的稳发、满发和安全运行。高、低压加热器若不能正常运行，会影响到主机或其他设备的安全运行，严重时甚至会引起设备损坏及人员伤亡事故，尤其对于现在的大容量机组而言，更应充分考虑高、低压加热器系统的安全性。

高、低压加热器是利用汽轮机的抽汽加热锅炉给水的装置，对提高电厂热效率有着重要作用。高、低压加热器在运行时都应保持一定的水位，太高了会淹没铜管（或钢管），减小蒸汽与管束的换热面积，影响加热器的效率，严重时还会造成汽轮机内进水。如水位大低，则将有部分蒸汽经过疏水管进入下一级加热器，从而排挤了低一级加热器的抽汽量，降低了机组回热效果，使经济性降低；另外因疏水中会夹带着部分蒸汽，形成汽水两相流动，将造成疏水管或疏水调整门等设备的振动和冲刷，因此，高、低压加热器在运行中必须保持一定的疏水水位。因此，高、低压加热器的水位控制对整个系统的安全运行有着重要的影响。

如何拟订高、低压水位控制方案以实现高、低加水位控制是本单元要完成的主要任务，因高、低压水位影响因素基本类似，采用的控制方案也基本相同，以下均以加热器进行说明。

四、任务实施

（一）明确加热器水位控制的任务

高、低压加热器运行时的水位对加热器的性能及寿命影响很大，这是因为高、低压加热器的性能指标是基于正常水位来保证的。高、低压加热器运行时必须是有水位运行，不可以长期处于无水或低于低水位线之下运行，否则除造成疏水温度偏高、热效率差外，还会引起高、低压加热器U形管的冲刷损坏。

当加热器达到运行温度并稳定运行时，一定要保证在正常水位（即控制水位），一般在高、低压加热器壳体上固定的水位指示计能清楚地表明这一水位。为使加热器正常运行，需要保持一定水位，一般卧式加热器允许水位偏离正常水位±38mm，立式加热器为±50mm。

（二）理解加热器水位控制对象的特性

从汽轮机来的温度较高的过热蒸汽，从加热器的蒸汽口进入，首先在过热蒸汽冷却段完成第一次热传递：利用蒸汽的过热度加热即将离开本段加热器的给水（凝结水），使给水（凝结水）出口温度进一步提高。随后蒸汽进入饱和段，在此进行第二次传热：加热蒸汽再次释放大量的潜热并凝结成饱和疏水是加热器主要的传热区。饱和疏水聚集在设备下部，并在压差的作用下靠虹吸原理进入疏冷段，饱和疏水放热加热刚进入加热器的给水（凝结水），完成第三次传热，最后疏水成为过冷水经由疏水出口离开本体。大型机组的低压加热器不采用过热蒸汽冷却段。

高压加热器用来加热除氧器经给水泵至锅炉省煤器的给水，以降低发电煤耗，对节能降耗有重要作用，低压加热器用来加热由凝汽器至除氧器的凝结水，以保证除氧器的除氧效果，高压加热器投运时，应先开启出口电动阀门，再开启进口电动阀门，高压加热器解列时，必须是全部高压加热器解除，应先关闭进口电动阀门，再关闭出口电动阀门，因此高压加热器解列指关闭高压加热器进出口水门和进汽门，给水旁路。

高加疏水逐级自流的工艺过程如下：1号高压加热器⟶2号高压加热器⟶3号高压加热器⟶除氧器，低压加热器疏水逐级自流的工艺过程如下，5号低压加热器⟶6号低压加热器⟶7号低压加热器⟶8号低压加热器⟶凝汽器，低压加热器解列时是指某一个低压加热器解除。

影响加热器水位变化的原因很多，如给水流量变化、抽汽量变化、来自上一级加热器的疏水量的变化，以及到下一级的疏水量的变化等。这些变化发生时，均会导致加热器水位变化。

（三）确定加热器水位的控制手段

正常时通过调节1号高压加热器水位调节阀的开度（调节1号高压加热器疏水流入2号高压加热器疏水井的流量）控制1号高压加热器的水位。当1号高压加热器水位过高时，同时通过调节1号高压加热器紧急疏水阀的开度（调节1号高压加热器疏水流入疏水扩容器的流量），控制1号高压加热器水位。控制回路手动时，水位设定值跟踪实际水位。投入自动后，可由运行人员设定。1号高压加热器紧急疏水阀调节器的设定值比正常水位设定值高出一正向偏置。

（四）构建加热器水位控制系统

1. 人工控制与自动控制

生产过程实现自动化，能有效地改善劳动条件，有利于现代化生产，有利于提高生产安全性，降低生产成本。随着生产技术和生产工艺的发展，自动控制水平也不断提高，人们通过长期的生产实践，从早期的人工控制过程逐步发展为目前高水平的自动控制过程。

为了了解自动控制系统的一般概念，首先以人工控制水箱水位为例，分析完成一个控制任务需要哪些功能，以及这些功能在自动控制系统中是如何实现的。

水箱水位控制示意图如图 7-1 所示。图 7-1（a）是水箱水位人工控制示意图，图中 q_1 为流入水箱的进水流量，q_2 为流出水箱的出水流量，h 为水箱水位。水箱水位是进水流量和出水流量是否平衡的标志。为了保证水工质传递的安全与稳定，通常希望将水箱水位保持在某一个规定值附近，这个规定值就是水箱水位的希望值，称为水箱水位的给定值，用 h_0 表示。当实际水位稳定在给定值附近时，水箱的进水量与出水量平衡，不需要控制。当水箱的进水量或者出水量发生变化时，可通过调整进水阀门的开度来改变进水流量，使之与出水流量平衡，以维持水箱水位在希望的范围内。

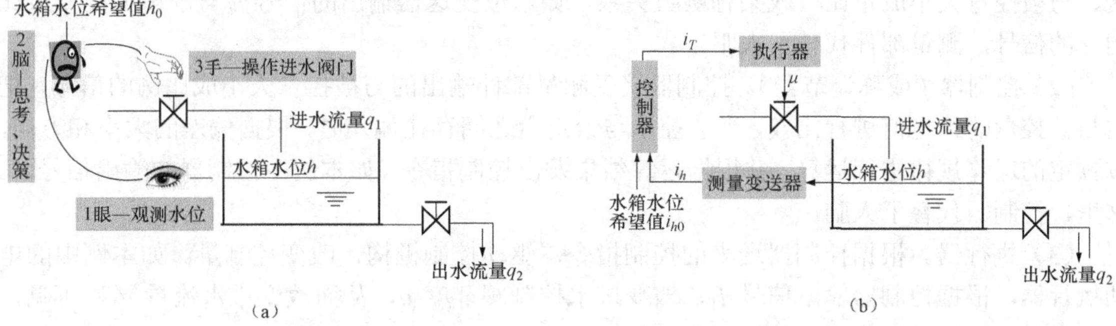

图 7-1　水箱水位控制示意图

（a）人工控制；（b）自动控制

为了便于分析说明上述水位控制过程，先介绍自动控制理论的几个常用术语。

（1）控制对象（或称调节对象）。指被控制的生产设备或生产过程，如本例中以水箱为中心的水工质传递设备。

（2）被控量。表征生产过程是否正常而需要控制的物理量。如本例中的水箱水位 h，单元机组自动控制中常见的被控量有压力、温度、水位、电压、频率等。

（3）给定值。根据生产工艺要求，被控量应达到的数值。如本例中水箱水位的希望值为 h_0，即水位 h 的给定值。

（4）控制量（或称控制变量）。由控制作用来改变，以控制被控量的变化，使被控量恢复为给定值的物理量。如本例中水位的控制是通过改变进水流量来实现的，进水流量就是水箱水位控制中的控制量。

（5）控制机构（或称调节机关）。接受控制作用去改变控制量的具体设备，如本例中的进水控制阀。

（6）扰动。引起被控量偏离其给定值的各种原因，如出水流量的变化会引起水箱水位变化，出水流量的变化称为扰动。

运用上述术语可以说，控制就是指当扰动作用使被控量偏离给定值以后，根据被控量与给定值的偏差情况，通过分析判断后适当地操作控制机构，改变控制量，抵消扰动的影响，使被控量重新恢复到给定值的过程。下面运用这些概念分析人工控制过程。

首先，操作人员通过眼睛观察被控量水位的变化，同时利用大脑分析观察的结果，将观察到的水位 h 与其给定值 h_0 进行比较，判断是否存在偏差，以及偏差的大小和方向（实际水位比给定值高还是低），决定是否需要对控制阀进行操作，开大还是关小，以及按什么规律进行操作（是缓开，还是猛开，先过调再回调等）。手则根据大脑的指挥命令去操作给水控制阀，使进水流量与出水流量相适应，维持水箱水位在正常范围内。

可见，人工控制就是通过人的眼睛、大脑和手分别进行观察、分析和操作来实现的。控制过程就是了解情况、分析决策、执行操作的过程。

随着生产的发展，人工控制已远远不能满足生产的要求。为了实现自动控制，就要用一套自动控制装置来代替人工操作。图 7-1（b）为水箱水位自动控制示意图。自动控制装置包括以下三个部分：

（1）测量部件（即测量变送器）。用来测量被控量的大小，并将被控量转变成某种便于传送、与被控量大小成正比（或某种函数关系，如水位变送器输出的信号 i_h 与水箱水位 h 成比例）的信号，测量部件代替了人眼。

（2）控制器（或称调节器）。控制器接受测量部件输出的与被控量大小成比例的信号，把它与被控量的给定值进行比较，当被控量与给定道之间存在偏差时，根据偏差的大小和方向，按预定的运算规律进行运算，并根据运算结果发出控制指令，如本例中控制器的输出信号 i_T。这里，控制器代替了人脑。

（3）执行器。根据控制器送来的控制指令，驱动控制机构，改变控制量。如本例中的电动执行器，根据控制器输出信号 i_T，改变进水控制阀开度 μ，从而改变进水流量 q_1。可见，执行器相当于人手的作用。

用一套自动控制装置代替人工操作，实现自动控制，把自动控制设备与控制对象连接起来，构成自动控制系统，如图 7-1（b）所示。不难理解，人工控制效果的好坏主要取决于操作人员的操作经验。如上述水箱水位控制系统，当出水流量扰动发生后，要很快恢复水位为给定值，操作人员必须要了解扰动发生后水位是如何随时间变化的？变化量有多大？变化速度怎样？只有对这些胸中有数，才能正确地操作控制阀门，收到预期的控制效果。如果对水位的变化过程一无所知，要正确地进行控制是不可能的。同理，并不是自动控制设备一经安装就能执行控制任务、实现自动控制的。为使自动控制系统能满意地进行工作，必须研究控制系统的运动规律、研究控制对象的动态特性，研究如何根据控制对象特性组成自动控制系统。

2. 加热器水位控制系统的构建

在明确了加热器水位控制的任务，理解了加热器水位控制对象的特性，并选择了合适的加热器水位控制手段后，按照自动控制系统构建的基本方法可以构建出如图 7-2 所示的高压加热器水位控制系统。加热器水位控制系统是由一个变送器（测量仪表）、一个控制器、一个执行器（控制阀）和一个被控对象所组成的简单控制系统。在简单控制系统中由于控制系统中信号流只有一个回路，因此它也称为单回路控制系统。

在图 7-2 中抽汽是热载体，用来加热锅炉给水，通过操控高压加热器疏水门开度改变疏水流量来控制高压加热器水位。图 7-2 中以 3 号高压加热器水位控制为例，3 号高压加热器水位是该控制系统的被控量。3 号高压加热器的疏水流量为该控制系统的控制变量，通过操控 3 号高压加热器疏水门开度改变疏水流量以保证 3 号高压加热器水位在允许范围内变化并最终稳定在工艺条件所要求的某个固定的数值上。

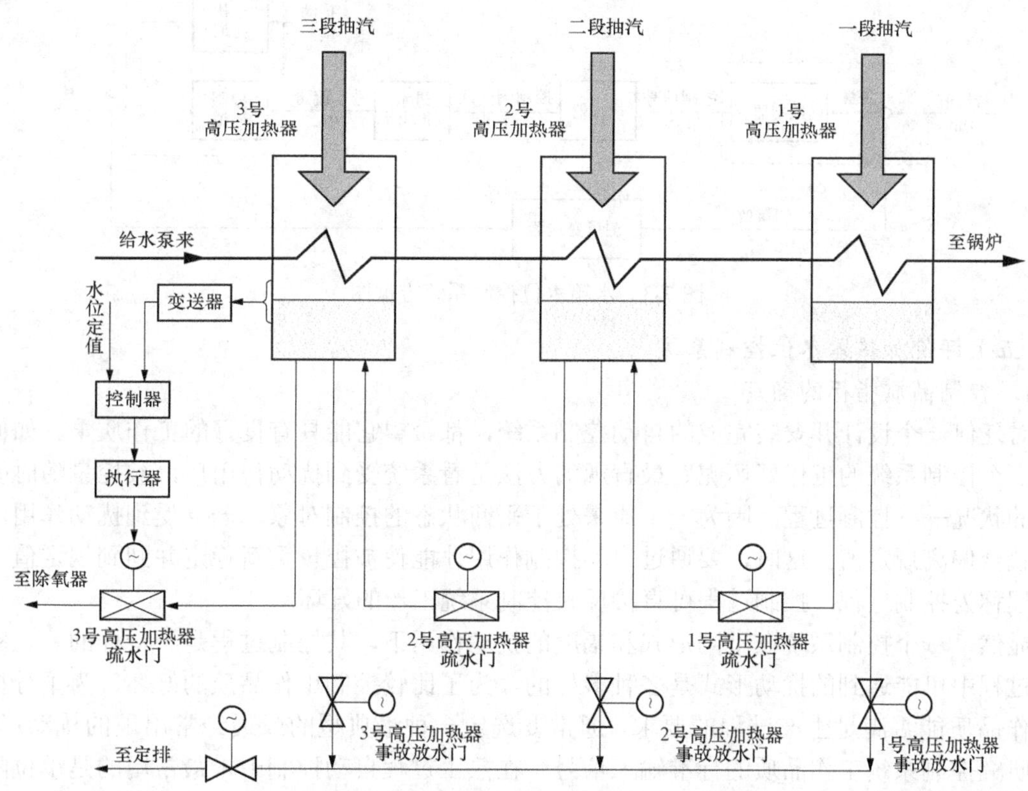

图 7-2　高压加热器水位控制系统构成图

如上所述，自动控制系统是由控制对象和自动控制设备组成的，也就是说，自动控制系统包括起控制作用的自动控制装置（如变送器、控制器、执行器等）和在自动控制装置控制下运行的生产设备（即控制对象）。自动控制系统中的各设备是通过信号的传递和转换相互联系起来的。如图 7-1（b）所示的水箱水位控制系统中，当出水流量 q_2 发生变化时，水箱水位 h 就会发生变化，反映水位高低的测量值 i_h 也随之变化，i_h 与其给定值 i_{h0} 比较得到偏差信号 e。在控制器中按预定的规律对偏差信号 e 进行运算得到控制信号 i_T，i_T 在执行器中进行功率放大后去推动进水控制阀，改变控制阀的开度 μ，从而改变进水流量 q_1，以抵消出水流量变化对水位的影响。水箱水位控制系统中的信号传递关系可用图 7-3 所示的示意图直观地表示出来。像这种能直观地表达自动控制系统中各设备之间相互作用与信号传递关系的示意图称为自动控制系统的方块图。

自动控制系统的方块图一般是一个闭合回路。图 7-3 中水位 h 通过测量变送器、控制器和执行器等环节，反过来影响水位本身。所以这个系统中的信号是在闭合回路中传递的，这种系统称为闭环系统或称为反馈系统。传递到控制器的信号是给定水位信号 i_{h0} 与实际水位信号 i_h 的偏差值。当水位升高时，偏差信号 $e=i_{h0}-i_h$ 是一个负值，其意义是要关小进水控制阀门，使水位向反方向变化。因此，自动控制系统是一个负反馈系统，这种负反馈的实质就是基于偏差、消除偏差。如果不存在被控量与给定值的偏差，也就不会产生控制作用，而控制作用的最终目的是要消除偏差，使被控量重新恢复到给定值。

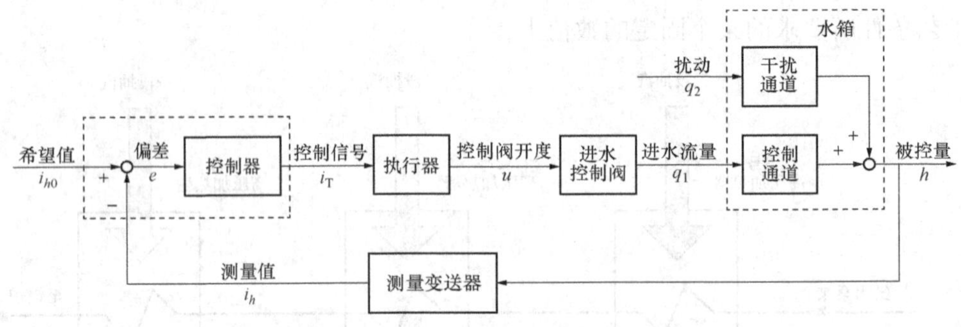

图 7-3 水箱水位控制系统方框图

（五）评价加热器水位控制系统

1. 控制品质指标的确定

对任何一个设计并安装完成的自动控制系统，都希望它能具有良好的工作质量。如何来判断一个控制系统的工作好坏呢？最直观的方法是看系统受到扰动作用后，被控量随时间而变化的状况——控制过程。因为一个原来处于平衡状态的控制对象，一旦受到扰动作用，被控量就会偏离规定值。这时，要通过自动控制作用才能使被控量重新稳定并回到规定值。这一过程称为控制过程，控制过程可直接反映控制系统工作的好坏。

显然，一个控制系统在不同形式和幅度的扰动作用下，其控制过程是不一样的。在实际生产过程中可能遇到的扰动形式是多种多样的，为了比较控制工作品质的好坏，为了分析系统工作品质能否满足生产过程的要求，通常要选定一种最典型的或最经常出现的扰动形式，作为研究控制系统工作品质的标准输入信号。在热工过程自动控制中，最常用的是单位阶跃输入。

闭环控制系统在阶跃扰动作用下，被控量的控制过程可能有图 7-4 所示的几种不同形状。曲线（a）是扩大振荡发散过程，控制系统受扰动作用后，不但不能达到新的平衡，而且偏差时正时负，振幅越来越大，直到发生破坏作用或受到限幅保护装置的干涉为止，这种控制系统是不稳定的。曲线（b）是等幅振荡过程，控制系统受扰动作用后不能达到新的平衡，被控量和控制作用都作等幅振荡，这种情况称为“边界稳定”。其中曲线（c）是衰减振荡过程。曲线（d）是有单峰值的非周期过程。（c）、（d）两种过程中，被控量最后能重新达到平衡。这新的平衡状态的被控量数值，可能就是扰动前的数值，也可能是一个新的数值。具有这种控制过程的系统是稳定的。

从生产过程的要求来看，希望自动控制系统能随时保持被控量和规定值相等，不受任何扰动的影响。实际上控制过程中被控量总是要发生变化，产生偏差。那么怎样来衡量一个控制过程（即控制系统工作品质）的好坏呢？一般从三个方面，即稳定性、准确性和快速性来衡量。

（1）稳定性。控制过程的稳定性是对控制系统最基本的要求。不稳定的系统在生产上是不能采用的，边界稳定的系统一般也不能符合生产的要求（只有在个别情况下可以允许有振幅不大频率不高的持续振荡），只有稳定的系统才能完成正常的控制任务。在实际生产过程中，不但要求系统是稳定的，而且还要求有一定的稳定性裕度，以保证在每次控制过程中振荡次数不致过多（2~3 次）。

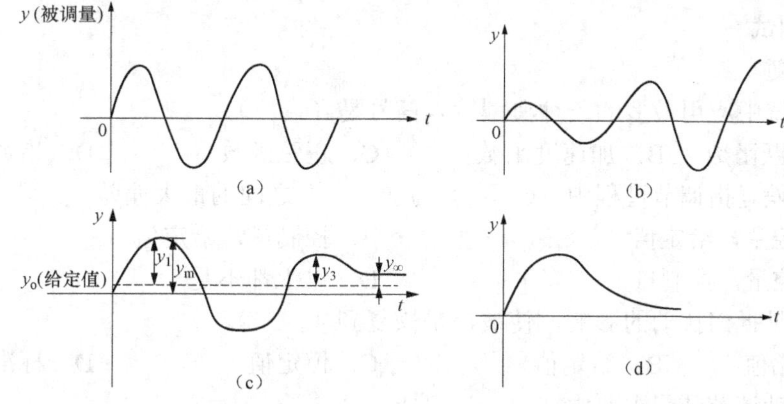

图 7-4　几种典型的控制过程曲线

（a）扩大振荡发散过程；（b）等幅振荡过程；（c）衰减振荡过程；（d）单调变化的非周期过程

衰减率 ψ 是判定控制系统稳定性的主要指标，检验一个控制过程的品质，用衰减率比较形象和直观，也能方便地从响应特性曲线上得到它的数值，如图 7-4（c）所示：

$$\psi=\frac{y_1-y_3}{y_1}=1-\frac{y_3}{y_1} \tag{7-1}$$

热工控制对象的控制过程的衰减率通常选择 ψ 为 0.75～0.9。

（2）准确性。准确性是指被控量偏差的大小，它包括动态偏差 y_m 和静态偏差 y_∞。

动态偏差 y_m 是指控制过程中被控量偏离规定值的最大偏差值。通常要求控制系统保证被控量的动态偏差，即指在可能出现的最大扰动作用下，也不超过生产过程所允许的变化范围。最大动态偏差往往出现在负荷变动幅度最大的时候（如由满负荷跌到最低负荷）。一般应使最大动态偏差不超过生产所允许的变动范围。但有时为了提高生产设备对变动负荷的适应能力，有意造成动态偏差。

静态偏差 y（∞）是指控制过程结束后被控量的残余偏差。

（3）快速性。快速性是指控制过程持续时间的长短。一般希望尽可能短，以保证下一次扰动发生之前，这次扰动所引起的控制过程已经结束。

不同的生产过程，对这三方面的要求和排列主次地位是不同的，对于一个控制系统同时要求这三方面都达到很高的质量往往是困难的，也是不必要的。一般总是首先满足稳定性要求，再兼顾到准确性和快速性。

应当指出，对控制系统除了上述三方面基本要求之外，还应使它满足与运行条件有关的其他一些要求，例如有些生产过程对被控量的变化速度有一定限制，有的对控制作用的变化速度（开、关速度）和动作方式有一定限制等。这些限制条件对控制系统的工作往往有重大的影响。

2. 加热器水位控制系统控制过程分析

加热器水位控制要求加热器水位在允许范围内变化，并最终保持稳定，但如果抽汽流量、疏水流量保持不变，则加热器水位也可保持不变。但实际上这些工艺条件往往是要变化的，因此，加热器水位就不可能保持不变，为了保证加热器水位为规定值，就必须根据加热器水位与规定值的偏差来开大或关小加热器疏水门，以改变疏水流量，从而使加热器水位符合规定值，这就是加热器水位控制的控制过程。

五、单元测试

（一）选择题

1．调节系统中应用最多的一种典型输入信号是（　　）。

A．阶跃函数　B．加速度函数　C．正弦函数　D．指数函数

2．动态偏差是指调节过程中，（　　）与（　　）之间的最大偏差。

A．被控量，给定值　B．控制量，给定值

C．被控量，控制量　D．以上都不是

3．调节就是抵消扰动的影响，使被控量恢复到（　　）。

A．初始值　B．给定值　C．恒定值　D．标准值

4．热工自动调节装置主要由（　　）组成。

A．变送器、控制器　B．变送器、执行器

C．控制器、执行器　D．以上都是

5．引起被控量偏离给定值的各种因素，称为（　　）。

A．控制　B．扰动　C．反馈　D．误差

6．在热工生产过程中，对控制的最基本要求是（　　）。

A．稳定性　B．准确性　C．快速性　D．稳定性和快速性

（二）判断题

1．被控制的生产过程或工艺设备称为控制对象。（　　）

2．扰动是指引起控制量变化的各种因素。（　　）

（三）问答题

1．什么是人工控制？什么是自动控制？自动控制和人工控制有什么区别？

2．一个自动控制系统常由哪几部分构成？各组成部分在系统中承担着什么作用？

3．解释下列专业名词

被控量　控制量　被控对象　被控量的给定值

学习单元二　热工控制对象特性分析

一、学习目标

通过本单元学习，掌握热工对象特性的表示方法，学会热工对象特性的测试分析方法。

二、学习任务

本单元的学习任务有三个：

（1）掌握热工控制对象的阶跃响应和传递函数的求取方法。

（2）明确热工控制对象的特征参数对控制过程的影响。

（3）掌握热工控制对象结构参数对其动态特性的影响。

三、任务分析

自动控制系统是由控制对象和自动控制设备组成的。控制对象的输出就是控制系统的被控量，要分析研究控制系统的工作质量，设计或改造自动控制系统，首先必须分析控制对象的动态特性，并根据它来正确地选择和使用自动控制设备，确定控制器的最佳整定参数，使控制设备与控制对象相互协调配合，构成一个合理的控制系统，才能获得预期的控制

效果。对于机组运行人员来说，熟悉控制对象的动态特性，也是正确使用好控制系统的必要前提。所以，研究热工控制对象的动态特性，是研究控制系统、实现生产过程自动化的基础工作。

控制对象的动态特性就是控制对象在动态变化过程中各种输入信号与输出信号之间的关系，影响控制对象输出的扰动分为外部扰动和内部扰动。凡是来自控制系统之外，引起被控量发生变化的各种原因，都称为外扰，而控制系统内部的扰动称为内扰。例如水箱水位控制系统，进水流量和出水流量的变化都会引起水位变化，但出水流量的变化是用户需求变化引起的，控制系统本身无法控制，是系统的外扰，而进水流量的变化是控制系统可以控制的，是系统的内扰。图 7-3 所示的水箱水位控制系统方块图中，当被控量水位变化时，控制系统是通过控制作用改变进水流量 q_1 来控制水位，使之恢复为给定值的，故称进水流量到水箱水位之间的信号作用路径为控制通道。而出水流量变化是水位偏离给定值的原因，称由出水流量到水位之间的信号作用路径为干扰通道。内扰通过控制通道作用于对象，外扰通过干扰通道作用于对象。

热工控制对象的动态特性取决于它内部的物理性质、设备结构和运行条件等，原则上可以用分析方法求出它的动态特性。但对于复杂对象，用数学方法求取精确的动态特性表达式是困难的，通常是用实验方法求取对象的阶跃响应曲线，再利用阶跃响应曲线来进行系统分析、设计和控制器整定。

四、任务实施

（一）控制对象分类

实际热工控制对象虽然种类很多，但基本上可以分为两类：一类是简单对象，称为单容对象，另一类是复杂对象，称为多容对象。单容对象只有一个储存物质或者能量的容积，而多容对象具有两个或两个以上储存物质或能量的容积。同一参数在多容对象内部各处的数值可能是不一致的，所以这类对象又称为具有分布参数特性的对象。同时依据控制对象有无自平衡能力划分，可分为有自平衡能力被控对象和无自平衡能力被控对象。

自平衡能力是指控制对象在受到扰动后，仅依靠自身能力而不依靠任何外加的控制作用就能使被控量趋于某一稳定值的能力。

因此可将控制对象分为单容有自平衡能力控制对象、单容无自平衡能力控制对象、多容有自平衡能力控制对象、多容无自平衡能力控制对象。

1. 单容有自平衡能力控制对象

有自平衡能力的单容控制对象称为单容有自平衡能力被控对象，简称单容有自平衡对象，图 7-5 所示水箱就是一个单容有自平衡能力控制对象，该对象具有自平衡能力。

若设水箱水位 h 为该被控对象的被控量，假设水箱在 $t=t_0$ 时刻以前处于平衡状态即水箱的进水流量等于出水流量，$q_1=q_2$；水箱水位等于恒定值，$h=h_0$。在 $t=t_0$ 时刻进水流量突然增加，导致水箱水位升高，使得水箱底部所承受的压力增加，从而导致出水阀前后差压增加，出水流量 q_2 变大，出水流量 q_2 的增加又影响水位上升的速度，使得水位增加的速度降低，是一个负反馈作用，这样，经过一段时间的自调整，水箱水位又重新达到某一稳定值。可见，水箱具有自平衡的能力。

2. 单容无自平衡能力控制对象

单容无自平衡能力的控制对象称为单容无自平衡能力控制对象，简称单容无自平衡对象。

单容无自平衡对象在受到扰动后，其被控量不能依靠自身能力趋于某一稳定值，必须借助外加的控制作用才能恢复到稳定值，例如图 7-6 所示水箱就是一个单容无自平衡能力控制对象，该对象无自平衡能力。

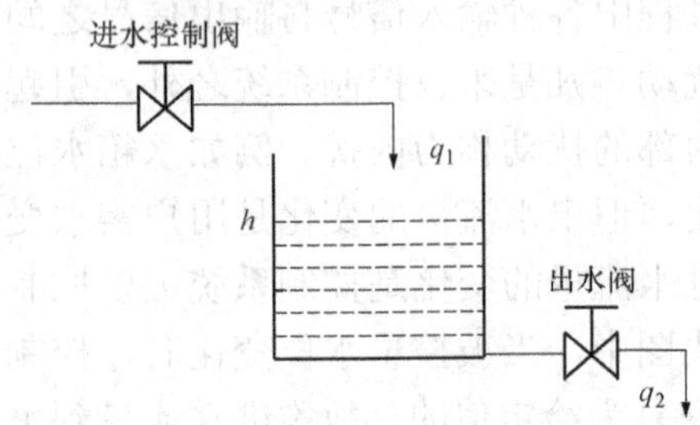

图 7-5　单容有自平衡能力控制对象

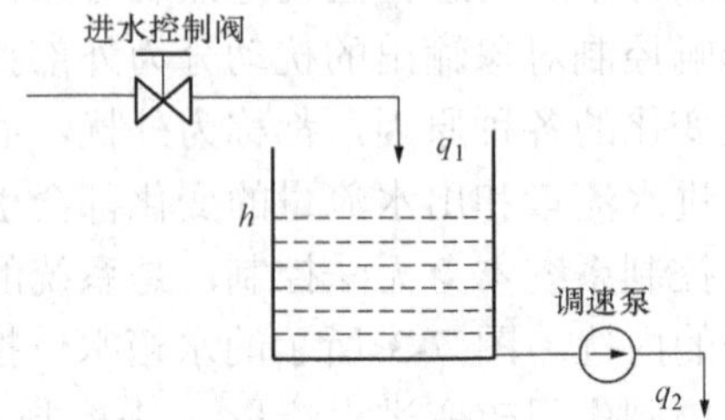

图 7-6　单容无自平衡能力控制对象

若设水箱水位 h 为该控制对象的被控量，假设水箱在 $t=t_0$ 时刻以前处于平衡状态，即水箱的进水流量等于出水流量，$q_1=q_2$；水箱水位等于恒定值，$h=h_0$。在 $t=t_0$ 时刻进水流量突然增加，导致水箱水位升高，这时水箱水位升高也使得水箱底部承受压力增加，但出水流量由调速泵决定，不受水箱底部压力变化的影响，因而出水流量仍为定值，不发生变化。如此，水箱水位将会持续上升，再也不可能稳定下来。可见，水箱水位不断升高，无法恢复到稳定值，对象无自平衡能力，是无自平衡对象。

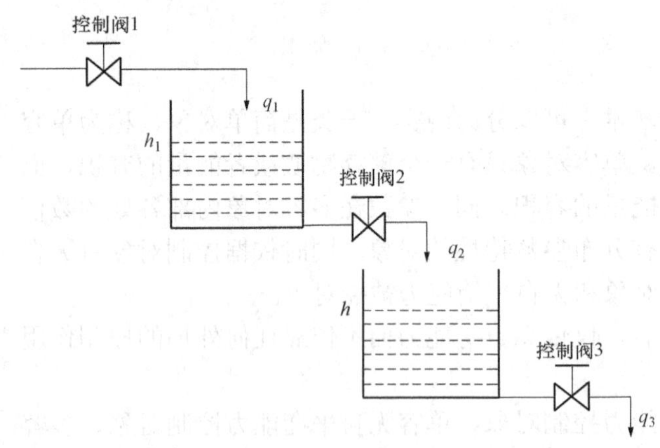

图 7-7　双容有自平衡能力控制对象

3. 多容有自平衡控制对象和多容无自平衡控制对象

多容控制对象相对来说比较复杂，控制对象包含两个或两个以上容积，图 7-7 所示控制对象为由水箱构成的双容有自平衡能力控制对象。

在热工现场中，控制对象通常是从有无自平衡能力和包含容积数目的多少两个方面同时进行考虑的，因而就有单容有自平衡控制对象、多容有自平衡控制对象和单容无自平衡控制对象、多容无自平衡控制对象四类。它们的传递函数以及单位阶跃响应曲线如表 7-1 所示。

表 7-1　　**控制对象的数学模型及动态特性**

内容 对象类别	传递函数	单位阶跃响应曲线
单容有自平衡能力控制对象	$W(s)=\dfrac{C(s)}{R(s)}=\dfrac{k}{Ts+1}$ 其中：k 为单容控制对象的比例系数；T 为单容控制对象的时间常数	$C(t)$, k, O, T, t
单容无自平衡能力控制对象	$W(s)\dfrac{C(s)}{R(s)}=\dfrac{1}{T_a s}$ 其中：T_a 为单容无自平衡对象的时间常数（积分时间）	$C(t)$, 1, O, T_a, t

续表

对象类别 \ 内容	传递函数	单位阶跃响应曲线
多容有自平衡能力控制对象	$W(s)=\dfrac{C(s)}{R(s)}=\dfrac{k}{(Ts+1)^n}\approx\dfrac{k}{(Ts+1)}e^{-\tau s}$ 其中：$T=\dfrac{\tau+0.5T_C}{n-0.35}$，$n=24\times\dfrac{\tau/T_C+0.12}{2.93-\tau/T_C}$ k 为多容控制对象的比例系数； T 为多容控制对象的时间常数； n 为多容控制对象的容积数目； τ 为延迟时间	
多容无自平衡能力控制对象	$W(s)=\dfrac{C(s)}{R(s)}=\dfrac{1}{T_a s(Ts+1)^n}\approx\dfrac{1}{T_a s}e^{-\tau s}$ 其中：$T_a=\dfrac{1}{0H}\cdot\tau$，$n=\dfrac{1}{2\pi}\cdot\left(\dfrac{0H}{c(\tau)}\right)^2-\dfrac{1}{6}$ T_a 为多容控制对象的积分时间； T 为多容控制对象的时间常数，$T=\dfrac{1}{n}\tau$； n 为多容控制对象的惯性环节数目； τ 为延迟时间	

由表 7-1 可知，热工控制对象具有以下特点：被控量的变化大多是不振荡的；被控量在干扰发生的开始阶段有迟延和惯性；在响应曲线的最后阶段，被控量可能达到一个新的平衡态（有自平衡能力的控制对象），也可能不断变化而无法进入平衡态（无自平衡能力的控制对象）。

（二）影响对象动态特性的特征参数

在热工生产过程中，描述对象动态特性的主要特征参数有容量系数、阻力和传递迟延。容量系数、阻力和传递迟延表征大多数对象所共有的结构性质。

1. 容量系数

大家都知道，电容器可以储存电荷，水箱可以存水，也就是说，电容和水箱具有储存物质（能量）的能力，同样，热工生产过程中大多数对象也具有储存物质（能量）的能力。通常用容量系数来衡量对象储存物质（能量）的能力。下面通过 个具体的例子讲解容量系数的含义。

如图 7-5 所示，设水箱的进水流量为 q_1，水箱的出水流量为 q_2。某一时刻 $q_1=q_2$，水箱的水位 h 稳定在某一值 h_0，此时有某种原因使得 $q_1\neq q_2$，水箱内储存的水量 G 就要发生变化，这种变化导致水箱的水位 h 发生变化。可以用数学关系式描述

$$\mathrm{d}G=(q_1=C\cdot\mathrm{d}hq_2)\mathrm{d}t \tag{7-2}$$

$$q_1-q_2=C\frac{\mathrm{d}h}{\mathrm{d}t} \tag{7-3}$$

式中　C——比例系数

由式（7-2）可求得 $(q_1-q_2)=C\dfrac{\mathrm{d}h}{\mathrm{d}t}$，代入式（7-3）可得

$$C=\frac{\mathrm{d}G}{\mathrm{d}h} \tag{7-4}$$

上式表明，比例系数 C 是水箱水位变化一个单位时需要水箱储存水量的变化量。C 就称

为水箱的容量系数。若水箱的截面积为 A，则水箱储存水量的变化量为 $dG=Adh$，可求得水箱的容量系数是 A，即 $C=A$。显然，水箱的截面积越大，在同样大小的不平衡流量作用下，水位变化的速度就越小，即抵抗扰动的能力就越强，容量系数描述了对象抵抗扰动的能力。

2. 阻力

在电路中，电流进行流动时会受到电阻的阻力，电阻表征了电路中阻力的大小，可以用式（7-5）计算电流流经电阻时所受到的阻力

$$R=\frac{dU}{dI} \tag{7-5}$$

流体在管路中流动会受到阀门等给予的阻力，就是说，物质（或能量）在传输过程中总是要遇到大或小的阻力，因此需给予推动物质（或能量）流动的压差（如电位差、水位差、温度差等）。那么对于图 7-5 所示的水箱来说，当出水阀开度为定值时，出水流量 q_2 的大小就取决于水箱水位的高低，也就是说，水箱水位越高，则水箱中的水对箱底产生的压力就越大，出水阀前后的压差就越大，因而流量就越大。可以用下式描述出水阀的阻力 R、水箱水位 h 和流量 q 之间的关系

$$R=\frac{dh}{dq} \tag{7-6}$$

3. 传递迟延

传递迟延是指被控量变化的时刻滞后于引起被控量发生变化的扰动发生的时刻，将这种时间上的滞后现象称为对象的传递迟延。传递迟延用迟延时间描述，迟延时间越大，说明对象的传递迟延越严重。例如汽包水位控制系统中，给水控制阀开度发生变化使得给水量变化到对汽包水位产生影响就存在传递迟延，迟延时间的长短与给水管道的特性有关。传递迟延举例如图 7-8 所示，流入侧管道有一定的长度，即从控制阀（图中 A 点）到水管出口（图中 B 点）存在一定的管长 L，这就使得在控制阀动作的同时，流入水箱的流量 q_1 并不能同时发生变化，而是要在时间上滞后一段时间 τ 后才能发生变化，滞后时间 $\tau=L/v$（v 为水的平均流速）。

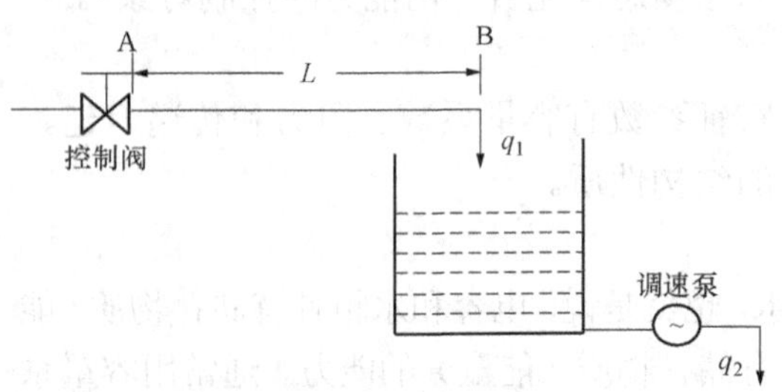

图 7-8 传递迟延举例

传递迟延的存在使得对象惯性增大，从而对控制系统的控制性能产生不利的影响。在控制系统的设计时要充分考虑到这一点。

（三）热工对象传递函数的近似求取

获取热工控制对象的数学模型是进行控制系统设计的先决条件，只有得到被控对象的数学模型，才能分析控制对象的动态特性，进而设计出合理的控制系统。通常将获取控制对象数学模型的过程称为建模。常用的建模方法有两种，即理论建模法和实验建模法。理论建模主要是通过对对象机理的分析，并在一定的假设条件下求出其动态方程，然后进行线性化处理。该方法比较复杂，一般只用于描述新研制控制对象的动态特性。对于热工控制对象，较多的采用实验方法测定其动态特性，然后根据其动态特性求取其数学模型，这也是工程中常用的行之有效的方法。

目前应用较多的是阶跃响应曲线法，求取对象阶跃响应曲线的实验框图如图 7-9 所示，即当控制对象处于稳定状态时，在控制对象的输入端人为地加入阶跃扰动输入信号，同时观察被控量的响应特性曲线，然后由该曲线求出控制对象的传递函数。

在利用阶跃响应曲线法求控制对象传递函数时，必须清楚控制对象内部存在两路基本通道，一路是控制作用和被控量之间的信息通道，称为控制通道，其传递函数用 W_{ob}（s）表示；另一路是扰动作用和被控量之间的信息通道，称为扰动通道，其传递函数用 W_n（s）表示。若控制对象存在多个扰动，那么将存在多个扰动通道（见图 7-10）。显然，控制对象可以看作是一个多输入、单输出的复杂系统，当选择不同的输入信号时，控制对象的传递函数表达式是不同的，这就要求在进行试验前，必须确定求取的是哪一个信号输入作用下的阶跃响应曲线。

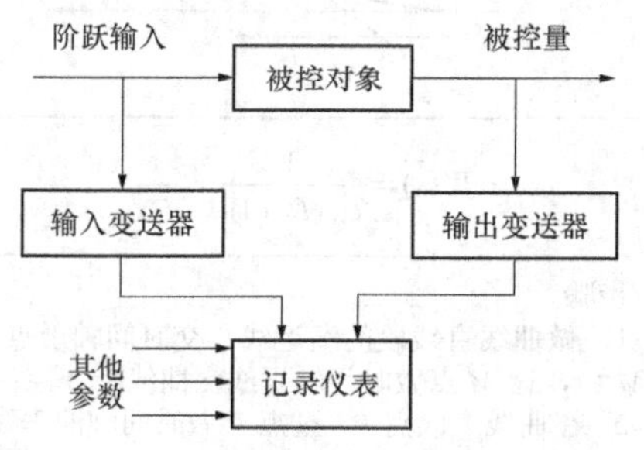

图 7-9　求取对象阶跃响应曲线的实验框图

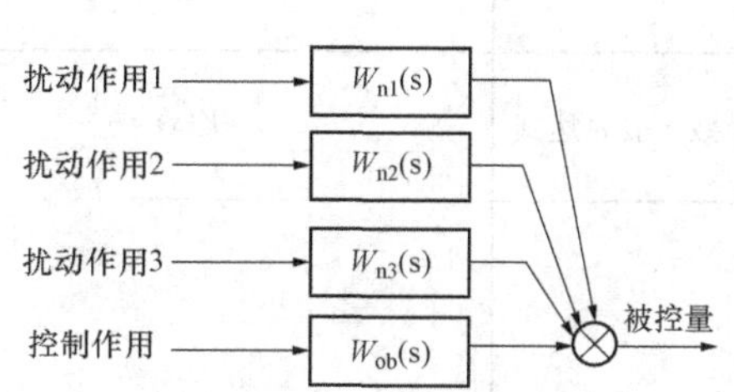

图 7-10　多扰动作用的对象

由阶跃响应曲线求取控制对象的近似传递函数有切线法、两点法、半对数法等多种方法，每种方法都具有各自的特点，应根据实际情况使用。限于篇幅，在这里简单介绍切线法求控制对象的近似传递函数，具体求法见表 7-2～表 7-4。

表 7-2　　用切线法求有自平衡能力对象的传递函数

内容 \ 被控对象	单容有自平衡能力对象	多容有自平衡能力对象
阶跃响应曲线（阶跃输入的幅度为 $\Delta\mu$）	$C(t)$, C_0, M, k, O, T, N, t	$C(t)$, C_0, M, P, k, O, τ, N, T_C, H, t
传递函数一般表达式	$W(s)=\dfrac{k}{Ts+1}$	$W(s)=\dfrac{k}{(Ts+1)^n}\approx\dfrac{k}{Ts+1}e^{-\tau s}$
切线法	步骤： 1．做稳态值的渐近线 C_0，则 $k=\dfrac{C_0}{\Delta u}$； 2．做响应曲线起始点的切线交 C_0 于点 M，则线段 OM 在时间轴上的投影就为时间常数 T	步骤： 1．做稳态值的渐近线 C_0，则 $K=\dfrac{C_0}{\Delta u}$； 2．做响应曲线拐点 P 的切线分别交 C_0 线和时间轴于点 M 和 N。则 $ON=\tau$（迟延时间），$NH=T_C$（时间常数）

根据表 7-2 得到的 τ 和 T_C 的值，可由 τ/T_C 的比值可从表 7-3 中查出与对应的值 n、τ/T 及 T_C/T 值。

表 7-3　　$\dfrac{k}{(1+Ts)^n}$ 中 T、n 及其阶跃相应曲线上的 τ、T_C 关系

n	1	2	3	4	5	6	7	8	9	10
τ/T_C	0	0.104	0.218	0.319	0.410	0.493	0.570	0.642	0.710	0.773
τ/T	0	0.282	0.805	1.430	2.100	2.810	3.560	4.310	5.080	5.860
T_C/T	1	2.718	3.695	4.448	5.120	5.700	6.250	6.710	7.160	7.580

表 7-4　用切线法求无自平衡能力对象的传递函数

内容 \ 被控对象	单容无自平衡能力对象	多容无自平衡能力对象
阶跃响应曲线（阶跃输入的幅度为 $\Delta\mu$）	C(t), Δμ, N, O, M, t, T_a	C(t), Δμ, P, A, O, τ, M, T_a, N, t, H
传递函数一般表达式	$W(s)=\frac{1}{T_a s}$	$W(s)=\frac{1}{T_a s(Ts+1)^n}\approx\frac{1}{T_a s}e^{-\tau s}$
切线法	在响应曲线上取点 N，过点 N 做时间轴的垂线交于点 M，使得 $MN=\Delta\mu$，则 $0M=T_a$	步骤 1．做曲线直线段的渐近线，交时间轴于点 M，则 $0M=\tau$，过 M 点做时间轴垂线交曲线于 A 点； 2．在曲线上取点 P，过点 P 做时间轴的垂线，交于点 N，使得 $PN=\Delta\mu$，则 $MN=T_a$； 3．延长 PM 交纵坐标于点 H，则可得 $T_a=\frac{\Delta\mu}{0H}\cdot\tau$； 4．由 $n=\frac{1}{2\pi}\left(\frac{MA}{0H}\right)^2-\frac{1}{6}$ 可得 n； 5．由 $T=\frac{\tau}{n}$ 得 T

五、单元测试

（一）选择题

1．单容有自平衡能力对象的动态特性表现为（　　）的特性。

A．惯性环节　　B．积分环节

C．微分环节　　D．比例环节

2．单容无自平衡能力的控制对象的动态特性表现为（　　）的特性。

A．惯性环节　　B．积分环节

C．微分环节　　D．比例环节

3．一般干扰通道的纯延迟对调节质量（　　）。

A．有较大的影响　　B．有较小的影响

C．没有什么影响　　D．以上都不是

4．一般电动组合仪表或电动单元组合仪表中的变送器，其延迟和惯性极小，可近似看做（　　）。

A．积分环节　　B．比例环节

C．微分环节　　D．比例环节

（二）判断题

1．热工调节对象通常都是有迟延、有惯性的。（　　）

2．热工对象按其容积数目可分为单容对象和多容对象。（　　）

（三）问答题

1．现场中的被控对象有哪几类？试写出每一类的典型传递函数表达式。

学习单元三 控制器动作规律分析及对调节过程的影响

一、学习目标

通过本单元学习，能够阐述三种基本作用规律及特点，并进一步理解控制器参数对控制过程的影响。

二、学习任务

本单元的学习任务有两个：

（1）阐述三种基本作用规律及特点。

（2）理解控制器参数对控制过程的影响。

三、任务分析

控制器相当于人的大脑，它是一个控制系统的核心。基本的控制器具有两个输入量：被控量（或称被调量）和设定值。被控量就是反映被控制对象的实际波动的量值，比如水位温度压力等；设定值是人们设定的值，也就是人们期望被控量需要达到的值。被控量肯定是经常变化的，而设定值可以是固定的，也可以是经常变化的，比如电厂的 AGC 系统，机组负荷的设定值就是个经常变化的量。基本的控制器至少有一个模拟量输出。大脑根据情况运算之后要发布命令了，它发布一个精确的命令让执行机构去按照它的要求动作。在大脑和执行机构（手）之间还会有其他的环节，比如限幅、伺服放大器等。有的限幅功能做在大脑里，有的伺服放大器做在执行机构里。

上面说的输入输出三个量是控制器最重要的量，其他还有许多辅助量。比如为了实现手自动切换，需要自动指令；为了安全，需要偏差报警等。这些可以暂不考虑，为了思考的方便，只要记住这三个量：设定值、被控量、输出指令。

为了描述方便，大家习惯精简为两个量：输入偏差和输出指令。输入偏差是被控量和设定值之间的差值，而控制器的控制规律是指控制器的输出指令与其输入偏差之间所遵循的动态关系。

在工程实际中，应用最为广泛的控制器控制规律为比例、积分、微分控制，简称 PID 控制，又称 PID 调节。PID 控制器历史久远，它以其结构简单、稳定性好、工作可靠、调整方便而成为工业控制的主要技术之一。当被控对象的结构和参数不能完全掌握，或得不到精确的数学模型时，控制理论的其他技术难以采用时，系统控制器的结构和参数必须依靠经验和现场调试来确定，这时应用 PID 控制技术最为方便。即当我们不完全了解一个系统和被控对象，或不能通过有效的测量手段来获得系统参数时，最适合用 PID 控制技术。PID 控制器就是根据系统的误差，利用比例、积分、微分计算出控制量进行控制的。

因此本单元的主要任务就是弄清三种基本作用规律（比例、积分、微分）的特点及应用。

四、任务实施

（一）比例控制规律的数学模型及其对过渡过程的影响

比例控制规律（P 控制规律）是最基本的一种控制规律，所谓比例控制规律，指控制器输出的控制信号 $u(t)$ 与其偏差输入信号 $e(t)$ 之间成比例关系，即

$$u(t)=K_{\mathrm{p}}e(t)=\frac{1}{\delta}e(t) \tag{7-7}$$

式中 K_p——比例增益；

δ——比例带。

由此可以得到比例控制器的传递函数

$$W_p(s)=\frac{U(s)}{E(s)}=K_p=\frac{1}{\delta} \tag{7-8}$$

比例控制规律的阶跃响应曲线见表 7-5。

从式（7-7）看出，输出 u（t）与输入 e（t）的大小成正比，或者说，控制阀的移动速度与偏差信号的变化速度成正比。这说明比例控制规律无惯性、无迟延，即控制及时、迅速，而且控制动作的方向正确，因此，比例控制规律在控制系统中是促使控制过程稳定的因素。

从式（7-7）还可看出输出 u（t）与输入 e（t）之间有一一对应的关系。控制阀的位置 u 必须随对象负荷的改变而改变，这样才能适应负荷变化的要求。因此，当对象负荷变化时，控制阀阀芯的位置必须改变，即被控量与给定值之间的偏差必然发生改变。所以，控制结果是被控量有稳定（静态）偏差，有时称比例控制规律为有差控制。

表 7-5　基本控制规律

控制规律＼内容		传递函数	主要参数及其对控制作用的影响	阶跃响应曲线（偏差信号阶跃变化量为 Δe）
P 控制规律		$W_p(s)=K_p=\frac{1}{\delta}$	比例作用与比例系数成正比关系，与比例带成反比关系	$u(t)$；$K_p\cdot\Delta e$；O；t
I 控制规律		$W_I(s)=\frac{1}{T_I s}$	积分作用与积分时间成反比关系	$u(t)$；Δe；O；T_i；t
D 控制规律	理想	$W_D(s)=T_D s$	微分作用与微分时间成正比关系	$u(t)$；∞；$\Delta t\rightarrow 0$；0；O；t
	实际	$W(s)=\frac{K_D}{1+T_D s}\cdot T_D s$	微分作用与微分时间成正比关系	$u(t)$；$K_D\cdot\Delta e$；O；t

（二）积分控制规律及其对控制过程的影响

比例控制规律的特点是控制及时，控制作用贯穿了整个控制过程，是一种基本的控制规律。但是比例控制是有差控制，在控制过程结束后不能保证系统的静态偏差为零，因而对于一些性能指标要求较高的控制系统，仅仅采用比例控制规律就无法满足要求，所以引入一种无差控制规律——积分控制规律。

积分控制规律是指控制器输出的控制作用 u（t）与输入偏差信号 e（t）对时间的积累成正比关系。即

$$u(t)=\frac{1}{T_i}\int_{-\infty}^{t}e(t)\mathrm{d}t \tag{7-9}$$

式中 T_i——积分时间。

其传递函数为

$$W_i(s)=\frac{U(s)}{E(s)}=\frac{1}{T_i s} \tag{7-10}$$

由积分控制器的阶跃响应曲线（见表 7-5）可以看出，当控制器的偏差输入信号发生阶跃变化时，积分控制器输出的控制作用并不立即变化，而是由零开始线性增长。从这个角度来看，积分控制作用不及时；由响应曲线还可以看出，只要偏差输入信号不为零，积分控制器输出的控制信号就一直在不停的变化，只有当输入的偏差信号为零时，积分作用才停止，积分控制器输出的控制信号才能稳定下来，为一常数值。这表明控制过程结束，被控量的偏差必然为零，因而积分控制作用是无差控制，这是积分控制规律的最大优点。

（三）微分控制规律及其对控制过程的影响

比例控制作用和积分控制作用有一个共同的特点，那就是控制器的初始控制作用取决于被控量偏差的大小。若控制对象存在大惯性和大迟延，则要获得满意的控制效果就比较困难，所以可引入一种超前控制规律——微分控制规律。

微分控制规律是指控制器输出的控制信号与输入偏差信号对时间的变化率成正比关系，即

$$u(t)=T_D\frac{\mathrm{d}e(t)}{\mathrm{d}t} \tag{7-11}$$

式中 T_D——微分调节器的微分时间。

其传递函数为

$$W_D(s)=\frac{U(s)}{E(s)}=T_D s \tag{7-12}$$

可见，微分控制作用是根据偏差信号对时间的变化率进行控制的，而偏差信号的变化率在时间上肯定要超前于偏差信号（相位超前 90°），因而偏差变化率信号又称为超前信号。显然，对于惯性和迟延较大的对象，在控制器中引入微分控制作用实现超前控制，将会使得动态过程中的动态偏差减小，从而改善了系统的控制品质。

由以上分析可以知道，微分控制作用的大小只取决于偏差信号的变化速度，而与偏差信号的大小没有关系。因而当偏差信号及其变化速度非常缓慢时，由于微分控制器自身存在不灵敏区其输出始终不发生变化，经过一段时间后，偏差将累积成一个较大的值，给控制过程带来不利的影响。这就表明，微分控制作用不能单独使用，要与比例作用或比例积分作用相结合，构成比例微分或比例积分微分控制规律。

需要说明的是，式（7-11）所表示的微分控制规律是没有办法实现的，这是因为任何一个物理元件都不可能在输入信号为阶跃信号时，在瞬间输出为无穷大量。因而将式（7-12）所示的微分控制规律称为理想微分控制规律。在实际应用中，微分控制规律具有惯性，其传递函数如下

$$W(s)=\frac{K_D}{1+T_D s}\cdot T_D s \tag{7-13}$$

式中 K_D——微分增益；

T_D——微分时间。

可见，实际的微分控制规律是在理想的微分控制规律的基础上串联一个惯性环节构成的，

其阶跃响应见表 7-5。

由实际微分控制规律的阶跃响应曲线可以看出，当微分控制器的偏差输入信号发生幅度为 Δe 的阶跃变化时，微分作用将立即产生，其输出信号的瞬时幅度为偏差输入信号的 K_D 倍，从这一点上与比例作用相比，控制及时且作用强。随着时间的持续，微分作用逐渐减小，当系统达到稳态时，微分作用为零，微分作用消失。可见，微分作用主要体现在控制过程的初期，与积分作用正好相反。

综上所示，比例控制作用是最基本的控制作用，而积分和微分是辅助控制作用。比例控制作用贯穿于整个控制过程之中，控制快速、及时；微分控制作用主要体现在控制过程的初期，用以克服对象的惯性和迟延，具有超前控制的作用；积分控制作用则体现在控制过程的后期，用以消除静态偏差。在实际的应用中，应根据具体的情况选择控制规律，同时应对控制器的参数（比例带、积分时间和微分时间）进行合理的设计（系统整定），以取得满意的控制效果。

五、单元测试

（一）选择题

1．因为（　　）对干扰的反应是很灵敏的。因此，它常用于温度的调节，一般不能用于压力、流量、液位的调节。

A．比例动作　　B．积分动作　　C．微分动作　　D．比例积分

2．调节系统中用临界比例带法整定参数的具体方法是（　　）。

A．先将 T_i 置最大，T_D 置最小，δ_P 置较大

B．先将 T_i 置最小，T_D 置最大，δ_P 置较大

C．先将 T_i 置最小，T_D 置最小，δ_P 置较小

D．先将 T_i 置最小，T_D 置最小，δ_P 置较大

3．调节器加入微分作用是用来（　　）。

A．克服对象的纯滞后　　B．克服对象的惯性滞后

C．克服对象的惯性滞后和容积滞后　　D．减小被控量的静态偏差

4．调节系统的稳定性是对调节系统最基本的要求，稳定调节过程的衰减率 ψ 应是：（　　）。

A．$\psi=0$　　B．$\psi<0$　　C．$0<\psi\leqslant1$　　D．$\psi=1$

5．一个线性调节系统的稳定性取决于（　　）。

A．干扰作用的形式及强弱　　B．系统本身的结构及参数

C．干扰作用的形式及强弱　　D．干扰作用的强弱

6．反馈调节是一种能对（　　）进行补偿的调节系统。

A．测量与给定之间的偏差　　B．被控量的变化

C．干扰量的变化　　D．输出的变化

（二）判断题

1．评定调节系统的性能指标有稳定性、准确性和快速性，其中，稳定性是首先要保证的。（　　）

2．比例调节器调节过程结束后被控量必然有稳态误差，故比例调节器也叫有差调节器。（　　）

3．积分调节过程容易发生振荡的根本原因是积分调节作用产生过调。积分 T_i 越小，积

分作用越强，越容易产生振荡。（　　）

4. 在自动调节中，PID 调节器主要靠比例作用避免过分振荡，靠积分作用消除静态偏差，靠微分作用减少动态偏差。（　　）

（三）问答题

为什么积分控制作用可以消除系统的稳态误差，实现无差控制，而比例和微分控制作用却无法消除稳态误差？试分析。

学习情境八　锅炉汽包水位控制系统分析

学习单元一　汽包水位控制方案拟订

一、学习目标

通过本单元学习，能够明确汽包锅炉汽包水位控制的任务，通过对汽包锅炉汽水生产工艺流程的了解，理解汽包锅炉汽包水位控制对象的特性，进而确定恰当的水位控制手段，能够构建出汽包锅炉汽包水位控制系统，通过对该系统的工作原理分析与整定找到汽包锅炉汽包水位控制系统的评价方法。

二、学习任务

本单元的学习任务有五个：

（1）明确汽包水位控制的任务。

（2）理解汽包水位控制对象的特性。

（3）确定汽包水位控制手段。

（4）构建汽包水位控制系统。

（5）评价汽包水位控制系统。

三、任务分析

汽包锅炉是热力发电生产的重要设备，它们往往影响生产的正常进行和产品的产量、质量和成本，而汽包是锅炉的重要组成部分，保持汽包水位范围是汽包锅炉正常运行的主要指标。水位过高会影响汽水分离，产生蒸汽带水现象；水位过低会影响汽水循环，使金属局部过热而爆管，导致重大事故。因此，必须对汽包水位进行自动控制，使水位严格控制在规定范围内。

因此，如何拟定汽包水位控制方案以实现锅炉汽包水位控制是本单元要完成的主要任务。

四、任务实施

（一）明确汽包水位控制的任务

汽包锅炉给水自动控制的主要任务是使锅炉的给水量适应锅炉的蒸发量，维持汽包水位在规定的范围内。汽包水位是锅炉运行中一个重要的监控参数，它反映了锅炉蒸汽负荷与给水量之间的平衡关系，维持汽包水位正常是保证锅炉和汽轮机安全运行的必要条件。汽包水位过高，会影响汽包内汽水分离装置的正常工作，造成汽包出口蒸汽水分过多，含盐浓度增大，易使过热器管壁结垢而导致过热器烧坏，同时还会使过热汽温产生急剧变化，直接影响机组运行的安全性和经济性。汽包水位过低，则可能破坏锅炉水循环，造成水冷壁管烧坏而破裂。

随着锅炉容量和参数的提高，汽包的容积相对减小，锅炉蒸发受热面的热负荷显著提高。因此加快了负荷变化时水位的变化速度，因而对给水自动控制提出了更高的要求。因此，为保证机组安全运行，正常工况下，一般限制汽包水位在±（30～50）mm 范围内变化。

汽包锅炉给水自动控制的另一任务是要维持给水流量不要有过大的频繁的波动，以保证省煤器、给水管路的安全。一般应限制给水流量波动范围在额定给水流量的 5%～10%以内。

（二）理解汽包水位控制对象的特性

分析给水控制对象的动态特性，确定给水自动控制系统设计时如何考虑这些扰动因素，是设计给水自动控制系统的主要依据。

汽包锅炉的给水控制对象如图 8-1 所示，主要由过热器、汽包、水循环管道、省煤器、锅炉进水泵等组成。图中给水调节机构控制给水量 W，蒸汽量 D 由汽轮机的进汽调节门控制，燃料量用 B 来表示。

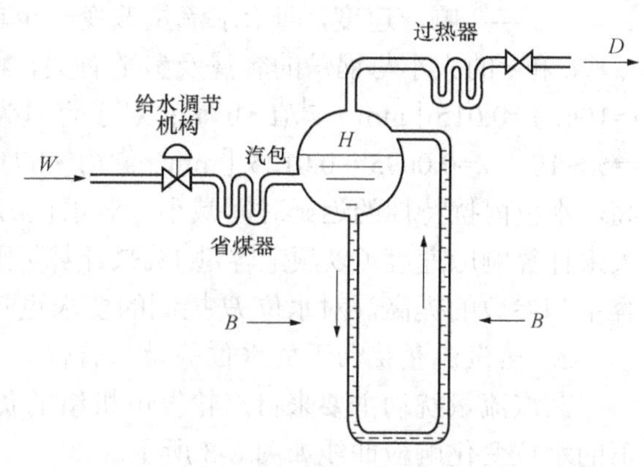

图 8-1　给水控制对象

汽包水位反映了锅炉给水系统中给水流量和蒸汽流量之间的物质平衡关系，直接影响锅炉的安全运行和蒸汽的品质。

零水位 H_0 是指从水侧取样孔中心至汽包中心线附近处的高度。零水位的确定，主要取决于锅炉的形式，通常由锅炉制造厂推荐。零水位一般在汽包几何中心线以下，如上海锅炉厂生产的某台 600MW 锅炉机组，零水位为汽包中心线以下–220mm。

汽包水位的正常控制范围为 $H_0 \pm 50$mm，报警值、跳闸值（MFT）则根据炉型由制造厂给出。如上海锅炉厂生产的某台 600MW 锅炉机组，报警值为：+120、–170mm；负荷大于 60%时，跳闸值为+300、–270mm；负荷小于 60%时，跳闸值为+380、–350mm。

给水被控对象的动态特性是指各种引起汽包水位变化的因素与汽包水位之间的动态关系。也就是在某种因素扰动下，汽包水位随时间变化的规律。在机组运行过程中引起汽包水位变化的因素很多，其中给水流量 W、蒸汽流量 D 和燃料量 B 为三种主要的扰动因素。

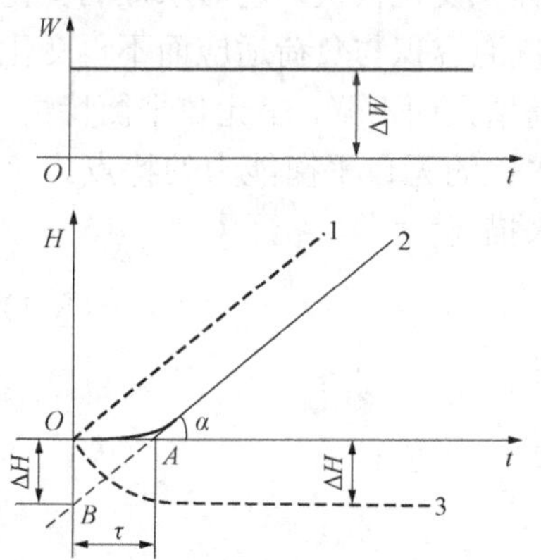

图 8-2　给水流量阶跃扰动下的水位响应曲线

1. 给水流量扰动下水位的动态特性

给水流量是控制机构所改变的控制量，给水流量扰动来自控制侧的扰动，又称内扰。给水流量阶跃扰动下的水位响应曲线如图 8-2 所示。

当给水流量阶跃增加 ΔW 后，水位的变化如图中曲线 2 所示。当给水流量增加时，如果仅考虑流入量和流出量的物质不平衡关系，汽包水位应按曲线 1（积分特性）上升；但由于给水温度低于汽包内的饱和水温度，当冷的给水进入汽包后，吸收了原饱和水中的一部分热量，使水面下汽泡体积减小，则汽包水位下降，直到给水温度与饱和水温度相近时，汽水混合物中的汽泡体积不再变化，水位停止下降，如图中曲线 3（惯性特性）所示。实际水位变化曲线 2 是曲线 1 与曲线 3 的合成，即在给水流量阶跃扰动的初始阶段，水位上升的速度与水位下降的速度基本一致，所以实际水位在开始时并不变化，当汽水混合物中的汽泡体积不再变化后，水位的变化就由物质平衡关系决定，即按积分特性上升。在给水流量扰动下，水位控制对象的动态特性表现为有迟延的无自平衡能力的特点。

因此，给水流量扰动下汽包水位的动态特性，可用传递函数表示为

$$W_{0W}(s)=\frac{H(s)}{W(s)}=\frac{\varepsilon}{s}-\frac{\varepsilon\tau}{1+\tau s}=\frac{\varepsilon}{s(1+\tau s)} \tag{8-1}$$

式中　τ——迟延时间，s；

ε——响应速度，即给水流量改变一个单位流量时，水位的变化速度，$mm\cdot s^{-1}/(t\cdot h^{-1})$。

ε和τ的大小与锅炉的容量及参数有关，容量为410t/h，参数为9.8MPa、540℃的高压炉，τ=10s，ε=0.015［$mm\cdot s^{-1}/(t\cdot h^{-1})$］；对于容量为670t/h，参数为13.72MPa、540℃的超高压炉，τ=5～10s，ε=0.0095～0.0125［$mm\cdot s^{-1}/(t\cdot h^{-1})$］。由此可见，随着锅炉容量的增大和参数的提高，水位内扰特性的迟延时间减小，对水位H的控制是有利的。但是，如果按锅炉容量的增大来计算响应速度（以额定容量1%来计算）则得到的相对响应速度逐渐增大，说明随着锅炉容量和参数的提高，对水位H控制的要求也越高。

2. 蒸汽流量扰动下的水位的动态特性

蒸汽流量扰动主要来自汽轮发电机组的负荷变化，属外部扰动。在蒸汽流量D阶跃扰动下的水位变化响应曲线如图8-3所示。

当蒸汽流量突然阶跃增大时，如果单从汽包流入量和流出量的物质不平衡关系来考虑，水位应按积分规律下降，如图中曲线1所示；如单独考虑水面下汽泡体积的变化，则当汽轮机用汽量突然增加时，汽包压力迅速下降，汽包水面下的汽泡体积也迅速增大，从而使水位升高，随后，锅炉燃烧率根据用汽量的需求增加，使锅炉蒸发量增加，导致水位的升高受到限制，故汽泡容积增大而引起的水位变化可用惯性环节特性来描述，如图中曲线2所示，实际的水位变化曲线3则为1和2的合成。由图中可以看出，当锅炉蒸汽负荷变化时，汽包水位的变化具有特殊的形式：在负荷突然增加时，虽然锅炉的给水流量小于蒸汽流量，但开始阶段的水位不仅不下降，反而迅速上升（反之，当负荷突然减少时，水位反而先下降），这种现象称为虚假水位现象，这显然是因为在负荷变化的初始阶段，水面下汽泡的体积变化很快，它对水位的变化起主要影响的缘故，因此水位随汽泡体积增大而上升。只有当汽泡容积与负荷适应而不再变化时，水位的变化就仅由物质平衡关系来决定，这时水位就随负荷增大而下降，呈无自平衡特性。在蒸汽流量扰动下，水位控制对象的动态特性表现为有虚假水位的无自平衡能力的特点。

蒸汽流量扰动下的水位响应特性可用下述近似传递函数来描述

$$W_{0D}(s)=\frac{H(s)}{D(s)}=\frac{K_2}{1+T_2 s}-\frac{\varepsilon}{s} \tag{8-2}$$

式中　T_2——曲线2的时间常数；

K_2——曲线2的放大系数；

ε——曲线1的响应速度。

上面所述的蒸汽流量扰动下的水位控制对象动态特性，只是从蒸发强度变化对汽泡容积的影响方面定性地说明水位变化的特点。实际上，改变汽轮机的用汽量引起的蒸汽流量的阶跃扰动，必定引起汽包出口汽压的变化，汽压变化也会影响到水面下汽泡的体积变化，所以实际的虚假水位现象会更严重些。

3. 炉膛热负荷 B 扰动下水位控制对象的动态特性

当燃料量扰动时，例如燃料量增加使炉膛热负荷增强，从而使锅炉蒸发强度增大而使汽压升高，即使汽轮机控制阀开度不变，蒸汽流量也会有所增加。这样，蒸汽流量大于给水流量，水位应该下降。但是蒸发强度增大同样也使水面下汽泡容积增大，因此也会出现虚假水位现象。燃料量阶跃扰动下的水位响应曲线如图 8-4 所示，它和图 8-3 有些相似。只是，在这种情况下，蒸汽流量增加的同时汽压也增大了，因而使汽泡体积的增加比蒸汽流量扰动时要小，从而使水位上升较少。另外，由于蒸发量随燃料量的增加有惯性和时滞，如图 8-4 中虚线所示，这就导致迟延时间 τ_B 较长。

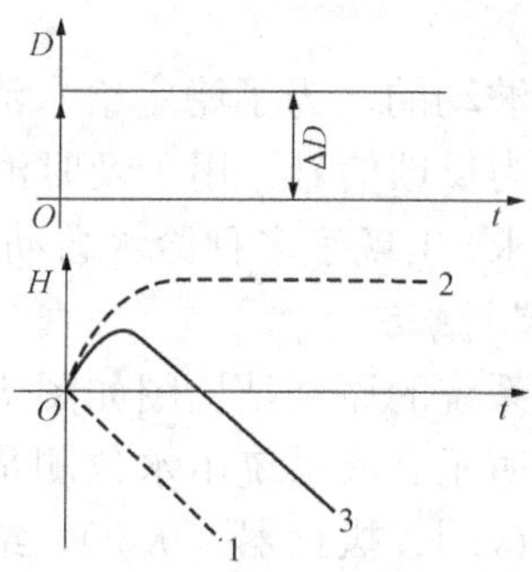

图 8-3　蒸汽流量阶跃扰动下的水位响应曲线

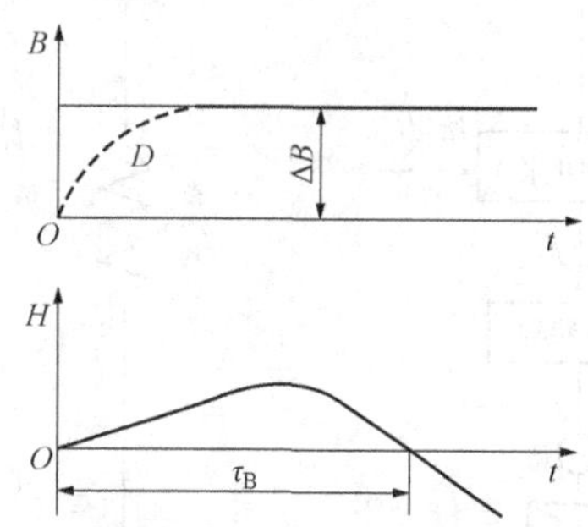

图 8-4　燃料量阶跃扰动下的水位响应曲线

影响水位的因素除上述之外，还有给水压力、汽包压力、汽轮机控制阀开度、二次风分配等。不过这些因素几乎都可以用 W、D、B 的变化体现出来。为了保证汽压的稳定，燃料量和蒸发量必须保持平衡，所以这两者往往是一起变化的，只是先后的差别，给水扰动是内扰，其他是外扰。

（三）确定汽包水位的控制手段

在单元机组自动控制中，给水控制的手段有以下几种：

（1）电动泵定速运行，节流控制给水。对于早期投产的中小型机组，通常采用电动定速给水泵，通过控制给水控制阀开度来维持汽包水位为给定值。这种在全负荷范围内均由控制阀来控制汽包水位的方案，其节流损失较大。

（2）电动泵转速控制为主，启动初期旁路阀节流控制配合。20 世纪 80 年代以后投产的 200MW 机组，大都采用了电动调速给水泵和控制阀相结合的形式来控制汽包水位，即在低负荷阶段，要用给水控制阀（或旁路控制阀）来控制汽包水位；在高负荷阶段，采用电动调速泵来控制汽包水位。这种方案虽然减少了控制阀的节流损失，但由于电动泵始终在运行，消耗电能较多。

（3）汽动调速泵、电动调速泵、控制阀组合。近十年来投产的 300MW 及以上机组，几乎全部采用汽动给水泵、电动调速给水泵及控制阀三者相结合的方式来控制汽包水位，即在低负荷阶段，调整电动给水泵的转速保证泵出口与汽包之间的差压（或泵出口压头），由给水控制阀（或给水旁路控制阀）来控制汽包水位；在负荷超过某一值（对应的给水流量需求接近控制阀的最大通流能力）且汽动给水泵尚未启动时，由电动调速给水泵来控制汽包水位；在汽动给水泵启动后，逐步由电动调速给水泵过渡到汽动给水泵来控制汽包水位。电动给水泵只在机组启动阶段或汽动给水泵故障时使用。这种方案克服了前两种方案的缺点，是一种效率较高的给水控制手段。

（四）构建汽包水位控制系统

根据上述给水控制对象动态特性的分析，给水控制系统应符合以下基本要求：

（1）由于被控对象的内扰动态特性存在一定的迟延和惯性，且表现为无自平衡能力，因此，必须采用带比例作用的控制器以保证系统的稳定性。

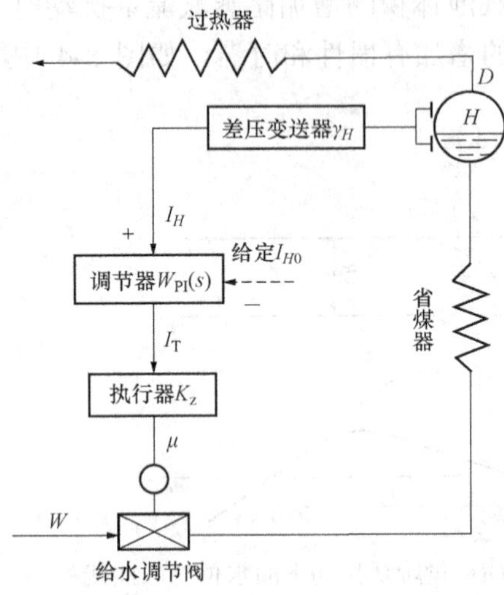

图 8-5 单冲量给水控制系统原理结构图

（2）由于对象在蒸汽负荷扰动（外扰）时，有虚假水位现象，这种现象的反应速度比内扰快，为了克服虚假水位现象对控制的不利影响，应考虑引入蒸汽流量的补偿信号。

（3）给水压力是波动的，为了稳定给水流量，应考虑将给水流量信号作为反馈信号，用于及时消除内扰。

为了满足上述要求，出现了多种给水自动控制系统。

1. 单冲量给水控制系统

单冲量给水控制系统的原理结构图如图 8-5 所示，原理方框图如图 8-6 所示。该系统由水位测量变送元件（γ_H）、控制器［$W_{PI}(s)$］、执行器（K_Z）、给水控制阀（K_μ）及水位控制对象［$W_{0W}(s)$］构成一个单回路反馈控制系统。此系统只引入了一个汽包水位信号和采用了一个控制器，故名单冲量给水控制系统。

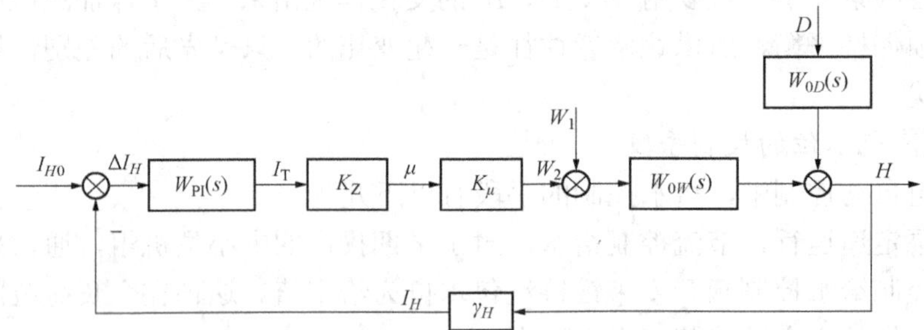

图 8-6 单冲量给水控制系统原理方框图

2. 单级三冲量给水控制系统

常用的单级三冲量给水控制系统的原理结构图如图 8-7 所示，原理方框图如图 8-8 所示。从两图的结构中可以看出，这个系统由两个闭合的反馈回路及前馈部分组成：内回路由给水流量信号 W 和给水流量测量变送元件（γ_W）、分流器（α_W）、控制器［$W_{PI}(s)$］、执行器（K_Z）、控制阀（K_μ）组成，也称副回路；外回路由水位控制对象［$W_{0W}(s)$］，水位测量变送元件（γ_H）和内回路组成，也称主回路；前馈控制部分由蒸汽流量信号 D 及蒸汽流量测量变送元件（γ_D）、分流器（α_D）构成。该系统仍然只采用了一个控制器，但它引入了汽包水位 H、蒸汽流量 D 和给水流量 W 三个信号（所以称为单级三冲量给水控制系统），其中汽包水位是被控量，以"+"极性引入到控制器中，所以水位信号称为主信号，也称为校正信号；给水流量信号以"−"极性引入到控制器中，称为反馈信号；蒸汽流量信号以"+"极性引入到控制器中的，称为前馈信号。这样组成的三冲量给水控制系统是一个前馈-反馈控制系统。

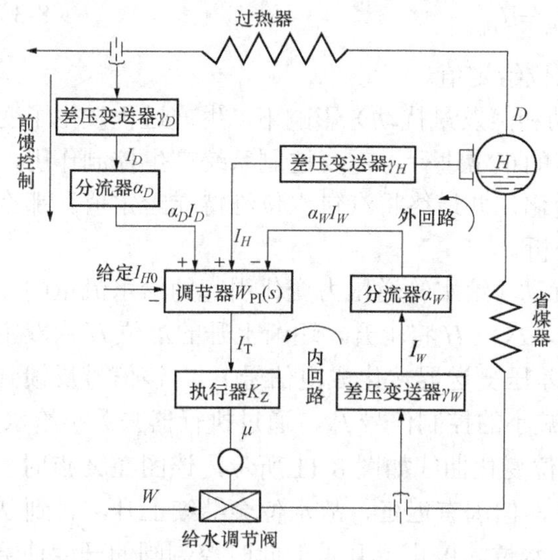

图 8-7　单级三冲量给水控制系统的原理结构图

3. 串级三冲量给水控制系统

图 8-9、图 8-10 分别是串级三冲量给水系统的原理结构图和原理方框图。这个系统也是由两个闭合的反馈回路及前馈部分组成的：内回路由给水流量信号 W 和给水流量测量变送元件 γ_W、分流器 α_W、副控制器 $W_{T2}(s)$、执行器 K_Z、控制阀 K_μ 组成，也称副回路；外回路由水位控制对象 $W_{0W}(s)$，水位测量变送元件 γ_H、主控制器 $W_{T1}(s)$ 和内回路组成，也称主回路；前馈控制部分由蒸汽流量信号 D 及蒸汽流量测量变送元件 γ_D、分流器 α_D 构成。

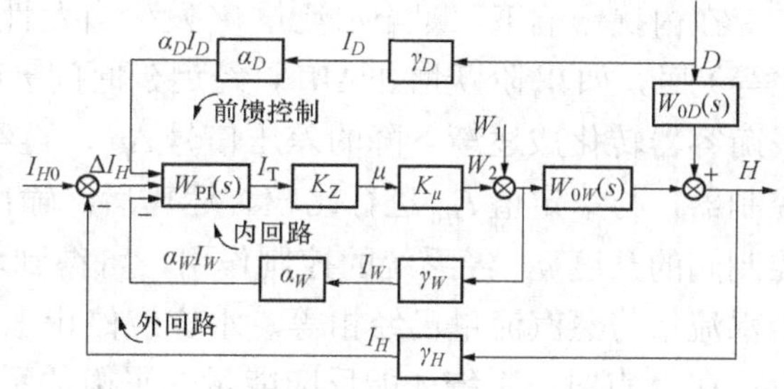

图 8-8　单级三冲量给水控制系统的原理方框图

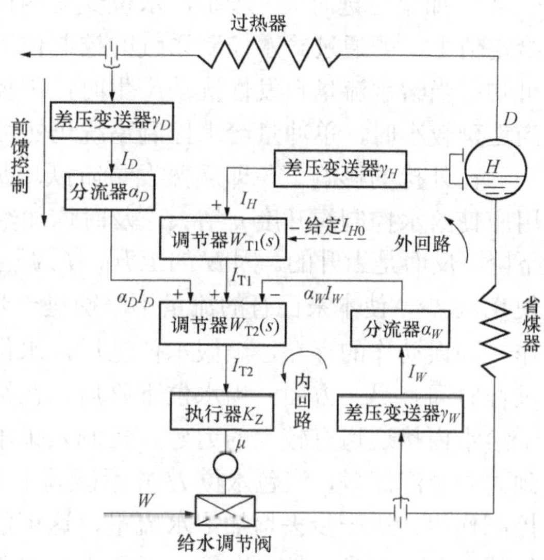

图 8-9　串级三冲量给水控制系统的原理结构图

（五）评价汽包水位控制系统

以上所构成的单冲量给水控制系统、单级三冲量给水控制系统和串级三冲量给水控制系统能否完成汽包水位控制的任务呢？以下从系统分析及整定的角度来进行分析及评价。

1. 单冲量给水控制系统分析

（1）系统的工作原理。

1）系统的静态特性。当生产工况稳定，控制系统不受任何扰动影响时，控制系统也处于平衡状态中，此时，控制器的输入偏差信号为零，输出控制信号稳定不变。其静态特性可表示为

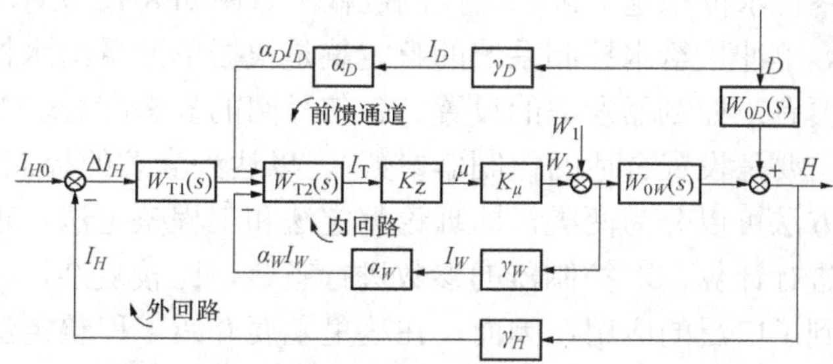

图 8-10　串级三冲量给水控制系统的原理方框图

$$D = W\ ,\quad I_H = I_{H_0} \tag{8-3}$$

即蒸汽流量等于给水流量，汽包水位等于水位给定值。

2）系统的动态过程。在干扰（给水流量扰动和蒸发量扰动）影响下，生产过程发生了变化，即汽包水位发生了变化。为了保证生产过程的正常进行，需要控制系统产生控制作用，克服干扰影响，使汽包水位维持在允许范围内变化，并最终将汽包水位维持在给定值。那么控制系统能否克服干扰影响呢？下面一一进行分析。

在内扰影响下，即给水流量W_1发生自发性扰动（给水管道压力变化引起的给水流量的变化等）时，如W_1阶跃增加ΔW，经迟延时间τ后，水位H将上升，逐渐上升的水位H由双室平衡容器转化成逐渐下降的差压信号Δp，再经差压变送器转化成电信号I_H。该信号反馈到控制器，与给定值I_{H0}进行比较、运算后，输出减小的控制信号I_T，通过执行器去关小给水控制阀的开度μ。经系统的控制作用，可得到水位变化曲线如图8-11所示，该图在A点时，给水流量与蒸汽流量已经相等，水位应停止上升，但因有迟延，故水位会继续上升，直到B点；在B点时，系统才能反应能量的平衡关系，水位才停止上升。但此时控制阀的开度使给水流量小于蒸汽流量，故水位开始下降。因水位偏差为正，故此时控制阀会继续关小，直到C点。如果迟延时间τ较小，水位变化的最大值能够保证在允许变化范围内，并最终稳定在给定值上，即通过给水控制系统的控制作用，使该系统完成了其控制的任务。通过上述分析可知：当给水流量自发性扰动产生时，因控制对象反应迟延，该系统不能及时进行控制，但当迟延较小时，单冲量给水控制系统仍然能消除内扰的影响。

在外扰的影响下，即当蒸发量阶跃增加ΔD时，蒸汽流量大于给水流量，正确的控制作用应使给水控制阀开度μ增大，及时增加给水流量。但由于有虚假水位现象，水位H不仅不下降，反而是上升的。因H的上升，I_H减小，控制器输入偏差ΔI_H小于零，I_T下降，μ减小，使W_2减少，使本来已有的流量不平衡进一步扩大了。此控制动作称之为虚假水位产生的误动作。因误动作的存在，虚假水位过后，水位将急剧下降，这就加大了动态偏差，延长了控制过程时间。另一方面，当水位下降后，在给水控制系统的控制作用下增加了给水流量，但由于给水内扰通道有较大的迟延，控制效果不能及时反映出来。这就是说，即使给水流量增加到大于蒸汽流量，汽包水位H并不能马上上升，控制器的输入偏差仍然大于零，通过系统的控制作用，进一步去增加给水流量，这可能使给水流量反过来远大于蒸汽流量，从而加剧系统的振荡，延长了控制时间，虚假水位严重时甚至不能满足生产过程的要求。所以，对大、中型锅炉，不宜采用单冲量控制系统。但对虚假水位不是很严重、迟延较小的小型锅炉或低负荷阶段的大型锅炉来说，单冲量给水控制系统仍然可以克服外扰的影响，使水位维持在允许范围内变化，并最终使水位稳定下来，其控制过程示意图如8-12所示。

（2）系统的整定。单冲量给水控制系统的整定就是根据单冲量给水控制对象的特性选择最佳的整定参数（主要有：控制器参数的设置、各信号间的静态配合、变送器以及调节机构的参数选择等，其中主要是设置合适的控制器参数），以达到满意的控制效果。

常用的系统整定方法可以分为两类，即理论整定法和工程整定法。理论整定法根据调节原理的有关基本原理进行计算，对控制器的参数进行整定，比较复杂，在现场应用较少。而工程整定法在现场得到了广泛的应用，因而，在这里主要介绍工程整定法。

常用的工程整定法主要有四种，即经验法、临界比例带法、衰减曲线法以及响应曲线法。

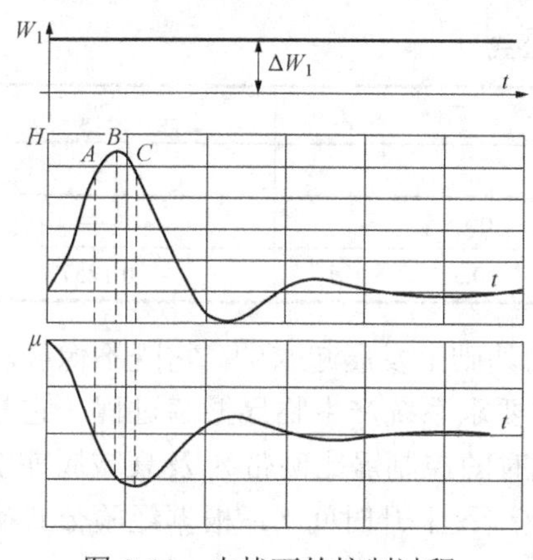

图 8-11　内扰下的控制过程

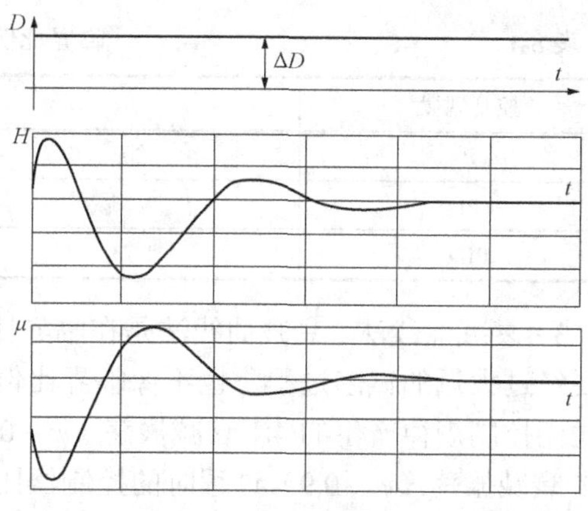

图 8-12　外扰下的控制过程

1）经验法。经验法实际是一种试凑法，是在生产实践中总结出来的参数整定法，该方法在现场中得到了广泛的应用。利用经验法对系统的参数进行整定时，首先根据经验设置一组控制器参数，然后将系统投入闭环运行，待系统稳定后做阶跃扰动试验，观察控制过程；若控制过程不满足要求，则修改控制器参数，再做阶跃扰动试验，观察控制过程；反复上述试验，直到控制过程满意为止。

经验法整定参数的具体步骤如下：

a．首先将控制器的积分时间 T_i 设为最大（取消积分作用），微分时间 T_d 设为最小（取消微分作用），使控制器处于纯比例作用状态，然后根据经验设置比例带 δ 的数值，完成后将系统投入闭环运行，待系统稳定后做阶跃扰动试验，观察控制过程，若过渡过程为希望的衰减率则可，否则改变比例带 δ 的值，重复上述试验，直到满意为止。

b．将控制器的积分时间 T_i 由最大调整到某一值，由于积分作用的引入导致系统的稳定性下降，因而应将比例带适当增大，一般为纯比例作用的 1.2 倍。系统投入闭环运行，待系统稳定后，做阶跃扰动试验，观察控制过程，若过渡过程达到希望的衰减率则可，否则改变积分时间 T_i 的值，重复上述试验，直到满意为止。

c．将控制器的微分时间由小到大调整到某一数值，系统投入闭环运行，待系统稳定后，做阶跃扰动试验，观察控制过程，修改微分时间重复试验，直到满意为止。

2）临界比例带法。临界比例带法又称边界稳定法，首先将控制器设置成纯比例控制器，然后系统闭环投入运行，将比例带由大到小改变，观察系统输出，直到系统产生等幅振荡为止。记下此状态下的比例带数值（即为临界比例带 δ_k）和振荡周期 T_k，然后根据经验公式计算控制器的其他参数。

利用临界比例带法进行参数整定的具体步骤如下：

a．将控制器的积分时间 T_i 置于最大，微分时间 T_d 置最小，即 $T_\mathrm{i}\to\infty$，$T_\mathrm{d}=0$；置比例带 δ 为一个较大的值。

b．系统闭环投入运行，待系统稳定后调整比例带 δ 的数值直到出现等幅振荡。记录下临界状态下临界比例带 δ_k 和振荡周期 T_k，然后根据选用的控制规律，按表 8-1 计算控制器的参数。

c．将控制器按计算出的参数设置好，系统再闭环投入运行，待系统稳定后做阶跃扰动试验，观察系统的控制过程，适当修改参数，直到满意为止。

表 8-1 临界比例带法计算公式

控制规律	Δ	T_i	T_d
P	$2\delta_k$	—	—
PI	$2.2\delta_k$	$0.85T_k$	—
PID	$1.7\delta_k$	$0.5T_k$	$0.125T_k$

3）衰减曲线法。衰减曲线法是在临界比例带法的基础上发展起来的，它既不像经验法那样要经过大量的试凑过程，也不像临界比例带法那样要求系统产生临界振荡过程。它是利用纯比例控制规律产生的 4:1 衰减振荡（ψ=0.75）过程时的控制器比例带 δ_s 及衰减周期 T_s，或 10:1 衰减振荡（ψ=0.9）过程时的控制器比例带 δ_s 及过程上升时间 t_r，根据经验公式确定控制器的参数。

具体做法如下：

a. 置控制器参数 $T_i \to \infty$，$T_d=0$，比例带 δ 为一个较大的值，将系统投入闭环运行。

b. 待系统稳定后作阶跃扰动试验，观察控制过程。若 ψ 大于要求的数值，则逐步减小比例带 δ 并重复试验，直到出现 ψ=0.75 或 ψ=0.9 的控制过程为止，并记下此时的比例带 δ_s。

c. 根据控制过程曲线求取 ψ=0.75 衰减周期 T_s 或 ψ=0.9 时的上升时间 t_r。

d. 由表 8-2 计算控制器的参数 δ、T_i、T_d。

e. 按计算结果设置控制器的参数，作阶跃扰动试验，观察控制过程，适当修改控制参数，直到满意为止。

表 8-2 衰减曲线法计算公式

ψ	规律	δ	T_i	T_d	ψ	规律	δ	T_i	T_d
0.75	P	δ_s	—	—	0.9	P	δ_s	—	—
	PI	$1.2\delta_s$	$0.5T_s$	—		PI	$1.2\delta_s$	$2t_r$	—
	PID	$0.8\delta_s$	$0.3T_s$	$0.1T_s$		PID	$0.8\delta_s$	$0.8t_r$	$0.4t_r$

4）响应曲线法。上述三种方法均不需要事先知道被控对象的动态特性，直接在闭环系统中进行整定。而响应曲线法则是根据对象的阶跃响应曲线，求得对象的一组特征参数 ε、τ（无自平衡能力的对象）或 ε、ρ、τ（有自平衡能力的对象），然后按表 8-1 或表 8-2 中的公式计算控制器的整定参数。

（3）系统的特点。单冲量给水控制系统的优点是结构简单，运行可靠。其缺点是，①当负荷变化时，不能及时克服虚假水位的产生的误动作；②在给水流量自发扰动时，不能及时克服给水流量扰动带来的影响。

（4）适用对象。该系统适用于水容积较大，飞升速度小，负荷变化也不大，控制质量要求不高的小型锅炉。对于采用全程给水控制系统的大型锅炉，在锅炉启动时也可采用单冲量给水控制系统。

为了克服单冲量给水控制系统存在的不足，分别又引入给水流量信号和蒸汽流量信号，从而构成了单级三冲量给水控制系统。

2. 单级三冲量给水控制系统分析

（1）系统的工作原理。

1）系统的静态特性。系统稳定时，控制器的输入偏差信号为零，输出控制信号稳定不变。且汽包水位等于水位给定值，蒸汽流量等于给水流量。

其静态特性可表示为

$$\Delta I = I_H - I_{H0} + \alpha_D I_D - \alpha_W I_W = 0 \tag{8-4}$$

$$I_H = I_{H0}，\ I_D = I_W \tag{8-5}$$

则由水位静态关系可得

$$\alpha_D = \alpha_W \tag{8-6}$$

2）系统的动态过程。单级三冲量给水控制系统在内扰（给水流量扰动）或外扰（蒸发量扰动）影响下，如何进行控制？当给水流量产生自发性扰动时，W_1阶跃增加ΔW，经测量变送元件γ_W转换的电流信号I_W增大，经分流器α_W得到的给水流量的分流信号$\alpha_W I_W$也增大，此时水位因控制对象的迟延还没有变化，蒸汽流量也没有变化，故控制器的偏差输入信号ΔI减小，控制器产生的控制指令I_T减小，通过执行器去关小给水控制阀的开度μ，从而使W_2减少，抵消或减小了因自发性扰动增加的给水流量，从而可使汽包水位基本不变或变化较小。可见将给水流量信号作为反馈信号引入到控制器中，能够快速消除来自给水侧的内部扰动。

当蒸汽流量增加时，一方面由于虚假水位现象要使控制器发出关小给水控制阀的信号；另一方面蒸汽流量作为前馈信号经测量变送元件γ_D转换的电流信号I_D增大，经分流器α_D得到的蒸汽流量的分流信号$\alpha_D I_D$也增大，该信号使控制器的偏差输入信号ΔI增大，控制器产生的控制指令I_T增大，通过执行器去开大给水控制阀的开度μ。这两种控制作用相互制约，相互影响，可使给水控制阀基本不动作或动作较小。可见将蒸汽流量信号作为前馈信号引入到控制器时，可减少或抵消因虚假水位现象产生的误动作，改善了系统的控制品质。

无论是外扰还是内扰的影响，在汽包水位偏离给定值时，控制器的输入偏差都会发生变化，从而改变控制器的输出指令，再通过执行器来改变给水控制阀的开度，改变给水流量，使水位朝着减小和消除被控量偏差的方向变化，并最终使汽包水位稳定在给定值上，达到控制水位的目的。由此可见，要使水位稳定到给定值上，水位信号是必不可少的校正信号。

（2）系统整定。

1）系统整定的目的：确定PI控制器的比例带δ、积分时间T_i、给水流量的分流系数α_W和蒸汽流量的分流系数α_D的值。

2）系统整定的原则是：

a．按照快速消除内扰、稳定给水流量的要求，应将内回路整定成一个快速随动回路，即经整定后内回路应近似为一个比例环节。

b．确定给水流量的分流系数α_W的值。当内回路近似为一个比例环节时，外回路就近似为一个单回路系统，可根据水位在内扰时的动态特性$W_{0W}(s)$，整定外回路等效控制器的比例带$\delta_{外}$，即可确定α_W的值。

c．确定控制器比例带δ和积分时间T_i的值。用试凑法整定内回路控制器PI的比例带δ和积分时间T_i。

d．确定蒸汽流量的分流系数α_D的值。根据无静差要求，整定α_D的值，即$\alpha_D = \alpha_W$（忽略排污）。

【例 8-1】 某汽包锅炉采用图8-7所示的单级三冲量给水控制系统。已知控制器采用PI控制规律，通过试验可知控制对象的传递函数为$W_{0W}(s) = \dfrac{H(s)}{W(s)} = \dfrac{\varepsilon}{s(1+\tau s)} = \dfrac{0.037}{s(1+30s)}$、

$W_{0D}(s)=\dfrac{H(s)}{D(s)}=\dfrac{K_2}{1+T_2s}-\dfrac{\varepsilon}{s}=\dfrac{3.6}{1+15s}-\dfrac{0.037}{s}$，给水流量测量单元和蒸汽流量测量单元的斜率为$\gamma_W=\gamma_D=0.075\text{mA}/(\text{t}/\text{h})$，水位测量单元的斜率为$\gamma_H=0.033\text{mA}/\text{mm}$，执行机构和控制阀的比例系数为$K_z=K_\mu=1$，给水流量分流器和蒸汽流量分流器$\alpha_W$、$\alpha_D$均为比例环节，试整定$\delta$、$T_i$、$\alpha_W$、$\alpha_D$。

解 （1）内回路的等效方框图。内回路的方框图如图 8-13 所示。可以把它作为一般的单回路系统进行分析。内回路的闭环传递函数为

$$\frac{W(s)}{\Delta I(s)}=\frac{\dfrac{1+T_is}{\delta T_is}K_zK_\mu}{1+\dfrac{1+T_is}{\delta T_is}K_zK_\mu\alpha_W\gamma_W}$$

闭环系统的特征方程式为

$$1+\frac{1+T_is}{\delta T_is}K_zK_\mu\alpha_W\gamma_W=0\text{ 或 }(\delta+K_zK_\mu\alpha_W\gamma_W)T_is+K_zK_\mu\alpha_W\gamma_W=0$$

从式中可见，对于一阶系统，无论控制器的比例带和积分时间取任何小的数值，内回路的控制过程总是不振荡的，而且值越小，控制过程的衰减速度越快。但是实际上组成内回路的各个环节（如控制阀、变送器、执行机构等）都有一定的惯性，把它们看作为比例环节只能是近似的，而且执行机构还有明显的非线性，因此内回路实质上并不是理想的一阶系统，所以控制器的比例带和积分时间的取值还是有限制的（一般只能用试验方法来确定）。

内回路经过正确整定后，其控制过程是非常快的，当外来控制信号ΔI改变时，控制器几乎能立即成比例地改变给水流量W，使$\Delta I=I_W$，即$\Delta I=W\alpha_W\gamma_W$或$\dfrac{W}{\Delta I}=\dfrac{1}{\alpha_W\gamma_W}$。这样，图 8-13 的内回路方框图就可用图 8-14 的等效方框图来近似表示。

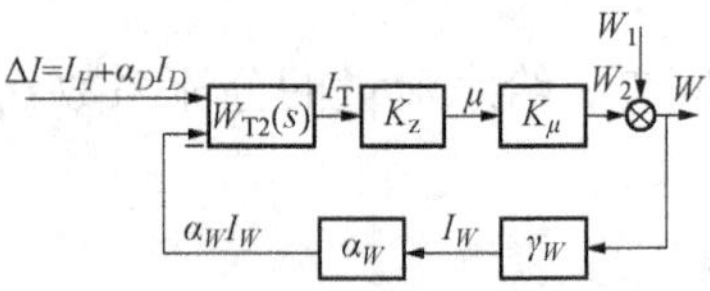

图 8-13　内回路方框图

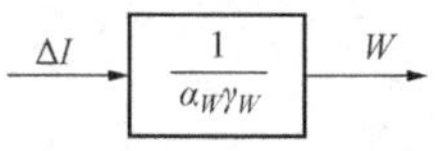

图 8-14　内回路的等效方框图

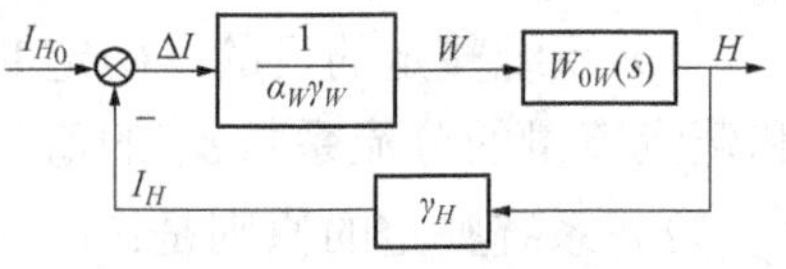

图 8-15　外回路的等效方框图

（2）确定给水流量的分流系数α_W的值。外回路的等效方块图如图 8-15 所示（暂略去蒸汽流量前馈控制部分），用近似计算公式$\delta=\varepsilon\tau$来计算α_W

由图 8-15 可知：$\delta_{外}=\alpha_W\gamma_W=(\varepsilon\gamma_H)\tau_W$。

则
$$\alpha_W=\frac{(\varepsilon\gamma_H)\tau_W}{\gamma_W}=\frac{0.037\times30\times0.033}{0.075}\approx0.49$$

还可以直接从系统的特征方程式中求出α_W的整定值。图 8-15 中所示二阶系统的特征方程式为

$$1+\frac{1}{\alpha_W\gamma_W}\cdot\frac{\varepsilon\gamma_H}{s(1+\tau s)}=0\text{ 或 }2.25s^2+0.075s+\frac{0.037\times0.033}{\alpha_W}=0$$

上式与二阶系统的标准形式比较，可得

$$2\xi\omega_n = \frac{0.075}{2.25}$$

$$\omega_n^2 = \frac{0.037 \times 0.033}{2.25\alpha_W}$$

从上两式中消去ω_n后，可得$\xi = 0.72\sqrt{\alpha_W}$

若取整定指标$\psi = 0.9$，对应$\xi = 0.344$，从而得到

$$\alpha_W = \frac{1}{0.72} \times 0.344^2 = 0.23 。$$

比较两种方法整定结果，近似计算法所得的α_W值偏大。可见，当控制对象的阶数 $n<3$ 时，近似计算法的误差大，本例以特征方程的结果为准。

（3）用试验法确定控制器的δ和T_i。试验步骤大致如下：

断开外回路，保持负荷稳定；取$T_i \leqslant 10s$，δ设置较大值；将已得出的α_W值设置好。通过操作器加给水流量阶跃扰动，调整比例带δ由大到小，观察给水流量变化曲线。直到给水流量在扰动作用下能既快又基本不振荡地稳定下来，此时的比例带δ即为所求。

第一次试验：取$T_i = 6s$，$\delta = 55\%$，$\alpha_W = 0.23$。试验曲线如图 8-16 中曲线 1。曲线平缓，说明δ偏大。

第二次试验：取$T_i = 6s$，$\delta = 26\%$，$\alpha_W = 0.23$。试验曲线如图 8-16 中曲线 2。曲线振荡较明显，说明δ偏小。

第三次试验：取$T_i = 6s$，$\delta = 38\%$，$\alpha_W = 0.23$。试验曲线如图 8-16 中曲线 3。给水流量既能较快恢复，又基本不振荡，说明δ合适。

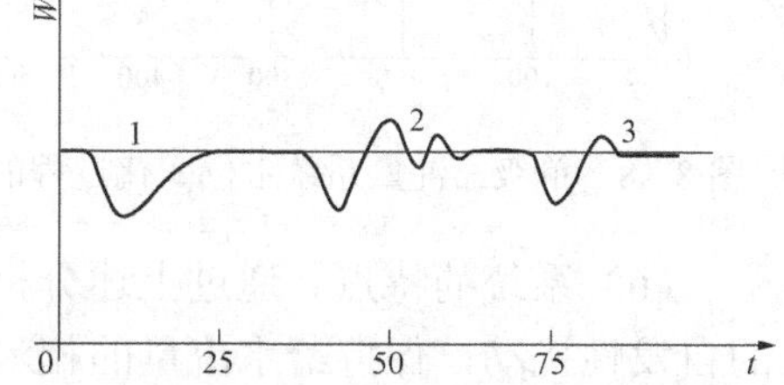

图 8-16　内回路现场试验曲线

（4）确定蒸汽流量的分流系数α_D的整定值。根据无静差原则得：$\alpha_D = \alpha_W = 0.23$

综上，最后整定的结果为$T_i = 6s$，$\delta = 38\%$，$\alpha_W = 0.23$，$\alpha_D = 0.23$。

（5）用 MATLAB 的 SIMULINK 对其进行仿真的基本过程。

1）MATLAB 的 SIMULINK 建立如图 8-17 所示的单级三冲量系统的仿真模型：

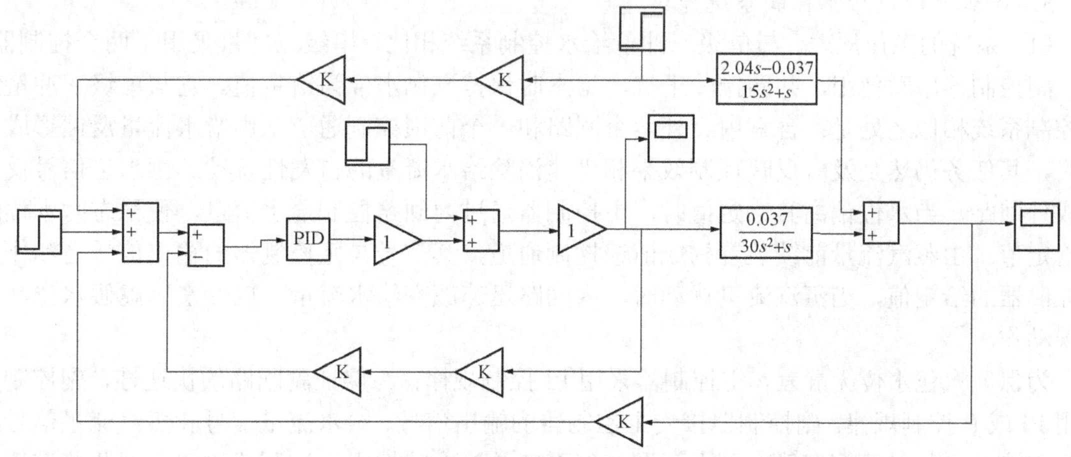

图 8-17　单级三冲量系统的仿真模型

2）将上述整定结果带入模型中，加入给水流量单位阶跃扰动，其水位变化过程的仿真曲线如图 8-18 所示。

3）仿真检验。上述整定参数值要经过仿真投试的检验，如果在控制过程中主回路衰减率过高或过低时（观察水位记录曲线），应改变给水流量反馈装置的参数 α_W 值。例如，当主回路衰减率偏低时，应增加 α_W 值；反之则应减小 α_W 值。在调整 α_W 的数值时，应注意同时改变控制器的参数 δ 值，使 α_W/δ 的比值不变，以保证内回路能够保持试验整定时所选定的稳定性裕量。

由调整曲线可知衰减率偏低时，应增加 α_W 值，经调整后，其仿真曲线如图 8-19 所示。

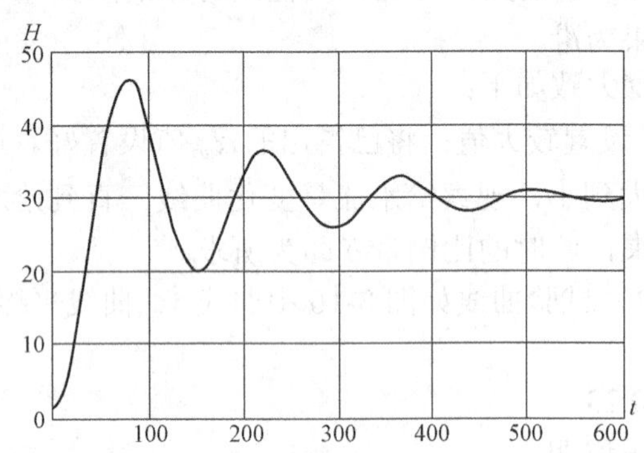

图 8-18　单级三冲量系统水位变化过程的仿真曲线

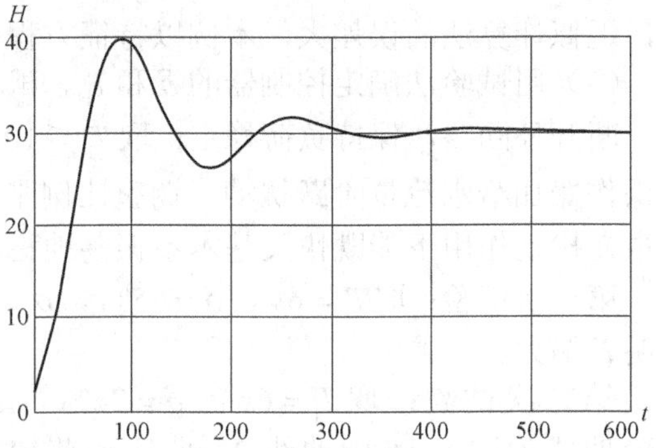

图 8-19　调整后的仿真曲线

（6）系统的特点。通过上述分析可知，单级三冲量给水控制系统既可快速消除给水流量的自发性扰动，保持给水流量的相对稳定，又可有效地减小虚假水位产生的误动作，提高系统的控制品质。但因蒸汽流量的分流系数 α_D 是由静态关系确定的，故不可能恰到好处地消除虚假水位产生的不正确控制；由于 α_W 既影响内回路，又影响外回路，因此在系统整定时，内、外回路相互有影响；由于排污等原因要消耗一部分工质，在系统稳定时 W 不一定等于 D，因此实际水位也就不一定等于给定水位了。为了克服单级三冲量给水控制系统存在的不足，形成了串级三冲量给水控制系统。

3. 串级三冲量给水控制系统分析

（1）系统的工作原理。与单级三冲量给水控制系统相比，串级三冲量采用了两个控制器。主、副控制器串联使用，共同排除干扰，稳态时保持汽包水位为给定值。它与单级三冲量给水控制系统相似之处是：含有内、外两个回路和一个前馈控制通道。由给水流量反馈形成内回路，其任务仍然是及时反映控制效果和迅速消除给水流量的自发性扰动。由水位信号反馈形成外回路，当水位偏离其给定值时，主控制器通过内回路控制给水流量，使稳态时水位回到给定值。由蒸汽流量前馈装置构成前馈控制通道，其信号与主控制器的输出信号之和作为副控制器的给定值，当蒸汽流量扰动时，内回路迅速改变给水流量，以补偿因虚假水位产生的误动作。

为保证汽包水位无静差，主控制器采用 PI 控制规律；为保证副回路的快速性，副控制器采用 PI 或 P 控制规律。副控制器接受主控制器的输出信号、给水流量信号和蒸汽流量信号三个输入信号，信号之间有静态配合问题，但系统的静态特性由主控制器决定，因此蒸汽流量信号并不要求与给水流量信号相等。

通过上述分析可知：串级系统主、副控制器的任务不同，副控制器的任务是用以消除给水压力波动等因素引起的给水流量的自发性扰动以及当蒸汽负荷改变时迅速控制给水流量，以保证给水流量和蒸汽流量平衡；主控制器的任务是校正水位偏差。这样，当负荷变化时，水位稳定值是靠主控制器来维持的，并不要求进入副控制器的蒸汽流量信号的作用强度按所谓静态配比来进行整定，恰恰相反，在这里可以根据对象在外扰下虚假水位的严重程度来适当加强蒸汽流量信号的作用强度，从而改变负荷扰动下的水位控制品质。可见，串级三冲量系统比单级三冲量系统的工作更合理，控制品质要好一些。

（2）系统的整定。

1）内回路的整定。内回路可以看作是由副控制器$W_{T2}(s)$和一个具有比例性质的被控对象（K_μ、K_Z、α_W、γ_W）组成的一个闭合系统，因此δ_2和T_{i2}都可取得较小，α_W一般取 1。

2）外回路的整定。在外回路中，如果把内回路近似看作比例环节，则外回路等效为一个单回路控制系统。外回路便可按单回路系统的整定方法整定。

3）蒸汽流量分流系数α_D的选择。在串级三冲量给水控制系统中，水位偏差完全由主控制器来校正，使静态水位值总是等于给定值。因此，就不要求送到副控制器的蒸汽流量信号$\alpha_D I_D$等于给水流量信号$\alpha_W I_W$，所以蒸汽流量分流系数α_D选择将不受静态特性无差条件的限制，而可根据锅炉虚假水位的严重程度来确定，从而改善负荷扰动时控制过程的质量。一般使蒸汽流量信号大于给水流量信号，即取$\alpha_D>1$，并通过试验减少α_W。为了不降低内回路品质，同时要减小δ_2。

由于在负荷扰动时，水位的最大偏差（第一个波幅）往往出现在扰动发生后不久（虚假水位现象造成），这个水位最大偏差的数值决定于扰动的大小、扰动的速度和锅炉的特性，蒸汽流量信号加强后的控制作用对水位的最大偏差的减小起不了多大作用。加强蒸汽流量信号的作用在于减少控制过程中第一个波幅以后的水位波动幅度和缩短控制过程的时间，因此蒸汽流量信号也不需过分加强。

（3）系统的特点。通过以上分析，可知串级三冲量给水控制系统具有以下特点：

1）主、副控制器的任务不同。副控制器的任务是当蒸汽流量扰动时迅速改变给水流量，使水位较少变化；当给水流量自发扰动时，及时予以消除。主控制器的任务是校正水位，使稳态时水位等于给定值。两个控制器的工作相对独立，相互影响小，故两个控制器的参数整定也相对独立，这样，使整定的目的和步骤较简明。同时，控制质量也优于单冲量给水控制系统。

2）串级三冲量给水控制系统维持水位无静差特性是靠主控制器来实现的。因此，蒸汽流量的分流系数可根据蒸汽负荷扰动下虚假水位的严重程度来适当选择，使在负荷变化时，蒸汽流量信号的前馈控制作用能更好地抑制虚假水位和实际水位的变化。

3）串级控制系统的安全性较好。当变送器特性发生变化而引起I_W或I_D明显改变时，副控制器入口平衡条件被破坏。由于主控制器有较大的放大系数，只需很小的水位偏差便能使主控制器输出变化较大，以补偿副控制器入口不平衡，使控制系统暂时维持工作。单级三冲量系统在上述故障情况下就无法控制水位在正常范围，故串级控制系统的安全性较好。

（4）适用对象。对于给水控制通道迟延较大、蒸汽负荷控制通道虚假水位严重的大型锅炉，采用串级三冲量给水控制系统具有较好的控制质量，调试整定也比较方便，因此，在大型汽包锅炉上普遍采用串级三冲量给水控制系统。

五、单元测试

（一）选择题

1．在三冲量给水控制系统中，校正信号是（　　）。

A．汽包水位信号　　B．蒸汽流量信号

C．给水流量信号　　D．以上都不是

2．在单级三冲量给水控制系统中，控制器的作用方向根据（　　）信号进入控制器的极性选择。

A．汽包水位　B．蒸汽流量　C．给水流量　D．汽包压力

3．在给水自动控制系统中，在给水流量扰动下，汽包水位（　　）。

A．出现虚假水位　　B．立即变化

C．不是立即变化，而要延迟一段时间　D．不会变化

4．汽包水位控制对象属于（　　）对象。

A．无自平衡能力多容　　B．有自平衡能力多容

C．无自平衡能力单容　　D．有自平衡能力单容

5．为避免在虚假水位作用下控制器产生误动作，在给水控制系统中引入（　　）信号作为补偿信号。

A．给水流量　B．蒸汽流量　C．水位　D．汽包压力

6．在给水自动三冲量中，（　　）是前馈信号，它能有效地防止由于虚假水位而引起控制器的误动作，改善蒸汽流量扰动下的控制流量。

A．汽包水位　B．给水流量　C．蒸汽流量　D．给水控制阀开度

（二）判断题

1．在三冲量给水自动控制系统中，三冲量是指汽包水位、蒸汽流量和凝结水流量三个信号。（　　）

2．当低负荷给水控制采用单冲量给水控制系统，相对于此时采用三冲量给水控制系统，有利于减小测量误差。（　　）

3．对于汽包锅炉给水控制系统，进行控制系统实验时，水位定值扰动量为10mm。（　　）

4．在蒸汽流量扰动下，给水控制对象出现水击现象。（　　）

5．对于汽包水位控制对象，如果从水位反映储水量来看，控制对象是一个有自平衡能力的单容对象。（　　）

（三）问答题

1．在蒸汽流量、给水流量、燃烧率阶跃分别扰动下，汽包水位的阶跃响应特性有何异同？

2．画出给水控制对象的动态特性，说明给水控制对象的动态特性的特点。

3．虚假水位现象是怎样形成的？什么叫虚假水位，如何克服虚假水位？

4．三冲量控制系统的组成及特点？三冲量指的是什么？各起什么作用？

5．试画出单级与串级三冲量给水控制系统的方框图，说明它们在结构与整定方法步骤方面的区别。

6．单级三冲量与串级三冲量给水控制系统当突然失去蒸汽流量信号以后，水位将怎样变化？能否继续工作？

学习单元二　汽包水位控制系统的工程应用

一、学习目标

通过本单元学习，能够理解汽包水位控制的工程应用情况。

二、学习任务

本单元的学习任务有三个：

（1）理解给水全程控制系统的要求。

（2）描述给水系统及控制机构。

（3）分析给水全程控制系统。

三、任务分析

目前大型火电单元机组都采用机、炉联合启动的方式，锅炉、汽轮机按照启动曲线要求进行滑参数启动。随着机组容量的增大和参数的提高，机组在启停过程中需要监视和控制的项目也就越来越多，因此人工操作、监视的方式已远远不能满足运行的要求，而必须在启停过程中实现自动控制。所谓全程控制系统是指机组在启停过程和正常运行时均能实现自动控制的系统。全程控制包括启停控制和正常运行工况下控制两方面的内容。常规控制系统一般只适用于机组带大负荷工况下运行，在启停过程和低负荷工况下，一般要由手动进行控制，而全程控制系统能使机组在启动、停机、不同负荷工况下自动运行。

单元机组全程控制系统由机炉全程控制子系统组成。主要包括锅炉给水全程控制系统，主蒸汽温度全程控制系统，机炉全程协调控制系统等。其中，给水全程控制系统的应用最为广泛。

四、任务实施

（一）对给水全程控制系统的要求

显然，汽包炉给水应该是在锅炉给水全过程中都是自动控制的。这个过程包括：锅炉点火，升温升压；汽轮机冲转，开始带负荷；带小负荷运行；带大负荷运行；降到小负荷运行，锅炉停火，冷却降温降压。在上述全过程中，在控制设备正常的条件下，不需要操作人员的干涉，就能保持汽包水位在允许范围内。这比常规给水控制要复杂的多，因此对给水全程自动控制系统有一些特殊要求：

（1）测量信号的修正。由于锅炉从启动到正常运行的过程中，蒸汽参数和负荷在很大范围内变化，这就使汽包水位、给水流量和蒸汽流量的测量准确性受到影响，必须对这三个信号进行修正。

（2）泵的最小流量和最大流量保护。现代大型单元机组的给水流量控制很少采用阀门节流的方式，而多通过控制变速给水泵的转速实现给水量的自动控制。因而在给水全程控制系统中不仅要满足给水流量控制的要求，同时还要保证给水泵工作在安全工作区内。

（3）控制系统运行方式的切换。由于锅炉给水对象的动态特性在不同负荷时是不一样的。因此在高、低负荷时要采用不同形式的系统。低负荷（一般指蒸汽流量低于额定值的30%）时，机组处于滑压运行过程，参数较低，负荷变化范围小，虚假水位不太严重，因此可以考虑采用单冲量控制系统，即仅取水位 H 一个反馈信号构成单回路控制系统，高负荷时要采用三冲量控制系统。因此，随负荷的变化出现两种系统的切换问题，而且必须保证这种切换应是双向无扰的。

（4）控制机构的切换。在多种控制机构的复杂切换过程中，给水全程控制系统都必须保证无干扰，高、低负荷需用不同的控制阀门，必须解决切换问题。在低负荷时采用改变阀门开度来保持泵的出口压力，高负荷时用改变调速泵的转速保持水位，这又产生了阀门与调速泵之间的过渡切换问题。

（5）给水全程控制必须适应机组定压运行和滑压运行工况，还必须适应冷态启动和热态启动情况。

（二）给水系统及控制机构

典型的300MW机组给水热力系统如图8-20所示。每台机组配有一台50%容量的电动调速给水泵和两台各为50%容量的汽动给水泵，在机组启动阶段，由于没有稳定的汽源，汽动给水泵无法运行，故先用电动泵。为满足机组启动过程中最小流量控制的需要，在电动泵出口至给水母管之间装有两条并联管路，一条支路上装有主给水截止阀，另一条支路上装有给水旁路截止阀和一只约15%容量的给水旁路控制阀。启动时通过给水旁路控制阀控制汽包水位，当负荷达到一定容量时，打开主给水截止阀，通过调整电动给水泵的转速来控制汽包水位。电动给水泵转速通过液力偶合器调整。两台汽动给水泵由给水泵汽轮机驱动，其转速的控制由独立的给水泵汽轮机电液控制系统（MEH）完成。MEH系统的任务是控制给水泵汽轮机从转速升到一临界转速以上，当达到某一转速（例如3100r/min）后，转速给定值由给水控制系统设置，此时，MEH只相当于给水控制系统的执行机构。为防止给水泵在流量过低时产生汽蚀，每台给水泵出口都设有再循环管路到除氧器。

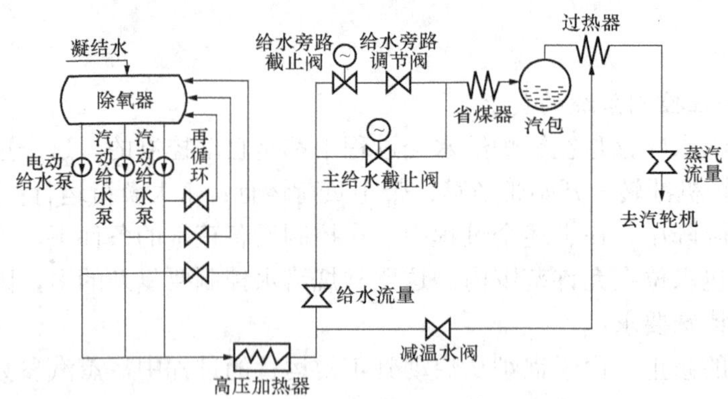

图8-20 给水热力系统示意图

（三）给水全程控制系统的实例分析

1. 给水全程控制系统的工作过程

一个实际应用的300MW机组给水全程控制系统原理框图如图8-21所示。图中符号说明参见附录B。该系统中，包含着多种给水控制方式，这些控制方式是根据机组不同的运行负荷，通过连锁逻辑及其切换器（如T_1、T_2等）来选取的。也就是说，该系统是按照机组不同的负荷阶段和不同的给水控制对象特性，选择与之相适应的控制方式，对给水实现连续控制，且各控制方式之间的切换无扰动。具体地说，各个阶段的给水控制方式如下：

（1）0～14%负荷阶段。在此负荷阶段范围内，主给水电动截止阀关闭，连锁逻辑通过切

换器 T_2 选通 PI_1 控制器的输出，此时由电动给水泵控制给水旁路控制阀前后的差压，以保证旁路控制阀的正常有效工作，以及给水泵出口与汽包之间的差压，使汽包上水自如。而汽包水位的控制则是采用单冲量控制方式通过 PI_2 控制旁路控制阀开度实现的。这是因为此阶段负荷低，需要的给水流量小，只有通过旁路控制阀才能有效控制汽包水位。

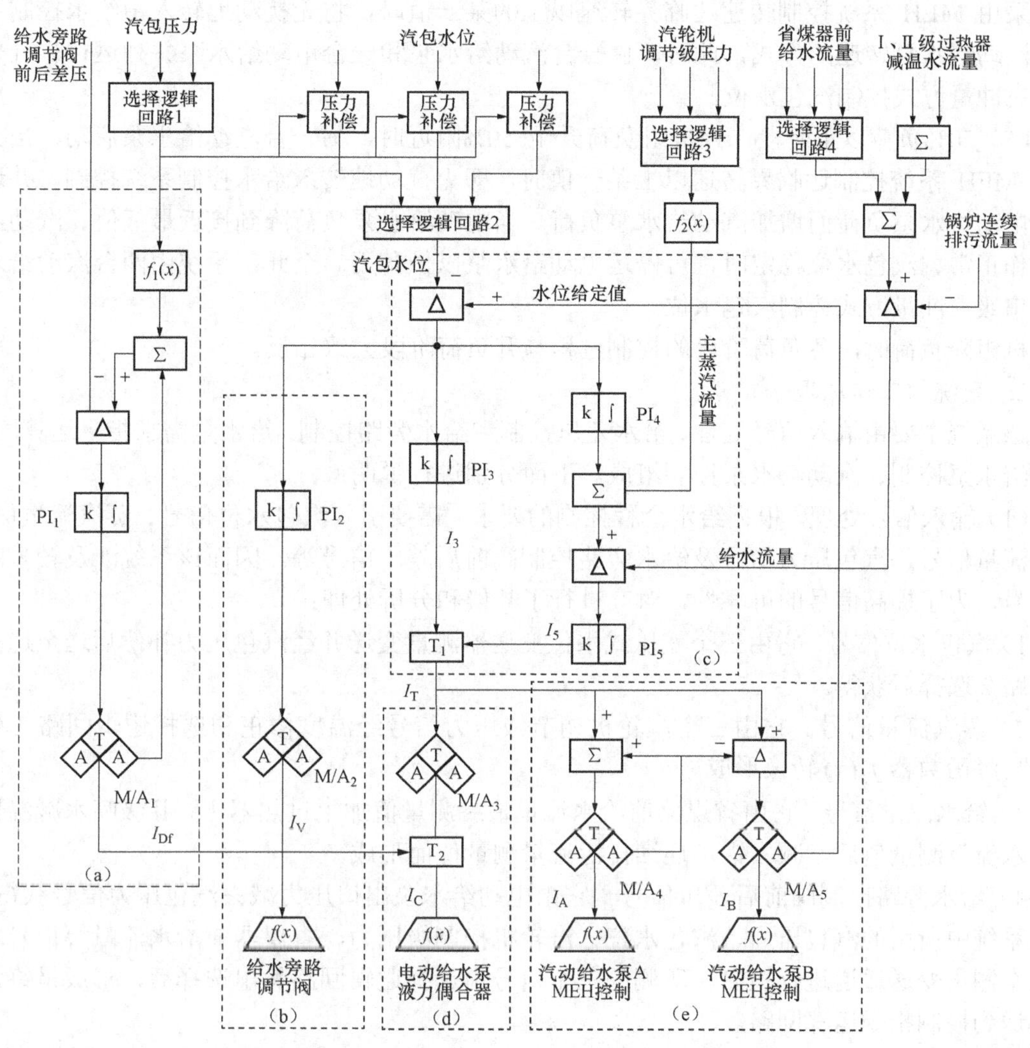

图 8-21　给水全程控制系统原理框图

（2）14%～25%负荷阶段。当机组负荷升至 14%（接近旁路控制阀的最大流量）时，控制系统自动开启主给水电动截止阀。连锁逻辑自动地将给水旁路控制阀前后差压控制切为手动，并通过切换器 T_1、T_2 将汽包水位控制转换到由 PI_3 控制器控制的单冲量方式，通过控制电动给水泵来控制给水流量，进而控制汽包水位。

当主给水电动截止阀已全开时，顺序控制系统自动关闭给水旁路电动截止阀，一旦给水旁路截止阀离开全开为止，旁路控制阀就切为手动方式，且强制开至 100%，以避免控制阀承受过大的差压而损坏。从 14%负荷至给水旁路截止阀离开全开位置期间，汽包水位由给水旁路控制阀和电动给水泵共同控制；从给水旁路截止阀离开全开位置至 25%负荷期间，汽包水位由电动给水泵采用单冲量方式控制。

（3）25%～35%负荷期间。当机组负荷升至 25%时，连锁逻辑通过切换器 T_1 将汽包水位控制转换到由 PI_4 和 PI_5 控制器控制，即实现电动给水泵的串级三冲量控制方式。

（4）35%～50%负荷期间。当机组负荷升至 35%附近时，启动一台汽动给水泵。当汽动给水泵由 MEH 系统控制转速达临界转速以上的某一值时，将无扰动地转入由给水控制系统控制汽动给水泵转速的方式，此时，由一台汽动给水泵和一台电动给水泵并列运行，且采用串级三冲量方式控制汽包水位。

（5）50%负荷以上阶段。当机组负荷升至 50%附近时，另一台汽动给水泵启动，当其转速由 MEH 系统控制达临界转速以上某一值时，即无扰动地转入给水控制系统控制，并逐步降低电动给水泵负荷而增加汽动给水泵负荷。当电动给水泵负荷降到接近最低值、汽动给水泵工作正常、汽包水位稳定时，可停运电动给水泵以做备用。至此，系统由两台汽动给水泵采用串级三冲量方式控制汽包水位。

机组降负荷时，各负荷阶段的控制过程与升负荷阶段大致相反。

2. 系统的工作原理

该系统主要由输入信号处理、给水差压控制和给水旁路控制、给水量需求指令运算回路、电动给水泵控制、汽动给水泵控制组成。下面分别进行说明：

（1）输入信号处理。根据给水全程控制的要求，需要引入汽包水位信号、蒸汽流量信号、给水流量信号、汽包压力信号及给水旁路控制阀前后差压信号等。因而该系统涉及较多的输入信号，为了提高信号的可靠性，对其进行了补偿和分析处理：

1）汽包水位信号。它由三个差压式水位变送器测量变送并经汽包压力补偿后送至选择逻辑回路 2 选择后获得。

2）蒸汽流量信号。它由三个汽轮机调节级压力信号经温度修正和选择逻辑回路 3 处理后，再经函数器 $f_2(x)$ 转换形成。

3）给水流量信号。它由省煤器前给水流量最终测量值加上过热器Ⅰ、Ⅱ级喷水减温器的减温水流量测量值后，减去锅炉连续排污流量测量值而形成。

4）给水旁路控制阀前后差压信号。它由电动给水泵出口压力减去汽包压力信号获得。

系统中所用的汽包压力、汽包水位、汽轮机控制级压力、省煤器前给水流量等信号均采用三个测量变送通道进行检测，所测的三个信号由选择逻辑回路做出选择后，形成最终测量结果送到控制指令运算回路。

所谓选择逻辑回路，是控制系统中的一个三选一信号处理通道。它可在三个测量信号中选择其中一个或者三者的中值作为该对象的测量值输出，作为控制系统的输入信号。例如由 A、B、C 三个变送器分别测量汽包压力，如果运行人员设定了选择其中一个，选择逻辑回路将按如下逻辑工作：当选定 A 时，以 A 变送器输出作为系统的输入信号，如果 A 故障，则自动选 B。当选定 B 时，以 B 变送器输出作为系统的输入信号，如果 B 故障，则自动选 C。当选定 C 时，以 C 变送器输出作为系统的输入信号，如果 C 故障，则自动选 A。当运行人员设定了选择三个信号的中值时，如果三个信号均正常，则自动选择其中间值作为系统的输入信号；如果其中之一故障，则自动选择另外两个信号的平均值；如果三者中的两个均故障，则将自动选择第三者。实际运行中一般多采用选择中值方式。

（2）给水差压控制和给水旁路控制。给水差压控制和给水旁路控制是为启动和低负荷时的水位控制设计的。给水差压控制如图 8-21 中（a）部分所示，其控制任务是保持给水泵出口和汽包之间有合适的差压，以保证旁路控制阀两端有足够的差压，使控制阀能有效工作，又不致使差压过大，导致给水泵消耗过多的电能。为完成其控制任务，系统的被控量取得是电动给水泵出口与汽包之间的压力差，给定值是由运行人员通过软手操控制器 M/A_1 设定的。在自动状态下，被调量差压信号与其给定值进行比较，形成的偏差信号经 PI_1 运算后，输出的控制信号经软手操 M/A_1 形成控制指令 I_{Df}，经切换开关 T_2 和执行器，作用于电动给水泵液力偶合器的勺管，控制电动给水泵的转速，以保证电动给水泵出口与汽包之间的压力差为给定值。在手动状态下，运行人员可用软手操控制器 M/A_1 直接调整电动给水泵转速。软手操控制器 M/A_1 由手、自动切换开关 T 和两个模拟给定器 A 组成，一个给定器供运行人员给定差压定值，另一个用于在手动状态下调整控制输出 I_{Df}。综上所述，启动过程中，随着汽包压力上升，控制输出将上升，使电泵转速提高，给水压力上升，保持了给水旁路控制阀两端的差压，从而保证了给水旁路控制回路的正常工作。

给水旁路控制系统如图 8-21 中的（b）部分所示，它由 PI_2、M/A_2 和给水旁路控制阀等组成。其控制任务是在启动和低负荷时保持汽包水位在允许范围内变化。该系统的被控量信号为汽包水位信号，给定值是由运行人员通过软手操控制器 M/A_2 设定的。在自动状态下，当汽包水位下降时，它与其给定值进行比较形成的偏差信号增大，经 PI_2 运算后，输出的控制信号经软手操 M/A_2 形成控制指令 I_V 增大，使给水旁路控制阀开度增大，给水流量增大，使水位回升，直到水位重新等于水位定值为止。在手动状态下，运行人员可用软手操控制器 M/A_2 直接调整给水旁路控制阀。在运行过程中，如果发现旁路控制阀开度较大而给水流量较低时，可通过 M/A_1 适当提高差压定值，使旁路控制阀有较宽的流量控制范围，从而保证水位的有效控制。

（3）给水流量需求指令的形成。给水流量需求指令运算回路如图 8-21 中的（c）部分所示，它由单冲量控制器 PI_3、三冲量主控制器 PI_4、比较器、三冲量副控制器 PI_5 和切换开关 T_1 组成。该回路的基本任务是接受汽包水位、给水流量和蒸汽流量信号，形成单冲量控制与三冲量控制从而得到给水流量需求指令 I_T，并通过系统连锁逻辑自动进行选择。在机组启动和低负荷阶段，系统选择单冲量控制，水位偏差信号经 PI_3 形成流量需求信号 I_3 送切换开关 T_1 的输入端。在三冲量控制时，水位偏差信号经三冲量主控制器 PI_4 形成的控制信号，加上蒸汽流量信号与给水流量信号之差，作用于副控制器 PI_5，形成流量需求信号 I_5 送切换开关 T_1 的输入端。切换开关 T_1 为单冲量控制与三冲量控制的选择开关。当电动给水泵、汽动给水泵 A 或 B 中有一台及以上在自动且机组负荷大于 25%时，T_1 自动选择三冲量控制器输出的流量需求指令 I_5，机组负荷小于 25%时，T_1 自动选择单冲量控制器输出的流量需求指令 I_3。

（4）电动给水泵控制。电动给水泵控制回路如图中 8-21 中（d）部分所示，切换开关 T_2 是电动给水泵差压控制和水位控制的选择开关，当电动给水泵运行，且电动给水泵主给水截止阀未开时，T_2 选择电动给水泵差压控制，即用 M/A_1 的输出 I_{DF} 控制电动给水泵转速，以维持给水旁路阀上有足够的差压；当旁路控制阀接近全开（机组负荷约为 14%），系统连锁逻辑自动打开电动给水泵主给水截止阀，T_2 选择电动给水泵水位控制，即用 M/A_3 的输出

I_M 去控制电动给水泵转速。在电动给水泵自动条件下，给水流量需求指令 I_T 经 M/A_3、T_2 去控制电动给水泵转速，以实现水位控制。在电动给水泵手动时，利用软手操控制器 M/A_3，直接调整电动给水泵转速。注意，此时调整电动给水泵转速的目的是为了控制汽包水位，而不再是保证差压了。

（5）汽动给水泵控制。

汽动给水泵控制部分如图 8-21 种（e）部分所示，由加法器、比较器、M/A_4、M/A_5 等组成。该部分将给水流量控制指令 I_T 作为汽动给水泵负荷指令，经加法器、比较器和相应的 M/A 操作器、形成控制指令 I_A 和 I_B，送给水泵汽轮机转速控制回路（MEH），实现汽动给水泵转速控制。M/A_4 由一个切换器和两个给定器组成，一个给定器作为汽动给水泵 A 的手动输出，另一个输出作为偏置信号，用于控制两个汽动给水泵的负荷分配。由图 8-21 可见，A 泵的控制指令等于给水流量控制指令加偏置信号，B 泵控制指令等于给水流量控制指令减偏置信号，当运行人员通过 M/A_4 增加偏置时，A 泵控制指令 I_A 增加，B 泵控制指令 I_B 减少，控制指令作用于给水泵汽轮机控制回路，使 A 泵转速提高、B 泵转速降低。所以调整汽动给水泵偏置信号，可调整两个汽动给水泵的负荷分配。M/A_5 也是由一个切换器和两个给定器组成，一个给定器作为汽动给水泵 B 的手动输出，另一个给定器作为汽包水位给定器，运行人员可通过该设定器设定水位定值 H_0。注意，这是一个独立的给定器，只要旁路、电动给水泵或汽动给水泵控制回路有一个投入自动，就可在 M/A_5 上设定水位定值 H_0，而不一定是以汽动给水泵 B 投入自动为条件。

五、单元测试

（一）选择题

1．在下列哪些情况下汽包水位控制不会由三冲量切换至单冲量（　　）。

A．给水流量小于 30%

B．汽包水位变送器之间信号偏差大

C．汽轮机首级压力变送器之间信号偏差大

D．汽包压力变送器之间信号偏差大

2．在锅炉给水控制系统中，汽包水位检测环节多用（　　）。

A．云母水位计　　B．低置差压水位计

C．双色水位计　　D．电接点水位计

3．全程给水控制中，采用的控制设备是（　　）。

A．给水控制阀　B．电动给水泵　C．汽动给水泵　D．以上都是

4．过热器出口压力为 13.5MPa 及以上的锅炉的汽包水位信号应采取（　　）值的方式进行优选。

A．三取平均　B．三取中　C．三取二　D．三取高值

5．高温高压锅炉的给水控制系统一般采用（　　）。

A．单冲量控制系统　　B．三冲量控制系统

C．串级三冲量控制系统　　D．单回路控制系统

（二）判断题

1．给水全程自动控制设两套控制系统，在启停过程中，当负荷低于一定程度时，蒸汽流量信号很小，测量误差很大，所以单冲量给水控制系统切换为三冲量给水系统。（　）

2. 所谓给水全程控制系统是指在机组启停过程和正常运行的全过程都能实现自动控制的给水控制系统。（　　）

3. 直流锅炉的给水控制、燃烧控制和汽温控制不像汽包炉那样相对独立，而是密切关联的。（　　）

（三）问答题

什么叫给水全程控制？全程给水自动控制系统的特点是什么？

学习情境九　锅炉过热汽温控制系统分析

学习单元一　过热汽温控制方案拟订

一、学习目标

通过本单元学习，能够明确汽包锅炉过热汽温控制的任务，通过对汽包锅炉过热汽温生产工艺流程的了解，理解汽包锅炉过热汽温控制对象的特性，进而确定恰当的汽温控制手段，能够构建出汽包锅炉过热汽温控制系统，通过对该系统的工作原理分析与整定找到汽包锅炉过热汽温控制系统的评价方法。

二、学习任务

本单元的学习任务有五个：

（1）明确过热汽温控制的任务。

（2）理解过热汽温控制对象的特性。

（3）确定过热汽温控制手段。

（4）构建过热汽温控制系统。

（5）评价过热汽温控制系统。

并在掌握了拟定过热汽温控制方案的方法后，能够拟订出再热汽温控制方案。

三、任务分析

汽包锅炉出口的过热蒸汽温度和再热蒸汽温度是整个汽水行程中工质的最高温度，也是火力发电机组的主要参数，对于电厂的安全、经济运行起着重要的作用，因此对蒸汽温度控制的要求相当严格，蒸汽温度过高会使过热器和汽轮机高压缸承受过高的热应力而损坏，汽温偏低会降低机组的热效率，影响经济运行。因此，如何拟订过热汽温控制方案以实现锅炉过热汽温控制是本单元要完成的主要任务。

四、任务实施

（一）明确过热汽温控制的任务

锅炉过热汽温是影响锅炉生产过程安全性和经济性的重要参数。因为过热器是在高温、高压条件下工作的，过热器出口的过热蒸汽温度是全厂整个汽水流程中工质温度的最高点，也是金属壁温的最高处。则过热蒸汽温度过高，容易烧坏过热器，也会使蒸汽管道、汽轮机内某些零部件产生过大的热膨胀变形而毁坏，影响机组的安全运行，因而过热汽温的上限一般不应超过额定值5℃。过热蒸汽温度过低，又会降低全厂的热效率，一般蒸汽温度每降低5～10℃，热效率约降低1%，不仅增加燃料消耗量，浪费能源，而且还将使汽轮机最后几级的蒸汽湿度增加，加速汽轮机叶片的水蚀。另外，过热蒸汽温度降低还会导致汽轮机高压部分级的焓降减小，引起各级反动度增大，轴向推力增大，影响汽轮机的安全经济运行，因而过热汽温的下限一般不低于额定值 10℃。所以，过热汽温过高或过低都是生产过程所不允许的。

过热汽温控制的任务是维持过热器出口汽温在生产允许的范围内，一般要求过热汽温的偏差不超过额定值（给定值）的−10～+5℃。

（二）理解过热汽温控制对象的特性

蒸汽从汽包出来以后通过过热器的低温段至减温器，然后再到过热器的高温段，最后到汽轮机。通常大中型锅炉都采用减温器减温的方式控制过热蒸汽的温度。各种锅炉结构不同，过热器的结构布置也不同（辐射式、屏式、对流式等）。影响过热器出口蒸汽温度变化的原因很多，如蒸汽流量变化、燃烧工况变化、锅炉给水温度变化、进入过热器的蒸汽温度变化、流经过热器的烟气温度和流速变化、锅炉受热面结垢、给水母管压力和减温水量等。但归纳起来，主要有三个方面。

1. 蒸汽流量（负荷）扰动下过热汽温控制对象的动态特性

引起蒸汽流量扰动的原因有两个：一是蒸汽母管的压力变化；二是汽轮机调节阀的开度变化。结构形式不同的过热器，在相同蒸汽流量的扰动下，汽温变化的静特性是不同的。对于对流式过热器的出口温度，随着蒸汽流量 D 的增加，通过过热器的烟气量也增加，此时汽温升高；对于辐射式过热器，随着蒸汽流量 D 的增加，炉膛温度升高较少，炉膛辐射给过热器受热面的热量比蒸汽流量的增加所需的热量要少，因此辐射式过热器的出口汽温反而会下降。对流式过热器和辐射式过热器的出口汽温对负荷变化的反应是相反的，其静态特性如图 9-1 所示。

实际生产中，通常把两种过热器结合使用，还增设屏式过热器，且对流方式下吸收的热量比辐射方式下吸收的热量要多，因此综合而言，过热器出口汽温是随流量的增加而升高的。动态特性曲线如图 9-2 所示。

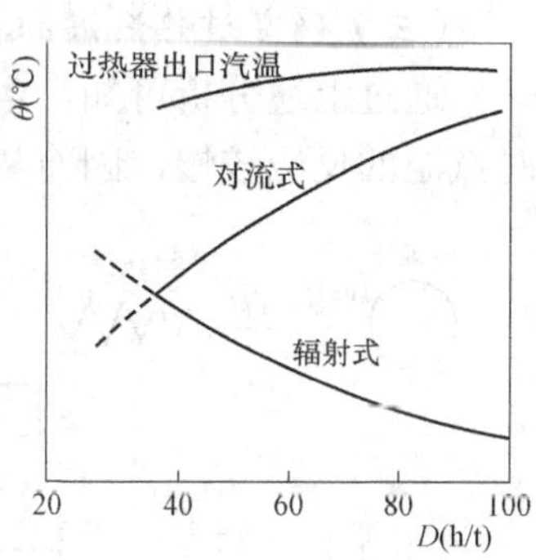

图 9-1　过热汽温的静态特性

当锅炉负荷扰动时，蒸汽流量的变化使沿整个过热器管路长度上各点的蒸汽流速几乎同时改变，从而改变过热器的对流放热系数，使过热器各点的蒸汽温度几乎同时改变，因而汽温反应较快，迟延时间较小，约有 15s。其特点是：有迟延，有惯性，有自平衡能力，且 τ/T_c 较小。

2. 烟气热量扰动下过热汽温的动态特性

烟气传热量扰动引起的原因很多，如给粉机给粉不均匀、煤中水分改变、蒸发受热面结渣、过剩空气系数改变、汽包给水温度变化、燃烧火焰中心位置改变等。尽管引起烟气传热量扰动的原因很多，但对象特征总的特点是有迟延、有惯性、有自平衡能力，其动态特性曲线如图 9-3 所示。

在烟气热量扰动（烟气温度和流速产生变化）时，由于烟气流速和温度的变化也是沿整个过热器同时改变的，因而沿过热器整个长度使烟气传递热量也同时变化，因此汽温反应较快，迟延时间只有 10～20s。其时间常数 T_c 和迟延 τ 均比其他扰动小。

现场当中是通过改变烟气温度（例改变喷燃器角度或改变喷燃器投入的个数）或改变烟气流量来求取汽温响应曲线的。

3. 减温水量扰动下的过热汽温动态特性

常见的减温方法有两种：喷水式减温和表面式减温，前者的效果比后者好。减温器一般装在末级过热汽高温段前面，一方面保护了过热器高温段，另一方面又改善了调节性能。这种过热器的安装方法与在饱和侧装设表面式减温器相比，延迟时间能减小 1/4。

当减温水流量扰动时，改变了高温过热器的入口汽温，从而影响了过热器出口汽温，其动态特性曲线如图 9-4 所示。从图中可看出，其特点也是有迟延、有惯性、有自平衡能力的。但是由于现代大型锅炉的过热器管路很长，因而当减温水流量扰动时，汽温反应较慢。

对于一般高、中压锅炉，当减温水流量扰动时，汽温的迟延时间 $\tau\approx30\sim60s$，时间常数 $T_c\approx100s$，而当烟气侧扰动时 $\tau\approx10\sim20s$，$T_c<100s$。

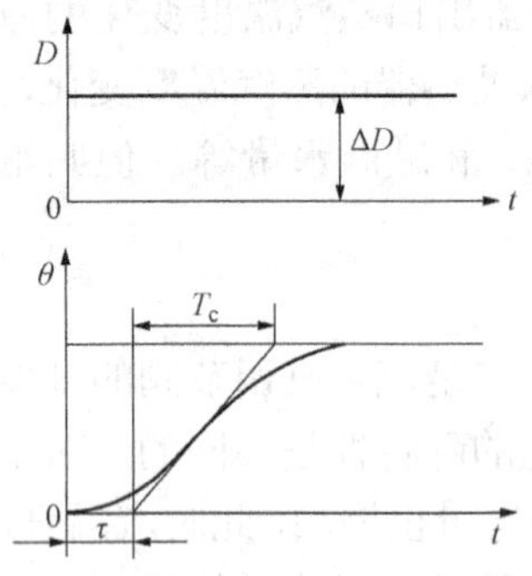

图 9-2 锅炉负荷扰动下过热汽温的阶跃响应曲线

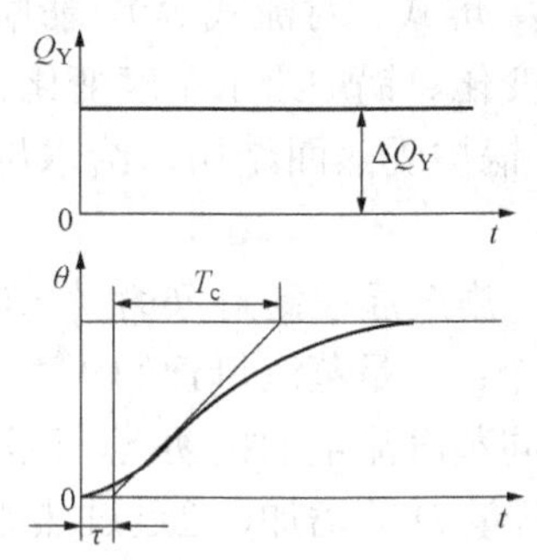

图 9-3 烟气流量扰动下过热汽温的阶跃响应曲线

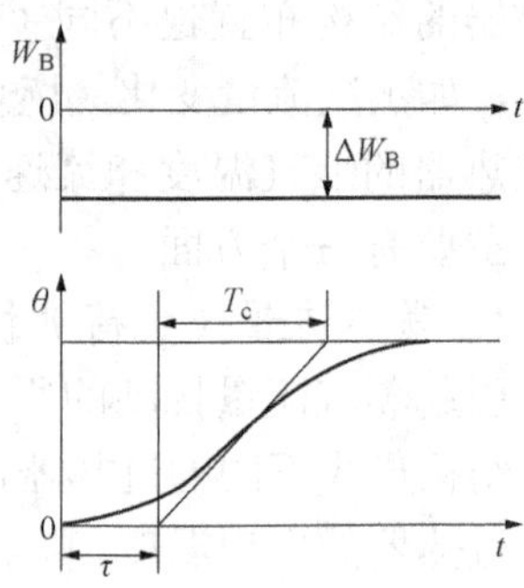

图 9-4 减温水扰动下过热汽温的阶跃响应曲线

（三）确定过热汽温的控制手段

通过上述分析可知，当负荷扰动或烟气热量扰动时，汽温的反应较快，而减温水量扰动时汽温的反应较慢，因而从过热汽温控制对象动态特性的角度考虑，改变蒸汽负荷或改变烟气侧参数（改变烟温或烟气流量）的控制手段是比较理想的。但因为蒸汽负荷的变化由用户决定，不能作为控制量；改变烟温或烟气流量在具体实现时有一定困难，所以一般很少被采用；喷水减温对过热器的安全运行比较有利，所以尽管对象的特性不太理想，但还是目前广泛被采用的过热蒸汽温度控制方法。

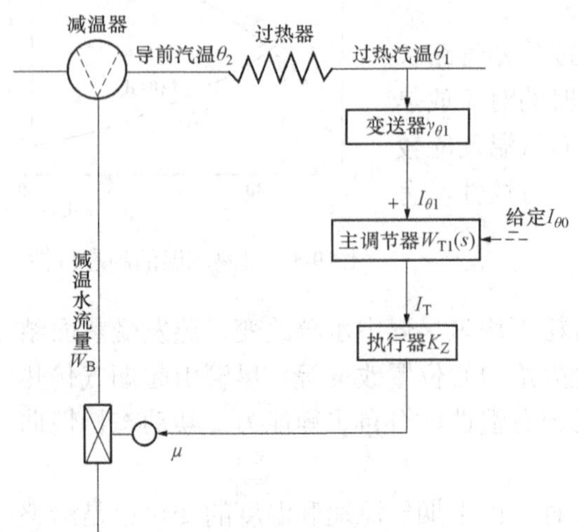

图 9-5 单回路过热汽温控制系统

（四）构建过热汽温控制系统

在明确了过热汽温控制的任务，理解了过热汽温控制对象的特性，并选择了合适的过热汽温控制手段后，按照自动控制系统构建的基本方法可以首先构建出如图 9-5 所示的单回路过热汽温控制系统，该系统能否完成过热汽温控制的任务呢？这里以减温水自发性扰动为例进行分析。

当减温水流量自发性减少时，经过一段迟延时间后逐渐引起锅炉过热汽温的上升，而当汽温上升并与给定值产生偏差后，该偏差经过控制器运算产生控制指令，通过执行器去开大喷水减温阀的开度，以抑制过热汽温的上升，并希望过热汽温最终稳定在给定值。而从过热汽温控制对象动态特性的分析知道，当减温水流量自发性扰动时，需要经过较大的迟延和惯性才会引起过热汽温的变化，并且初期变化也较小，这样控制器产生的控制指令作用不及时且控制力度也较小，这就有可能使过热汽温继续上升，而当过热汽温偏差增大，控制力度加大后因减温水扰动时的迟延与惯性，有可能使过热汽温继续上升超过允许范围，同时因偏差过大而产生过调可能引起过热汽温的加速下降，从而引起过热汽温的振荡。当迟延和惯性均较大时，则用单回路汽温控制系统难以将汽温控制在要求范围内，从而难以完成过热汽温控制的任务。

所以采用单回路控制系统往往不能获得较好的控制品质。针对过热汽温控制对象控制通道惯性迟延大、被控量信号反馈慢的特点，应该从对象的控制通道中找出一个比被控量反应快的中间点信号作为调节器的补充反馈信号，以改善对象控制通道的动态特性，提高控制系统的质量。

目前采用的过热蒸汽温度控制系统主要有串级汽温控制系统和采用导前汽温微分信号的双回路汽温控制系统。

1. 串级汽温控制系统

根据在减温水量W_B扰动时，过热蒸汽温度θ_1有较大的容积迟延，而减温器出口蒸汽温度θ_2比过热汽温响应快得多，且它的变化又可以预测过热汽温的变化趋势，有明显的导前作用，故可引入θ_2信号作为导前信号，θ_1作为被控量信号的串级控制系统，系统结构如图 9-6 所示，对应的原理框图如图 9-7 所示。系统中有主、副两个调节器，主调节器$W_{T1}(s)$接受主过热汽温信号θ_1，用于维持过热蒸汽温度，使其等于给定值；副调节器$W_{T2}(s)$接受主调节器的输出信号和减温器出口温度信号θ_2，副调节器的输出控制执行机构K_z的位移，从而控制减温水调节阀门的开度。

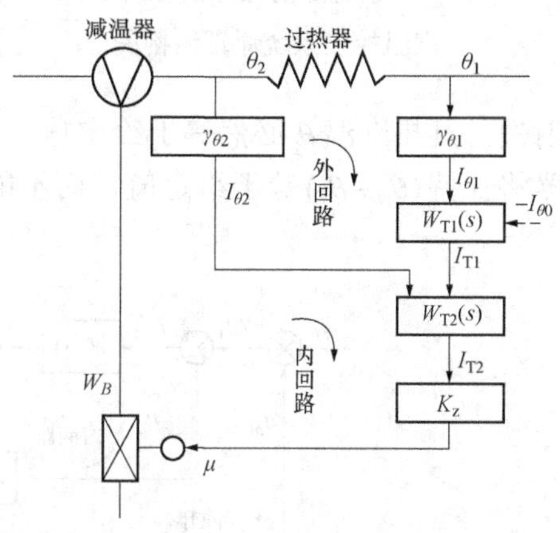

图 9-6　串级过热汽温控制系统结构原理图

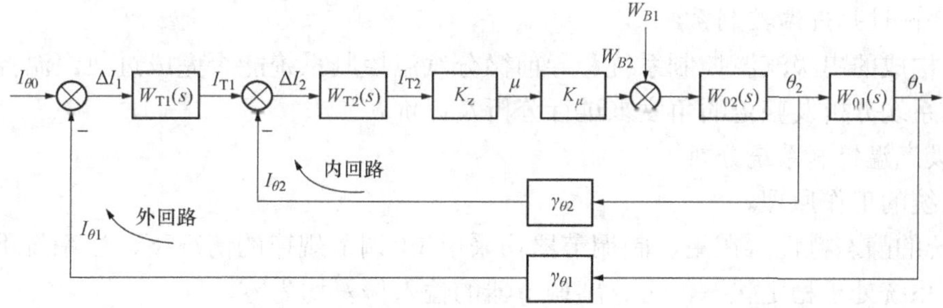

图 9-7　串级过热汽温控制系统原理方框图

从图 9-6、图 9-7 中可以看出：串级过热汽温控制系统由内、外两个闭合的控制回路构成。内回路（副回路）由对象的导前区$W_{02}(s)$，导前汽温变送器$\gamma_{\theta2}$，副调节器$W_{T2}(s)$，执行器K_z和减温水调节阀K_μ组成的；外回路（主回路）由对象的惰性区$W_{01}(s)$，过热汽温变送器$\gamma_{\theta1}$，主调节器$W_{T1}(s)$，以及副回路组成。

2. 采用导前汽温微分信号的双回路过热汽温控制系统

采用导前汽温微分信号的过热汽温控制系统原理结构图如图 9-8 所示。对应的系统的原

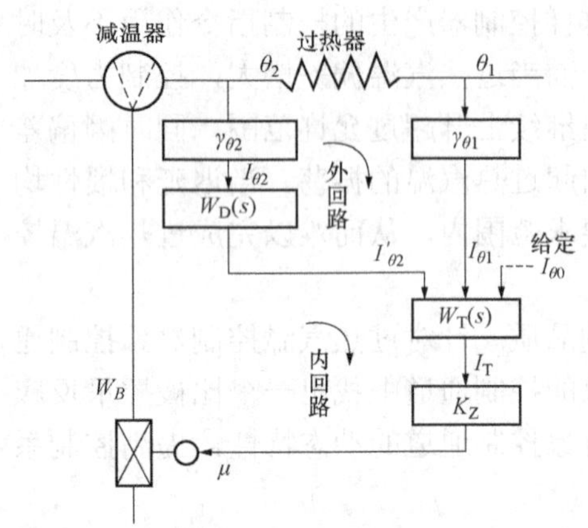

图 9-8　具有导前微分信号的过热汽温控制系统原理结构图

理方框图如图 9-9 所示。从图中可以看出，该系统包括内、外两个闭合的控制回路：内回路（导前补偿回路）由控制对象的导前区$W_{02}(s)$、导前汽温变送器$\gamma_{\theta2}$、微分器$W_D(s)$、调节器$W_T(s)$、执行器K_z和减温水调节阀K_μ组成；外回路由控制对象的惰性区$W_{01}(s)$、主汽温变送器$\gamma_{\theta1}$和副回路组成。

这个系统中引入了导前汽温θ_2的微分信号$d\theta_2/dt$作为调节器的补充信号，以改善控制质量。因为θ_2和主汽温θ_1的变化趋势是一致的，且θ_2的反应比θ_1快的多，因此它能迅速反映θ_1的变化趋势。引入了θ_2的微分信号后，将有助于调节器的动作快速性。在动态时，调节器将根据θ_2的微分信号和θ_1与θ_1的给定值之间的偏差而动作；但在静态时，θ_2的微分信号消失，过热汽温θ_1必然等于给定值。如果不采用导前信号θ_2的微分信号，则在静态时，调节器将保持$(\theta_1+\theta_2)$等于给定值，而不能保持θ_1等于给定值。

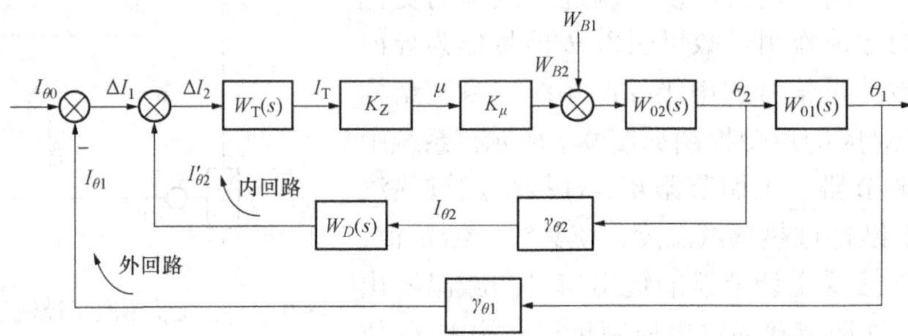

图 9-9　具有导前微分信号的过热汽温控制系统原理方框图

（五）评价过热汽温控制系统

以上所构成的串级汽温控制系统和导前微分汽温控制系统能否完成过热汽温控制的任务呢？以下从系统分析及整定的角度来进行分析及评价。

1. 串级汽温控制系统分析

（1）系统的工作原理。

1）系统的静态特性。在主、副调节器均采用 PI 调节规律的情况下，当系统不受任何扰动影响时，系统处于稳定状态，主、副调节器的输入偏差均为零，即

$$I_\theta = I_{\theta0}\text{；}\ I_{\theta1} = I_{T1}$$

即过热蒸汽温度等于给定值；导前汽温信号等于主调节器的输出信号 I_{T1}，故可认为 I_{T1} 是导前汽温信号的给定值。

2）系统的动态特性。当扰动进入内回路，如减温水侧的自发性扰动W_{B1}，因导前汽温θ_2信号能快速反应扰动，则θ_2立即变化，内回路就立即动作，用副调节器$W_{T2}(s)$的输出去控制减温水量，使θ_2维持在一定范围内，从而使过热汽温θ_1基本不变。如W_{B1}阶跃减小时，其调节过程表示为

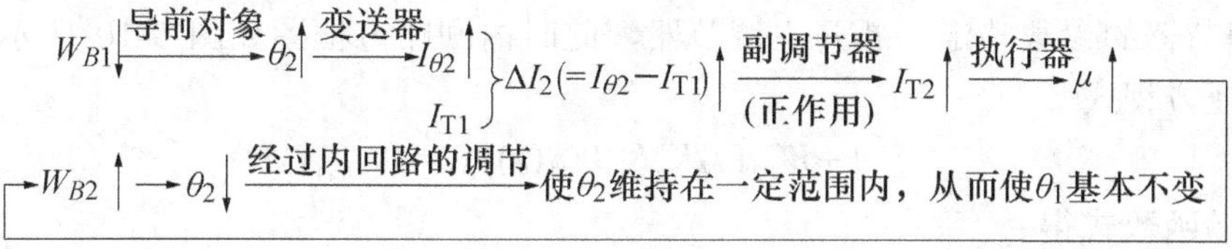

$$W_{B1}\downarrow \xrightarrow{\text{导前对象}} \theta_2\uparrow \xrightarrow{\text{变送器}} \left.\begin{matrix} I_{\theta2}\uparrow \\ I_{\text{T1}} \end{matrix}\right\}\Delta I_2(=I_{\theta2}-I_{\text{T1}})\uparrow \xrightarrow[\text{(正作用)}]{\text{副调节器}} I_{\text{T2}}\uparrow \xrightarrow{\text{执行器}} \mu\uparrow$$

$$\rightarrow W_{B2}\uparrow \rightarrow \theta_2\downarrow \xrightarrow{\text{经过内回路的调节}} \text{使}\theta_2\text{维持在一定范围内，从而使}\theta_1\text{基本不变}$$

可见，内回路的任务是尽快消除减温水量的自发性扰动和其他进入内回路的各种扰动，对过热汽温的稳定起粗调作用，副调节器一般可采用 P 或 PD 调节器。

不论何种扰动，只要在主汽温 θ_1 偏离给定值时，由主调节器 $W_{\text{T1}}(s)$ 就发出校正信号 I_{T1}，通过副调节器及执行器改变减温水量，使过热汽温最终恢复到给定值。其调节过程可表示为

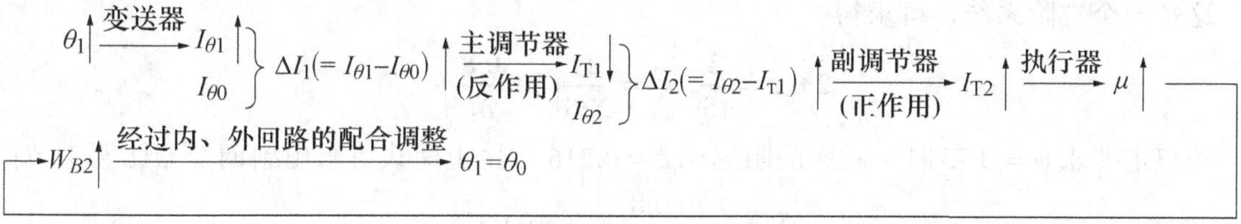

$$\theta_1\uparrow \xrightarrow{\text{变送器}} \left.\begin{matrix} I_{\theta1}\uparrow \\ I_{\theta0} \end{matrix}\right\}\Delta I_1(=I_{\theta1}-I_{\theta0})\uparrow \xrightarrow[\text{(反作用)}]{\text{主调节器}} \left.\begin{matrix} I_{\text{T1}}\downarrow \\ I_{\theta2} \end{matrix}\right\}\Delta I_2(=I_{\theta2}-I_{\text{T1}})\uparrow \xrightarrow[\text{(正作用)}]{\text{副调节器}} I_{\text{T2}}\uparrow \xrightarrow{\text{执行器}} \mu\uparrow$$

$$\rightarrow W_{B2}\uparrow \xrightarrow{\text{经过内、外回路的配合调整}} \theta_1=\theta_0$$

外回路的任务是保持过热汽温等于给定值，所以主调节器可采用 PI 或 PID 调节器。

系统中调节器正反作用的原则是：依据调节器入口信号的接线极性来确定调节器正反作用开关的位置，从而保证系统中内、外回路全部实现负反馈，以保证系统正常进行。如果希望调节器的输入偏差信号增加时输出也增加，则选择调节器为正作用或标“INC”；反之，若希望调节器输入偏差信号增加时输出减小，则选择调节器为反作用或标“DEC”。

对副调节器来说：输入偏差 ΔI_2 增加时，要求输出 I_{T2} 也增加，故副调节器的正反作用开关置于正作用位置；对主调节器来说：当输入偏差 ΔI_1 增加时，输出 I_{T2} 减小，则主调节器的正反作用开关置于反作用位置。

（2）系统的整定。一般讲，过热汽温控制对象导前区的迟延和惯性比惰性区要小，而且副调节器又选用 P 或 PD 控制规律，在这种情况下，内回路的控制过程要比外回路的控制过程快得多。此时，串级汽温控制系统可以采取内、外回路分别整定的方法进行整定。在此仅结合串级过热汽温控制系统的整定结果在 MATLAB 的 SIMULINK 的仿真进行讲解。

【例 9-1】 串级过热汽温控制系统原理方框图如图 9-7 所示。已知系统中各环节的传递函数为

$$W_{\text{T2}}(s)=\frac{1}{\delta_2};\quad W_{\text{T1}}(s)=\frac{1}{\delta_1}\left(1+\frac{1}{T_{i1}s}\right)$$

$$W_0(s)=W_{01}(s)W_{02}(s)=\frac{9}{(1+15s)^2(1+25s)^3}(℃/\text{mA})$$

$$W_{02}(s)=\frac{8}{(1+15s)^2}(℃/\text{mA})$$

$$\gamma_{\theta1}=\gamma_{\theta2}=0.1(\text{mA}/℃)$$

$$K_Z K_\mu=1$$

试确定 ψ=0.75 时，主、副调节器的整定参数。

解： 根据控制对象及其导前区的传递函数，$n_0T_0=2\times15+3\times25=105$，$n_2T_2=2\times15=30$，$n_0T_0>3n_2T_2$，故主、副调节器可分别整定。

1）副调节器的参数整定。断开主调节器，此时内回路方框图如图 9-10 所示，可得内回路的闭环特征方程式

$$1+W_{T2}(s)K_zK_{\mu}W_{02}(s)\gamma_{\theta 2}=0$$

带入传递函数式得

$$1+\frac{1}{\delta_2}\cdot\frac{8}{(1+15s)^2}\times 0.1=0$$

整理后得

$$s^2+\frac{2}{15}s+\frac{1}{225}\left(1+\frac{0.8}{\delta_2}\right)=0$$

这是一个二阶系统，可求得

$$2\omega_n\xi=\frac{2}{15},\omega_n^2=\frac{1}{225}\left(1+\frac{0.8}{\delta_2}\right)$$

当整定要求$\psi=0.75$时，对应的阻尼比$\xi=0.216$，由上两式可求出副调节器比例带数值

$$\delta_2=\frac{0.8}{\left(\frac{1}{0.216}\right)^2-1}=0.04$$

2）主调节器的参数整定。当内回路整定好之后，可视为一个快速随动系统，外回路等效方框图如图 9-11 所示。则此时广义被控对象的传递函数为

$$W_{01}^*(s)=W_{01}(s)=\frac{W_0(s)}{W_{02}(s)}=\frac{\frac{9}{(1+15s)^2(1+25s)^3}}{\frac{8}{(1+15s)^2}}=\frac{1.125}{(1+25s)^3}$$

可得其特征参数为

$$K_1=\frac{1}{\rho_1}=1.125;\quad n_1=3;\quad T_1=25$$

由表 1-3 得

$n_1=3$时，有

$$\tau_1/T_{c1}=0.218;\quad T_{c1}/T_1=3.692$$

由此可得

$$T_{c1}=3.692T_1=92.3$$

而等效主调节器的传递函数为

$$W_{T1}^*(s)=\frac{1}{\delta_1^*}\left(1+\frac{1}{T_{i1}^*s}\right)=W_{T1}(s)\frac{\gamma_{\theta 1}}{\gamma_{\theta 2}}=\frac{\gamma_{\theta 1}}{\gamma_{\theta 2}}\cdot\frac{1}{\delta_1}\left(1+\frac{1}{T_{i1}s}\right)=\frac{1}{\delta_1}\left(1+\frac{1}{T_{i1}s}\right)$$

可得

$$\delta_1^*=\delta_1;T_{i1}^*=T_{i1}$$

下面可用响应曲线法查表可求得主调节器的整定参数。

据$\tau_1/T_{c1}=0.218$，查表 2-4 可得等效主调节器的整定参数为

$$\delta_1^*=2.6\frac{1}{\rho_1}\frac{(\tau_1/T_{c1})-0.08}{(\tau_1/T_{c1})+0.6}=2.6\times 1.125\times\frac{0.218-0.08}{0.218+0.6}\approx 0.50$$

$$T_{i1}^*=0.8T_{c1}=0.8\times 3.692\times 25\approx 74\ (s)$$

从而得主调节器的整定参数为

$$T_{i1}=T_{i1}^{*}=74\,(s),\qquad \delta_1=\delta_1^{*}=50\%$$

若将整定指标提高到$\psi=0.9$，则可按近似关系算出

$$(\delta_1)_{0.9}=1.6(\delta_1)_{0.75}=1.6\times0.5=0.8$$

$$(T_{i1})_{0.9}=0.8(T_{i1})_{0.75}=0.8\times74=59.2(s)$$

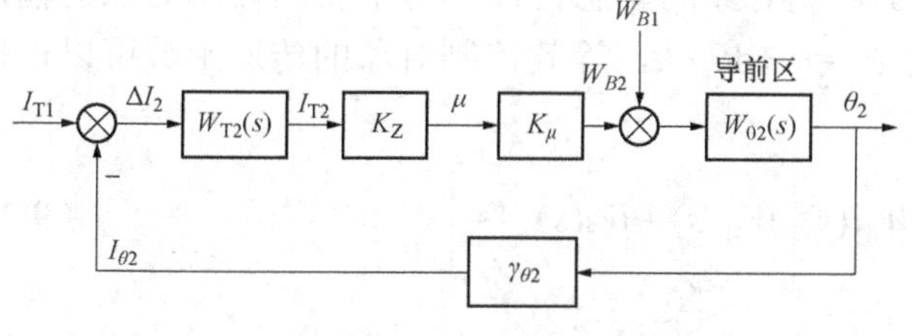

图 9-10　内回路的等效方框图

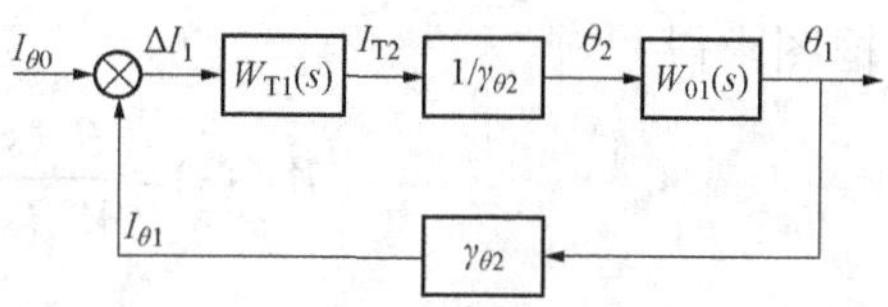

图 9-11　外回路的等效方框图

3）用 MATLAB 的 SIMULINK 对其进行仿真的基本过程：

a．MATLAB 的 SIMULINK 建立如图 9-12 所示串级汽温控制系统的仿真模型：

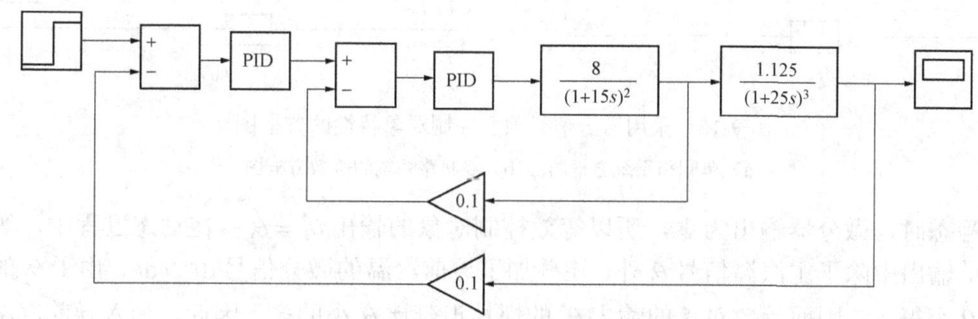

图 9-12　串级汽温控制系统的仿真模型

b．将上述整定结果代入仿真模型中，加 10 的定值扰动，则得主蒸汽温度的仿真曲线如图 9-13、图 9-14 所示。

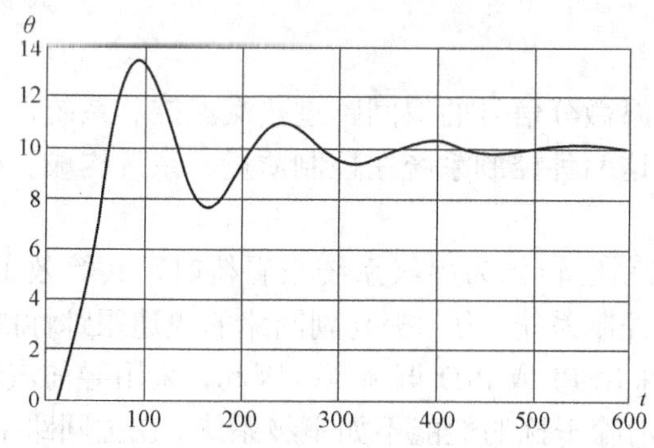

图 9-13　$\psi=0.75$ 时串级汽温控制系统的仿真曲线

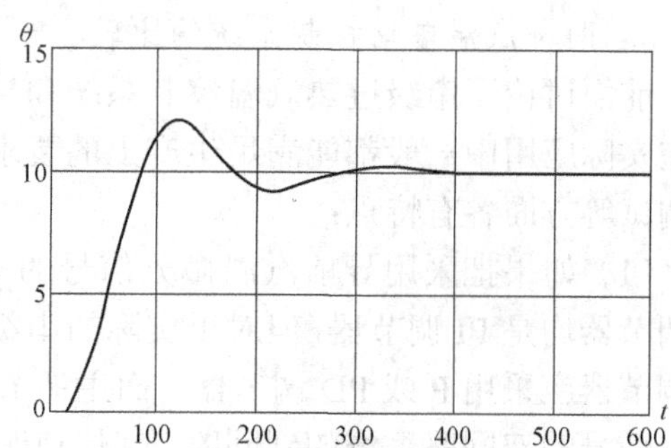

图 9-14　$\psi=0.9$ 时串级汽温控制系统的仿真曲线

通过对串级汽温控制系统的工作原理分析及仿真调试的结果可知，采用串级汽温控制系统可以克服扰动对系统的影响，通过整定控制器的参数可保证将过热汽温控制在允许范围内变化，并最终与给定值保持一致。

2. 导前汽温微分汽温控制系统分析

对于图 9-8 所示的控制系统，当去掉导前汽温的微分信号时，系统就成为单回路控制系统，如图 9-15（a）所示，控制对象［W_0（s）=W_{01}（s）W_{02}（s）］的迟延、惯性较大。当系统加入导前汽温微分信号后，调节器将同时接受两个输入信号，系统也成了双回路结构。但对这个双回路系统作适当的等效变换后，发现仍可把它当作一个单回路系统来处理，如图 9-15（b）所示。只是由于微分信号的引入改变了控制对象的动态特性。这个新的控制对象的输入仍然是减温水流量信号 W_B，但输出信号为 $\theta_1^*=\theta_1+\mathrm{d}\theta_2/\mathrm{d}t$，等效控制对象的传递函数可以根据方框图求得

$$W_0^*(s)=\frac{\theta_1^*(s)}{W_B(s)}=W_{02}(s)\left[W_{01}(s)+W_d(s)\frac{\gamma_{\theta 2}}{\gamma_{\theta 1}}\right] \tag{9-1}$$

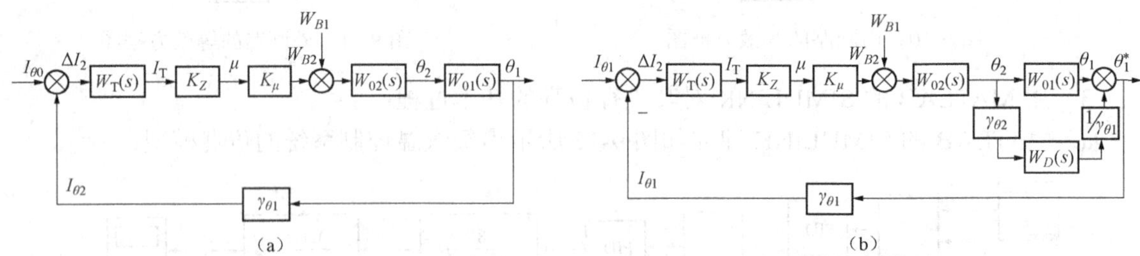

图 9-15 采用微分信号改变控制对象特性的方框图

（a）单回路系统方框图；（b）双回路系统的等效方框图

在静态时，微分器输出为零，所以等效控制对象的输出 $\theta_1^*=\theta_1$；在动态过程中，等效控制对象的输出中除了主汽温信号 θ_1 外，还叠加了导前汽温的微分信号 $\mathrm{d}\theta_2/\mathrm{d}t$。由于 θ_2 的惯性迟延比 θ_1 小得多，因而等效对象的输出 θ_1^* 的惯性迟延比 θ_1 小的多。因此，加入导前汽温的微分信号的作用可以理解为改变了控制对象的动态特性，等效控制对象在减温水流量扰动下的特性如图 9-15 所示，可见等效对象的输出 θ_1^* 比主汽温 θ_1 的响应有很大的改善。所以，在控制对象惯性迟延较大的情况下导前汽温微分信号的双回路汽温控制系统的控制品质远比单回路控制系统好。

3. 两种汽温自动控制系统的比较

前面讨论了串级过热汽温控制系统和导前汽温微分信号的双回路过热汽温控制系统，它们在实际应用中一般都能满足生产上的要求，但这两种控制系统在控制质量、系统构成、整定调试等方面各有特点：

（1）如果把采用导前汽温微分信号的双回路系统转化为串级系统来看待时，其等效主、副调节器均是 PI 调节器，但对于实际的串级汽温控制系统，为了提高副回路的快速跟踪性能，副调节器应采用 P 或 PD 调节器，而主调节器应采用 PI 或 PID 调节器。因此，采用导前汽温微分信号的双回路系统的副回路，其快速跟踪和消除干扰的性能不如串级系统。在主回路中，串级系统的主调节器具有微分作用，故控制品质也比双回路系统要好，特别对于惯性迟延较大的系统，双回路系统的控制质量不如串级系统。

（2）串级控制系统主、副两个控制回路的工作相对比较独立，因此系统投运时的整定、调试直观方便，而有导前汽温微分信号的双回路控制系统的两个回路在参数整定时相互影响，

不易掌握。

（3）从仪表硬件结构上看，采用导前汽温微分信号的双回路系统较为简单。

一般情况下，双回路汽温控制系统已能满足生产上的要求，因此得到了广泛的应用。若被控对象的迟延较大，外扰频繁，而且要求有较高的控制质量时，则应采用串级控制系统。目前，利用DCS多采用的是串级汽温控制系统。

（六）拓展知识

1. 再热汽温控制的任务

再热循环可以降低汽轮机尾部叶片处的蒸汽湿度，降低汽耗，提高电厂的热循环效率，所以单元机组普遍采用中间再热技术。因此，再热器出口蒸汽温度的控制成为大型火力发电机组不可缺少的一个控制项目。

再热汽温控制的意义与过热汽温控制一样，是为了保证再热器、汽轮机等热力设备的安全，发挥机组的运行效率，提高电厂的经济性。再热汽温控制的任务是保持再热器出口蒸汽温度在动态过程中处于允许的范围内，稳态时等于给定值。

2. 再热汽温的控制特点

（1）再热汽温调节的幅度大。由于再热蒸汽的汽压低，流量小，传热参数小，因此再热器一般布置在锅炉的后烟井或水平烟道中，它具有纯对流受热面的汽温静态特性——单位质量工质的吸热量随负荷的下降而降低。因而在锅炉运行中，再热汽温随负荷变化较大。当机组负荷降低30%时，再热汽温如不加以控制，锅炉再热器出口汽温将降低28～35℃（相当于负荷每降低1%时汽温降低1℃）。

（2）负荷降低时，再热汽温的给定值也随之下降。当机组负荷下降时，再热汽温较过热汽温下降的幅度大，所以当负荷下降较大时，再热汽温就达不到额定值。为了使再热汽温控制系统能正常工作，要考虑随负荷降低而降低再热汽温的给定值。

（3）再热汽温的控制手段以改变烟气流量为主。影响再热汽温的因素很多，例如机组负荷的大小，火焰中心位置的高低，烟气侧的烟气温度和烟速（烟气流量）的变化，各受热面积灰，给水温度变化，燃料改变和过量空气系数的变化等。在各种扰动下，再热汽温的动态响应特性与过热汽温相类似，共有的特点为有迟延、有惯性、有自平衡能力。其中最为突出的影响因素是负荷扰动和烟气侧的扰动。

从控制的角度讲，以对被控量影响最大的因素作为控制手段对控制最有利。但在再热汽温控制中，由于蒸汽负荷由用户决定，故对于再热汽温控制，几乎都采用改变烟气流量作为主要控制手段，例如改变再循环烟气流量；变化烟气挡板位置，从而改变尾部烟道通过再热器的烟气分流量；改变燃烧器的倾斜角度；采用多层布置圆形燃烧器等方法。改变烟气流量的控制方式比喷水控制方式有较高的经济性，因为再热器采取喷水减温时，将减少效率较高的高压汽缸内的蒸汽流量，降低电厂热效率，所以在正常情况下，不采用喷水调温方式，但喷水减温方式简单、可靠，所以可以把它作为再热汽温超过极限值的事故情况下的保护控制手段。

（4）再热汽温的控制会引起过热汽温的变化。因再热汽温控制采用的是以改变烟气流量为主的控制手段，而烟气流量的变化对过热汽温的影响也较大，故再热汽温在进行控制时，必将导致过热汽温也发生变化，使过热汽温控制更加频繁。

因此在组织再热汽温控制系统时应考虑上述特点。

3. 再热汽温控制系统

（1）采用烟气挡板控制再热汽温的控制系统。常称之为“旁路烟道法”，即通过控制烟气挡板的开度来改变流过过热器受热面和再热器受热面的烟气分配比例，从而达到控制再热汽温的目的。烟气挡板控制再热汽温烟道布置示意图如图 9-16 所示，采用这种方法时，锅炉的尾部烟道分为两部分，在主烟道中布置低温再热器，旁路烟道中布置低温过热器，烟气挡板布置在烟温较低的省煤器下面。采用烟气挡板调温的优点是设备结构简单，操作方便；缺点是调温的灵敏度较差，调温幅度也较小。此外，挡板开度与汽温变化也不成线性关系，为此，通常将主、旁两侧挡板按相反方向联动联结，以加大主烟道的烟气量的变化和克服挡板的非线性。

当采用改变烟气流量作为控制再热汽温的手段时，控制通道的迟延和惯性较小，因此原则上只需采用单回路控制系统控制再热汽温，考虑到负荷变化是引起再热汽温变化的主要扰动，把主蒸汽量（负荷）作为前馈信号引入控制系统将有利于再热汽温的稳定，图 9-17 给出了改变烟气挡板位置控制再热汽温的一种方案。

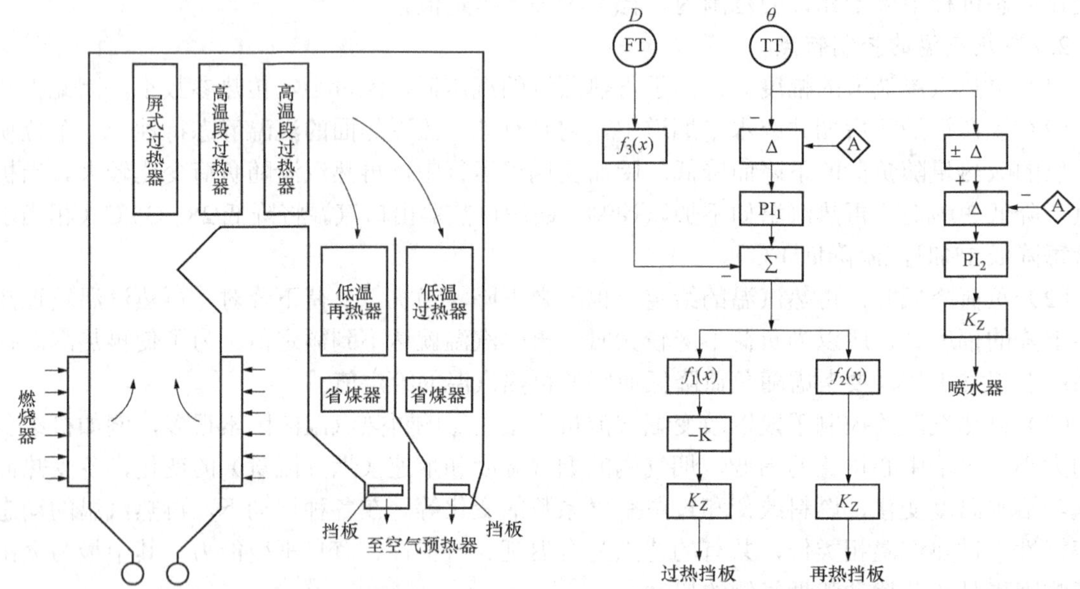

图 9-16 烟气挡板控制再热汽温烟道布置示意图　图 9-17 采用改变烟气挡板位置控制再热汽温的系统

系统工作原理如下：正常情况下，即当再热汽温处于给定值附近变化时，通过改变烟气挡板开度来消除再热汽温的偏差，蒸汽流量 D 作为负荷前馈信号通过函数模块 $f_3(x)$去直接控制烟气挡板，当 $f_3(x)$的参数整定合适时，能使负荷变化时的再热汽温保持基本不变或变化很小。反相器－K 用以使两个挡板反向动作。

喷水减温调节器 PI_2 也是以再热汽温作为被调信号，但此信号通过比例偏置器 $\pm\Delta$ 被叠加了一个负偏置信号（它的大小相当于再热汽温允许的超温限值）。这样，当再热汽温正常时，喷水减温调节器的入口端始终只有一个负偏差信号，它使喷水减温阀全关。只有当再热汽温超过规定的限值时，调节器的入口偏差才会变为正，从而发出喷水减温阀开的指令，这样可防止喷水减温阀过分频繁的动作而降低机组热经济性。

当再热汽温的内扰动态特性有较大的迟延（例如 SG-935-170 型直流锅炉）时，应该采用串级控制系统控制再热汽温，在此不再举例。

（2）采用摆动火嘴法控制再热汽温的自动控制系统。通过改变燃烧器倾斜角度来改变炉膛火焰中心的位置和炉膛出口的烟气温度，使各受热面的吸热比例相应发生变化，达到控制再热汽温的目的。火嘴摆动角度对炉膛出口烟温的影响如图 9-18 所示，由图可见，火嘴上倾时可提高炉膛出口烟气温度，火嘴下倾时可以降低炉膛出口烟气温度，因此改变火嘴倾角能够控制再热汽温，例如低负荷时可通过上倾火嘴来提高再热汽温使其维持给定值。图 9-19 是采用该方法的一个控制系统示意图。火嘴控制系统是一个单回路控制系统，定值器 A 给出的再热汽温设定值经过主蒸汽流量 D 的 $f_1(x)$修正后作为调节器的设定值，与再热器出口汽温 θ 比较，其偏差值送入 PI_1 调节器。为了抑制负荷扰动引起的再热汽温变化，系统增加了主蒸汽流量的前馈补偿回路，补偿特性由两个函数模块 $f_2(x)$、$f_3(x)$决定，前馈回路由两个并行支路构成，送入小选模块的一路在动态过程中可以加强控制作用。例如，当出现负荷增加的瞬间，前馈控制迅速动作，动态瞬间 $f_3(x)$的输出值小于调节器 PI_1 的输出，经小选后，可以使火嘴快速下摆，以抑制再热汽温的上升。当调节器的输出减小以后，小选模块平稳地过渡到输出 PI_1 控制值来控制火嘴摆角，反之亦然。在负荷降低时，$f_2(x)$输出值增大，使火嘴迅速上摆，以抑制再热汽温的下降。

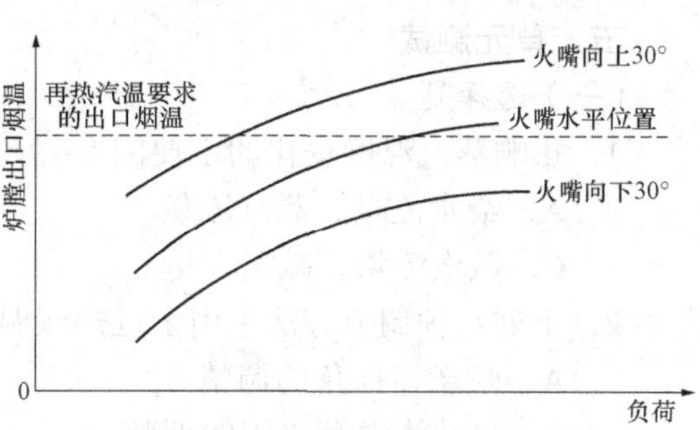

图 9-18 火嘴摆动角度对炉膛出口烟温的影响

当再热汽温超出给定值，偏差达一定值时，喷水减温系统便自动投入，通过喷水减温来限制再热汽温的升高。该系统 PI_2 调节器的测量值为再热汽温的偏差信号，设定值为再热汽温偏差允许值。同样为了改善控制过程的品质，这里也引入了由 $f_4(x)$构成的蒸汽流量动态补偿，原理同前述。

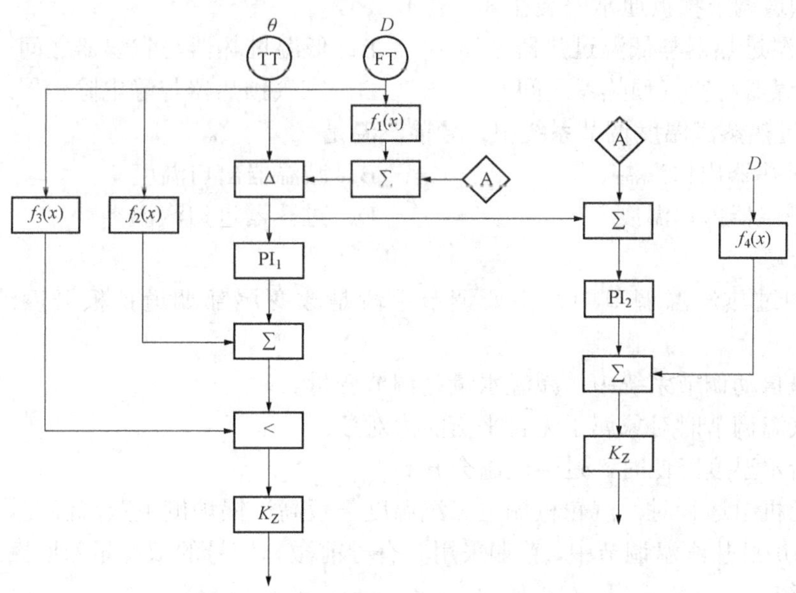

图 9-19 摆动燃烧器法再热汽温控制系统示意图

五、单元测试

（一）选择题

1. 影响蒸汽温度变化的主要因素有（　　）。
A. 给水流量、蒸汽流量　　B. 蒸汽流量、凝结水流量
C. 蒸汽流量、减温水量　　D. 凝结水流量、减温水量

2. 下列几种调节方法不用于过热汽温调节的是（　　）。
A. 喷燃器摆角的调整　　B. 尾部烟道挡板的调整
C. 过热汽温喷水阀的调整　　D. 中压调门的调节

3. 锅炉负荷增加时，辐射过热器出口的蒸汽温度（　　）。
A. 升高　B. 降低　C. 不变　D. 不确定

4. 锅炉负荷增加时，对流过热器出口的蒸汽温度（　　）。
A. 升高　B. 降低　C. 不变　D. 不确定

5. 锅炉过热蒸汽温度调节系统中，被控量是（　　）。
A. 过热器出口汽温　　B. 减温水量
C. 减温阀开度　　D. 过热器进口汽温

6. 过热蒸汽温度调节对象的动态特性是（　　）。
A. 有迟延　B. 有惯性　C. 有自平衡能力　D. 以上都是

7. 在串级汽温调节系统中，副调节器可选用（　　）动作规律，以使内回路有较高的工作频率。
A. P 或 PD　B. PI　C. PID　D. 以上都可以

8. 在串级汽温调节系统中，主调节器一般选用（　　）调节器。
A. P　B. PI　C. PID　D. PD

9. 尾部烟道调节挡板通常安装在（　　）。
A. 高温过热器与低温过热器之间　　B. 低温过热器与省煤器之间
C. 省煤器与空气预热器之间　　D. 空气预热器与静电除尘器之间

10. 锅炉过热蒸汽温度调节系统中，导前汽温是（　　）。
A. 过热器出口汽温　　B. 减温器出口温度
C. 减温器入口温度　　D. 过热器进口汽温

（二）判断题

1. 在锅炉过热汽温调节中，主要调节手段是改变尾部烟道挡板开度或调节喷燃器角度。（　　）

2. 在汽温自动调节系统中，减温水量是调节变量。（　　）

3. 锅炉汽温调节时对象属于无自平衡能力对象。（　　）

4. 锅炉给水温度降低时，过热汽温会升高。（　　）

5. 在单元机组运行时，汽轮机侧主蒸汽温度一般高于锅炉侧主蒸汽温度。（　　）

6. 目前锅炉过热汽温调节中，普遍采用具有导前微分信号的双冲量双回路自动调节系统或串级调节系统。（　　）

7. 锅炉汽温调节对象有迟延和惯性，属于无自平衡能力的对象。（　　）

8. 在串级汽温调节系统中，主调节器一般选用 P 调节器，而副调节器一般选用 PI 调

节器。（　）

（三）问答题

1. 写出过热蒸汽控制系统的被控量及常用的调节手段。

2. 说明过热蒸汽控制对象的动态特性的特点。

3. 汽温控制对象为什么是有惯性、有自平衡的特性？为什么在烟气侧扰动下汽温的动态特性较好？

4. 采用导前微分信号的双冲量汽温控制系统中的导前信号及其作用？

5. 采用导前微分信号的双冲量汽温控制系统，在导前微分信号中断时系统能否正常工作？

6. 串级过热蒸汽温度控制系统中，中间汽温信号中断时，控制系统能否正常工作？

7. 画出常规串级汽温控制系统的方框图，简要说明两种分析整定方法的要点。

8. 再热汽温有哪些控制方法，每种控制方法的特点是什么？

学习单元二　过热汽温控制系统的工程应用

一、学习目标

通过本单元学习，能够理解过热汽温控制的工程应用情况。

二、学习任务

本单元的学习任务有三个：

（1）理解过热汽温分段控制策略。

（2）分析一级减温控制系统。

（3）分析二级减温控制系统。

三、任务分析

电站锅炉的过热汽温是机组安全、经济运行的重要参数之一，但由于汽温被控对象的迟延与惯性很大，常规的串级控制系统，或采用导前微分补偿信号的双回路控制系统，对迟延与惯性较大的汽温控制往往不能获得理想的控制品质。不少电厂当机组负荷仅以2% MCR/min 的速率变化时，汽温就偏离设定值 10℃以上，严重影响了锅炉的安全、经济运行。

在热工过程控制中，有的对象特性具有较大的延迟和惯性，使得被控量不能及时反映系统所承受的扰动，且当过程控制通道或测量环节存在较大延迟和惯性的时候，会降低系统的稳定性；另外较大的迟延和惯性会导致被控量的最大动态偏差增大，系统的动态质量下降，而且迟延时间和惯性时间之比越大越不容易控制。

解决具有大迟延的过程控制是一个比较棘手的问题，对于闭环系统内的大迟延若单单采用上述的串级控制等方案是无法保证其控制质量，且响应速度也会很慢，如果在控制精度很高的场合，则须采取其他控制手段，例如分段控制、补偿控制、模糊控制等。本单元主要就分段控制方法及相应的分段控制系统进行详细介绍。

四、任务实施

（一）过热汽温的分段控制策略

由于大型锅炉的过热器管道非常长，为了减少过热汽温控制的迟延与惯性，一般汽温控制系统都会采用分段控制策略，即采用两级喷水减温控制过热汽温，如图 9-20 所示，其中一级喷水减温器通常布置在屏式过热器前，二级喷水布置在高温过热器前。一级减温器的作用是使屏式过热器出口温度维持在设定值，以保护屏式过热器管壁不超温，同时配合高温过热器出口温度控制系统的工作。二级喷水减温器是使过热汽温维持在规定的范围内，并保持末级过热器不超温。过热器每级喷水减温系统均有两只减温器，每只减温器均分 A、B 两侧。对于 A、B 两侧来说，由于其出口均有独立的温度测点，且温度的设定值可以相互独立，因此其控制系统可以设计为两套独立的汽温控制策略。主汽温分段控制策略如图 9-21 所示。

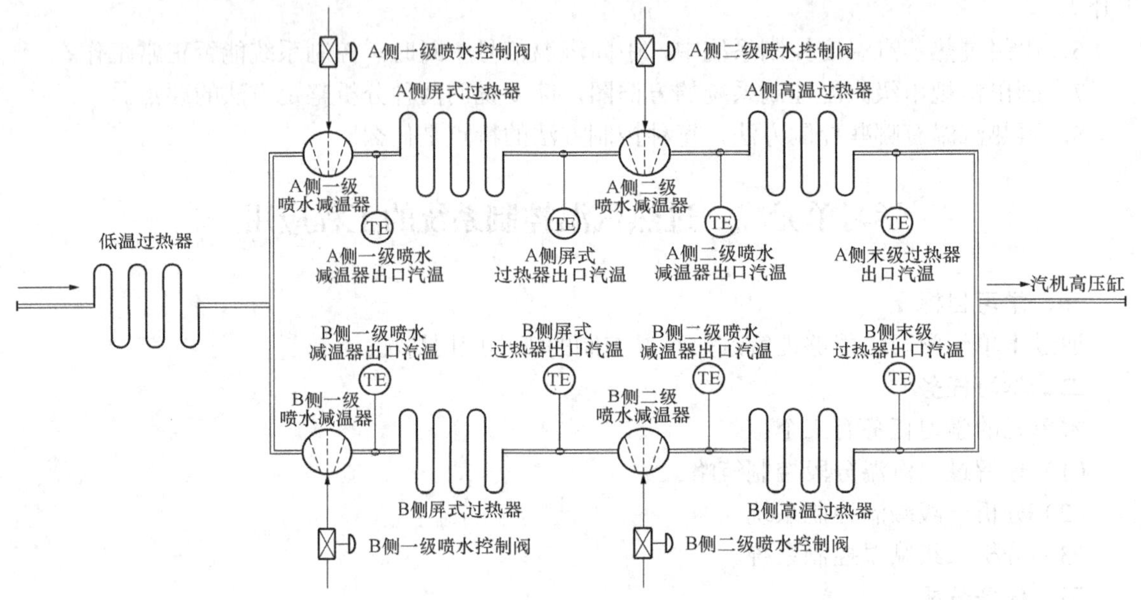

图 9-20 过热汽温热力系统图

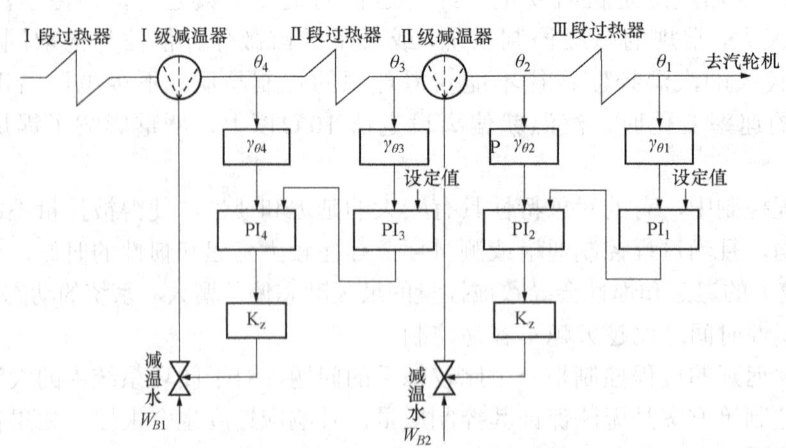

图 9-21 主汽温分段控制策略

从控制策略上看，过热汽温的分段控制策略可以分为定值控制策略和温差控制策略。在实际应用中，定值控制策略由于其操作简单得到广泛的应用。在定值控制策略中，一级喷水与二级喷水减温的控制逻辑相互独立，互不干扰。定值控制策略的控制目标明确，系统结构分明，参数整定容易，投运简单。当过热器各段都是以对流换热为主时，定值控制系统的控制品质基本上能够达到要求的品质。由于定值汽温调节系统中，各个子系统分别维持各自的设定值，因此当汽温控制对象特性不同时，这种控制系统将不能满足控制要求。例如在许多锅炉的屏式过热器处在辐射换热区，汽温控制对象特性呈现辐射特性，而高温过热器是布置在对流换热区，呈现对流特性。当机组负荷升高时辐射式过热器中单位质量蒸汽的辐射吸热量减少，出口汽温下降，而对流过热器中单位质量蒸汽的吸热量增加，其出口汽温增加。由于定值控制策略的各个子系统的控制逻辑相互独立，因此其一级减温器喷水量减少，喷水控制阀关小，而二级减温器喷水量增大，喷水控制阀开大，则定值控制策略的两级喷水器喷水量不协调。为了克服这种缺陷，可以将其改进，从二级减温控制系统的主调节器输出引出前馈回路到一级减温控制系统。

为了更好的理解过热汽温控制的工程应用情况，本部分主要对某电厂 300MW 机组过热汽温控制系统 SAMA 图进行分析。

（二）一级减温控制系统 SAMA 图分析

图 9-22 是某电厂 300MW 机组过热器一级减温控制系统 SAMA 图，它是一个串级控制系统，PI_1 是主调节器，PI_2 是副调节器。被控量是二级过热器出口汽温，导前信号是一级喷水减温器出口汽温。

1. 控制任务

一级减温控制的任务是维持二级减温器入口汽温，即屏式过热器出口温度在给定值上。

2. 系统分析

（1）汽温的测量和处理。在锅炉 A、B 侧二级过热器出口联箱上各装有两个出口蒸汽温度测点，正常运行时取两个测点的平均值作为本侧一级减温控制系统的被控量。在左右一级减温器后设蒸汽温度测点，正常运行时取两个测点的平均值作为本侧一级减温控制系统的副被控量（也称为导前信号）。

（2）主调节器 PI_1 给定值的形成。主调节器 PI_1 给定值的形成由两部分构成：第一部分与负荷变化及机组的运行方式有关。这是因为定压运行或者滑压运行时，机组对汽温的要求不一样，滑压运行要求汽温有更稳定的范围，如有的机组规定：定压运行方式下，负荷为 50%额定负荷时主汽温应达额定值，而在滑压运行方式下，负荷为 40%额定负荷时，就要求主汽温达额定值，因而机组选择不同运行方式时，汽温定值与负荷的函数关系不同，所以系统的设定值分别由 $f_1(x)$ 和 $f_2(x)$ 两个函数器产生，分别对应滑压运行和定压运行，由切换器 T 根据运行方式选择。第二部分设计有运行人员手动干预给定值的手段，当运行条件发生变化（例如煤种改变）时，运行人员可以通过操作站改变加法器的偏置值，以方便对过热汽温给定值进行适当的修正。

（3）副调节器 PI_2 给定值的形成。在正常工况下，副调节器 PI_2 的给定值由主调节器的输出产生。在特殊工况下，为防止喷水量过大而产生湿蒸汽或蒸汽带水，可采用汽包压力经函数模块 $f_5(x)$ 运算后加上 10℃的过热度形成副调节器的汽温给定值。两者同时送入大值选择器。经高选可以确保一级减温器出口温度高于相应压力下蒸汽的饱和温度 10℃以上，只要控制系统运行正常，就不会出现蒸汽带水的现象。

（4）过热度保护回路。为了防止屏式过热器的入口汽温过低，甚至低于当前压力下水蒸气的饱和点，所以必须对一级减温水最大喷水量加以限制。系统通过函数功能块 $f_5(x)$ 求出汽

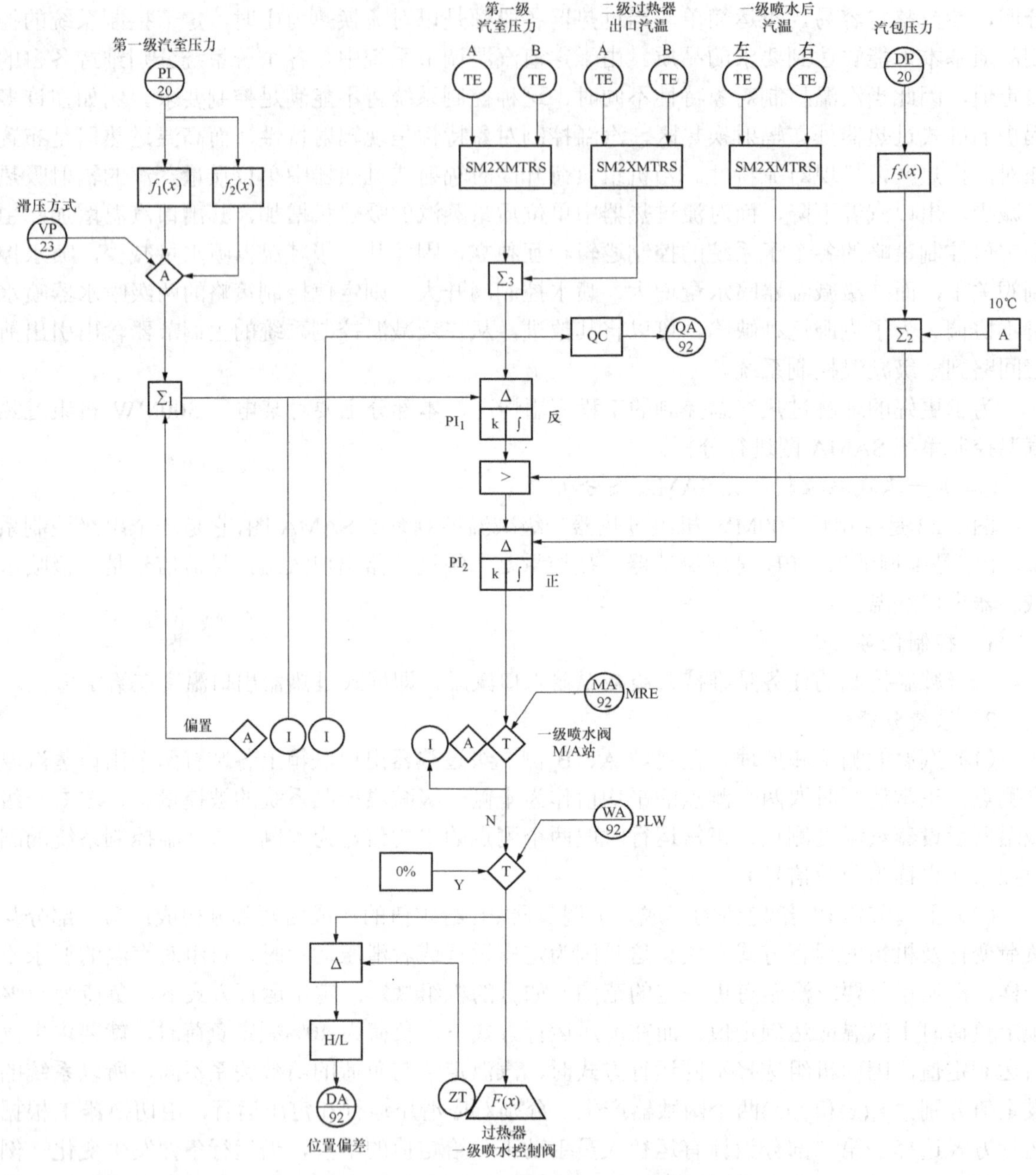

图 9-22 过热器一级减温控制系统 SAMA 图

包压力对应的饱和温度，在加法器中再加上 10℃的过热度与经过主调节器 PI_1 运算形成的屏式过热器入口温度设定值进行比较，在大值选择器中取大，这样就可以限制屏式过热器入口蒸汽温度不至于低于饱和点，从而防止屏式过热器入口蒸汽带水。

（5）一级减温喷水控制信号的形成。只要导前汽温（第一级减温器后的汽温）发生变化，副调节器的输出信号就能迅速改变一级喷水控制阀的开度来维持一级减温器的汽温在一定范围内变化，起粗调作用。而二级减温器前的温度（二级过热器出口汽温）的控制，则是通过主调节器来校正的。只要二级过热器出口汽温偏离给定值，主调节器的输出信号就将不断地变化，并通过副调节器不断去改变一级减温水量，直到二级过热器出口温度回到给定值。

（6）一级减温喷水控制逻辑。为了防止减温器喷水调节阀的漏流影响，在喷水调节阀前后设置了喷水截止阀。通常，需要减温水时（调节阀控制指令大约 5%），全开截止阀，不需要时，则全关截止阀。

一级减温喷水控制逻辑如下：

1）当一级过热器出口温度变送器或第一级喷水减温器后的温度变送器故障、喷水调节阀执行器故障、主燃料跳闸（MFT）或负荷小于 X（%）（X=20%MCR）时，一级减温喷水阀 M/A 站从自动切至手动（MRE）。

2）当一级喷水阀指令大于 Y（%）（约为 5%），但一级喷水截止阀未开时，一级减温器喷水调节阀置位在 1%开度上（对应 M/A 操作站切换器选择 MIN）。

3）当一级喷水阀指令等于 0%时，关闭一级减温器前、后截止阀。

4）当主燃料跳闸或负荷小于 20%MCR 时，PLW（超弛减）信号使一级喷水阀迅速关闭，同时关闭电动截止阀。

（三）二级减温控制系统 SAMA 图分析

二级喷水减温控制系统主要是通过调节锅炉左右两侧二级喷水减温控制阀的开度，改变二级减温水量的大小来调整过热蒸汽温度等于其设定值。

由于二级喷水减温器左、右回路相同，现仅对一个回路进行分析。

过热器二级减温控制系统 SAMA 图如图 9-23 所示，它作为喷水减温的细调，保证过热蒸汽温度等于其设定值。其结构与一级减温控制系统一致。差别仅仅是在主调节器 PI_1 和副调节器 PI_2 之间用了一个加法器，用来接受喷燃器倾角、空气总流量、辅助风挡板开度指令及汽包压力等形成的综合前馈信号。

（1）综合前馈信号的作用。系统引入锅炉烟气流量作为前馈信号来消除锅炉负荷变化对过热汽温的影响。由于烟气流量是对过热汽温的直接扰动因素，目前多数锅炉的过热器仍以对流吸热为主，锅炉负荷增加，对流过热器的汽温升高，增大过剩空气流量也将使过热汽温上升。摆动喷燃器角度会直接改变炉膛内的火焰高度，从而改变炉内温度的分布和炉膛出口的烟温，同时，改变辐射和对流传热的比例，对辐射受热面（屏式过热器）的温度影响较大。通常喷燃器倾角上调，火焰中心升高，炉膛辐射传热减少，因而使过热汽温升高。因此，系统引入喷燃器角度位置信号作为前馈指令也将有利于过热汽温的控制，这对锅炉出口汽温的稳定是有利的。

为了快速消除机组负荷变化对过热汽温的扰动，系统还引入了汽包压力和第一级汽室压力的偏差作为前馈指令，该前馈指令有利于减轻锅炉负荷变化对过热汽温的扰动，以及锅炉运行压力变化对汽温特性的影响。

因为前馈信号的变化而引起的减温器出口汽温变化的关系通常不可能为线性，所以每个前馈信号都使用了函数器。

前馈综合信号与 PI_1 的输出相加，成为二级减温器出口温度的设定值。

可见，在二级减温控制系统中，由于加入了由汽压、空气流量和喷燃器倾角位置指令等作为综合前馈信号，从而有效地减少了末级过热器出口汽温的动态偏差，提高了整个汽温控制系统的调节品质。

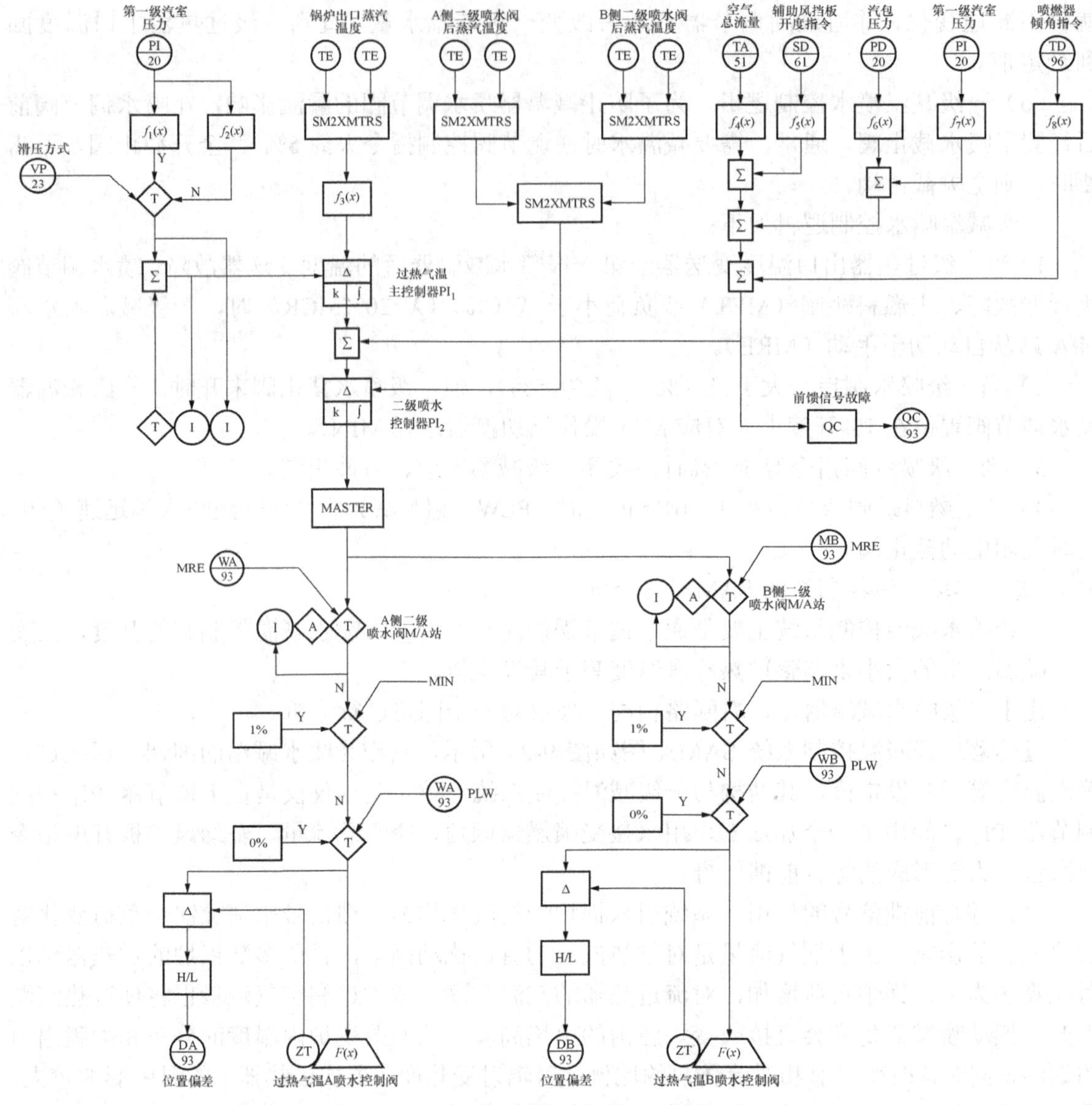

图 9-23 过热器二级减温控制系统 SAMA 图

（2）二级减温器喷水控制逻辑。二级减温器喷水控制逻辑如下：

1）当综合前信号故障、锅炉出口汽温信号故障、二级减温器后温度信号故障、二级喷水调节阀故障、主燃料跳闸（MFT）或负荷小于 *X*（%）（*X*=20%MCR）时，二级减温喷水阀 M/A 站切至手动（MRE）。

2）若 MFT 动作或负荷小于 *X*（%）时，输出 PLW 逻辑，迅速关闭二级喷水调节阀。

3）当二级喷水阀指令大于 *Y*（%）与一级电动截止阀关闭同时成立，则将二级喷水阀调节阀设置在 1%的最小开度位置上。

4）当 MFT 动作或负荷小于 *X*（%）条件之一成立时，则关闭所有电动截止阀。

5）当一级（或二级）减温器喷水阀指令大于 0%时，则全开一级（或二级）喷水截止阀。

五、单元测试

（一）选择题

1．在主蒸汽温度控制回路中引入前馈信号是为了控制（　　）。

A．燃料量的扰动变化　　B．主蒸汽流量的扰动变化

C．主蒸汽压力的扰动变化　　D．以上都是

2．主蒸汽管的管壁温度监测点设在（　　）。

A．汽轮机的电动主汽门后　　B．汽轮机的自动主汽门前

C．汽轮机的调节汽门前的主汽管上　　D．主汽门和调节汽门之间

3．过热器出口压力为 13.5MPa 及以上的锅炉的汽包水位信号应采取（　　）值的方式进行优选。

A．三取平均　　B．三取中　　C．三取二　　D．三取高值

（二）判断题

1．锅炉过热器采用分级控制：将整个过热器分成若干级，每级设置一个减温装置，分别控制各级过热器的汽温，以维持主汽温度为给定值。（　　）

2．主汽温度调节系统的调节品质应达到以下标准：①稳定负荷工况下，汽温偏差小于±3℃；②10%负荷扰动下，汽温动态偏差不大于±5℃。（　　）

（三）问答题

1．大型锅炉过热蒸汽温度控制为什么要采用分段控制？

2．在什么情况下采用按温差的分段控制系统？

3．当减温水量已增至最大，过热蒸汽温度仍然高时，可采用哪些措施降低汽温？

4．一级减温控制系统的控制任务是什么？其被控量，控制量，导前信号分别是什么？

5．一级减温控制系统中为什么要设置过热度保护回路？其保护原理是什么？

6．二级减温控制系统的控制任务是什么？其被控量，控制量，导前信号分别是什么？

7．二级减温控制系统一般采用了哪些前馈信号，其作用是什么？

学习情境十　锅炉燃烧控制系统分析

学习单元一　燃烧控制方案拟订

一、学习目标

通过本单元学习，能够明确燃烧控制系统的任务，通过对锅炉制粉及燃烧系统工艺流程的了解，理解锅炉燃烧控制对象的特性，进而确定系统组成的基本原则，能够构建中间储仓式锅炉燃烧控制系统方案，进而构建直吹式锅炉燃烧控制系统方案。

二、学习任务

本单元的学习任务有五个：

（1）明确燃烧控制系统的任务。

（2）理解燃烧控制对象的特性。

（3）总结燃烧过程控制的特点。

（4）确定燃烧控制系统组成的基本原则。

（5）构建中间储仓式锅炉燃烧控制系统方案。

在掌握了拟定储仓式燃烧控制系统方案的方法后，能够拟定出直吹式燃烧控制系统方案。

三、任务分析

锅炉燃烧过程的实质是将燃料中的化学能转变为蒸汽热能的能量转换过程。锅炉的燃烧控制对于锅炉的安全、高效运行和节能降耗都具有重要的意义。

锅炉的燃烧控制属于典型的复杂控制，在运行中要满足以下三方面的要求：

（1）在负荷变化或存在不确定性扰动时，及时调整供热量，保持主汽压恒定。

（2）实现经济燃烧。使煤粉在炉膛内充分燃烧，尽可能地提高锅炉的热效率，既节省了能源又可减少环境污染。

（3）炉膛负压维持在一定范围内，保证锅炉的安全经济运行。

同时为了节约能源，避免不完全燃烧，在增减负荷时还要实现煤量、风量的协调控制。

因此，拟定合理的锅炉燃烧控制系统方案成为本单元要完成的主要任务。

四、任务实施

（一）明确燃烧控制系统的任务

锅炉燃烧过程的实质是将燃料中的化学能转变为蒸汽热能的能量转换过程。燃烧控制系统的基本任务是使燃料燃烧提供的热量适应锅炉蒸汽负荷的需要，并保证锅炉的安全经济运行。

燃烧控制系统是锅炉主控制系统的重要子系统，它接受来自锅炉主控制系统发出的锅炉负荷指令，并将该指令分别送往燃料、风量控制系统，使燃料和风量按比例同时动作，以保证合适的风煤比，并通过燃料控制和风量控制的交叉限制作用，满足升负荷先加风后加煤、减负荷先减煤后减风的生产工艺要求，实现锅炉的安全经济运行。燃烧过程的具体任务及其控制策略因燃料种类、制粉系统、燃烧方式以及机炉运行方式的不同而有所区别。锅炉燃烧过程控制系统的具体任务可归纳为以下三个方面：

（1）维持过热蒸汽出口压力稳定。锅炉过热蒸汽出口压力 p_T（简称主汽压）是表征锅炉运行状态的重要参数，它的稳定性不仅反映了燃烧过程中的能量供求关系，还直接关系到锅炉设备的安全运行。在单元机组中，锅炉的主蒸汽压力控制与汽轮机的负荷控制是相互关联的，通过及时调整锅炉燃料量，使锅炉的能量输出与汽轮机为适应外界负荷需求而需要的能量输入相适应，其标志就是主汽压的稳定。

（2）维持烟气含氧量 O_2%相对稳定来保证燃烧过程的经济性。为了提高燃烧过程的经济性，运行中是通过维持进入炉膛的燃料量与送风量之间的最佳比值来实现，即在有足够风量使燃料得以充分燃烧的同时，尽可能减少排烟造成的热损失，从而提高锅炉效率。目前一般用烟气含氧量 O_2%的大小来判别燃烧是否经济。烟气含氧量过高说明空气量过多，降低了烟气温度和炉膛温度，燃烧不经济，应当减少空气量；烟气含氧量过低说明空气量过少，燃料燃烧不完全，也不经济，应适当增加空气量。如果烟气含氧量在某一给定的范围内变化，则认为燃烧是经济的。

（3）维持炉膛压力在一定范围内。锅炉炉膛压力 p_f 反映了燃烧过程中进入炉膛的送风量与流出炉膛的烟气量之间的工质平衡关系。炉膛压力是否正常，直接关系着锅炉的运行是否安全经济。如果送风量大于引风量，炉膛负压太小，炉膛容易向外喷火，既影响环境卫生，又可能危及设备与操作人员的安全；如果送风量小于引风量，负压太大，因炉膛漏风量增大而降低炉膛温度，会影响燃烧工况，同时增加引风机的电耗和排烟热损失。所以说，炉膛压力能否在允许的范围内变化，关系到锅炉的安全经济运行。

为实现对燃料量、送风量和引风量的控制，相应地有三个子控制系统，即燃料量控制系统、送风量控制系统和引风量控制系统，以维持主汽压 p_T（或负荷）、烟气含氧量 O_2%、炉膛负压 p_f 的稳定。三个系统之间存在着密切的相互关联，要控制好燃烧过程，必须使燃料量、送风量及引风量三者协调变化。锅炉正常运行时，燃料量和送风量两者必须成适当比例，代表这两个成适当比例的变量被定义为锅炉的燃烧率。

（二）理解燃烧控制对象的特性

燃烧过程控制系统有三个被控量和三个控制变量。锅炉的运行实践表明，燃烧过程中三个被控量的控制存在着明显的相互影响。这是因为对象内部控制变量与被控量之间存在着相互作用，即其中每个被控量都同时受到几个控制变量的影响，而每个控制变量的改变又能同时影响几个被控量。燃烧控制系统变量相互影响关系如图 10-1 所示。

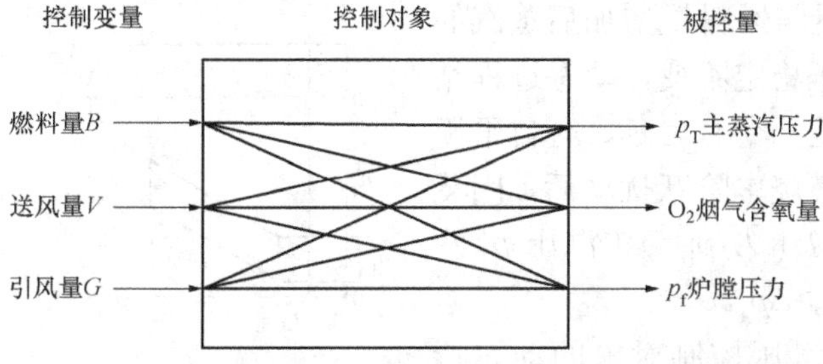

图 10-1　燃烧控制系统变量相互影响关系

单元机组燃烧控制对象可划分为汽压控制对象、送风控制对象和引风控制对象。下面将

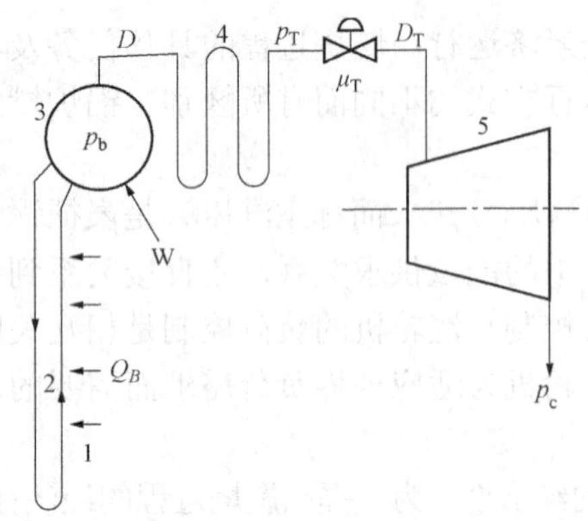

图 10-2 汽压控制对象工艺流程图

1—炉膛；2—蒸发受热面（水冷壁）；3—汽包；4—过热器；5—汽轮机；Q_B—炉膛热量；p_b—汽包压力；p_T—主汽压；D—锅炉蒸发量；D_T—汽轮机用汽量；μ_T—汽轮机进汽阀开度；p_c—汽轮机背压

分别讨论它们的动态特性。

1. 汽压控制对象的动态特性

汽压控制对象的工艺流程图如图 10-2 所示，工质（水）在蒸发受热面（水冷壁）内通过炉膛吸收燃料燃烧放出的热量，被加热成汽水混合物汇集于汽包内，汽水分离后的饱和蒸汽经过过热器进一步加热成为过热蒸汽，输出到汽轮机做功。

主汽压 p_T 主要受到两种扰动：燃料量扰动称为基本扰动或内部扰动；汽轮机耗汽量的扰动称为外部扰动。

（1）内扰作用下汽压控制对象的动态特性。汽压变化的动态特性与汽轮机的用汽条件有关，可分为两种情况：

1）用汽量不变时，汽压控制对象的动态特性。在燃烧率阶跃增加时，调整汽轮机的进汽阀使用汽量保持不变，所得的汽压阶跃响应曲线如图 10-3（a）所示。在燃料量、送风量和引风量协调配合时，可以用燃料量 B 代表燃烧率。当燃料量阶跃增加时，炉膛热负荷增加，因为从汽水循环加强到汽压上升需要有一个过程，所以汽压变化一开始有迟延。由于燃料量增加后燃料所放出的热量始终大于蒸汽带走的热量，其热量差值是不变的，这部分热量会以压力能的方式储存，使得迟延时间过后，汽压随时间直线上升。由此可见，此时的锅炉汽压是一个有迟延、无自平衡能力的控制对象。在燃烧率阶跃扰动前后，因用汽量不变，所以汽包压力 p_b 与主汽压 p_T 两者的压力差不变，即 $\Delta p_2=\Delta p_1$。

2）汽轮机进汽阀开度不变时，汽压控制对象的动态特性。在燃烧率阶跃增加，保持汽轮机进汽阀开度不变时，所得的汽压阶跃响应曲线如图 10-3（b）所示。与保持用汽量不变所得的汽压阶跃响应曲线相比，前面的迟延过程是一样的，即从燃料量阶跃增加到汽压上升需要一个过程，所以汽压一开始并不变化，经过一段时间后才逐渐上升。由于汽轮机进汽调节阀开度不变，汽压升高使得蒸汽流量也相应地增加，蒸汽带走的热量也相应增多，反过来自发地限制了汽压的升高，汽压上升的速度逐渐变慢。当蒸汽带走的热量与燃料量增加后蒸汽的吸热量相平衡时，汽压稳定不变，动态过程结束。此时的锅炉汽压是一个有迟延、有自平衡能力的控制对象。在燃烧率阶跃扰动后，因蒸汽流量增加，所以汽包压力 p_b 与主汽压 p_T 两者的差值增大，即 $\Delta p_2>\Delta p_1$。

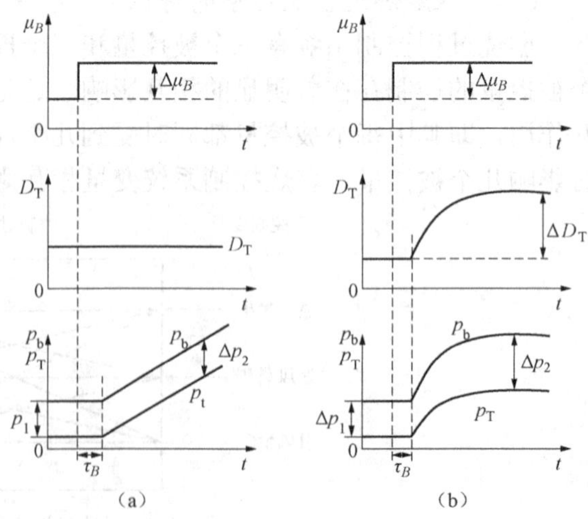

图 10-3 内扰作用下的汽压阶跃响应曲线

（2）外扰作用下汽压控制对象的动态特性。外部扰动是指电网负荷变化的扰动，它是通过改变汽轮机进汽调节阀开度 μ_T，使汽轮机

进汽量 D_T 变化。汽压变化可分为以下两种情况：

1）汽轮机用汽量 D_T 阶跃扰动时，汽压控制对象的动态特性。汽轮机用汽量 D_T 阶跃扰动时的汽压响应曲线如图 10-4（a）所示。当汽轮机用汽量阶跃增加时，由于燃烧率没有发生变化，即用汽量始终大于燃烧供热量，能量供求一直得不到平衡，在扰动一开始，主汽压 p_T 立即下降 Δp_0，然后一直等速下降。又因蒸汽流量在压力的动态变化过程中始终保持不变，所以整个过程中的压力差保持不变，即汽包压力 p_b 与主汽压 p_T 的压差始终保持为 $\Delta p_2=\Delta p_1+\Delta p_0$。此时的锅炉汽压是一个无迟延、无自平衡能力的控制对象。

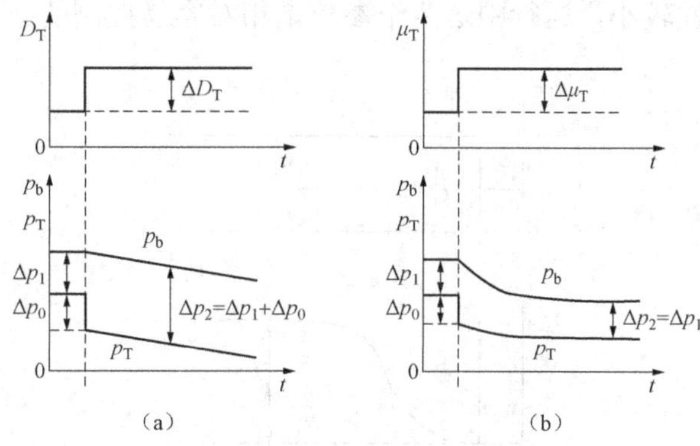

图 10-4　外扰作用下的汽压阶跃响应曲线

2）汽轮机进汽调节阀开度 μ_T 阶跃扰动时，汽压控制对象的动态特性。汽轮机进汽调节阀开度 μ_T 阶跃扰动时的汽压响应曲线如图 10-4（b）所示。当汽轮机进汽阀阶跃增大 $\Delta\mu_T$ 时，汽轮机用汽量也阶跃增加，致使主汽压 p_T 立即下降 Δp_0。此时由于燃料量不变，用汽量的增加使汽包压力 p_b 开始缓慢下降，主汽压 p_T 也跟着缓慢下降，并导致用汽量 D_T 逐渐回降，最后回到扰动前的数值。在响应过程中，用汽量的暂时上升是靠消耗储存在蒸发受热面、过热器受热面和管道中的热量而获得的。由于储热量被消耗掉一部分，稳定后的汽包压力 p_b 与主汽压 p_T 会比扰动前的数值低，主汽压 p_T 的起始下降值 Δp_0 决定于过热器的流动阻力和扰动量的大小。由于蒸汽流量在扰动结束后恢复到原来的数值，所以汽包压力 p_b 与主汽压 p_T 的压差也逐渐恢复到原来的数值，即 $\Delta p_2=\Delta p_1$。此时的锅炉汽压是一个无迟延、有自平衡能力的控制对象。

综上所述，汽压对象对于汽轮机侧扰动响应快，对锅炉侧扰动响应慢，锅炉侧自发扰动频繁。燃烧控制系统在运行时既要快速消除汽轮机侧扰动对汽压造成的波动，又要克服锅炉侧扰动的大迟延大惯性。

2. 送风控制对象的动态特性

烟气含氧量是保证经济燃烧的重要指标。维持烟气含氧量的主要控制手段是控制送风机入口挡板的送风量，送风量干扰（内扰）也是送风控制对象的主要扰动；煤量变化、炉膛负压变化也会影响含氧量，它们被统称为外扰。在送风量阶跃扰动下，含氧量随时间变化的响应曲线如图 10-5 所示，该动态特性具有迟延、惯性和有自平衡能力。

3. 引风控制对象的动态特性

维持炉膛负压稳定是通过控制引风机入口挡板的引风量来实现的，引风量干扰被称为内扰；送风量变化也会影响炉膛负压，送风量干扰被称为外扰。在引风量阶跃扰动下，炉膛负压随时间变化的响应曲线如图 10-6 所示，炉膛负压反应很快，迟延和惯性都很小。

燃烧过程被控对象的被控量 O_2%和 p_f 都是保证良好燃烧条件的锅炉内部参数。只要使送风量 V 和引风量 G 随时与燃料量 B 保持适当比例就能保证 O_2%和 p_f 不会有多大变化。当送风量 V 或引风量 G 单独变化时，炉膛负压 p_f 的迟延惯性很小，可近似为比例环节。当燃料量 B 或送风量 V 单独改变时，烟气含氧量 O_2%也立即发生变化。可见，由于 O_2%和 p_f 的迟延惯性较小，运行中这两个参数是相对容易控制的。

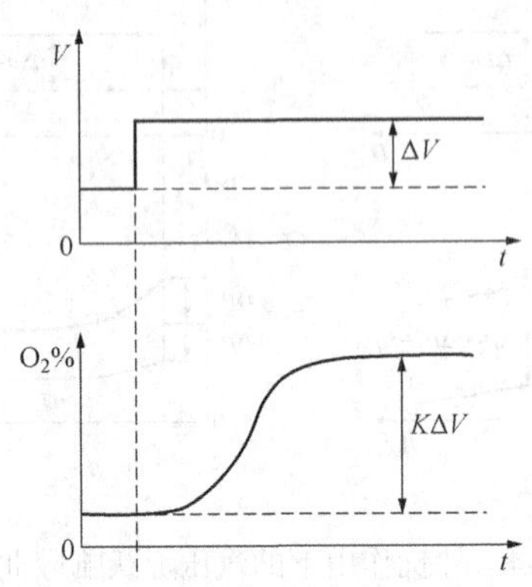

图 10-5 送风量阶跃扰动下含氧量随时间变化的响应曲线

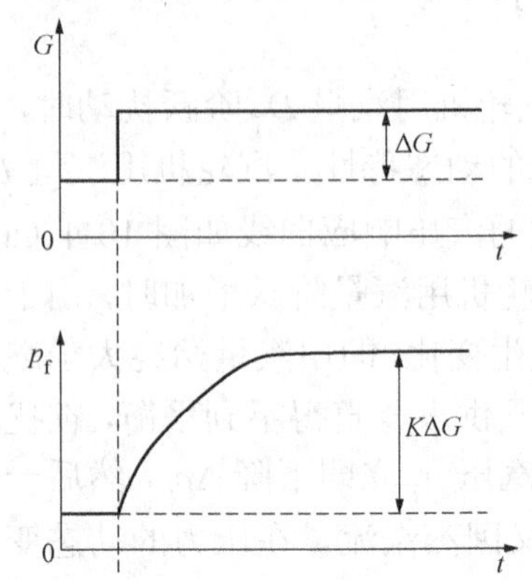

图 10-6 引风量阶跃扰动下炉膛负压随时间变化的响应曲线

（三）总结燃烧过程控制的特点

燃烧过程控制对象是一个多输入多输出的多变量相关控制对象，燃烧过程自动控制具有如下特点。

（1）主蒸汽压力 p_T 是最主要的被控量。锅炉燃烧过程自动控制的任务是使锅炉的燃烧率随时适应外界负荷的需求。当外界负荷改变时，主蒸汽压力 p_T 能迅速、成比例地发生相应变化，因此，主蒸汽压力 p_T 可以被选为反映锅炉燃烧率是否满足外界负荷要求的被控量，即根据主蒸汽压力的变化去改变燃烧率，以适应机组负荷的需要。另外，在直流锅炉中，压力的变化不仅会影响机组负荷的变化，还会影响给水流量的变化，从而导致对主蒸汽温度的影响。

（2）燃料量（给水量）、送风量、引风量必须协调动作，共同适应负荷要求。燃烧过程中，主蒸汽压力 p_T 是反映锅炉燃烧的发热量与汽轮机需要的热量是否平衡的标志；烟气含氧量 O_2%是反映燃料量 B 和送风量 V 是否保持恰当比例的标志；炉膛负压 p_f 是反映送风量 V 和引风量 G 是否平衡的标志。因此，虽然对象的三个控制变量对三个被控量都有明显影响，但如果在锅炉的运行过程中，严格保持燃料量、送风量和引风量这三个控制量的比例，就能保持主蒸汽压力、烟气含氧量和炉膛负压基本不变。也就是说，当机组负荷需求变化时，燃烧控制系统应使 B、V、G 这三个控制量同时按比例迅速改变，以适应外界负荷的需要，并使 p_T、O_2%、p_f 基本不变；当机组负荷需求不变时，燃烧过程的三个控制系统应能迅速消除各自的内扰，保持 B、V、G 稳定不变。

直流锅炉没有汽包，锅炉给水转变为蒸汽的过程是一次性完成的。锅炉的蒸发量除了受燃烧率影响外，还与给水流量直接有关。给水流量的变化不但影响主蒸汽温度，还影响主蒸汽流量和主蒸汽压力。对于直流锅炉，当机组负荷需求变化时，除了要求 B、V、G 这三个控制量同时按比例快速地改变外，还要求给水流量 W 同时按比例快速改变，以共同适应外界负荷的需要，这才能使 p_T、O_2%、p_f 和主蒸汽温度 θ 基本不变；当机组负荷需求不变时，燃烧过程的三个控制系统和给水控制系统应能迅速消除各自的内扰，保持 B、V、G、W 稳定不变，保持水煤比的稳定。

（3）压力迟延特性是影响燃烧过程控制效果的主要因素。燃烧过程三个控制对象，其中烟气含氧量 O_2%和炉膛负压 p_f 的惯性迟延都不大，它们以送风、引风为控制变量。当风机动叶（挡板）位置改变后，送风量或引风量立即变化，烟气含氧量和炉膛压力的反应都很快。因此从系统原理上看，送风和引风的自动控制是不难实现的。但对于主蒸汽压力的控制，由于从燃料量变化到炉膛热负荷变化，以及主蒸汽压力的变化有一定迟延，因此，在机组负荷需求变化时，如何尽可能及时调整燃烧率是燃烧过程自动控制系统的主要问题。

（4）参数的及时准确测量是实现自动控制的基本前提。燃烧过程自动控制的实现，需要涉及较多的信号，如 p_T、O_2%、p_f、B、V、G 等，因此需要准确而快速地测量出反映这些参数的信号，其中特别是燃料量信号 B、送风量信号 V 以及烟气含氧量信号 O_2%，这些信号的及时准确测量是实现燃烧过程全程自动控制的基本前提。

（四）确定燃烧控制系统组成的基本原则

（1）燃烧控制系统在外界负荷需求改变后应能立即改变锅炉的燃烧率，维持燃烧过程的能量平衡。然而，主蒸汽压力对燃料量的响应呈现较大的迟延和惯性，特别是采用直吹式制粉系统的燃烧过程，如何迅速改变燃烧率至关重要。

（2）燃烧控制系统应能迅速发现并消除燃料量的自发扰动，维持主汽压力稳定。

（3）当外界负荷改变时，锅炉的送风量和引风量应与燃料量协调动作，使锅炉燃烧经济性指标及炉膛负压参数保持稳定，即保证锅炉燃烧工况的稳定。

（4）对于单元制运行的锅炉，允许主汽压在一定范围内波动，而在滑压运行时汽压的变动范围更大。因此，系统中有关参数测量应加以温度和压力的修正，以提高测量的精确性。

（五）构建中间储仓式锅炉燃烧控制系统

中间储仓式锅炉的制粉系统和燃烧过程是相互独立运行的。制粉系统的任务是将原煤磨制成煤粉并存入煤粉仓；给粉机将存于煤粉仓的煤粉送入炉膛。

燃烧控制系统根据对燃料量信号处理方式的不同，可分为以下两种控制系统。

1. 采用燃料量信号的燃烧控制系统

采用燃料量信号的燃烧控制系统包括燃料控制子系统、送风控制子系统和引风控制子系统。

（1）燃料控制子系统。燃料控制子系统的任务是使进入锅炉的燃料量随时与外界负荷要求相适应。因为汽压是反映锅炉燃烧发热量与汽轮机能量需求是否平衡的标志，并且在负荷扰动下汽压的响应速度很快，因此汽压可以作为燃料控制系统的被控量。原则上可以采用以汽压作为被控量的单回路控制系统，但是对于燃煤锅炉来说，运行中的煤量自发性扰动（煤粉的阻塞与自流、燃料发热量变化等）是经常出现的，所以在设计燃煤锅炉的燃料控制系统时，必须考虑使系统具有快速消除燃料自发性扰动的措施——引入燃料量的负反馈。所以，燃料量控制系统大都采用串级系统的结构方案，这样就可以把燃料量信号作为负反馈信号引入副调节器（燃料调节器），如图 10-7 所示。

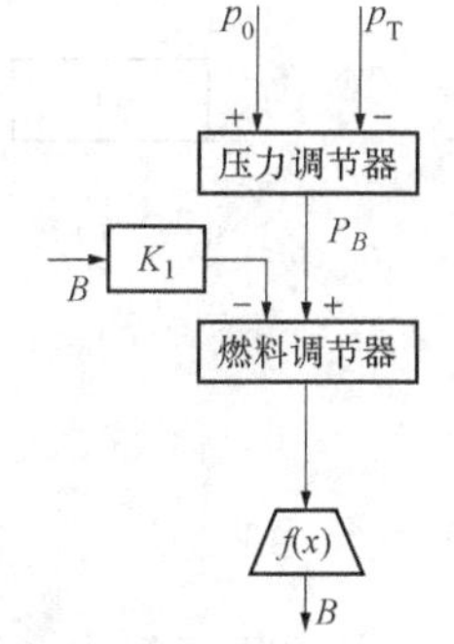

图 10-7　燃料控制子系统

当机组负荷增加时，主汽压力 p_T 下降，压力调节器输入偏差增加，代表燃料量需求的压力调节器输出 P_B 增加，通过燃料调节器，发出增加燃料量 B 的指令 B，直到实际燃料量 B 与其指令 P_B 平衡、且汽压等于汽压给定值为止。当机组负荷不变时，主汽压力 p_T 不变，燃料量需求指令 P_B 不变，燃料量 B 自发增加（或减少）时，燃料调节器的输入偏差减小（或增加），燃料调节器发出减少（或增加）燃料量的指令，使实际燃料量回到原来的数值，故将燃料量 B 作为负反馈信号引入副调节器，能迅速消除内扰。

稳态时，主汽压力 p_T 等于给定值 p_0，燃料量指令 P_B 与实际燃料量 B 保持平衡，即

$$p_T = p_0, P_B = K_1 B \tag{10-1}$$

（2）送风控制子系统。送风控制子系统的主要目标是要保证燃烧过程的经济性。这一目标既可用送进炉膛的风量和燃料维持合适的比例来实现，也可用维持烟气中的氧含量 $O_2\%$（反映过剩空气系数的大小）来实现。这样就形成了比值送风、氧含量串级两种思路的控制系统。

1）比值送风控制系统。凡使两个或两个以上的参数维持一定比值关系的控制系统就称为比值控制系统。电厂最典型的例子就是保持燃料量和送风量成比例关系的送风控制系统。图 10-8 所示的单闭环比值送风控制系统（单回路比值控制系统），燃料量信号 P_B 以前馈形式引入送风控制系统，作为送风控制器的给定值；送风量信号 V 作为反馈信号引入送风控制器，构成一个单闭环比值控制系统，可以实现送风量快速跟踪燃料量的变化。

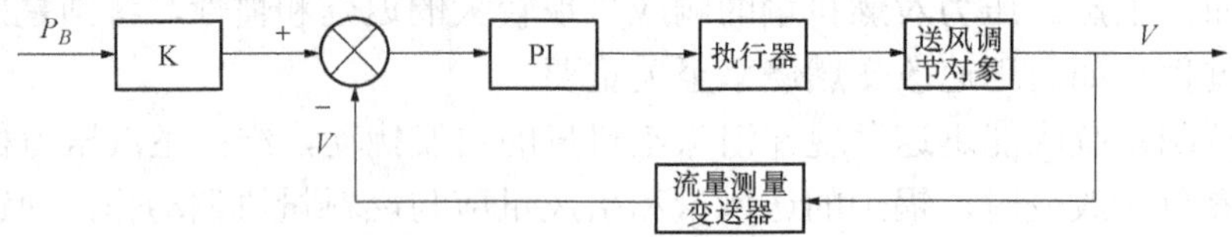

图 10-8 单闭环比值送风控制系统

由于送风控制器采用 PI 作用控制器，所以静态时，控制器入口信号平衡关系为

$$P_B K - V = 0 \text{ 或 } V/P_B = K \tag{10-2}$$

式中 K——风煤比例系数。

只要调整比例系数 K 到适当的值，控制系统就能使进入锅炉的送风量和燃料量保持最合适的比例，达到经济燃烧的目的。

实际控制系统图通常省略了控制对象、测量变送器及执行器，只画出控制器部分。图 10-8 的简化图如图 10-9（a）所示，其中 $O_2O\%$ 为氧量定值。

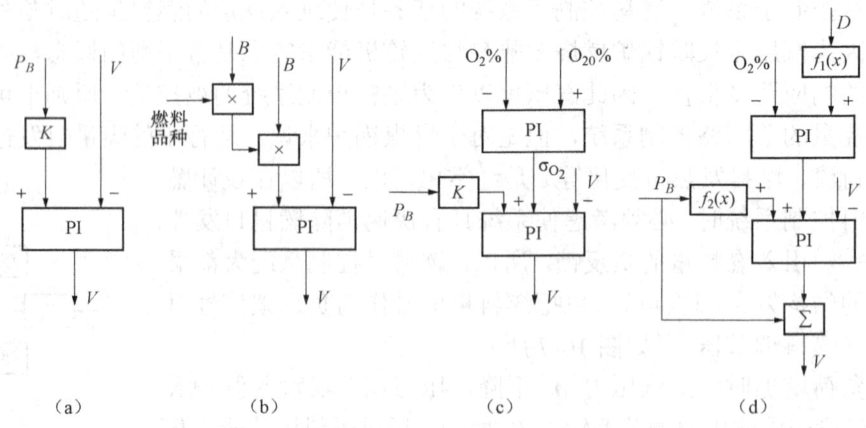

图 10-9 送风控制子系统

在实际运行中，送风量和燃料量的最佳比例值 K 不是常数，K 是随不同的负荷和燃烧品种变化的。图 10-9 所示系统把 K 选为常数，就不能始终保证燃烧过程的最佳经济性。而送风量 V 和燃料量 B 的最佳比例 K 是随不同负荷、不同燃料品种而变化的。因此，可以选用随负荷、燃料品种变化而修正送风量的送风控制系统，如图 10-9（b）所示。这个系统是用乘法器

构成的单闭环比值送风控制系统，燃料量的修正值作为送风量的给定值，实现 B 与 V 的比值控制。

根据负荷、燃料品种的变化去修正最佳风煤比例系数 K，此系统结构简单、整定投运方便，但负荷和燃料品种的修正系数在实际应用中较难确定。

2）氧含量串级送风控制系统。采用氧量作为校正信号的送风控制系统如图 10-9（c）所示，它是一个串级比值控制系统。主调节器（氧量校正控制器）接受氧量和氧量定值信号，用来保证稳态时氧含量等于给定值信号，起细调作用。副调节器接受燃料信号 P_B，反馈信号 V 及氧量校正控制器 σ_{O_2} 的输出，用来保证风煤的基本比例，起粗调作用。当烟气中氧含量高于给定值时，氧量校正调节器发出的校正信号 σ_{O_2} 减小，修正送风控制系统的给定值，使送风控制器减少送风量 V。经过校正后的送风量将保证烟气中氧含量等于给定值。当系统处于静态时，副调节器的入口信号的平衡关系为

$$BK - V + \sigma_{O_2} = 0 \tag{10-3}$$

因此，校正后的送风量信号为

$$V = BK + \sigma_{O_2} \tag{10-4}$$

式中　σ_{O_2} ——氧含量校正控制器的输出信号。

可见，在有氧量校正的送风控制系统中，送风量除了需要和燃料量保持比例外，还要附加一个校正送风量信号 σ_{O_2}，才能使烟气中氧含量达到最佳值。图中控制器接受的信号有氧含量 O_2%的反馈信号、燃料量 B 的前馈信号和送风量 V 的反馈信号。

在实际应用中，烟气最佳含氧量的数值随着锅炉负荷的改变而变化。一般在负荷增加时，最佳含氧量的值减小。为了使氧量给定值随负荷的改变而变化，可将负荷信号 D 通过一个函数器 $f_1(x)$，产生一个随负荷而改变的最佳氧量信号作为氧量校正控制器的给定值，如图 10-9（d）所示。不同负荷下的最佳氧量值由锅炉热效率试验确定，然后设置在函数器中。氧量偏差信号经过校正控制器运算，输出送风量校正信号给副调节器。锅炉主控制器输出的负荷指令 P_B 通过函数模块 $f_2(x)$的运算，送出在不同负荷下所需要的理论空气量，作用给副调节器作为给定值信号，这样系统输出的送风量信号对应锅炉的负荷值，以使炉内维持最佳燃烧工况。另外，为了克服送风控制通道中存在的迟延和惯性，系统中还引入了负荷指令 P_B 的前馈控制作用，以改善动态过程中的燃风配合。该系统还引入了送风量 V 的反馈信号作用到副调节器输入端，用以消除送风量 V 的内扰。因为氧含量 O_2%的给定值跟随负荷 D 而改变，且负荷 D 由外界用户而定，故属于随动控制系统。

（3）引风控制子系统。对于负压燃烧锅炉，如果炉膛压力接近于大气压力，则炉烟往外冒出，影响设备与工作人员的安全；反之，如果炉膛压力太低，又会使大量的冷空气漏入炉膛内，降低了炉膛温度，增大了引风机负荷和排烟带走的热量损失。因此，一般将炉膛压力维持在比大气压力低 20～50Pa 的范围内。

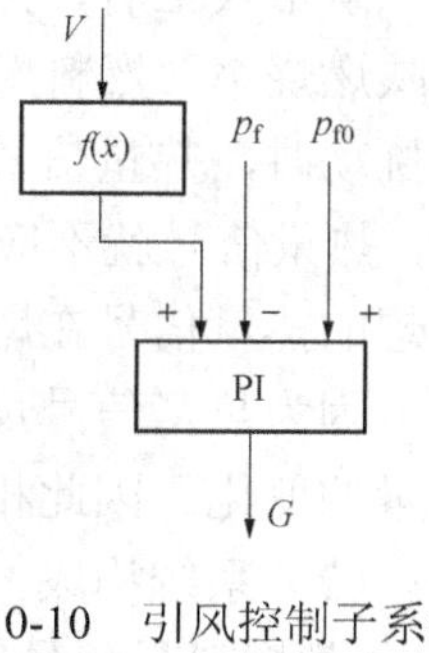

引风控制系统的任务是要保持炉膛负压在规定的范围之内。由于引风控制对象的动态响应快，测量也容易，所以引风控制系统一般采取以炉膛负压 p_f 作为被调量的单回路控制系统，如图 10-10 所示。由于送风量的变化是引起负压波动的主要原因，为了能使引风量快速跟踪送风量，以保

图 10-10　引风控制子系统

持二者的比例，可将送风量作为前馈信号引入引风控制器。这样当送风控制系统动作时，引风控制系统立即跟着动作，而不是等炉膛负压偏离给定值后再动作，从而能使炉膛负压基本不变，所以引风控制系统引入送风前馈信号以后，将有利于提高引风控制系统的稳定性和减少炉膛负压的动态偏差。

送风量信号 V 通过前馈补偿装置 $f(x)$送到引风控制器而使引风量 G 跟着改变，是一个快速补偿（前馈）系统，但当系统处于静态时，前馈补偿装置 $f(x)$的输出应为零（可采用微分控制规律），以使炉膛负压保持为给定值。

采用比值送风的燃烧控制系统的优点是结构简单。但对于中间储仓式锅炉来说，存在较大的缺点：

首先，对于中间储仓式锅炉，很难直接、准确地测量进入炉膛燃烧的煤粉量。一般都采用间接测量的方法，如用给粉机转速代表煤粉量。这种方法虽然简单，但转速信号不能反映煤粉的自发性扰动和煤发热量的变化。因此燃料反馈信号不能及时消除燃料量的自发扰动，要等此扰动波及主汽压变化后才能得到纠正。也不能保证燃料量与负荷要求准确适应，要靠主汽压进行校正。

其次，目前常用送风机后风压、空气预热器前后压差或在风道中安装测量装置的办法来测量送风量，而无法计入炉膛漏风、制粉系统漏风及工况变化、送风再循环改变等影响因素。因此，进入送风调节器的风量反馈信号不能代表进入炉内的实际空气量。

由于煤粉量与送风量难以测准，煤种常有变化及最佳过剩空气系数随锅炉负荷而变等原因，采用保持风煤比的方法不能保证炉膛过剩空气系数为最佳值，即不能保证经济燃烧。故对中间储仓式锅炉提出采用热量信号的燃烧控制系统。

2. 采用热量信号的燃烧控制系统

（1）热量信号 D_Q。所谓热量信号 D_Q，是指燃料进入炉膛燃烧后，在单位时间内所产生的热量。用蒸汽流量 D 来准确度量稳态时燃料发热量中被利用的部分，用汽包压力 p_b 的变化来反映动态过程中储存（或放出）在锅炉内部的剩余热量，通过热量信号 D_Q 把上述热量的利用和储存两部分适当组合起来。

$$D_Q = D + C_b \frac{dp_b}{dt} \tag{10-5}$$

式中　C_b——锅炉的蓄热系数。

根据热量系数关系式可画出热量信号的构成方框图如图 10-11 所示。

从形式上看，热量信号是蒸汽流量与汽包压力微分信号之和；从本质上看，热量信号只反映燃烧率（燃料燃烧发热量/秒）的变化（内扰），而不反映负荷的变化（外扰），即当燃烧率扰动时，热量信号应成正比例变化，而当汽轮机耗汽量变化时，只要进入炉膛的燃料量不变，热量信号就不应该变化。否则，就失去了用热量信号代表实际参加燃烧的煤粉量的意义。理想的热量信号在燃烧率和负荷阶跃扰动下的响应曲线如图 10-12 所示。

因为热量信号反映的是燃烧率，所以它不仅能反映燃料数量的变化，而且更能反映燃料质量的变化。因此相较燃料量信号，热量信号能更准确地反映燃烧率的变化。

（2）系统构成。采用热量信号的燃烧控制系统原理结构图如图 10-13 所示，以热量信号 D_Q代替燃料量信号 B。

热量信号与进入炉膛的燃料量之间呈比例关系，仅在时间上存在迟延。因此，用热量信号代替燃料量信号是可行的。

1）燃料控制系统采用串级控制，主调节器位于锅炉主控制器，锅炉主控根据协调控制方式的不同，依据汽压信号或负荷信号进行计算，产生锅炉主指令（燃烧率指令）信号 BD。副调节器由 PI_1 担任。

2）送风量控制系统是由 PI_4、PI_2 组成的串级系统，其中 PI_4 为外回路调节器（主调节器），目的是维持燃烧的经济性。PI_2 为内回路调节器（副调节器），目的是快速消除送风量内扰。

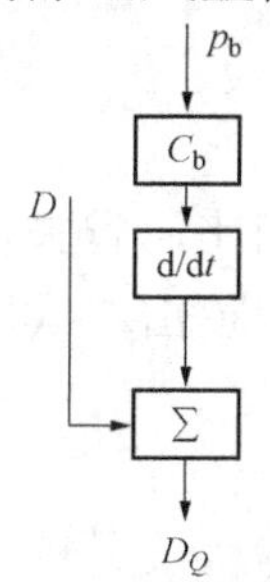

图 10-11　热量信号的构成方框图

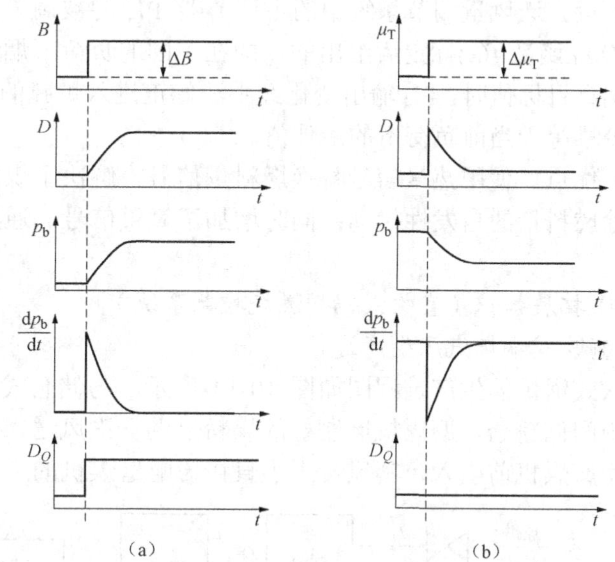

图 10-12　热量信号的阶跃响应曲线

（a）燃料量扰动；（b）蒸汽流量扰动

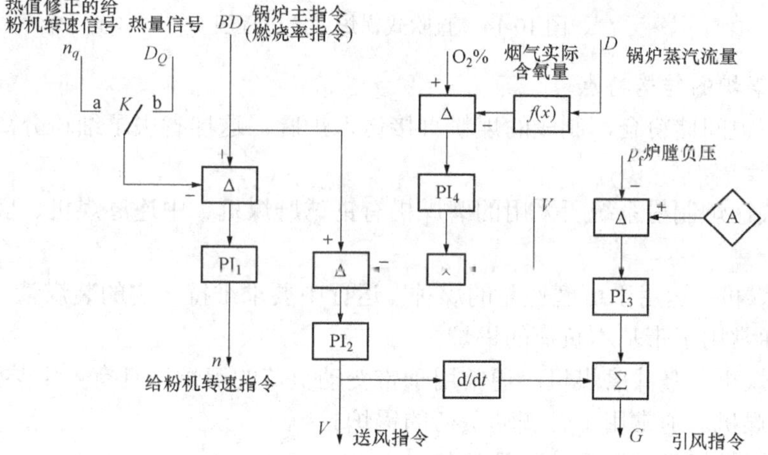

图 10-13　采用热量信号的燃烧控制系统原理结构图

3）引风量控制系统是由 PI_3 组成的单级系统，目的是维持炉膛负压稳定。

（3）工作过程。

1）当锅炉主指令 BD 增加时，燃料控制系统的副调节器 PI_1 动作，增大给粉机转速，增加燃料量；送风量控制系统的副调节器 PI_2 动作，增大送风量；PI_2 输出增大，经前馈通道增大引风机位置指令，增大引风量。实现了送风量与引风量成比例变化，送风量与燃料量成比例变化。

2）当热量信号 D_Q 反映的进入炉膛燃料量与锅炉主控指令 BD 不相等时，比例积分特性

的副调节器 PI_1 输出指令就继续变化，直到 D_Q 与 BD 平衡为止。同样，送风量控制系统的副调节器 PI_2 的作用是保证实际风量与风量主指令相平衡；炉膛负压调节器 PI_3 则保证炉膛负压 p_f 等于设定值。

3）燃烧的经济性可通过过量空气系数或烟气含氧量反映，即保证燃烧过程中有最佳的烟气含氧量。送风量调节系统中的主调节器 PI_4 的被调量是烟气含氧量，其目标值是锅炉蒸汽流量 D 经函数 $f(x)$ 标定后给出的，即在不同的负荷下烟气含氧量应具备的最佳值。当实际含氧量偏离目标值时，PI_4 输出变化经乘法修正进入炉膛的实际风量，再次调整进入炉膛的风量，使氧量等于当前负荷下的最佳值。

（4）优点。使用热量信号替换燃料量信号，解决了煤粉量难以准确测量的问题，因而能及时消除燃料量的自发性扰动；同时增加了氧量信号，通过氧量校正调节器 PI_4 保证燃烧的经济性。

（六）拓展知识（直吹式锅炉燃烧控制系统）

1. 直吹式锅炉汽压生产过程

直吹式锅炉的生产过程图如图 10-14 所示，与储仓式锅炉制粉系统相比，省去了细粉分离器和中间储粉仓，磨煤机磨制好的煤粉借助一次风送入炉膛，煤粉在炉膛由二次风助燃。一次风由磨煤机前引入，其风量大小直接影响磨煤机的工作。

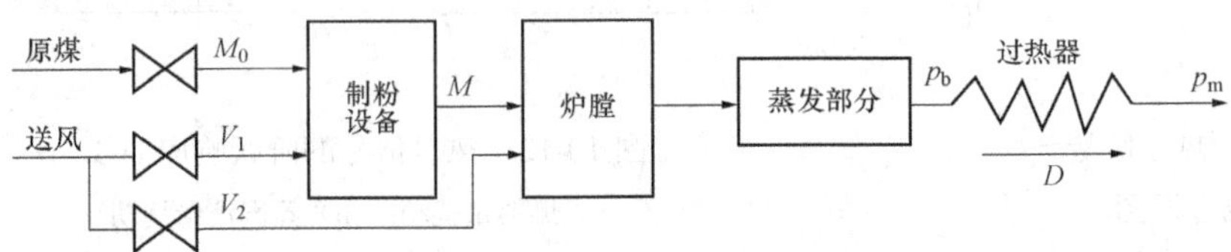

图 10-14 直吹式锅炉生产过程图

2. 直吹式锅炉的结构特点

（1）不存在中间储粉仓，制成的煤粉直接送入炉膛，这样省去了细粉分离器和中间储粉仓，节约了投资。

（2）直吹式锅炉制粉系统所采用的磨煤机有钢球磨煤机、中速磨煤机、竖井磨煤机和风扇磨煤机。

1）钢球磨煤机。运用于可磨性差的煤种，运行中要求维持一定的装煤量，但适应负荷变化的能力差，通常用于带基本负荷的锅炉。

2）中速磨煤机、竖井磨煤机。通常用于带变动负荷的锅炉，具有一定装煤量。

3）风扇磨煤机。通常用于带变动负荷的锅炉。

3. 直吹式锅炉燃烧控制系统的设计特点

（1）具有直吹制粉设备的锅炉，其磨煤机与锅炉紧密地联系在一起。在稳定运行时，进入磨煤机的原煤量等于送入炉膛的煤粉量，并与负荷要求相适应。调节进入磨煤机的原煤量就等于调节进入炉膛的煤粉量。

因此，可以用原煤量作为控制变量。对于带基本负荷的锅炉可以配备球磨煤机直吹设备，而带变动负荷的锅炉多配备中速磨煤机、竖井磨煤机或风扇磨煤机的直吹制粉设备。至于采用哪种磨煤机，应视煤的可磨性而定。

（2）直吹制粉设备的调节机构（如给煤机、一次风门及二次风门）都设立在磨煤机前面，而磨煤机磨出的煤粉要分别进入不同的管道送至燃烧器。

对于储仓式锅炉，由于一次风门及二次风门均设立在磨煤机之后，给粉机可均匀地向各燃烧器送粉，因而保证各喷燃器的风煤比例是比较容易实现的。

如何保证直吹式锅炉的煤粉均匀地送入各燃烧器以及保证各燃烧器的风、煤比例，这是设计直吹式燃烧控制系统必须注意的问题。

（3）为了更快地适应外界负荷扰动，每个磨煤机的输出煤粉量，即进入炉膛的煤粉量，首先是依靠改变经过磨煤机的一次风量来调节的（风扇磨除外），因为一次风的变化可很快地将磨煤机中的蓄粉吹出，暂时满足负荷变化的需要。为更好地输送煤粉，必须保持一次风的速度，但是为使燃烧器出口有满意的火焰形态和有比较稳定的炉膛火焰中心，就要限制一次风的调节范围，其中球磨煤机的一次风调节范围可稍大于其他几种磨煤机。因此必须对一次风的调节范围进行限制，不能高于或低于一定数值。

（4）磨煤机控制系统应保持磨煤机出口的煤粉量与一次风量的比值，同时防止给煤机由于过量的给煤而堵塞。给煤机必须能连续均匀地改变给煤量，给煤量的变差应尽可能小，其特性曲线应是线性的，而不是阶跃式的。虽然后者对磨煤机制粉工况影响不大，但它使进入燃烧器的一次风的风煤比波动，从而使燃烧工况不稳定。磨煤机控制系统的其他子系统分别控制磨煤机出口温度、一次风压和轴封风压等。

（5）燃烧控制系统必须保证各并列运行的磨煤机带上它们所能承担的不同负荷。由于并列运行的磨煤机在工作期间本身的条件会产生变化，因而燃烧控制系统在给它们加减负荷时，应视各磨煤机的具体情况发出不同的负荷指令。

4. 设计直吹式锅炉燃烧控制系统的注意事项及解决措施

（1）注意事项。针对直吹式燃烧控制系统的特点，在设计锅炉燃烧控制系统时应注意以下几点：

1）由于燃料量调节阀只能设在磨煤机前，即调节进入磨煤机的原煤量。因此制粉过程就被包括在汽压通道中，大大增加了汽压通道的惯性和迟延。

2）由于一次风在磨煤机之前引入，因而对制粉系统的正常工作影响很大。一次风量过大，进入炉膛的煤粉颗粒大；风量过小又影响送粉，且易造成磨煤机堵塞。

3）不同种类的制粉设备采用不同的工作方式，因此，设计燃烧控制系统时必须区别对待。

因此，当机组负荷变化时，如何快速改变进入炉膛的煤粉量；当机组负荷不变时，如何及早发现和克服燃料量的扰动，就成为设计直吹式锅炉燃烧控制系统时两个需要特别予以考虑的问题。

（2）解决措施。通过对磨煤机运行特性的分析、研究，可以提出解决上述两个问题的措施：

1）由于磨煤机出力有较大的迟延和惯性，直吹式系统在单独改变给煤量时不能快速使煤粉量发生变化，但改变一次风量却能迅速改变进入炉膛的煤粉量。因此，为了提高直吹式系统的负荷响应能力，在改变给煤量的同时，可改变一次风量。

2）为尽早消除燃料量的自发性扰动，首先要及时地测量进入磨煤机的煤量，即要快速准确地测出磨煤机中的存煤量。其测量方法随着磨煤机的类型不同而不同。例如对于中速磨煤机和钢球磨煤机，可以用磨煤机进出口风压差的大小来间接代表磨煤机中的存煤量多少，也可用磨煤机的电动机功率的大小来代表磨煤机中的存煤量。

5. 燃烧控制方案

（1）“一次风-燃料”燃烧控制方案。对于直吹式制粉系统的锅炉来说，磨煤机的装煤量越大，在给煤量扰动下，出粉量变化的惯性和迟延也越大。同时，磨煤机通常有一定的蓄粉量，装煤量越大，其蓄粉量也越大。对于装煤量大的磨煤机，改变一次风量以吹出磨煤机中的蓄粉，可有效地减小燃料系统的惯性和迟延。

图 10-15 给出了磨煤机给煤量扰动和一次风量扰动下的出粉量阶跃响应曲线。曲线 1 是磨煤机给煤量阶跃增加时出粉量的响应曲线，曲线 2 是一次风量阶跃增加时出粉量的响应曲线，曲线 3 是给煤量与一次风量同时扰动时的出粉量响应曲线。可以看出，一次风量参与给粉量的调节，可以有效地减少燃料调节通道的惯性和迟延。

“一次风-燃料”燃烧控制系统如图 10-16 所示。当锅炉主指令 P_B 变化时，首先由一次风调节器和送风调节器改变一次风量和二次风量。一次风量的改变可以迅速吹出磨煤机中的蓄粉，以适应负荷变化对炉膛发热量的需求。一次风量与二次风量随负荷指令成比例变化，有利于保证燃烧过程的经济性。

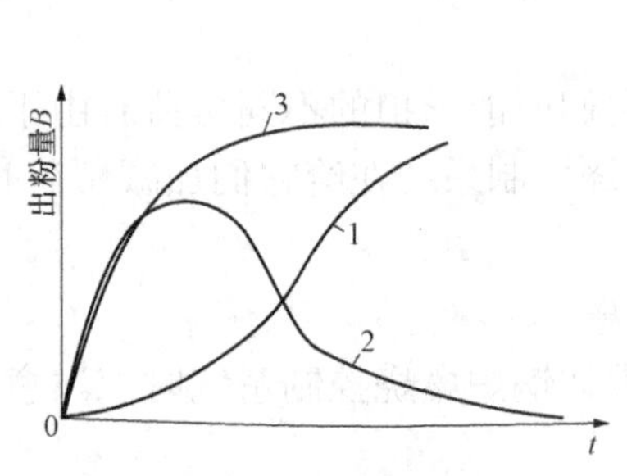

图 10-15　出粉量响应曲线

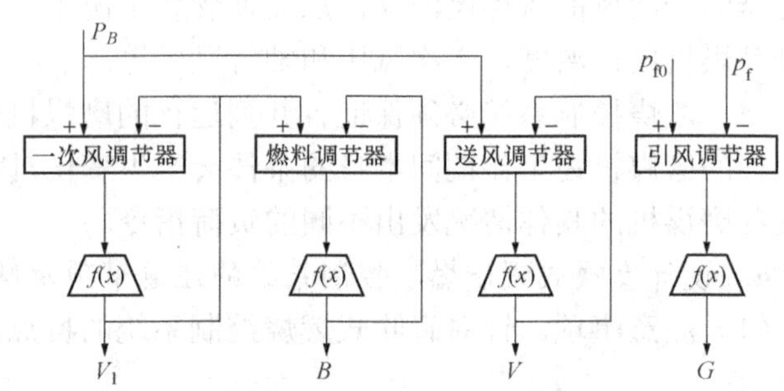

图 10-16　“一次风-燃料”燃烧控制系统

系统用一次风量反馈信号作为燃料调节器的给定值，一次风量变化后调节给煤量，使给煤量跟踪一次风量的变化。

炉膛负压控制子系统与储仓式锅炉燃烧控制系统相同。

综上所述，负荷指令增加时，“一次风-燃料”控制系统首先增加一次风量和二次风量，并利用一次风量信号去增加给煤量，以适应负荷的需要。

“一次风-燃料”控制系统适合装煤量大、蓄粉量较多、煤粉输出迟延和惯性较大的磨煤机（钢球磨煤机、中速磨煤机、竖井磨煤机），能够保证出粉量稳定变化的需要。

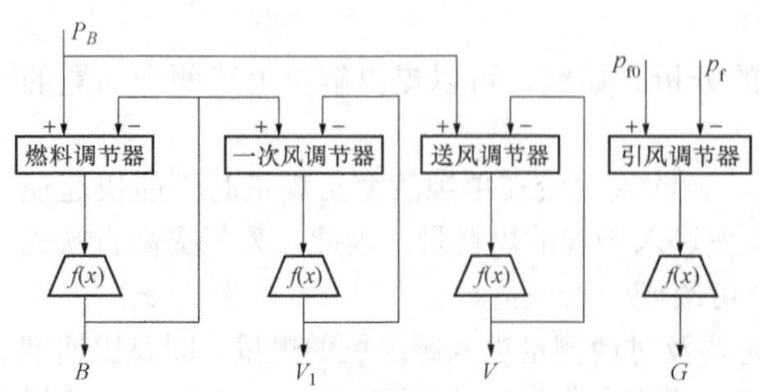

图 10-17　“燃料-风量”控制系统

（2）“燃料-风量”燃烧控制方案。随着锅炉容量的增加，磨煤机的运行台数通常也随之增加，相对而言磨煤机的装煤量在减小。对于装煤量少的磨煤机，其蓄粉量相应较少，应采用“燃料-风量”燃烧控制方案。

“燃料-风量”燃烧控制系统如图 10-17 所示。当锅炉主指令 P_B 变化时，首先由燃烧调节器和送风调节器改变燃料量 B 和送风量 V，使之迅速满足燃烧及制粉过程的需要。一次风量由一次风调节器根据燃料量的变化进行调整，使一次风量 V_1 与燃料量 B 成一定比例。

由上可见，在负荷指令增加时，"燃料-风量"控制系统首先增加燃料量和送风量，并利用燃料量信号去增加一次风量，以适应负荷的需要。

由于一次风量不直接参与燃料量的调节，这就要求系统在负荷变化时，能迅速准确地改变磨煤机的给煤量，因此要求燃料量的反馈信号 B 能正确代表给煤量的变化。工程上采用的给煤量反馈有以下三种：一是以给煤机的给煤量为燃料量反馈信号，如采用电子称重装置直接测量给煤机的给煤量；二是以给煤机转速代表给煤量；三是以磨煤机功率代表给煤量。

"燃料-风量"控制系统适合装煤量小、蓄粉量较少、煤粉输出迟延和惯性较小的磨煤机（风扇磨煤机），能够克服仅用一次风量作为调节手段不能有效增加煤粉量的缺点。

五、单元测试

（一）选择题

1．影响主汽压变化的主要因素有（　　）。

A．给水流量、蒸汽流量　　B．蒸汽流量、凝结水流量

C．蒸汽流量、减温水量　　D．燃料量、蒸汽流量

2．负压燃烧锅炉的引风机故障停机后，送风机没有停机，这时将造成炉膛（　　）而向外喷火。

A．负压　　B．正压　　C．不平衡　　D．燃烧加强

3．送风机扰动，导致送风量增加会造成烟气含氧量（　　）。

A．升高　　B．降低　　C．不变　　D．不确定

4．外界负荷增加时，锅炉的给煤量会随之（　　）。

A．增大　　B．减小　　C．不变　　D．不确定

5．在锅炉送风调节系统中，被控量是（　　）。

A．一次风量　　B．二次风量　　C．给煤量　　D．烟气含氧量

6．在串级送风调节系统中，主调节器一般选用（　　）调节器。

A．P　　B．I　　C．PID　　D．PD

7．直吹式制粉系统是以（　　）调节锅炉的燃料量。

A．给煤机　　B．磨煤机　　C．给粉机　　D．煤厂转运站

8．锅炉燃烧对象是一个（　　）调节对象。

A．多变量　　B．单变量　　C．双变量　　D．三冲量

9．在燃煤锅炉中，由于进入炉膛的燃料量很难准确测量，所以选用（　　）信号间接表示进入炉膛的燃料量。

A．风量　　B．蒸汽流量　　C．给水流量　　D．热量

10．锅炉主蒸汽压力控制系统的作用是通过调节燃料量，使锅炉蒸汽量与（　　）相适应，以维持汽压的恒定。

A．给水量　　B．汽轮机耗汽量　　C．锅炉送风量　　D．凝结水流量

（二）问答题

1．说出锅炉燃烧控制系统的基本任务和具体任务。

2．分别画出内扰作用和外扰作用下的汽压控制对象阶跃响应曲线，并说明动态特性的特

点是什么。

3．说出送风控制对象动态特性的特点。

4．为什么送风控制系统中需要采用氧量校正？

5．画出“热量信号”的构成方框图，说明用热量信号代表燃料量信号的依据。

学习单元二 燃烧控制系统的工程实例

一、学习目标

通过本单元的学习，能够理解燃烧控制的工程实用情况，能分析实际燃烧控制系统的SAMA图。

二、学习任务

本单元的学习任务有四个：

（1）分析燃料主控系统。

（2）分析煤量（给煤机）控制系统。

（3）分析送风量控制系统。

（4）分析引风量控制系统。

三、任务分析

锅炉燃烧过程是一个将燃料的化学能转变为热能，以蒸汽形式向负荷设备（以汽轮机为代表）提供热能的能量转换过程。燃烧过程控制的基本任务是使锅炉燃烧提供的热量适应锅炉蒸汽负荷的需要，同时还要保证锅炉的安全经济运行。燃烧控制是主控制系统的重要子系统，它接受来自主控制系统发出的锅炉负荷指令，并将该指令分别送往燃烧、送风控制系统，使燃料和风量按预先设置好的静态配合按比例同时动作，以保证合适的风/燃料配比，并通过燃料控制和风量控制的交叉限制作用，满足增负荷先增风，减负荷先减燃料的生产工艺要求，以保证锅炉既安全又经济地正常运行。送风调节机构的位置指令又作为炉膛压力控制系统的前馈信号，实现送风机和引风机的协调动作，以减小炉膛压力波动。从而在外界负荷需求发生变化时，使燃料、送风和炉膛压力三个子系统同时成比例地动作，共同适应外界负荷的需求。

目前，大型机组的锅炉燃烧控制系统通常分别以给煤机转速、送风机动叶、引风机静叶和二次风挡板为控制手段来实现对锅炉燃料量、总风量、炉膛压力和风量配比的控制。

四、任务实施

（一）燃料控制系统

以下以某电厂600MW机组直吹式燃烧系统为示例分析锅炉燃烧控制系统的主要构成及工程应用。

燃料控制系统的任务是使进入锅炉的燃料量（油、煤）符合机组的负荷要求。它包括燃油控制系统和燃料（煤）控制系统两部分。燃料系统采用6台给煤机，与之对应有6台磨煤机，形成6个同样的制粉单元。因本燃烧系统采用直吹式制粉系统，所以在稳态时，磨煤机的进煤量等于进入炉膛的煤粉量，这是磨煤机正常运行必须做到的，所以在燃烧控制系统中采用了给煤机转速信号代表煤量信号，也即燃料的控制可以通过控制每台给煤机的转速来实现。6台给煤机中只要有4台正常运行，就能保证机组满负荷运行。因此，正常运行时只需4

台给煤机运行即可，剩下一台作为备用，一台作为检修备用。

1. 燃油压力控制系统

本机组的基本燃料为煤粉，但在机组启动初期要燃油，另外，在煤粉点火和稳定燃烧时，也要烧一定数量的油。因此总燃料量包括这一部分燃油量，所以要设燃油控制系统。本机组对燃油量的控制是通过对燃油压力的控制来实现的。图 10-18 所示为燃油压力控制系统。

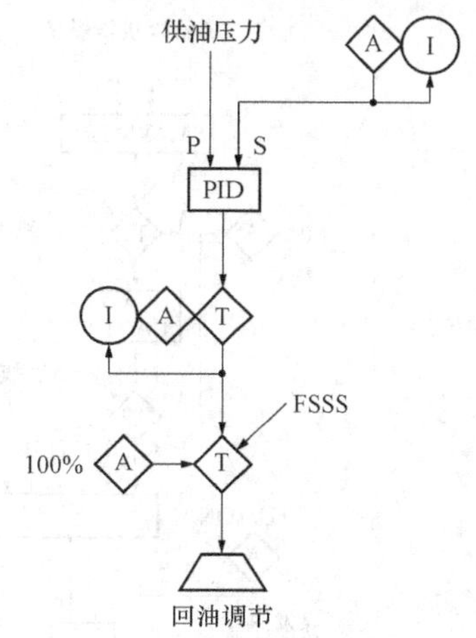

图 10-18　燃油压力控制系统

（1）系统分析。燃油压力控制系统是一个定值单回路控制系统，测量值为燃油压力，它与油压设定值相比较，其偏差通过调节器运算处理，再通过 M/A 输出，去控制回油调节阀，通过调节回油调节阀使油压等于给定值。

（2）逻辑回路。以下任一条件成立时，进油调节阀 M/A 站切手动：油压偏差越限、调节阀的反馈信号和控制指令间偏差越限、主燃料跳闸（MFT）、油燃料跳闸（OFT）。

当 FSSS 来油燃料跳闸（OFT）时，输出 100%开指令，即让回油阀全开。

2. 燃料（煤）量控制系统

（1）系统分析。图 10-19 是燃料（煤）量控制系统。

燃料（煤）量控制系统是一个带前馈的单回路控制系统。总燃料量的测量值是由煤和油两部分叠加得到，其中煤的测量值是 6 台给煤机的给煤量之和，图中只画出了 A 给煤机的测量回路，其他 5 台测量回路与之相同。Σ1输出的总煤量在乘法器中与煤的热值修正系数相乘，得到煤的实际发热量表示的总给煤量，油量信号是由实际供油流量减去回油流量乘以油的热值修正系数得到，油量信号与总给煤量信号在加法器 Σ3 相加得到总燃料量测量值。燃料量设定值是由燃料量/风量指令交叉限制回路输出的燃料指令经过超前环节（由模块 LEADGLAG2、Δ、Σ4、Σ5构成）处理后送入调节器的，调节器将两者的偏差经过运算处理，其输出送往加法器 Σ6 与燃料指令的前馈信号相加，再通过 M/A 站和增益调整与平衡模块送往各给煤机调整给煤机转速，最终使进入锅炉的燃料量与机组的负荷相适应。

1）煤量信号的测量。每台给煤机煤量的测量都有两个测点，经二选一模块 SM2XMTRS 输出，其后再进入超前/滞后模块 LEADLAG1，加超前/滞后该环节的目的是因为磨煤机具有一定的惯性，使进入磨煤机的煤量和磨煤机输出的煤粉量之间有一定的迟延，即输出相对于输入来说有一迟延时间，但进入磨煤机的给煤量等于磨煤机输出的煤粉量。输出到加法模块 Σ1 求总给煤量。切换模块 T1 和 T2 的切换条件成立时均输出 0，但切换条件不一样，T2 的切换的条件是当磨煤机跳闸时，输出的给煤量值立即为 0；T1 的切换的条件是当磨煤机没有跳闸，但给煤量低于某一下限值时，输出滞后一段时间为 0，这是因为磨煤机本身有一定的滞后造成的。

2）燃料指令的超前处理。图中对燃料指令进行超前（由模块 LEADLAG2、Σ4、Σ5 构成）处理的原因是因为锅炉本身惯性大，负荷响应就慢，加之又采用直吹式制粉系统，使磨煤机环节也包括到燃料-负荷这个控制通道中，加大了负荷响应时间。为了提高负荷响应速度，所以此处采用超前处理，超前处理部分原理可参考氧量校正及风煤交叉限制回路中的动态校正回路。Σ6 加燃料指令的前馈的原因也是为了加快负荷响应的速度。

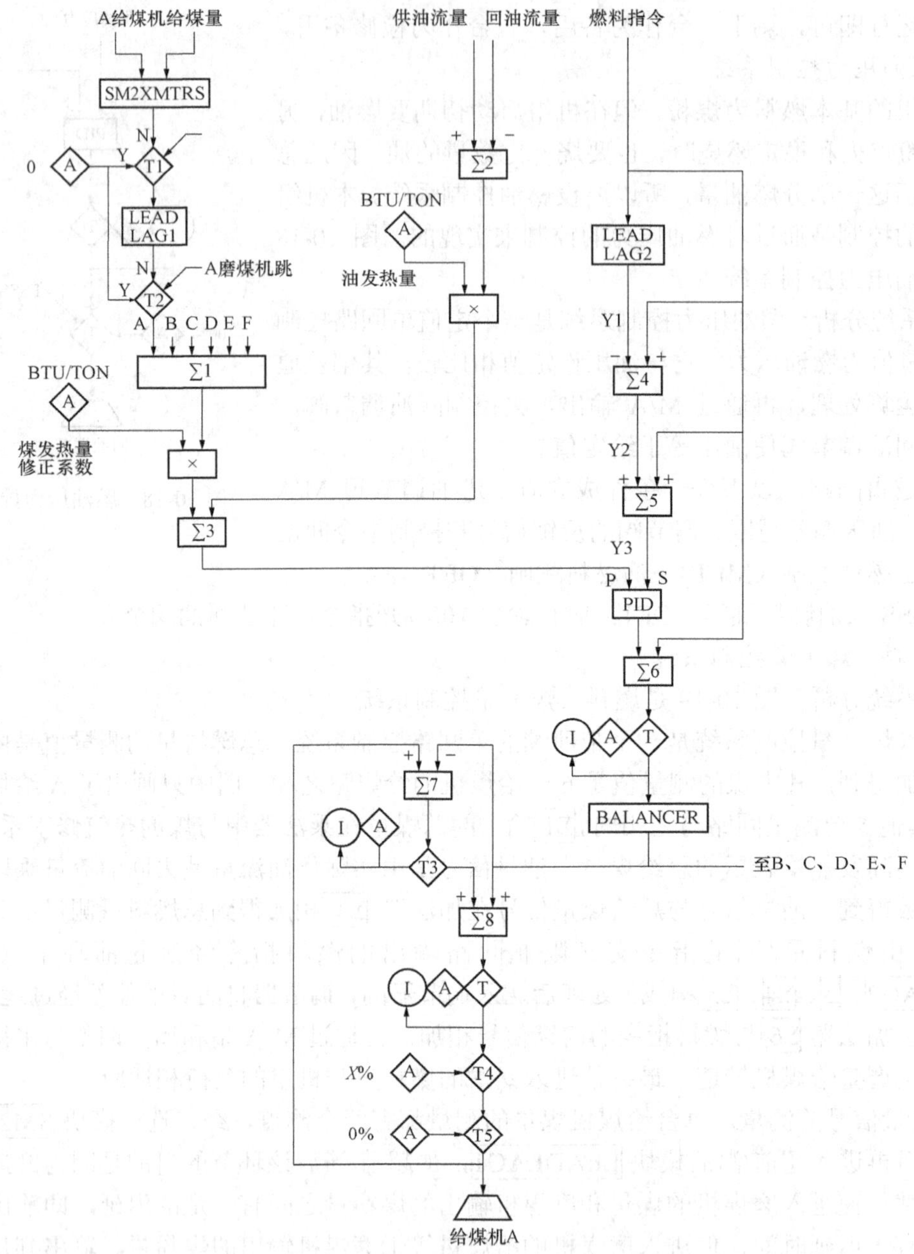

图 10-19　燃料（煤）量控制系统

3）增益调整与平衡。该系统除设计有煤主控 M/A 站外，每台给煤机还有自己的 M/A 站，可分别对每一台给煤机进行独立操作，主站和分站之间设计有增益调整与平衡模块 BALANCER，该模块有两个作用：一个是实现控制信号对各执行机构的跟踪，具体如何跟踪可人为设置，另一个功能是当投自动的给煤机台数不同时调整控制信号的大小。因为此处燃料调节器输出的煤量控制指令对六台给煤机并行控制，当投入的给煤机台数不同时，整个控制回路的控制增益应该是不同的，所以必须按投自动的实际给煤机台数对系统的增益进行修正。

4）各给煤机控制。在各给煤机控制中（以给煤机 A 为例），控制信号可通过 ∑8 加一运行人员偏置信号，可人为调整每台给煤机的负荷。图中切换器 T3 切换的条件是磨煤机 A 处于自动状态，若磨煤机 A 不在自动状态，Σ8 的输出跟踪实际给煤指令，可实现受自动切换时无扰。切换器 T4 的 X%是锅炉稳定燃烧的最小给煤量，小于该值，锅炉容易灭火。

（2）主要控制逻辑。

1）燃料主控 M/A 站切手动。以下任一条件成立时，燃料主控 M/A 站切手动：任一台给煤机不在自动状态、任一台给煤机给煤量信号故障、燃料量的测量值也设定值的偏差越限、两台送风机均在手动、主燃料跳闸（MFT）。

2）给煤机转速切至 0%。以下任一条件成立时，给煤机转速切至 0%：主燃料跳闸（MFT）、给煤机跳闸、磨煤机启动失败。

3）任一给煤机 M/A 站切手动。以下任一条件成立时，相应给煤机 M/A 站切手动：MFT、给煤机跳闸、磨煤机启动失败、切给煤机至最小给煤量、煤主控在手动、热风挡板在自动、冷风挡板在自动。

（二）总风量控制系统

锅炉的主控指令 N_B 通过风/煤交叉限制回路的处理输出燃料指令和送风指令，其中燃料指令送往燃料系统，控制燃料量。送风指令送往送风系统，控制进入炉膛的总风量。即当负荷变化时，在调燃料的同时也调送风量，以保证合适的风煤比。

磨煤机的风温和风量控制系统以及一次风压控制系统主要是保证用于送粉的一次风。用于送粉的一次风最终也是属于助燃的风量，但帮助燃料在炉膛内完全燃烧的主要是二次风，即由两台送风机供给的风量。

送风控制系统的任务是接受风/煤交叉限制回路送来的送风指令去调两台送风机动叶，即控制二次风量的大小，以使进入炉膛的总风量等于要求值。该系统中风量的测量值不仅包括二次风，还应包括一次风，即一次风和二次风的总和。图 10-20 所示为总风量控制系统。

1. 系统分析

如图 10-20 所示，总风量测量值（包括一次风和二次风）与送风指令比较，其偏差经运算处理后送往两台送风机，通过调节送风机动叶开度来调整送风量，使得风量与要求值一致，即保证了风量与燃料量的合适配比，达到经济燃烧。

（1）风量信号的测量。此处的总风量信号是一次风与二次风的总和。一次风量在磨煤机入口处测量，6 台磨煤机的一次风量在加法模块 Σ1 处求和得出总的一次风量；二次风在二次风箱处进行测量，分 A、B 两侧，因两侧信号处理方法完全一样，所以图中只画出了 A 侧。二次风量的测量信号有三个测点，由三选一模块出来，再经二次风温度校正（校正原理同一次风压系统），得出二次风量信号；总的一次风量在加法模块 Σ2 中与 A、B 两台送风机的二次风量相加得出总风量信号。

（2）送风指令的前馈。送风指令在送往调节器作为风量的设定值的同时又经过函数 $f(x)$ 修正送往加法器 Σ1 作为送风的前馈信号，其目的是加快送风控制，保证送风量及时适应燃烧需要。

（3）防喘振回路。为防止送风机发生喘振，保证风机的安全运行，系统在 A（B）送风机控制通道上设计了防喘振回路。喘振现象只存在于轴流式风机中，离心式风机不牵扯此问题。在该系统中一次风机用的是离心式风机，所以控制系统设计时未考虑此问题。而二次风机和引风机均为轴流式风机，所以都设计了防喘振回路。即根据二次风量指令和送风机的特性曲线计算出风机动叶对应不同流量下的最大动叶开度，以此作为风机动叶开度的上限值送往小选模块[<]来限制上限开度。在后来的设计中将该功能去掉了，仅做了报警功能。

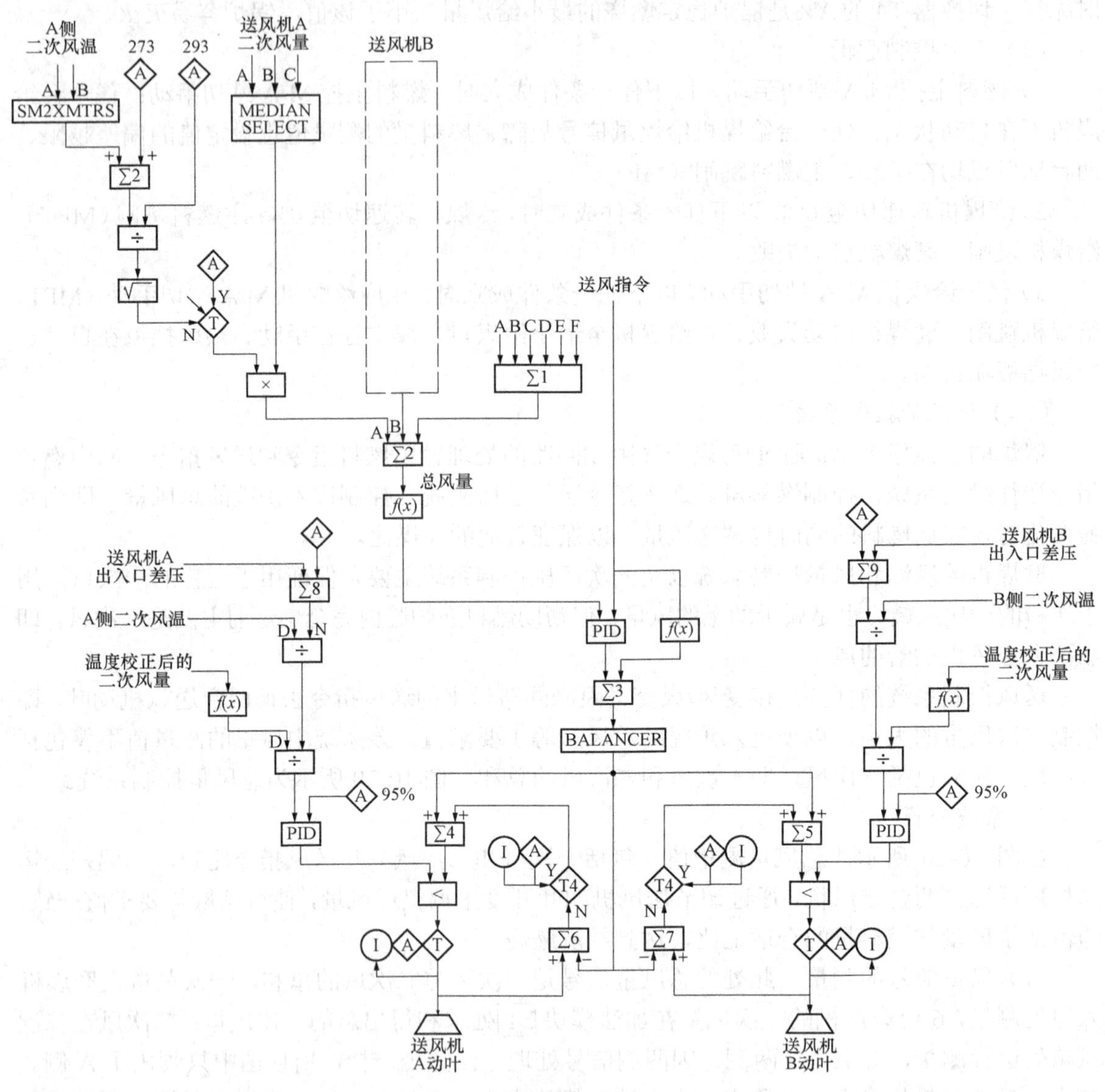

图 10-20 总风量控制系统

（4）送风机 A 和 B 间的风量平衡。该部分原理同一次风压系统，这一功能的实现是由切换器 T1、T2，加法器[Σ4]、[Σ5]、[Σ6]、[Σ7]来实现的。

2. 主要控制逻辑

送风机切手动。以下任一条件成立时，送风机入口挡板 M/A 站切手动：总风量指令和测量值之间的偏差越限、送风机动叶指令和阀位反馈之间的偏差越限、送风机失速、两台引风机均在手动、MFT。

（三）炉膛压力控制系统

炉膛压力控制的目的是根据炉膛压力和其设定值的偏差给出两台引风机变频的控制指

令，以维持炉膛压力在允许的范围内，确保锅炉安全运行。同时本字体设计了送风机入口门开度指令对引风控制的前馈信号，以及 MFT 时的超弛信号。当两台引风机变频控制站都在自动控制方式时，可对两台引风机的开度指令进行偏置，以使得两台引风机的负荷平衡。

锅炉运行时，如果机组要求的负荷指令 LDC 改变，则进入炉膛的燃料量和送风量将跟着改变，燃料在炉膛中燃烧后产生的烟气量也将随之改变。这时，为了维持炉膛内的正常压力，必须对引风量进行相应地调节。如果炉膛压力过低，炉膛和烟道的漏风量将增大，可能使燃烧恶化，燃烧损失增大，甚至会燃烧不稳定或灭火。此外，还可能会引起过热汽温升高和加大灰粒对受热面的磨损及引风机的损耗。反之，如果炉膛压力过高，炉膛内火焰和高温烟气就会向外面泄漏，影响锅炉的安全运行。因此必须对炉膛压力进行控制，以保证炉膛压力保持在一定的允许范围内。

炉膛压力控制系统是通过调节两台引风机变频指令，使引风量和送风量相适应，以保持炉膛压力在允许范围之内，从而保证锅炉的经济与安全运行。

图 10-21 为炉膛压力控制系统。

1. 系统分析

该系统是一个带前馈的单回路控制系统。炉膛压力测量值与设定值比较，其偏差经过 $\boxed{PID_1}$ 调节器处理，其输出再与送风前馈信号相叠加后，同时去控制两台引风机。

（1）炉膛压力的测量和处理。炉膛压力的测量有 3 个测点，经三选中模块输出压力测量值，如图 10-21 所示。采用三个测点的目的是防止因变送器故障或信号管路堵塞而影响测量值的可靠性，从而影响炉膛压力控制的可靠性。

由图 10-21 可知，三选一出来的信号经平滑模块 $\boxed{\text{SMOOTH}}$ 处理，此处采用该模块处理的原因时是对压力信号变化起平滑作用，防止炉膛压力信号的干扰造成调节器误动作。

（2）炉膛压力非线性控制。该功能是在 $\boxed{PID_1}$ 调节器内部实现的。被控量和给定值之差经一带死区的非线性环节，再进行 PID 运算处理。如果偏差在死区（又称不灵敏区）范围内，则调节器不动作，当偏差超过一定的允许值后，调节器才有控制输出。采用带死区非线性环节的目的是为减少因炉膛压力经常性的小波动而使执行机构频繁动作，从而提高系统的稳定性和执行机构的使用寿命。

（3）变比例带控制。因对象发生变化时，调节器参数也应做相应的调整，这样才能保证更好的调节效果。此处调节器设计为变比例带调节器，比例带会随设定值与测量值的偏差大小做相应变化，当偏差在正常范围时，采用一个比例带，当偏差越限时，采用另一个比例带值。

（4）送风指令的前馈。图 10-21 中送入加法器 $\boxed{\Sigma 2}$ 的信号，除了 $\boxed{PID_1}$ 的控制输出外，还有一个信号是送风指令信号经 $\boxed{f_1(x)}$ 修正送来的前馈信号，加此前馈的原因是炉膛压力是由送风和引风共同决定的。当送风量改变时，如果引风量单纯以炉膛压力的变化进行调节，必然会使炉膛压力的动态偏差较大，图 10-21 中采用送风指令作为前馈信号，使引风量能及时因送风量的改变而改变，这样可以减小炉膛压力的动态偏差，提高控制效果。

从图 10-21 中还可以看出，此处还引入了引风机 RB 信号。在引风机发生 RB 时，经一延时环节（此处为下降延时，上升时不延时立即动作），让前馈指令保持 RB 瞬间的值（可再加一偏置，此处偏置量为 0）不变：当引风机 RB 消失时，输出一脉冲信号给切换器 T3，即在 RB 刚消失时，使送风前馈信号按一定的速率变化，x 秒后，输出正常的送风前馈。引入该限速部分的作用是：若 RB 一消失就直接引送风前馈信号会产生较大的扰动，经 x 秒限速后再切会使前馈量平缓过度，以免造成对系统过大的扰动。之所以加入引风 RB 信号，是因为当引风机发生 RB 时，说明一台引风机有故障，机组要甩负荷，此时机组的各子系统都在根据负荷指令甩负荷，包括送风系统。此时若按送风前馈去调节引风，就会造成引风量进一步减小，使炉膛出现正压，为防止此现象，此处相当于将引风前馈闭锁，待引风 RB 消失时，再经限速后返回正常的前馈。

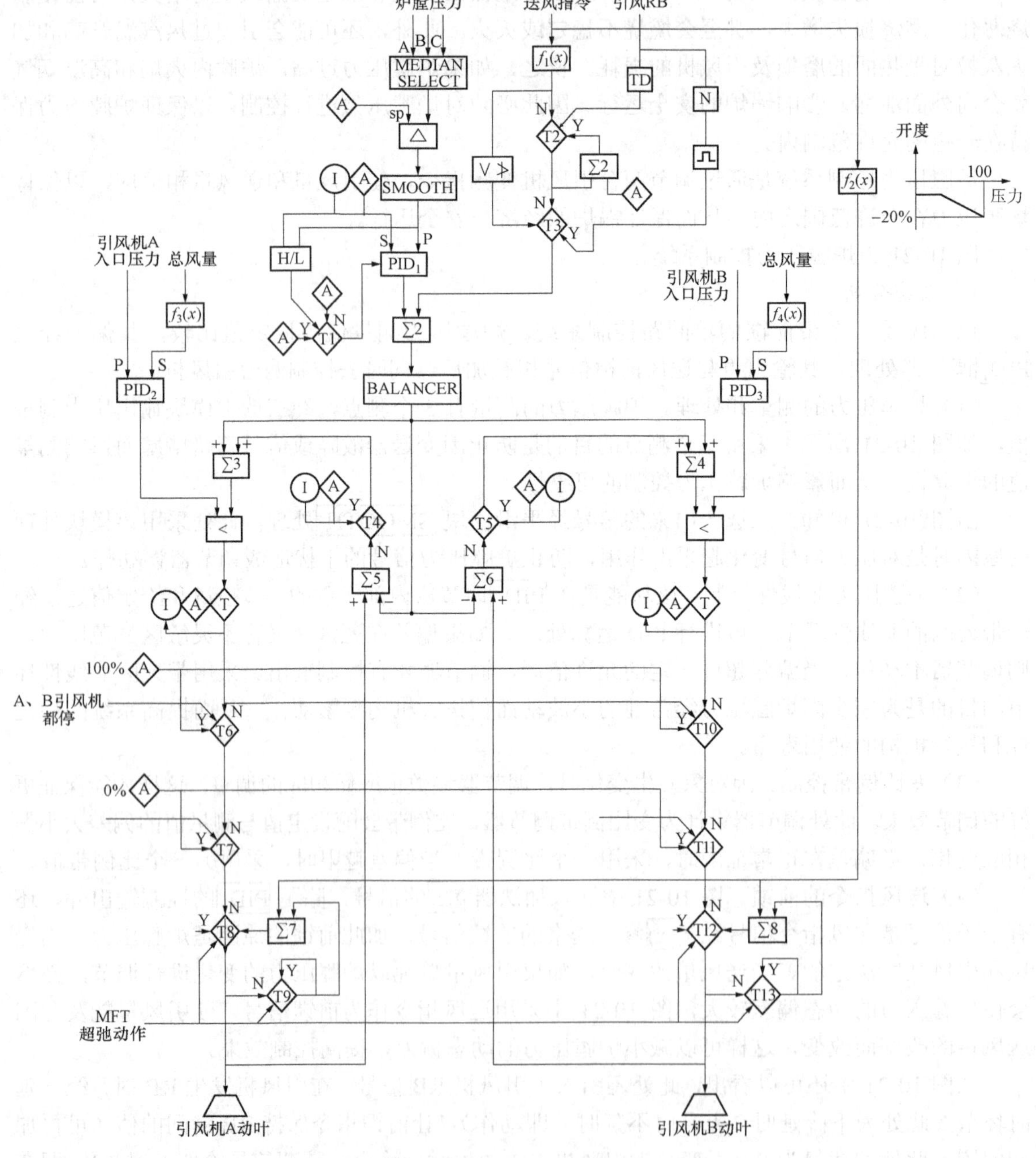

图 10-21　炉膛压力控制系统

（5）防止锅炉内爆。当发生主燃料跳闸（MFT）时，由于熄火将会引起炉膛压力大幅度下降，进一步会引起炉膛发生内爆事故，因此炉膛压力控制系统设计了前馈保护回路。当发生MFT时，按送风机的位置指令成比例的去关闭引风机入口动叶到预定开度。该前馈保护回路由函数发生器$f_2(x)$，切换器T8、T9、T12、T13，加法器Σ7、Σ8组成（见图10-21右侧及下半部分）。函数发生器$f_2(x)$按送风机的位置指令输出一个与之成比例的百分数，即引风机入口动叶所要关的开度。正常情况下T8、T9、T12、T13不动作，$f_2(x)$的输出值不能通过，即前馈回路不起作用，控制系统按炉膛压力偏差进行正常的自动调节。当发生主燃料跳闸（MFT）情况时，由逻辑回路的脉冲发生模块送来MFT超弛动作信号，T8、T9、T12、T13动作，其中T8、T12动作将使Σ7、Σ8的输出值通过，T9、T13动作将两切换器输出保持在切换瞬间的值，该值与$f_2(x)$输出的关百分数（负值）叠加去控制引风机入口动叶开度，即引风机动叶在发生MFT时的开度上关与送风指令对应的幅值，从而防止了MFT动作后炉膛压力过低带来的内爆危险。因为MFT超弛动作是脉冲信号脉冲，x秒后逻辑信号将复位，引风机入口动叶又恢复到原来的开度。

（6）引风机A和B间的风量平衡。该部分原理同一次风压和送风控制系统。

（7）防喘振回路。该回路原理基本同送风控制系统，在后来设计中将该功能去掉了，仅做了报警功能。

2. 主要控制逻辑

（1）引风机M/A站切手动。以下任一条件成立时，送风机入口挡板M/A站切手动：炉膛压力越高或低限，延时x秒、炉膛压力与设定值的偏差大、引风机的指令和位反偏差越高或低限、炉膛压力测量信号故障、引风机出/入口差压高、来自SCS的引风机及吸风机未运行信号。

（2）置引风机指令上限。当A、B引风机均跳时，指令上限100%。

（3）关引风机动叶至0%。以下任一条件成立时，送风机入口挡板M/A站切手动：本侧风机跳而另一侧在运行；置叶片开度为5%；入口挡板5%而出口挡板关闭，

（4）MFT超弛动作。当MFT发生时发出的一个x秒的MFT超弛动作脉冲信号。

（四）一次风压力控制系统

在磨煤机风温和风量控制中，磨煤机入口一次风量的调节是通过调整磨煤机入口混合风挡板开度实现的。要实现风量与挡板开度的一一对应关系，要求一次风道的压力恒定，为此，设置了一次风压力控制系统。图10-22为一次风压控制系统，它是通过控制两台一次风机入口挡板的开度来调一次风压的。

1. 系统分析

一次风压的测点在A、B两个暖风器出口各有两个测点，每侧的两个测点经二选一模块SM2XMTRS输出，A、B两侧的信号经小选模块<输出作为一次风压的测量值，此处选小的目的是不让一次风压太大造成风量太大，影响煤粉的细度。测量值是有负荷指令回路输出的负荷值经函数模块$f(x)$修正后，再在Σ1中加入运行人员偏置得到。因一次风主要的目的是用来送粉，而煤粉量应和负荷成正比，所以此处用负荷指令经函数处理来形成一次风压指令。一次风压测量值与运行人员给定的设定值进行比较，其偏差经调节器运算处理，再经增益调整与平衡模块BALANCE，分别去控制A、B两台一次风机入口挡板，以维持一次风压等于其给定值。

A、B两台一次风机之间的风量平衡：并列运行的两台风机，风机输入-输出特性会存在差异，往往控制信号相同，风机出力可能不同，为此需对控制指令进行偏差校正，使两台风机之间的负荷达到平衡。这一功能的实现是由切换器T1、T2，加法器Σ2、Σ3、Σ4、Σ5来实现的。当两台送风机都处于自动状态时，Σ2、Σ3所加的信号来自切换器T1和T2送来的

人为偏置信号，加偏置的目的是通过调偏置量的大小而使两台风机出力相同。当某台送风机手动时，加法器∑2或∑3输出将跟踪风机入口挡板实际开度的位置反馈信号，以便风机由手动切至自动时达到无扰切换。

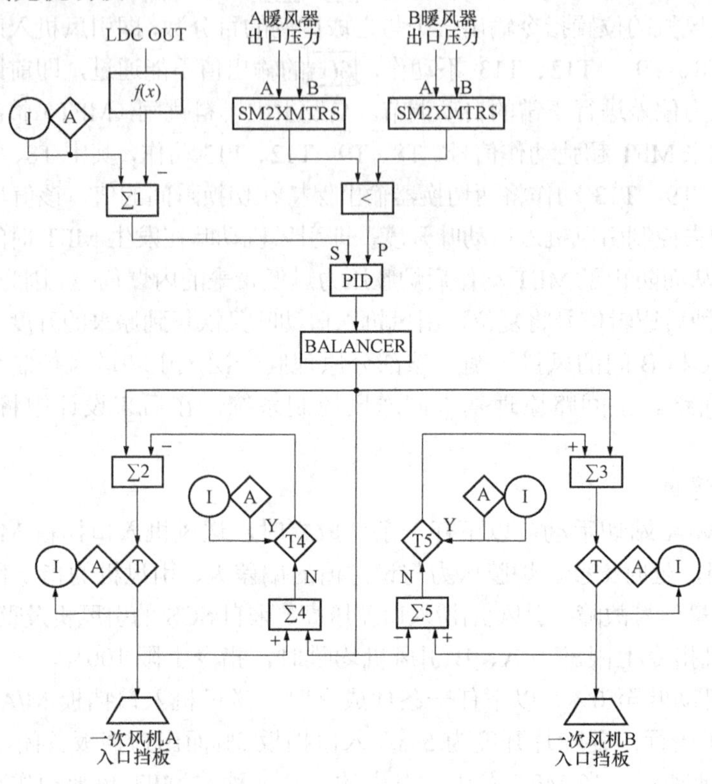

图 10-22　一次风压控制系统

2. 主要控制逻辑

（1）一次风机入口挡板切手动。以下任一条件成立时，一次风机入口挡板 M/A 站切手动：

挡板指令与挡板位置反馈信号偏差越限、MFT、A 侧一次风压信号故障、B 侧一次风压信号故障、一次风压设定值与测量值之差越限、一次风机停运。

（2）一次风机闭锁增（PAF　BLOCK　INC）。A 一次风机指令越上限或 A 一次风机不在自动；B 一次风机指令越上限或 B 一次风机不在自动，这两个条件相“与”，说明只有 A、B 两台风机均有问题，没有一点调节余地时才闭锁增。

（3）一次风机闭锁减（PAF　BLOCK　DEC）。A 一次风机指令越下限或 A 一次风机不在自动；B 一次风机指令越下限或 B 一次风机不在自动，两个条件相与，即两台风机均没有调节余地时才闭锁减。

（4）一次风机返回（PAF　RUNDOWN）。一次风机闭锁增；一次风压设定值与测量值之差越上限（设定值比测量值高太多），这两个条件相与，即两个条件均成立时才返回。

五、单元测试

（一）选择题

1. 下面哪些操作对炉膛的压力调节不起直接作用（　）。

A. 关小引风机入口调节挡板　　B. 风机电动机低速切换为高速

C．增大送风机动叶开度　　D．将喷燃器摆角上摆

2．燃烧控制系统中采用前馈信号是为了（　　）。

A．克服机组负荷变化的缓慢现象　　B．克服主蒸汽温度变化的缓慢现象

C．克服锅炉燃烧过程的惯性和迟延　　D．克服炉膛压力调节过程的惯性

3．锅炉燃烧调节系统中，一般调节燃料和风量的动作顺序是（　　）。

A．增负荷时先增燃料后增风量，降负荷时先减燃料再减风量

B．增负荷时先增风量后增燃料，降负荷时先减风量再减燃料

C．增负荷时先增燃料后增风量，降负荷时先减风量再减燃料

D．增负荷时先增风量后增燃料，降负荷时先减燃料再减风量

4．下列（　　）自动控制系统在其手动的情况下，燃烧控制系统仍然可以投自动。

A．送风量控制系统　　B．磨煤机风量控制系统

C．燃料量控制系统　　D．过热器出口汽温控制系统

5．锅炉燃烧自动调节的任务是（　　）。

A．维持汽压恒定，保证燃烧过程的经济性

B．维持汽压恒定，调节引风量，保证炉膛负压

C．保证燃烧过程的经济性，调节引风量，保证炉膛负压

D．以上都是

（二）问答题

1．参见图 10-19 燃料（煤）量控制系统，说明燃料指令超前处理的作用。

2．参见图 10-20 总风量控制系统，说明防喘振回路的作用。

3．参见图 10-21 炉膛压力控制系统，说出非线性环节的作用。

4．参见图 10-21 炉膛压力控制系统，说出防止锅炉内爆的主要措施是什么？

5．参见图 10-22 一次风压力控制系统，说明一次风压力给定值信号如何形成？

学习情境十一　汽轮机控制系统（DEH）分析

学习单元一　DEH 控制方案拟订

一、学习目标

汽轮机数字式电液控制系统（digital electro-hydraulic control system，DEH）是 20 世纪 70 年代后期发展起来的大型汽轮发电机组的自动控制装置。DEH 是当今汽轮机特别是大型汽轮机必不可少的控制系统，是电厂自动化系统最重要的组成部分之一。通过本单元的学习，能够理解汽轮机数字电液控制系统的一般功能，认识 DEH 的硬件和软件的结构，能够分析 DEH 的控制方案。

二、学习任务

本单元的学习任务有六个：

（1）了解汽轮机控制系统的发展过程。

（2）明确 DEH 系统的控制任务。

（3）理解汽轮机自动控制的原理。

（4）认识汽轮机发电机组的运行要求和控制特性。

（5）构建 DEH 系统。

（6）理解 DEH 的主要功能的实现方法。

三、任务分析

无论采用何种形式的控制系统，汽轮机控制的基本任务依然是转速控制与负荷控制，而为了完成控制任务采用的方法就是改变汽轮机的蒸汽转矩，实际采用的方法就是通过喷嘴调节、节流调节或滑压运行等手段来改变进汽量或蒸汽的焓降而实现的。不论采用何种方式来改变蒸汽转矩，最终都需要通过控制系统的执行机构（油动机）来控制调节汽阀。那么，用什么信号来控制油动机呢？

本单元通过对 DEH 控制任务，系统构成原理、控制功能的认识与实现来理解控制油动机的控制信号是如何生成的？

四、任务实施

（一）了解汽轮机控制系统的发展过程

第一代汽轮机控制系统是机械离心式调速器，至今已有一百多年历史。第二代是液压式汽轮机控制系统，大约出现在 20 世纪 20、30 年代。第二代控制系统中均采用了机械传动或感应环节，因此也可称为机械、液压式控制系统。它相对第一代控制系统而言，在响应速度、控制精度和减小迟缓方面有了很大的提高。第三代汽轮机控制系统是模拟式电液控制系统，大约出现在 20 世纪 40 年代，这种系统采用有运算功能的电气元件取代了第一、第二代系统中的感应、传递放大的机械、液压环节，而仍保留了液压执行器——油动机。

到 20 世纪 50 年代中期，才出现了不依靠机械液压式控制系统的纯电调系统。此后，随着数字计算技术的发展及其在过程自动控制领域的应用，尤其是计算机容量、速度和可靠性的飞速发展。出现了以数字计算机作为主要控制装置，以模拟式电气系统作为手操后备，采用液压执行机构的第四代汽轮机控制系统（简称 DEH 系统）。

随着电网峰谷差的增加及核电站和水电站的增多，小火电厂的相继关闭，火电站中大机组的调峰任务艰巨，采用液压控制系统难以满足调峰要求，因此，DEH 控制系统在国产机组得到了广泛的应用。

（二）明确 DEH 系统的控制任务

由于电能难以大量储存，而且电力用户的用电量又经常变化，因此电力生产中必须对发电设备进行自动控制。故而，DEH 系统的控制任务之一就是要及时调节机组的功率，以随时满足用户对发电能量的需求。

除了要保证所发电能量的需求外，电力生产也要保证一定质的要求，这主要体现在电能的频率和电压两个参数上（我国规定频率变化在±1%以内，电压变化在±6%以内）。由同步发电机的运行特性知：发电机的端电压取决于无功功率，而无功功率决定于发电机的励磁；电网的频率（或周波）取决于有功功率，即决定于原动机的驱动功率。因此，电网电压的调节主要通过发电机的励磁系统来实现，频率的调节则归于汽轮机的功率控制系统，通过控制其转速而实现。可见，DEH 系统的另一任务则是维持机组的转速在规定的范围内，保证供电频率和机组本身的安全。

汽轮机的主要控制参数是功率、转速。在不同的运行方式下，这些参数之间互相制约，互相影响。同时，为了满足汽轮发电机安全、稳定、经济运行的需要，还需要对汽轮机的其他参数、其他设备进行控制，使各种参数维持在规定的范围内。

（三）理解汽轮机自动控制的原理

汽轮机是一种将热能转换成动能的旋转机械。来自锅炉的高压蒸汽经主汽门和调节汽阀进入汽轮机，通过膨胀做功将能量传递给汽轮机转子，带动同步发电机进一步将动能转换成电能。汽轮机的功率通常由位于第一级喷嘴前的调节汽阀来控制，假定调节汽阀前蒸汽参数为定值，排汽的背压也维持不变，则汽轮机的功率大致与蒸汽流量成正比。

现在我们来分析作用于汽轮发电机组转子上的蒸汽力矩 M_T 和发电机转矩 M_G 的关系，前者是主动力矩，后者是反动力矩，根据牛顿第二定律可列出下列方程：

$$J\frac{d\omega}{dt}=M_T-M_G \tag{11-1}$$

式中 J——汽轮发电机组的转动惯量，kg·m·s^2；

ω——转子旋转的角速率，s^{-1}；

M_T——汽轮机的蒸汽力矩，kgf·m；

M_G——发电机的电磁转矩，kgf·m。

只有当 $M_G=M_T$ 时，$d\omega/dt=0$，ω 为常数，即汽轮机的主动力矩等于发电机的阻力矩时，汽轮发电机组才以稳定的转速运转。但两个转矩平衡的情况只是暂时的，在外界负荷改变时 M_G 也将变化，另外 M_T 也会受到一些参数的影响而变化。

汽轮机和发电机的转矩特性如图 11-1 所示。图中的 M_T 表示汽轮机的蒸汽转矩和转速的关系曲线，称为汽轮机的内特性，曲线 M_{T1} 和 M_{T2} 对应于两个不同的进汽量，M_{T1} 对应的进汽量大于 M_{T2} 对应的进汽量。由汽轮机工作原理可知，蒸汽转矩 M_T 为：

$$M_T=4.73\times D\times H_0\times \eta_{0e}/n\ (\mathrm{N\cdot m}) \tag{11-2}$$

式中 D——进入汽轮机的蒸汽流量，kg/h；

H_0——绝对焓降，kj/kg；

η_{0e}——汽轮机相对内效率；

n——汽轮机转速，r/min。

发电机转矩 M_G 一般与转速有关，以 $M_G=f(n)$ 表示，称为发电机特性，它主要取决于外界负载的特性，一般可表示为

$$M_G = K_1 + K_2 n + K_3 n^2 \tag{11-3}$$

式中 K_1、K_2、K_3——比例系数。

阻力转矩随转速 n 的增加而增加。

由图 11-1 可知，曲线 M_{T1} 和 M_{G1} 的交点 a 即为汽轮机带动发电机在转速 n_a 时的一个稳定工况。这时，如果负载有变化，发电机转矩特性将改变到 M_{G2}，若汽轮机的进汽量保持不变，那么新的平衡点为 b，即汽轮发电机组以 n_b 转速稳定运转。这说明，在这种情况下，从理论上讲汽轮发电机组即使没有自动控制系统，它也可以从一个稳定工况过渡到另一个稳定工况。这是因为汽轮机转矩随转速增加而减少，发电机转矩却随转速增加而增加，当两个增量的代数和为零时，即达到平衡状态，这种情形称为自平衡或自调整能力。但是，这种情况事实上是不允许的，因为对带交流同步发电机的汽轮机来说，这种自平衡能力很小，因此汽轮机转速变化会很大，这样不仅会使机组发出的电能的频率和电压不能满足用户的要求，而且就汽轮机组的自身强度和效率来看也是不允许的。

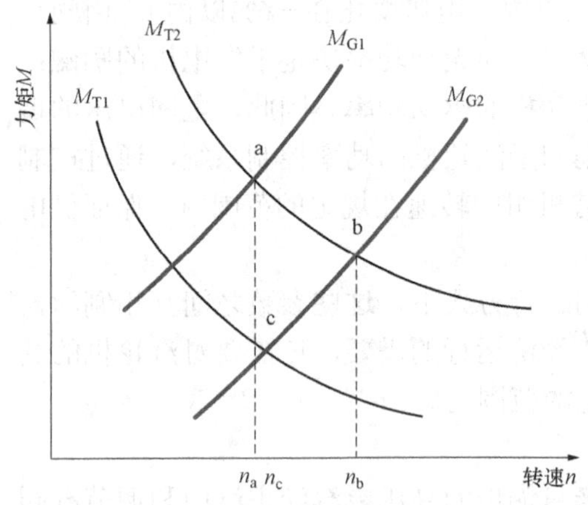

图 11-1 汽轮机和发电机的转矩特性

因此，为了减少转速的波动，当外界负荷变化时，就应随之改变汽轮机的进汽量。如继续上述过程，应首先由汽轮机控制系统来改变汽轮机的进汽量，即将曲线 M_{T1} 变化到 M_{T2}，则曲线 M_{T2} 和 M_{G2} 的交点 c 即为新的平衡工况，此时的工作转速 n_c 与初始的转速 n_a 相差不多，这将是机组设备所允许的变化范围。上述过程说明了汽轮机自动控制的原理，即用自动改变进汽量的手段使在转速变化不大的条件下达到新的平衡，以适应外界负荷或蒸汽状态的变化。

（四）认识汽轮机发电机组的运行要求和控制特性

在正常运行时，并网的汽轮发电机组，其输出电功率是由运行人员根据要求设置的，也可以根据中调所的指令进行调整，以满足电网负荷的要求。其转速是与电网频率相一致的，保持与 50Hz 频率相对应的 3000r/min。当电网负荷变化时，电网的频率会发生波动，这时挂在电网上的汽轮机的转速也会发生变化。为了满足电网负荷变化的要求，所有挂网机组应快速地通过汽轮机的高压调节阀门来调整汽轮机的进汽量，使机组的功率做相应地改变，以完成一次调频任务。对于承担调频任务的机组来说，一次调频时机组功率的变化量相对比较大，而带基本负荷的机组，功率的变化相对比较小。

无论稳定工况下还是变动负荷，汽轮机进口的蒸汽压力必须保持在要求范围内，以保证汽轮机运行的安全。在通常情况下，主蒸汽压力升高时，汽轮机调门关小；主蒸汽压力降低时，汽轮机调门开大。如果锅炉机组发生异常情况无法保证蒸汽量要求，使主蒸汽压力下降过多，而影响机组安全运行时，汽轮机必须关小调节阀门，以减小汽轮机负荷来抬高主蒸汽压力至要求范围内。当电厂某些重要辅机出现异常情况或故障需要降低负荷时，汽轮机也应及时按一定速率关小高压调节阀门，减低负荷至相应数值。

当电网部分甩负荷时，电网频率会发生很大波动，使并网机组与电网失步，严重失步会造成电网解裂，因此要求并网机组在电网部分甩负荷期间暂时减少向电网输送电功率，以帮助电网快速达到稳定。通常是瞬间关闭中压调节阀门，暂时减少机组出力，然后快速开启。中压调门关闭时间取决于电网的稳定性。

当电气故障引起发电机主断路器突然跳闸时，这会引起汽轮发电机组的超速，此时应立即关闭高压调节阀门和中压调节阀门，以避免机组过分超速而引起机械超速保护系统动作，造成机组停机。通常只要机组转速不超过额定转速的10%，自动停机跳闸母管就不动作，应通过调整高压调节阀门和中压调节阀门来维持汽轮机在额定转速下空载运行。一旦电气故障消除，允许并网时，可立即并网带负荷运行。

在机组运行过程中，需随时监视各项参数和安全性指标，如主蒸汽温度、压力，汽缸内外壁温差、转子与汽缸的胀差、汽轮机的振动，各个轴承的温度以及发电机系统、油系统、水冷或氢冷系统的状态等，以保证机组的安全。在机组启动阶段，除了上述各项安全指标需要加强监视外，还应根据转子的热应力和机组振动状况来确定汽轮机启动各阶段的升速速率，使机组在保证安全条件下以最短的时间完成启动过程，从而获得最佳的经济效益。启动过程的控制操作方式与旁路系统是否投入运行有关。

当旁路系统投入运行时，一旦汽轮机挂闸后，高压调节阀门和中压主汽门处于全开状态，高压主汽门和中压调节阀门处于关闭状态。汽轮机的冲转和开始阶段的升速是用中压调节阀门进行控制的，当转速升至额定转速的50%时，中压调节阀门开度维持不变，用开启高压主汽门来继续升速。转速升至某一数值（由汽轮机制造厂提供，大致为额定转速的90%）后，改由高压调节阀门控制转速，高压主汽门开至最大位置，中压调节阀门仍保持原有开度。转速升至额定转速值后同步并网，然后由高压调节阀门和中压调节阀门同时控制机组升负荷。当负荷升至35%额定负荷左右，中压调门达到全开位置，旁路系统切除。随后由高压调节阀门继续控制升负荷，直到要求的负荷值。

在启动过程中，机组的各项安全性指标必须严格监视，一旦出现异常情况时，或者暂停升速或升负荷，使机组处于保持状态，或者跳闸停机中止启动过程，以确保机组的安全。

从以上分析看出，汽轮发电机组在启动阶段需要DEH系统控制的参数是机组转速，在并网以后，需要控制的参数是发电机输出功率，而这时转速的变化反映了电网负荷的改变。控制变量是汽轮机的进汽量，它是由高压主汽门或高压调节阀门或中压调节阀门控制的。为了分析DEH控制系统，首先应认识汽轮发电机组的控制特性。

汽轮机发电机组的动态特性不仅取决于它的结构参数，而且与机组的运行方式和负荷特性有关。对于并网运行的单元机组，在分析其动态特性时，做如下假定：

（1）电网的容量相对于挂网的单台机组来说是无穷大，因此电网频率和电压不受单台机组转速和输出功率变化的影响。这样，通过调节阀门改变汽轮机输入功率时，电网频率不会改变。同样地，当电网频率改变时，引起的机组动态过程也不会对电网频率发生反影响。

（2）机组的自动调压装置是非常迅速有效的。因此，在转速变动或电网负荷扰动时能使机组输出电压保持恒定。

汽轮发电机组可看作为有两个输入量和两个输出量的被控对象。一个输入量是汽轮机进汽量，即机组的输入功率，由汽轮机高压控制阀门控制，通常称为控制输入。当控制阀门开度不变时，主蒸汽压力的变化也会引起蒸汽流量的改变，产生对机组负荷侧的扰动。机组转速和输出电功率是反映机组运行状态的两个输出量。电功率信号代表机组在单位时间内向电网送出的能量。当机组的输入与输出能量不平衡时，会引起转速的变化，在稳定状态时，转速总等于电网的频率。

汽轮发电机组输入量改变所引起的输出量变化的动态过程可以用图 11-2 的阶跃响应曲线来表示。其中：（a）（c）为汽轮机控制阀门开度 μ_T 增加（主蒸汽流量加大）时，汽轮机转速 ω_T 和输出功率 P_E 的响应曲线；（b）（d）为电网负荷变化引起电网频率 f_E 改变时，汽轮机转速 ω_T 和输出电功率 P_E 的响应曲线。

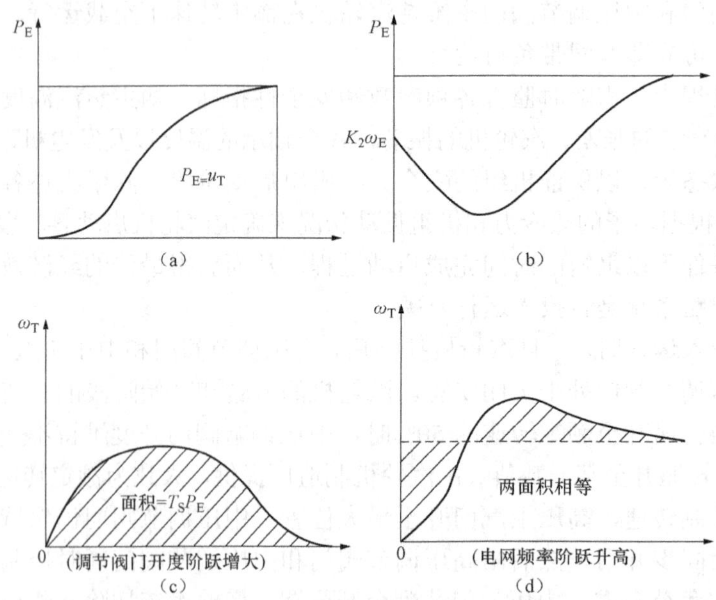

图 11-2 汽轮机发电机组的阶跃响应曲线

（a）阀门开度阶跃功率响应曲线；（b）频率功率曲线；

（c）阀门开度-频率特性曲线；（d）电网频率-功率特性曲线

图中 T_S 为发电机的功角时间常数，它反映了机组转速与电网频率有偏差时所引起的机组同步功率变化大小。比例系数 K_2 反映异步功率变化的大小。从阶跃响应曲线可以看出：

（1）汽轮发电机组在内扰（控制阀门开）和外扰（电网负荷）作用下，其动态过程是稳定的，达到稳定状态时转速总是等于电网频率，输出电功率总是等于汽轮机的输入功率。因此它是有自平衡能力的被控对象。

（2）动态过程中，由于输入、输出能量的不平衡，汽轮机的转速是发生变化的。它与电网之间的频差会引起发电机功角的改变，过大的功角改变会引起电动机运行的不稳定。因此，机组加负荷的速率和电网负荷扰动的量过大都是不允许的。

（3）在稳定状态下，发电机输出功率 P_E 总是受汽轮机输入功率（或调门开度）变化的影响，也受电网负荷变化的影响。当调门开度增大时电功率信号增大，而电网负荷增加（即电网频率降低）时，电功率讯号也增大。因此，在功率控制系统中用功率讯号作为反馈讯号时，在电网负荷扰动下会出功率反调。这是在功率回路设计中需要认真考虑的问题。

（五）构建 DEH 系统

在明确了 DEH 控制的任务，理解了汽轮机自动控制的原理，并认识到汽轮发电机组的控制特性后，同样按照自动控制系统构建的基本方法可以构建出如图 11-3 所示的 DEH 系统，DEH 系统就硬件结构来说，可划分为如下三大部分：

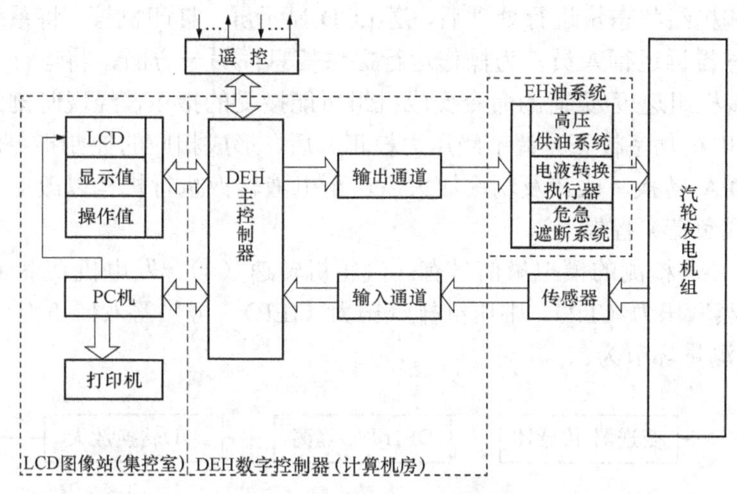

图 11-3　DEH 系统构成图

1. 汽轮发电机组（对象部分）

它是 DEH 系统中的被控对象，它由高、中压主汽门，高、中压调节阀门，高压缸，再热器，中、低压缸，汽轮发电机转子等部分组成。图 11-4 为 DEH 系统的被控对象示意图。

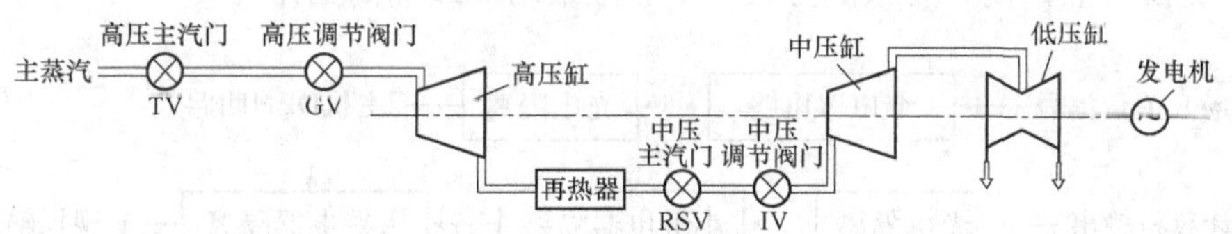

图 11-4　DEH 系统的被控对象示意图

由锅炉来的主蒸汽经高压主汽门（TV）和高压调节阀门（GV）进入高压缸，在高压缸做完功的排汽经再热器再热后，通过中压主汽门（RSV）和中压调节阀门（IV）进入中、低压缸，蒸汽在高、中、低压缸膨胀做功，冲动汽轮机，从而带动发电机发电。调整阀门开度或蒸汽参数可达到调节汽轮发电机组的电功率或频率的目的。目前一般大型汽轮发电机组，设有两个高压主汽门、四个高压调节阀门和两个中压调节阀门、两个中压主汽门。两个中压主汽门在机组正常运行时不参与调节，异常工况时，关闭所有的阀门可获到保护机组的作用。

2. 数字控制器（数字部分）

数字控制器以计算机为主体，配以控制柜、操作台、LCD 图像站、调试终端等设备，它们通过双以太网和串行口连接，是DEH控制系统的指挥中心，实现汽轮机运行的控制运算。

位于集控室内的LCD图像站由LCD显示器、工业用PC机、打印机、操作盘和显示盘等外围设备构成，它用来实现人-机对话功能。运行人员可将对机组的控制命令（如目标转速/负荷及其变化率），运行方式、控制方式和阀门试验方式的选择等操作指令通过操作盘送至主控制器，从中获得机组的状态信息并进行监视。

位于计算机室内的数字控制器由输入通道、主控制器和输出通道等构成。输入通道通过传感器将反映机组状态的参数（如油开关状态、金属温度、振动等）和被控量（转速、发电机功率、调节级压力等）进行转换、隔离、放大等处理后送入主控制器。在主控制器内部，一方面对外部命令和机组状态量进行处理后，送LCD显示屏、打印机等，将系统的运行方式以及目前机组的状态告诉运行人员，为操作运行提供信息；另一方面，将运行人员输入或者是外部输入的增、减机组速度/负荷的命令变成机组所能接受的指令，经现时刻的被控量的校正（如频率校正、发电机功率校正，调节级压力校正）后，形成相应的控制指令。该控制指令经输出通道校正、D/A转换、比较及功率放大后送至电液转换执行机构以改变阀位的开度，实现机组的转速（或负荷）控制。

DEH系统中，需检测的模拟量信号有：汽轮机转速（n）、发电机功率（MW）、调节级压力（IMP）、主蒸汽压力（TP）、中压缸排汽压力（IEP）、再热器入口压力（RCP）、再热器压力（RHP）。其测量环节为：

为了提高系统的可靠性，功率、调节级压力、主汽压采用双变送器，高选后送三块MCP板进行A/D转换，经三选二逻辑处理进入控制回路，转速信号使用三个变送器分别送三块MCP板，转换后的信号在计算机内进行三选二逻辑处理后，再进入控制回路。

基本控制的开关量信号有挂闸（ASL）和油开关（并网）（BR）输入，现场输出开关量采用常开、无源触点，闭合有效的方式，一般应采用二级隔离回路。

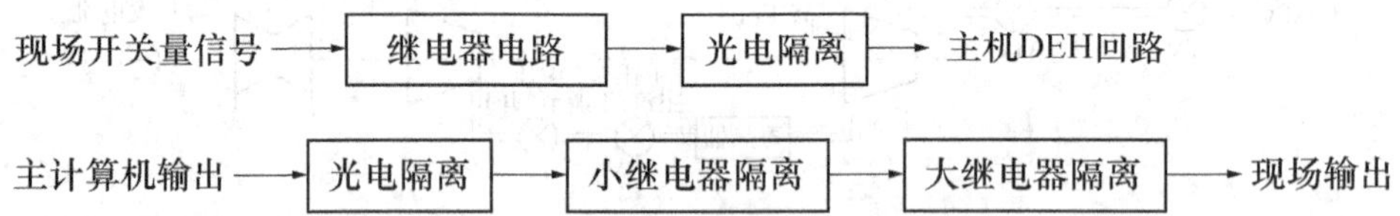

3. EH油系统（模拟部分）

EH油系统由EH供油系统（也称之为高压抗燃油供油系统）、电液转换执行机构和危急遮断控制系统（ETS）构成。

EH供油系统主要提供一定质量、温度、压力的高压抗燃油，一方面为油动机提供压力油；另一方面，经节流孔进入AST母管，在OPC和AST电磁阀、隔膜阀关闭的前提下，建立OPC、AST油压，一旦机组运行状况达到OPC和AST电磁阀动作及隔膜阀开启的条件，相应母管油压卸掉，阀门在弹簧力的作用下迅速关闭，实现机组的自动保护功能。

电液转换执行机构是控制系统的模拟部分，由伺服放大器、电液转换器、油动机、线性位移差动变压器、卸油阀等组成，其伺服回路示意图如图11-5所示。它接收数字控制器输出的数字指令，经D/A转换后，形成模拟量阀位控制信号V，与阀位信号变送器输出的代表阀门开度的位置信号V_f进行比较，再由伺服放大器进行功率放大，在电液伺服阀中将电气量转换成液压控制信号，控制油动机活塞向上或向下运动，并通过连杆的传递，对阀门位置进行控制。当输入信号V增加时，V大于V_f，电液伺服阀输出的油压升高，电液转换器1室与口2接通，EH系统高压供油进入油动机下腔，使油动机的活塞向上运动，通过连杆带动汽阀开启，线性位移阀位传感器的输出V_f增加；当输入信号V减少时，V小于V_f，电液伺服阀输出的油压下降，电液转换器口2与口3接通，油动机下腔的油在弹簧力作用下进入活塞上部，使油动机的活塞向下运动，通过连杆带动汽阀关小，线性位移阀位传感器的输出V_f减少；V等于V_f，输入偏差为零时，电液伺服阀主阀回到中间位置，关断了口2和口3，高压油不再进入油动机下腔，同时油动机也不再泄油，于是汽阀停止运动，在新的工作位置上达到平衡。

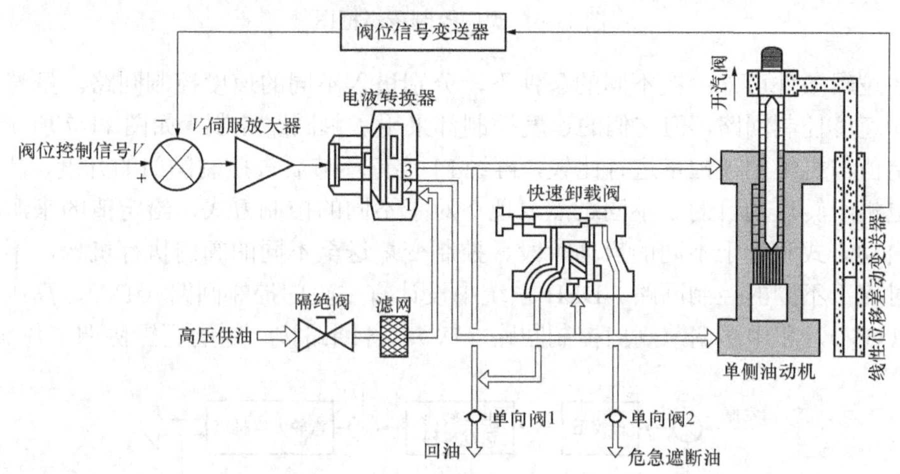

图11-5　伺服回路示意图

在汽阀的油动机旁，设有一个快速卸载阀。机组发生故障需要迅速停机时，通过危急保安系统使危急遮断油迅速失压。卸载阀通过单向阀2泄压，使口4、5连通，泄放了油动机下腔的高压油，依靠弹簧力的作用，迅速关闭汽阀，实现对机组的保护。在快速泄放阀动作的同时，工作油经单向阀1排入回油系统，由于回油与油动机活塞的上腔室相连，因而不会引起回油管路的过载。

电液转换执行机构可将数字控制器来的阀位控制信号转换成EH油压信号，使油动机产生动作，直接操纵汽轮机的各个蒸汽阀门（高压主汽门和高、中压调节阀门）的开度，以控制蒸汽流量，从而达到控制汽轮机转速和负荷的目的。

危急遮断控制系统（ETS）的任务是对机组的一些重要参数进行监视，并在其中之一超过规定值时，发出遮断信号给DEH去关闭汽轮机的全部进汽阀门，实行紧急停机，确保机组安全。

（六）理解DEH的主要功能的实现方法

1. 实现汽轮发电机组的转速控制

在机组启动过程中的冲转至同步并网阶段需进行转速控制。其转速定值可由运行人员设定，也可接受其他系统（如自动同期装置）的输入。在升速阶段根据旁路系统的切/投状态，可能由中压调门控制或主汽门控制或高压控制阀门控制，因此控制系统应具有控制阀门的切换功能。

当机组处于转速控制阶段，无论DEH选择哪种控制方式以及哪种运行方式，在启动过程中只有一个阀门处于控制状态，其阀门控制状态由如图11-6所示的逻辑条件决定。

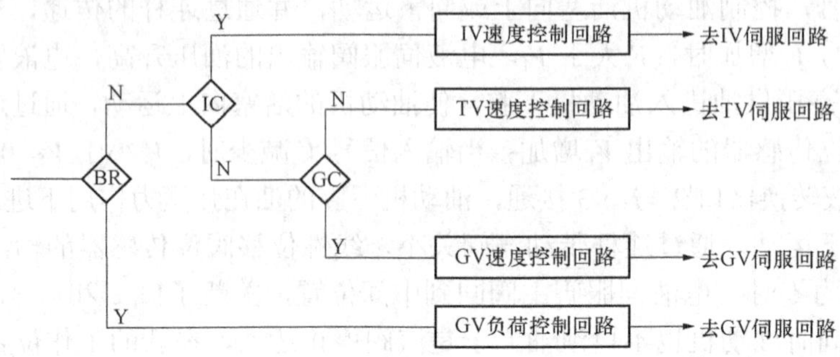

图11-6 阀门控制逻辑框图

由上述逻辑条件可知：在不同的条件下，分别进入不同的速度控制回路。虽然不同的阀门有不同的速度控制回路，但它们的速度控制都采用了单回路控制，如图11-7所示。其共同之点是给定值与机组的被控量进行比较，再经PI校正环节后去控制阀门的开度，从而达到控制汽轮发电机组转速的目的。不同之点表现在对于不同的控制方式，给定值的来源不同，对于不同的启动方式和处于不同的启动阶段，控制变量送至不同的阀门执行机构，不同的阀门执行机构对应于不同的控制回路。DEH系统中设计有主汽门控制回路（TV），高压调节阀门控制回路（GV），和中压调节阀门控制回路（IV）。各回路按一定的逻辑协调工作。

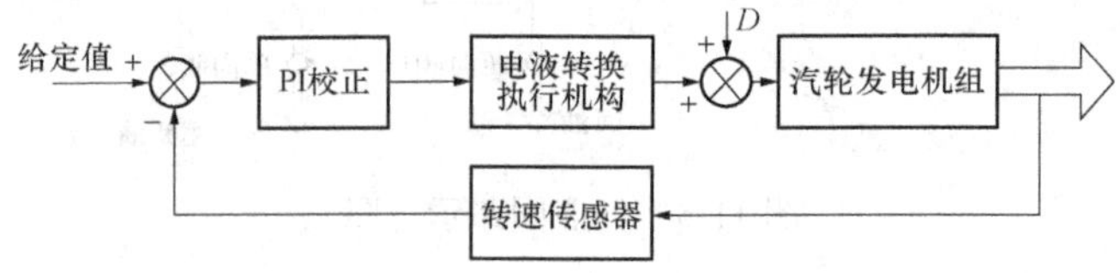

图11-7 速度控制原理

2. 实现汽轮发电机组的功率控制

机组并网后需进行功率控制。功率控制系统除由运行人员设置功率定值外，还应当能根据电网频率的变化自动调整汽轮机的进汽量，实现一次调频的任务。控制系统须接受中调所、锅炉协调控制系统、厂级计算机系统传来的负荷指令调整机组功率。

在汽轮机控制功率时，控制阀门的控制方式有节流控制（全周进汽，单阀控制）和喷嘴控制（部分进汽，顺序阀）控制两种。控制系统也应当具有这两种阀门控制方式，并能根据需要进行控制方式的切换。

机组并网后（BR=1）进入功率控制阶段。若为冷态启动，整个功率控制阶段都由高压调节阀门来进行调整。若为热态启动，在机组带35%额定负荷之前，中压调节阀门与高压调节阀门一起进行功率调节，此时，中压调节阀门控制为一随动系统，它以一定的旁通流量的百分比随高压调节阀门的开度而变。这里主要介绍高压调节阀门功率控制，其控制原理如图11-8所示。

由设定值处理回路所得到的负荷指令，在调节阀门控制回路中经频率校正、发电机功率校正、调节级压力校正后，作为现工况下的流量请求值再经限幅处理和阀门管理程序处理后，送电液转换执行机构，改变调节阀门的开度，以控制机组的负荷。

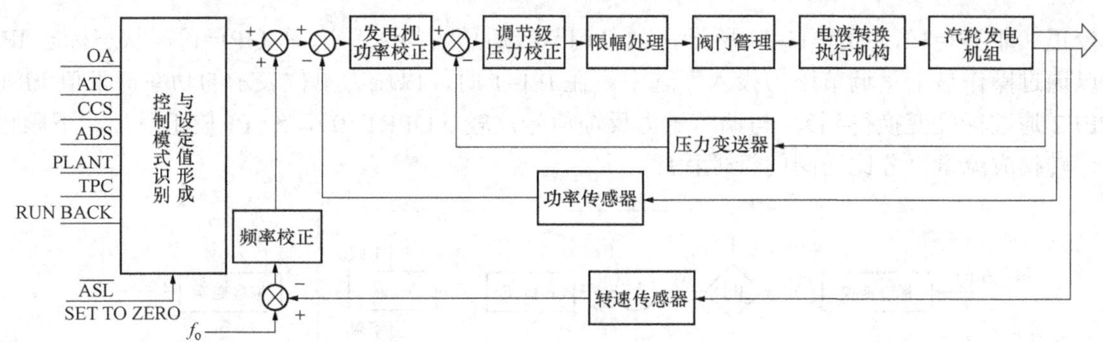

图 11-8　调节阀门功率控制原理图

（1）频率校正回路。频率校正回路的作用是当电网负荷变化引起电网频率变化时，并网运行的机组应改变其出力，以维持电网频率的稳定，即 DEH 系统的负荷指令要经过频率校正回路进行频率校正，改变其出力的大小。该回路也称为一次调频回路。

当机组并网运行时，频率校正回路是自动投入的（SPI=1）。该回路一旦投入，运行人员无法将其切除，除非油开关跳闸（非 BR=1），或者速度通道故障，才会自动切除。

速度控制回路原理图如图 11-9 所示。它是将机组的实际转速 n 与额定转速（n_0=3000r/min）比较后的差，经过“死区-线性-限幅”非线性元件处理后，得到速度补偿系数 X，X 经标度变换后与负荷设定值 REFDMD 之和形成了频率修正后的负荷设定值 REF1。

（2）发电机功率校正回路。负荷指令 REF1 是否需要经过发电机功率校正，取决于发电机功率反馈回路是否投入。处于自动控制方式下的机组，一旦并网发电，功率反馈回路是由运行员键入“功率投入”按键来投入的。

在功率回路投入逻辑 MWI=1 的情况下，其工作原理如图 11-10 所示。负荷指令 REF1 一方面进入乘法器，另一方面进入比较器。如果机组处于正常运行，电功率反馈信号通过选择开关送至比较器和功率给定值 REF1 进行比较，比较的结果经 PI 校正及上、下限幅后与乘法器的功率给定值 REF1 相乘，其积作为功率补偿后的设定值 REF2 送至调节级压力校正回路。

如果功率反馈回路切除，则功率设定值 REF1 直接送调节级压力校正环节。

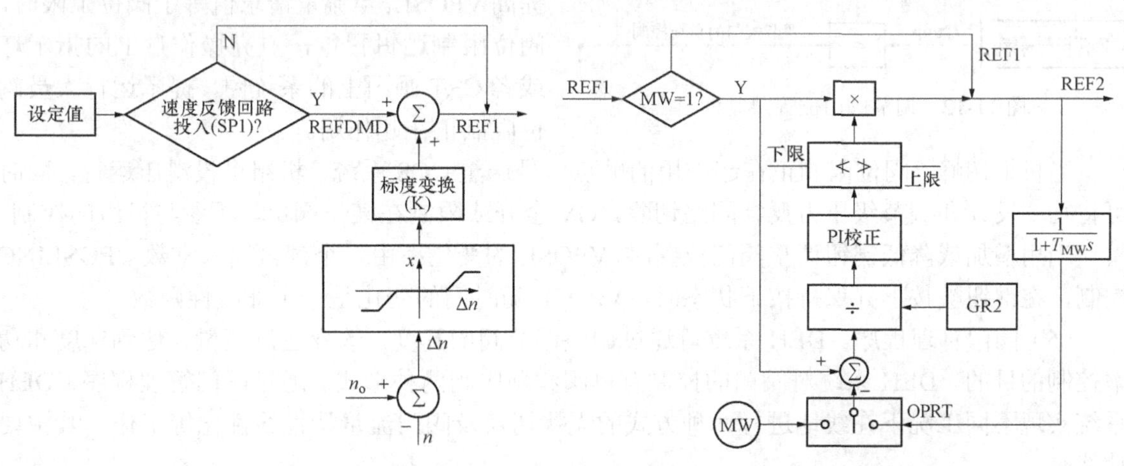

图 11-9　速度控制回路原理图　　　　图 11-10　功率控制回路

（3）调节级压力校正回路。负荷指令 REF2 经标度变换后，判断是否需要进行调节级压力校正（即 IPI=1），如图 11-11 所示，如“调节级后压力投入”选中（IPI=1），状态标志 IPI 可以通过操作盘上“调节压力投入”选中。在 IPI=1 时，以压力单位表示的功率请求值 PISP（PEF2 通过标度变换得到），与调节压力反馈信号比较（OPRT=0），经 PI 校正及上、下限幅后，转换成流量百分比送阀门管理程序。

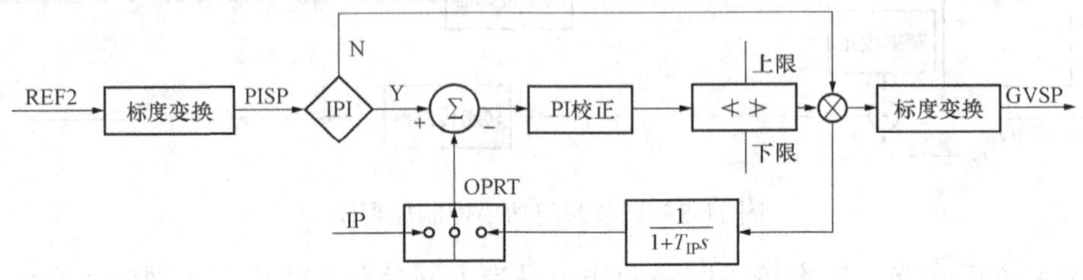

图 11-11　调节级压力校正回路

在调节级压力反馈回路切除时，则 PISP 将被转换成流量百分比，并经高限值处理后，作为流量的请求信号直接送阀门管理程序。

与电功率信号及转速信号相比，汽轮机调节级压力信号能快速反应汽轮机侧功率的变化及蒸汽参数的内部扰动，故由汽轮机调节级压力反馈信号组成的 PI 校正网络是一快速内回路，起消除内扰、粗调机组负荷的作用。机组负荷的细调是通过慢速电功率反馈回路进一步调整，修正 REF2 完成的。

（4）阀门位置限制功能。在 DEH 系统中，无论是转速控制程序计算得到的调节阀门开度值（SPD），还是负荷控制程序计算得到的调节阀门开度值（GVSP），它们都要受到阀位限制（VPOSL）的处理。

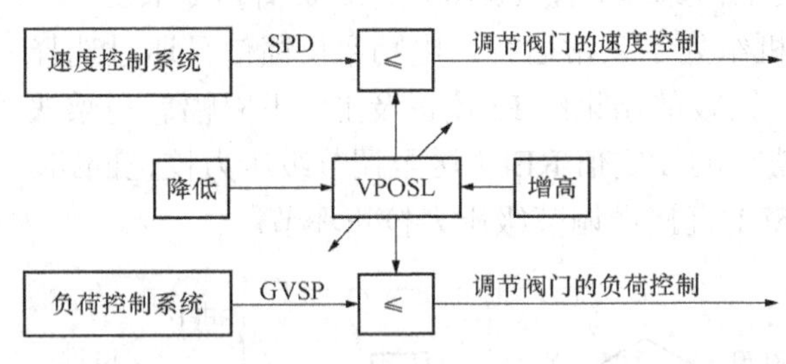

图 11-12　调节阀门位置限制框图

如图 11-12 所示，VPOSL 方框的箭头表明该阀值可由控制盘上的增高或降低键钮连续地进行调整。如果机组跳闸，VPOSL 复位置零。在机组未挂闸之前，系统禁止操作员提高 VPOSL。当流量请求值等于阀位上限时，阀位限制逻辑置零，点亮操作盘上的指示灯或者 CRT 画面上的系统图，提示运行人员阀位限制正在起作用。

当机组调峰，阀位限制正在起作用的触点信号送至 CCS 系统，机组可投滑压运行，同时可将功率反馈和调节级压力反馈回路切除，GV 全开或限制在某一阀位，不参与机组的控制。

当用增加或降低键钮调整阀门位置时，VPOSL 的变化率由一个键盘输入常数 VPOSLINC 控制，在键钮被按下并保持按下状态时，VPOSL 随时间的变化是一个非线性函数。

（5）阀门管理程序。DEH 系统可通过调整调节阀的开度，改变进汽流量，达到速度和功率控制的目的。DEH 系统对阀门的控制有单阀和顺序阀两种形式。通过阀门管理程序，DEH 系统实现不同工况下在线地进行两种方式的无扰切换及阀门流量特性线性化等工作。其主要功能有：

1）保证机组在单阀控制与顺序阀控制之间切换时，负荷基本不变。

2）实现阀门流量特性的线性化，将某一控制方式下的流量请求转换为阀门开度信号。

3）在阀门控制方式转换期间，流量请求值如有变化，阀门管理程序（VMP）能提供流量改变。

4）保证 DEH 系统能平稳地从手操方式切换到自动方式。

5）主汽压力的改变为汽轮机的进汽流量提供前馈信号。

6）提供最佳阀位指示。

在 DEH 控制器内部，控制任务程序调用 VMP，将计算得到的流量请求值转换成阀门位置请求值，去控制 GV。如果直接以流量请求值去定位 GV，则无法克服阀门的非线性影响。

经过上述三部分处理后，所产生的阀门控制指令送至对应的阀门伺服回路，通过电液转换装置转换成液压信号去调整阀门开度，从而达到控制机组转速或功率的目的。

3. 实现汽轮发电机组的保护功能

DEH 系统在对汽轮发电机组进行有效控制的同时，也有对机组进行自动保护的系统。

（1）超速保护系统。DEH 系统具有超速保护功能（OPC），它提供两种超速保护。其一是当汽轮机超速超过额定转速的 103%（3090r/min）时，迅速关闭高、中压调节阀门，并将负荷控制改变为转速控制，待转速下降后再开启中压调节阀门，延迟一段时间后，如不在出现升速，再开高压调节阀门，使机组保持空载运行，减少机组启动损失，并能迅速并网，此时的超速保护功能是通过超速保护控制器使 OPC 电磁阀动作，释放 OPC 母管的油压来实现的。第二种是 110%（3300r/min）超速保护，当汽轮机转速超过 3300r/min 时，将关闭所有的主汽门和调节阀门，进行紧急停机，防止汽轮机损伤，此功能是通过 AST 电磁阀动作来实现的。

（2）甩负荷保护系统。DEH 系统的甩负荷保护可分为两种情形。其一是甩全负荷保护，它发生在因发电机外部故障甩去全部负荷时，保护系统迅速关闭高、中压调节阀门，防止大量蒸汽进入汽轮机而引起超速，延迟一段时间后，待转速下降到 103%的额定转速以下时，再开启调节阀门，维持机组空转以便机组能迅速并网。其二是甩部分负荷保护，它发生在因某种原因使发电机的功率突降或电网故障切除部分线路时，为了维持电网和发电机的稳定，迅速关闭中压调节阀门，经短暂延迟后，如 0.3～1.0s，再重新打开，以免发电机失步。

4. 实现汽轮发电机组的全自动控制功能

随着高参数大容量机组的增加，电厂中的各设备和系统越来越复杂，需要监控的运行参数繁多，特别是启动过程，如目标转速、升速率、高低转速暖机时间、初负荷保持时间、目标负荷、汽缸及阀门的有关温差、膨胀等参数，对机组的安全和寿命有很大影响。为了在保证电力生产安全的前提下，减轻劳动强度，缩短机组的启停时间以提高经济性，延长机组寿命，并实现最优方式下的启停控制方式，人们提出了汽轮机自动控制（ATC）这一方式。它具有极其复杂的测定、计算和控制功能，一般要通过使用计算机才能实现。大型（600MW 及以上）机组通常都具有该功能。

为了使汽轮发电机组从冲转、升速至同步并网带负荷的全过程实现自动启动、DEH 系统应有如下几方面的功能：

（1）根据机组的状态和转子热应力、振动等条件，自动设置各阶段的转速定值和升速、升负荷的速率。

（2）根据机组的状态，在启动过程的各阶段自动执行有关各项操作，例如控制阀门的切换、暖机、自动同步和并网等。

（3）自动监视启动过程的各项安全指标，一旦发现异常情况立即执行转速或负荷保持，必要时跳闸汽轮机。

除了上述这些主要功能外，根据运行的需要还应具有主汽压力保护功能、阀门试验功能、快速减负荷功能、阀门和负荷的限制和限值调整功能、汽轮机防进水测试功能等。

五、单元测试

（一）选择题

1. 汽轮机功频电液控制装置中以计算机为基础的数字式电液控制的简称为（ ）。

A. ECH　B. MHC　C. AEH　D. DEH

2. 根据汽轮机的自调整性能，当外界电负荷增大时，如果汽轮机的进汽量不做相应的增大，为使汽轮发电机的电功率于外界电负荷相适应，汽轮机的转速将会（ ）。

A. 增大　B. 减小　C. 不变　D. 飞升

3. 再热汽轮机的功率-频率电液控制系统由（ ）三种基本回路组成。

a. 转速控制回路；b. 频差控制回路；c. 功率控制回路；d. 功率-频率控制回路

A. abc　B. acd　C. abd　D. bcd

4. 下列说法正确的是（ ）。

A. 机械超速危机遮断系统必不可少

B. DEH 系统必须采用高压抗燃油作为动力油

C. 汽轮机油只能作为汽轮机的润滑油

D. 在 DEH 系统中可用高压抗燃油，也可以用汽轮机油作为动力油

5. ATC 代表了（ ）功能。

A. 汽轮机自负荷控制　B. 汽轮机自动保护

C. 汽轮机自启停控制　D. 机组和 DEH 系统监控

（二）判断题

1. 电液控制系统包括电气部件和液压部件两大部分。（ ）

2. 随着电站 DCS 的普遍使用，汽轮机电液控制系统开始成为 DCS 中的一个站。（ ）

3. 电液控制系统是一个多回路、多参数的控制系统，通过这些回路实现对汽轮发电机组的转速和负荷的闭环控制。（ ）

4. 电液控制系统的转速回路是无差控制系统而一次调频回路是有差控制系统。（ ）

5. ETS 是在紧急情况下，迅速关闭汽轮机进汽阀门，切断汽轮机所有进汽的保护系统。（ ）

6. OPC 电磁阀是超速保护控制电磁阀。正常运行时，这两个电磁阀是断电常闭的。（ ）

7. DEH 一般都设计有遥控方式，在遥控方式下，接受来自遥控系统如 CCS 的控制指令，但在遥控方式下 DEH 系统仍然具有转速控制和甩负荷等保护功能，在遥控条件不满足时，能自动切除 CCS 协调控制。（ ）

（三）问答题

1. 汽轮机控制系统的任务是什么？

2. 汽轮机控制系统的类型有哪些？各有什么特点？

学习单元二　DEH 的工程应用

一、学习目标

通过本单元学习，能够理解 DEH 的工程应用情况。

二、学习任务

本单元的学习任务有三个：

（1）了解某 600MW 机组 DEH 系统组成。

（2）理解并分析某 600MW 机组 DEH 系统的控制功能。

（3）熟悉其控制画面。

三、任务分析

本单元重点分析 DEH 控制系统的主要运行方式，结合某台机组的 DEH 系统构成，理解 DEH 控制功能的具体实现方法及基本的运行操作。

四、任务实施

（一）系统组成

某电厂 600MW 机组汽轮机系哈尔滨汽轮机厂有限责任公司引进日本三菱公司技术生产的 CLN660-24.2/566/566 型超临界一次中间再热、高中压合缸单轴三缸四排汽冷凝式汽轮发电机组，该汽轮机采用高中压联合方式启动，高压主汽门方式冲转，转速达到 2900r/min 时切换到高压调门控制升速、带负荷。每台机组配有两个高压主汽门（TV）、四个高压调门（GV）、两个中压主汽门（RSV）和四个中压调门（IV）。

该机组 DEH 系统采用了南京西门子公司生产的 SIMATIC T3000 系统，实现了 DCS 一体化，DEH 是 DCS 的一个组成部分。液压系统采用了哈尔滨汽轮机厂有限责任公司自动控制分公司成套的高压抗燃油 EH 装置。

DEH 的硬件设备有：三个 T3000 控制柜（两个 OA/ATC 模板柜，一个继电器柜），一个操作员站等。

（二）控制功能

DEH 系统主要控制汽轮机转速和功率，即从汽轮机挂闸、冲转、暖机、进汽阀切换、同期并网、带初负荷到带全负荷的整个过程，通过 TV、GV、IV 和 RSV 实现，同时具备防止汽轮机超速的保护逻辑。该电厂的 DEH 控制功能可分为三个部分：基本控制、超速保护和自启停（包括转子应力计算）。这三部分既相互独立，同时又通过通信交换控制信息或状态。

1. 基本控制部分

基本控制部分是 DEH 系统的核心，它提供与转速和负荷控制相关的逻辑、调节回路，所有闭环控制的 PID 调节器和伺服阀接口均通过两对冗余的控制器（AS417+FM458）实现。这部分还包括与自动控制有关的其他功能，如设定值/变化率发生器、限值设定、阀门切换、阀门管理、阀门试验、控制回路切换以及阀门校验等。与基本控制有关的重要模拟量，如发电机有功功率、主蒸汽压力、中压排汽压力和调节级压力同样也是三取二。

（1）远方挂闸。导致汽轮机跳闸的原因总结起来有两个：一个是汽轮机危急保安装置动作后保安油压消失，薄膜阀动作后将 AST 母管内 EH 抗燃油排泄掉，所有阀门关闭；另外一个是 AST 跳闸块上 AST 电磁阀动作后直接将抗燃油排掉引起阀门全部关闭。远方挂闸的作用就是复位危急保安机构，即 DEH 系统通过控制安装在汽轮机前箱附近的板式气动挂闸电磁阀使得保安油压重新建立起来。

远方挂闸操作都是时间长度为 20s 的脉冲信号，即命令发出 20s 后自动消失；如果汽轮机仍未挂闸，则 DEH 给出挂闸失败。

汽轮机挂闸也可通过运行人员操纵前箱附近跳闸杠杆手动挂闸；同样，ETS 也可通过 ETS 操作画面上的复位按钮实现。

（2）转速控制。某 600MW 汽轮机是由 TV 控制冲转的。默认启动方式为高中压缸联会启动。汽轮机挂闸后，中压主汽门全开，DEH 就进入冲转状态，运行人员通过 DEH 画面阀位限值设定按钮弹出阀位限值操作端，设定阀位限值为 100%，此时 GV 全开，TV、IV 保持关闭。

此时，运行人员可通过 DEH 画面设定目标转速和升速率，一旦目标值发生改变，程序自动进入保持状态，当运行人员选择执行命令后，转速给定按照事先设定的升速率向目标值爬升，转速 PID 在偏差的作用下输出增加，开启 TV，IV 也按照启动曲线开启，汽轮机实际转速随之上升。当转速给定与目标值相等时，程序自动进入保持状态，等待运行人员发出新的目标值。升速过程中，运行人员可随时发出保持命令（临界区除外），这时，转速给定等于当前实际转速，汽轮机将停止升速，保持当前转速。

为保证汽轮机安全通过临界区，当实际转速在 780～880、1450～1700、2150～2250r/min 时（临界区在机组启动前需要再次核对），转速进入临界区，此时，升速率自动设置为 300r/min。转速临界区的范围可通过工程师站在线修改。

当转速达到 2900r/min 时，程序自动进入保持状态，表示进入 TV/GV 切换阶段。运行人员发出 TV/GV 切换命令后，GV 开始以 0.4%/s（速率可调）的速率关闭，当 GV 已影响到汽轮机转速时，TV 以 1%/s 开启。当 TV 开度达到 100%时，汽轮机转速由 GV 控制，TV/GV 切换结束。TV/GV 切换过程中，汽轮机转速将保持在 2900r/min 附近。切换结束后，GV 控制汽轮机升速到 3000r/min。由于 TV 和 GV 流量特性差异，程序将自动调整转速 PID 参数。此外，当转速超过 2850r/min，程序自动将升速率降低为 50r/min；使得 3000r/min 定速时转速更稳定。

3000r/min 定速后，可以进行自动或手动同期。自动同期时，DEH 对自同期装置发出的增/减脉冲指令进行累加，产生转速目标值；手动同期时，运行人员通过 DEH 画面来改变转速目标值，并通过限幅器将累加后的目标值限制在同期转速允许范围内（2970～3030r/min）。

（3）自动带初负荷。发电机并网后，DEH 在现有 GV 阀位参考值上加 3%，这个开度对应于大约 3%的初负荷。初负荷的实际大小决定于当时主蒸汽压力，因此引入了主蒸汽压力进行修正，即主汽压较高时阀门开度小，反之则较大。初负荷大小可以在工程师站上修改。

（4）负荷控制。负荷控制一般分为开环和闭环两种方式。所谓闭环指的是控制过程引入发电机功率反馈或者调节级压力反馈，此时汽轮机 GV 受功率 PID 或者调节级压力 PID 的控制调节；开环方式则需要运行人员随时注意实际负荷的变化，目标负荷与实际负荷的近似程度依赖于 GV 阀门流量曲线和当前蒸汽参数。开环负荷控制也称为阀位方式。此外，协调控制方式也是负荷控制的一种，只不过它属于协调运行的范畴。

刚投入发电机功率闭环时，目标负荷和负荷给定跟踪当前实际负荷，以便保证功率闭环投入时无扰。运行人员可根据需要设定负荷目标值和升负荷率，最大升负荷率为 60MW/min。一旦目标负荷发生改变，程序自动进入保持状态，当运行人员发出执行命令后，负荷给定按照设定好的负荷率向目标值逼近。当负荷给定等于目标值时，重新进入保持状态。

调节级压力与进入汽轮机的蒸汽流量近似成正比关系，所以只有在进行阀门活动试验和在线阀门校验时才投入，其他带负荷正常运行工况下一般不推荐投调节级压力闭环。刚投入调节级压力闭环时，负荷给定跟踪实际调节级压力，以保证调节级压力闭环无扰切换；调节级压力闭环方式下目标值和变化率均对应于额定参数下的百分比。

锅炉稳定燃烧后，DEH 可转入协调控制方式。该电厂协调控制方案为炉跟机方式，DEH 接收来自机炉主控器的 CCS 综合阀位指令，自动调整汽轮机负荷，此时 DEH 将阀位控制权交给 CCS，即协调控制方式下汽轮机负荷的变化取决于机炉主控器阀位指令的变化，DEH 的各控制回路跟踪 CCS 综合阀位。

（5）主蒸汽压力限制/保护（TPL）。主蒸汽压力限制功能投入后，当机前压力降低到保护限值以下时，GV 将以 0.1%/s 的速率关闭，直到机前压力恢复到限值之上 0.07MPa 或 GV 参考值小于 20%为止。DEH 的汽压保护功能主要用于单元制机组在锅炉异常运行工况时恢复稳定燃烧，有助于防止锅炉灭火事故的发生，汽压保护动作过程中，由于 GV 关闭，主汽压将得以回升，但汽轮机负荷也会随之下降，因此建议机组在接近额定参数下运行时投入。

（6）负荷限制

负荷限制功能分为高负荷限制和低负荷限制。高负荷限制允许运行人员设定负荷最大值，当实际负荷超过负荷高限时，发出高限报警并自动将负荷限制在高限值。高负荷限制功能只有在并网后才起作用，所设定的限值不得低于当前实际负荷。低负荷限制则是保证实际负荷不低于运行人员设定的负荷最小值，低负荷限制起作用时，DEH 发出低限报警，并自动将负荷限制在低限值，负荷恢复必须由人工完成。负荷低限的设定不得高于当前实际负荷。

（7）阀位限制。阀位限制功能允许运行人员设定平均阀位的最大值。当平均阀位超过阀位限制时将产生报警。

（8）频率校正。频率校正实际上就是机组参加电网的一次调频。只要系统转速没有故障，就可以在并网后参加调频。为了机组稳定运行，不希望机组因为网频变化频繁调节，因此设置了±2r/min 的死区（可调）。当投入协调控制方式运行时，协调控制系统发送给 DEH 的负荷指令已经包含了频率修正分量，此时调频死区为±2r/min。当发电机侧出现故障甩负荷且未解列或者机组转入带厂用电运行时，如果转速波动超过 2r/min，频率校正将自动投入。该机组汽轮机一次调频不等率为 3%～6%连续可调。

（9）RB。当接收到外部系统 RB 命令后，按照预先设定好的速率减负荷，直到 RB 命令消失或者达到减负荷目标终值。DEH 提供三档 RB 接口，分别是：RB1，以 6.667%/s 的速率减负荷至 20%；RB2，以 3.333%/s 的速率减负荷至 20%；RB3，以 1.667%/s 的速率减负荷至 10%。这三档 RB 速率和目标值均可根据电厂要求进行修改，如果不需要 DEH 系统 RB 功能，则此功能作为备用。

（10）单阀/顺序阀切换。单阀/顺序阀切换的目的是提高机组的经济性和快速性，实质是通过喷嘴的节流配汽（单阀控制）和喷嘴配汽（顺序阀控制）的无扰切换，解决变负荷过程中均匀加热与部分负荷经济性的矛盾。单阀方式下，蒸汽通过高压调节阀和喷嘴室，在 360°全周进入调节级动叶，调节级叶片加热均匀，有效地改善了调节级叶片的应力分配，使机组可以较快改变负荷，但由于所有调节阀均部分开启，节流损失较大。顺序阀方式则是让调节阀按照预先设定的次序逐个开启和关闭，在一个调节阀完全开启之前，另外的调节阀保持关闭状态，蒸汽以部分进汽的形式通过调节阀和喷嘴室，节流损失大大减小，机组运行的热经济性得以明显改善，但同时对叶片存在产生冲击，容易形成部分应力区，机组负荷改变速度受到限制。因此，冷态启动或低参数下变负荷运行期间，采用单阀方式能够加快机组的热膨胀，减小热应力，延长机组寿命；额定参数下变负荷运行时，机组的热经济性是电厂运行水平的考核目标，采用顺序阀方式能有效地减小节流损失，提高汽轮机热效率。

对于定压运行带基本负荷的工况，调节阀接近全开状态，这时节流调节和喷嘴调节的差别很小，单阀/顺序阀切换的意义不大。对于滑压运行调峰的变负荷工况，部分负荷对应于部分压力，调节阀也近似于全开状态，这时阀门切换的意义也不大。对于定压运行变负荷工况，在变负荷过程中希望用节流调节改善均热过程，而当均热完成后，又希望用喷嘴调节来改善机组效率，因此这种工况下要求运行方式采用单阀/顺序阀切换来实现两种调节方式的无扰切换。

在实际的阀门切换过程中，不可避免地会有负荷扰动，但如果投入闭环控制，负荷扰动在一定程度上可以得到改善，即如果投入功率闭环回路，当实际功率与负荷设定值相差大于4%时，切换自动中止，当负荷调节精度达到 3%以内时，切换又自动恢复。投入调节级压力控制回路与此类似。这样，阀门切换过程中如果投入功率闭环，则功率控制精度在 3%以内，如果投入调节级压力闭环，则调节级压力控制精度在 1.5%以内。单阀/顺序阀切换也可以开环进行，显然，此时负荷扰动的大小与阀门特性曲线的准确性及汽轮机运行工况有关。

该 600MW 汽轮机高压调节阀的开启顺序为 GV1/GV2/GV3 号→GV4 号，即 GV1、GV2 和 GV3 号同时开启，然后是 GV4 号开启，关闭顺序与此相反。单阀/顺序阀切换时间为 10min（可调），当阀位参考值大于 99.9%（阀门全开）或小于 0.1%（阀门全关）时，切换瞬间完成。

在单阀向顺序阀切换过程中或阀门已处于顺序阀方式时，如果汽轮机跳闸或出现任一个 GV 紧急状态，即实际阀位和伺服卡给出的阀位指令之间偏差大于设定的限值，则强行将阀门置于单阀方式。这种情况下强制成单阀方式可以减小负荷扰动。

（11）阀门试验。阀门试验分为阀门严密性试验和活动试验两部分。

阀门严密性试验在 3000r/min 定速后油开关合闸前进行，其目的是检验主汽门和调节门的严密程度，保证事故工况下阀门能可靠地关闭，截断蒸汽进入汽缸，防止超速。严密性试验分别对主汽门（TV/RSV）和调节门（GV/IV）进行试验。主汽门严密性试验开始时，DEH 将 TV 阀位指令设置为零，TV/RSV 关闭；主汽门关闭后造成汽轮机转速下降，而目标转速仍为 3000r/min，因此产生了转速偏差，转速 PID 在该偏差的作用下输出增加至 100%，使 GV 和 IV 全开。调门严密性试验时，TV 始终保持全开，RSV 也是打开的，DEH 将 GV/IV 阀位指令设置为零，关闭 GV/IV。无论是主汽门严密性试验还是调门严密性试验，由于未试验的阀门在全开位置，因此试验结束后，为保证安全运行，防止汽轮机超速，DEH 虽未发出跳闸指令，但建议人工打闸，这就意味着每次严密性试验结束后汽轮机都需要重新挂闸、启机、升速。

汽轮机并网后，TV、RSV 和 IV 全部开启，因此必须定期对阀门做活动试验，以防止卡涩。按照 660MW 汽轮机运行规程，机组在 70%以下负荷进行阀门做活动试验。高压主汽阀门活动试验在单阀方式下单侧分组进行：即 TV1 与 GV1、GV4 和 TV2 与 GV2、GV3 分别进行试验，中压阀门活动试验单侧分组进行 RSV1 和 IV1、IV3，RSV2 和 IV2、IV4 一共四组。高压调节门在单阀方式下进行，即 GV1/GV2/GV3/GV4 分别进行试验。TV1、TV2、IV1～IV4 共六个阀门还有松动试验的功能。任何时候只有一组试验有效，即阀门活动试验必须单个进行。

高压主汽门活动试验开始时，同时只能试验一个阀门，试验开始后，TV 开始以 10%/s 左右速度关闭。TV 全关 5s（可调）后或者 TV 关闭的过程中人为中止试验时，TV 重新以 20%/s 左右的速率开启；当 TV 全开后，试验结束。

中压主汽门活动试验开始时，处于所试验 RSV 侧的 IV 先以 1%/s 的速度关闭。当 IV 全关后，RSV 关闭；RSV 关闭 5s（可调）后重新开启，然后 IV 再以 1%/s 的恢复速度打开。当 IV 再次全开后，试验结束。

TV1 松动试验时，TV1 以 10%/s 的速度从全开位置关小，当 TV1 关到 85%时立即以 10%/s 的速度返回到全开位置。TV2、IV1～IV4 的松动试验与 TV1 相似。

阀门活动试验过程中，如果投入功率闭环或调节级压力闭环，当试验侧阀门缓缓关闭时，由于反馈的作用，使调门指令增大，从而使未试验侧的阀门慢慢开启，以弥补试验侧阀门关闭引起的负荷下降，这样就可基本维持试验过程中负荷不至于变动太大。当然由于阀门试验要降负荷，而调节过程又要维持负荷，这两种要求的匹配合理与否决定了负荷扰动的大小。如果未投入闭环控制，则试验过程中未试验侧的阀门开度保持不变，汽轮机负荷随着试验侧的阀门关闭而逐渐减小。

（12）整定伺服系统静态关系。在机组启动前，必须完成伺服阀、LVDT、功放板及执行机构的静态关系整定，保证各个伺服机构的控制精度及线性度，以满足机组对该伺服系统静态关系的要求，TV、GV、IV 可分别进行校验，此过程在操作站上进行。

2. 超速保护部分

超速保护部分的主要作用是提供转速三选二、油开关状态及汽轮机自动停机挂闸（ASL）状态三选二、超速保护逻辑、超速试验选择逻辑以及 DEH 跳闸逻辑，它控制着 OPC 电磁阀，同时汇总 DEH 相关跳闸信号后通过硬接线送 ETS，没有转速和负荷调节控制。

（1）系统转速选择。转速三选二实际上是三取中逻辑，即由三路转速信号中的两路先分别大选，然后再对三个大选结果进行小选。

（2）油开关状态。DEH 判断机组是否并网的唯一根据是油开关状态，因此该信号的重要性不言而喻。为了实现电气假并网试验不解线的要求，程序除了对合闸信号三取二以外，还要对油开关隔离信号进行三取二处理，即只有当至少两路油开关合闸信号与至少两路隔离开关不在试验位同时存在时，DEH 才认为机组真正并网了。

基于同样的原因，DEH 判断汽轮机是否挂闸也是通过对 AST 母管压力的三取二实现的。

（3）超速保护。超速保护（OPC）通过控制 OPC 电磁阀快速关闭 GV 和 IV，有效防止汽轮机转速飞升，并将转速维持在 3000r/min。它实际上由两部分组成：并网前转速大于 103%保护和并网后甩负荷预感器（LDA）。

发电机解列瞬间如果负荷大于额定值的 15%或者该测点发生故障，则无论此时转速是否超过 3090r/min，OPC 电磁阀都要动作 2.5s，这就是甩负荷预感器的功能。

（4）DEH 跳闸。该电厂 600MW 机组汽轮机跳闸功能是由 ETS 控制 AST 电磁阀实现了，DEH 只汇总汽轮发电机组的跳闸条件，它并不控制 AST 跳闸电磁阀。

（5）超速试验。超速试验必须在 3000r/min 定速（转速大于 2950r/min）、油开关未合闸的情况下进行，它包括 OPC 超速试验（103%）、电气超速试验（110%）和机械超速试验（111%～112%）。这三项试验在逻辑上相互闭锁，即任何时候只有一项超速试验有效。对于机械超速试验，除满足上述条件外，ETS 操作画面上的“超速抑制”按钮必须处于抑制状态。

在电气或者机械超速试验过程中，如果汽轮机转速超过 3360r/min 仍未跳闸，为安全起见 DEH 将无条件发出超速跳闸指令送 ETS。

3. 自启停部分

汽轮机自启停（ATC）是以转子应力计算为基础，控制并监视汽轮机从盘车、升速、并网到带负荷全过程。基本的 ATC 逻辑由两部分组成，即转子应力计算、监视和启动步骤。这两部分相辅相成，共同组成一套使汽轮机自动完成从盘车到带负荷整个过程的平稳、高效的控制系统。ATC 功能由一对冗余的控制器（AS417）完成。

ATC 所监视的参数除具有数据采集和报警功能外，还可以由逻辑设定，根据参数状态的变化暂停自启动或自动切除 ATC 方式。同样，由于某个参数不满足自启停条件而使 ATC 暂停的话，运行人员可以将其“超越”（OVERRIDE），使 ATC 继续下去。另外，一些监视参数还可以请求汽轮机跳闸，运行人员可根据这些参数的重要与否决定直接触发汽轮机跳闸或者仅提醒机组处于不安全状态。

转子应力监视是大型汽轮发电机组启停控制种不可缺少的重要组成部分，该部分计算程序是用来计算高压转子热应力。

高压转子温度变化最大的地方是调节级所在的轴段，应力程序将根据调节级金属温度和汽轮机转速计算出该段有效的转子表面/中心孔温度、转子平均温度等，具体计算结果如下：高压转子容积平均温度、高压转子表面温度、高压转子中心孔温度、高压转子表面热应力。

应力计算结果用于确定以下自启停和汽轮机基本控制参数：主蒸汽温度监视、再热蒸汽温度监视、升速率、负荷变化率、初负荷暖机点。

转子应力对应着汽轮机使用寿命。通常 600MW 汽轮机推荐的使用寿命为 10000 次循环曲线，在某些特殊情况下，也可以使用 4500 次疲劳循环作为选择许用应力的依据。因此，DEH 设计了 NORMAL、HEAVY 分别代表 10000、4500 次疲劳循环所对应的许用应力，从而使 ATC 得出不同的转速和负荷变化率。运行人员可以通过选择转子损耗程度来改变启动时间，最快的启动时间对应最大的转子寿命损耗，因为过快的启动使转子表面到中心的应力变化过快。

（三）操作画面

该电厂 600MW 机组 DEH 操作员站为 SIMATIC T3000，是基于 Windows XP 环境下的人机系统（HIS），具有操作方便、界面友好的特点。由于 T3000 运行在 Windows 环境下，硬件平台为高性能工控机，有利于运行人员在短时间内熟悉和掌握。

运行人员通过操作员站实现对汽轮机的控制。针对该电厂 600MW 机组汽轮机 DEH 的特点，设计了如下画面，包括棒图、趋势、报警信息、操作面板等，不仅为运行人员提供了操作手段，还可以通过画面监视汽轮机的运行状态。

（1）DEH 控制画面。DEH 控制画面如图 11-13 为运行人员提供主要的操作手段，并且用棒图和数字显示 TV/GV/IV 开度。这些操作包括汽轮机远方挂闸、暖阀、启机，ATC 投入/切除，自动同期投入/切除，功率闭环投入/切除，主蒸汽压力限制投入/切除，调节级压力闭环投入/切除，一次调频投入/切除，遥控方式投入/切除，目标值/变化率设定，单阀/顺序阀切换，阀门试验，超速试验（包括 OPC 超速试验、电超速试验（EOST）和机械超速试验（MOST）），严密性试验（包括主汽门严密性试验和调门严密性试验），设定 DEH 各种限值（包括阀位限制值、高负荷限制值、低负荷限制值、主汽压限制值）。

（2）高压转子应力监视。汽轮机通流部分高中压缸转子热应力是影响汽轮机运行寿命的

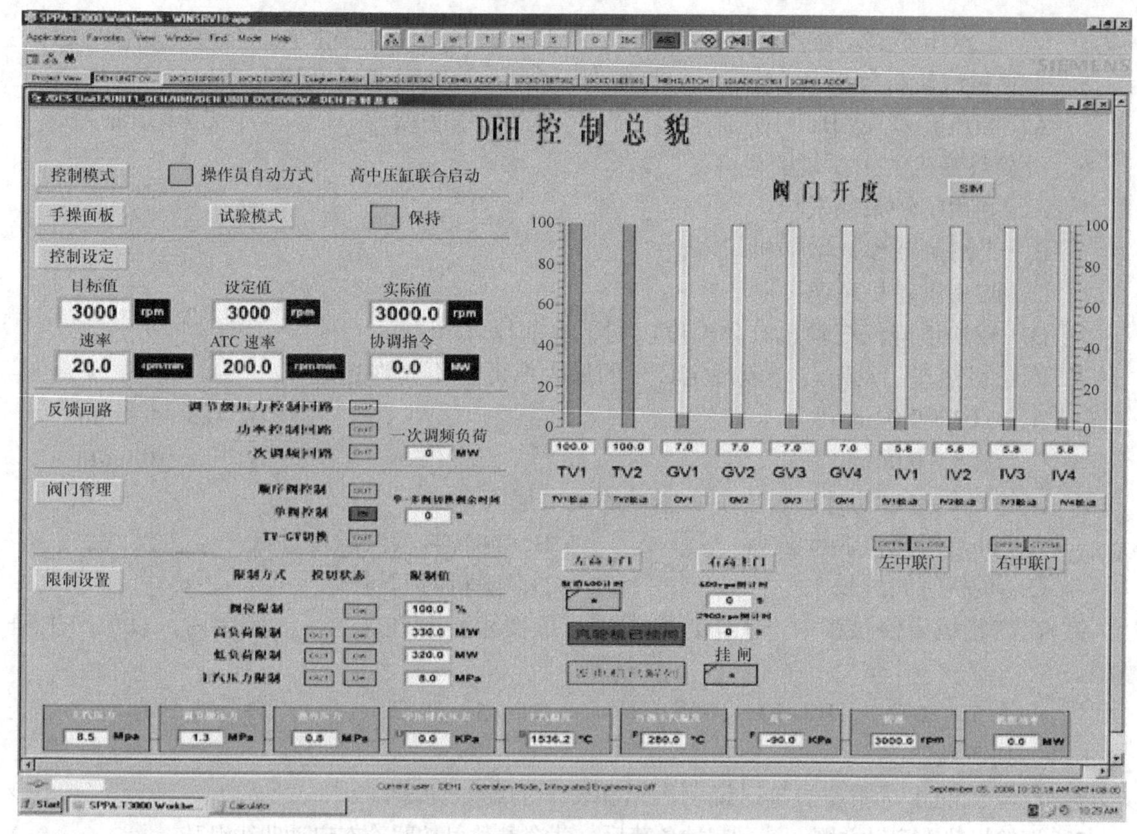

图 11-13　DEH 控制画面

关键因素，ATC 程序计算出与热应力有关的各种信息，通过该画面表现出来。这些信息包括高压转子表面温度、高压转子平均温度、高压转子中心孔温度。

（3）阀门校验。该画面用于阀门 LVDT 静态整定。

（4）TSI 振动监视。该画面显示的是汽轮机 TSI 的振动参数。

（5）蒸汽温度。该画面显示了高/中汽缸上主要的温度测点分布及实际测量值。

除了上述操作画面外，还有汽缸金属温度和积水检测、轴承温度、手动控制、模拟量测点、数字量测点等操作画面提供给运行人员进行监视与操作。

五、单元测试

（一）选择题

1．汽轮机的寿命主要取决于（　　）。

A．汽缸寿命　　B．转子寿命　　C．轴承寿命　　D．都不是

2．在汽轮机停机过程中，蒸汽的降温速度比启动时的升温速度要（　　）。

A．加快　　B．缓慢　　C．相同　　D．不确定

3．汽轮机变工况运行时，容易产生较大热应力的部位有（　　）。

A．汽轮机转子中间级处　　B．高压转子第一级出口和中压转子进汽区

C．转子端部汽封处　　D．中压缸出口处

4．滑参数停机时，不能进行超速试验的原因是（　　）。

A．金属温度太低，达不到预定转速　　B．蒸汽过热度太小，可能造成水冲击

C．主汽压不够，达不到预定转速 D．调速汽门开度太大，有可能造成超速

5．大容量汽轮机停机从3000r/min打闸时，（ ）突增的幅度较大。

A．高压胀差 B．中压胀差 C．低压胀差 D．高/中压胀差

6．滑参数停机的主要目的是（ ）。

A．利用锅炉余热发电

B．平滑降低参数增加机组寿命

C．防止汽轮机超速

D．较快地降低汽轮机缸体温度，利于提前检修

7．汽轮机热态启动时，一般规定转子的最大弯曲值不允许超过（ ）。

A．0.03～0.04mm B．0.3～0.4mm

C．0.05～0.06mm D．0.5～0.6mm

8．汽轮机热态启动时，若出现负胀差的主要原因是（ ）。

A．冲转时蒸汽温度过高 B．冲转时蒸汽温度过低

C．暖机时间过长 D．暖机时间过短

9．在汽轮机启停过程中，上下汽缸温差一般要求控制在（ ）范围内，以免产生静摩擦。

A．35～50℃ B．50～100℃ C．15～50℃ D．都不是

（二）判断题

1．汽轮机的相对胀差为零时说明汽缸和转子的膨胀为零。 （ ）

2．汽轮机热态启动并网，达到起始负荷后，蒸汽参数可按照冷态启动曲线滑升。 （ ）

3．汽轮机热态启动的关键是恰当选择冲转时的蒸汽温度。 （ ）

4．为防止汽轮机金属部件内出现过大的温差，在汽轮机启动中温升率越小越好。 （ ）

5．汽轮机动叶片结垢将引起轴向位移正值增大。 （ ）

6．单元汽轮机组冷态启动时，一般采用低压微过热蒸汽冲动汽轮机转子。 （ ）

7．蒸汽与金属间的传热量越大，金属部件内部引起的温差越小。 （ ）

8．汽轮机在稳定工况下运行时，汽缸和转子的热应力趋近于零。 （ ）

（三）问答题

1．简述汽轮机启动、停机方式的分类。

2．简述汽轮机压力法滑参数启动的主要步骤。

3．滑参数停机的主要步骤如何？滑参数停机过程中的注意事项有哪些？

4．简述汽轮机停机后快速冷却的意义及方法。

5．简述影响转子与汽缸胀差大小的因素有哪些。

6．简析启停过程中上下缸温差产生的原因，如何控制？

7．简述汽轮机寿命管理的实质。

学习情境十二　单元机组协调控制系统（CCS）分析

学习单元一　CCS 控制方案拟订

一、学习目标

通过本单元学习，在充分认识单元机组负荷控制的特点的基础上，能够明确单元机组协调控制的主要任务，并进一步认识为实现协调控制的主要任务而采用三种负荷控制方式，进而理解单元机组协调控制系统的组成及组成部分的作用。

二、学习任务

本单元的学习任务有四个：

（1）认识单元机组负荷控制的特点。

（2）明确协调控制的任务。

（3）认识协调控制的负荷控制方式。

（4）理解单元机组协调控制系统的组成及作用。

三、任务分析

单元机组协调控制系统（coordinated control system，CCS）把锅炉和汽轮发电机组作为一个整体进行控制，采用了递阶控制系统结构，把自动控制、逻辑控制、连锁保护等功能有机地结合在一起，具有多种控制功能，满足不同运行方式和不同工况下的控制要求。

对于协调控制系统而言包含三层含义：

（1）机组与电网需求的协调。机组与电网需求的协调主要是机组最快的响应电网负荷的要求，包括了电网 AGC 控制和电网一次调频控制两个方面。

（2）锅炉汽轮机的协调。协调控制锅炉与汽轮机，提高机组对电网负荷调度的响应性和机组运行的稳定性。

（3）锅炉协调。锅炉协调主要考虑锅炉风、水、煤之间的协调。

因此，如何进行了单元机组负荷控制方式及协调控制策略的分析及识图，如何根据机组的不同工况判断负荷控制的方式是本单元要完成的主要任务。

四、任务实施

（一）认识单元机组负荷控制的特点

随着电力工业的发展，高参数大容量的火力发电机组在电网中所占的比例越来越大，电网因用电结构变化，负荷峰谷差逐步加大，因此要求大型机组具有带变动负荷运行的能力，以便迅速满足负荷变化的需要及参加电网调频。

另外由于机组容量不断地增加，锅炉的蓄热量相对减少，采用机炉分别控制方式已不适应外界负荷的要求和不能保持机炉之间的平衡，因此通常采用锅炉汽轮发电机组的单元制运行方式。在这种运行方式下，锅炉和汽轮发电机既要共同保障外部负荷要求，也要共同维持内部运行参数（主要是主汽压力）稳定。单元机组输出的实际电功率与负荷要求是否一致，反映了机组与外部电网之间能量的供求平衡关系，而主蒸汽压力是否稳定，则反映了机组内部锅炉与汽轮发电机之间能量的供求平衡关系。然而，锅炉和汽轮发电机的动态特性存在着很大差异，即汽轮发电机对负荷请求响应快，锅炉对负荷请求相应慢，所以单元机组内外两个能量供求平衡关系相互间受到制约，外部负荷响应性能与内部运行参数稳定性之间存在着固有的矛盾，这是单元机组负荷控制中的一个最为主要的特点。

（二）明确协调控制的主要任务

单元机组的协调控制系统是根据单元机组的负荷控制特点，为解决负荷控制中的内外两个能量供求平衡关系而提出来的一种控制系统。从广义上讲，这是单元机组的负荷控制系统。它把锅炉和汽轮发电机作为一个整体进行综合控制，使其同时按照电网负荷需求指令和内部主要运行参数的偏差要求协调运行，既保证单元机组对外具有较快的功率响应和一定的调频能力，又保证对内维持主蒸汽压力偏差在允许范围内。具体地讲，协调控制系统的主要任务是：

（1）接受电网中心调度所的负荷自动调度指令、运行操作人员的负荷给定指令和电网频差信号，及时响应负荷请求，使机组具有一定的电网调峰、调频能力，适应电网负荷变化的需要。

（2）协调锅炉、汽轮发电机的运行，在负荷变化率较大时，能维持两者之间的能量平衡，保证主蒸汽压力稳定。

（3）协调机组内部各子控制系统（燃料、送风、炉膛压力、给水、汽温等控制系统）的控制作用，在负荷变化过程中使机组的主要运行参数在允许的工作范围内，以确保机组有较高的效率和可靠的安全性。

（4）协调外部负荷请求与主/辅设备实际能力的关系。在机组主/辅设备能力受到限制的异常情况下，能根据实际情况，限制或强迫改变机组负荷。这是协调控制系统的连锁保护功能。

（三）认识协调控制的负荷控制方式

按锅炉、汽轮机在控制过程中的任务和相互关系不同，可构成三种负荷控制方式，即机跟炉、炉跟机和机炉协调控制方式。

1. 炉跟机控制方式

图 12-1 为单元机组炉跟机控制方式示意图。当外界负荷要求 P_0 增大时，负荷要求 P_0 与机组实发功率 P_E 出现偏差（P_0–P_E），通过汽轮机控制器立即开大汽轮机控制阀，增加汽轮机控制量，从而迅速改变发电机的输出功率，使其和负荷要求指令相一致。当汽轮机控制阀开

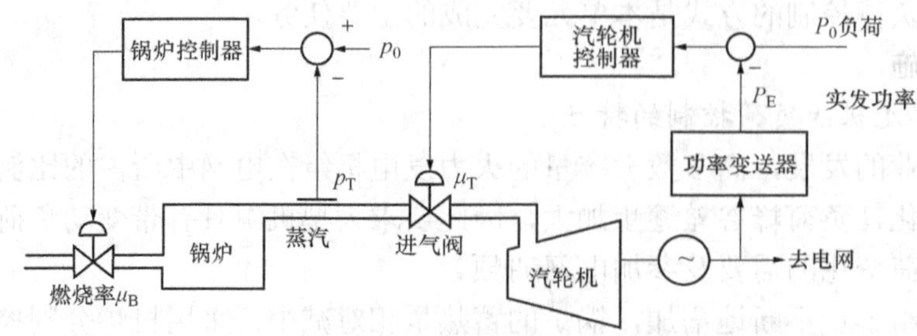

图 12-1 炉跟机控制方式示意图

度增大后，锅炉主汽压 p_T 随之降低，通过锅炉控制器增加锅炉的燃烧率（包括调煤调风，燃烧率——单位时间燃料燃烧发热量）、控制给水量，使输入锅炉的能量和物质与锅炉的输出量相平衡。但燃料的燃烧、传热、水的蒸发等过程都需要一定的时间，这将会造成主汽压的波动。例如，当燃烧率扰动时，若 μ_B 增加则 p_T 上升，蒸汽流量 D 增加，而汽轮机侧为了保持输出功率，则通过汽轮机控制器使汽轮机控制阀关小，而 μ_T 关小将会导致 p_T 上升，其结果将进一步加剧主汽压的变化，造成较大的主汽压波动。

从上述控制过程可知，这种控制方式的特点是汽轮机控制负荷，锅炉控制主汽压。在控制负荷过程中，锅炉跟随汽轮机而动作，故称为炉跟机（也称为锅炉跟随或以机为主）控制方式。这种控制方式的优点是充分利用了锅炉的蓄热来迅速适应负荷的变化，对机组调峰调频有利。缺点是主汽压变化较大，甚至可能超出允许范围，这将对机组的安全经济运行不利。在大型单元机组中，锅炉的蓄热能力相对减小，对于较小的负荷变化，在主汽压允许的变化范围内充分利用锅炉的蓄热以迅速适应负荷是有可能的，这对电网的频率控制也是有利的。但是，在“负荷要求”变化较大时，主汽压变化就太大，则会影响锅炉的正常运行，尤其对于直流锅炉，蓄热能力比汽包锅炉小得多，则采用锅炉跟随的控制方式来适应较大的负荷变化，实际上是不可能的。

当单元机组中锅炉设备及其辅机运行正常，而机组的输出功率受到汽轮机设备及其辅机的原因限制时，可以采用这种锅炉跟随汽轮机的控制方式。

2. 机跟炉控制方式

图 12-2 为单元机组机跟炉控制方式示意图。当负荷要求 p_0 增加时，锅炉控制器输出信号控制锅炉的燃烧率（煤、风及给水）。经过一段迟延时间后，锅炉的蒸发量和蒸汽压力 p_T 逐渐增大，再通过汽轮机控制器去开大汽轮机控制阀，使进入汽轮机的蒸汽量增加，机组实发功率 P_E 增加，以适应负荷要求指令 p_0。当汽轮机控制阀开度 μ_T 变化后可以很快地改变主汽压 p_T，因此可以使主汽压 p_T 变化很小。在负荷要求 p_0 发生变化时，锅炉燃烧率 μ_B 改变后需经一些时间才能改变输出功率 P_E，因此机组对负荷响应较慢。此外，在锅炉侧燃烧率扰动时，主汽压和蒸汽流量将发生变化，汽轮机控制器为保持主汽压而改变汽轮机控制阀开度 μ_T，使输出功率 P_E 发生变化。

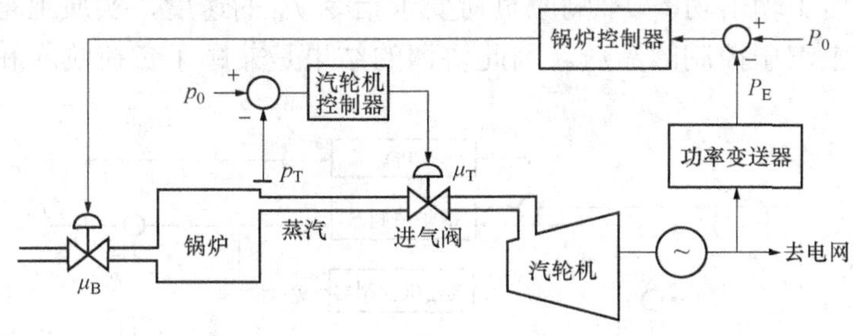

图 12-2　机跟炉控制方式示意图

这种控制方式的特点是锅炉控制负荷，汽轮机控制主汽压。在保证主汽压稳定的情况下，锅炉提供多少蒸汽，汽轮机就输出相应的功率，汽轮机跟随锅炉而动作，故称为机跟炉（汽轮机跟随、以炉为主）控制方式。这种控制方式的优点是在运行中主汽压相当稳定（主汽压变化很小），有利于机组的安全经济运行。缺点是由于没有利用锅炉的蓄热，只有在锅炉改变燃烧率造成蒸发量改变后，才能改变机组的出力，这样适应负荷变化能力较差，不利于机组带变动负荷和参加电网调频。这种控制方式适用于承担基本负荷的单元机组或当机组刚刚投入运行经验还不够时，采用这种系统可使主汽压稳定而为机组稳定运行创造条件。当单元机组中汽轮机设备及其辅机运行正常，而机组的输出功率受到锅炉设备及其辅机的原因限制时，也可以采用这种机跟炉的控制方式。

3. 机炉协调控制方式

机跟炉或炉跟机控制方式，基本上都是锅炉、汽轮机相对独立运行的方式。控制系统并没有把机、炉的运行协调起来。因此，无论机跟炉还是炉跟机控制方式都不能满足“既要迅速适应负荷的变化，又要保持主汽压在允许范围内”的基本要求。但可在上述两种控制方式的基础上加以改进成为两种协调控制方式。改进的主要途径是：机组在负荷变化的动态中，要利用锅炉的蓄热以加快对负荷变化的响应速度；采用非线性元件限制主汽压的变化范围；对锅炉控制加负荷前馈信号，以减小锅炉对负荷变化响应的惯性。

（1）以炉跟机为基础的协调控制。单元机组以炉跟机为基础的协调控制系统示意图如图12-3所示。它是在炉跟机控制方式中将功率偏差信号$\Delta P(\Delta P=P_0-P_E)$并行地送入汽轮机控制器和锅炉控制器，加入非线性环节和前馈信号P_0的比例微分作用形成的。

假设负荷要求P_0增大，功率偏差信号ΔP并行地送入汽轮机控制器和锅炉控制器，汽轮机控制器迅速开大汽轮机控制阀，主汽压p_T降低，锅炉放出蓄热，蒸汽流量增大，以暂时适应负荷要求增大的需要。由于锅炉对负荷变化的响应较汽轮机慢，采用负荷要求P_0通过比例微分作用作为送往锅炉的前馈信号，以补偿锅炉的惯性和迟延。如果负荷要求增长的速率和幅度较大，可能引起主汽压p_T的变化幅值过大，则当主汽压偏差$|p_0-p_T|\geqslant\Delta$（死区）时，死区组件将发出限制汽轮机控制阀继续开大或回关的信号，以保证主汽压p_T在允许范围内变化。主汽压偏差信号（p_0-p_T）同时送入锅炉控制器，加强对锅炉的控制作用，以补充由于主汽压变化引起锅炉蓄热量变化所需附加的燃料量。控制结束时，达到$P_E=P_0$，$p_T=p_0$的平衡状态。图12-3所示系统的特点是能补偿锅炉的惯性和迟延，加强对锅炉的控制作用。目前，以炉跟机为基础的协调控制系统得到广泛应用。

从主汽压偏差对汽轮机控制阀开度μ_T变化的限制可以看出，尽管可以减少主汽压的较大波动，但同时也减慢了输出功率P_E响应负荷要求指令P_0的速度，实质上是以降低功率响应性能为代价来提高主汽压控制的品质。因此协调的结果是兼顾了负荷响应和主汽压稳定两个方面的控制质量。

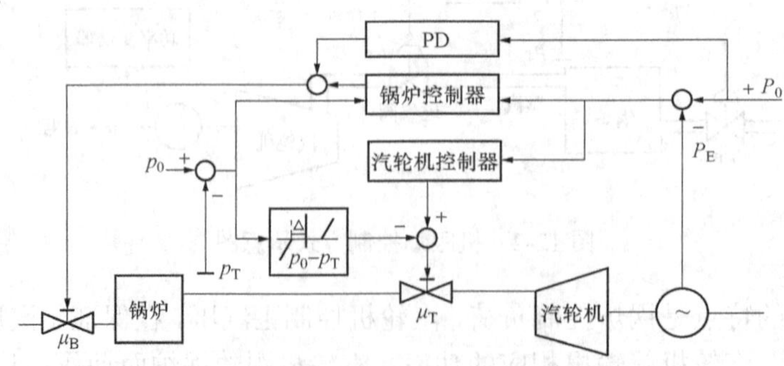

图12-3　以炉跟机为基础的协调控制系统示意图

（2）以汽轮机跟随为基础的协调控制。单元机组以机跟炉为基础的协调控制系统示意图如图 12-4 所示，它是在机跟炉控制方式中加入非线性环节和前馈信号 P_0 的比例微分作用、主汽压 p_T 的微分作用形成的。

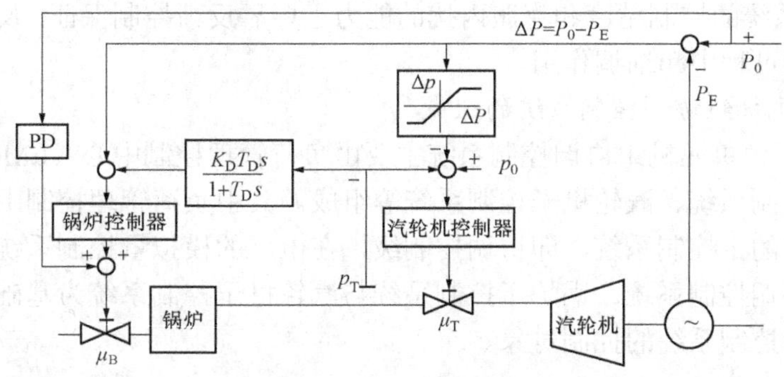

图 12-4　以机跟炉为基础的协调控制系统示意图

汽轮机跟随控制方式的特点是适应电网负荷需求的能力较差，但主汽压波动小，不能充分利用锅炉的蓄热量。为了提高适应电网负荷的能力，通过非线性元件将功率信号引入汽轮机控制回路。当负荷要求 P_0 增大时，功率偏差信号 $\Delta P(\Delta P=P_0-P_E)$送入锅炉控制器，增大燃烧率，与此同时，通过非线性元件暂时降低主汽压给定值，汽轮机控制器就发出开大汽轮机控制阀的指令，使输出功率 P_E 迅速增加。反之，当减负荷即 $\Delta P<0$ 时，增大主汽压给定值，汽轮机控制器发出关小汽轮机控制阀的指令，迅速减小输出功率 P_E。非线性元件是一个双向限幅的比例器，它可以输出一个与 ΔP 成比例的信号，暂时地改变主汽压的给定值 p_0，从而使锅炉的蓄热得到利用，用以提高负荷适应性。当 ΔP 超过这个区域时，非线性环节的输出不再变化（水平段饱和区），即主汽压给定值不再变化。看来这种 p_T 给定值的改变只限定在一定的范围内，以免主汽压偏离给定值超过允许范围。

为了补偿锅炉负荷响应的惯性和汽轮机控制阀开度变化对锅炉控制系统的影响，采用 P_0 经比例微分（PD）作用后作为锅炉的前馈信号，这样能提前和加强控制锅炉的燃烧率，改善锅炉负荷响应特性的惯性。

当负荷要求 P_0 不变时，如果由于某种扰动使汽轮机控制阀开度变化，机组实发功率 P_E 随之变化。这个扰动将使锅炉控制系统动作，不利于机组稳定运行。为了减少汽轮机控制阀开度扰动对锅炉控制系统的干扰，在锅炉控制器入口加入 p_T 的微分信号，用以补偿 P_E 变化的影响。只要微分器参数 K_D、T_D 选择得合适，当汽轮机控制阀动作时，锅炉控制器入口 $\Delta p+p_T'\approx 0$（p_T' 为 p_T 的微分信号），即不受汽轮机控制阀动作的干扰。

由于负荷要求指令改变时，汽轮机侧为配合锅炉侧的燃烧率 μ_B 的改变而同时改变了汽轮机控制阀开度 μ_T，暂时利用了锅炉的蓄热能力，所以功率响应速度加快，但同时主汽压的波动也会因此加大，实质上是以降低主汽压控制的品质为代价来提高功率响应的速度。因此协调的结果兼顾了负荷响应和主汽压稳定两个方面的控制质量。

这两种单元机组的协调控制系统，尽管形式各异，但有一些共同点：

1）前面介绍的系统都为前馈-反馈的协调控制系统，一般还带有非线性控制环节。前馈、反馈和非线性控制部分各自分担着不同的任务，其作用都是为实现机、炉的协调控制。

2）前馈控制的作用是补偿机组的动态迟延和惯性，加快负荷响应，以及保持负荷指令与机、炉主控制指令之间满足一定的静态关系，在控制过程中起粗调作用。

3）采用非线性控制环节可使主汽压在规定的允许范围内变化，以利用机组的蓄热能力，提高负荷响应速度。

4）协调控制系统的控制精度和克服内扰的能力主要靠反馈控制保证，反馈控制是协调控制的基础，在控制过程中起细调作用。

（四）理解单元机组协调控制系统的组成

如图 12-5 所示，单元机组协调控制系统主要由负荷管理控制中心（LMCC）和机炉主控制器以及锅炉子控制系统、汽轮机子控制系统等组成。其中负荷管理控制中心和机炉主控制器为协调控制系统的主控制系统，即协调控制级，在电厂的模拟量控制系统中我们将其主控制系统也简称为协调控制系统。锅炉子控制系统与汽轮机子控制系统为基础控制级，而锅炉与汽轮机则是协调控制系统的控制对象。

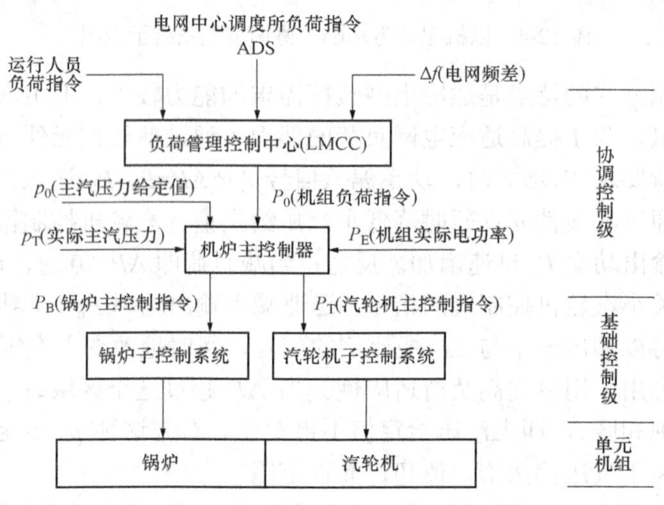

图 12-5　协调控制系统的组成

其实协调控制系统主要是解决两个问题：一是负荷指令的生成，二是控制方式的选择。这两个问题解决好了，就可以实现锅炉和汽轮机在任何情况下的协调控制任务。至于锅炉和汽轮机本身的控制系统，他们仍按各自的要求完成他们的工作，在协调控制系统中只要求他们各自在良好的工作状态中就行了。而负荷管理控制中心（LMCC）及机炉主控制器就是完成这两项工作的。

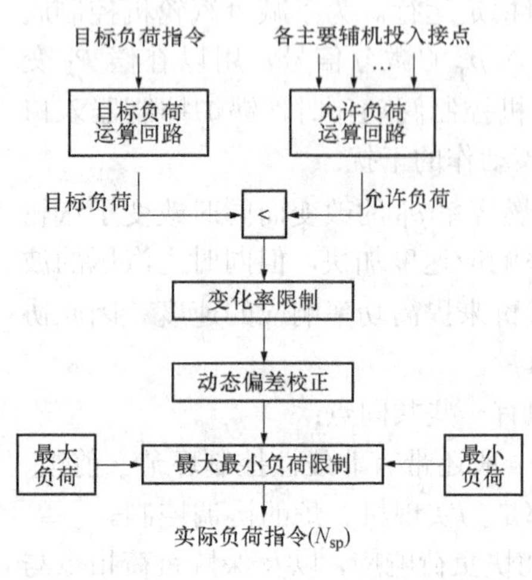

图 12-6　负荷指令管理中心原理框图

1. 负荷管理控制中心

负荷管理控制中心是协调控制系统的一个重要组成部分，它的主要作用是：对机组的各负荷请求指令（电网中心调度所负荷自动调度指令 ADS、运行人员负荷指令）进行选择和处理，并与电网频率的偏差信号一起，形成机组主辅设备负荷能力和安全运行所能接受具有一次调频能力的机组负荷指令 P_0，并作为机组电功率的给定值信号，送入机炉主控制器。负荷指令管理中心原理框图如图 12-6 所示。

在正常工况时，机组的目标负荷可由运行人员设定，或接受自动调度系统发来的中调指令。机组运行人员可通过操作按钮来选择就地或远方控制。在就地控制时，运行人员可操作“增加”和“减小”按钮来改变目标负荷指令。这时，目标负荷指令将根据运行人员设定的允许的最大变化速率来改变。在远方控制时，目标负荷指令将根据设定的最大变化速率响应ADS指令。

实际负荷指令的形成受到四方面的限制，分别为：①机组最大可能出力限制；②机组局部故障时的限制；③负荷变化速率的限制；④最大、最小允许负荷限制。

机组最大可能出力限制称为机组的允许负荷，允许负荷由投运的主要辅机台数确定。对每一种辅机，每台都有对应机组容量的负荷百分数。例如某机组送风机、引风机、一次风机、空气预热器在正常运行时都是两台并列运行，若其中一台故障，则锅炉只能承担50%负荷。将每种辅机的最大可能出力进行取小运算，形成机组最大可能出力。

目标负荷和允许负荷取小作为机组的负荷指令，对机组的负荷要求指令不应超过机组的实际允许出力的上、下限值，当机组负荷要求超过实际可能允许的出力时，应对负荷要求进行限制，还应对负荷指令的变化率进行限制处理，一般外部对机组的负荷要求都是以电功率为目标，但根据机组实际负荷变化能力，对机组负荷指令的要求应不超过规定的负荷变化速度及变化幅度。

异常工况时，比如主要辅机（如送、引风机，给水泵等）发生故障，造成机组承担负荷能力下降时，CCS将迅速、安全、自动地减小机组的实际负荷指令P_0，保证机组在较低负荷下继续运行，这一过程称为负荷返回，也称为甩负荷（RUN BACK，RB）。甩负荷的原因是明确的，降低负荷的数量也是明确的，减少这一部分负荷后，机组仍能维持正常运行。为了保证机组正常运行，不管此时电网对机组负荷要求如何（即不接受电网负荷要求），都要把机组负荷降到相应的水平（故障后所能允许的负荷水平）。负荷返回的速率取决于发生故障的辅机种类和台数，可由运行人员预先设定。负荷返回后的机组负荷水平也与发生故障的辅机容量和台数有关（该功能也可由机炉主控制器完成）。

当主要辅机虽未发生故障但已工作在极限状态，或者机组中一些主要运行参数与其负荷指令的偏差大于允许值时，应该对机组负荷指令加以限制，即不让机组负荷指令朝着超越工作极限或扩大偏差的方向进一步变化，以防止事故的发生，这就是负荷指令的闭锁。闭锁分闭锁增和闭锁减（BLOCK INC/BLOCK DEC，BI/BD）两种。造成参数偏差的原因不是很明确，负荷升、降的多少也不是事先明确的，直至参数偏差回复至允许范围为止。当发生负荷指令闭锁增/减时，操作员手动负荷指令的操作被禁止，中调指令也被单方向禁止。

对于引起负荷闭锁增/减的故障情况，除了采用负荷闭锁增/减措施外，CCS通常还采用追升/追降（RUN UP/RUN DOWN，RU/RD）措施。当有关的运行参数偏差超过了允许值，同时有关的控制输出已达到极限位置，不再有控制余地，则追升/追降回路根据偏差的方向，将对实际负荷指令实施追升/追降。使偏差回到允许值范围之内，从而达到缩小故障危害的目的。

2. 机炉主控制器

机炉主控制器接受机组负荷管理控制中心来的P_0信号，根据机组当前的运行条件及要求，由操作人员来选择合适的控制方式，并由机炉主控制器进行控制运算，生成锅炉控制指令p_B和汽轮机控制指令p_T给锅炉与汽轮机的子控制系统，让锅炉、汽轮机在机组允许的参数范围内满足负荷的要求。机炉主控制器接收的信号为负荷管理控制中心来的负荷信号 P_0、实际功率信号 P_E、主汽压力 p_T 及压力设定值 p_0、第一级压力 p_1 和汽包压力 p_b，机炉主控制器输出的信号为锅炉控制指令 p_B 和汽轮机控制指令 p_T。协调控制系统的控制算法都是由机炉主控制器完成的。

五、单元测试

（一）选择题

1. AGC 系统和 ADS 系统，都是通过（　　）作用于单元机组的。

A. MCS　　B. CCS　　C. FSSS　　D. DEH

2. 锅炉跟随控制方式中，功率指令送到（　　）控制器，以改变（　　），使机组尽快适应电网的负荷要求。

A. 送风量，挡板开度　　B. 燃料量，给煤量

C. 汽轮机功率，控制阀开度　　D. 热量，锅炉燃烧状况

3. 协调控制回路中的非线性组件的作用，是（　　）。

A. 提高机组对负荷变化的响应能力　　B. 充分利用锅炉的蓄热

C. 减少主汽压在控制过程中过大变化　　D. 以上都是

4. 为使汽轮机控制阀的动作比较平稳，单元机组在汽轮机跟随控制方式时，汽轮机控制系统的功率信号应采用（　　）信号。

A. 功率指令　　B. 蒸汽压力　　C. 实发功率　　D. 蒸汽流量

5. 协调控制系统设计中，机组处于 CCS 方式时，若功率信号故障，系统将自动切至（　　）方式。若压力信号故障或 DEH 故障，系统将切至（　　）方式。机组处于 CCS 方式时，若中调 ADS 信号允许，可以选择 ADS 远控方式运行，若 ADS 信号故障，它将自动切回本机 CCS 方式。

A. TF，BASE　　B. TF，CCS　　C. BF，BASE　　D. BASE，BF

6. 单元机组采用汽轮机跟随控制方式时，机前压力对于负荷指令扰动的响应是（　　）。

A. 波动大　　B. 波动小　　C. 基本不变化　　D. 不确定

7. 在锅炉跟随控制方式中，功率指令送到（　　）控制器，以改变汽轮机控制汽门开度，使机组尽快适应电网的负荷要求。

A. 汽轮机功率　　B. 锅炉燃料量　　C. 汽轮机压力　　D. 锅炉风量

8. 单元机组协调控制系统中，为加快锅炉侧的负荷响应速度，可采用（　　）信号。

A. 前馈　　B. 反馈　　C. 跟踪　　D. AGC

9. 接到参加电网调频指令时，单元机组应采用（　　）控制方式运行。

A. 机跟炉　　B. 炉跟机　　C. 机炉手动　　D. 机炉协调

（二）判断题

1. 常规的自动控制系统是汽轮机和锅炉分别控制，汽轮机控制机组转速和负荷，主汽压力的控制由锅炉控制系统来完成。（　　）

2. 机组在 CCS 方式下运行，DEH 接受 DCS 的汽轮机控制汽门开度指令。（　　）

3. 单元机组协调控制系统中，采用前馈信号可以加快锅炉侧的负荷响应速度。（　　）

4. 单元机组汽轮机跟随控制方式的特点是功率响应慢、汽压波动小，不能充分利用锅炉的蓄热。（　　）

5．单元机组是一个多输入多输出的被控对象，分析负荷控制系统时，须把锅炉和汽轮机作为一个整体来考虑。（　）

6．负荷指令管理系统根据汽轮机和锅炉的运行状态，选择合适的负荷给定值。（　）

7．单元火电机组采用锅炉跟随控制方式时，是由锅炉调功率、汽轮机调压力。（　）

8．协调控制系统把锅炉、汽轮机和发电机作为一个整体来进行控制。（　）

（三）问答题

1．协调控制中的“协调”二字如何理解？单元机组协调控制系统主要由哪几部分组成？

2．负荷指令管理中心的作用是什么？外部负荷指令包括哪几种？在正常工况下和异常工况下实际负荷指令分别是如何形成的？

3．一般来说，采取负荷闭锁增/减与采取负荷追升/追降的条件有什么不同？

4．简单的机炉控制系统可分为机跟炉方式和炉跟机方式，简述各自原理。

5．查阅资料，对比机组局部故障处理方法，如 RB、RD（RU）、闭锁增（减）、快速甩负荷等。

学习单元二　CCS 的工程应用

一、学习目标

通过本单元学习，能够理解协调控制的工程应用情况。

二、学习任务

本单元的学习任务有三个：

（1）理解机组负荷指令形成过程。

（2）分析实际机组的机炉协调控制方案。

（3）分析 CCS 运行方式的选择及切换。

三、任务分析

本单元以某 600MW 机组的协调控制系统为例，介绍该机组协调控制系统的组成及实际应用，以加深对单元机组协调控制系统的认识。

四、任务实施

（一）600MW 机组单元机组协调控制系统的总体介绍

某 600MW 机组的协调控制系统主要协调机炉对负荷及压力的控制，它主要由负荷指令处理回路、机炉主控制器两大部分构成。负荷指令处理回路主要实现 AGC 目标负荷或运行人员目标负荷的选择、一次调频投切、高低负荷限幅、负荷变化速率限制、负荷闭锁增/减、负荷指令保持/进行选择、辅机跳闸 RB 等功能。机炉主控制器是协调主控系统的核心，主要实现机炉运行方式选择及切换，机炉主控指令运算等功能。

该机组的协调控制系统共设置了 4 种机组运行方式：

（1）协调控制方式（coordinated control mode，CCS）。当汽轮机主控和锅炉主控都为自动时，机组处于协调方式。在 CCS 协调方式下，锅炉主控主要控制主汽压，汽轮机主控主要控制机组负荷。

（2）锅炉跟随方式（boiler follow mode，BF）。当锅炉主控自动而汽轮机主控手动时，机组处于锅炉跟随方式。在 BF 方式下，锅炉主控自动控制主汽压，汽轮机主控手动控制机组负荷。

（3）汽机跟随方式（turbine follow mode，TF）。当汽轮机主控自动而锅炉主控手动时，机组处于汽轮机跟随方式。在 TF 方式下，汽轮机主控自动控制主汽压，锅炉主控手动控制机组负荷。

（4）基本方式（BASE）。当汽轮机主控和锅炉主控都为手动时，机组处于基本方式。基本方式是一种低级的基础运行方式，BASE 一般适用于机组启动初期及低负荷阶段，机组给水控制手动或异常状态。

运行人员可以通过选择机、炉主控 M/A 站手自动方式，来选择不同的运行方式。

在协调控制和锅炉跟随方式下，可以采用滑压控制。滑压控制时，主蒸汽压力的给定值是根据机组负荷来自动设定的。在机组定压控制时，主汽压的给定值由运行人员手动设定。

（二）负荷指令处理回路

负荷指令处理回路的任务是根据机组的运行状况，对来自外部的负荷请求信号（ADS 负荷指令、人工手动设置指令及频差校正指令）和来自内部的负荷信号（实发功率信号和机组允许最大功率信号）进行选择和处理，生成机组可以接受的目标负荷指令 ULD（UNIT LOAD DEMAND），称为实际负荷指令。

1. 实际负荷指令的生成

不同的设计思路可以设计出各种风格的负荷指令处理回路，但基本组成则大同小异。该机组的负荷指令处理回路主要实现 AGC 目标负荷或运行人员目标负荷的选择、一次调频投切、高低负荷限幅、负荷变化速率限制、负荷闭锁增/减、负荷指令保持/进行选择、辅机跳闸 RB 等功能，其负荷指令处理回路如图 12-7 所示。该机组接受的负荷指令为 ADS 指令、运行人员手动设置的负荷指令和汽轮机转速。根据机组情况，按一定的逻辑条件进行这三种负荷指令的选择。

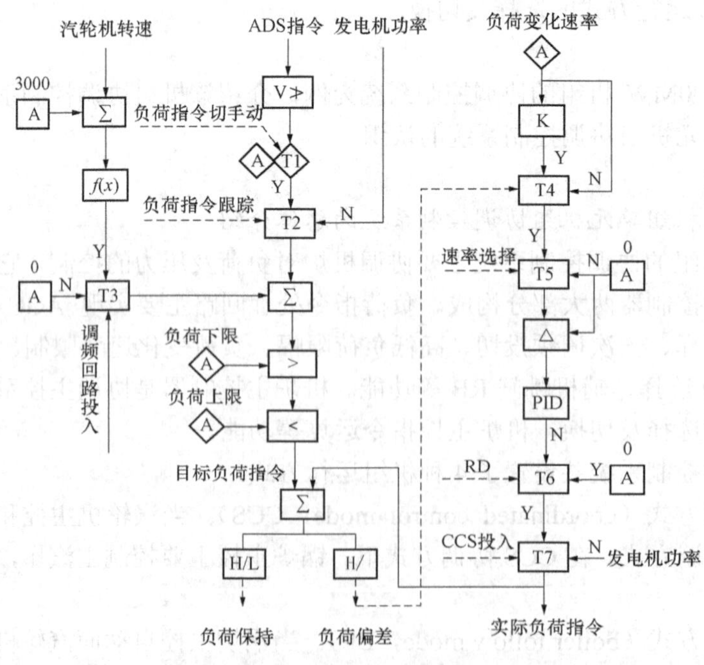

图 12-7　负荷指令处理回路

负荷指令切换手动逻辑信号如图 12-8 所示，当机组为协调控制方式、负荷指令变化速率未超速、ADS 指令信号正常、机组运行正常未发生 RD、BI 或 BD 时，负荷指令切换手动逻辑信号为“0”，该信号控制图 12-7 中的切换器 T1 选择接受 ADS 指令。当发生下列情况时，负荷指令切手动信号为“1”，此时图 12-7 中的切换器 T1 切换至运行人员手动设定：ADS 信号错误；ADS 指令变化超过机组最大响应速率；锅炉主控制器和汽轮机主控制器一方为手动时（非协调控制方式）；AGC 禁止；机组发出 RD、BI 或 BD。

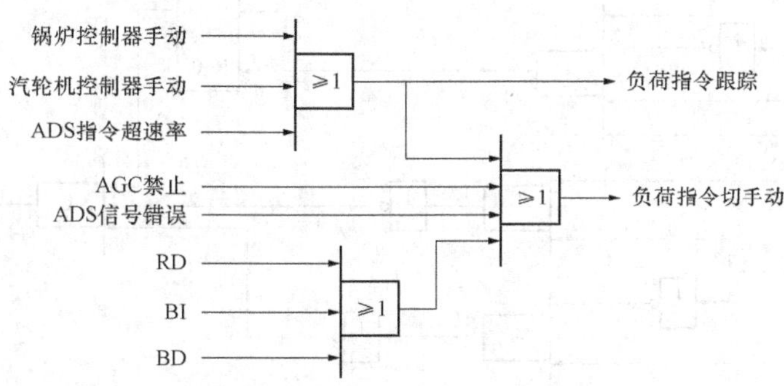

图 12-8　负荷指令切换手动逻辑信号

汽轮机转速信号代表了电网频率，与给定值的差值构成了频差校正信号。调频回路的投入需要同时满足三个条件：机组在协调控制方式下、频率信号完好、运行人员按下调频回路投入按钮。调频回路投入后，现负荷指令变为原负荷指令加上电网频率校正指令。当频率过低时会增加负荷指令，否则减小，从而保证电网频率的稳定。当上述三个条件中的任何一个不满足时，会切除调频回路。

负荷指令的限制处理包括最小负荷限制、最大负荷限制和负荷变化率限制部分。在机组非协调控制方式或在协调控制方式下 ADS 指令变化速率超速时，负荷指令跟踪信号为“1”，该信号使得切换器 T2 切换到目标负荷指令跟踪发电机实际功率，以便协调控制方式再投入时的无扰切换。最大及最小负荷限制的作用是当机组在协调控制方式下，避免 ADS 指令超过运行人员设定的最大及最小负荷。当负荷指令超过机组允许的最小或最大负荷时，通过大值选择器选大值输出，保证输出值不大于机组允许的最小负荷；通过小值选择器选小值输出，保证输出值不大于机组允许的最大负荷。

经过上述处理后生成的目标负荷指令还不能直接送入锅炉主控器和汽轮机主控器。考虑到锅炉和汽轮机对于负荷指令的响应速度，所以需要将目标负荷指令转变为一个斜坡形式的实际负荷指令后，再送入到锅炉主控器和汽轮机主控器中，实际上也就是限制了负荷指令的变化速度。

图 12-9 是速率选择逻辑信号形成回路。图 12-9 与图 12-7 的共同作用，实现了外部负荷指令转化为实际负荷指令，同时还实现了实际负荷指令追降、闭锁增、闭锁减和负荷返回功能。

当机组为协调控制方式时，根据实际负荷指令与目标负荷指令的偏差方向，通过负荷偏差信号的“1”或“0”来控制切换器选择负荷变化速率与方向，利用 PID 控制器中的积分作用进行实际负荷指令的增加或减少。当实际负荷指令与目标负荷指令相等时，图 12-7 中的负荷保持信号为“0”，该信号送到图 12-9 中的速率选择信号回路中，使得 R-S 触发器被置为“0”，这时，速率选择信号为“0”，这样图 12-7 中的切换器 T5 将 0 送到 PID 控制器中，停止积分作用，实际负荷指令停止变化。

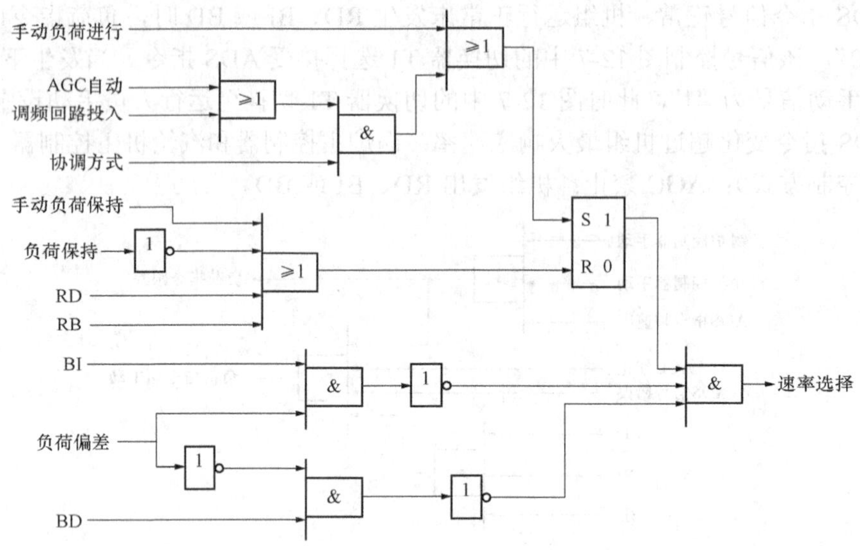

图 12-9 速率选择逻辑信号形成回路

当接受的 ADS 指令为增大时，这时目标负荷指令大于实际负荷指令，图 12-7 中的负荷偏差信号为“1”，该信号控制切换器 T4 将正负荷变化速率送入 PID 控制器中，进行正向积分，使得实际负荷指令不断增加，直到实际负荷指令与目标负荷指令相等为止。同理，当 ADS 指令减少时，负荷偏差信号为“0”，负荷变化速率经比例器 K 送入 PID 控制器中，由于 K 为一个负值，因此此时为反向积分，实际负荷指令将减小，直到实际负荷指令与目标负荷指令相等为止。

由此可见，通过负荷偏差信号“1”或“0”，来控制切换器以选择负荷变化速率与方向。当实际负荷指令小于目标负荷指令时，负荷偏差信号为“1”，选择正的负荷变化速率；当实际负荷指令大于目标负荷指令时，负荷偏差信号为“0”，选择负的负荷变化速率。

通过速率选择信号的“1”或“0”，来控制实际负荷指令是变化还是不变（保持），因此，利用速率选择信号和负荷偏差信号，实现了实际负荷指令增加、减少或保持。表 12-1 为在协调控制方式下，实际负荷指令与速率选择信号、负荷偏差信号的关系。

表 12-1 在协调控制方式下实际负荷指令与速率选择信号、负荷偏差信号的关系

速率选择	负荷偏差	实际负荷指令变化趋势
1	1	增加
1	0	减少
0	X	保持

除了上面介绍的对实际负荷指令基本处理方法外，还有以下几种处理情况：

（1）在协调控制方式时，操作员手动按下负荷保持按钮，图 12-9 中的 R-S 触发器 R 端被置为“1”。R-S 触发器输出为“0”，速率选择信号为“0”，实际负荷指令被保持。

（2）在协调控制方式时，操作员手动按下负荷进行按钮，图 12-9 中的 R-S 触发器的 S 端被置为“1”。此时，根据指令偏差情况，进行实际负荷指令的增加、减小和保持处理。如负荷保持信号为“1”，则表示实际负荷指令与目标负荷指令不相等，R-S 触发器 R 端被置为“0”，速率选择信号为“1”，根据负荷偏差信号控制实际负荷指令增或减。当负荷保持信号为“0”时，表示此时实际负荷指令与目标负荷指令相等，此时，R 端被置为“1”，速率选择信号为“0”，实际负荷指令保持。

（3）在协调控制方式时，AGC 自动或调频回路投入，此时 R-S 触发器的 S 端被置为“1”，对实际负荷指令处理与（2）相同。

（4）在协调控制方式时，当 RD 信号为“1”时，速率选择信号为“0”，图 12-7 中 PID 输出保持，而实际负荷指令通过切换器 T6 被置 0，此时机组被强迫减负荷直到 RD 信号消失为止。

（5）在协调控制方式时，当 BI 信号为“1”时，如果此时负荷偏差信号为“1”，即实际负荷指令小于目标负荷指令，速率选择信号为“0”，实际负荷指令保持。反之，如果负荷偏差信号为“0”，即实际负荷指令大于目标负荷指令，速率选择信号为“1”，允许实际负荷指令减小操作。因此，实现了负荷指令闭锁增功能。

（6）在协调控制方式时，当 BD 信号为“1”时，原理同（5），但速率选择信号的逻辑切换与（5）相反，由此实现了负荷指令闭锁减功能。

（7）当 RB 信号为“1”时，机组切为汽轮机跟随方式，速率选择信号为“0”，图 12-7 中 PID 输出保持，而实际负荷指令跟踪机组发电功率。

经过负荷指令控制回路处理后得到的实际负荷指令将被作为负荷给定值送到机炉主控制器中。

2. RB 信号生成

在 RB 信号生成逻辑中，主要监测的辅机包括给水泵、送风机、引风机、一次风机、空气预热器。在机组负荷大于一定值的情况下，若上述辅机跳闸，则发出 RB 请求。

RB 信号发出后，机组控制方式将自动切为汽轮机跟随方式。汽轮机维持主汽压力，锅炉则以预定的 RB 目标值降低锅炉总燃料量，也就是由 FSSS 系统根据 RB 目标值，将部分磨煤机切除，保留与机组负荷相适应的磨煤机台数。磨煤机切除顺序遵守由高（F）向低（C）原则，接收到 RB 指令后，首先会跳 F 磨煤机，当 F 磨煤机运行状态消失后延时数秒后，再停止 E 磨煤机运行，然后依此类推。

RB 逻辑原理如图 12-10 所示，它由辅机最大可能出力计算回路（RB 目标值）、RB 速率计算回路和 RB 逻辑回路组成。

辅机最大可能出力计算回路（RB 目标值）以切换器 T1~T11 为中心，对送风机、引风机、一次风机、给水泵、空气预热器的最大可能处理进行计算。下面以送风机为例，说明其计算方法。送风机最大可能出力的计算回路由切换器 T1、T2、给定器 A1、加法器∑1 等组成。给定器 A1 给出单台送风机最大出力为 300MW 负荷所需风量。当送风机 A 运行时，T1 选择给定器 A1 的输出（即 300MW）；当送风机 A 停止时，T1 选择 0 值输出。这样，当两台送风机运行时，加法器∑1 的输出为 600MW，单台送风机运行时，其输出为 300MW，类似地，引风机、一次风机、给水泵、空气预热器的计算方法也一样，只是因为实际选用的辅机容量不同而使出力大小略有差别。在机组实际运行过程中，不少机组受一次风机容量、相关控制挡板动作速率等的限制，一次风机跳闸时，比较容易因一次风压降低引起一次风管堵粉而发生炉膛灭火，故一次风机 RB 成功的概率低一些，尤其是在高负荷下。对于超临界机组，燃水比失调对机组安全运行的影响很多。计算给水泵出力时要求泵不仅已启动，而且要求带上负荷。故要求泵的转速大于 2000r/min，且出口门已开。至于电动给水泵，与亚临界机组不同，

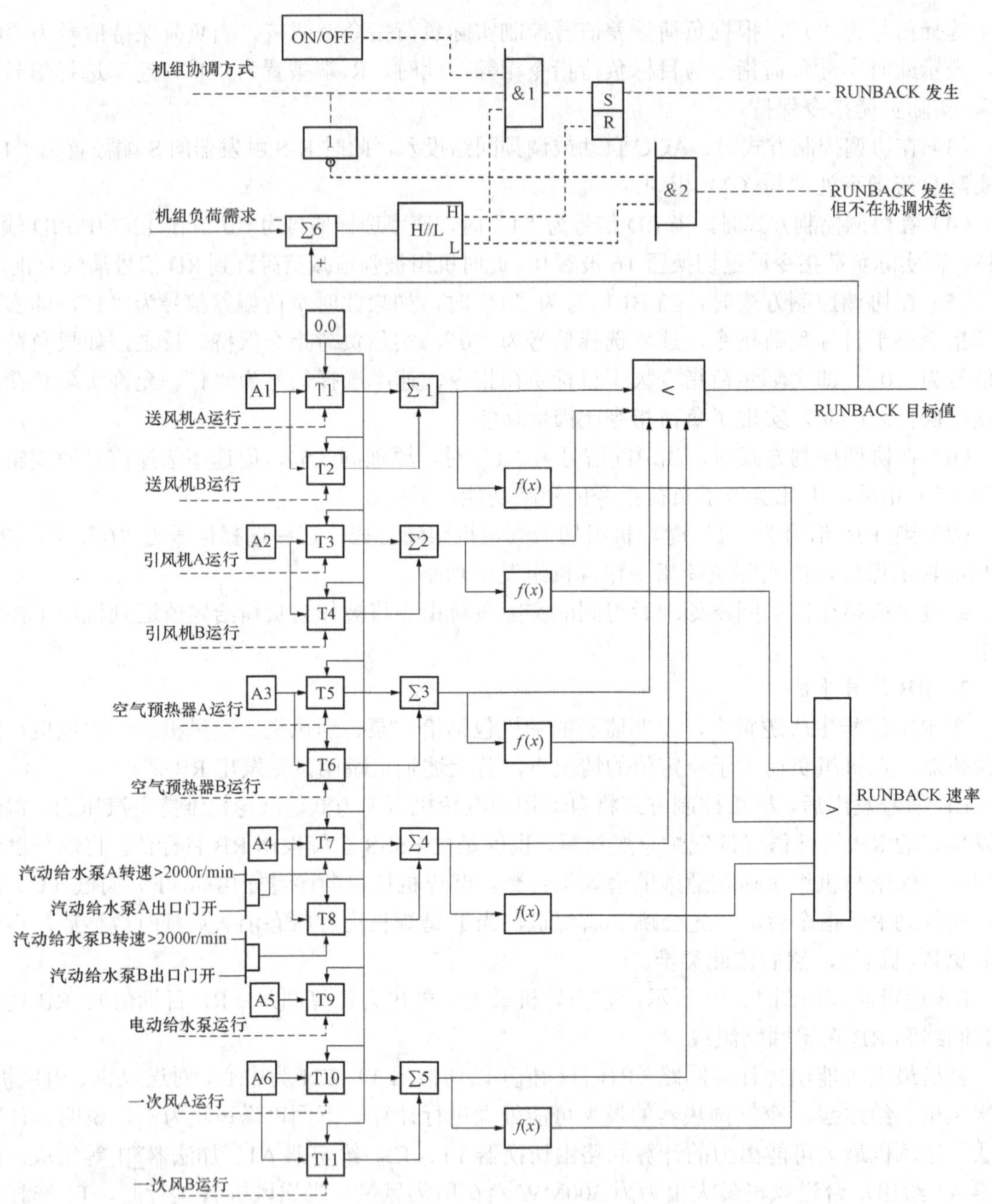

图 12-10 RB 逻辑原理

有的机组规定，一台汽动给水泵跳闸后，电动给水泵若能在 5s 内成功联动，则甩负荷到 75%额定负荷，否则甩负荷到 50%额定负荷。有的机组则只考虑在启动和汽动给水泵检修使用。

各辅机最大可能处理经小值选择器得到 RB 目标值，即 RB 后机组所能承担的负荷。这个值是所有辅机最大可能出力中的最小的一个，它是影响机组出力的“瓶颈”，当实际负荷指令大于该目标值时，必须将负荷指令下降到该目标值以下，才能保证机组的稳定运行。

不同的辅机跳闸要求的甩负荷速率不同，每个加法器后的函数器设定该辅机故障甩负荷的速率。若同时有几种辅机故障跳闸，则RB速率取各跳闸辅机RB速率中最大的一个。

RB逻辑的建立还与机组运行状态有关。当RB目标值小于机组负荷需求指令时，这时比较器Σ6输出小于0，上下限制器的“L”端输出“1”，若机组在协调控制方式（有的系统设计汽轮机跟随方式）且RB功能投入，则与门&1输出“1”，RS触发器置位端S置位，发出RB逻辑信号。通过相关回路使实际负荷指令下降，同时送信号到FSSS，FSSS将根据RB目标值，将部分磨煤机切除，保留与机组负荷相适应的磨煤机台数。当RB目标值大于机组负荷需求指令时，这时比较器∑1输出大于0，上下限制器的“H”端输出“1”，RS触发器复位端R复位，RB逻辑信号消失。若机组不在协调控制方式，或RB功能未投时，发生RB目标值小于机组负荷需求指令，与门&2输出“1”，发出类似RB的信号，供运行人员参考。

3. BI/BD信号生成

闭锁增与闭锁减逻辑的实现，是设备实际出力与负荷需求有偏差时，且偏差超过设定的限制值时，对负荷指令产生闭锁，即不让机组实际负荷指令向着超过设备工作极限或进一步扩大偏差的方向变化，以防止事故的发生。

BI/BD是通过监测总风量、炉膛压力、给水流量、机组发电功率和主汽压力与它们的给定值之间偏差，以及相应设备的对应状态来生成BI/BD信号。当总风量、给水流量、机组发电功率和主汽压力小于其相应给定值的偏差超限制值时；或炉膛压力大于给定值的偏差超限制值时；或相应的设备达到极限状态，则发生BI，闭锁负荷指令的增大变化。如果监测的变量偏差继续增大，超过更大的限制值，且相应的设备已达到极限状态，则发生RD，强迫机组减负荷，图12-11为BI/BD信号生成逻辑。

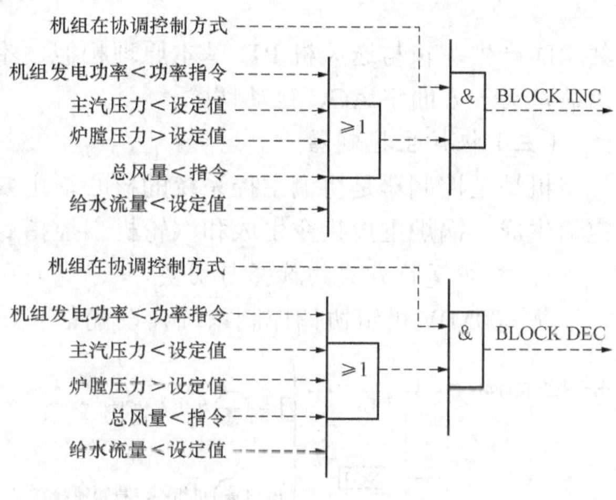

图12-11　BI/BD信号的生成

同理，当总风量、给水流量、机组发电功率和主汽压力大于其相应给定值的偏差超限制值时；或炉膛压力小于给定值的偏差超限制值时；或相应的设备达到极限状态，则发生BD，闭锁负荷指令的减小变化。

当出现BI信号为“1”或BD信号为“1”后，首先将AGC切为手动，对实际负荷指令的处理，依照图12-7进行处理。

4. RD信号生成

RD信号是通过监测总风量、炉膛压力和给水量这三个量与它们的给定值之间偏差，以及相应设备的对应状态来生成RD信号，RD信号生成逻辑如图12-12所示，RD信号是由送风机RD、引风机RD和给水泵RD构成。

以送风机RD逻辑为例，当总风量小于给定值，且偏差超过设定的限制值时，并且送风机A、B均投自动，而此时送风机A、B指令已经是最大，那么表明送风机A、B的最大出力的风量不能满足当前需求，故发出RD信号，迫使机组实际负荷指令减小，使机组减负荷。当送风机A、B未投自动，当总风量小于给定值，且偏差超过设定的限制值时，虽然送风机指令未达到最大值，但是由于送风控制系统无法自动调整风量，也会发出RD信号。

当炉膛压力大于给定值时或给水流量小于给定值时，且它们的偏差超过设定的限制值时，

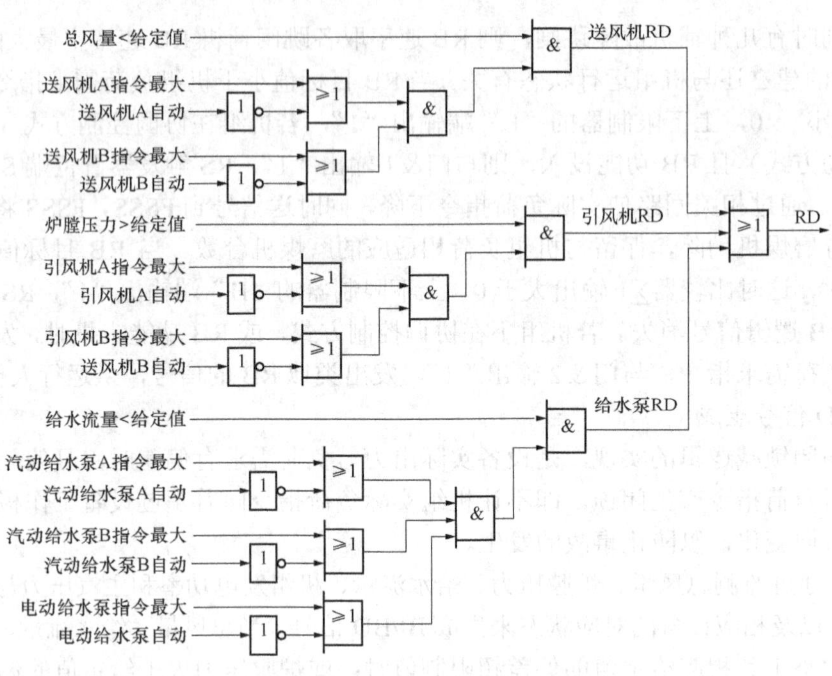

图 12-12 RD 信号的生成

其 RD 产生逻辑与送风机 RD 基本原理相似，不再复述。当发生 RD 时，机组一方面强制减负荷，另一方面将 AGC 自动切除。

（三）机炉主控制器

机炉主控制器是协调主控系统的核心，主要实现机炉运行方式选择及切换，主汽压力设定值生成、锅炉主控指令生成和汽轮机主控指令生成等功能。

1. 机炉运行方式的选择与切换

某 600MW 机组协调控制系统共设置有下列的 4 种运行方式：协调控制方式（coordinated control mode，CCS）、锅炉跟随方式（boiler follow mode，BF）、汽机跟随方式（turbine follow mode，TF）、基本方式（BASE）。运行人员可以通过选择机、炉主控 M/A 站手自动方式，来选择不同的运行方式。

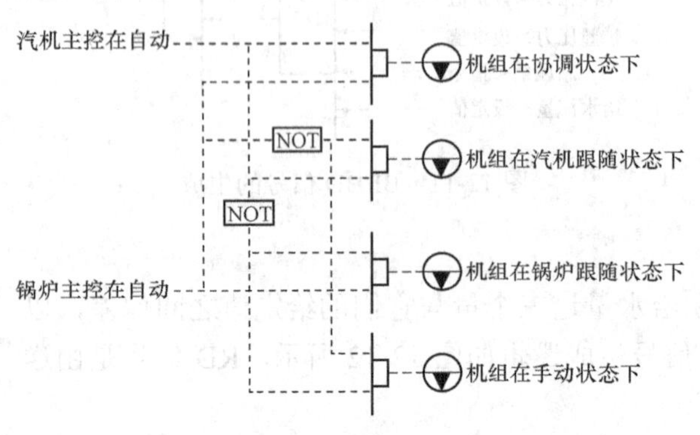

图 12-13 机组运行方式选择逻辑

一般来说，机炉运行方式由专门的逻辑控制回路决定。该电厂设计的控制方式选择回路如图 12-13 所示。

（1）当汽轮机主控和锅炉主控都为自动时，机组处于协调方式。

（2）当锅炉主控自动而汽轮机主控手动时，机组处于锅炉跟随方式。

（3）当汽轮机主控自动而锅炉主控手动时，机组处于汽轮机跟随方式。

（4）当汽轮机主控和锅炉主控都为手动时，机组处于基本方式。

当系统不能实现运行人员所选择的运行方式时，应向运行人员发出报警信息。

当选择自动控制方式的任一种方式时，均要求汽轮机调速器、燃料、给水子系统处于自动运行状态。任何有关的子系统若不能投入自动控制时，应将协调控制转换到最大程度的自动方式，并与可投自动的子系统相适应。

2. 主汽压力设定值的生成

该机组有两种压力运行方式，即定压运行和滑压运行。机组在启动及低负荷阶段（<35%负荷）采用定压运行，压力为 p_{min}，在 35%和 90%负荷之间采用滑压运行，90%以上又采用定压运行，压力为 p_{max}，因此，压力定值在机组运行过程中是变化的。

主汽压力设定值生成的原理示意图如图 12-14 所示。该回路的主要功能是生成滑压及定压两种运行方式下的主汽压力设定值，并实现这两种运行方式之间的无扰切换。

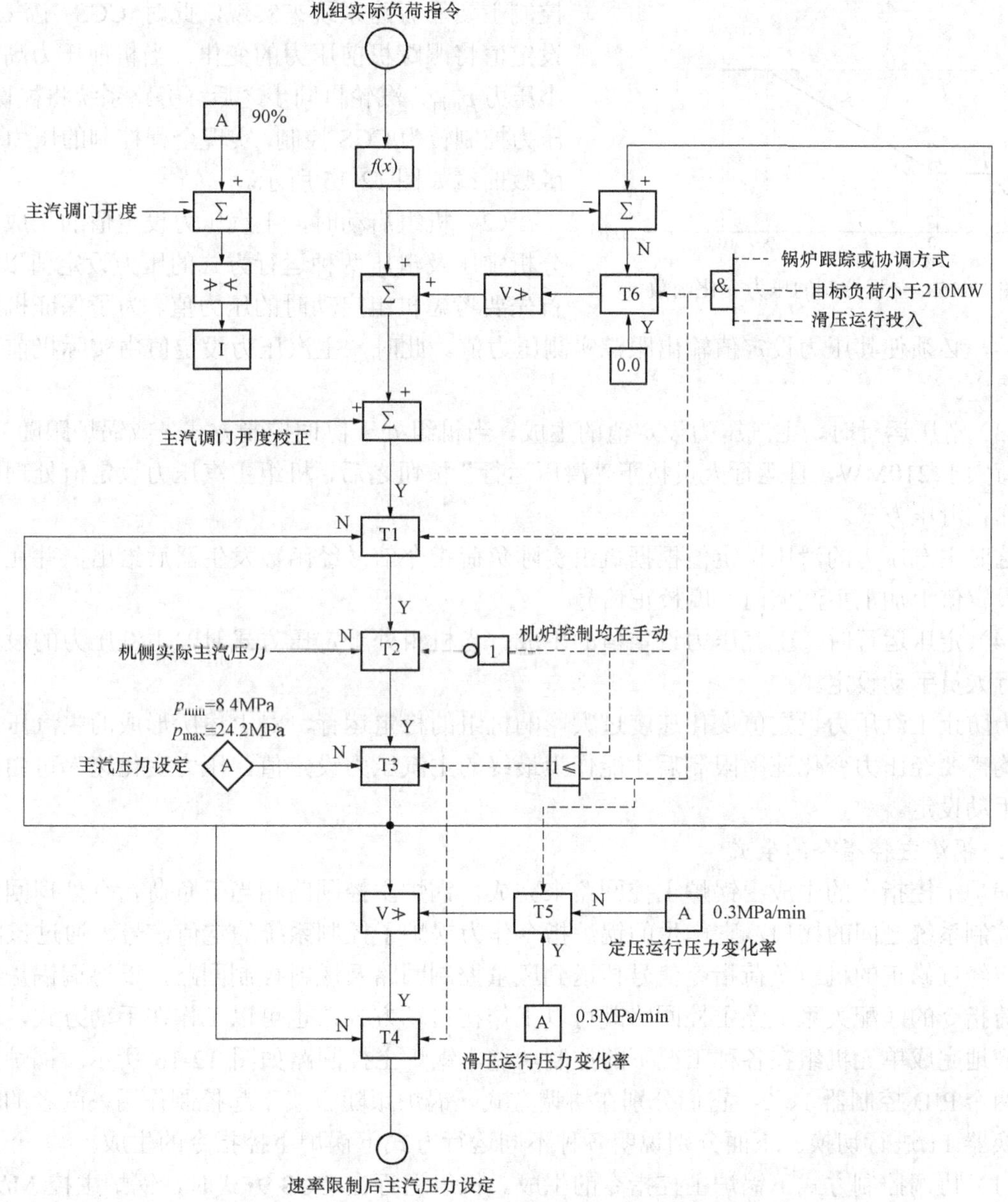

图 12-14　主汽压力设定值生成的原理示意图

(1) 定压与滑压运行方式

1) 定压运行方式。定压运行是指在不同负荷下机组的机前压力保持不变。其主要的优点是:设备运行工况稳定,控制系统比较稳定,不同负荷下锅炉的储能不变化,因而机组对升负荷的响应较快;蒸汽的饱和温度不变,对于汽包炉,其汽包和联箱等厚壁部件的内外温差变化小。因此,负荷的变化率较大。其主要的缺点是由于定压方式是通过改变汽轮机调节汽门的开度来改变机组出力的,因此低负荷运行时调节汽门开度较小,节流损失大。

2) 滑压运行方式。该系统协调控制方式下的滑压运行是指在一定负荷范围内的滑压,在较低和较高的负荷下仍为定压运行。整个机组可以实现全程压力控制,在点火或低负荷时,压力的控制主要靠旁路系统来实现,此时 CCS 主汽压力设定值将跟踪机前压力的变化;当机前压力高于最小压力 p_{min}、汽轮机同步之后,旁路系统将被切除,压力控制转为 CCS 控制,实现全程控制的压力变化函数曲线如图 12-15 所示。

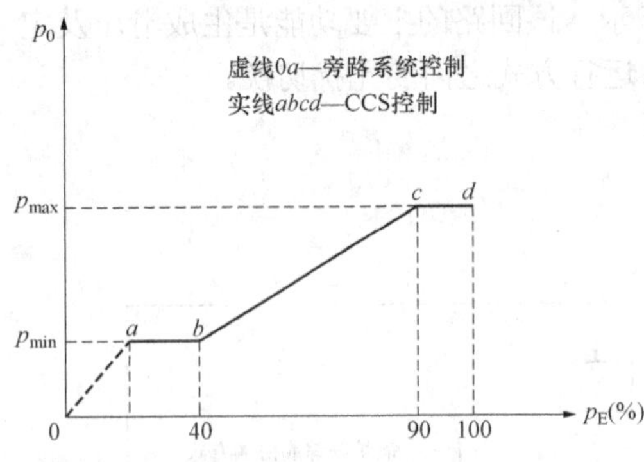

图 12-15 全程控制的压力变化函数

(2) 机组启动时,主汽压力设定值的生成。在分析定压及滑压两种运行方式的压力设定值以前,首先要考虑机组启动时的压力值。为了保证机组平稳启动,必须使其压力设定值输出跟踪实测压力值。此时,主汽压力设定值由实际机前压力信号决定。

(3) 滑压运行时,主汽压力设定值的生成。当机组处于协调控制方式(或锅炉跟随),机组负荷大于 210MW,且运行人员按下“滑压运行”按钮之后,机组主汽压力设定值处理回路将工作在滑压方式。

这时主汽压力的滑压设定值根据机组实际负荷指令信号经函数发生器后给出,并在主汽压力设定值上加上主汽调门开度校正信号。

(4) 定压运行时,主汽压力设定值的生成。当机组处于定压方式时,主汽压力的设定值由运行人员手动设定。

为防止主汽压力设定值变化速度过大影响机组的稳定运行,对上述所形成的主汽压力设定值均需要经压力变化速率限制后才能作为最终的主汽压力设定值,压力变化速率可由运行人员手动设定。

3. 锅炉主控指令的生成

锅炉主控指令的生成由锅炉主控回路来完成,锅炉主控回路相当于负荷指令处理回路与燃烧控制系统之间的接口,它产生的锅炉指令作为锅炉子控制系统的定值信号,通过该回路可以将经过修正的机组负荷指令信号传送到风量控制回路及燃料控制回路,以协调锅炉出力与负荷指令的匹配关系。该主控回路既可以工作在自动方式,也可以工作在手动方式,均能够相应地完成单元机组在各种工况下的控制功能,锅炉主控回路如图 12-16 所示。锅炉主控中有两个 PID 控制器 1、2,它们分别在协调方式、锅炉跟随方式下起控制作用,两者的输出由切换器 T1 进行切换。下面分别说明各种不同运行方式下锅炉主控指令的生成。

(1) 协调控制方式下锅炉主控指令的生成。机组运行在 CCS 方式时,锅炉主控 M/A 站和汽轮机主控 M/A 站都处于自动控制方式,这时,锅炉主控调节器 PID_1 工作。锅炉主控指令的形成由主汽压力偏差和功率偏差经锅炉主控调节器 PID_1 输出后加上锅炉主控前馈信号给出。

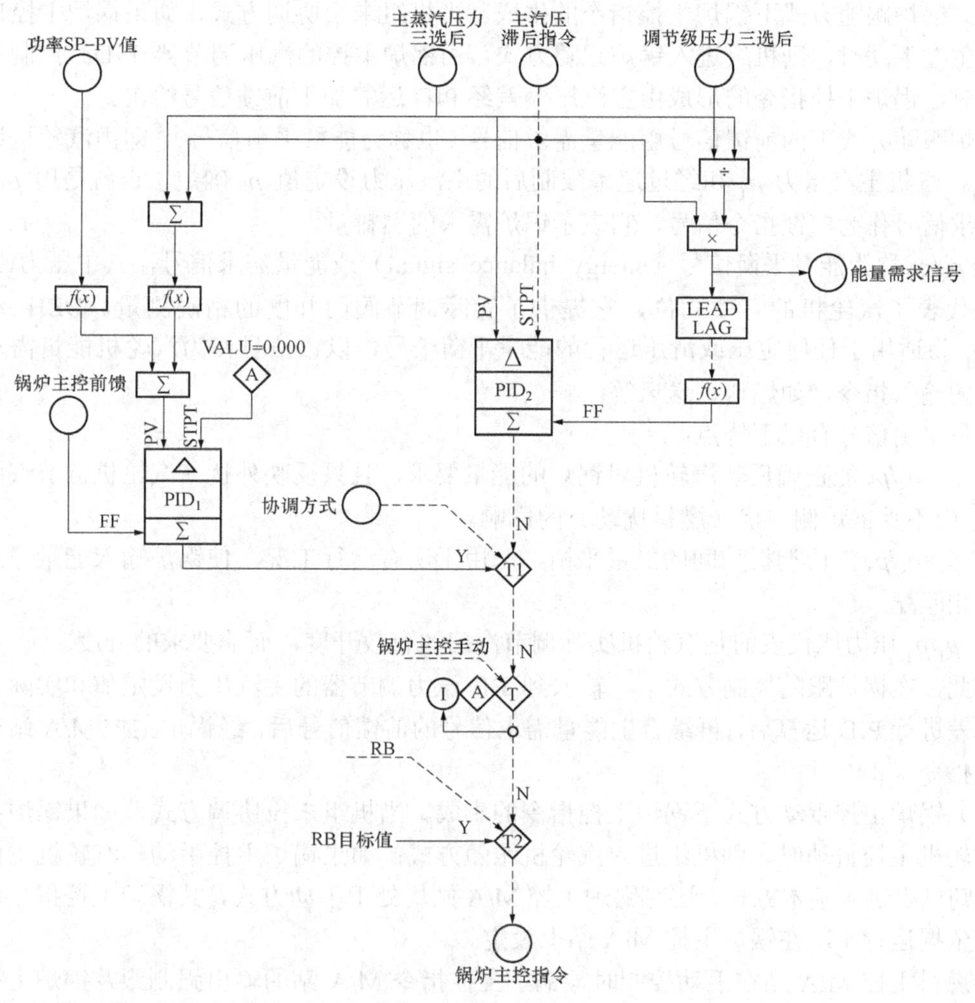

图 12-16　锅炉主控回路

引入锅炉主控前馈信号的目的在于克服锅炉对象的惯性，协调机炉之间的能量供求关系，使单元机组对电网负荷要求的响应性能更佳。本机组的前馈信号包含两个部分：负荷指令前馈信号和主汽压力校正前馈。负荷指令前馈信号的主要作用有两个，一是补偿被控对象动态特性的延迟和惯性，加快负荷响应；二是使机组负荷指令与机炉负荷控制指令构成一定的静态关系，并作为后者的基本成分，即实行定位作用，保证机组的输入能量与需求能量一致，在变负荷控制中起粗调作用。主汽压力指令与负荷指令共同产生的锅炉加速信号做前馈，提前动作燃料量和给水流量来改善锅炉侧的动态响应特性。

由负荷指令和主汽压力校正叠加共同产生的锅炉主控前馈信号，既可满足变负荷时指令快速动作的要求，又能保证稳态下由于系统内扰产生的汽轮机调门动作及时反应到锅炉侧，提前增减燃料量和给水流量以保证压力的稳定。

因此，在锅炉协调控制方式下，输入到锅炉主控调节器的功率偏差（SP－PV）与主汽压力偏差（SP－PV）进行 PID 运算后，再综合锅炉主控前馈信号，并经锅炉主控 M/A 站形成锅炉主控指令。

（2）锅炉跟随方式下锅炉主控指令的生成。当机组未投协调方式，如果锅炉主控自动、汽轮机主控手动时，则机组进入锅炉跟随方式，由锅炉主控的汽压调节器 PID2 控制主汽压力。这时，锅炉主控指令的形成由主汽压偏差经 PID 运算加上前馈信号给出。

锅炉跟随方式下的前馈信号由能量需求信号（也称为能量平衡信号），即由汽轮机调节级压力 p_1，汽机主汽压力 p_T 和经过速率限制后的主汽压力设定值 p_S 确定，也就是用 $p_1 \times p_S/p_T$ 能量需求信号作为前馈指令信号，它表示锅炉需求的燃料量。

$p_1 \times p_S/p_T$ 称为能量平衡信号（energy balance signal）或能量需求信号，其中压力比 p_1/p_T 线性地代表了汽轮机的有效阀位，它提供了实际调节阀门开度的精确测量。DEH 系统取 $p_1 \times p_S/p_T$ 为适用于任何定压或滑压运行的能量平衡信号，以该信号作为汽轮机能量需求来调节锅炉的输入指令，如燃料、送风等。

能量平衡信号有以下特点：

1）$p_1 \times p_S/p_T$ 能正确反映汽轮机对锅炉的能量要求，且只反映外扰（汽轮机调节汽门开度变化），而不受锅炉侧内扰（燃料扰动）的影响。

2）$p_1 \times p_S/p_T$ 能协调机炉间的能量平衡，适用于所有运行工况，使锅炉输入能量与汽轮机的需求相匹配。

3）p_1/p_T 压力比代表的是汽轮机实际调节汽门的有效开度，而非要求的开度。

因此，在锅炉跟随控制方式下，输入到 BF 压力调节器的主汽压力设定值和实际主汽压力的偏差进行 PID 运算后，再综合上能量需求信号的前馈信号后，经锅炉主控 M/A 站形成锅炉主控指令。

（3）锅炉主控手动方式下锅炉主控指令的生成。当机组未投协调方式，如果锅炉主控手动、汽轮机主控自动时，则机组进入汽轮机跟随方式；如果锅炉主控手动、汽轮机主控也手动时，则机组进入基本方式。这时锅炉主控 M/A 站均处于手动方式，其锅炉主控指令可由运行人员依据运行工况在锅炉主控 M/A 站上设定。

当燃料主控 M/A 站在手动控制时，锅炉主控指令 M/A 站的输出强制跟踪锅炉主控跟踪值并强制手动。

当发生 RB 工况，锅炉主控器输出根据发生 RB 的不同辅机跳闸条件，以不同的速率逐渐下降到 RB 目标值。

4. 汽轮机主控指令的生成

汽轮机主控指令的生成由汽轮机主控回路来完成，汽轮机主控回路为 CCS 和汽轮机数字电液控制系统（DEH）之间的接口回路，汽轮机主控指令分 DEH 处于 CCS 方式和非 CCS 方式下的设定。汽轮机主控回路如图 12-17 所示。汽轮机主控制器主要包含了 2 个 PID 调节器，一个机主控 M/A 站。这 2 个调节器分别是汽轮机主控调节器 PID_1、TF 压力调节器 PID_2。由图 12-17 可以看出，汽轮机主控制器的自动输入端有两路信号进行切换，它们分别是来自协调方式和汽轮机跟随方式的控制指令。机组运行在锅炉跟随或基本方式时，汽轮机主控指令不接受自动控制信号，由运行人员在汽轮机主控器上手动设定。这时 DEH 独立运行，控制机组功率。

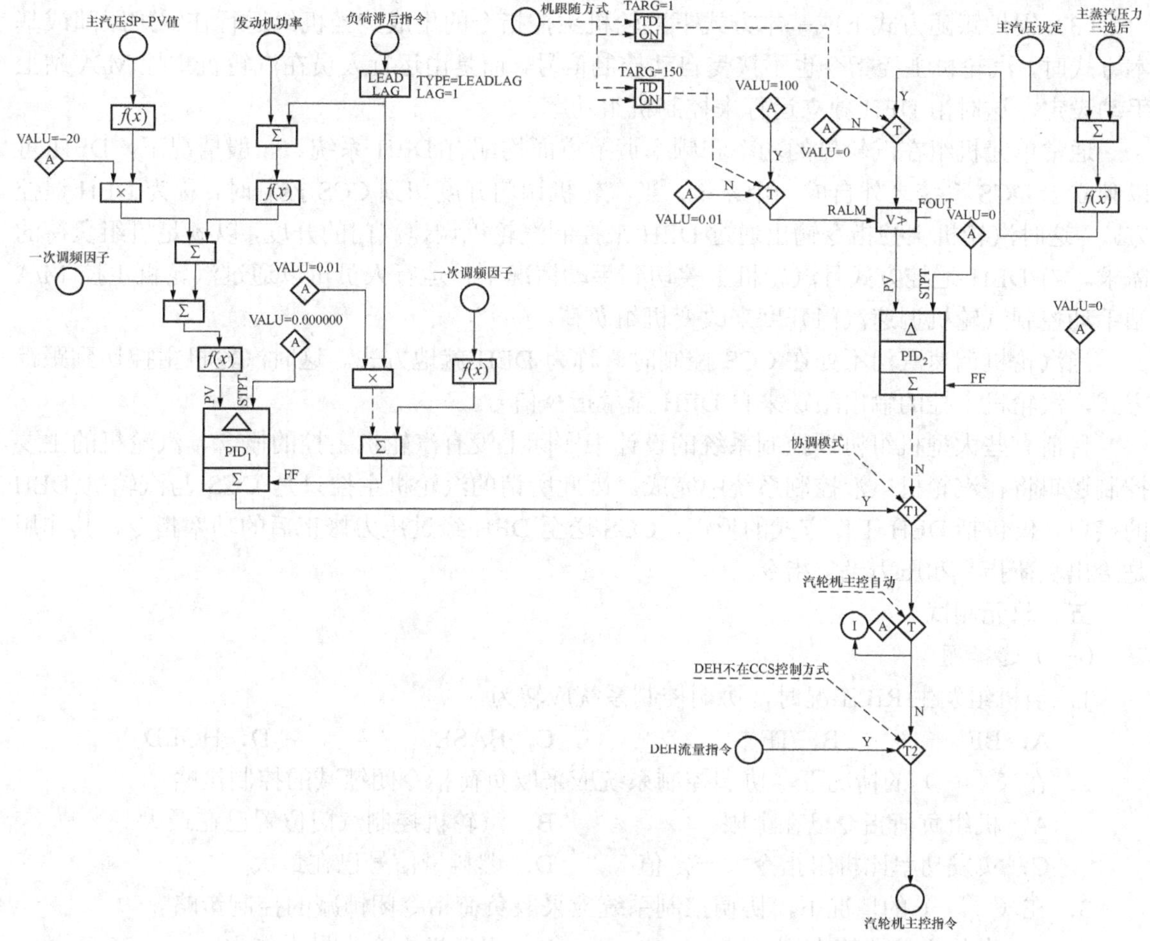

图 12-17　汽轮机主控回路

（1）协调控制方式下汽轮机主控指令的生成。当锅炉主控和汽轮机主控都在自动方式，如果运行人员将机组切到协调控制方式，则 CCS 方式下机组汽轮机主控指令的形成由功率偏差和压力偏差经 PID_1 调节给出。

在协调方式下，由汽轮机主控调节器 PID_1 进行控制，主汽压力偏差和功率偏差同时对汽轮机主控调节器产生作用。以发电机实发功率信号作为反馈信号，控制汽轮机调节汽门开度，实现电功率的闭环控制。负荷指令增加纯延时后计算功率偏差，增加锅炉储能，当主汽压力超限时，汽轮机首要调节压力，更好的维持负荷稳定。一次调频只作用于汽轮机回路，汽轮机属于快速回路，燃料属于滞后环节，故不会对风、煤、水产生振荡影响。

（2）汽轮机跟随方式下汽轮机主控指令的生成。当锅炉主控手动、汽轮机主控自动时，操作人员可以将机组切到汽轮机跟随方式（TF）下运行，这时 TF 汽压调节器 PID_2 接受机前压力定值和机前压力信号，控制汽轮机调节汽门，实现机前压力的闭环控制。操作人员可以通过锅炉主控 M/A 站手动改变燃料量，以满足负荷变化的需要，负责调节功率。

机组运行在汽轮机跟踪方式时，汽轮机主控指令由实际主蒸汽压力和主汽压力设定值的偏差经 PID 调节后给出。

当机组发生 RB 后，机组控制方式将自动切为汽轮机跟随方式。

（3）锅炉跟随方式下或基本方式下汽轮机主控指令的生成。当机组运行在锅炉跟随或基本方式时，汽轮机主控指令也不接受自动控制信号，而是由运行人员在汽轮机主控 M/A 站上手动设定，这时由 DEH 独立运行来控制机组功率。

通常单元机组在汽轮机的功率和频率调节方面均配有 DEH 系统。一般情况下，DEH 可以独立于 DCS 系统之外自成一个系统。当汽轮机调门开度切到 CCS 控制时，称为 DEH 遥控方式，这时汽轮机主控指令输出通过 DEH 来控制汽轮机调速汽门的开度，以满足机组负荷的需求。当 DEH 遥控方式且汽轮机主控切到手动情况下，运行人员可以通过汽轮机主控 M/A 站手动控制汽轮机调速汽门开度来改变机组负荷。

当汽轮机调速汽门不处在 CCS 控制时，称为 DEH 就地方式。这时汽轮机主控切到跟踪方式，汽轮机主控的输出跟踪来自 DEH 流量指令信号。

目前有些大型机组协调控制系统的设计中实际上没有汽轮机主控的概念，汽轮机的主要控制逻辑将在汽轮机电液控制系统中完成。因此所谓的汽轮机主控只是 CCS 与汽轮机 DEH 的接口，仅包括 DEH 工作方式的反馈、CCS 送至 DEH 经过压力修正后的功率指令，其作用是给出负荷指令和压力设定指令。

五、单元测试

（一）选择题

1．当机组发生 RB 工况时，协调控制系统应转为（　　）。

A．BF　　B．TF　　C．BASE　　D．HOLD

2．在（　　）的情况下，协调控制系统应采取负荷指令闭锁减的控制策略。

A．机组负荷指令已在上限　　B．汽轮机控制汽门位置已在最大

C．实发功率比机组指令大一定值　　D．燃料量信号已在最大

3．在（　　）的情况下，协调控制系统应采取负荷指令闭锁减的控制策略。

A．燃料主控器输出到下限　　B．引风机指令为最大值

C．送风机接近喘振工况　　D．汽包水位低

4．在（　　）的情况下，协调控制系统应采取负荷指令闭锁增的控制策略。

A．两台汽动给水泵的指令都在最低点　　B．汽包水位高

C．给水流量比设定值高一定量　　D．机组指令比实发功率大一定值

5．在（　　）的情况下，协调控制系统应采取负荷指令闭锁增的控制策略。

A．机前压力比设定值低一定值　　B．机组负荷指令已在下限

C．汽轮机控制汽门位置已在最小　　D．风量在最低点

6．在（　　）的情况下，协调控制系统应采取负荷指令闭锁增的控制策略。

A．燃料量比设定值高一定值

B．给水泵指令在最高限，而实际燃料量比设定值低一定量

C．给水泵指令信号在最大位置

D．燃料主控器指令在最高限，而实际燃料量比设定值低一定量

（二）判断题

1．RB 试验是对机组主要辅机设备故障状态下运行能力的检验，是对控制系统性能和功能的检验，RB 功能的实现为机组在高度自动化运行方式下提供了安全保障。（　　）

2．RB 试验的目的，是检验机组和控制系统故障下的适应能力。（　　）

（三）问答题

1．分析图 12-7，说明该机组的实际负荷指令的形成过程。

2．分析图 12-16，说明该机组的锅炉主控指令如何生成。

3．分析图 12-17，说明该机组的汽轮机主控指令如何生成。

4．协调控制系统有哪几种运行方式？各在什么情况下适用？简要说明各运行方式的切换条件。

学习情境十三　炉膛安全监控系统（FSSS）分析

学习单元一　炉膛安全监控系统的组成与功能

一、学习目标

通过本单元学习，能够明确炉膛安全监控系统的任务，知道系统的结构组成，确定系统的主要功能，在理解炉膛安全监控系统相关知识的前提下，通过对该系统的功能分析，进而拟订出炉膛安全监控系统的控制方案。

二、学习任务

本单元的学习任务有五个：

（1）明确炉膛安全监控系统的任务。

（2）知道炉膛安全监控系统的结构组成。

（3）确定炉膛安全监控系统的主要功能。

（4）理解炉膛安全监控系统的相关知识。

（5）拟定炉膛安全监控系统的控制方案。

并在掌握了炉膛安全监控系统的组成与功能后，能够前瞻炉膛安全监控系统的新技术应用。

三、任务分析

随着机组容量的增加，电厂锅炉需要控制数量众多的燃烧设备，不仅需要操作的数量在增加，而且控制难度也在提高。

燃烧设备包括点火装置、油燃烧器、煤粉燃烧器、一次风挡板、二次风挡板等众多设备，设备的操作过程也趋于复杂化。如油枪的投运操作包括推入点火油枪、推入高能点火器、开启雾化介质阀、吹扫油枪、点火、延时判断点火是否成功等。煤粉燃烧器的投运操作包括开启一次风挡板和二次风挡板、开启煤粉挡板、启动给粉机等。在锅炉启停或事故状态下，燃烧器的操作将更加复杂，很可能由于手动误操作或操作不及时而发生事故或使事故扩大化。故对于自动化要求很高的炉膛安全监控系统，必须由系统自动完成各种操作，以保证这些设备和整个系统的安全。

因此，在明确了炉膛安全监控系统的组成与功能后，通过分析，拟定系统的控制方案来保证锅炉安全高效运行是本单元要完成的主要任务。

四、任务实施

（一）明确炉膛安全监控系统的任务（炉膛安全监控系统要完成哪些工作）

1. 炉膛安全监控系统的任务

FSSS（furnace safeguard supervisory system）炉膛安全监控系统的任务是对锅炉的运行状

态进行监视，并确保锅炉安全；同时对锅炉燃烧器进行自动投切控制，以满足机组启停以及增减负荷的要求。也可称作燃烧器管理系统（burner management system，BMS）。

FSSS 可以替代运行人员，管理数量众多的燃烧设备，在将要出现安全事故时，采取果断措施，切断进入炉膛的燃料或进行其他类似的安全操作，以保证锅炉设备的安全。

可见，炉膛安全监控系统有两项重要任务，即锅炉安全保护和燃烧器安全操作管理，分别由燃料安全系统（fuel safeguard system，FSS）和燃烧器控制系统（burner control system，BCS）完成。

燃料安全系统（FSS）是炉膛安全监控系统的核心部分，它的任务是在锅炉运行的各个阶段，对参数、状态进行连续地监视；并不断地按照安全规定的顺序对它们进行判断、逻辑运算；遇到危险工况，能自动地启动有关设备进行紧急跳闸，切断燃料，使锅炉紧急停炉，避免由于燃料系统故障或运行人员误操作造成的炉膛爆燃（炸）事故；通过事先制定的逻辑程序和安全连锁条件，防止锅炉运行过程中燃料和空气混合物在炉膛的任何部位聚集；对炉膛的火焰进行监视与控制，保证锅炉安全启停和正常运行。

燃烧器控制系统（BCS）是炉膛安全监控系统的重要组成部分，主要完成制粉系统和燃烧器的自动投切控制。它的任务包括控制点火器和油枪，提供制粉系统及燃烧设备的自启停及远方操作，稳定锅炉燃烧过程，防止危险情况的发生和人为操作的误判断误操作。

2. 炉膛安全监控系统（FSSS）与协调控制系统（CCS）的关系

CCS 属于模拟量控制系统，锅炉的调节是由 CCS 完成的。FSSS 属于开关量控制系统，它没有连续调节功能，也不直接参与负荷和风量的调节，仅完成锅炉及其辅机的启停监视和逻辑控制功能，但是它能行使超越运行人员和过程控制系统的作用，可靠地保证锅炉安全运行。

FSSS 与 CCS 之间有一定的联系和制约，其中 FSSS 的安全连锁功能的等级是最高的。例如在锅炉启动后，只要出现风量低于启动允许的最低数值（例如 25%）情况，FSSS 会自动发出 MFT 信号，停止锅炉运行，同样，如果运行人员违反安全操作规程，FSSS 将停止相关设备的运行，如点火油枪过早撤出，也会引起有关主燃料的自动切除。FSSS 的具体连锁条件要根据各个机组的燃烧系统结构、特性和燃烧种类等因素决定。

3. 炉膛安全监控系统的地位

炉膛安全监控系统是现代大型机组自动化不可缺少的组成部分。它不仅能自动地完成各种操作和保护动作，还能避免运行人员在手动操作时的误动作，并能执行手动来不及的快动作。它对炉膛的正常燃烧，锅炉的安全运行起着决定性的作用。

如今，FSSS 和 CCS 一起被视为火力发电机组锅炉控制系统的两大支柱。

（二）炉膛安全监控系统的结构组成

从设备的角度看，炉膛安全监控系统由三大部分组成，即控制盘、现场设备和逻辑柜，如图 13-1 所示。

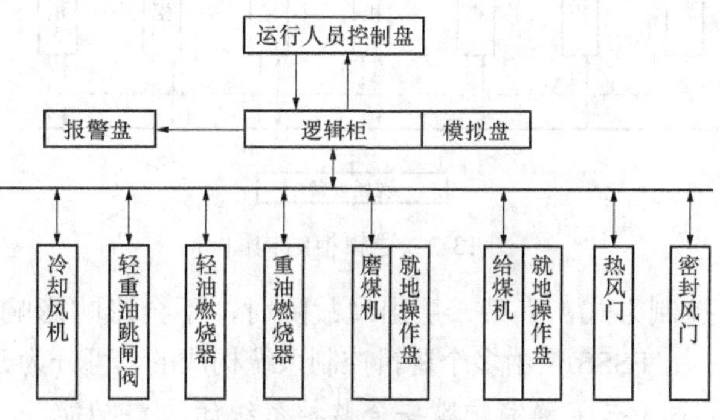

图 13-1 炉膛安全监控系统的设备结构

1. 控制盘

控制盘是运行人员与逻辑控制部分之间进行人机对话的联络工具。运行人员的操作指令是通过控制盘上的发令元件或键盘送到逻辑控制部分；运行状态及参数、被控对象动作完成状态等信息又返回控制盘进行显示。

控制盘包括运行人员控制盘、就地操作盘、系统模拟盘。

（1）运行人员控制盘。早期的FSSS具有独立的运行人员控制盘（BTG盘），作为运行人员监视、控制系统的工具。BTG盘包括指令器件（如油、煤粉燃烧器的点火、熄火操作按钮；主燃料跳闸操作开关）和反馈器件（如燃烧器运行工况指示和异常工况的报警指示灯等），这些器件通常布置在主控室的控制盘上。运行人员能根据控制盘上的显示，及时准确地判断现场运行状况，及时处理发生故障的设备。

在采用DCS的单元机组中，运行人员控制盘已由操作员站上的显示和操作画面（CRT盘）来代替。炉膛安全监控系统的设备及运行状态、燃烧工况、设备启停条件等，都显示在CRT画面上（CRT显示包括趋势显示、报警显示、过程显示、系统显示、记录显示等）；设备的启停操作，如吹扫、点火、投粉等，通过键盘和鼠标的操作即可完成。

（2）就地操作盘。就地操作盘的配置通常控制在最低限度，主要用于维修、测试和校验现场设备，一般包括磨煤机操作盘、给煤机操作盘以及油枪角操作盘。就地操作盘主要为了就地操作调试方便，在正常运行时开关应置于“远方遥控”位置，使被控设备处于逻辑系统的控制之下。

（3）系统模拟盘。系统模拟盘位于FSSS逻辑柜的各个煤层控制柜和油层控制柜中，可对各层燃烧设备及总体功能进行模拟操作试验，检查相应的逻辑功能是否正常。它是热工人员调试逻辑系统和查找逻辑故障的有力工具。

2. 现场设备

FSSS的现场设备包括油枪、点火器、磨煤机、给煤机、挡板、油枪喷嘴阀、跳闸阀、密封风机、冷却风机、压力开关、温度开关、火焰检测器等。

现场设备的好坏对FSSS的可靠运行至关重要，因为FSSS的指令和安全连锁要靠现场设备的执行来实现，所以必须对所有现场设备进行定期监测、检查和测试，并保持这些设备的清洁，不让这些设备黏上灰尘和油污。设备停运后，要定期活动所有的阀门和挡板。

3. 逻辑柜

逻辑柜是FSSS的核心，其结构图如图13-2所示，能完成逻辑综合、判断及运算功能。运行人员在控制盘上发出的指令、现场运行的状态，被控对象的状态等都要通过逻辑柜的分析判断，只有满足一定的许可条件后才能送到驱动装置去控制现场设备。当出现危及设备和机组安全运行的情况，逻辑柜会自动发出指令停掉有关设备。

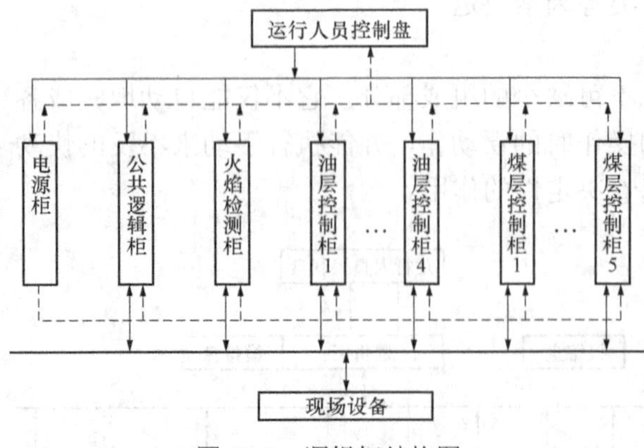

图13-2 逻辑柜结构图

逻辑柜采用分层控制结构，每一个燃烧器层均有一套独立的控制逻辑，即所谓分层控制方式，当某一层出现故障时，不会影响影响整个机组，这叫做危险分散。

FSSS是由多个逻辑控制系统构成的，可分为开环逻辑控制、闭环逻辑控制和混合逻辑控制。

（三）确定炉膛安全监控系统的主要功能

FSSS包括燃料安全系统（FSS）和燃烧器控制系统（BCS），以下分别从这两个方面来介绍 FSSS 的功能。

1. 燃料安全系统（FSS）的主要功能

FSS 是炉膛安全监控系统的核心，包括整个锅炉安全保护的监控及执行。

FSS 应能预防由炉膛内燃料和空气混合物产生的不安全工况发生。必要时，切除燃料系统，并避免锅炉受压部分过热。FSS 主要完成如下功能：

（1）油系统泄漏试验。油系统泄漏试验是针对燃油母管安全快关阀和燃油母管回油关断阀的密闭性所做的试验。泄漏试验有两步，第一步确定燃油母管在充压之后不会泄漏，第二步确定燃油母管安全快关阀及回油关断阀不会在关闭的状态发生泄漏。操作人员直接在 CRT 上发出启动油泄漏试验指令启动该试验。

油泄漏试验成功是炉膛吹扫的条件之一，按照规程，严禁旁路油泄漏试验。

（2）炉膛吹扫。锅炉停炉后，在闲置的炉膛里会积聚可燃物。炉膛吹扫的目的是将炉膛和烟道中积聚的可燃混合物清除掉，防止点火时引起炉膛爆燃。炉膛吹扫的方法是在炉膛内吹入足够的风量，把这些混合物带走，以防在点火时炉膛发生爆燃。

在炉膛吹扫完成之前应阻止任何燃烧设备启动，使燃料进入炉膛。它分为点火前炉膛吹扫和 MFT 跳闸后炉膛吹扫。点火前炉膛吹扫是为锅炉点火做好准备，置换可能存在于炉膛内的积聚可燃物，以免点火时产生不可控制的爆炸。MFT 跳闸后炉膛吹扫是及时排除高温炉膛内可燃物的积聚。

炉膛吹扫时间和使用的空气量有关，最小应在额定空气量的 25%以上。一般吹扫空气量大时，吹扫的时间就短，反之吹扫的时间就长。

（3）主燃料跳闸（MFT）。主燃料跳闸，简称 MFT，它是炉膛安全监控系统的主要功能。在锅炉运行的各个阶段，FSSS 实时、连续地对机组的主要参数和运行状态进行监视，只要这些参数和状态有一个越出了安全运行的正常范围，系统就会发出 MFT 指令。MFT 动作将快速切断所有进入炉膛的燃料，即切断所有的燃油和煤粉避免其进入炉膛，实行紧急停炉，防止炉膛爆燃，并指出引起 MFT 的第一原因。

（4）油燃料跳闸（OFT）。点火吹扫完成后，炉膛具备了点火条件，此时应将 MFT 复位，并建立一个锅炉点火限定计时器，开始对燃油系统进行条件扫描和控制。这个阶段的监控内容包括锅炉点火许可及油燃烧器的投入及状态监视等。

当有危及锅炉炉膛安全的因素存在时，产生 OFT 信号。FSSS 逻辑就会关闭燃油母管安全快关阀及燃油母管回油关断阀，切除所有正在运行的油燃烧器。OFT 跳闸后，跳闸原因画面中显示首发跳闸原因。

（5）炉膛火焰检测。炉膛火焰检测一般分为火球火焰检测和单个燃烧器（油枪或煤粉燃烧器）火焰检测两种。前者一般只检测火焰的强度，后者同时检测火焰的强度和火焰的脉动频率。

对于四角切圆燃烧的 CE 锅炉，火球检测只是用于全炉膛监视，即在满足一定条件下，如锅炉负荷大于 20%时，可以认为炉膛内的燃烧已形成火球。判断各煤层是否着火，以是否观察到火球为标准。在点火阶段仍以单个燃烧器为基础，并以火焰强度和脉动频率来综合判断。

对于 B&W 锅炉、前后墙对冲、前墙喷燃或 W 形火焰等能量互不支持型火焰的锅炉，则以单个燃烧器火焰检测为主，并以火焰强度和脉动频率来综合判断。

（6）风机控制。

1）密封风机。密封风机的作用是冷却锅炉的观火口和吹灰机；维持锅炉观火口和吹灰机附近的压力低于密封风机出口压力；有效防止锅炉观火口和吹灰机处的燃烧气体或烟气泄漏。

两台密封风机为一台工作一台备用的运行方式，正常情况下，只要单台密封风机运行即可提供足够的密封风压，另一台密封风机处于备用状态。当正在运行的密封风机事故跳闸或出力不够时，连锁启动备用的密封风机。

2）火检冷却风机。火焰检测器的探头安装于炉膛燃烧器的周围，是锅炉燃烧器正常工作和煤火保护的重要设备，对火焰检测器探头的冷却和清洁直接影响到火焰检测器的稳定性运行和使用寿命。

火焰检测器探头冷却风系统是保证火检探头正常工作的重要条件，它连续不断地给探头一定压力的冷却风，使探头得到冷却并保持清洁。

探头冷却风机应有非常可靠的供应电源，并采用双机系统。每台都应备有 100%的风量供应能力，从而保证冷却过程中不中断冷却风量，延长探头的使用寿命，冷却风压应大于设定值。

两台火检冷却风机也采用一台工作一台备用的运行方式。

（7）紧急减负荷控制。机组在运行过程中若出现危险工况时，需要快速甩负荷，甚至跳闸，变负荷的过渡过程往往要求很短，特别是对于锅炉，依靠人工操作很难安全进行这种工况转换。FSSS 可以实现辅机故障减负荷（RB）和快速甩负荷（FCB）。

当汽轮机、发电机一切正常，而锅炉部分的主要辅机（如给水泵、送风机、引风机等）有一部分发生故障时，机组就不能带额定负荷，为了使机组继续安全运行而不必停机就必须急速降低锅炉负荷，待故障消除后，再使机组恢复到正常负荷运行，这种处理故障的方法被称为辅机故障减负荷，即 RB（run back）。

FCB（fast cut back）是在发电机组、汽轮机出现问题出现瞬时故障时，快速减少锅炉负荷，并稳定锅炉燃烧，以保证锅炉不停炉，待事故消除后迅速恢复发电。这种减负荷方式，要求发电机组在一个很短的时间内从满负荷甩到零或带厂用电负荷运行，对锅炉的要求是快速从最大负荷甩到 10%～30%负荷，并在汽轮机旁路系统配合下，继续运行一段时间，避免锅炉熄火后又重新点火，减少经济损失并延长锅炉寿命。

2. 燃烧器控制系统（BCS）的主要功能

燃烧器控制系统（BCS）是炉膛安全监控系统的重要组成部分，它的任务是锅炉点火及暖炉油枪控制，对制粉系统及燃烧系统设备实现自启停或远方操作，稳定锅炉燃烧过程。BCS 主要完成如下功能：

（1）油燃烧器控制。油燃烧器的控制包括单支油枪的点火启动、停运及油枪组层控。

以油枪的点火启动为例，炉膛吹扫完成后就具备了点火条件，煤粉锅炉先点燃油枪，然后由油枪再引燃煤粉。锅炉在低负荷状态下运行时，为了防止锅炉灭火，也经常点燃油枪进行助燃。无论哪种情况，点燃油枪的过程都类似。

点燃油枪需要一系列动作，先检查点火条件是否满足，然后按程序步骤逐步进行点火。目前点火方式有两种，一种是运行人员在 CRT 上对各油枪逐个进行点火操作，另一种就是启动油枪组程控，让计算机程序按步骤依次对多只油枪进行点火。

（2）煤燃烧器控制。煤燃烧器的控制包括磨煤机组相关设备的启停操作和保护逻辑，即磨煤机、给煤机、一次风机、润滑油泵及相关阀门的启动、停止、跳闸等过程均由 FSSS 逻辑控制。

当锅炉投煤粉条件满足时，运行人员可在 CRT 上按预定程序手动启停磨煤机组各有关设备，或按预定程序成组启停磨煤机组各有关设备。由于给煤机、磨煤机为锅炉的重要辅机，因此设计有给煤机、磨煤机的启动、运行许可条件和保护逻辑。

典型 FSSS 的功能结构示意如图 13-3 所示。

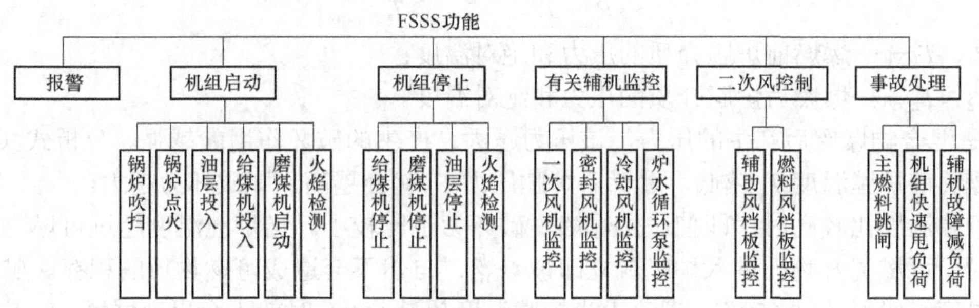

图 13-3　典型 FSSS 的功能结构示意图

（四）理解炉膛安全监控系统的相关知识

1. 炉膛爆燃的原因及防止措施

炉膛爆燃是严重危及锅炉安全运行的重大事故之一。只有了解其产生过程，才能制定出有效的防止措施，以避免此类重大事故的发生。

（1）炉膛爆燃的原因。炉膛爆燃可分为外爆和内爆。

外爆是指在锅炉的炉膛、烟道或煤粉管道中积存的可燃混合物瞬间同时被点燃，而使烟气侧压力急剧升高，造成炉膛、尾部烟道和煤粉管道结构严重破坏的现象。外爆通常和炉膛灭火事故联系在一起，俗称锅炉灭火放炮。

内爆是指由于事故导致的引风机出力过大或炉膛内燃料燃烧不稳定而熄火，使烟气侧压力急剧降低，造成炉膛内外压差过大，炉墙向内坍塌。内爆同样具有非常大的破坏力，和外爆一样必须在运行过程中防止其发生。

大多数的炉膛爆燃事故均发生在机组启停阶段。在正常运行工况下，送入炉膛的燃料立即被点燃，燃烧生成的烟气也随之排出，炉膛和烟道内没有可燃混合物积存，因而也就不会发生爆燃。但如果运行人员操作不当、处理出错以及控制系统出现故障，也有可能会发生爆燃事故。

（2）爆燃的条件。爆燃是有条件的，并非燃料越多越容易产生爆燃。只有同时满足以下三个条件，爆燃才可能发生。

1）炉膛或烟道内有一定浓度的燃料和助燃气体积存。

2）积存的燃料和空气混合物达到爆燃的浓度范围，具有易燃易爆性。

3）具有足够的点火能源（例如炉内有明火）。

根据运行经验，每立方米空气中含有 0.05kg 煤粉，加上足够的点火能源，就可以满足爆燃条件。

（3）分析外爆破坏性大小的影响因素。

1）爆燃前的温度越低，爆燃后产生的压力就越大，破坏力也越大。点火时的爆燃称为冷态放炮，它一般破坏下部炉膛。运行时的爆燃称为热态放炮，一般破坏炉顶或水平烟道。锅炉点火时炉膛爆燃造成的破坏性更大。

爆燃是在非常短暂的时间内将空气中可燃物质燃烧，由于时间短暂，爆燃的混合物来不及和外界进行能量交换，或者说在短暂的时间内和外界交换的能量非常少，一般可以将爆燃看成是定容绝热过程，这样可以近似地用理想气体方程来分析爆燃过程。

混合物爆燃方程如式 13-1 所示：

$$\frac{P_2}{P_1}=\frac{T_2}{T_1}\text{或}P_2=P_1\frac{T_2}{T_1} \tag{13-1}$$

式中 P_1、T_1——爆燃前炉膛介质的压力和绝对温度；

P_2、T_2——爆燃后炉膛介质的压力和绝对温度。

P_2 是混合物爆燃后产生的压力，该压力越大，产生的破坏作用就越强。分析式（13-1）可知：爆燃前炉膛温度 T_1 越低，爆燃后炉膛压力 P_2 就会越高，即破坏力越大。

当炉膛温度比较高时，即使产生爆燃，破坏力也比较小。当炉膛温度超过可燃物质的着火温度时，可燃混合物一进入炉膛就立即被点燃，自然不会造成可燃物质的积存。矿物燃料的着火温度一般不超过 650℃，理论上当炉膛温度超过 650℃时就不会出现爆燃，但考虑到对进入炉膛燃料的加热过程，尤其当燃料突然增加，会使燃料局部乃至整个炉膛温度降低而导致灭火。正常情况下，一般认为当炉膛温度超过 750℃后，可保证不发生爆燃。

2）炉膛内积存的可燃混合物越多，爆燃后的压力就越高，破坏力也越大。假设爆燃后产生的热量全部用于加热炉膛中的介质，则定容绝热过程中炉膛介质的温度升高 $\Delta T=\frac{V_\mathrm{r}Q_\mathrm{r}}{VC_V}$，代入式 13-1，可得

$$\frac{P_2}{P_1}=\frac{T_2}{T_1}=\frac{T_1+\Delta T}{T_1}=1+\frac{\Delta T}{T_1}=1+\frac{V_\mathrm{r}}{V}\frac{Q_\mathrm{r}}{C_V T_1} \tag{13-2}$$

式中 V_r——炉膛中积存的可燃混合物的容积；

Q_r——炉膛中积存的可燃混合物的容积发热值；

V——炉膛容积；

C_V——定容过程中炉膛介质的平均比热容。

对于火力发电厂而言，可燃物质就是煤粉或燃油，决定爆燃后压力大小的主要因素，是进入炉膛可燃物的容积 V_r。当炉膛灭火后，进入炉膛的燃料不再被燃烧，时间越长积存的燃料越多，所以，一旦炉膛灭火，必须快速切断进入炉膛的燃料。

3）可燃物质的容积发热值越大，爆燃后的压力就越高，破坏力也越大。由式 13-2 可知，一定体积情况下，混合物中的可燃物容积发热值 Q_r 越高，发生爆炸的危险性就越大。因此，采用气体燃料、液体（油）燃料的锅炉一旦发生爆炸，破坏性要比燃煤锅炉大。

一定体积情况下，混合物中的可燃物质越少，该容积发热值就越低。当混合物中空气量达到理论最佳燃烧空气量时，燃烧火焰传播速度最快（爆燃是火焰传播速度最快的一种燃烧）。当空气量超过理论最佳数值后，混合物热值降低，过多空气的混合物将成为不可燃物。当燃料的浓度过高时，燃烧过程严重缺氧，同样限制火焰的传播速度，甚至成为不可燃物。但过量加煤绝不可以作为防止爆燃的手段，因为锅炉灭火后外界空气可能大量涌入，有可能达到混合物爆燃条件，此时发热值非常高，会造成更加严重的后果。

比热容是表示介质吸热散热能力的物理量，定义为单位质量的某种物质升高单位温度所

需的热量。其国际单位制中的单位是焦耳每千克摄氏度［J/（kg·K）或J/（kg·℃），J是指焦耳，K是指热力学温标，与摄氏度℃相等］，即令1kg的物质的温度上升（或下降）1℃所需的能量。在温度发生改变时，比热容也有很小的变化，但一般情况下可以忽略。因此，式（13-2）中的C_V（定容过程中炉膛介质的平均比热容）理论上可理解为常数。

（4）容易发生可燃性混合物积存的几种危险工况。

1）燃料在停炉时积存或停炉后漏入炉膛内，未经吹扫，进行点火。

2）重复不成功的点火，未及时吹扫，造成大量爆燃性混合物聚集。

3）在多个燃烧器运行时，一个或几个燃烧器燃烧不良或失去火焰，从而造成可燃物积存。

4）运行中整个炉膛灭火，可燃物聚集，随后再次点火或有点火源存在时，使其爆燃。

（5）防止炉膛爆燃的原则性措施。为防止炉膛爆燃事故出现，原则上只要做到下述三点中的一点即可。

1）保证燃烧稳定，稳定的燃烧工况可以保证进入炉内的绝大部分燃料在短时间内烧掉，也就不会出现大量燃料在炉内积存的情况。

2）未燃烧的燃料不得排入或漏入炉膛。

3）如果炉膛内有积存的燃料，应在无火源的情况下将其吹扫出去。

（6）防止炉膛爆燃的具体措施。统计数据表明，90%以上的爆燃事故发生在锅炉启停过程中或低负荷运行且煤质较差时，因此，防止炉膛爆燃的具体措施包括：

1）锅炉点火前一定要进行充分的炉膛吹扫。目前炉膛的吹扫风量一般均要求不低于30%额定风量，吹扫时间不少于5min。

2）当点火失败后，应立即切断燃料，关闭点火油枪的来油阀门，重新吹扫后方可进行下一次点火。

3）低负荷运行出现燃烧不稳情况时，应提前投入助燃油枪，防止炉膛熄火引起的爆燃。若燃烧恶化出现明显灭火迹象时，禁止投油。

4）当煤质较差时，运行操作人员应及时调整燃烧工况，同时做好投油助燃的准备，防止炉膛熄火造成爆燃。

5）自启动到带初负荷，锅炉炉膛应一直保持不低于30%的额定通风量，各燃烧器的调风器适当开启以随时冲淡可能未燃烧的煤粉。

2. 火焰检测系统

（1）火焰检测系统的作用。火焰检测系统是FSSS的基础设备，它的作用是对炉膛火焰和各燃烧器火焰进行检测，监视和判断炉膛火焰的有无。

FSSS根据火焰检测信号产生MFT、OFT等跳闸信号。FSSS的MFT、OFT可靠性完全由火焰检测测量元件所决定。

（2）火焰检测装置的结构。火焰检测装置在结构上由探头、机箱、风冷系统三部分组成。火焰检测原理框图如图13-4所示。

1）探头。探头一般由透镜、光导纤维、光敏元件（包括光电二极管、三极管、光敏电阻、CDD光图像器件）构成。由于是在高温和污染环境下工作，透镜、光纤和传感元件都密封在一长形钢管内，并通过冷却风冷却，确保探头不被损坏和污染。

火焰产生的辐射能和图像经过透镜聚焦到光纤输入端，输出端传送到光电敏感元件而转换成电信号（包括模拟图像信号），送入电子信号放大器和计算机进行信号处理，最后通过显示器显示火焰状况。

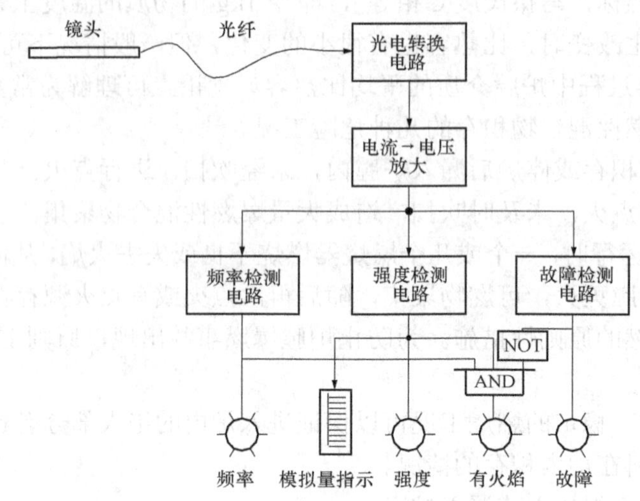

图 13-4 火焰检测原理框图

2）机箱。机箱内装有电子线路放大板和单片计算机等元器件。机箱里包括了 4 个角的检测线路和 2/4 逻辑线路。对于不同的燃料、不同的火焰检测原理，机箱的线路结构均有不同。

3）风冷系统。为了克服探头工作环境的高温、灰尘、油雾等条件对测量结果的影响，设立了专门的风冷系统，用两台互为备用的风机，对探头进行冷却吹扫。

（3）普通光学火焰检测器。依据火焰检测元件不同，普通光学火焰检测器大致可分为下列几种：

1）紫外线（UV）火焰检测器。采用紫外光敏管作为传感元件，对火焰强度反应较敏感，一般适用于检测可燃气体和轻油燃烧生成的火焰。由于在火焰根部的紫外线含量最丰富，因此紫外线火焰检测器通常用作单火嘴的火焰检测，它对相邻火嘴的火焰具有较高的鉴别率。

紫外线火焰检测器的缺点：一是由于紫外线波长为 290～320nm，波长较短，很容易被粉尘所吸收，因此当探头的表面被烟灰油雾污染时，灵敏度将显著下降，为此要经常清除污染物，现场的维护量大为增加；二是煤粉火焰的紫外线含量很小，根据紫外线的频谱特性，它在燃气锅炉上效果较好，而在燃煤锅炉上效果较差。此外，探头需瞄准火焰根部，也增加了现场的调试工作量。

2）可见光火焰检测器。采用光电二极管作为传感元件，对火焰强度和闪烁频率反应都较敏感，一般适用于检测重油和煤燃烧生成的火焰，也可以用于检测轻油燃烧的火焰。

可见光火焰检测器同时采集火焰强度和闪烁频率两种信号，通过逻辑运算来检测燃烧火焰的存在，同时可滤除烟尘、热烟气、炉渣、炉壁的红外辐射，进一步提高了测量的可靠性。

可见光火焰检测器的缺点是易被油雾、烟雾及未燃尽的煤粉阻挡和吸收，穿透黑龙区的能力差，显然不适用于燃烧经常变化的工况。对担任大量调峰任务的机组及煤质经常偏离设计煤质的机组，越来越难以胜任。

3）红外线火焰检测器。采用硫化铅或硫化镉光敏电阻作为传感元件，目前的红外线火检器多采用火焰强度和闪烁频率双信号检测，适用于检测油、煤燃烧生成的火焰。红光线波长为 700～1700nm，具有波长比较长、穿透力强、辐射强度大的特点，所以它在燃煤锅炉和燃油锅炉上效果较好，而在燃气锅炉上效果较差。

红外线火焰检测器适合检测全炉膛火焰。

红外线火焰检测器的缺点是区分相邻火嘴的鉴别率不如紫外光。因为单个燃烧器火焰、全炉膛火焰、炙热的炉壁都会发出很强的红外线，用它检测单个燃烧器火焰比较困难。虽然利用初始燃烧区和燃尽区火焰的高频闪烁频率不同这一特性来做单火嘴火焰检测有一定的效果，但要想获得对相邻火嘴的火焰有较高的鉴别率，其现场调试工作量很大。

在 600MW 锅炉上配套的火焰检测器，多采用复合式检测器，即在一个检测器中装有两种不同的传感器，以适用于多种燃料场合。

燃煤锅炉推荐采用检测火焰闪烁高频分量的可见光检测器或红外线检测器。由于气体火焰不具有煤火焰和油火焰所特有的高频（100～400Hz）脉动特性，因而红外线检测系统对气体火焰不起作用，对气体燃料推荐采用紫外线检测器。

（4）数字图像火焰检测器。数字图像火焰检测器是基于火焰电视、综合多媒体计算机和数字图像处理技术发展起来的，它继承了火焰电视直观形象的优点，又充分发挥计算机强大的处理计算能力，使火焰检测功能得到了质的提高。

数字图像火焰检测器分为单个燃烧器的火焰图像检测和全炉膛火焰图像检测两部分。单个燃烧器的火焰检测主要是判断该燃烧器燃烧效果的好坏，发出熄火、着火和燃烧不稳的报警信号。全炉膛火焰图像检测主要是通过火焰图像信息计算出全炉膛火焰温度场分布状况及火焰燃烧的能级，防止火焰偏离中心和局部过热。

一套完整的火焰图像分析计算理论，就像天气预报的卫星云图一样，来预测火焰的各种态势，计算全炉膛火焰燃烧的能量，将能量信号、温度信号和全炉膛熄灭着火信号分别送往 CCS 和 FSSS，以便系统及时进行燃烧调整，保证锅炉在安全经济下运行。

数字图像火焰检测器主要由传像光纤、摄像机（CCD）、视频输入处理器、图像存储器和微处理器（DSP）组成。基本原理如图 13-5 所示。

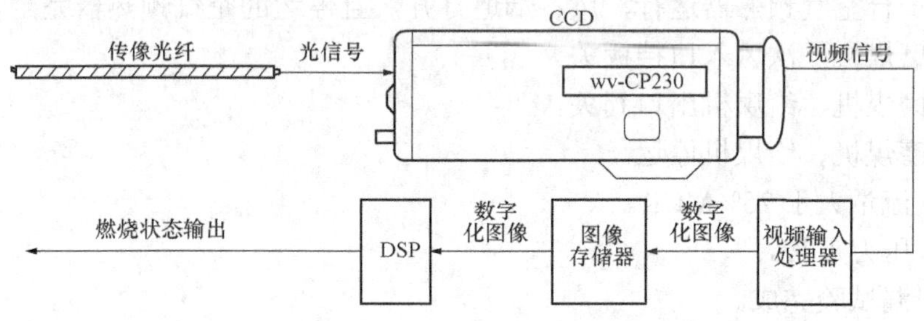

图 13-5 数字图像火焰检测器基本原理

带有冷却风的传像光纤伸入炉膛（四角布置，以层或角为单位进行火焰检测），将所检测的燃烧器火焰图像或全炉膛火焰图像以光信号的形式传到 CCD 摄像机的靶面上，CCD 摄像机将图像转换为标准模拟视频信号，并通过视频电缆传给视频输入处理器。视频输入处理器将模拟视频信号经 A/D（模拟量/数字量）转换，变成数字图像存储于图像存储器中。微处理器则将图像存储器中数字化的图像信息按照一定的着火数据进行计算，从而得出燃烧器火焰的有或无（ON/OFF）信号，并将其送至FSSS和CCS。

（五）拟定炉膛安全监控系统的控制方案

目前FSSS一般使用PLC或DCS控制系统，在系统处理模块配置时应为两冗余、三冗余配置，系统控制器为两冗余。根据现场实际经验和运行情况，确定FSSS的控制方案如下。

1. 拟定主燃料跳闸（MFT）信号

只要满足以下任意一项条件，则主燃料跳闸，逻辑关系拟定采用“或”逻辑。

（1）点火超时。

（2）送风机全停。

（3）引风机全停。

（4）汽包水位超高或超低。

（5）炉膛压力超高或超低。

（6）燃料丧失。

（7）全炉膛灭火。

（8）风量过少。

（9）失去重要电源。

（10）汽轮机跳闸。

（11）紧急停炉指令。

（12）用户提出的特殊要求。

2. 点火前炉膛吹扫条件

只有同时满足以下条件，才可以进行点火前的炉膛吹扫。逻辑关系拟定采用“与”逻辑。

（1）无MFT。

（2）FSSS电源正常。

（3）至少一台送风机运行且风门挡板打开。

（4）至少一台引风机运行且风门挡板打开。

（5）一次风机均停。

（6）至少一台空气预热器运行，风、烟道打开，且停运的空气预热器完全隔离。

（7）所有磨煤机一次风入口挡板关。

（8）所有磨煤机、给煤机出口阀关。

（9）所有磨煤机、给煤机停运。

（10）空气流量大于25%MCR。

（11）炉膛压力正常。

（12）油泄漏试验完成。

（13）点火油阀、主油阀全关。

（14）所有二次风控制挡板均在点火位置。

3. 启动油枪

启动油枪组应按下述步骤顺序进行，程序每执行一步，需收到其成功的反馈信号后才能执行下一步程序，否则超时报警，点火失败。应注意到高能点火器的通电打火时间为定值（如15s）。

（1）投入油枪。

（2）投入高能点火器。

（3）打开吹扫阀，吹扫油枪。

（4）吹扫时间达到后关闭吹扫阀，高能点火器通电打火。

（5）开油枪油阀。

（6）点火延时到，高能点火器断电缩回。

4. 停运油枪

停运油枪组应按下述步骤顺序进行。

（1）投入高能点火器并通电。

（2）关闭油枪油阀。

（3）打开吹扫阀，吹扫油枪。

（4）关闭吹扫阀。

（5）高能点火器断电并缩回。

（6）缩回油枪。

5. 磨煤机启动程序

启动磨煤机应按照下述步骤顺序进行。

（1）建立二次风空气流量。

（2）启动磨煤机组对应的点火器组。

（3）启动一次风机、启动密封风机、缓慢打开调节风门。

（4）打开燃烧器出口快关阀，建立燃烧器管道一次风流量。

（5）调整一次风流量，使流量稳定在点火值风量。

（6）若满足磨煤机启动条件，即可启动磨煤机。

6. 磨煤机组正常停运顺序

磨煤机组正常停运需按照下述步骤顺序进行。

（1）启动对应的点火器组。

（2）磨煤机负荷减小到最小。

（3）关热风门，开冷风门，使一次风温度降低至最低。

（4）延时约 5min，使磨煤机冷却。

（5）停给煤机。

（6）建立需要的二次风量。

（7）延时约 10min，磨煤机得到清洗。

（8）停运磨煤机。

（9）延时至少 1min，使磨煤机出口温度低于 60℃。

（10）关闭快关阀，切断一次风。

（11）停止点火器运行。

（12）释放二次风间隔气流，使燃烧器冷却。

7. 火焰检测

在绝大多数情况下，引起锅炉灭火的原因是锅炉燃烧不稳定，而在任何负荷下，都可能发生燃烧不稳定的情况，特别是在负荷变动时，最容易使锅炉燃烧不稳定而引起灭火。火焰检测器要能确保在任何负荷和燃料火焰的情况下，可靠地反映燃烧器火焰的真实情况，既不能误检，又不能误看别的燃烧器火焰。

8. 燃油系统控制

燃油系统从锅炉点火、启动，直至磨煤机投入运行，达到低负荷燃烧要求为止，该系统一直处于投运状态。暖炉油燃烧器的作用如下：

（1）点火和暖炉。

（2）升压和低负荷时使燃烧稳定。

（3）机组故障而发生快速减负荷（RB）和机组快速甩负荷（FCB）时，启动暖炉油燃烧器，维持锅炉负荷达到稳定燃烧的目的。

暖炉油燃烧器的容量为一台锅炉最大连续出力的30%。

燃油系统控制应包括主油阀、回油阀控制和燃油系统的油泄漏试验程序。

锅炉点火前，应进行油泄漏试验，检查主油阀、油枪和油管路工作情况，防止炉内燃料积存，避免点火时引起炉膛爆燃。点火油阀、回油阀的正常控制逻辑都应是同时打开同时关闭的。主油阀的允许打开条件包括供油压力正常、所有点火气动球阀关闭、油温正常等。同一磨煤机单元对应的两个点火器组的程序启动时间间隔可设定为15s。

9. 燃烧器控制

锅炉在BCS的控制下，顺利地完成油点火过程以后，随着锅炉参数的变化需要将主燃料（煤粉）投入运行。煤层系统包括磨煤机、给煤机、煤燃烧器及其辅助设备，主要进行启动、停止的顺序控制、许可逻辑判断等。

为方便起见，同一磨煤机单元内的燃烧器分为两个燃烧器组，在正常情况下，每台磨煤机出口的快关阀都是同时打开、同时关闭的，但是要有操作每台燃烧器快关阀打开和关断的手段。

当火焰检测系统检测到在任意一个燃烧器组中只有一台燃烧器无火焰时，不应产生跳闸动作，但要发出报警信号，通知运行人员采取相应措施，在CRT上要有相应显示并要给运行人员提供相应处理办法和操作步骤的建议。

一般情况下，投煤粉和停煤粉是以层为单位的，升负荷时由下向上逐层投粉，降负荷时由上向下逐层停煤粉。

（六）拓展知识

以往的FSSS仅考虑到安全，而未考虑到经济。节约能源、提高效率，这是设计任何一个系统都必须考虑的；系统还应尽可能采用新技术简化系统结构，节约投资。

1. FSSS系统对燃烧经济性的改进

燃料在炉内燃烧所产生的火焰直接反映了燃烧的好坏，同时也产生了高温辐射。如果把火焰的动态温度及其分布参数和热辐射技术结合起来，对炉内燃烧进行诊断，及时调整燃烧，无疑将使FSSS的实用价值有更大的提高。

只要测量出炉内燃烧火焰的温度，就可算出每小时每平方米火焰所辐射的能量，如果这能量是由燃烧所提供的，则可折算出所需燃料量。

一种检测方法是核定火焰在炉膛这一密闭空间向四周的均匀辐射，只要在炉墙上开一些一定面积的小孔，用半导体能量转换元件，将火焰能转变成电能，半导体能量转换系数可以在实验室中测出。将此电能送入计算机进行计算，则可算出整个炉膛的辐射能和所需燃煤量，以正平衡的方法就可求出在线热效率η。

在燃烧方式不变的情况下，燃烧效率与过量空气系数α有关，α与风煤比β有关。存在一个最佳风煤比使锅炉热损失最小，而减少热损失就可达成增加热辐射的目的。

炉内辐射能可由FSSS中的火焰检测探头取得，只要把它送入CCS中控制最佳风煤比，就可算出在线热效率η。

FSSS经过技术改进，在不增加硬件设备的情况下，可以为CCS的燃烧控制系统提供炉内辐射能信号和在线热效率η信号。

2. FSSS基础元件的改进

在炉膛安全监控系统中，如果能简化点火过程的工艺流程，就可简化FSSS的逻辑结构。系统越简单，其可靠性就越高，也就越容易操作。下面举两个最新成果的例子。

（1）高能点火器直接点燃煤粉。高能点火器采用了1kW以上的点火能量，可以直接点燃煤粉。这一成果将对燃烧器点火逻辑和点火设备做更大改进。它可以省去油点火器，进而省去供油系统和油枪点火系统，从而简化系统，节约投资。

（2）空气雾化重油技术（气泡雾化技术）。过去油枪雾化采用蒸汽雾化或机械雾化，对点燃重油很困难，因此要进行二次点火（先点轻油再点重油），造成供油管路复杂和点火逻辑重复。现在新发明的将空气压至重油中来雾化重油，其雾化颗粒很小，促成了空气与油直接的混合，可直接点燃重油，强化燃烧。该技术也使FSSS简化了设备和逻辑结构。

综上所述，只有不断采用新技术、新科研成果，才可以使FSSS更完善、更可靠，为锅炉的燃烧全程自动控制打下良好的基础。

五、单元测试

（一）选择题

1. 对已投入运行的炉膛安全保护装置、燃烧自动控制装置等，不应任意（　　）。

A．解列　　B．停运　　C．拆除　　D．检修

2. 确认炉膛灭火而主燃料未自动跳闸时，应立即（　　），并按规定进行炉膛吹扫。

A．手动跳闸　　B．切断燃料　　C．切除油　　D．投入备用水泵。

3. 锅炉的主燃料跳闸、系统电负荷或其他危及设备与人身安全的事故发生时，应（　　）。

A．减负荷　　B．切断燃料　　C．紧急停炉　　D．立即报警

4. 不是因送引风机跳闸引起的MFT动作，送引风机（　　）。

A．跳闸　　B．保持原状态　　C．转速波动　　D．不能跳闸

5. 对于单元机组，下列（　　）的叙述是正确的。

A．汽轮发电机跳闸，则锅炉必须跳闸

B．汽轮机、发电机跳闸互为连锁

C．锅炉跳闸，则汽轮发电机不一定跳闸

D．锅炉和汽轮发电机跳闸互为连锁

6. 炉膛火焰检测器中光学系统的冷却用（　　）。

A．水　　B．冷却液　　C．压缩空气　　D．油

7. 下列不会发出MFT信号的是（　　）。

A．送风机全停　　B．全炉膛灭火

C．一台给水泵停运　　D．风量小于25%

8. 主燃料跳闸信号采用（　　）逻辑关系。

A．与　　B．或　　C．非　　D．异或

（二）问答题

1．炉膛安全监控系统 FSSS 的任务是什么？

2．炉膛安全监控系统 FSSS 在结构上由哪三部分组成？

3．燃料安全系统 FSS 主要完成哪些功能？

4．燃烧器控制系统 BCS 主要完成哪些功能？

5．炉膛爆燃需要同时满足哪三个条件？

6．普通光学火焰检测器可分为哪三类？

7．数字图像火焰检测器的工作原理是什么？在结构上由哪几部分组成？

学习单元二　炉膛安全监控系统的工程实例

一、学习目标

通过本单元学习，能够了解炉膛安全监控系统的工程实用情况，能分析实际控制系统的功能逻辑图。

二、学习任务

本单元的学习任务有两个：

（1）分析燃料安全系统 FSS 的工程实例。

（2）分析燃烧器控制系统 BCS 的工程实例。

三、任务分析

FSSS 的控制逻辑指的是炉膛安全监控系统各个设备的动作所必须遵循的安全连锁、许可条件和先后顺序以及它们之间的逻辑关系，它使得整个系统能按照正确的顺序安全启停和正常运行。一旦安全连锁条件破坏或规定许可条件不满足，则自动停止运行，并作出相应的反应，保证炉膛安全监控系统所有设备处在安全状态。

逻辑系统根据 DCS 运行控制站发出的操作命令与控制对象传来的检测信号进行逻辑运算，其结果作为控制信号对各种执行机构进行操作；表达控制对象状态的某些特征量则送到 DCS 供运行人员参考。

通过对 FSSS 的功能逻辑图实例进行分析，使学生从本质上掌握整个 FSSS 的工作原理以及程序执行过程中运行人员的配合（即操作）；FSSS 在机组启停和正常运行、事故情况下的控制功能，学会功能逻辑图的分析方法。

四、任务实施

炉膛安全监控系统 FSSS 从功能上看，可分为燃料安全系统 FSS 和燃烧器控制系统 BCS 两部分。下面将分别对 FSS 和 BCS 的工程实例做具体分析。

（一）分析燃料安全系统（FSS）的工程实例

燃料安全系统（FSS）是炉膛安全监控系统的核心部分，目的是通过周密的安全连锁和许可条件避免可燃性混合物在炉膛、煤粉管道和燃烧器中积存，以防止炉膛爆燃的发生。它的典型功能有炉膛吹扫、主燃料跳闸（MFT）、油燃料跳闸（OFT）、炉膛火焰检测、辅机故障减负荷（RB）和快速甩负荷（FCB）、风机控制、油系统泄漏试验等。

1．炉膛吹扫

（1）炉膛吹扫的目的。炉膛吹扫是使空气流过炉膛、烟井及与其相连的烟道，以有效地消除炉膛中积聚的可燃物，防止点火时炉膛内发生爆燃。这是基本的炉膛保护措施。锅炉冷启动前或 MFT 后必须进行炉膛吹扫，否则不允许再次点火。

（2）吹扫过程。炉膛吹扫逻辑监视吹扫条件是否满足。当所有吹扫条件都满足时，自动开始吹扫并计时。吹扫过程中还需要一定风量配合，风量比较小时，需要吹扫时间较长，风量比较大时，需要的吹扫时间较短。一般最少应有 25%～30%额定空气量的通风量，吹扫时间不得小于 5min。吹扫过程中，任一吹扫条件失去，都认为吹扫失败，再次吹扫时需重新计时。吹扫完成后自动发出复位 MFT 继电器指令。

（3）分析炉膛吹扫功能逻辑图。炉膛吹扫功能逻辑如图 13-6 所示。该功能组可以自动完成炉膛吹扫、停止吹扫、吹扫计时和发出吹扫完成信号等功能。

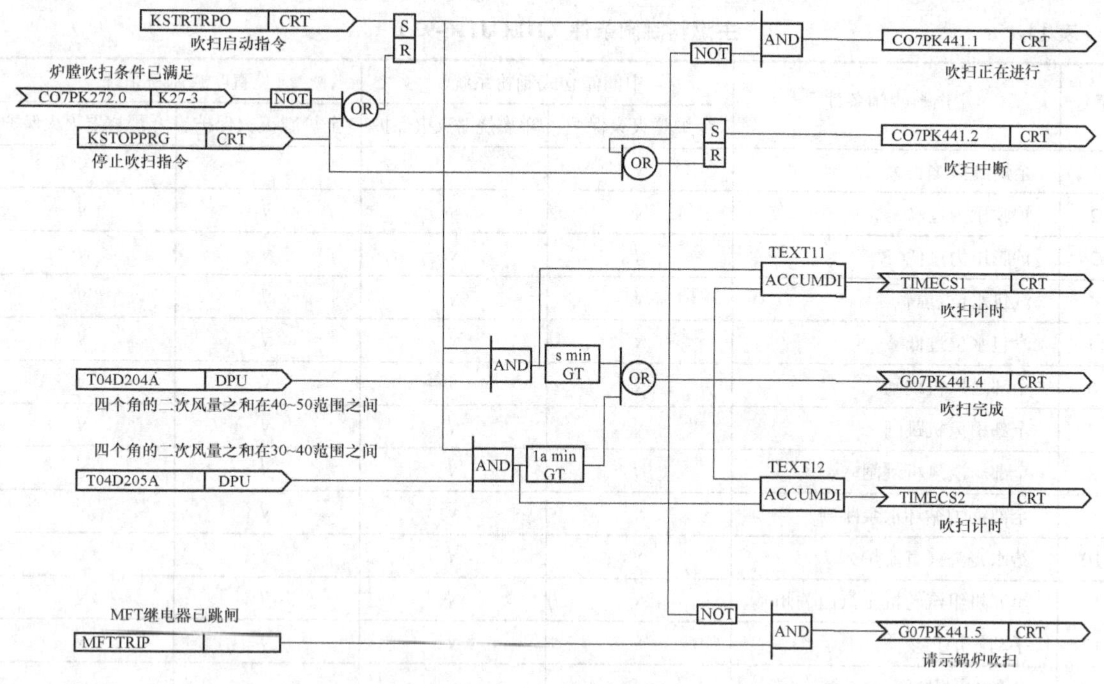

图 13-6　炉膛吹扫功能逻辑图

1）启动吹扫。当炉膛吹扫允许条件已满足且此时运行人员没有点击“停止吹扫”按钮（图左侧的停止吹扫指令）时，运行人员在 CRT 屏幕上点击“启动吹扫”按钮（图 13-6 左侧的吹扫启动指令），就可以启动炉膛吹扫。炉膛吹扫启动后，图 13-6 电路会发出“吹扫正在进行”的信号且显示在 CRT 上。

2）停止吹扫。锅炉在自动吹扫过程中，如果点击“停止吹扫”按钮就可以停止炉膛吹扫；或者在吹扫过程中失去允许炉膛吹扫条件后，炉膛吹扫也会自动停止。

3）根据吹扫风量自动设置吹扫时间并计时。锅炉吹扫开始后，“四个角的二次风量之和在 30%～40%之间”和“四个角的二次风量之和在 40%～50%之间”是吹扫计时的两个条件。以上两个条件将启动不同的“吹扫计时”，吹扫风量大者对应吹扫时间短（5min），吹扫风量小者对应吹扫时间长（10min）。当吹扫完成后会在 CRT 上显示“吹扫完成”信号。

4）分析吹扫允许条件。炉膛吹扫允许条件为：①MFT 条件不存在；②至少有一台送风机运行且挡板开；③至少有一台引风机运行且挡板开；④炉膛所有燃烧器均无火；⑤所有油阀关闭（1～12 号）；⑥两台一次风机全停；⑦所有给煤机停运；⑧所有磨煤机停运；⑨至少一台空气预热器运行；⑩炉膛风量大于 30%额定风量；⑪所有二次风挡板在吹扫位。

只有当这 11 个条件同时满足时，炉膛吹扫允许条件才满足，故 11 个条件之间选用与逻辑关系。

2. 主燃料跳闸（MFT）

（1）分析主燃料跳闸条件。主燃料跳闸（MFT）是 FSSS 的重要组成部分，它连续地监视预先确定的各种安全运行条件是否满足，一旦出现可能危及锅炉安全运行的危险情况，就快速切断进入炉膛的燃料，以防止锅炉灭火后爆燃，避免发生设备损坏和人身伤亡事故，或者限制事故的进一步扩大。DLGJ116-93 规定 MFT 至少应满足表 13-1 所列条件。

表 13-1　主燃料跳闸条件（DLGJ116-93）

序号	主燃料跳闸条件	中间储仓式制粉系统		直吹式制粉系统	
		全炉膛灭火保护	单燃烧器灭火保护	全炉膛灭火保护	单燃烧器灭火保护
1	全炉膛火焰丧失	√	√	√	√
2	炉膛压力过高	√	√	√	√
3	炉膛压力过低	√	√	√	√
4	汽包水位过高	√	√	√	√
5	汽包水位过低	√	√	√	√
6	全部送风机跳闸	√	√	√	√
7	全部引风机跳闸	√	√	√	√
8	全部一次风机跳闸	√	√	√	√
9	全部锅炉循环水泵跳闸	√	√	√	√
10	给水丧失（直流炉）	√	√	√	√
11	单元机组汽轮机主汽门关闭	√	√	√	√
12	手动停炉指令	√	√	√	√
13	全部磨煤机跳闸，且总燃油（燃气）阀或全部燃油（燃气）支阀关闭			√	√
14	全部给煤机跳闸，且总燃油（燃气）阀或全部燃油（燃气）支阀关闭			√	√
15	全部给粉机跳闸，且总燃油（燃气）阀或全部燃油（燃气）支阀关闭	√	√		
16	全部排粉机跳闸，且总燃油（燃气）阀或全部燃油（燃气）支阀关闭	√	√		
17	再热器超温	O	O	O	O
18	风量小于额定负荷风量的 25%～30%	O	Δ	O	Δ
19	角火焰丧失		O		O

注　“√”为应有；“Δ”为适宜；“O”为可选择。

主燃料跳闸条件一旦形成，就会触发 MFT 而紧急停炉，虽然 MFT 能保护锅炉设备的安全，避免重大事故的发生。但紧急停炉会对电网造成一定冲击，当再次启动时，又会增加经济方面的开支。因此MFT的可靠性成为MFT的关键，需要跳闸时必须准确、及时、快速地完成跳闸，而不必要跳闸时，要求系统不能误动。

（2）分析MFT功能逻辑图。某电厂MFT条件共12个，如图13-7所示。分别为高旁打不开保护、锅炉灭火保护（来自火焰检测信号）、……、MFT按钮等12个条件，任何一个条件满足都会引发MFT动作，通过图13-7中右侧的两个跳闸MFT继电器信号形成MFT动作。

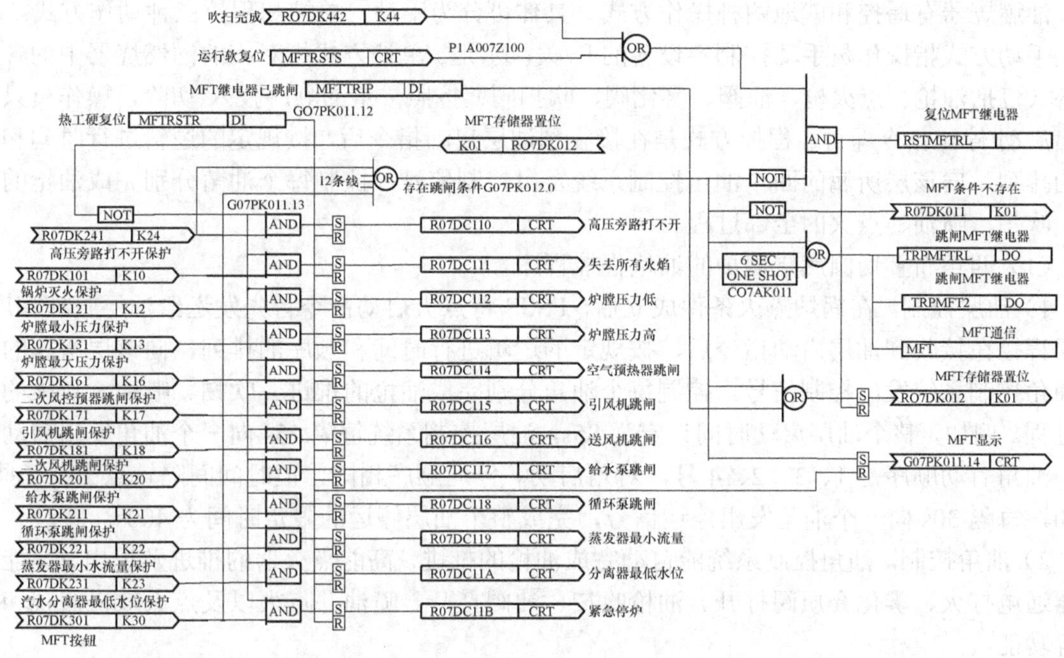

图13-7　MFT功能逻辑图

3. 油燃料跳闸（OFT）

油燃料跳闸（OFT）逻辑检测油母管的各个参数，当有危及锅炉炉膛安全的因素存在时，产生OFT。关闭主跳闸阀，切除所有正在运行的油燃烧器。

油燃料跳闸OFT信号发生后，应迅速切断所有油枪的燃料。

4. 辅机故障减负荷（RB）

FSSS的RB功能，配合CCS的调节功能，快速稳定地使锅炉转移到规定的RB目标负荷。不同的辅机故障，减负荷目标值不同，减负荷速度也不同。RB功能仅控制燃料的粗调，通过CCS改变其负荷规定值进行细调，达到减负荷目标值。除一次风机的RB指令由FSSS本身发出外，其余的RB指令均由CCS发出。

5. 快速甩负荷（FCB）

FCB（fast cut back）是在发电机组、汽轮机出现瞬时故障时，快速切除大部分锅炉燃烧器，使锅炉维持最低负荷运行，而汽轮发电机仅带厂用电或停机，待事故消除后，机组能迅速恢复发电。

（二）分析燃烧器控制系统（BCS）工程实例

燃烧器控制系统（BCS）是炉膛安全监控系统的重要组成部分，它的任务是锅炉点火及暖炉油枪的控制，对制粉系统及燃烧系统设备实现自启停或远方操作，稳定锅炉燃烧过程。

燃烧器控制系统可分为油燃烧器控制系统和煤粉燃烧器控制系统。

1. 油燃烧器控制系统

油燃烧器控制系统完成油燃烧器的投入、停运、跳闸、监视等多项功能，操作人员可通过键盘或CRT画面输入油燃烧器的启动停止指令。与油燃烧器配套的就地设备包括油枪、点火枪、油阀、雾化阀、吹扫阀及就地柜，上述设备可统称为油燃烧器。

油燃烧器有遥控和就地两种操作方式。具体可分为手动、单控和程控三种动作方式。

手动方式指操作员手动控制各设备的开/关，进/退。单控方式指对应的油燃烧器中的各个设备（包括油枪、点火枪、油阀、雾化阀、吹扫阀）按照一定的顺序投入/切除，操作员只需发出启动/停止指令即可。程控方式是在接收到油层启动指令后，按规定的逻辑进行时间和顺序的排列，向该层所属的四个油角控制系统发出控制信号，控制每个油角分别完成油枪的推进、吹扫、喷油、点火的全部过程。

（1）四角布置切圆燃烧锅炉的油枪程控程序。

1）油层控制。在锅炉点火条件成立后，FSSS将点火启动命令首先发送给油层管理程序。油层程控在接收到油层启动指令后，按规定的逻辑进行时间和顺序的排列，向该层所属的四个油角控制系统发出控制信号，控制每个油角分别完成油枪的推进、吹扫、喷油、点火的全部过程。例如，整个油层启动时间设定为85s，油层控制系统每隔15s向一个油角发出启动信号，油角启动顺序是1、3、2、4号，对角启动。停运顺序相同，但时间间隔较点火要长些，例如，每隔30s向一个油角发出停运信号，完成整个油层停运的限定时间为400s。

2）油角控制。油角控制系统能自动完成油枪的推进，高能点火器的推进及退出、高能点火器通电打火、雾化介质阀打开、油枪吹扫、油阀打开、喷油并点火以及点火效果监视和处理等功能。

油角控制系统接到启动信号后，在满足启动条件的情况下，开始启动如下的油角点火程序。

油枪和高能点火器同时向炉膛推进—油枪和高能点火器到位后，雾化介质阀打开，进行油枪吹扫—向点火器发出点火信号，高能点火器产生高压火花—油枪吹扫结束，关闭雾化介质，开油角阀，向炉膛喷油—延时（如15s）后，高能点火器自动退出炉膛。

油角阀完成点火一定时间后（如30s），检测油角火焰，如能检测到火焰表示点火成功，如在油角阀完成点火后一定时间内（如30s）没有检测到油角火焰，则说明点火失败，立即停止喷油，油角阀跳闸。

正常停运时，系统接受油层控制系统来的停运信号后，进行油枪吹扫，吹扫完成以后，才能将油枪退出炉膛。油枪吹扫前必须有高能点火器处于打火状态或相邻层在运行，这样才不会造成残油在炉膛内聚集。通常油枪吹扫有三种方式：一是自动停油枪的吹扫；二是油枪检修前的手动吹扫，这时，能否进行吹扫要受到安全条件的限制；三是油枪点火不成功时的自动吹扫。

（2）油燃烧器的类型。某电厂油枪程控只有手动，没有设计油层、油角控制，需要投入油枪时在CRT上直接操作即可，但操作允许条件由程控功能块产生。该电厂油燃烧器分为四种类型：

1）A型油枪。油枪可进可退，油阀和吹扫阀合为一体（称之为三联阀），此类油枪对应编号为1、2、3、4，具体位置如图13-8所示炉膛燃烧器布局示意图。

2）B型油枪。B型油枪为固定油枪，油阀和吹扫阀合为一体（三联阀），此类油枪对应编号为 7、8、9、10。

3）C 型油枪。C 型油枪为固定油枪，油阀和吹扫阀独立，此类油枪对应编号为 5、6、11、12。

4）D 型油枪（助燃小油枪）。油枪可进可退，油阀和吹扫阀独立，4 支助燃小油枪为此类型。

下面以 A 型油枪为例，说明油枪程控原理。A 型油枪共设计了投入油枪、停止油枪和油枪连锁三种程序。

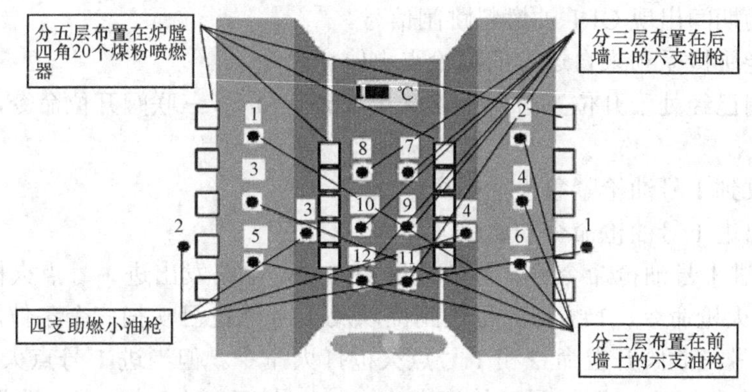

图 13-8　炉膛燃烧器布局示意图

（3）油枪投入程序实例。当点火条件成立后，A 型油枪接受运行人员的点火命令后，按图 13-9 所示的逻辑进行程控点火。A 型油枪启动条件为图 13-9 左侧上方电路的五个逻辑条件：

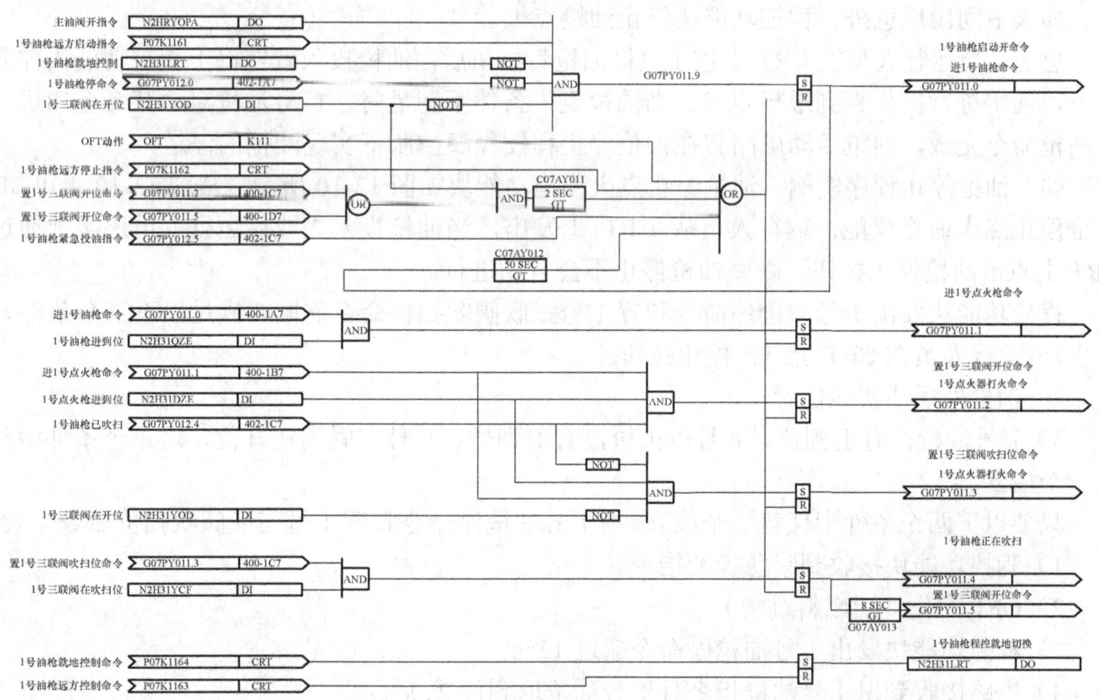

图 13-9　A 型油枪程控逻辑电路

1）主油阀开。

2）1 号油枪接到远方传送来的启动命令。

3）1 号油枪处于远方控制（不在就地状态）。

4）无 1 号油枪停命令。

5）1 号三联阀不在开位。

当以上五个逻辑条件同时满足后，1 号油枪点火程序开始启动。

下列五个条件只要有一个出现，油枪点火程序就会自动退出，宣告点火失败。

1）油枪启动期间出现 OFT 油燃料跳闸信号。

2）程控功能块接受到来自远方的油枪点火停止命令。

3）当三联阀已经处于开位置时，电路又接收到置 1 号三联阀开位命令，且该命令保持 2s 以上。

4）电路接收到 1 号油枪紧急投油指令。

5）电路发出进 1 号油枪命令 50s 后。

当电路发出进 1 号油枪命令且 1 号油枪进到位后，电路发出进 1 号点火枪命令。

当进 1 号点火枪命令、1 号点火枪进到位以及 1 号油枪已吹扫三个条件同时满足时，电路同时发出置 1 号三联阀开位命令和 1 号点火枪打火命令。但当进 1 号点火枪命令、1 号点火枪进到位两个条件成立，而 1 号油枪还未吹扫、1 号三联阀还未打开，电路会启动置 1 号三联阀吹扫位命令，即启动三联阀吹扫。同时 1 号点火枪打火命令也有效。即在启动三联阀吹扫的同时，点火枪就开始打火，以防止三联阀中残油进入炉膛。

当三联阀接收到置 1 号三联阀吹扫位命令后，三联阀驱动电路会将三联阀置位到吹扫位，此时程控功能块会显示 1 号油枪正在吹扫，延时 8s 置 1 号三联阀开位命令，油枪点火正式开始。如果中间出现意外，程控功能块停止油枪点火。

总之，当运行人员在 CRT 上按了“投油枪”按钮后，油枪投入就在以上程控功能块控制之下，逐步进行操作直到最后点火。当油枪点火条件不满足时，1 号油枪启动开命令和进 1 号油枪命令无效，油枪驱动电路将在油枪停止程控程序控制下实现油枪的停运。

（4）油枪停止程序实例。油枪停止点火程控功能块如图 13-10 所示。从图 13-10 上可知，油枪停止点火命令仅能由运行人员从 CRT 上发出，当油枪投入失败后运行人员还必须通过 CRT 上点击油枪停止按钮，否则油枪停止不会自动进行。

程控功能块发出 1 号油枪停命令和置 1 号三联阀吹扫位命令需同时满足以下三个条件。

1）运行人员在 CRT 上点击停止按钮。

2）油枪处于非就地位置。

3）1 号油枪没有退到位、1 号点火枪没有退到位、1 号三联阀在开位，这三个条件中任意一个成立。

只要以下四个条件中任意一个成立，则 1 号油枪停命令和置 1 号三联阀吹扫位命令无效。

1）程控功能块接收到紧急投油指令。

2）OFT 动作（油燃料跳闸）。

3）程控功能块发出 1 号油枪停命令超过 135s。

4）电路接收到退 1 号油枪指令且 1 号油枪退到位 2s 后。

当以下两个条件同时满足时，开始油枪吹扫，屏幕上显示正在吹扫。

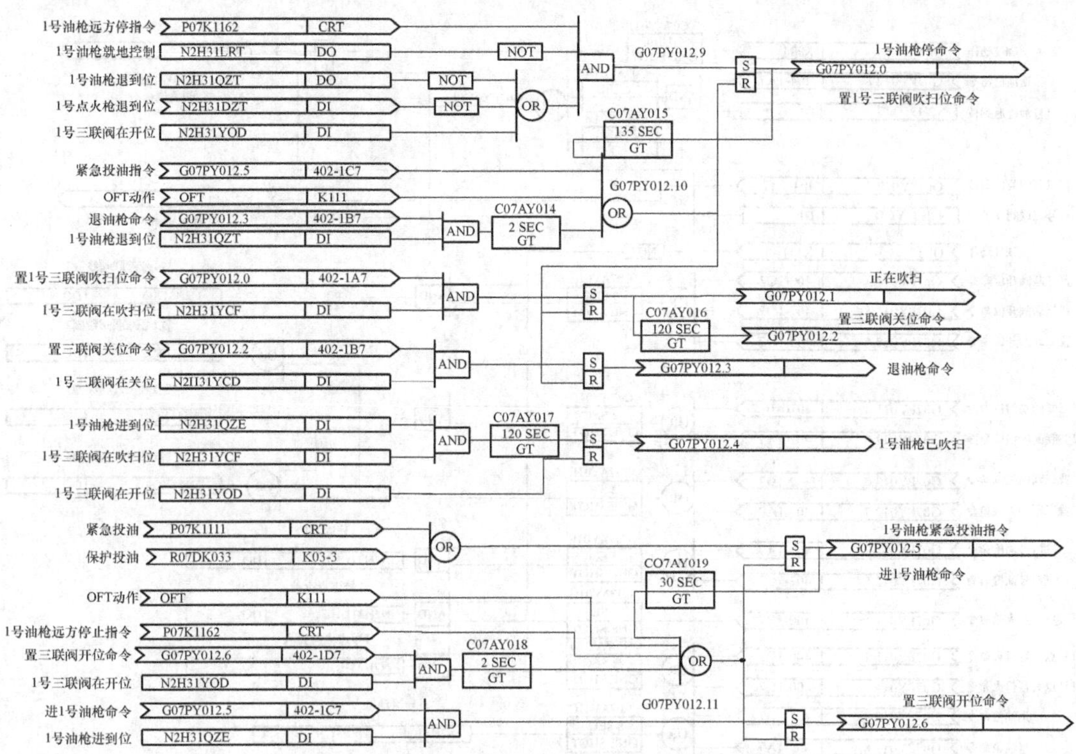

图 13-10　A 型油枪停止点火程控功能块

1）电路发出置 1 号三联阀吹扫位命令。

2）1 号三联阀在吹扫位。

正在吹扫命令发出 120s 后，程控功能块发出置三联阀关位命令，即吹扫如能正常进行 120s，就表示吹扫成功。

置三联阀关位命令发出且 1 号三联阀在关位时，程控功能块产生退油枪命令。

当 1 号油枪进到位（油枪吹扫时必需的位置）且 1 号三联阀在吹扫位，120s 后表示吹扫成功，程控电路发出 1 号油枪已吹扫信号。如果三联阀处于开位置（继续向油枪喷油），1 号油枪已吹扫信号永远不能发出。

当系统出现紧急投油或保护投油指令后，该程控功能块会产生 1 号油枪紧急投油和进 1 号油枪命令，当 1 号油枪进到位后，程控功能块发出置三联阀开位命令，三联阀打开表示开始点火。

以上四个条件中任意一个成立，1 号油枪紧急投油指令和进 1 号油枪命令失效。

1）OFT 动作。

2）1 号油枪远方停止指令。

3）置三联阀开位命令和 1 号三联阀在开位两个条件同时满足 2s 后。

4）1 号油枪紧急投油指令发出 30s 后。

（5）A 型油枪紧急连锁投入程序实例。A 型油枪紧急连锁投入程序如图 13-11 所示。电路动作原理和以上电路分析过程类似，读者可自行分析。

2. 煤粉燃烧器控制系统

从炉膛燃烧的角度来看，煤粉燃烧器的启停与暖炉油层的启停以及风箱挡板的控制紧密

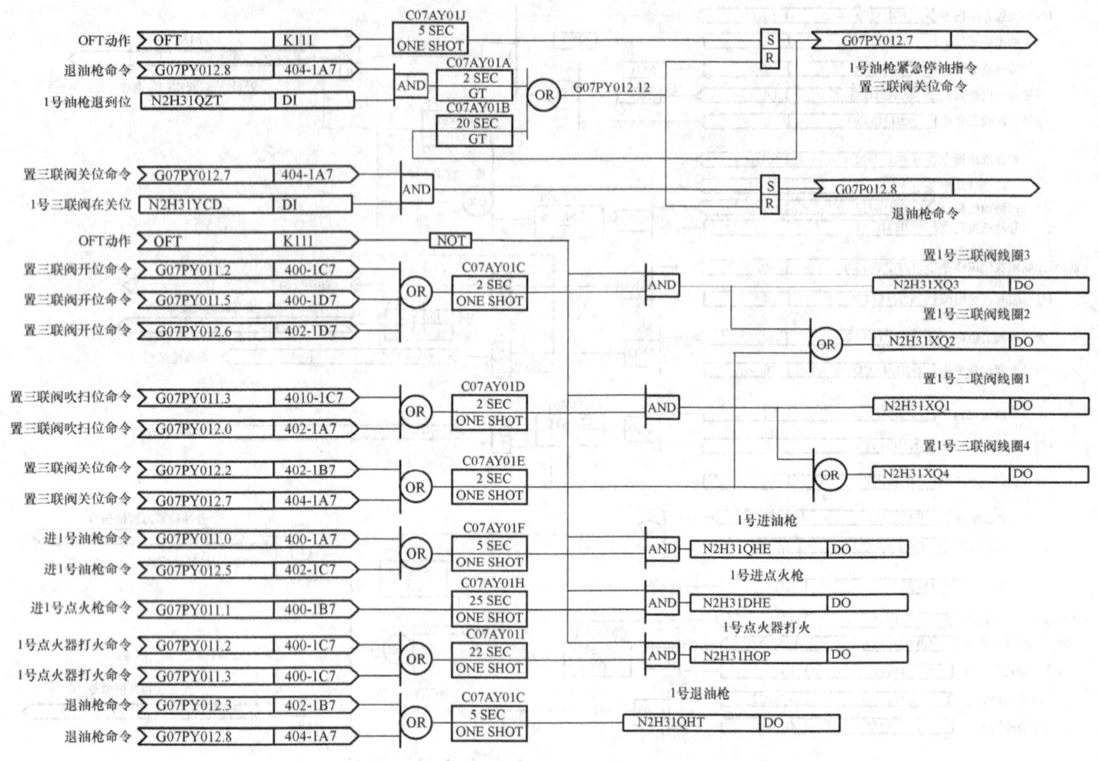

图 13-11　A 型油枪紧急连锁投入程序

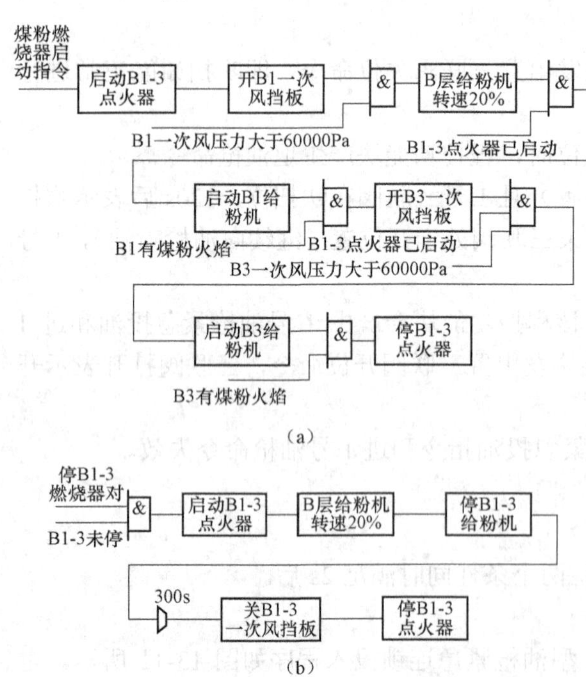

图 13-12　煤粉燃烧器启动与停止逻辑图

（a）启动逻辑图；（b）停止逻辑图

联系在一起。这里主要介绍中间仓储式制粉系统煤粉燃烧器的启停。

制粉系统有两种控制方式，自动和手动。在自动方式下，控制系统能根据机组负荷要求，自下而上自动投入各层煤粉燃烧器。手动方式又可分为遥控和就地控制两种，若需要在集控室操作盘上操作，则必须将煤粉燃烧器管理控制方式设置在手动方式，且在就地操作箱上将控制方式设置为遥控；若需要在现场就地控制，则必须将煤粉燃烧器管理控制方式设置在手动方式，且需要在就地操作箱上将控制方式设置为就地。不管采取哪种控制方式，各层煤粉燃烧器都是对角投入的，即先投入 1、3 角，而后投入 2、4 角。

煤粉燃烧器的启动与停止逻辑图如图 13-12 所示。

（1）磨煤机跳闸控制逻辑。只要出现下列情况之一，磨煤机跳闸：

1）所有摆角阀关闭和磨煤机已有启动指令。

2）磨煤机正常运行时，得到停止指令（延时 20s），由下列条件之一激励：

a．磨煤机已跳闸。

b．锅炉已跳闸。

c．一次风启动流量中断。

d．一次风挡板关。

e．磨煤机组紧急跳闸。

f．运行人员手动停。

g．给煤机启动故障。

3）磨煤机润滑油压力低（小于 0.21MPa），延时 20s。

4）磨煤机润滑油泵停，延时 20s。

5）磨煤机电动机任一轴承温度高，延时 20s。

（2）给煤机跳闸控制逻辑。只要出现下列情况之一，给煤机跳闸：

1）给煤机出口煤闸关。

2）给煤机入口检测不到煤或给煤机入口煤闸门没有开。

3）给煤机就地控制盘中微处理器跳闸信号 K1，由下列条件之一激励：

a．失去转速反馈信号。

b．给煤机出口堵塞。

c．给煤机的电动机启动故障。

d．转速偏差太大。

e．当给煤机处于就地控制或校验状态下皮带上有煤。

4）磨煤机跳闸。

FSSS 承担着锅炉安全保护和燃烧器管理的任务，其系统要求有最高的可靠性、最高的优先级（相对于其他系统指令），同时系统设计必须遵循能最大限度地消除可能出现的误动及拒动。为满足这点，控制系统的硬件设备质量必须可靠，软件逻辑设计必须正确合理。本单元通过对功能逻辑图的实例进行分析，可以初步掌握功能逻辑图的分析方法，为 FSSS 的设计开发打下坚实的基础。

五、单元测试

（一）选择题

1．下列哪个条件不属于炉膛吹扫的允许条件（　　）。

A．所有给煤机停运　　B．炉膛所有燃烧器均无火

C．所有磨煤机停运　　D．炉膛风量小于 20%额定风量

2．在一台汽动给水泵运行，电动给水泵和另一台汽动给水泵停运的情况下，应将机组负荷降为（　　）。

A．25%　　B．50%　　C．75%　　D．10%

3．下面哪个条件属于油枪的启动条件（　　）。

A．紧急投油指令　　B．主油阀开

C．三联阀在开位　　D．油枪处于就地控制

4．油枪的启动条件之间满足（　　）逻辑关系。

A. 与 B. 或 C. 非 D. 同或

5. 炉膛吹扫采用的吹扫介质是（ ）。

A. 空气 B. 蒸汽 C. 烟气 D. 油

6. 炉膛吹扫的风量越大，则吹扫时间（ ）。

A. 越长 B. 越短 C. 不变

（二）问答题

1. 锅炉点火前或点火失败后为什么要进行炉膛吹扫？

2. 什么是主燃料跳闸（MFT）？试分析图 13-7 主燃料跳闸功能逻辑图。

3. 试分析图 13-11 所示的 A 型油枪紧急连锁投入程序，当满足何种条件时，程控功能块发出 1 号油枪紧急停油指令和置三联阀关位命令？当满足何种条件时，程控功能块 1 号油枪紧急停油指令和置三联阀关位命令失效？

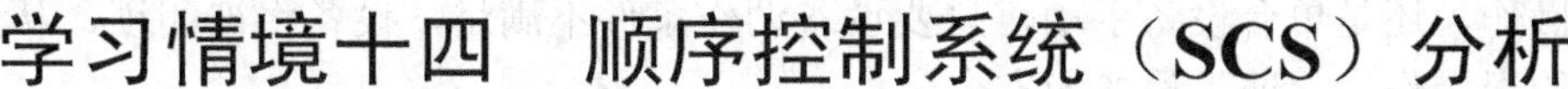

学习情境十四　顺序控制系统（SCS）分析

学习单元一　SCS　认　知

一、学习目标

通过本单元学习，能够理解顺序控制系统的概念；学会描述顺序控制系统的组成及作用；认识顺序控制系统的层次结构；知道顺序控制系统的实现方法；了解顺序控制系统的控制范围。

二、学习任务

本单元的学习任务有五个：

（1）理解顺序控制系统的概念。

（2）描述顺序控制系统的组成及作用。

（3）认识顺序控制系统的层次结构。

（4）知道顺序控制系统的实现方法。

（5）了解顺序控制系统的控制范围。

三、任务分析

顺序控制系统（sequential control system，SCS）是现代化大型火电机组自动控制系统中的重要组成部分之一。随着锅炉和汽轮发电机组容量的不断增大，参数的不断提高，机组的机构和系统越来越复杂。运行中，特别是在机组启停及事故处理过程中，需要根据诸多参数及运行条件进行综合判断，完成大量的、复杂的操作。不同容量的机组需要监视的参数和操作的项目数大致见表 14-1。

表 14-1　　不同容量机组需要监视的参数和操作的项目数

机组容量（MW）	50	200	300	600	大于 600
监视项目数	125	560	1000	2000	大于 2000
操作把手数	73	280	430	800	大于 800

对于大容量机组，如此繁多的辅机、阀门和挡板，若都由运行人员进行手操，则仪表和操作开关（包括按钮）的数量将大大增加，造成控制盘尺寸庞大，使得操作和监视面加宽，运行人员难以监视和操作，同时由于操作复杂，劳动强度大，很容易造成误操作，从而威胁机组的安全运行，尤其在机组启停或发生事故的情况下，更容易造成运行人员手忙脚乱，甚至导致事故进一步扩大。

那么如何利用顺序控制，使运行人员只需通过有限的操作按钮，用尽量少的步骤去完成某一个辅机系统或辅助设备，甚至整个机组的启停任务呢？这是本单元应解决的主要任务。

通过本单元的学习，我们可以了解一台 600MW 机组约有辅机、电动/气动门、电动/气动执行器 300 余台套，800 多个操作项目。在采用顺序控制以后，对于一个热力系统和辅机的启、停，操作员只需按下一个按钮，则该热力系统的辅机和相关设备按安全启、停规定的顺序和时间间隔自动动作，运行人员只需监视各程序步执行的情况，从而减少了大量繁琐的操作。同时，又由于在顺序控制系统设计中，各个设备的动作都设置了严密的安全连锁条件，无论自动顺序操作，还是单台设备手动，只要设备动作条件不满足，设备将被闭锁，从而避免了操作人员的误操作，保证了设备的安全。

四、任务实施

（一）顺序控制系统的概念

在生产过程控制中，有两种类型的控制，一种称为模拟量控制，另一种称为开关量控制。在模拟量控制系统中，被控制量、设定值、控制器的输入及输出均为模拟量。这种系统将被控制量反馈值与设定值进行比较，然后根据比较的结果，改变控制量，最终使被控制变量维持在设定值，例如水位调节系统、汽温调节系统。在模拟量控制系统中，由于控制器、被控制对象以及反馈通道构成了一个闭合回路，因此这种系统又称为闭环控制系统（closed control system，CCS）。

在开关量控制系统中，检查、运算和控制信息全部是“存在”或“不存在”两种信息。系统输入的往往是设备状态信号，如设备的运行或停止、阀门的开或关，系统输出的是启停命令，或开关命令。例如引风机的启动、停止控制系统。在这类控制系统中，为了使设备 A 启动，往往要检测多个其他设备如 B、C、D 等的状态，判断它们的状态是否满足 A 设备启动的要求，若不满足，要由相应的命令控制 B、C、D 等设备的开关或启停，直到所有条件满足后，再发出命令使 A 启动。所以这种控制系统的特点是一个按照预先规定的顺序进行检查、判断（逻辑运算）、控制、再检查、判断、控制的过程。所以开关控制又称为顺序控制系统（sequence control system，SCS）。

火电厂 SCS 的任务是实现对单元机组的辅机，如各种电动机、阀门的启动或停止、开或关控制。随着机组容量的增大和参数的提高，辅机数量和辅机系统的复杂程度大大增加，一台 600MW 的机组约有辅机、电动门、气动门近 700 台套。一台 1000MW 机组约有辅机、电动/气动门、电动/气动执行器 800 余台套。顺序控制系统涉及面很广，有大量的输入输出信号和逻辑判断功能。对如此众多而且相互间具有复杂联系的热力系统和辅机设备，靠运行人员进行手工操作是难以胜任的，必须采用安全可靠的自动控制装置，对热力系统和辅机实现顺序控制。随着自动控制技术及计算机技术的发展，特别是可编程控制器（PLC）和微机分散控制系统（DCS）的发展，为实现完善的辅机顺序控制创造了条件。火电机组辅机实现顺序控制，标志着机组的自动控制达到了一个新的水平。

顺序控制技术的基本含义是按照预先规定好的顺序、时间或条件、逻辑，对生产工艺过程中的相关设备自动地依次进行一系列操作，其实质就是采用了一套自动装置取代人的一系列操作。采用顺序控制后可以减少误操作，减少操作监视点，提高操作效率和运行效益。顺序控制一般用于需要经常进行有规律性操作或操作过程较复杂的控制项目。顺序控制的操作对象主要有电动机、泵、电动门、风门挡板等。

SCS 采用的顺序控制策略是机组及相关设备运行的客观规律的要求，也是长期运行经验的结晶，它相当于将辅机运行规程用一套逻辑控制系统来实现。采用顺序控制后，对于大型辅机，操作人员只需按一个按钮，则与这个辅机有关的附属设备就会按照安全启停规定的顺序和时间间隔自动动作，运行人员只需要监视各程序步骤执行的情况，减少了大量繁琐的操作。同时又由于顺序控制系统设计中，各个设备的动作都设置了严密的安全连锁条件，无论是自动顺序操作还是单台设备手动操作，只要设备动作条件不满足，设备将被闭锁，从而避免运行人员误操作，保证设备的安全运行。

火电厂 SCS 的控制范围包括与炉、机、电主设备运行关系密切的所有辅机、阀门和挡板等。例如，送风机、引风机、空气预热器、电动给水泵、凝结水泵、真空泵、EH 油泵、润滑油泵、送风机出口门、引风机进、出口门、加热器入口门、出口门、旁路门、抽汽截止门、止回门等。对于一台 1000MW 机组，SCS 控制的设备可达 800 多项。顺序控制系统将整个辅机系统划分为若干个功能组（function group），所谓功能组（或称为子组）就是将属于同一系统的相关联的设备组合在一起，一般是以某一台重要辅机为中心，如引风机功能组就包括了引风机、引风机轴承冷却风机、润滑油泵、引风机入口门、出口门等。

对于相对独立的子系统，如输煤、脱硫、脱销、除灰、化水、吹灰等，一般都另作设计，所以一般也不放在 SCS 中进行介绍。

（二）顺序控制系统的组成

顺序控制系统主要由三部分构成：检测装置、顺序控制装置、驱动装置，如图 14-1 所示。

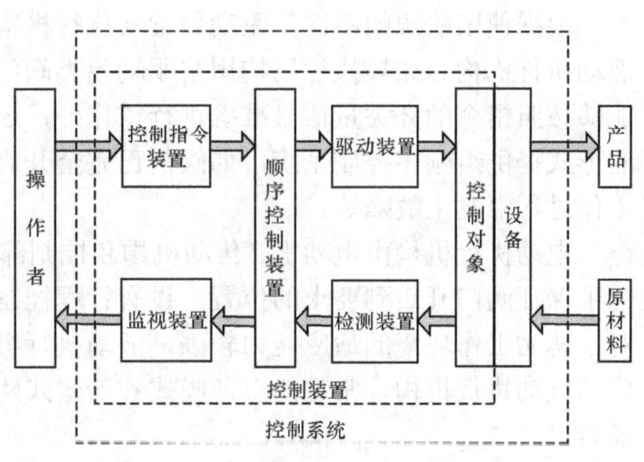

图 14-1　顺序控制系统构成图

1. 检测装置

检测装置是向顺序控制装置提供开关量和模拟量信息的装置。其中模拟量由常规测量变送器提供，也可以经过诸如差值转换器、限幅报警器、积累报警器或二次仪表的触点转换为开关量。而来自现场的开关量信号一般是按钮、操作开关、位置开关的接点信号以及代表一定物理参数如压力、流量、液位限值的接点送出的信号等。直接把这些热工参量或机械量转换成开关量信号输出的测量设备即开关量变送器。

开关量变送器的品种有：位置开关、压力开关、温度开关、液位开关、流量开关、电量转换开关、火焰检测开关等。

2. 顺序控制装置

顺序控制装置用来实现状态检查、逻辑判断（即进行逻辑运算）、产生控制命令。控制设备有下列几种：

（1）机电型：机械突轮式时序控制器。

（2）继电器型：由继电器构成。

（3）固态逻辑型：由半导体分立元件和集成电路构成。

（4）矩阵电路型：由二极管矩阵电路组成。

（5）PLC 型：由可编程控制器组成。

（6）DCS 型：由微机分散控制系统构成。

在这六种类型中，目前在电厂顺序控制中用得最多的是继电器型、PLC 型和 DCS 型。

在继电器型中，由于是由一个个继电器组成的装置，因此接线较复杂，适用于简单的、独立的、小规模的顺序控制。由于继电器型的触点较多，可靠性低，逻辑修改困难，维护工作量大，目前大型的、复杂的顺序控制系统中已很少采用。

可编程控制器具有可靠性高，逻辑修改方便，维护工作量小等优点，大小规模的顺序控制系统均可使用。例如，北仑港电厂 600MW 机组、吴泾电厂 300MW 机组的 SCS 均采用美国哥德公司的984可编程控制器实现，再通过门电路与MOD 300微机分散控制系统进行通信。目前电站中输煤、除灰、化水等顺序控制系统一般均采用 PLC 实现。

当电厂采用微机分散控制系统时，SCS 可以直接采用微机分散控制系统实现，作为整个分散控制系统的一部分。微机分散控制系统不仅具备可编程序控制器的所有优点，而且可以与数据采集系统、模拟量控制系统有机结合起来，实现数据共享，从而节省大量的检测元件和信号转换装置。目前在国内大部分采用微机分散控制系统的机组上，SCS 都直接采用分散控制系统实现。

3. 驱动装置

根据使用能源的不同，驱动装置（执行机构）可以分为电动执行机构、气动执行机构和液动执行机构。如果执行机构用来驱动各类阀门，就称为阀门驱动装置。阀门驱动装置除了能够按照指令的开关量信号准确进行工作外，还能将它的工作情况或所处状态以开关量信号的形式提供给顺序控制系统，如阀门已完全开启、阀门已完全关闭、驱动装置正在工作或者工作过程中发生故障等。

电动执行机构由电动机、传动机构和控制部件组成。为了保证关严，设有转矩限制机构；为了保证阀门开启到要求的位置，设有行程控制机构。气动执行机构使用压缩空气作能源，对于恶劣工作环境的适应能力较强，液动执行机构容易实现高推力和高速度的要求。驱动阀门的气动执行机构，常见的有薄膜式和活塞式两种。液动执行机构适用于高推力和高速度的场合。

除了上述的执行机构外，还有一种常用的是电磁阀。电磁阀是利用电磁原理控制管道中介质流动状态的电动执行机构，电磁阀所控制的介质主要是压缩空气。有的电磁阀可以用来控制压力水或压力油。电磁阀只有通流和断流两种工作状态。电磁阀的种类很多，结构各不相同，常见的电磁阀是两位三通阀、两位四通阀等。电磁阀也备有手动按钮，当控制电路或电磁阀线圈出现故障，可以利用相应的手动按钮强制压下电磁阀的动铁铁芯使阀门改变状态。电磁阀有不同的品种以适应不同的电源电压，通常有交流 220、110、36V 和直流 36、24V 等品种。在火电厂中用得最多的则是交流 220V 和直流 24V。

（三）顺序控制系统的层次结构

顺序控制技术在火电厂应用的长期实践中逐渐形成了以基础设备为中心构成的设备级控制和保护回路，以辅机和局部流程为中心组织设备级构成功能子组和功能级，以工艺流程为中心组织功能组构成机组级的分级控制原则。这种控制原则在实践中被验证具有很多优点，已被广泛采用作为顺序控制的设计原则。

大型单元火电机组的顺序控制一般可分为四个控制级：机组级、功能组级、功能子组级和设备级。它们相互配合共同完成机组的总体控制功能。图 14-2 为顺序系统控制级关系示意图。

1. 机组级控制

机组级控制是最高一级的顺序自动控制。它能在少量人工干预下自动实现一个较大的系统的启停甚至整台机组的启停。SCS 机组级程序在接受系统启动指令后，可以按照一定的顺序，将一个系统（例如风烟通道系统）中的若干台设备安全地启动，在机组级顺序控制的基础上，还可实现整台机组的顺序控制，即在发出机组顺序启动指令后，可以将机组从起始状态带到某个负荷，甚至100%负荷，中间只有少量断点，由运行人员确认并按下按钮后，程序将继续进行下去。当功能执行完毕后，发出完成信号反馈给主控系统，表示这一控制功能已经结束。

机组级控制并不等于机组启停全部自动控制，它可以设置必要的人工干预。机组级控制也称为功能组自动方式控制，而功能组手动方式控制也称为功能组级控制。带断点功能的机组自启停系统（APS）就属于顺序控制中的机组级控制。

2. 功能组控制

功能组控制是一种以一个工艺流程为主，包含有关设备在内的顺序控制。功能组控制的特点是把工艺上相互联系，并且具有连续不断的顺序性控制特征的设备群作为一个整体来控制。功能组控制程序可以在集控室内由操作员通过计算机键盘操作来启动。在自动控制要求较高的机组上，可由机组的自启/停控制系统来启动各个功能组控制程序。

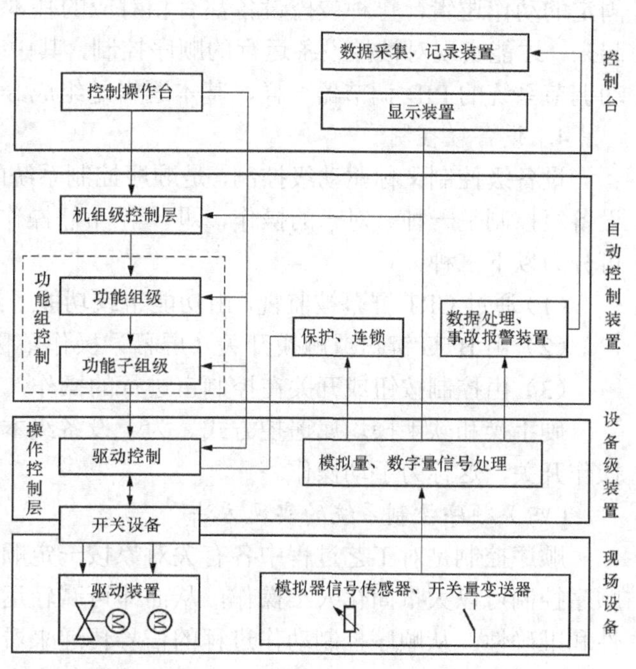

图 14-2　顺序系统控制级关系图

功能级的操作有三种形式：第一种操作是功能组的启/停和自动/手动切换，在采用功能组控制时，应将选择开关切换到功能组手动位置，然后再进行启停操作。第二种操作是闭锁和释放切换，当控制程序被置于释放状态时，可对功能级进行启/停操作；当功能级在执行启/停指令时，若控制方式被置于闭锁状态，则控制程序停止执行，转入设定的闭锁状态。第三种操作是有两台以上的冗余设备时，选择某一台设备作为启动操作的首台设备，并设有自动/手动切换开关。一般来说，当选择好首台设备之后，应将开关切换到自动位置。这样，当第一台设备启动完成之后，便会自动选择第二台设备，并为备用设备的启动做好准备。

对 600MW 及以上的大型火力发电机组，按照工艺流程的特点和机组辅机的构成，其功能组（或功能子组）有 40～50 个。

3. 功能子组级控制

一个比较大的工艺系统可以按控制功能分解为几个局部独立过程进行分别控制。一个功能子组常以一个重要的辅机为中心，包括其辅助设备和关联设备组成一个相对独立的小系统。例如，某台送风机功能子组的顺序控制，包括了送风机及其相应的冷却风机、风机油站、电动机油站、进出口门和连通门等设备，在一个启动操作指令发生后，将按预定顺序依次自动地操作辅助设备和主设备。

功能子组级控制程序的启动方式有两种：①由操作人员通过计算机键盘或 CRT 操作画面发出启动和停止指令，来启动相应的控制程序；②由上一级功能控制组发出下属子组的控制程序启、停指令。

需要说明的是：根据被控设备的控制方式及热力系统的运行规律，子组级和设备级的控制逻辑可分为基本逻辑和可变逻辑两种。可变逻辑是与热力系统运行相关的逻辑，根据热力系统运行方式的不同而改变；基本逻辑是接受 SCS 被控设备典型的及固有的控制方式和相对固定的动作逻辑，每种被控设备都有相对应的基本逻辑。把可变逻辑和基本逻辑有机地结合起来，才能实现对被控设备运行的顺序控制，其中基本逻辑是 SCS 控制的基础，就像组成自动调节系统的 PID 调节器一样，基本逻辑是组成 SCS 控制逻辑的基本单元。

4. 设备级控制

设备级控制又称驱动级控制，是顺序控制系统的基础级，直接控制着每个要操作的对象。设备级控制是一种一对一的操作，即一个启/停操作指令对应于一个驱动装置。它的操作方式可分为以下三种：

（1）通过 CRT 屏幕被监视，由功能组或功能子组顺序控制指令来操作，这称为自动方式。

（2）由 BTG 键盘或触摸开关（屏幕）操作，称为软手操。

（3）由控制按钮或开关在控制室进行的操作，称为硬手操。

硬手操和软手操均属遥控方式。为了设备级本身的检查维修方便，在设备附近设置就地操作开关，这称为手动操作。

（四）顺序控制系统的实现方法

顺序控制是对工艺过程中各有关对象按一定顺序、条件和时间要求进行自动控制。通过顺序控制可以大量简化人工操作，从而即可减轻运行人员的劳动强度，又可保证操作的及时性和准确性。从顺序控制动作过程的信号传递来看，都是开关量信号，量值关系比较简单。但要使设计的顺序控制系统真正能投入使用且安全可靠，必须对系统中的设备保护和条件闭锁予以充分重视。

1. 顺序控制系统中的设备保护和条件闭锁

顺序控制是一种涉及工艺顺序的自动控制，它必须严格遵守工艺条件，在方案设计时应考虑以下方面。

（1）设备保护。顺序控制系统中的设备保护是指当出现危及人身安全或设备安全的异常情况时，控制系统应能切除设备或者投入设备。工艺保护信号从驱动控制接口引入，直接作用于跳闸装置或自启动装置。

（2）设备条件闭锁。设备条件闭锁是指在设备级控制或功能组级控制等工艺过程中，根据运行要求和设备之间的制约关系，设置一些闭锁条件，以防止不正确的或不安全的程序或操作被执行而引发出不安全的工况。

机组关联系统的保护及锅炉和汽轮机主、辅设备的保护是一种专用的保护系统，不在顺序控制的范围内。下面对顺序控制系统中的设备保护和闭锁控制在逻辑设计时应考虑的问题进行讨论。

（1）保护信号应具有最高的优先权。

（2）保护跳闸指令对控制对象的作用是硬性的。就是说，指令一直保持到设备完全停止或断开，或者得到人工确认为止。

（3）保护信号使用的变送器应该是专用的，不能与监测仪表、闭环控制系统合一使用。对于一些通过模拟信号监测产生的中间值计算信号，可由计算机从自身的监视算法中取出。

（4）保护和闭锁是顺序控制逻辑中的一个组成部分，不能在顺序控制投运过程中人工切除，而必须是经常有效。

（5）用于保护的驱动接点应是动合型的，即是常开型触点，以避免信号源失电或回路断线时发生误动作。

（6）顺序控制过程中出现设备保护或闭锁控制指令时，应中断控制顺序，使工艺系统退到安全状态。

2. 顺序控制系统与其他自动控制系统的关系

（1）与自动保护系统的关系。顺序控制应服从于自动保护系统。在顺序控制执行过程中发生热工保护或连锁动作时，顺序控制系统应根据自动保护系统要求中断当前工作（停止在相应的某一步上）或退回到安全状态（或退到某个安全工艺步骤，或退出顺序控制状态）。

（2）与自动调节系统的关系。在比较完善的控制系统设计中，应充分考虑顺序控制与自动调节在某些工艺环节上的交叉关系，一旦发生顺序控制要求，其权级高于调节控制，一直到顺序控制过程结束，调节系统才能恢复对设备的控制。

3. 顺序控制系统的实现装置及顺序控制站功能

（1）顺序控制器。实现顺序控制功能的专用装置称为顺序控制器。顺序控制器可以在接受人工的指令或其上一级自动装置的指令后开始工作，也可以在规定的外界条件出现时自动开始工作。顺序控制器工作时，先发出指令指挥第一步骤中相应执行机构按照规定的要求动作，并根据引入顺序控制器的每个控制对象的状态信息和生产过程中的热工参数信息监视控制对象的工作情况。当第一步骤的所有控制对象的动作均已结束，并且进行下一步控制的条件和时限均已达到时，顺序控制器即发出指令指挥下一步骤的控制。当执行机构检测信息甚至顺序控制器本身发生故障时，顺序控制器会及时送出报警信息，并根据不同情况进行力所能及的处理。通常，顺序控制器可以停止在发生故障的步骤上或者改变控制顺序，使控制系统转到安全状态。

（2）顺序控制器的类型。顺序控制器的种类很多。按照组成顺序控制器的元件来分，有继电器式、晶体管式或集成元件式。按照应用范围来分，有固定式和通用式。此外还有准计算机式和可编程序控制器（PLC）等。

可编程控制器具有可靠性高、逻辑组态和修改方便、维护工作量小等优点，广泛用于300MW 以上单元机组的顺序控制系统。我国许多火电机组上引进了一些国外大公司的可编程控制器，比如德国西门子的 S7 系列，日本三菱公司的 FX 系列，日本欧姆龙公司的 C 系列，美国 MODICON 公司的 584 和 984 等。其中北仑港电厂 600MW 机组的 SCS 则采用美国 MODICON 公司的 984 可编程序控制器，通过门电路与 MOD300 微机分散控制系统进行通信。国内生产并在电厂应用比较多的有北京机械工业自动化研究所的 MPC-10/20 系列、上海工业自动化研究所的 TS-300/400 系列、上海调节器厂的 PC-700/900 系列等。

当采用计算机分散控制系统实现顺序控制时，SCS 作为整个系统的一个组成部分。微机分散控制系统不仅具有可编程序控制器的所有优点，而且可以与数据采集系统（DAS）、模拟量控制系统（MCS）有机地结合起来，实现数据共享，从而节省大量的检测元件和信号转换装置。

（3）顺序控制站的功能。大型火电厂按工艺系统的特点，将机组辅机等设备和系统划分为若干个执行某一特定功能的功能组。例如：锅炉机组的通风系统控制功能组、汽轮机的冷凝系统控制功能组、发电机组的冷却水系统控制功能组、压缩空气站控制功能组等。

分散控制系统中顺序控制的基本内容是：辅机设备及其关联设备的启/停或开/关即可按顺序步骤进行控制，也可以分布操作，进行遥控（远操作），有关设备的连锁和保护功能也包括在内。所有子系统都可以通过一个完整的程序或单独在 CRT 键盘上操作。通过 CRT 画面可以显示每一个系统的设备状态、启动允许条件、操作顺序以及运行方式的系统流程图，也可以提供手动方式启动或停止程序操作指导，在 CRT 上显示下一步完成的动作以及顺序控制的进程。

分散控制系统的若干处理单元是分布式过程单元（DPU），火电厂一般以五个冗余 DPU 站用于 SCS 完成顺序控制。DPU 站具有数据采集、控制算法处理、逻辑运算、各相关参数的扫描、检测和报警等功能。

（五）顺序控制系统的控制范围

大型火力发电机组的顺序控制涉及全厂的各个范围，总体上可分为锅炉侧顺序控制、汽轮发电机侧顺序控制、机组自启停顺序控制和辅助系统顺序控制四大部分。

1. 锅炉侧顺序控制

锅炉侧顺序控制主要包括燃烧系统顺序控制、炉侧辅机顺序控制和炉侧辅助系统顺序控制等。

燃烧系统的顺序控制指油层和煤层的启停控制、燃烧器自动切换等顺序控制，许多电厂也把它归属到 FSSS 或 BMS 的范畴。

炉侧辅机顺序控制是指送风机、引风机、一次风机、回转式空气预热器、扫描风机等的控制。这些辅机及其附属设备本身应作为一个整体进行控制。如送风机 A 系统包括了送风机 A 及其出口挡板、风机动叶、油泵、油加热设备等。这些设备在接到了功能组的启、停指令以后，根据事先编好的程序，按顺序实现自启停操作。

炉侧辅助系统包括吹灰系统、锅炉排污系统、脱硫系统、脱硝系统等。这些系统既可以用 PLC 来控制，形成相对独立的控制系统，也可以通过主机的 DCS 来实现。目前，已有越来越多的机组开始将这些辅助系统纳入主机 DCS 的控制范畴，使 DCS 的应用范围进一步扩大。

2. 汽轮发电机侧顺序控制

汽轮发电机侧的顺序控制内容较多，主要包括汽轮机油系统、凝结水系统、凝汽器系统、凝汽器真空系统、汽轮机轴封系统、低压加热器系统、高压加热器系统、汽轮机蒸汽管道疏水系统、辅助蒸汽系统、循环水系统、开式循环冷却水系统、闭式循环冷却水系统、雨水泵系统、发电机氢系统、发电机油系统、发电机水系统等的顺序控制。

目前，许多电厂已将 ECS 纳入到 DCS 的控制范畴，故此时汽轮发电机侧的顺序控制还应包括发电机系统（发电机同步并列和发电机程序停机），高压厂用电源系统、启动/备用变压器电源系统、低压厂用电源系统等控制内容。

3. 机组自启停顺序控制（APS）

机组自启停顺序控制即锅炉、汽轮发电机组的全面自动启停控制，它将整台机组的重要操作全部纳入自动顺序控制范畴。由冷态、温态、热态启动和自动停止程序组成。启动控制是从机组启动准备到机组带 100%额定负荷的控制过程。停机控制是从机组接到停机指令时的负荷开始到机组停机为止的控制过程。

APS 在机组的控制系统中处于上层位置，通常采用断点控制方式。机组在 APS 控制方式时，APS 接受从其他控制系统和运行人员发出的信号，根据 APS 内部顺序和逻辑判断或计算，向各控制系统发出相应命令，实现整个机组的启停控制。在运行过程中若有异常情况出现时，APS 将以操作指导的形式发出报警，提示运行人员来处理。

APS 作为分散控制系统机组级控制内容之一，使整个机组的自动化程度达到一个全新的高度。

4. 辅助系统顺序控制

辅助系统是指与主机系统相对独立的一系列辅助生产过程，如输煤系统、化学水处理系统、除灰渣系统、脱硫系统、脱硝系统（在部分电厂中，后两个系统归在主机 DCS 内实现）等，它们是整个火力发电中不可缺少的重要组成部分。由于这些系统的工艺流程相对独立，系统牵涉的设备非常多，设备所占场地较大，因而形成了相对独立的控制单元。目前，对这些系统的控制均采用了顺序控制技术。既可以采用可编程序控制器（PLC）作为主要的控制装置组成控制系统，通过联网控制技术构成辅助控制网络，也可以直接采用辅助集散控制系统（DCS）实现对这些辅助系统的统一监控和管理。采用辅助系统集控运行后，可大大提高外围辅助系统的自动控制水平，达到降低发电成本、提高劳动生产率、增强出厂电价竞争能力的多重目的。

（1）输煤系统顺序控制。火电厂输煤系统主要完成卸煤、储存、分配、筛选、破碎、输送等工作，同时进行燃料计量、去除杂物等。该系统包括斗轮机/堆取料机、皮带机、碎煤机、除铁器、犁煤器、滚轴筛、皮带秤等设备。输煤系统控制设备多、工艺流程复杂、现场环境恶劣（粉尘、潮湿、振动、噪声、电磁干扰严重）、系统设备分散、分布面宽、距离远，因此需要采用顺序控制。输煤系统顺序控制包括卸煤、储煤、上煤和配煤四个流程的控制。

（2）化学水处理系统顺序控制。化学水处理系统包括锅炉补给水除盐、凝结水除盐和废水处理三个系统。通常采用阳离子交换器（阳床）、阴离子交换器（阴床）和混合离子交换器（混床）一起共同完成除盐任务。化学除盐系统是火电厂中最早采用顺序控制技术的系统之一，因而控制工艺较成熟。

（3）除灰渣系统顺序控制。除灰除渣系统的主要任务是将省煤器、电除尘器及灰斗所收集到的飞灰经电动锁气器排入灰槽，用水把排灰冲入灰前池，经灰浆泵把灰浆送入灰处理系统。除灰渣系统是火力发电机组重要的辅助系统之一，它与电厂的安全、经济运行有密切关系。根据灰渣量、灰渣的化学物理特性，排渣装置形式、尘器形式、水质、水量、电厂与储灰渣厂的距离和标高差、地质、地形、气象，以及灰渣综合利用、环保要求等条件，来选择控制设备，实现控制要求。

（4）脱硫系统顺序控制。在采用煤为主要燃料的火力发电中，锅炉的排放物会对大气造成一定的污染，其中，对环境造成较大影响的硫化物有二氧化硫和三氧化硫等。脱硫系统的主要任务是去除烟气中的硫化物，使烟气排放物达到环保要求。烟气脱硫的方法较多，而石灰石——石膏湿法脱硫是目前应用最广泛的脱硫工艺。脱硫系统的顺序控制用于完成对脱硫过程中相关设备的启停操作和连锁控制，使脱硫过程能安全、高效地运行。

（5）脱硝系统顺序控制。与脱硫控制类似，脱硝控制的主要任务是对烟气中的氮氧化物（NO_x）进行处理，以降低烟气排放物中NO_x对大气环境的污染。脱硝的方法较多，常用的有非选择性催化还原法、选择性催化还原法等。脱硝系统的顺序控制可实现脱硝过程中相关设备的启停操作和连锁控制，使脱硝过程能自动完成。

五、单元测试

（一）选择题

1．SCS的任务，是（　　）。

A．据单元机组的特点，将锅炉和汽轮机作为一个整体进行协调控制

B．根据生产过程的工艺要求和被控设备的状态条件，按照预定的工艺顺序对辅机设备进行启/停和开/关等操作，以保证生产设备的正常投运或退出

C．通过PLC 可编程控制器，实现除DCS控制以外的全厂子系统的控制

D．是监控六大风机的启停，其控制信号均为开关量信号

2．SCS中的设备级控制是（　　）。

A．SCS的基础级

B．以一个重要的辅机为中心，包括其辅助设备和关联设备组成一个相对独立的小系统

C．一种以一个工艺流程为主，包含有关设备在内的顺序控制

D．最高一级的顺序自动控制

3．关于功能子组级控制的说法，正确的是（　　）。

A．SCS的基础级

B．以一个重要的辅机为中心，包括其辅助设备和关联设备组成一个相对独立的小系统

C．一种以一个工艺流程为主，包含有关设备在内的顺序控制

D．最高一级的顺序自动控制

4．关于功能组级控制的说法，正确的是（　　）。

A．SCS的基础级

B．以一个重要的辅机为中心，包括其辅助设备和关联设备组成一个相对独立的小系统

C．一种以一个工艺流程为主，包含有关设备在内的顺序控制

D．最高一级的顺序自动控制

5．关于机组级控制的下列说法，正确的是（　　）。

A．SCS的基础级

B．以一个重要的辅机为中心，包括其辅助设备和关联设备组成一个相对独立的小系统

C．一种以一个工艺流程为主，包含有关设备在内的顺序控制

D．最高一级的顺序自动控制

6．SCS中的设备保护（　　）。

A．是指当出现危及人身安全或设备安全的异常情况时，应能及时切除设备或者投入设备

B．是闭环调节系统中的一种方式

C．信号均直接来自现场一次开关量元件

D．没有保护系统中的设备保护重要，因此其投撤不做要求

7．SCS中的设备条件闭锁（　　）。

A．是指在顺序控制中，设置某些条件，使设备按顺序停运

B．是在子组级控制或功能组级控制等工艺过程中，根据运行要求和设备之间的关系，而设置的制约条件

C．设备条件闭锁多，表示系统可靠性高

D．设备条件闭锁少，表示系统可靠性高

8．SCS 与 MCS 的关系是，SCS（　　）。

A．优先级别高于自动调节控制，只有顺控过程结束，调节系统才能恢复对设备的控制

B．优先级别低于自动调节控制，只有调节过程结束，顺控系统才能恢复对设备的控制

C．系统与自动调节系统是两个互不关联的独立控制系统

D．系统接受自动调节系统控制

（二）判断题

1．机组级控制在最少人工干预下，完成整套机组的启动和停止，但机组级控制并非最高级控制。（　　）

2．采用机组级控制时，仍需设置少量断点，当顺控系统接到启动指令，将机组从起始状态逐步启动到某一负荷后，由运行人员在断点处进行确认，按下确认键后程序就继续进行。（　　）

3．功能组级控制一般以某一台重要的辅机为中心，将相关联的一些设备相对集中的组合在一个系统中，按事先设计好的程序进行控制。（　　）

4．设备级控制不用功能组，只是对同属于一功能组的若干设备分别进行操作，因此设备级控制是顺控系统的基础级。（　　）

5．采用 SCS 控制的设备，其操作条件的闭锁以及设备之间的连锁保护，往往不以顺序控制的启/停条件来限定。（　　）

6．对每一个功能级顺序控制所涉及的设备，可把诸多运行许可和保护要求，分为设备运行自身的安全要求和系统安全要求两大类。（　　）

7．在火电厂中顺序控制，主要用于主辅机的自动启停操作以及局部工艺系统的运行操作。（　　）

8．接受控制系统的操作命令，直接对控制对象进行操作的执行部件是执行机构。（　　）

（三）简答题

1．火电厂 SCS 的应用范围，主要分为哪几个方面？

2．SCS 由哪几部分组成？

3．一个完整的功能组包含哪三种操作？

学习单元二　大型火电机组顺序控制系统分析

一、学习目标

通过本单元学习，在了解到某大型火力发电机组的顺序控制系统的构成的基础上，以锅炉风烟系统功能组为基础，分析锅炉顺序控制系统的构成原理及功能逻辑。

二、学习任务

本单元的学习任务有两个：

（1）描述某大型机组顺序控制系统的层次结构。

（2）分析锅炉风烟系统功能组的功能逻辑。

三、任务分析

本单元以某 600MW 机组的顺序控制系统为例，介绍该机组顺序控制系统的功能及功能实现方法，以加深对单元机组顺序控制系统的认识。

四、任务实施

（一）某电厂 600MW 机组顺序控制系统简介

某电厂 600MW 机组顺序控制系统（SCS）为机组分散控制系统的一个重要组成部分，该系统主要用于机组的烟、风、水、汽等各大系统的各类辅机的驱动和阀门的开关及控制，以及完成机组重要辅机阀门的连锁保护及功能组级的顺序控制功能。通过该系统的设备级、组级、厂级程控的使用，可以顺利的完成机组的启停控制和安全保护。

该电厂 600MW 机组顺序控制系统（SCS）分为锅炉顺序控制系统（BSCS）和汽机顺序控制系统（TSCS），主要由设备驱动级、功能组/功能子组级控制和机组级控制三大部分组成。各层控制级各司其职共同完成整个机组的顺序控制，并最终实现从机组启动准备到机组带满负荷及机组满负荷到停机全过程自动控制的控制目的。

机组控制级：某电厂 600MW 机组顺序控制系统设计有 APS 功能，APS 也可以说是一个管理级的、机组级的顺序控制系统，SCS 与 APS 紧密相连，由 SCS 功能组级来执行 APS 的指令，完成对机组的控制。

功能组/功能子组级：包含顺序控制逻辑、联动控制逻辑和手动操作逻辑，确保机组主要辅机能按照工艺要求顺序完成每一步动作，保证设备安全启停。

设备驱动级：负责接受顺序控制启停指令、连锁启停指令、设备超弛保护指令、手动控制指令等直接控制具体底层设备。

1. 机组级顺序控制

该电厂机组级顺序控制设计为机组自启停系统（APS），机组自启停系统的功能是使机组在冷态、温态、热态或极热态方式下启动，直到机组带一定负荷（例如满负荷），以及在任何负荷下，将机组负荷降到零。实现机组级自启停是个非常复杂和困难的课题，因为这不但要求自动控制逻辑完善成熟，机组运行参数及工艺准确详实，而且对设备本身也提出了很高的要求。以往国内也曾经试过，结果往往因为各种原因最后没有投运。

该电厂机组级自启停系统作为 SCS 的最高一级的顺序控制系统，在 DCS 中作为一项独立的功能，其控制对象为 BSCS、TSCS、FSSS、MCS、DEH、BPS 等子系统。机组自启停系统安装并在指定过程控制站运行，通过数据高速公路向上述子系统内的功能组或功能子组发出操作命令，并从这些子系统获得运行参数、状态信息的反馈信号。机组自启停系统不直接控制现场设备，它是建立在各功能组或功能子组之上的步序块，具有 AUTO/MAN、启动/退出、本步条件满足或人为设定条件满足跳至下一步等功能。AUTO＋启动为正常执行状态；MAN＋启动为在当前步暂停状态，切换到 AUTO 后从当前步继续执行；AUTO/MAN＋退出为停止执行并退出自启停系统。顺序控制系统的软件逻辑是一个层次结构，如图 14-3 所示。

从图 14-3 中可知，机组自启停系统可分为三层。第一层为操作管理逻辑，其作用是选择和判断自启停系统是否投入，选择启动模式还是停止模式；选择断点（自启停系统使用断点方式进行机组自启停控制）及判断该断点的允许条件是否成立，如果条件成立则使断点进行。在断点的选择上，可以直接选择最后一个断点，则其产生的指令会自动判断前面的断点是否已完成，如没有完成则先启动前面未完成的断点即具有判断选择断点功能，从而实现机组的整机启动/停止。第二层为步进程序，步进程序是自启停系统的核心内容。第三层为各步进行时产生的指令，即产生送至各个控制系统的功能组命令。从图 14-3 中还可以看出，机组自启停系统的控制对象是机组的各控制系统，这些系统协调完成机组自启停，这些系统包括机组自动控制系统、燃烧管理控制系统、锅炉给水泵汽轮机调节系统、数字电液调节系统、锅炉顺序控制系统、汽轮机顺序控制系统、其他控制系统等。

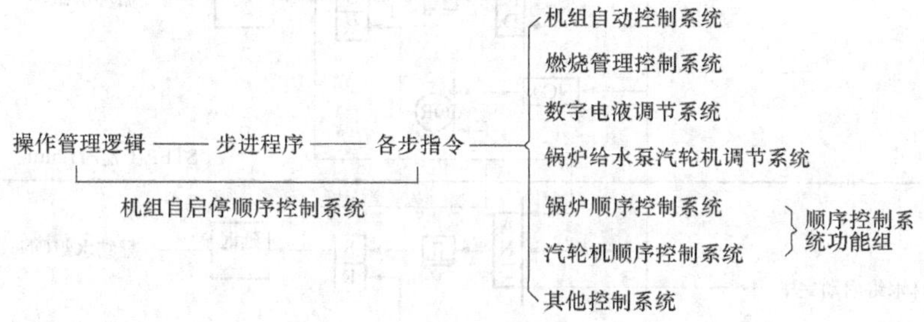

图 14-3　机组自启停系统结构图

机组自启停并不是所有动作都自动完成，还是需要一定的人工干预。在自启停系统中使用断点方式来实现人工干预。用自启停系统进行机组自启停控制，可实现从机组启动准备到带一定负荷，以及由减负荷至停炉的自动控制。自启停系统分启动模式和停止模式，分别包含 6 个断点程序。在机组自动启动模式下，设置的 6 个断点分别是机组启动预准备断点、炉膛吹扫及油枪点火断点、建立真空断点、汽轮机升速断点、并网及带初始负荷断点、升负荷断点。

在机组自动启动模式下，当进行第 6 个断点（即升负荷断点）时，当机组负荷达到自启停系统的设定负荷时，自启停系统发出指令使机组自动控制系统进行负荷控制并投入协调控制方式。断点 6 完成后自启停系统退出，此时机组的自动启动已完成，机组负荷在协调控制系统控制下升至操作员的设定值或由中调（AGC）给出的设定值。

机组在自动停止模式下设置的断点有减负荷断点、最小负荷断点、解列断点、汽轮机跳闸、盘车断点、真空破坏及燃烧器退出断点、停炉断点。

自启停系统的每个断点包含按运行程序进行的各个操作步骤，也就是每个断点的进行程序相当于一个步进程序。每个断点都具有逻辑结构大致相同的步进程序，其基本结构如图 14-4 所示（以机组启动预备断点为例）。由图 14-4 分析可知，该步进程序结构分为允许条件判断（与门），步复位条件产生（或门）及步进计时。当该断点启动命令发出，而且该断点无结束信号，则步进程序开始进行，每一步需确认条件是否成立，当该步开始进行时，同时使上一步复位。如果发生步进时间超时，则发出该断点不正常报警。断点程序进行时产生的指令，送至各个控制系统，控制相应的设备或系统协调动作。例如，在图 14-4 中产生的循环水组 ON 指令通过网络传输到汽轮机顺序控制系统（TSCS）以实现循环水组的启动。当该组启动完毕，则由汽轮机顺序控制系统返回循环水组启动完毕信号到自启停系统，控制下一步程序的运行。

机组自启停系统能否全面投入运行的关键是各个控制子系统的自动投入情况，其中锅炉顺序控制系统、汽轮机顺序控制系统、炉膛安全监控系统和机组自动控制系统的投入情况最为关键。

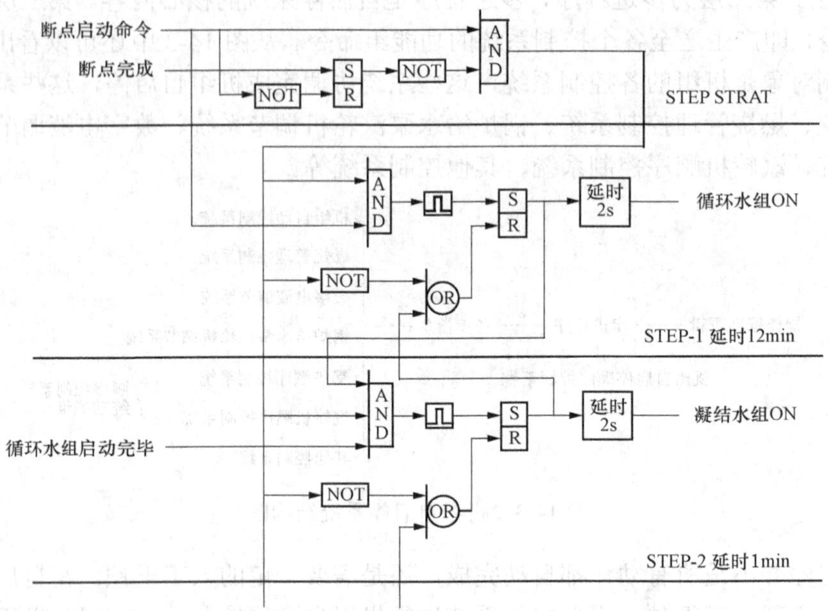

图 14-4 自启停系统步进程序基本结构

机组自启停的工作范围包括机组的启动和停机。机组的启动包括锅炉启动和汽轮机启动，锅炉启动从锅炉上水到带初负荷结束，包括给水、锅炉吹扫、MFT 复位、投等离子点火、投入燃料。汽轮机启动主要是控制汽轮机的辅助系统，从凝结水、抽真空、高/低压抽汽、润滑油系统启动到带初负荷暖机结束。机组停机是指从目标负荷减负荷至零，机组解列、锅炉熄火及停止相关的辅助系统。

机组自启停的辅助工作包括启动前准备、检修操作、与定期巡检相关的操作等。启动前准备主要包括充油、上水、加药等（化学凝补水系统），冷却水运行（工业水系统），仪用和杂用空气压缩机运行（压缩空气系统），灰处理系统，发电机充氢系统。检修操作主要包括有仪表隔绝阀和手动阀的确认，控制系统电源投入。定期巡检操作包括空气预热器吹灰，为检修和介质封存进行的操作，充氮密封操作。其他如锅炉紧急停炉，停机后的汽轮机盘车停止等也属于机组自启停的辅助工作。

2. 功能组级和功能子组级控制

（1）功能组级的控制范围。根据目前国产机组自动化水平的实际，该电厂顺序控制系统控制水平以功能组级及功能子组级为主，具备手动、自动、顺控等各种运行控制模式。按照工艺生产过程 SCS 分成锅炉顺序控制系统（BSCS）和汽轮机顺序控制系统（TSCS）。功能组级控制与机组级顺序控制一样，也是在 DCS 中实现，占用 DCS 中的相关站点和控制柜，并且按照系统、设备的工艺特点和操作方式，将功能组合理分摊到各个处理单元实现。

锅炉顺序控制系统设置的功能组及功能子组有：

1）烟风系统功能组。烟风系统功能组包含有送风机 A、B 功能子组，引风机 A、B 功能子组，空气预热器 A、B 功能子组。

2）燃料系统功能组。燃料系统功能组包含有一次风机 A、B 功能子组，磨煤机密封风机功能子组，磨煤机功能子组等。

3）炉水循环泵功能组。

4）锅炉疏水与通风功能组。

5）辅助蒸汽功能组。

6）燃油系统功能组。

7）锅炉保护功能组。

汽轮机顺序控制系统设置的功能组及功能子组有：

1）凝结水功能组。凝结水功能组包含有凝结水泵功能子组，低压加热器功能子组，除氧器功能子组。

2）给水功能功能组（M-BFP）。

3）汽动给水泵汽轮机功能组（T-BFP）。

4）循环水功能组。

5）汽轮机真空功能组。

6）低压抽汽功能组。

7）高压抽汽功能组。

8）汽轮机油供应功能组。

9）汽轮机盘车功能组。

10）汽轮机疏水功能组。

11）同步器投入功能功能组。

12）汽轮机与发电机保护功能组。

在上述功能组中，每个功能组内又划分若干功能子组。顺序控制系统的控制对象包括单元机组的各类辅机及阀门。

（2）功能组的设计原则。顺序控制系统功能组的顺序控制步序设计了顺序启动和顺序停止逻辑，以及启动和停止步序的中止（停止）逻辑。其中，顺序启动和顺序停止的投入逻辑主要用于使顺序控制步序开始运行，使功能组中包含的设备按预先设计的顺序逐步投运或停止。投运方式设计有两种：①手动，运行员在操作画面上切为手动方式再操作投入；②自动，按预先设计的逻辑自动投入（机组自启停控制）。启动和停止步序的中止逻辑可在步序进行到任何时刻使顺序步序复位。步序复位后再次投入运行时，顺序控制步序将从第一步重新开始。操作人员在进行复位操作时，先在操作画面上切为手动方式再操作复位即可。当顺序控制步序计时超过，而步进条件不满足时，将产生步序失败使程序复位。同时在操作画面上报警显示故障，操作人员再次投入运行时将从第一步重新开始。当顺序控制步序全部完成后，顺序控制系统自动复位，进入初始状态，准备步序下一次的投入。顺序控制系统中某些子系统的设备需要较灵活的操作和运行方式，因此设计了这些设备的备用投入和备用解除功能。当逻辑信号连接到驱动级连锁保护时，相关设备需在备用投入时根据逻辑自动运行；备用解除时，允许运行员进行单独操作。在顺序控制系统中还设计了自动请求，当逻辑信号满足且设备的允许条件满足时，该设备自动开/关或启/停。

（3）顺序控制系统的基本要求。顺序控制系统（SCS）用于启动/停止相关的设备（包括风机、油泵、挡板等）。所设计的功能组及功能子组级程控的目的是在机组启、停时减少操作人员的常规操作和减少机组的启停时间，应该能满足以下的基本要求。

1）功能组/功能子组控制系统包括启动和停止属于这组的有关设备所需的自动程序。

2）程序应按步对步的原则编制：

a. 程序启动后，程序的第一步和以后的每一步，应能自动检查执行每一步所需的所有输入条件（一次判据），如果条件不具备，应向运行人员发出有关信号。

b. 当在自动控制过程中出现可能导致事故状态的限制因素时，系统能自动返回到出现因素前的状态或稳定的安全状态。在步进式控制中，基本的保护是在排除限制因素前暂时停止程序。

3）功能组/功能子组控制应保证动作具有最大的独立性，在某组范围的故障不应影响另外组的工作。运行人员能根据工艺过程选择各功能组工作的顺序。

4）功能组/功能子组在自动工况时，必要时可由运行人员决定执行程序的全部或一部分：在任意一步上中断程序或略去某些操作步。

5）在故障排除后功能组恢复自动工况时，应可以自动重新执行程序，同时检查执行步的条件，并越过故障发生前的各步。

6）功能组/功能子组的启动、停止、工况选择均能在 DCS 操作员站 LCD/KB 上进行。

7）在 LCD 上能显示功能组控制的有关消息，包括执行步次、执行情况和判据的情况。

8）设计有"操作指导"，并能在 LCD 上显示。

3. 设备级控制

(1) 设备级控制的作用和功能。设备级控制是对生产过程中的基础设备实施一对一操作，具有如下控制功能：

1）手动/自动控制。自动方式下，设备级控制可以接受功能组的启停指令；手动方式下，运行人员在操作员站或 BTG 盘上发出启停指令。

2）保护功能。当具备启动或停止运行条件时应自动启动或停止设备的运行。

（2）设备级控制设计原则。

1）运行人员应可在 LCD/键盘上操作每一个被控对象。手动操作应有许可条件，以防运行人员误动作。同样，逻辑中应提供相关的连锁，以防设备在非安全或潜在危险工况下运行。设备控制一般分三种模式：手动（操作员控制）、自动和后备。所有设备均应提供手动模式。自动和后备模式应根据设备运行要求按需提供。设置原则如下：

a. 非频繁操作设备（如辅助电气系统的进线开关）或无人监视工况下不可进行启动的设备只提供手动控制。在手动模式下，操作员将根据电厂运行需要进行设备的起/停、开/关操作。

b. 维持过程控制需要频繁起停的设备应提供自动控制模式。原则上，自动逻辑引起的动作不应报警，保护连锁触发、自动功能失效时应产生报警，如抽汽阀自动关失效。

c. 冗余或具有指定备用的设备应提供后备（STANDBY）控制模式。当过程参数表明在役设备已故障，处于后备模式的备用设备应自动启动，连续运行直至操作员或保护连锁发出停运指令。系统应提供报警以提醒操作员备用设备已启动。

2）设备的保护指令应具有最高优先级，手动指令则比自动指令优先。被控设备的启动、停止或开、关指令应互相闭锁，且应使被控设备向安全方向动作。

3）保护和闭锁功能应是经常有效的，应设计成无法在控制室内由人工切除。

4）SCS 应通过连锁、联跳和保护跳闸功能来保证被控对象的安全。机组的连锁及保护跳闸功能，包括紧急跳闸均应采用硬接线连接。

5）用于机组保护跳闸功能的重要信号，当测量元件冗余设置时，逻辑设计也应冗余设置。

6）用于保护的接点（过程驱动开关或其他开关接点）应是动合型的，以免信号源失电或回路断电时，发生误动作（采用断电跳闸的重要保护除外）。

7）系统应设计有判断泵和风机电动机的事故跳闸及操作失败的逻辑，以便监视电动机的运行状态。

8）对成对的被控设备（如送风机、引风机、一次风机、空气预热器、密封风机、磨煤机、凝结水泵、给水泵等）控制系统的组态应考虑采用不同的分散处理单元或控制组件（如二进制卡件），以防系统故障时两个被控设备同时失去控制。

9）当 DCS 具有 I/O 功能的处理器模件用于驱动级控制的二进制控制模件时，则应采用这类处理器模件。

（二）锅炉风烟系统功能组功能分析

1. 锅炉风烟系统简介

锅炉风烟系统是电厂中最重要的辅机系统之一。某大型火力发电机组风烟系统如图 14-5 所示，该风烟系统包括空气预热器、送风机、引风机、一次风机、电除尘器等热力设备，风烟系统分 A、B 两套，并且在引风机入口、送风机出口、一次风机出口等处设联络通道，保证个别设备故障时仍可实现单侧运行而不会造成停炉。

锅炉风烟系统主要完成下列任务：

（1）空气预热器加热送风机和一次风机送往炉膛的冷风，降低排烟温度。

（2）在各种工况下，根据锅炉燃烧需求，由送风机向锅炉提供助燃所需要的热风（二次风）。

（3）由一次风机向磨煤机提供热一次风及冷一次风。热一次风用于输送煤粉到炉膛，同时在研磨和输送的过程中干燥煤粉。冷一次风（调温风），用于调节进入磨煤机的混和风温度，防止磨煤机温度过高着火，保证运行安全。

（4）由冷一次风提供给煤机和磨煤机密封风。

（5）干燥给煤机出口进入磨煤机的原煤。

（6）将锅炉燃烧产生的烟气通过烟囱排放到大气中。

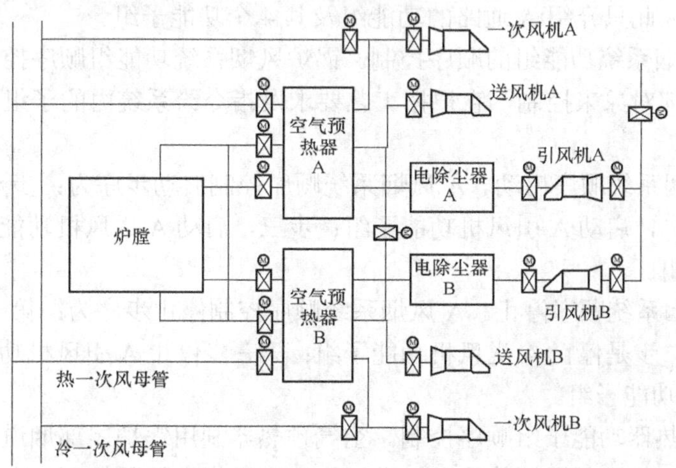

图 14-5　烟风系统

锅炉的风烟系统提供与燃烧设计煤种和校核煤种的煤量相匹配的总风量（经环境空气温度和气压补偿），并有一定的过剩空气系数。上述的最大空气和烟气量能满足锅炉的最大连续出力工况。

锅炉风烟系统按平衡通风的运行方式设计，空气在正压下供到炉膛中去，烟气在负压下被抽出来。

一次风、二次风和烟气系统都分别设置左右侧联络管道，当两侧的辅机都正常运行时，联络烟（风）道的作用是平衡两侧的压力。当一侧的一次风机、送风机或引风机解列时，联络烟（风）道能使锅炉风烟系统仍然保持双列运行，两台空气预热器继续运行，以最大限度地减少对锅炉燃烧的影响。风烟系统可也单侧运行。

2. 锅炉风烟系统顺序控制功能分析

该大型火力发电机组为适应机组自启停控制的要求，将锅炉风烟系统的顺序控制设计为功能组级顺序、功能子组级和设备级控制三级。整个风烟系统按风烟系统流程，将空气预热器、引风机、送风机、一次风机等辅机设备构成风烟系统功能组，这样风烟系统功能组由空气预热器功能子组、引风机功能子组、送风机功能子组、一次风机功能子组等组成。因为风烟系统设备分为左右对称布置，左右自成送引风平衡系统，分为 A、B 两个通道，所以该机组风烟系统共设置了 2 个功能组和 8 个功能子组，即锅炉 A 侧风烟系统功能组和锅炉 B 侧风烟系统功能组。功能子组为 A 侧空气预热器功能子组、B 侧空气预热器功能子组、A 侧引风机功能子组、B 侧引风机功能子组、A 侧送风机功能子组、B 侧送风机功能子组、A 侧一次风机功能子组和 B 侧一次风机功能子组。每个功能子组设有自动启动程序，有的功能子组还设有自动停止程序，每个功能子组均设有启停控制逻辑和部分保护逻辑，启动停止（或开关）均必须满足规定的安全连锁条件，保证锅炉和风烟系统设备的运行安全。

根据风烟系统的运行要求，风烟系统投入运行，首先开通整个风烟通路，即把风烟系统所有截止挡板和调节挡板均打开，然后，依次启动空气预热器、引风机、送风机、一次风机功能子组。风烟系统推出运行时，依次停一次风机、送风机、引风机、空气预热器功能子组，最后打开 A、B 侧的风烟系统所有截止挡板和调节挡板。

以下将具体介绍锅炉风烟系统各功能组的控制逻辑，由于 A 通路设备与 B 通路设备的控制逻辑基本相同，因此只介绍 A 通路的功能组及其 4 个功能子组。

（1）锅炉 A 风烟系统功能组的顺序控制。锅炉风烟系统功能组顺序控制将整个风烟系统的设备作为一个局部对象来控制，它根据工艺要求发指令给系统内的子组或设备，从完成整个风烟系统的启停。

1）锅炉 A 风烟系统顺序启动。A 风烟系统顺序控制启动步序为：步一，启动 A 空气预热器功能子组；步二，启动 A 引风机功能子组；步三，启动 A 送风机功能子组；步四，启动 A 一次风机功能子组。

2）锅炉 A 风烟系统顺序停止。A 风烟系统顺序控制停止步序为：第一步是停止 A 一次风机功能子组；第二步是停止 A 送风机功能子组；第三步停止 A 引风机功能子组；第四步再停止 A 空气预热器功能子组。

（2）A 空气预热器功能子组顺序控制。空气预热器利用锅炉尾部烟道中的烟气通过时，加热内部的换热片，与进入锅炉前的空气进行热交换，将空气预热到一定温度。可降低排烟温度，减少热损失，提高锅炉的热效率。

该电厂采用两台容克式三分仓回转式空气预热器，即空气预热器通流面分别布置有烟气、一次风和二次风三个气流通道，烟气进入空气预热器的烟气侧后排出，吸收了烟气热量的换热片在空气预热器的旋转下来到空气侧，将热量分别传递给一、二次风。

空气预热器安装在标高17m的锅炉运行层上，分为两侧布置，分别为A空气预热器和B空气预热器。每台空气预热器设计有主驱动电动机一台，备用驱动电动机一台。空气预热器转子旋转方向为逆时针（从顶面俯看）。

每台空气预热器入口设有隔离烟气挡板，空气预热器运行时连锁打开，空气预热器停运时连锁关闭。锅炉燃烧后的烟气通过空气预热器换热后经过电除尘装置，由引风机排入大气。

为保持空气预热器换热面清洁，提高换热效率，空气预热器设计有顶部及底部两台蒸汽吹灰器，底部还设有高压水冲洗装置，两台空气预热器共用一台高压冲洗水泵。上述设备均可由DCS控制，需要时可投入吹灰及高压水冲洗来清洁空气预热器。

空气预热器设计有火灾与失速报警装置，每台空气预热器空气侧出口安装有8只火灾检测探头，当空气预热器由于温度过高发生火灾时可启动空气预热器消防系统灭火，及时消除事故。每台空气预热器还设计有两只速度探头，当检测到失速报警信号后，停止主驱动电动机切换到备用驱动电动机。

空气预热器设计有吹灰密封风机，用来减少空气预热器吹灰时漏风。密封风机与高压冲洗水共用一条管路，当进行高压水冲洗时需要关闭密封风机出口挡板。

A空气预热器功能子组顺序控制的控制对象有：A空气预热器主变频器；A空气预热器备变频器；A空气预热器顶部吹灰器；A空气预热器底部吹灰器；A空气预热器一次风出口挡板；A空气预热器二次风出口挡板；A空气预热器入口烟气挡板。

A空气预热器功能子组顺序控制的任务：①根据A风烟系统功能组发出的指令来启停空气预热器；②设置A空气预热器功能子组中SCS控制对象的遥控方式；③空气预热器主、备用驱动电动机变频器的启动允许、启动停止和停保护；④A空气预热器功能子组系统中挡板的联动控制。

1）A空气预热器功能子组顺序控制。当A风烟系统功能组级发出启动或停止A空气预热器功能子组指令时，A空气预热器功能子组顺序控制开始，其顺序控制步序如表14-2所示。

表14-2　A空气预热器功能子组顺序控制步序

A空气预热器功能子组程控启动程序		
步号	本步应具备的条件	本步发出命令
1	无空气预热器主变频故障信号； 空气预热器变频器远方控制； 空气预热器备用电动机变频器停止	启动A空气预热器主驱动电动机变频器
2	A空气预热器主驱动电动机变频器已运行	打开A空气预热器出口一次风挡板
3	A空气预热器出口一次风挡板已全开	打开A空气预热器出口二次风挡板1、2
4	A空气预热器出口二次风挡板1、2已全开；	打开A空气预热器入口烟气挡板1、2、3、4
5	A空气预热器入口烟气挡板1、2、3、4已全开	投入A空气预热器主备电动机连锁开关
6	A空气预热器主备电动机连锁开关已投入	程启完成

续表

步号	本步应具备的条件	本步发出命令
A 空气预热器功能子组程控停止程序		
1	A 空气预热器入口烟气温度小于 125℃； A 引风机停止； A 送风机停止； A 一次风机停止	关 A 空气预热器入口烟气挡板
2	A 空气预热器入口烟气挡板已关	关闭 A 空气预热器出口二次风挡板
3	A 空气预热器出口二次风挡板已关	关闭 A 空气预热器出口一次风挡板
4	A 空气预热器出口一次风挡板已关	退出 A 空气预热器主、备用电动机变频器连锁
5	A 空气预热器主、备用电动机变频器连锁已退出	停 A 空气预热器主、备用电动机变频器
6	A 空气预热器主、备用驱动电动机变频器均停止	程停完成

2）A 空气预热器系统驱动级控制。A 空气预热器系统驱动级控制的设备有：A 空气预热器主驱动电动机变频器；A 空气预热器备用驱动电动机变频器；A 空气预热器入口烟气挡板 1、2、3、4；A 空气预热器出口一次风挡板；A 空气预热器出口二次风挡板 1、2。A 空气预热器系统驱动级控制设备的功能逻辑分析表见表 14-3。

表 14-3　A 空气预热器系统驱动级控制设备的功能逻辑分析表

驱动设备	功能逻辑	
A 空气预热器主驱动电动机变频器	允许启动条件（全部满足）	无 A 空气预热器主变频器故障信号
		A 主变频器置于远方控制状态
		A 空气预热器备用驱动电动机变频器停止
	允许停止条件（全部满足）	A 侧空气预热器入口烟气温度小于 125℃
		A 引风机停止
		A 送风机停止
		A 一次风机停止
		A 空气预热器入口烟气挡板关闭
		A 空气预热器出口一次风挡板关闭
		A 空气预热器出口二次风挡板关闭
	跳闸条件（任一条件存在）	A 空气预热器主备电动机连锁开关投入且 A 空气预热器主电动机运行时失速报警，延时 3s
A 空气预热器备用驱动电动机变频器	允许启动条件（全部满足）	无 A 空气预热器备用变频器故障信号
		A 备用变频器置于远方控制状态
		A 空气预热器主驱动电动机变频器停止
	允许停止条件（条件全部满足）	A 侧空气预热器入口烟气温度小于 125℃
		A 引风机停止
		A 送风机停止
		A 一次风机停止
		A 空气预热器入口烟气挡板关闭
		A 空气预热器出口一次风挡板关闭

续表

驱动设备	功能逻辑	
A 空气预热器备用驱动电动机变频器	允许停止条件（条件全部满足）	A 空气预热器出口二次风挡板关闭
	连锁启动（任一条件存在）	A 空气预热器主备电动机连锁开关投入且 A 空气预热器主电动机运行状态失去，延时 5s
		A 空气预热器主电动机运行时失速报警，主电动机停止后，延时 5s
A 空气预热器入口烟气挡板 1、2、3、4（四个烟气挡板设计为同开同关，可在操作画面上通过手动开关操作）	连锁打开（任一条件满足）	A 空气预热器运行，延时 10s
	连锁关闭（任一条件满足）	A 侧空气预热器停止
A 空气预热器出口一次风挡板（可在操作画面上通过手动开关操作）	连锁打开（任一条件满足）	A 空气预热器运行，延时 5s
	连锁关闭（任一条件满足）	A 侧空气预热器停止
A 空气预热器出口二次风挡板 1、2（两个二次风挡板设计为同开同关，可在操作画面上通过手动开关操作）	连锁打开（任一条件满足）	A 空气预热器运行，延时 5s
	连锁关闭（任一条件满足）	A 侧空气预热器停止

（3）引风机 A 功能子组。该电厂设计安装了两台静叶可调轴流式引风机，用来抽吸锅炉燃烧产生的烟气。烟气流经锅炉尾部各受热面换热后从省煤器出来，分两路进入两台回转式空气预热器换热，加热二次风及部分一次风，而后进入两组各为 50%容量的电除尘器，除尘器后的两路烟气，经两台 50%容量的引风机及脱硫系统由烟囱排入大气。调节引风机可调静叶来控制引风量以维持炉膛压力。

两台引风机入口烟气管道之间设有联络母管，母管上装有电动联络挡板。当其中一台引风机故障停运时，烟气通过联络母管，仍可使停运引风机对应的空气预热器继续运行。

锅炉炉膛设有六只测量炉膛压力的差压变送器，其中三只大量程变送器用于炉膛保护，三只小量程变送器用于炉膛压力调节，由引风机静叶开度控制。在 A、B 空气预热器入口处分别装有氧化锆探头，用来测量烟气中的含氧量，用于燃烧控制。

A 引风机功能子组顺序控制的控制对象有：A 引风机驱动电动机；A 引风机润滑油站 1、2 号油泵；A 引风机润滑油电加热器；A 引风机 1、2 号冷却风机；A 引风机入口烟气挡板 1、2；A 引风机出口烟气挡板 1、2；A 引风机入口烟气联络挡板。

A 引风机功能子组顺序控制的任务：①根据 A 风烟系统功能组发出的指令来启停引风机；②设置 A 引风机功能子组中 SCS 控制对象的遥控方式；③引风机驱动电动机的启动允许和停保护；④A 引风机功能子组系统中挡板的联动控制；⑤引风机润滑油站 1、2 号油泵启动允许、启动停止和联动；⑥引风机润滑油站电加热器启动允许和联动；⑦引风机 1、2 号冷却风机启动允许和联动。

1）A 引风机功能子组顺序控制。当风烟系统功能组级发出启动或停止 A 引风机功能子组指令时，A 引风机功能子组顺序控制开始，其顺序控制步序见表 14-4。

表 14-4 **A 引风机功能子组顺序控制步序**

A 引风机功能子组程控启动程序		
步号	本步应具备的条件	本步发出命令
1	A 空气预热器运行	启动选择的 A 引风机冷却风机
2	选择的 A 引风机冷却风机已运行	投入 A 引风机冷却风机连锁
3	A 引风机冷却风机连锁已投入	启动选择的 A 引风机油站油泵
4	选择的 A 引风机油站油泵已运行	投入 A 引风机油站油泵连锁
5	A 引风机油站油泵连锁已投入	关闭 A 引风机入口挡板，打开 A 引风机出口挡板
6	A 引风机入口挡板已关，A 引风机出口挡板已开	置 A 引风机入口导叶在最小开度
7	A 引风机入口导叶位置最小（小于 3%）	开启 A 引风机启动通道（开二次风挡板、置 B 引风机静叶在最小开度，关 B 引风机入/出口挡板，开 A/B 送风机动叶，开 A/B 送风机出/入口挡板）。若 B 引风机系统已运行则跳过此步
8	B 引风机入口导叶开度小于 3%；二次风挡板开度大于 30%；B 引风机入口挡板关闭；B 引风机出口挡板关闭；A/B 送风机动叶开度大于 95%；A/B 送风机出口挡板开	启动 A 引风机
9	A 引风机已运行且延时 10s	打开 A 引风机入口挡板
10	A 引风机入口挡板已开	置 A 引风机入口导叶在初始位置
11	A 引风机入口导叶开度为 5%	程启完成
A 引风机功能子组程控停止程序		
步号	本步应具备的条件	本步发出命令
1	送风机均停或一台送风机停且 B 引风机运行	关 A 引风机入口导叶至最小开度
2	A 引风机入口导叶在最小位置（小于 3%）	停 A 引风机
3	A 引风机已停	关 A 引风机入口挡板
4	A 引风机入口挡板已关	程停完成

2）A 引风机系统驱动级控制。A 引风机系统驱动级控制的设备有：A 引风机驱动电动机；A 引风机润滑油站 1、2 号油泵；A 引风机润滑油电加热器；A 引风机 1、2 号冷却风机；A 引风机入口烟气挡板 1、2；A 引风机出口烟气挡板 1、2；A 引风机入口烟气联络挡板。A 引风机系统驱动级控制设备的功能逻辑分析表见表 14-5。

表 14-5 **A 引风机系统驱动级控制设备的功能逻辑分析表**

驱动设备	功能逻辑	
A 引风机驱动电动机	允许启动条件（全部满足）	A 引风机轴承温度低
		A 引风机电动机轴承温度低
		A 引风机电动机定子线圈温度
		A 引风机任一冷却风机运行
		A 侧空气预热器运行

续表

驱动设备	功能逻辑	
A 引风机驱动电动机	允许启动条件（全部满足）	A 侧空气预热器出口二次风挡板开
		A 侧空气预热器入口烟气挡板开
		A 引风机静叶开度在最小（<3%）
		A 引风机入口挡板关闭
		A 引风机出口挡板开
		A 引风机油站正常（任一油泵运行且油压大于 0.12MPa）
		A 引风机远方控制
		A 引风机无跳闸条件
		无引风机电机电气故障信号
		若 A 引风机作为第一台启动，还应满足下列条件
		二次风挡板大于 30%
		两台送风机动叶开（>95%）且出口挡板全开
		另一台引风机出入口挡板关闭且静叶开度在最小位（<3%）
	跳闸条件（任一条件满足）	A 引风机任一轴承处 3 个温度点大于 100℃，三取二，延时 2s。（3 个温度测点都坏质量，不跳闸）
		A 引风机电动机定子线圈 6 个温度点大于 135℃，六取三，延时 2s
		A 引风机电动机轴承温度大于 95℃，延时 2s
		A 引风机运行延时 60s 后出口挡板门关闭
		A 侧空气预热器停止
		两台引风机和一台送风机运行，如送风机跳闸，跳该侧引风机
		在锅炉 MFT 动作以后，如炉膛压力超出定值并保持 5s
		A 引风机油站出口油压低
		A 引风机 X 向轴承振动模拟量大于 7.1mm/s，振动大跳闸报警与 Y 向轴承振动大报警同时动作，且延时 2s
		A 引风机 Y 向轴承振动模拟量大于 7.1mm/s，振动大跳闸报警与 X 向轴承振动大报警同时动作，且延时 2s
A 引风机润滑油站 1、2 号油泵（满足启停条件时，可在操作画面上手动启停）	允许启动（全部条件满足）	A 引风机润滑油站油箱油位正常
	允许停止（任一条件满足）	A 引风机停止且油站油箱温度小于 40℃或另一台润滑油泵运行
	连锁启动（任一条件满足）	连锁开关投入，另一台润滑油泵停止
		连锁开关投入，另一台润滑油泵运行时润滑油压低
A 引风机润滑油站电加热器（满足启停条件时，可在操作画面上手动启停）	允许启动（全部条件满足）	任一台油泵运行
	连锁启动（任一条件满足）	连锁投入，A 一次风机油站油箱温度低
	连锁停止（任一条件满足）	连锁投入，A 一次风机油站油箱温度高
		A 一次风机油站油箱油位低

续表

驱动设备	功能逻辑	
A引风机1、2号冷却风机（满足启停条件时，可在操作画面上手动启停）	允许启动（全部条件满足）	引风机轴承温度小于70℃且引风机停止或2（1）号冷却风机运行，且温度小于70℃
	连锁启动（任一条件满足）	连锁投入，A引风机2号冷却风机运行状态消失
		连锁投入，A引风机2号冷却风机运行时，A引风机任一轴承温度高于90℃
A引风机1、2号入口烟气挡板（满足启停条件时，可在操作画面上手动启停）	允许关闭（全部条件满足）	A引风机未运行
	连锁打开（任一条件满足）	A引风机运行，延时10s
		FSSS发炉膛自然通风请求
	连锁关闭（任一条件满足）	B引风机运行时A引风机停止，延时2s
A引风机1、2号出口烟气挡板（满足启停条件时，可在操作画面上手动启停）	允许关闭（全部条件满足）	A引风机未运行
	连锁打开（任一条件满足）	A引风机运行，延时5s
		FSSS发炉膛自然通风请求
	连锁关闭（任一条件满足）	B引风机运行时A引风机停止，延时2s
A引风机入口烟气联络挡板	可在操作画面上手动启停	

（4）送风机A功能子组。该电厂设计安装了两台动叶可调轴流式送风机，为锅炉提供二次风。二次风经空气预热器预热，经锅炉前、后墙风箱进入炉膛。调节风机可变节距动叶来控制通风量和风压。送风机进口风道上装有消声器。

送风机出口风道上装有电动隔离挡板，在该挡板之后装有连接两台送风机的联络风道，其通流能力为单台送风机额定出力的50%。正常运行时，用以平衡两侧二次风风压，当其中一台送风机故障停运时，二次风通过联络母管，仍可使停运送风机对应的空气预热器继续运行（即一台送风机对两台空气预热器运行）。

锅炉左右侧热二次风管道母管分别设有二冗余压力变送器，用于二次风压力调节，二次风压力由送风机动叶控制，使母管压力保持在一个恒定的压力；进入锅炉每层每角均设有二冗余风量流量测量装置，分别用于对应的每层每角风量调节，其风量由其对应的风门挡板控制，进入锅炉风箱的二次风流量由在空气预热器二次风出口的机翼型装置进行测量，在测量装置的入口处装有三个温度和两个压力测点进行温度和压力补偿。各风量总和作为总风量调节和保护。

为了减少NO_x的排放，从锅炉的热二次风管道引出风管作为燃尽风，经燃烧器送入炉膛。

A送风机功能子组顺序控制的控制对象有：A送风机驱动电动机；A送风机出口挡板1、2；A送风机出口联络挡板；A送风机入口热风再循环电动挡板；A送风机润滑油站1号油泵；A送风机润滑油站2号油泵；A送风机液压油站1号油泵；A送风机液压油站2号油泵；A送风机电加热器。

A送风机功能子组顺序控制的任务：①根据A风烟系统功能组发出的指令来启停送风机；②设置A送风机功能子组中SCS控制对象的遥控方式；③送风机驱动电机的启动允许和停保

护；④A 送风机功能子组系统中挡板的联动控制；⑤送风机润滑油站 1、2 号油泵启动允许、启动停止和联动；⑥送风机液压油站 1、2 号油泵启动允许、启动停止和联动。

1）A 送风机功能子组顺序控制。当风烟系统功能组级发出启动或停止 A 送风机功能子组指令时，A 送风机功能子组顺序控制开始，其顺序控制步序见表 14-6。

表 14-6　A 送风机功能子组顺序控制步序

A 送风机功能子组程控启动程序		
步号	本步应具备的条件	本步发出命令
1	A 引风机运行，A 送风机停止	启动选择的 A 送风机润滑油泵
2	选择的 A 送风机润滑油泵已运行	启动选择的 A 送风机液压油泵
3	选择的 A 送风机液压油泵已运行	置 A 送风机动叶在最小开度
4	A 送风机动叶位置最小（小于 3%）	关 A 送风机出口挡板
5	A 送风机出口挡板全关位置	启动 A 送风机
6	A 送风机已运行且延时 10s	开 A 送风机出口挡板
7	A 送风机出口挡板全开位置	置 A 送风机动叶在初始位置
8	A 送风机动叶开度 5%	程控完成
A 送风机功能子组程控停止程序		
步号	本步应具备的条件	本步发出命令
1	少于 4 层煤层运行	关闭 A 送风机动叶至最小位置
2	A 送风机动叶在最小位置（小于 3%）	停 A 送风机
3	A 送风机已停	顺序停止程序完成（连锁关闭 A 送风机出口挡板）

2）A 送风机系统驱动级控制。A 送风机系统驱动级控制的设备有：A 送风机驱动电动机；A 送风机出口挡板 1、2；A 送风机出口联络挡板；A 送风机入口热风再循环电动挡板；A 送风机润滑油站 1 号油泵；A 送风机润滑油站 2 号油泵；A 送风机液压油站 1 号油泵；A 送风机液压油站 2 号油泵；A 送风机电加热器。A 送风机系统驱动级控制设备的功能逻辑分析表见表 14-7。

表 14-7　A 送风机系统驱动级控制设备的功能逻辑分析表

驱 动 设 备	功 能 逻 辑	
A 送风机驱动电动机	允许启动条件（全部满足）	送风机轴承温度不高
		送风机电动机轴承温度不高
		送风机电动机定子线圈温度不高
		任一引风机运行
		该侧空气预热器出口二次风挡板开
		送风机动叶开度在最小（<3%）
		送风机出口挡板关闭
		送风机润滑油站正常（任一润滑油泵运行且油量大于 11L/min）

续表

<table>
<tr><th>驱动设备</th><th colspan="2">功能逻辑</th></tr>
<tr><td rowspan="14">A送风机驱动电动机</td><td rowspan="4">允许启动条件
（全部满足）</td><td>送风机液压油站正常（任一液压油泵运行且油站出口油压大于700kPa）</td></tr>
<tr><td>送风机远方控制</td></tr>
<tr><td>送风机无跳闸条件</td></tr>
<tr><td>A送风机电动机无电气故障信号</td></tr>
<tr><td rowspan="10">跳闸条件
（任一条件满足）</td><td>送风机任一轴承处3个温度点不小于100℃，三取二，延时2s（3个温度测点都坏质量，不跳闸）</td></tr>
<tr><td>送风机前后电动机轴承温度不小于85℃，三取二，延时2s（3个温度测点都坏质量，不跳闸）</td></tr>
<tr><td>送风机电动机定子线圈6个温度点不小于140℃，六取三，延时2s</td></tr>
<tr><td>送风机运行延时60s后出口挡板门关闭</td></tr>
<tr><td>两台引风机停运</td></tr>
<tr><td>两台引风机和两台送风机运行，如该侧引风机跳闸，跳该侧送风机</td></tr>
<tr><td>在锅炉MFT动作以后，如炉膛压力超出定值并保持5s</td></tr>
<tr><td>该侧空气预热器停止</td></tr>
<tr><td>送风机 X 向轴承振动模拟量大于0.16mm，振动大跳闸报警与 Y 向轴承振动大报警（＞0.062mm）同时动作，且延时2s</td></tr>
<tr><td>送风机 Y 向轴承振动模拟量大于0.16mm，振动大跳闸报警与 X 向轴承振动大报警（＞0.062mm）同时动作，且延时2s</td></tr>
<tr><td rowspan="4">A送风机出口挡板1、2
（两个送风机出口挡板设计为同开同关，可在操作画面上通过手动开关操作）</td><td>允许关闭
（任一条件满足）</td><td>A侧送风机未运行</td></tr>
<tr><td rowspan="2">连锁打开
（任一条件满足）</td><td>A送风机运行，延时10s</td></tr>
<tr><td>FSSS发炉膛自然通风请求</td></tr>
<tr><td>连锁关闭
（任一条件满足）</td><td>B送风机运行时，A送风机停止，延时10s</td></tr>
<tr><td>A送风机出口联络挡板</td><td colspan="2">可在操作画面上手动开关</td></tr>
<tr><td>A送风机入口热风再循环电动挡板</td><td colspan="2">可在操作画面上手动开关</td></tr>
<tr><td rowspan="5">A送风机润滑油站1、2号油泵
（满足启停条件时，可在操作画面上手动启停）</td><td>允许启动
（全部条件满足）</td><td>A送风机润滑油站油箱油位正常</td></tr>
<tr><td>允许停止
（任一条件满足）</td><td>A送风机停止且油站油箱温度小于40℃或另一台润滑油泵运行</td></tr>
<tr><td rowspan="3">连锁启动
（任一条件满足）</td><td>连锁开关投入，另一台润滑油泵停止</td></tr>
<tr><td>连锁开关投入，另一台润滑油泵运行时送风机任一轴承温度高于85℃</td></tr>
<tr><td>连锁开关投入，另一台润滑油泵运行时润滑油进油量低</td></tr>
</table>

续表

<table>
<tr><th>驱 动 设 备</th><th colspan="2">功 能 逻 辑</th></tr>
<tr><td rowspan="4">A 送风机液压油站 1、2 号油泵（满足启停条件时，可在操作画面上手动启停）</td><td>允许启动（全部条件满足）</td><td>A 送风机液压油站油箱油位正常，且油箱油温大于 15℃</td></tr>
<tr><td>允许停止（任一条件满足）</td><td>A 送风机停止且液压油站油箱温度小于 40℃或另一台油泵运行且出口流量正常</td></tr>
<tr><td rowspan="2">连锁启动（任一条件满足）</td><td>连锁开关投入，另一台液压油泵停止</td></tr>
<tr><td>连锁开关投入，另一台液压油泵运行时液压油压力低</td></tr>
<tr><td>A 送风机电加热器</td><td colspan="2">可在操作画面上手动启停</td></tr>
</table>

（5）一次风机功能子组。该电厂安装了两台动叶可调轴流式风机为系统提供一次风。一次风机进口风道上装有消声器，出口装有补偿器和电动隔离挡板。调节风机可变节距动叶来调整风机风量和风压。

一次风经三分仓空气预热器预热后，分别从炉左右侧汇集成炉前热一次风道母管，并分别经气动插板式隔绝门及调节挡板接入每台磨煤机。

磨煤机调温用冷一次风，不经过空气预热器，直接由一次风机出口引来。引出的冷一次旁路风道装设电动挡板门。左右两根旁路风道在炉前汇集成冷一次风道母管，并分别经气动插板式隔绝门及调节挡板接入每台磨煤机前一次风进口。

通过磨煤机前热一次风调节挡板和冷一次风调节挡板的控制，可调节磨煤机进口的混合风温度和流量。由热一次风挡板调节进入磨煤机的风量，由冷一次风挡板调节混合风的温度。适当的一次风温度保证煤在磨煤机内干燥，但不会达到引起磨煤机内或者煤粉管道内的煤着火的温度。调节混合之后进入磨煤机的空气总量以维持磨煤机内及煤粉管道中合适的一次风速度为目的。

从磨煤机上游的混合风引出一支到给煤机落煤管的煤闸门下游，用于干燥进入磨煤机的原煤。

热一次风母管设有三冗余压力变送器用于一次风压力调节，一次风压力通过一次风机动叶来控制，使母管压力保持在一个恒定的压力。

A 一次风机功能子组顺序控制的控制对象有：A 一次风机驱动电动机；A 一次风机高低压稀油站 1 号油泵；A 一次风机高低压稀油站 2 号油泵；A 一次风机稀油站电加热器；A 一次风机稀油站冷却油泵；A 一次风机出口挡板；A 一次风机出口至磨煤机冷风挡板；A 一次风机出口联络挡板；A 一次风机入口热风再循环电动挡板；A 一次风机电加热器。

A 一次风机功能子组顺序控制的任务：①根据 A 风烟系统功能组发出的指令来启停一次风机；②设置 A 一次风机功能子组中 SCS 控制对象的遥控方式；③一次风机驱动电动机的启动允许和停保护；④A 一次风机功能子组系统中挡板的联动控制；⑤一次风机高低压稀油站 1、2 号油泵启动允许、启动停止和联动；⑥一次风机高低压稀油站加热器启动允许和联动；⑦一次风机稀油站冷却油泵的联动。

1）A 一次风机功能子组顺序控制。当风烟系统功能组级发出启动或停止 A 一次风机功能子组指令时，A 一次风机功能子组顺序控制开始，其顺序控制步序见表 14-8。

表 14-8　　　A 一次风机功能子组顺序控制步序

A 一次风机功能子组程控启动程序		
步号	本步应具备的条件	本步发出命令
1	无 MFT；A 一次风机停止	启动选择的 A 一次风机油泵
2	选择的 A 一次风机油泵已运行	置 A 一次风机动叶最小开度
3	A 一次风机动叶位置最小（<3%）	关闭 A 一次风机出口挡板
4	A 一次风机动叶在最小位置； A 一次风机出口门已关； A 测热一次风门已开； A 侧冷一次风门已开	启动 A 一次风机
5	A 一次风机已运行并延时 20s	开 A 一次风机出口挡板
6	A 一次风机出口挡板全开位置	置 A 一次风机动叶初始位置
7	A 一次风机动叶开度 5%	程控完成
A 一次风机功能子组程控停止程序		
步号	本步应具备的条件	本步发出命令
1	B 一次风机运行且少于 4 台磨运行或所有磨煤机均停	关 A 一次风机动叶至最小位置
2	A 一次风机动叶在最小位置	停 A 一次风机
3	A 一次风机已停	程控完成

2）A 一次风机系统驱动级控制。A 一次风机系统驱动级控制的设备有：A 一次风机驱动电动机；A 一次风机高低压稀油站 1 号油泵；A 一次风机高低压稀油站 2 号油泵；A 一次风机稀油站电加热器；A 一次风机稀油站冷却油泵；A 一次风机出口挡板；A 一次风机出口至磨煤机冷风挡板；A 一次风机出口联络挡板；A 一次风机入口热风再循环电动挡板；A 一次风机电加热器。A 一次风机系统驱动级控制设备的功能逻辑分析表见表 14-9。

表 14-9　　　A 一次风机系统驱动级控制设备的功能逻辑分析表

驱动设备	功能逻辑	
A 一次风机驱动电动机	允许启动条件（全部满足）	A 一次风机轴承温度低
		A 一次风机电动机轴承温度低
		A 一次风机电动机定子线圈温度低
		任一引风机运行
		任一送风机运行
		A 空气预热器运行且出口一次风挡板全开
		A 一次风机动叶开度在最小（<3%）
		A 一次风机出口挡板关闭
		A 一次风机出口至磨煤机冷风挡板打开
		A 一次风机任一润滑油泵运行且润滑油压不低
		A 一次风机任一液压油泵运行且液压油压不低

续表

驱动设备	功能逻辑	
A 一次风机驱动电动机	允许启动条件（全部满足）	A 一次风机远方控制
		A 一次风机无跳闸条件
		任一密封风机满足启动要求
		A 一次风机电动机无电气故障
	跳闸条件（任一条件满足）	A 一次风机任一轴承处 3 个温度点大于 110℃，三取二，延时 2s（3 个温度测点都坏质量，不跳闸）
		A 一次风机电动机定子线圈 6 个温度点大于 135℃，六取三，延时 2s
		A 一次风机电动机轴承温度大于 95℃，延时 2s
		A 一次风机运行延时 60s 后出口挡板门关闭
		A 侧空气预热器停止
		锅炉 MFT 动作
		A 一次风机 *X* 向轴承振动模拟量远大于 7.1mm/s，振动大跳闸报警与 *Y* 向轴承振动大报警同时动作，且延时 2s
		A 一次风机 *Y* 向轴承振动模拟量远大于 7.1mm/s，振动大跳闸报警与 *X* 向轴承振动大报警同时动作，且延时 2s
A 一次风机高低压稀油站 1、2 号油泵（满足启停条件时，可在操作画面上手动启停）	允许启动（任一条件满足）	A 一次风机稀油站油箱油位正常
	允许停止（任一条件满足）	A 一次风机停止且油站油箱温度小于 40℃或另一台油泵运行
	连锁启动（任一条件满足）	连锁开关投入,另一台油泵停止运行
		连锁开关投入,另一台油泵运行时压力油压小于 1.8MPa 或润滑油压小于 0.08MPa
	连锁停止（任一条件满足）	连锁开关投入，两台泵同时在运行时，压力油压大于 2.8MPa 或润滑油压大于 0.11MPa
A 一次风机稀油站加热器（满足启停条件时，可在操作画面上手动启停）	允许启动（全部条件满足）	A 一次风机液压油站油箱油位不低
		任一台油泵运行
	连锁启动（任一条件满足）	连锁投入，A 一次风机油站油箱温度低
		连锁投入，A 一次风机油站油箱温度高
	连锁停止（任一条件满足）	A 一次风机油站油箱油位低
A 一次风机稀油站冷却油泵（满足启停条件时，可在操作画面上手动启停）	连锁启动（任一条件满足）	连锁投入，A 一次风机油站油箱温度高
A 一次风机出口挡板（可在操作画面上手动开关）	允许关闭（全部条件满足）	A 一次风机未运行
	连锁打开（任一条件满足）	A 一次风机运行，延时 10s
	连锁关闭（任一条件满足）	A 一次风机停止

续表

驱动设备	功能逻辑
A一次风机出口至磨煤机冷风挡板	可在操作画面上手动开关
A一次风机出口联络挡板	可在操作画面上手动开关
A一次风机入口热风再循环电动挡板	可在操作画面上手动开关
A一次风机电加热器	可在操作画面上手动开关

五、单元测试

（一）选择题

1．根据风烟系统的设备特点和运行要求，风烟系统投入运行的次序，是先打开A、B侧风烟系统的所有介质挡板和调节挡板，开通整个风烟通路，然后依次启动（　　）功能组。

A．空气预热器功能组—引风机功能组—送风机功能组—一次风机

B．空气预热器功能组—送风机功能组—引风机功能组—一次风机

C．空气预热器功能组—一次风机功能组—引风机功能组—送风机

D．空气预热器功能组—引风机功能组—一次风机功能组—送风机

2．根据风烟系统的设备特点和运行要求，风烟系统退出运行的次序，是（　　）功能组，最后打开A、B两侧风烟通道的所有截止挡板和调节挡板。

A．送风机功能组—一次风机功能组—引风机功能组—空气预热器

B．一次风机功能组—送风机功能组—引风机功能组—空气预热器

C．空气预热器功能组—一次风机功能组—送风机功能组—引风机

D．一次风机功能组—引风机功能组—送风机功能组—空气预热器

3．不属于顺序控制在火电厂应用范围的是（　　）。

A．火电厂辅机控制　　B．火电厂局部工艺流程的控制

C．火电厂的场所图像监控　　D．火电厂的化学水处理控制

4．不属于一次风机启动条件的是（　　）。

A．空气预热器一次风进口挡板开启　　B．至少有一组引、送风机投入运行

C．磨煤机冷风门至少有一台开启　　D．至少有一台密封风机投入运行

5．发生下列情况，不会导致一次风机跳闸的是（　　）。

A．空气预热器全停　　B．送风机全停

C．MFT　　D．一次风出口压力低

（二）判断题

1．引风机的功能组级顺序控制，包括了引风机及其相对应的冷却风机、风机油站、电动机油站、烟风道及风机挡板等所涉及的设备的连锁和自动控制。（　　）

2．空气预热器一次风进口挡板开启是一次风机启动条件之一，而两台一次风机全停则是密封风机保护跳闸的条件。（　　）

3．空气预热器全停，送引风机可以不停，而当机组MFT时，送引风机及一次风机都可以不跳闸。（　　）

4．引风机调节动叶在开启位置是引风机启动的条件之一。（　　）

5．“三取二”信号法的意思是：采用三个测量元件构成信号单元，当其中两个或两个以上元件测量不到信号时，信号单元就有输出。（　）

（三）简答题

1．送风机功能组中的送风机启动时，必须满足什么条件？

2．描述风烟系统顺序控制的功能组及功能子组的构成。

3．简述一般情况下的风烟系统投入运行及退出运行的步骤。

学习情境十五　计算机控制系统简介

学习单元一　分散控制系统（DCS）系统认知

一、学习目标

通过本单元学习，能够表述 DCS 的含义及概念，描述 DCS 发展概况；理解 DCS 的网络通信子系统的作用及组成；理解 DCS 的过程控制子系统的作用及组成；理解 DCS 的人机接口子系统的作用及组成。

二、学习任务

本单元的学习任务有四个：

（1）表述 DCS 的基本概念。

（2）理解 DCS 的网络通信子系统的作用及组成。

（3）理解 DCS 的过程控制子系统的作用及组成。

（4）理解 DCS 的人机接口子系统的作用及组成。

三、任务分析

在过程控制领域，随着生产过程规模的扩大，对整个生产过程进行综合控制与管理的要求不断提高。计算机技术的发展为研制新一代仪表控制系统提供了物质基础。20 世纪 70 年代以来，一种以多台微处理器为基础，采用控制功能分散，显示操作集中，兼顾分而自治和综合协调原则设计的新一代仪表控制系统被研制出来，并得到了迅速的发展和广泛的应用，被称为分散控制系统（简称 DCS）。目前，分散控制系统已经在工业控制的各个领域得到了广泛应用，并已成为过程工业自动控制的主流。

本单元的主要任务就是对 DCS 进行认知。

四、任务实施

（一）DCS 的基本概念

1. DCS 的名称

"分散控制系统"一词，是人们根据外国公司的产品名称意译而得的。由于生产厂家众多，系统设计不尽相同，功能和特点各具千秋，所以，对产品的命名也各显特色。国内在翻译时对此有不同的称呼，常见的有：

分散控制系统（distributed control system，DCS）；

集散控制系统（total distributed control system，TDCS 或 TDC）；

分布式计算机控制系统（distributed computer control system，DCCS）。

名称的不同只是命名意图和翻译上的差异，其系统本质基本相同，内在含义是一致的。我国电力行业习惯称其为分散控制系统（DCS）。

2. DCS 的含义

分散控制系统的含义着重体现在分散上，其含义有两个方面：一是强调各种被控对象的地理位置是分散的；二是指控制系统所具有的功能是分散的，即计算机控制系统的数据采集、过程控制、运行显示、监控操作等按功能进行分散，这种功能上的分散同时意味着整个系统的危险性分散，功能分散是分散控制系统的主要内涵。

在功能分散的基础上，分散控制系统又可将运行的操作与显示集中起来，即操作管理集中，所以它又称为集散控制系统。

概括的说，分散控制系统是一个多重物理资源和逻辑资源（多计算机或处理单元、多数据源、多指令源和程序）分布，采用某种互连网络或通信网络进行资源互连，具有高度的局部资源自治、资源间的相互配合和资源的整体协调与控制能力。因此，可实现分布资源的动态管理和分配、分布程序的并行运行、功能分散等。

3. DCS 的发展概况

DCS 从 1975 年发展至今，在技术上大致经历了四个阶段。

（1）第一代 DCS。1975 年美国 Honeywell 公司在世界上首推综合分散控制系统 TDC-2000，随后一些世界知名的仪表公司也相继推出了自己的分散控制系统，如美国贝利（Bailey）公司的 NETWORK-90、西屋（Westinghouse）公司的 WDPF、福克斯波罗公司（Foxboro）的 SPECTRUM、德国西门子（Siemens）公司的 TELEPERM 和日本横河公司的 CENTUM 等。这个时期的分散控制系统处于发展的初级阶段，它具有集中型计算机控制系统的优点，采用了通信技术、CRT 显示技术与计算机技术和控制技术的融合，实现了分散控制，集中管理的技术特色。第一代分散控制系统的基本结构主要由数据公路、过程控制单元、数据采集装置、CRT 操作站和监控计算机五部分组成。过程控制单元只能完成单回路或多回路的连续控制，数据公路实现系统各功能计算机之间的数据通信，技术上存在明显的局限性。

（2）第二代 DCS。到 20 世纪 70 年代末，随着局域网络技术的成熟及应用，过程控制对 DCS 控制功能需求的增加，用户对信息管理要求的提高导致了第二代分散控制系统的产生。

这个阶段的分散控制系统有三个主要特点。其一是局域网的应用，通过局域网来架构整个分散控制系统，系统中的功能装置都是局域网的节点或工作站，通过网桥或网间接口可将同类型或不同类型的网络连接在一起。这个阶段分散控制系统采用的局域网是由各个厂家自行开发的专利性局域网，通信协议相对独立，因此构成的系统是个封闭的系统，其他厂家的计算机产品很难纳入这样的系统。第二个特点是过程控制单元除完成连续控制外，还可完成批量控制、顺序控制和事件顺序记录（SOE）功能。第三个特点是通过系统管理站和主计算机强化了管理软件，加强了全系统的管理功能。

第二代分散控制系统的基本结构由专利性局域网、过程控制单元、中央操作站、系统管理站、主计算机和网间连接器组成。系统的主要局限性表现在封闭性上，给不同 DCS 互连带来很大的不便。这个阶段的代表性产品有美国贝利公司的 INFI-90、西屋公司的 WDPF-II、Honeywell 公司的 TDC-3000、利诺（L&N）公司的 MAX-1000、德国西门子公司的 TELEPERM-ME 等。

（3）第三代 DCS。20 世纪 80 年代末，随着 DCS 的普及应用，过程自动化对分散控制系统的要求越来越高，项目越来越多，给 DCS 制造商的更新开发带来巨大的压力。与此同时，计算机公司为了拓展自己的市场，利用技术上的优势，开发了大量适应生产过程自动化要求的通用的高性能工作站、过程控制站、输入输出站和通信网络，不断推出功能强大的系统软件和工具软件。出现了通用的开放性的通信网络。因此，尽量采用计算机公司提供的通用、高性能硬件和软件平台，基于开放系统互连参考模型（OSI/RM）的开放型网络和现场总线成为第三代分散控制系统的主要特征。它由 32 位及以上微处理器节点控制站、32 位及以上高档微机操作站、主计算机（现高级管理信息系统）、通用局域网（开放型网络）和现场总线组成。其代表性产品有福克斯波罗公司的 I/A Series、贝利公司的 INFI-90 OPEN、西屋公司的 WDPF-II、利诺公司的 MAX1000 PLUS、西门子公司的 TELEPERM-XP 等。

（4）第四代 DCS。随着信息技术（IT）的工业化，面向 21 世纪的第四代分散控制系统具有以下特点：

1）信息化：充分体现了 DCS 的综合信息化功能，系统在开放的实时-关系数据库的基础上集成了多种管理信息模块，如实时信息系统、质量分析系统、设备管理和维护系统、能源管理系统、批次管理系统、生产调度系统、生产成本统计和核算系统等。

2）集成化：系统集成了许多能帮助提高整个工厂运行效率和安全性的控制系统，如工厂电站综合自动化系统、可编程逻辑控制器、逻辑和嵌入式控制器、通用通信控制器、远程终端和其他厂家的控制器、智能设备和软件模块等。

3）混合控制：不仅拥有高性能的通用控制算法，支持逻辑控制和批量控制，还可以支持各种层次的控制功能。

4）分散性：通过多种现场总线支持多种分布式现场控制单元和智能仪表的连接。

5）经济性：通过系统功能集成和现场总线的应用，根据不同的应用，用户可以灵活地进行系统配置和功能选择，组成最经济、可靠、先进、实用的系统。

6）开放性和专业性：在经济管理层、控制管理层和现场控制层全面支持开放性。

这一代的代表性产品如 ABB 贝利公司的 Industrial IT Symphony 等。

综上所述，分散控制系统由通信网络、现场控制站和人机接口设备及软件组成。

4. DCS 的结构

DCS 是纵向分层、横向分散的大型综合控制系统。它以多层计算机网络为依托，将分布在全厂范围内的各种控制设备和数据处理设备连接在一起，实现各部分的信息共享和协调工作，共同完成各种控制、管理及决策功能。

系统中的所有设备按功能可划分为网络通信子系统、过程控制子系统和人机接口子系统。

（1）网络通信子系统。分散控制系统的纵向分层结构将系统分成四个不同的层次，如图 15-1 所示。自下而上分别是：现场级、控制级、监控级和管理级。对应着这四层结构，分别由四层计算机网络即现场网络 Fnet（field network）、控制网络 Cnet（control network）、监控网络 Snet（supervision network）和管理网络 Mnet（management network）把相应的设备连接在一起。

现场网络 Fnet（field network）由类现场总线及远程 I/O 总线构成，位于被控生产过程附近用于连接远程 I/O 或现场总线仪表。

控制网络 Cnet（control network）由位于控制柜内部的柜内低速总线（Cnet-L）和位于控制柜与人机接口间的高速总线（Cnet-H）构成用于传递实时过程数据。

监控网络 Snet（supervision network）位于监控层，用于连接监控层工程师站、操作员站、历史记录站等人机接口站，传递以历史数据为主的过程监控数据。

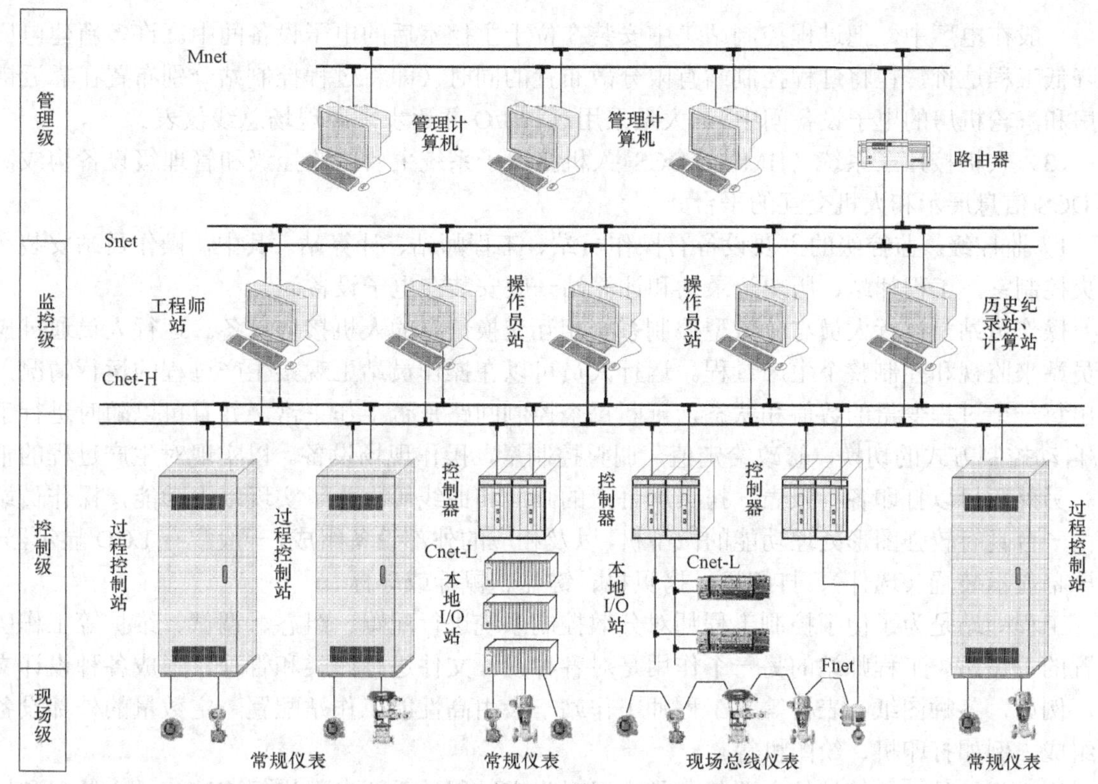

图 15-1　DCS 分层结构

管理网络 Mnet（management network）位于管理层，用于连接各类管理计算机。

（2）过程控制子系统。过程控制子系统是 DCS 中负责现场过程数据采集和过程控制的系统，由现场设备与过程控制站组成。

1）现场设备。现场设备一般位于被控生产过程的附近。典型的现场设备是各类传感器、变送器和执行器，它们将生产过程中的各种物理量转换为电信号，送往过程控制站，或者将控制站输出的控制量转换成机械位移，带动控制机构，实现对生产过程的控制。

目前现场设备的信息传递有三种方式：一种是传统的 4～20mA（或者其他类型的模拟量信号）模拟量传输方式；另一种是现场总线的全数字量传输方式；还有一种是在 4～20mA 模拟量信号上，叠加上调制后的数字量信号的混合传输方式。现场信息以现场总线（Fnet）为基础的全数字传输是今后的发展方向。

按照传统观点，现场设备不属于分散控制系统的范畴，但随着现场总线技术的飞速发展，网络技术已经延伸到现场，微处理机已经进入变送器和执行器，现场信息已经成为整个系统信息中不可缺少的一部分。因此，我们将其并入分散控制系统体系结构中。

2）过程控制站。过程控制站接收由现场设备如传感器、变送器来的信号，按照一定的控制策略计算出所需的控制量，并送回到现场的执行器中去。过程控制站可以同时完成模拟量连续控制、开关量顺序控制功能，也可能仅完成其中的一种控制功能。

如果过程控制站仅接收由现场设备送来的信号，而不直接完成控制功能，则称其为数据采集站。数据采集站接收由现场设备送来的信号，对其进行一些必要的转换和处理之后送到分散型控制系统中的其他部分，主要是监控级设备中去，通过监控级设备传递给运行人员。

一般在电厂中，把过程控制站集中安装在位于主控室后的电子设备间中。许多新建电厂为降低工程造价，在将过程控制站有限分散布置的同时（即将过程控制站分别布置在靠近锅炉房和汽轮机房的电子设备间中），大量采用远程 I/O 并逐步采用现场总线仪表。

（3）人机接口子系统（HMI）。DCS 人机接口子系统主要由监控级和管理级设备构成，是 DCS 信息展示和人机交互的平台。

1）监控级。监控级的主要设备有操作员站、工程师站、计算站。其中，操作员站安装在中央控制室，工程师站、历史记录站和计算站一般安装在电子设备间。

操作员站是运行人员与分散型控制系统相互交换信息的人机接口设备。运行人员通过操作员站来监视和控制整个生产过程。运行人员可以在操作员站上观察生产过程的运行情况，读出每一个过程变量的数值和状态，判断每个控制回路是否工作正常，并且可以随时进行手动/自动控制方式的切换，修改给定值，调整控制量，操作现场设备。以实现对生产过程的干预。另外还可以打印各种报表，拷贝屏幕上的画面和曲线等。为了实现以上功能，操作员站是由一台具有较强图形处理功能的微型机，以及相应的外部设备组成，一般配有 LCD 显示器、大屏幕显示装置（选件）、打印机、拷贝机、键盘、鼠标或球标。

工程师站是为了便于控制工程师对分散控制系统进行配置、组态、调试、维护等工作所设置的工作站。工程师站的另一个作用是对各种设计文件进行归类和管理，形成各种设计文件，例如，各种图纸、表格等。工程师工作站一般由高性能工作站配置一定数量的外部设备所组成，例如打印机、绘图机等。

历史记录站、计算站的主要任务是实现对生产过程的重要参数进行连续记录、监督和控制，例如机组运行优化和性能计算、先进控制策略的实现等。由于计算站的主要功能是完成复杂的数据处理和运算功能，因此，对它的要求主要是运算能力和运算速度。机组运行优化也可以由一套独立的控制计算机和优化软件构成，只是在机组控制网络上设一接口，利用优化软件的计算结果去改变控制系统的给定值或偏置。

2）管理级。管理级包含的内容比较广泛，一般来说，它可能是一个发电厂的厂级管理计算机，可能是若干个机组的管理计算机。它所面向的使用者是厂长、经理、总工程师、值长等行政管理或运行管理人员。厂级管理系统的主要任务是监测企业各部分的运行情况，利用历史数据和实时数据预测可能发生的各种情况，从企业全局利益出发辅助企业管理人员进行决策，帮助企业实现其规划目标。

管理级属于厂级的，也可分成实时监控（SIS） 和日常管理（MIS） 两部分。实时监控是全厂各机组和公用辅助工艺系统的运行管理层，承担全厂性能监视、运行优化、全厂负荷分配和日常运行管理等任务，主要为值长服务。日常管理承担全厂的管理决策、计划管理、行政管理等任务，主要是为厂长和各管理部门服务。

5. DCS 的特点

DCS 与常规仪表控制，以及集中型计算机控制系统相比具有十分显著的优点，概括起来有下面几个方面：

（1）高可靠性。由于 DCS 将系统控制功能分散在各台计算机上实现，电源、硬件和通信回路可采用冗余配置，系统结构采用容错设计，因此某一台计算机出现的故障不会导致系统其他功能的丧失。由于系统中各台计算机所承担的任务比较单一，可以针对需要实现的功能采用具有特定结构和软件的专用计算机，从而使系统中每台计算机的可靠性也得到提高。系统设有自诊断程序，有容错、自恢复功能，有故障报警显示，因而系统可靠性和可用率大大提高，目前系统可用率已达99.8%～99.9%。

（2）开放性。DCS采用开放式、标准化、模块化和系列化设计，系统中各台计算机采用局域网方式通信，实现信息传输，当需要改变或扩充系统功能时，可将新增计算机方便地连入系统通信网络或从网络中卸下，几乎不影响系统其他计算机的工作。

（3）灵活性。通过组态软件根据不同的流程应用对象进行软硬件组态，即确定测量与控制信号及相互间连接关系，从控制算法库选择适用的控制规律以及从图形库调用基本图形组成所需的各种监控和报警画面，从而方便地构成所需的各种控制策略和控制系统。

（4）易于维护。功能单一的小型或微型专用计算机，具有维护简单、方便的特点，当某一局部或某个计算机出现故障时，可以在不影响整个系统运行的情况下在线更换，迅速排除故障。

（5）协调性。各工作站之间通过通信网络传送各种数据，整个系统信息共享，协调工作，以完成控制系统的总体功能和优化处理。

（6）控制功能齐全。控制算法丰富，集连续控制、顺序控制和批处理控制于一体，可实现串级、前馈、解耦、自适应和预测控制等先进控制，并可方便地加入所需的特殊控制算法。DCS的构成方式十分灵活，可由专用的管理计算机站、操作员站、工程师站、记录站、现场控制站和数据采集站等组成，也可由通用的服务器、工业控制计算机和可编程控制器构成。处于底层的过程控制级一般由分散的现场控制站、数据采集站等就地实现数据采集和控制，并通过数据通信网络传送到生产监控级计算机。生产监控级对来自过程控制级的数据进行集中操作管理，如各种优化计算、统计报表、故障诊断、显示报警等。随着计算机技术的发展，DCS可以按照需要与更高性能的计算机设备通过网络连接来实现更高级的集中管理功能，如计划调度、能源管理等。

（二）DCS的网络通信子系统

在过程控制系统中，几乎无处不含信息的传输和处理。所谓通信，就是指用特定的方法，通过某种介质或传输线将信息从一处传送到另一处的过程。按照这一定义，在常规控制系统中也存在许多通信过程，如变送器通过信号电缆把反映过程变量的信息传输给控制器，控制器输出的控制信号通过控制电缆传输到执行机构，这些过程都包含信息的传输。在分散控制系统中，各个系统部件之间也必须传输大量的信息，这些信息的传输是通过网络通信子系统来完成的。

在分散控制系统中，网络通信子系统是把过程控制子系统和人机接口子系统连接在一起的桥梁，同时也是分散控制系统的中枢神经。它将生产过程中的检测、监视、控制、操作、管理等各种功能有机地组成一个完整实体。网络通信子系统必须满足过程控制可靠性、实时性和适用性的基本要求。所有这些都是借助于网络通信子系统来实现的。

分散控制系统各节点（如现场控制单元、操作接口站、工程师工作站、上位计算机等）之间的连接与联系，主要是依靠通信接口通过分散控制系统的通信网络来实现的。各国自动化仪表公司的通信系统有着不同的网络结构形式，常用的通信网络有星形、环形和总线形三种基本结构形式，对应于不同的网络结构形式，要采用不同的信息送取技术，即介质访问技术，常用的介质访问方法有查询式、广播式和存储转发式等协议方式。

1. 通信网络结构

（1）星形网络结构：星形网络结构如图15-2所示。星形网络属于中型网络。网络中各站有主、从之分，处于中心位置的主节点为主站，与之相连的多个节点为从站。这种网络中的任何两个站之间的通信都必须通过主站。主站集中来自各从站的信息，按照一定的通信方式把信息转发给相应的各站。因此，主站的信息吞吐量大，数据处理与存储量要求也大，一般需要功能较强的硬、软件设备组成。各从站只需具备简单的点对点间的通信功能。

星形网络的传输效率较高，但由于一旦主站出现故障，将会影响整个网络的通信，因此可靠性低，应用不是很广泛。

（2）总线形网络结构：总线形网络结构如图 15-3 所示。它由一条开环的通信电缆作为数据高速公路，各节点通过接口挂到总线上。网络易于扩展，不致相互影响。这种网络结构易于实现通信线路冗余，以提高安全性，安装费用较低，所以总线形网络结构应用最为广泛。如日本的 CENTUM 系统、美国西屋公司的 Ovation 系统、霍尼维尔的 TDC-300 系统等，均采用总线网络结构。

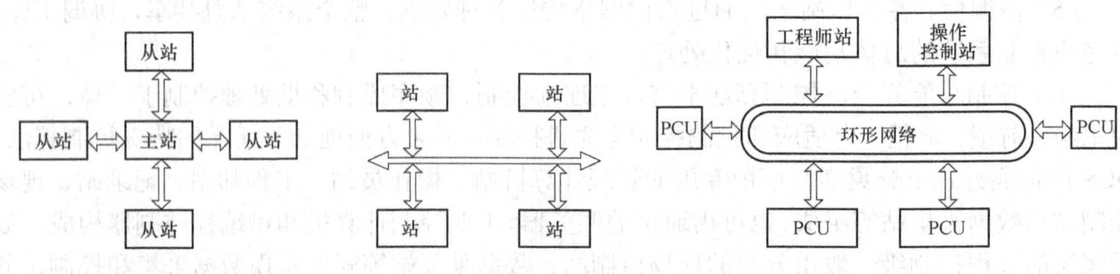

图 15-2 星形网络结构　　图 15-3 总线形网络结构　　图 15-4 环形网络结构

（3）环形网络结构：环形网络结构如图 15-4 所示。各站通过接口挂接到首尾相连的环形总路线上。网上各站平等行使通信控制权，信息在网上传递总是从始发站出发，经各站后直接回到始发站。网上各个站都要承担信息的接收、放大、再传送的任务。当出现故障时能自动旁路信息，不影响信息的传递，所以可靠性高，也易于设置冗余通信线路，但扩展性能不如总线形方便。应用环路网络的有美国贝利公司的 N-90、INFI-90、Symphony 等系统。

通信网络除上述三种结构外，还有树形结构、网形结构以及以上三种基本结构为基础的复合形结构。对于某些大规模分散控制系统，在不同的控制级采用不同的通信网络，可以发挥各自的优点。例如，Symphony 系统控制通信网络为环形结构，HCU（现场控制单元）内部采用总线形网络结构，可将多达 32 个的模件连接在一起。HCU 为控制网络的一个节点，经环路接口模件/总线接口模件（LIM/BIM）挂接到上面，这就组成了复合型通信网络结构，如图 15-5 所示。

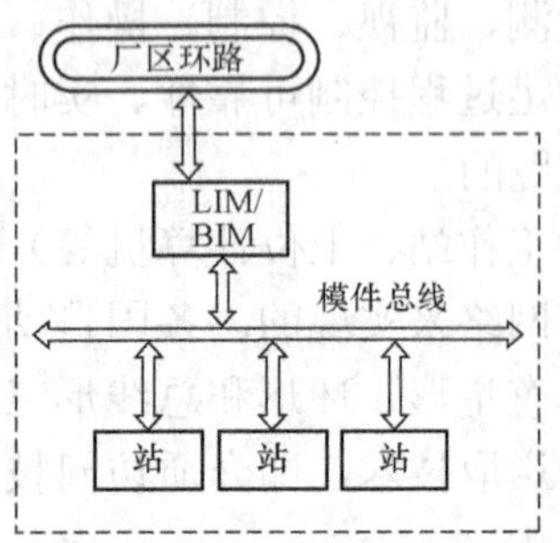

图 15-5 复合型通信网络结构

2. 信息传输控制技术

信息在网络上的传输过程是原站将信息送上网络，然后由目的站取走。为使信息传递迅速、正确，这就需要采用相应的信息传输控制技术（亦称介质访问技术）。常用的方法有查询方式、广播式和存储转发式等协议方式。

（1）查询式：查询式适用于具有主、从站的网络结构。处于网络中的主节点就是一个网络控制器（通信指挥器），它依次查询各从站节点是否需要通信。需要发送信息的从站把信息送给主站，再由主站把信息发给需要的其他从站。当网络中同时有多个从站要发送信息时，主站节点则根据各站的优先级别，安排发送顺序。通信在主站统一指挥下进行。

（2）广播式：广播式信息传输是无主从控制的通信协议方式。每个站往外发送信息要占用传输线路，如果在同一时刻有多个站往外发送信息，就会发生抢占传输线路的冲突，所以要有一定的协议方式来协调这种冲突，使得在一个时间段内只有一个站处于发送信息的状态，其他站均处于接收信息状态。广播式信息传输可分为自由竞争式、通行标记式（令牌传送式）和时间分槽式等。

自由竞争式不受时间和站点顺序的限制，网络上每个站点在任何时候都可以向外发送信息。当有两个及以上站点同时要求发送信息时，将会产生碰撞、发生冲突，影响信息的正确传输。因此，为防止发生冲突，造成报文作废，发送站在发报文前需要监听总线是否空闲，如果空闲，则发报文到总线上，称为先听后发；为避免冲突，还需要在发送报文开始的一段时间内继续监听总线，把接收到的信息与自己发出的信息进行比较，若是相同的，则继续发送，称之为边听边发，若不相同，则停止发送，称为冲突后退；并发一个冲突标志，等待一段随机时间后，再重新发送，称为再试重发。自由竞争式一般适用于总线形网络和环形网络，INFI-90、Symphony 系统就采用这种通信方式。

通行标记式，即令牌传送式，适用于环形网络结构。这种通信方式有一个被称之令牌的信息段绕环形网络各节点依次传送。令牌有空、忙两个状态。当网络开始运行时，由一个被指定的站点产生一个空闲令牌，且按某种逻辑排序将令牌依次通过网上的每一个站点，只有得到令牌的站点才有控制和使用网络，即有权向网上发送信息，此时其他各站点只能接受信息。任何一个需要发送信息的站点得到空令牌后，首先将令牌置为忙状态，并置入所要发送的信息、源节点名、目的节点名等信息段，然后将其送上网络。令牌沿环形网络绕行一周再回到源节点时，所传信息已被目的节点站取走，再把令牌置“空”，并送上网络继续传送，以便其他节点使用。

时间分槽式是把规定的时间间隔分成若干时间槽，在时间槽开始时该节点发送信息，允许的时间一结束，就轮到下一个节点发送信息。西屋公司的 Ovation 系统就采用这种通信方式。

（3）存储转发方式：存储转发式是一种允许网上所有站都能同时发送和接收信息的方式，适用于环形网络结构。每个节点可以随时向已相邻的下一节点发出信息，包括源站、目的站地址在内，相邻的节点接收这些信息并存储起来，待自己的信息发送完毕，再对接收到的信息进行识别。如果本站不是目的站，则对信息进行放大后，继续向相邻的下一个节点发送，直至该信息到达目的站，目的站就在该信息段上加上接收确认信息。如果检查信息出错，则加上否认信息继续向下一节点发送，直至回到源节点。若源节点收到的是确认信息，则表明传输成功，去掉该信息段，可再发送下一信息。如果收到的是否认信息，则需要重新发送。例如：网络中有 A、B、C、D、E、F、G 节点，若 A 点在某一时刻有数据要向 E 站发送，它的数据包会先到达 B 点的缓冲寄存器，再由 B 转发给 C，以此类推，一直到达目的节点 E。由于数据包中含有目的节点的地址，因此中间节点 B、C、D 都不会使用该数据，只做转发。E 节点接收到数据后，会在数据信息帧中打上接收标记，然后将原来的数据以同样的方式经 F、G 转发到节点 A，在节点 A 比较发送和收到的数据以及检查标记，如果没有错误，则完成一次数据交换，反之，如果校验有误或标识为非确认，则在 A 点会重启发送逻辑，直到数据被正确传送出去，或当确认目的节点故障时，才会停止发送。此种通信方式的好处是各节点在同一时刻内，均可发送、转发、接收、撤消数据，如上面例子中，B 点在转发 A 送来的数据过程中，可以将自己的数据与转发的数据一起打包，一齐送出，以接收节点的地址码来标识不同的目标节点。这样，整个网络的利用率高，减少了数据传输的延迟，非常适合实时的控制系统。

3. 信息传输介质

信息传输介质是连接系统各个节点进行信号传输的物理通道。分散控制系统对信息传输介质有着较高的要求，即传输介质的频带要宽，信号传输的迟延要小，能满足高速传输的需要，能避免信息在传输过程中因共模和串模干扰所引起的信号混叠或丢失等。为此，分散控制系统的数据通信普遍采用以下专用的传输介质。其结构如图 15-6 所示。

（1）双绞线：用普通绝缘导线绞合，外有金属箔组成屏蔽的专用屏蔽线，如 15-6（a）所示。

（2）同轴电缆：它由内导体、中间绝缘层、外导体和外绝缘层组成。信号是通过内导体和外导体传输的。外导体接地起屏蔽作用。有的外部还加钢带增加机械强度和抗干扰。同轴电缆的结构如图 15-6（b）所示。

（3）光缆：它的内芯为二氧化硅制成的光导纤维，外面覆盖层为玻璃或聚丙烯材料。内芯和覆盖层的折射率不同，以一定角度进入内芯的光线能通过覆盖层折射回去合成纤维用以增加光缆的机械强度。电磁干扰对光缆传输无影响。光缆的结构如图 15-6（c）所示。

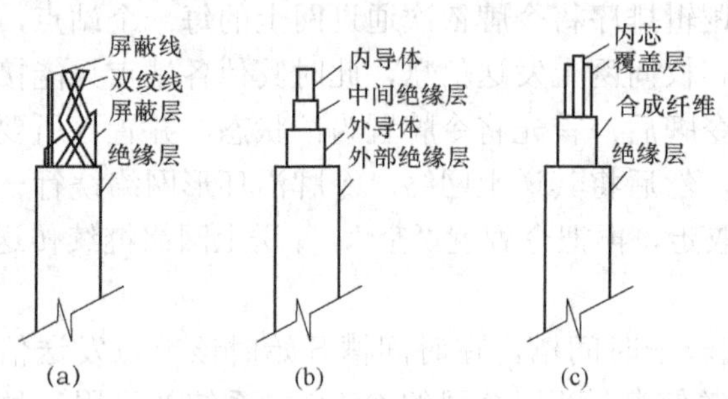

图 15-6　信息传输介质

（a）双绞线；（b）同轴电缆；（c）光缆

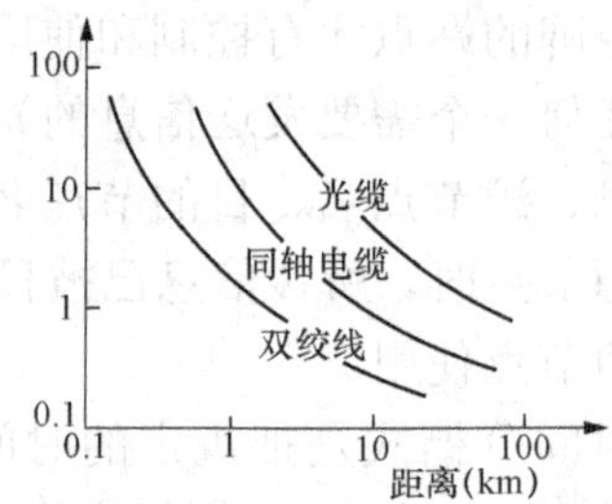

图 15-7　三种传输介质的传输特性

为方便对比分析，图 15-7 和表 15-1 分别示出了以上三种传输介质的传输特性和特点。

表 15-1　　**三种传输介质的特点**

项目 \ 传输介质	双绞线	同轴电缆	光缆
传输介质价格	较低	较高	较高
连接件价格	低	较低	高
标准化程度	高	较高	低
连接	简单	需专用连接器	需复杂连接器件和连接工艺
敷设	简单	稍复杂	简单
抗干扰能力	较好	很好	特别好
环境的适应性	较好	较好	特别好
适用的网络类型	环形网	总线形或环形网	目前多用于环形网

4. 通信接口

通行接口是各种分散控制系统必备的基本硬件，只是因系统而异，通信接口的品种和实现方法有所不同，但满足系统中各种类型节点与网络连接的要求、达到互通信息的目的是一致的。例如 Symphony 系统提供了网络通信子模件、计算机的通信传输模件、现场控制单元的网络处理模件、网络与网络间的本地接口模件、网络与网络间的远程接口模件。其中，网络通信子模件是核心模件，它与以上其他模件有机地组合，可形成满足不同通信需要的通信接口单元，来完成现场控制单元与 Symphony 系统网络的通信、计算机与 Symphony 系统网络的通信、本地网络的通信以及远程网络的通信。

新一代分散控制系统正朝着开放式的系统发展。其主要特征之一是它在通信技术上采用开放式结构，使之可与早期的、已在应用的、其他公司的、不同系列的分散控制系统产品和各种控制设备进行通信。开放式结构能将多种控制设备集成为一体化的控制系统和形成统一的管理数据库，为实现全厂控制、管理的综合自动化和有效的目标管理奠定了物质基础。

（三）DCS 的过程控制子系统

DCS 的过程控制子系统用于实现分散控制系统与生产过程的联系，由众多的现场设备与子系统组成。过程控制子系统是 DCS 进行工业生产过程控制的关键部件，不同厂家的分散控制系统，过程控制子系统的名称不尽相同，如 XDPS-400 中，称为分布式处理单元（DPU）；在 Infi-90 中，称为过程控制单元（PCU），在其升级换代产品 Symphony 中，称为现场控制单元（HCU）；在 WDPF 中，称为分布式处理单元（DPU），在其升级换代产品 Ovation 中，称为 Ovation 控制器；在 TXP 系统中，称为自动化系统（AS620）等。

DCS 都是通过过程控制子系统来实现分散控制系统的过程控制功能。来自现场的过程信息经过程控制子系统处理后，一方面用于显示、报警、打印等，另一方面经控制运算后反馈到现场，控制执行机构的动作，实现对生产过程的直接数字控制以及逻辑顺序控制。

DCS 的过程控制子系统主要由三大部分组成：与控制网络的接口装置、智能控制器和输入输出子系统。过程控制子系统作为 DCS 的一个站（或称为节点）需与系统控制网络相连接，才能进行系统间的信息交流；通过输入输出子系统与生产过程相连接，才能进行实时数据的采集和生产过程的控制；智能控制器的功能是进行数据的处理、控制策略的实施等。

1. 过程控制子系统的硬件组成

DCS 的过程控制子系统是一个可独立运行，且作为控制网络 Cnet 节点的计算机监测与控制系统，主要由机柜、电源、Cnet 通信接口、输入输出子系统、控制器及柜内总线系统等组成。

（1）机柜。过程控制子系统通常是一柜式设备，其所有的硬件组成、柜内总线系统及其他辅助设备都安装在机柜中。不同的 DCS，过程控制子系统机柜的布置有所差异，就其组成来讲，主要包括风扇组件、控制器安装机架、I/O 模件安装机架、端子板安装组件以及柜内总线系统。

1）风扇组件。机柜顶部装有风扇组件，其目的是带走机柜内部电子部件所散发出来的热量。如果柜内温度超过正常范围时，过程控制子系统的机柜会自动发出报警信号。

2）控制器安装机架。控制器一般采用模块化的控制计算机或采用机箱控制器。模块化的控制器与输入输出模件安装在相同的卡件箱中，而机箱控制器则必须有自己的安装单元，它一般布置在电源模块安装单元的下面。

3）I/O 模件安装机架。I/O 模件一般安装在有多个插槽的安装机架中，机架背后装有含I/O 总线系统的背板。I/O 模件完全插入机架后，自然形成了I/O 模件与I/O 总线的连接。

有的I/O 模件与端子板安装在I/O 组件底座中，而I/O 组件底座安装在DIN 导轨上，I/O 组件底座间的连接形成了I/O 总线系统。I/O 模件插入I/O 组件底座后便实现了与I/O 总线的连接。

4）端子板。端子板提供I/O 模件与现场信号的连接，它可与控制器机柜安装在一个机柜中，也可安装在专门的端子柜中。

5）电源安装单元。DCS 的电源采用模块化结构，它们安装在专用的电源安装单元。该单元一般安装在控制机箱之上，风扇组件的下面。

6）总线系统。DCS 机柜内还设有各种总线系统，例如电源总线、I/O 总线、控制总线、接地总线等。有些总线是由安装在机架背后的印刷电路板构成的，有些总线是由机架之间的扁平电缆或其他专用电缆构成的，有些总线是由装设在机柜侧面的汇流条构成的，有些则是由DIN 导轨构成的。

（2）电源。DCS 的每一个机柜都需有220V 交流供电，与之相关的外围设备，如打印机、LCD 等，以及每一个操作员站、工程师站也需有220V 交流供电。在电源分配系统中，系统各工作部件还需要不同电压等级的直流电源，如DCS 过程控制子系统的直流工作电源，可能是±5、±10、±12、±15V，二线制变送器电源和4～20mA 输出的电源通常是＋24V，开关量的无源接点的访问电源、驱动电磁阀的开关量输出电源、中间继电器的电源通常采用＋48V，也有采用＋24V 或＋120V。

DCS 需要一个效率高、稳定性好、无干扰的交流电源，尽管它往往被转换成其他电平和类型，以用于系统各设备和模件，但正是有了交流电源才保证了系统的正常运转，因此要考虑交流电源自身的冗余。在对控制连续性要求特别高的场合，DCS 的交流电源通常需要采用UPS 不间断电源系统供电。

系统所选用的各级电压的直流电源的可靠性是很关键的，失去任一等级的直流电源都将造成系统工作的中断，如果计算机系统失去直流电源，其功能便将停止；失去＋24V 电源，4～20mA I/O 信号将回零等。因此各等级的直流电源装置需要冗余配置。有的DCS 提供1:1 的电源冗余，即对系统需要的每一个电压等级的电源都提供一个附加电源，获得完全的供电冗余；有的DCS 为了减少电源装置的备用件数，又具有电源的冗余功能，对同一电压等级的 n 个供电电源只提供一个电源作为备用，这称为 n:1 的电源冗余。

（3）控制器。过程控制子系统作为一个智能化的可独立运行的计算机控制系统，其核心是智能控制器。不同DCS，其控制器的实现方式有所差别，有的是以机箱式表现，有的则是以板卡的形式表现，但是它们的组成基本相同，即由CPU、存储器、总线、I/O 通道等基本部分组成。

控制处理器本身就是一个技术含量很高的产品。它不仅采用了高效CPU、高效通信通道等结构，而且它还采用了实时多任务并行操作的运行模式，使它能够很好地执行复杂的过程控制任务。另外，它的结构完全按照工业过程控制要求的特性而设计，有很多适用于过程控制的特点。

（4）输入输出（I/O）模件。在过程控制子系统中，I/O 模件实现控制器与生产过程之间接口的功能，用于过程量直接输入与输出，是机柜中种类最多、数量最大的一类模件。一般

DCS 的过程量输入输出模件有：模拟量输入模件、模拟量输出模件、开关量（或称为数字量）输入模件、开关量输出模件以及脉冲量输入模件等几种。此外，许多电站 DCS 还提供了连接现场总线仪表的输入输出模件以及用于电液控制的特殊模件。

过程量输入输出模件既要与上层的控制器通信，又要与不断变化的现场设备连接，这就是系统与现场设备对输入输出模件的要求。

一个典型的输入输出模件主要由以下几部分组成。

1）现场信号的接收电路。这一部分电路与现场信号直接连接。它直观的作用是使本模件能够满足用户对现场信号类型及相应供电方式的选择，此外还对信号做基本的处理，如实现消振、滤波等。

2）信号的保护与隔离。模件通过对通道采取的隔离措施，使信号使用的外部电源与系统内部电源分开，并且在信号侧有故障时，不会影响整个系统。模件采用的隔离方式有光电隔离、调制解调式隔离等。

3）信号的转换。信号在经过隔离之后，进入转换电路。转换电路的作用是将现场的模拟量、开关量或脉冲量信号转换成系统可以接受的数字量信号。对于输出模件，转换电路还可将系统的数字量信号转换成现场所需的驱动信号。

4）基准信号的处理。对于模拟量输入输出模件而言，为获得较好的 A/D、D/A 转换精度，模件提供了基准参考电压来不断校正转换器，保证信号转换的精度。同时，模件的校正系统还会自动校正电压的漂移，而无需人工干预。

5）模件的通信。输入输出模件与控制器模件间通过 I/O 总线进行通信。

此外，各种输入输出模件在设计时，为保证其通用性和系统组态的灵活性，其板上均设有一些用于改变信号量程与信号种类的跳线或开关，还有一组基地址设置开关，用于本模件在 I/O 总线系统中地址的确定，这些在系统安装时必须按组态数据仔细设定。在输入输出模件的前面板上，设有指示灯用于标明模件的工作状态，或输入输出的状态等。

目前的输入输出模件几乎全部智能化，通过在输入输出模件内安装单片机，使其成为一个可运行的智能化的数据采集与处理单元，可自动地对各路输入信号巡回检测、非线性校正及补偿运算等。输入输出模件的智能化使原来控制器承担的部分工作进一步分散，大大节省了控制器的机时，使系统的工作速度进一步提高，并且使控制器可以有更多的时间进行更为复杂的控制运算，进而系统的可靠性也提高了一步。

应该指出的是，有些 DCS 的输入输出功能可通过 I/O 模件及相应的调理板完成，而有些 DCS 没有调理板，而把它的功能分散到 I/O 模件和端子板上来完成。

（5）通信接口。过程控制子系统作为控制网络中的一个节点，其通信接口就是把过程控制子系统挂接在 Cnet 控制网络上，实现过程控制子系统与其他节点之间的数据共享。过程控制子系统采集回来的信息和输出的控制信息经其接口，通过控制网络发往其他节点，也可以通过其接口接收其他节点发来的信息。

不同的 DCS 厂家，通信接口有所区别。Symphony 系统的控制网络采用存储转发环路，其通信接口是由网络处理模件 NPM 和网络接口模件 NIS 组成的通信模件对组成。而 XDPF-400 和 Ovation 的控制网络是基于 IEEE802.3 的以太网，其通信接口则是以太网卡。

（6）端子板。过程控制子系统的端子板用于实现输入输出模件与现场信号的连接，以及一些信号的预处理等功能。

不同的过程量输入输出模件，应该配套不同的端子板。

对于模拟量输入端子板，用于实现模拟量输入模件与现场变送器输出之间的信号连接。此外，如果配接热电偶，在端子板上还布置有热电阻测量端子板的温度，进行热电偶的冷端温度补偿，有的AI端子板还设有保护及滤波电路。

对于模拟量输出端子板，一般设有跳接线以决定电压输出，还是电流输出，适应不同的执行机构。

对于开关量输入、输出端子板，一般设有过电压、过电流等保护电路等。

2．过程控制子系统的软件系统

DCS过程控制子系统作为一个独立运行的计算机监控系统，一般无人机接口，所以它应有较强的自治性，即软件的设计应保证避免死机的发生，并且具有较强的抗干扰能力和容错能力。

（1）过程控制子系统的软件结构。

1）过程控制子系统的操作系统。过程控制子系统软件采用模块化结构设计，一般运行于各厂家自行研制的实时多任务操作系统，或者使用通用实时多任务操作系统的内核处理任务。

2）过程控制子系统软件系统的组成。软件系统一般分为执行代码部分和数据部分。执行代码部分一般固化在EPROM中，而数据部分则保留在RAM存储器中，在系统复位或开机时，这些数据的初始值从网络上装入。

过程控制子系统的执行代码一般分为两个部分，即周期执行部分和随机执行部分。周期性执行部分完成周期性的功能，例如周期性的数据采集、转换处理、越限检查、控制算法的周期性运算、周期性的网络数据通信以及周期性系统状态检测等，周期性的执行部分一般由硬件时钟定时激活。另外，过程控制子系统还具有一些实时功能，如系统故障信号处理（如电源掉电等）、事件顺序信号处理、实时网络数据的接收等。这类信号发生的时间不定，而一旦发生就要求及时处理。这类信号一般用硬件中断激活。

目前，各家DCS的软件一般都采用通用形式，即一套DCS可以应用于不同的控制对象。对于不同的对象，只需生成不同的数据库和应用图形及控制回路即可。为了使DCS过程控制子系统能够应用于不同的对象，它的软件必须设计成代码部分与对象无关，而不同的应用对象只会影响存在RAM中的数据。各控制回路的执行代码也与具体的控制对象无关，它的执行只取决于存在RAM中的回路信息。

（2）过程控制子系统的软件功能模块。过程控制子系统的软件采用模块化结构设计。DCS厂家充分考虑到实际过程控制和用户的各种需要，把可能用到的各种算法都设计成标准模块子程序（称为标准算法模块或功能块，简称算法），并固化到ROM中，形成标准子程序库，又称为功能库，供用户组态时灵活构成具体控制系统。

功能模块是由分散控制系统制造商提供的系统程序，由不同功能的子程序组成。功能模块或算法是控制系统结构中的基本单元。不同的分散控制系统产品，有不同的名称，如：功能模块、控制算法、内部仪表、程序元素等。分散控制系统的产品介绍中都提供了该产品具有的功能模块名称、功能及数量。

（四）DCS的人机接口（HMI）子系统

人机接口（HMI）子系统是操作人员、管理人员、控制组态和维护人员与分散控制系统交互的界面，其最主要功能是完成操作者与计算机之间的信息通信。根据人机接口（HMI）

子系统所安装软件的不同和使用人员要求的不同，在分散控制系统中的人机接口子系统有不同的名称。其中，操作员站是供生产过程的操作人员操作用的人机接口子系统，工程师站是工程师用于系统组态、维护用的人机接口子系统。有的分散控制系统还设有历史记录站，该站是用于数据存储的人机接口子系统，主要供生产管理人员进行数据分析、统计和报表打印等。不同的应用对人机接口子系统的要求不同。

1. HMI 系统结构

DCS 的 HMI 系统有两种典型结构：分布式数据库结构和客户机/服务器结构（C/S）。

（1）分布式数据库结构。

这种结构的显著特点是：HMI 系统所有站点均与控制网络冗余连接，各自根据自己所显示的画面内容收集控制网络中传递的实时数据并进行显示；操作员的操作指令由操作员站通过 DCS 控制网络直接以指令报文的形式发往相应的过程控制柜；系统所有的实时数据被分散在各个 HMI 站内，总体上看实时数据冗余度较大。

采用这种结构，操作员站实时数据显示和刷新速度快，对 HMI 计算机硬件配置要求较高，而对控制网络性能要求则不高。例如 Ovation 系统的上代产品 WDPF Ⅱ型 DCS，其控制网络（数据高速公路）的通信速率仅为 2Mbit/s，但在 300MW 机组控制中有上佳表现。

为了提高系统对历史数据的使用效能，系统借鉴了 C/S 结构的优点。将历史记录站设置成历史数据服务器供各操作员站（客户）调用，这是为了不影响控制网络性能在 HMI 系统中设置高速冗余的监控网络进行历史数据的传输。

目前 ABB 的 Symphony、EMERSON 西屋的 Ovation、新华的 XDPS-400 系统的 HMI 系统均采用分布式数据库结构。

（2）客户机/服务器结构（C/S）。这种结构的显著特点是：操作员站、历史记录站不与控制网络直接连接，DCS 实时数据由冗余的过程服务器通过控制网络进行收集，然后向系统操作员站、历史记录站（客户机）发布；操作员的操作指令需经过服务器通过 DCS 控制网络发往相应的过程控制柜；系统所有的实时数据被集中在冗余服务器内，实时数据冗余度小。

采用这种结构，HMI 计算机硬件配置要求较低，而对服务器及网络性能要求较高，系统配置和管理简便。

目前西门子的 TXP、Honeywell 的 PKS、和利时的 SmartPro 系统均采用客户机服务器结构。

2. 操作员站

（1）操作员站的硬件结构。当前 DCS 操作员站的计算机系统往往采用通用计算机生产厂生产的计算机配以 DCS 厂商的人机接口软件来组成。

各 DCS 的操作员键盘都有自己厂家设计的专用键盘，它与通用计算机操作键盘的功能和工作原理相似，但是，在结构上更加坚固，功能键的数量更多，按键的排列位置也有所不同，并带有防水、防尘等功能。

（2）操作员站的软件结构。操作员站的软件主要包括操作系统和用于监控的应用软件。

操作系统通常是一个驻留内存的实时多任务操作系统。目前，常采用的有 Windows 2000/NT、UNIX 操作系统，有的也采用其他类型的多任务操作系统，如 Symphony 系统的操作员站 Conductor 采用的是 DEC 的 OPEN VMS。

实时高效的操作站监控软件有画面及流程显示、控制控制、趋势显示、报警管理及显示、报表管理和打印、操作记录、运行状态显示等。

（3）操作员站的画面类型。操作员站的显示画面是由 DCS 厂家的组态工程师和电厂操作人员根据多年的经验，在系统中设定的显示功能，通常有以下画面类型构成：

1）总貌图画面。这是系统中最高一层的显示，它主要用来显示系统的主要结构和整个被控对象的最主要信息。同时，总貌显示一般提供操作指导作用，即操作员可以在总貌显示下切换到任一组他感兴趣的画面。

2）生产工艺流程图类画面。流程图画面是运行人员监盘时的常用画面，它将热力生产过程形象地展现在操作人员面前，流程图画面较多，通常采用分层分级显示或分块显示的原则将一个大的生产工艺流程由粗到细地进行展示。

操作员可以由总貌画面开始，配合画面提示菜单或按钮，应用键盘上的相应控制键或鼠标逐层进行画面切换。

分块显示是将一幅大的画面分成若干幅相连的画页，然后部分地进行显示。这时有两种显示控制方式：一种是用轨迹球或鼠标等进行屏幕连续滚动，另一种是用翻页显示。例如 TXP 支持连续滚动显示，而其他大部分系统都支持翻页控制。

3）成组显示类画面。在实际应用过程中，为便于监视和操作，运行操作人员往往需要将生产过程相关的参数和状态显示以及操作控制，以组的方式集中在一起。

4）单点显示类画面。该画面对应 DCS 中的每一个测点，例如，一个模拟量点包含很多信息：测点 KKS 编码、名称、单位、显示下限、显示上限、报警优先级、报警上限、报警下限、报警死区、转换系数、转换偏移量、硬件地址等。在测点的详细显示功能中可以列出所有内容，并允许操作员修改某一项的内容。该功能在不同的系统中显示方式不同，有些系统将所有信息一起显示在整个屏幕上，而另外一些系统则是显示在屏幕的一小部分上，这样，操作员可以同时监视另一幅画面，并修改某点的信息。

5）设备操作器类画面。设备操作器类画面在 DCS 画面系统中是一类很重要的画面。运行人员对生产过程的设备启停，重要过程参数的控制等都需要通过这类画面进行。此类画面往往以弹出式窗口形式出现，运行人员通过键盘或鼠标点击流程图画面上的某个活动显示元素（如汽包水位）后，即可弹出汽包水位控制器进行水位控制，控制任务完成后关闭此弹出窗口。

6）报警类画面。工业自动控制系统的最重要的要求之一是在任何情况下，系统对紧急的报警都应立即做出反应。报警有很多原因，在 DCS 中不但要求系统对一些重要的报警做出反应，并且要对近期的报警做出记录，这样有助于分析报警的原因。DCS 具有以下几种报警显示功能，即强制报警显示、报警列表显示和报警确认功能。

强制报警显示是指无论画面上正在显示何种画面，只要此类报警发生，则在屏幕的上端强制显示出红色的报警信息、闪烁，并启动响铃。如 Ovation 系统画面的基本报警图标、TXP 的公共报警指示，Symphony 系统的最小报警窗口等。

报警确认功能是指在报警信息产生时运行人员按下确认按钮表示已知晓该报警信息并复归报警音响。列表时，已确认的和未确认的报警用不同的颜色进行显示。操作员可以在此画面上可单项确认、单页确认或全部确认报警项。

7）趋势类画面。一般的趋势显示有两种：一种是实时趋势，即操作员站周期性地从数据库中取出当前的值，并画出曲线。一般情况下，实时趋势曲线不太长，通常每个测点记录 100～

300 点，这些点以一个循环存储区的形式存在内存中，并周期地更新。刷新周期也较短，从几秒到几分钟。实时趋势通常观察某些点的近期变化情况，在设定控制器控制参数时更为有用。另一类为历史趋势，这是一种长期记录，通常用来保存几天或几个月甚至更长时间的数据。每个存档测点即使存储间隔比较长（如几分钟存一次），占用的存储空间也是很大的。因此，DCS 通常将这种长期历史记录存放在磁盘或磁带机上。这些长期历史数据一方面用来长期趋势显示，另一方面可以用来进行一些管理运算和报表。

同时，系统中还设有一个标准的长期历史趋势显示画面。在该画面上操作员可以键入要显示的若干点的点名，以及要显示的时间等信息，就可以看到这些曲线。

8）报表类画面。该类画面用于显示各类报表。

各个网络节点通过网卡连至系统的两条冗余的数据高速公路上，这两条道路在图上以两条颜色不同的粗实线表示，一条为蓝色，另一条为深黄色，它们构成了 XDPS 的主干网。

主干网上的各个节点在图上用一小方块表示，每个节点根据作用性质可分为分散处理单元（DPU）和人机接口单元（HMI）两大类。而 DPU 根据其工作状态，又可分成三种状态，即：主控状态 DPU、跟踪状态的 DPU 和初始状态的 DPU。HMI 根据处理功能的区别又分成工程师站（ENG）、操作员站（OPU）及历史数据记录站（HSU）。

3. 工程师站

工程师站是整个 DCS 组态和日常维护的工具，目前计算机性能都很高，因此分散控制系统的工程师站一般采用与其他 HMI 站相同的硬件配置。在系统初始组态时，工程师站可作为组态服务器，而临时将其他 HMI 站作为组态客户机使用以便组态工程师共享一个项目的资源，提高组态效率。DCS 投产后，一般只留一台工程师站用来保存项目组态文件和进行系统日常维护。

工程师站的操作系统软件与其他 HMI 站的差别不大，通用的是 Windows 2000/NT、UNIX 等操作系统。与其他 HMI 站有显著差别的是其用于组态开发的工程设计软件和其他辅助性通用软件。

工程设计软件是各 DCS 进行工程组态的软件，一般包括数据库组态软件、过程控制策略组态软件、图形组态软件、报表组态软件，以及趋势组态软件等。

其他辅助性通用软件指的是办公软件和数据库系统软件等。

4. 历史站、报表站

历史站主要用于历史数据的收集和存储，通常历史站同时被配置成报表服务器。历史站是 DCS 中的重要组成部分。历史数据收集软件用于收集控制网上实时数据并存档形成历史数值，包括模拟量和开关量，收集的测点名称与周期在配置文件中定义。

报表站主要将历史站收集的实时数据和历史数据进行必要的计算然后将数据以各类报表的形式再现。DCS 报表包括周期型报表、触发型报表、事故追忆数据型报表、事故顺序报表（SOE）、事件型报表、自定义周期报表等。

（1）周期型报表是指在一定的时间内所形成的报表，如时报、班报、日报、月报等，周期性报表的最小时间单位为 1h。

（2）触发型报表是指当给定的条件满足时生成的报表，此功能未开放。

（3）事故追忆数据型报表是对事故发生过程的记录，一般过程为当某一开关量发生跳变时，记录跳变之前一段时间的数据和跳变之后一段时间的数据。

（4）事故顺序报表（SOE）是指事件跳变序列，它是高速采样（<1ms）开关量板采集到的开关量跳变序列，SOE型报表就是记录这些跳变序列，主要用于事故分析。

（5）事件型报表记录开关量变位和模拟量越限事件，用于监视重要测点的状态。

（6）自定义周期型报表可以根据用户指定的起始时间，指定的时间间隔（最小时间单位为1min）生成用户需要的报表。自定义周期型报表的数据选自历史数据，因此不需要启动相应的数据收集程序，但所用点必须在历史数据收集配置文件中定义。

5. 系统监控与诊断站

DCS是一套复杂的网络控制系统，各类网络连接的设备、模件不计其数，系统监控诊断站的任务就是负责整套DCS的网络系统、HMI系统、过程控制子系统各类设备的性能监控和故障诊断工作。在DCS大量采用现场总线和远程I/O技术的今天，系统监控和诊断范围已由传统的DCS机柜延伸到了工业设备现场，监控和诊断的范围和数量成倍增长，因此有的DCS将系统监控与诊断任务从工程师站分离出来单独设站进行监管。

五、单元测试

（一）选择题

1．1975年，美国Honeywell公司推出了第一套分布式控制系统（　　）。

A．Mod200　B．WDPF　C．TDC2000　D．INFI90

2．国内最新一代DCS的典型代表有上海新华公司的（　　）系统、北京和利时公司的HOLLiAS系统等。

A．XDPS-400　B．HS2000　C．MAX1000　D．P4000

3．LCD是指（　　）显示器。

A．阴极射线管　B．液晶　C．等离子　D．发光二极管

4．I/O模块中的AI模块是指（　　）模块。

A．开关量输入　B．脉冲量输入　C．模拟量输入　D．模拟量输出

5．DCS的最下层网络我们称之为（　　）网络。

A．管理　B．系统　C．信息　D．控制

6．控制算法组态一般在（　　）站完成。

A．操作员　B．历史数据　C．打印　D．工程师

（二）填空题

1．分散控制系统是一种以多台微处理器为基础，采用（　　），（　　），兼顾分而自治和综合协调设计原则的新一代仪表控制系统。

2．“四C”技术是指（　　），（　　），（　　），（　　）。

3．常用的通信网络的结构形式有（　　）、（　　）、（　　）三种。

4．DCS中常用的信息传输介质有（　　）、（　　）、（　　）。

（三）简答题

1．分散控制系统中，常用的介质访问技术有哪些？各适用于哪种网络？

2．DCS的网络通信子系统的主要作用是什么？

3．DCS的过程控制子系统主要哪几大部分构成？其主要功能有哪些？

4．DCS的过程控制子系统的输入输出模件的作用是什么？一般可分为哪几种？

5．DCS的人机接口子系统的主要功能有哪些？

学习单元二　Ovation 系统认知

一、学习目标

通过本单元学习，能够表述 Ovation 系统发展过程；学会描述 Ovation 系统的组成及作用；能够表述 Ovation 系统特点。

二、学习任务

本单元的学习任务有三个：

（1）表述 Ovation 系统发展过程。

（2）描述 Ovation 系统的组成及作用。

（3）表述 Ovation 系统特点。

三、任务分析

Ovation 系统的设计是基于开放式的思路，采用了目前由工业控制专家开发的最好的技术。Ovation 系统采用了目前广泛认可的硬件、软件、网络和通信接口，取代了过时的、有专利的 DCS 结构。采用开放性网络、SUN 工作站和 Intel 奔腾处理机这些普遍认可且熟悉的硬件，从而简化了 Ovation 系统的整个组态和执行过程。同样，在 Ovation 软件平台的设计中也应用了同样的指导思想，大多数的软件是基于大家所熟悉的第三方软件包。如 AutoCAD、Oracle 相关数据库等软件，这样，操作人员和工程技术人员就不需要专门的操作系统基础培训。

本单元通过对 Ovation 系统的认知，了解 Ovation 系统发展过程，熟悉 Ovation 系统的组成及作用，了解 Ovation 系统特点。

四、任务实施

（一）Ovation 系统发展概述

Ovation 系统是美国艾默生（Emerson）过程控制有限公司（原西屋电气公司）的新一代分散控制系统。

1. WDPF 分散控制系统

艾默生过程控制有限公司于 20 世纪 80 年代初推出了分散控制系统 WDPF（west-house，distributed processing family）系统，可以综合实现对生产过程的数据采集及处理、控制控制和顺序控制等功能。其基本组成部分包括数据高速公路和工作站，以数据高速公路为纽带，将分散的、完成各自功能的各个工作站连接起来，以总线型网络拓扑结构构成一个完整的过程监视控制系统。

WDPF 系统的数据高速公路由信息传输载体（同轴电缆或光导纤维电缆）和数据高速公路控制器 DHC 组成。DHC 通常安装在各个工作站中，是工作站与信息传输载体的接口卡。在数据高速公路上采用高级数据链路控制 HDLC 协议的广播通信方式。传输载体采用同轴电缆，最多可接 254 个工作站，最大传输距离长达 6km；采用光导纤维电缆最多可接 64 个工作站，最大传输距离为 1.3km。通信速率为 2Mbit/s。每秒可刷新 10000 点的模拟量信息，广播周期为 100ms。

WDPF 系统的工作站采用模块化设计，积木式结构。工作站分为两大类：与生产过程接口的分散处理单元 DPU 和人机接口装置（包括工程师站 ENG、操作员站 OPE、计算站 CALC、历史数据存储及检索站 HSR 和记录站 LOG 等)。WDPF 系统结构如图 15-8 所示。

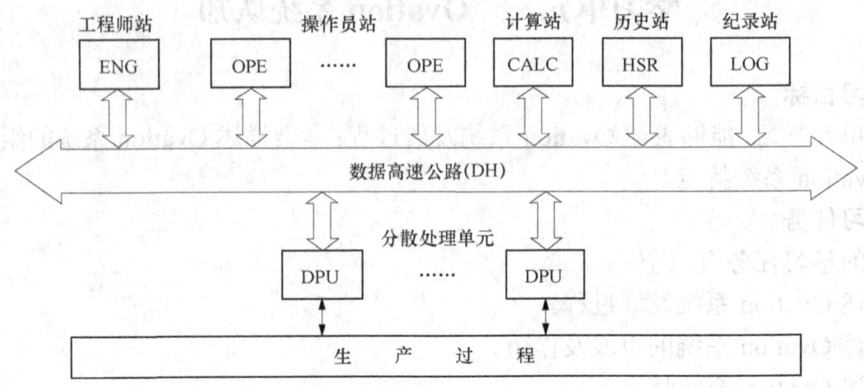

图 15-8 WDPF 系统结构

2. WDPFⅡ分散控制系统

1991 年，艾默生过程控制有限公司在原 WDPF 系统的基础上，通过硬、软件升级推出了新一代的 WDPFⅡ分散控制系统。其系统结构采用双高速通道设计，通信网络由冗余的 WestnetⅡ实时过程数据通道（WestnetⅡ数据高速公路）和以太网信息通道（以太网信息高速公路 EIH）组成。以太网信息通道将企业信息管理功能如 MIS 系统，纳入了 WDPFⅡ分散控制系统，实现企业的管控一体化。WDPFⅡ的系统结构如图 15-9 所示。

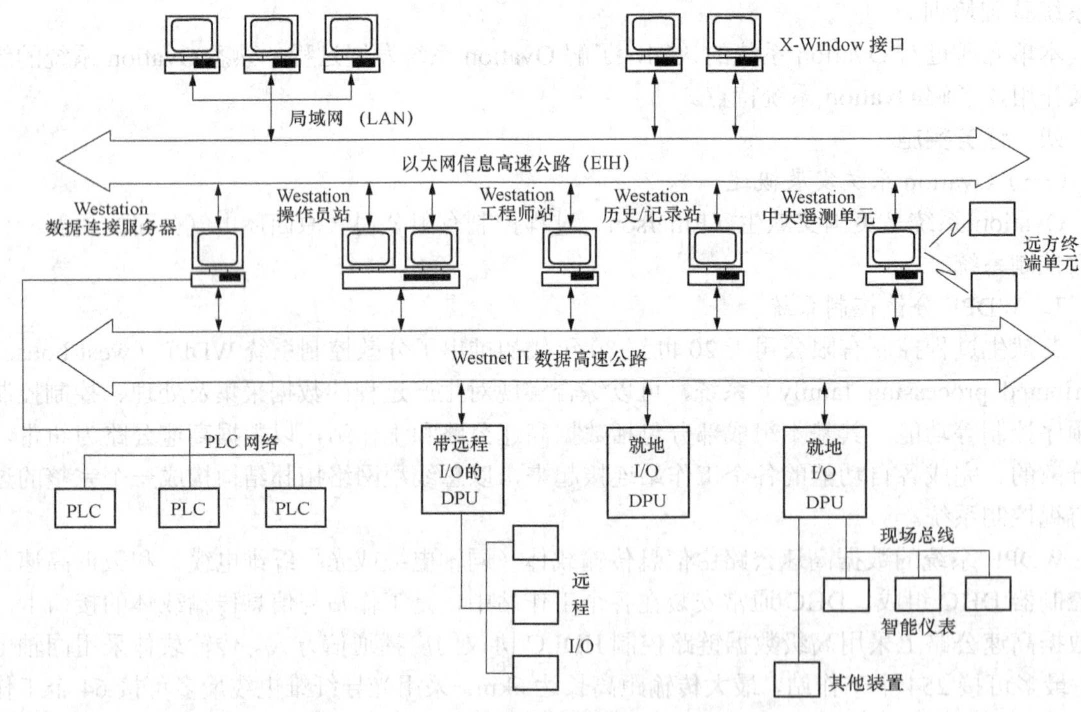

图 15-9 WDPFⅡ系统结构

WestnetⅡ高速数据公路是一种高速的、以广播技术为基础的实时通信公路，最多可带 254 个 Westation 工作站，广播通信速率为 2Mbit/s，每秒可刷新 16000 个点信息。WestnetⅡ高速数据公路承担面向生产过程的 DPU 之间及 DPU 与人机接口工作站之间的实时通信。除 DPU 以外的所有工作站由非冗余的以太网信息通道互相连接。这个以太网信息通道是一个非实时的网络，用于传送文件类型的数据，以及电厂指示性数据信息，以扩展分散控制系统的企业管理功能。

WDPF Ⅱ的 Westation 工作站采用高性能的 RISC（简化指令集计算机）工作站技术、UNIX 操作系统和 X-Window 多窗口技术，构成开放性的硬、软件结构。WDPF Ⅱ通过 Westation 数据连接服务器可与非 WDPF Ⅱ系统的网络（如 PLC 网络、智能仪表网络、第三方控制系统网络等）接口，将它们的实时信息收集到 WDPF Ⅱ系统进行集中显示和管理。WDPF Ⅱ采用 486DPU，可实现连续 PID 控制、顺序控制、特殊逻辑和定时功能、数据采集、事件顺序记录（SOE）、冷端温度补偿、过程点报警处理、工程单位转换、过程点数据库存储以及就地和远程 I/O 接口等功能。经过特殊的接口可以通过 HART 现场总线连接智能变送器之类的现场设备。

1995 年推出的增强型第二代 Westnet Ⅱ PLUS 数据高速公路，性能得到大大增强，每秒刷新的点信息从 16000 点扩展到 32000 点，采用独立通道监视技术监视冗余的数据公路，便于确定网络故障的位置和原因。在线增加新站时，能自动检查重复站号，提高了站的容错能力，并改进了总线分配表的表决权和更新方法等。

3. Ovation 信息管理控制系统

Ovation 信息管理控制系统是艾默生过程控制有限公司集过程控制和企业管理信息技术为一体，融合当今世界最先进的计算机与通信技术于一身，面向 21 世纪的新一代分散控制系统。它采用了高速度、高可靠性、高度开放性的无网桥、网关的通信网络，控制器使用灵活方便、功能强大、易于升级，用户接口可靠、先进、灵活多样，系统配有功能强大的 ORACLE 关系数据库管理系统和高性能的系统组态及维护工具库，模件人性化、智能化、工艺结构先进，硬、软件功能强大。其具有更强大的先进性、可靠性、稳定性和开放性。

Ovation 系统是严格按照开放式网络标准建立的工业系统。在保证系统绝对安全的前提下，给电厂控制环境带来了真正的开放式计算机技术；Ovation 采用商业化的硬件平台、操作系统和网络技术，其技术更新紧跟世界最新技术的发展成果。

Ovation 系统由通信网络、控制器、I/O 模块、人机接口、关系型数据库和组态工具组成，如图 15-10 所示。

Ovation 系统采用适用于实时过程控制的通信网络，具有最快的速度和最大的容量。采用全冗余容错技术的 Ovation 控制网络严格遵循 IEEE 的技术标准。Ovation 网络与通信介质无关，既可采用光缆，也可采用无屏蔽的双绞线 UTP。其采用的硬件极易在市场上购得。整个通信网络是开放的系统，取消了对实现不同网络间信息转换和管理的特殊网关和接口的要求，能够与企业内部局域网 LAN、广域网 WAN 和企业内部网 Intranet 完全连通。用户可采用 Ovation 系统的统一网络，在确保过程安全的前提下，把过程控制同企业信息系统结合起来。

Ovation 系统的通信网络不同于其他 DCS，它是一个完全确定的实时数据传输网络，即使在工况扰动的情况下也绝不丢失、衰减或延迟信号。Ovation 系统的设计原则是将从上到下的所有标准构成一个完全开放的环境，所以 Ovation 系统允许最终用户在系统中集成其他厂商的产品。基于开放式的通信协议，Ovation 系统可以成功地将全厂区域内的自动控制和管理信息整合成一个整体，在今后所有的版本中也可继续使用所有通信标准的组合。

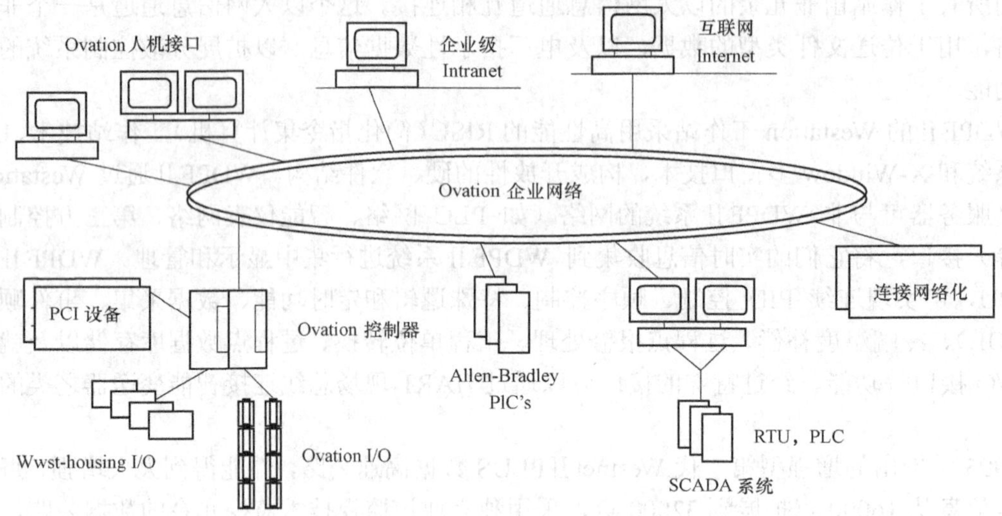

图 15-10 Ovation 信息管理控制系统

Ovation 系统的高速数据公路在结构和性能上较之以前的产品有了较大的改进。网络主体采用双令牌的 FDDI/CDDI（光纤分布式数据接口/铜电缆分布式数据接口）环网或基于交换机的快速以太网。网络最长传输距离可达 200km，其通信速率达到 100Mbit/s，可挂接 1000 个工作站，每秒刷新的点信息扩展到 200000 点。连接在环网上的集线器或快速以太网上的交换机，对各工作站实现点对点连接，传输介质可以是双绞线 UTP 或光纤电缆。采用双绞线 UTP 时，工作站到集线器/交换机的距离为 100m；采用光纤电缆时，距离可达 2km。

表 15-2 列出了艾默生过程控制有限公司分散控制系统通信网络的性能比较。

表 15-2 艾默生过程控制控制有限公司分散控制系统通信网络性能比较

性能	网络			
	DH（WDPF）	WestnetⅡ	WestnetⅡ PLUS	Ovation
通信速率（Mbit/s）	2	2	2	100
站点数	254	254	254	1000
每秒刷新点数	10000	16000	32000	2000000
传输距离（km）	1.3	6～40	6～40	200

Ovation 系统的工作站包括工程服务器（engineering server）、操作员站（operator station）、工程师站（engineering station）、历史站（historian server）、记录站（log server）、数据连接服务器（data link server）、报表服务器（report server）、性能计算服务器（computation server）和高性能控制器等。

（二）Ovation 系统组成

1. Ovation 系统网络

Ovation 系统的主干网络有两种典型的结构系列：双令牌 FDDI/CDDI 环网和基于交换机的快速以太网。

（1）双令牌 FDDI/CDDI 环网。双令牌 FDDI/CDDI 环网系统结构如图 15-11 所示。该系统的主干网络由两个数据传输方向相反的令牌环网（FDDI/CDDI）和连接在环网上的集线器组成。系统的工作站与集线器的端口采用点对点连接。当主环路出现故障时，FDDI/CDDI 可自动重新进行配置，启动次环路加入主环一起工作，以保证网络的可靠运行。FDDI/CDDI 采用令牌环网络控制方式，执行 IEEE 802.5 通信协议标准。FDDI/CDDI 的通信标准技术成熟，具有优良的网络管理能力，可靠性高，支持 FDDI/CDDI 的硬、软件产品丰富，网路可延伸到 100km。由于具有优良的性能，因而得到广泛的应用。但这种技术成本高，安装也比较复杂。

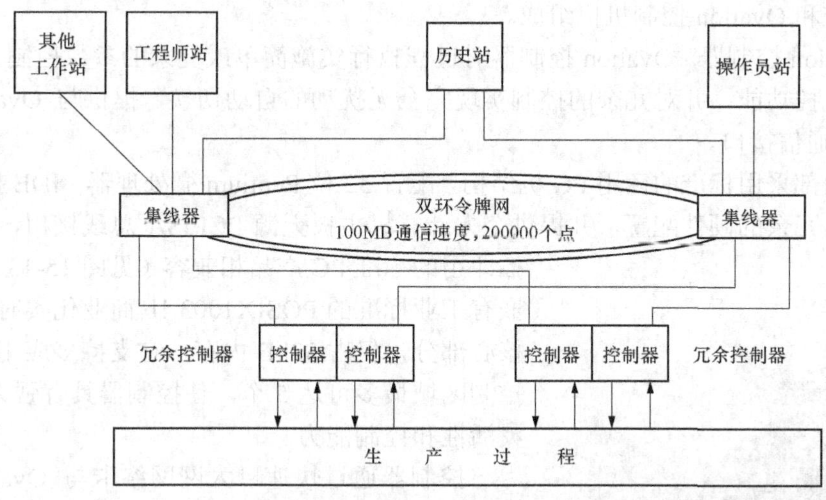

图 15-11　双令牌 FDDI/CDDI 环网系统结构

（2）基于交换机的快速以太网。基于交换机的快速以太网系统结构如图 15-12 所示。该系统的主干网采用基于交换器的快速以太网。它在 10BaseT 的基础上发展而来，通过将网上的位时（每个二进制的电平在线路上持续的时间）缩短为 10BaseT 的 1/10，达到 100Mbit/s 的传输速率。快速以太网通过交换机的端口与各工作站建立一对一的连接，完全兼容 10BaseT 接口标准。快速以太网采用广播式自由竞争的网络控制方式，执行 IEEE802.3 通信协议标准。

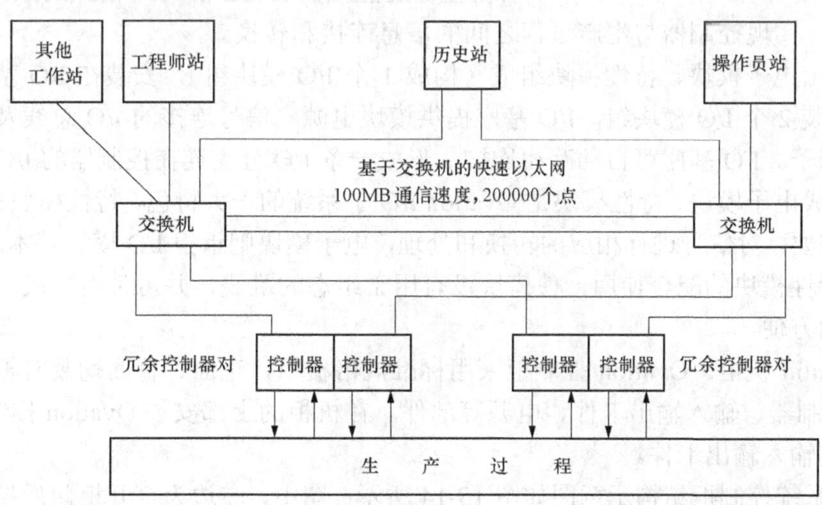

图 15-12　基于交换机的快速以太网系统结构

智能化的交换机能根据工作站之间的通信需求，动态地将以太网分段运行。在每个分段中仅建立通信双方间的连接。在通信结束之后，这种动态的链接将自行断开，为新的通信站点做好连接的准备。因此，在通信过程中不可能发生冲突，也不需要进行冲突检测和载波侦听处理，充分发挥了站点随机接入的特点，从而获得极高的通信效率，且成本低。在单元发电机组的分散控制系统中主干网多采用基于交换机的快速以太网。

2. Ovation 分布式处理单元 DPU

Ovation 分布式处理单元 DPU（distributed processing unit）由 Ovation 控制器、I/O 子系统、电源系统和 Ovation 控制机柜组成。

（1）Ovation 控制器。Ovation 控制器对过程执行实施简单或复杂的参数控制、逻辑控制、数据采集等监控功能，并对冗余的控制实现完全无扰动的自动切换，提供与 Ovation 网络和 I/O 子系统的通信接口。

控制器内部采用标准的商用 PC 机结构，配置 32 位 Pentium 微处理器、IDE 接口的 Flash 存储器和完全冗余的硬件配置，并提供个人计算机主板无源 PCI/ISA 总线接口，它可以和即插即用的标准 PC 产品相兼容（见图 15-13）。控制器内嵌有工业标准的 POSIX1003.1b 商业化实时操作系统的核心部分，仅占 32kB 内存，它支持多应用程序，过程控制区域最多可达 5 个，使控制器具有强大的适应性、灵活性和控制能力。

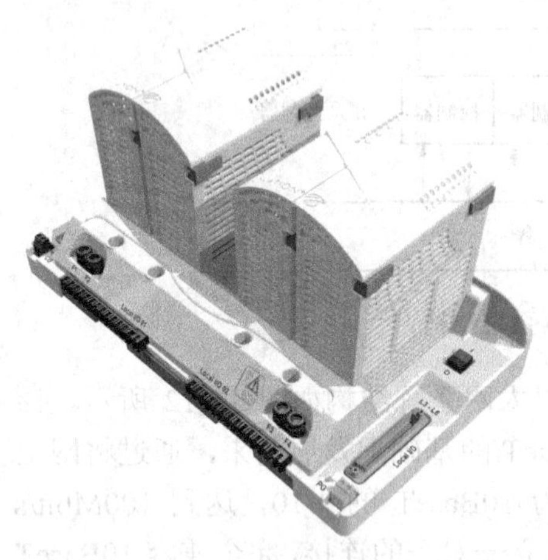

图 15-13 Ovation 控制器外观

控制器通过快速以太网网络卡与 Ovation 网络上的交换机接口，实现与系统其他站点间的通信。每个控制器最多支持 2 个 I/O 接口卡，每个接口卡可有 8 个 I/O 分支，每个分支可配置 8 个 I/O 模块。因此，每个控制器最多可支持 128 个 I/O 模块，具有很强的过程 I/O 能力。

（2）I/O 子系统。控制器的 I/O 子系统有一系列品种齐全、功能强大的 I/O 模块，用于扩展控制器的过程 I/O 通道功能，实现控制器与生产过程之间的信息连接和转换。

I/O 模块由电子模块、特性模块组成（构成 1 个 I/O 模块组），安装在 I/O 基座上，每个 I/O 基座可安装 2 个 I/O 模块组。I/O 基座提供模块电源、信号连接的 I/O 总线及与现场信号连线的接线端子。I/O 基座可自动互相连接，形成一条 I/O 分支连在控制器的 I/O 接口卡上。I/O 模块设计成电子模块、特性模块是 Ovation I/O 子系统的一大特色。特性模块针对各种 I/O 模块的应用需要，对信号进行相应的转换和处理，电子模块则承担 I/O 模块基本的通用功能。电子模块和特性模块的配合使用，使模块没有用于组态的跳线，并可带电插拔，应用更加灵活，维护更加方便。

（3）Ovation 机柜。Ovation 控制柜采用标准规格机柜，正面、背面均装有柜门，用于安装 Ovation 控制器、输入输出卡件、电源等部件。在机柜的上部安装 Ovation 控制器和电源，下部用于安装输入输出卡件。

Ovation 系统控制柜结构示意图如图 15-14 所示：图中，左边为打开柜门后控制柜的正面部分，右边为打开柜门后控制柜的背面部分。在机柜的正面上部装有控制器，下部用来插接

I/O 卡件；在机柜的背面上部装有电源模块，为控制器和 I/O 卡件提供各种电压等级的直流电，下部也用来插接 I/O 卡。控制器面板有 8 个指示灯，用来显示卡件的各种工作状态。

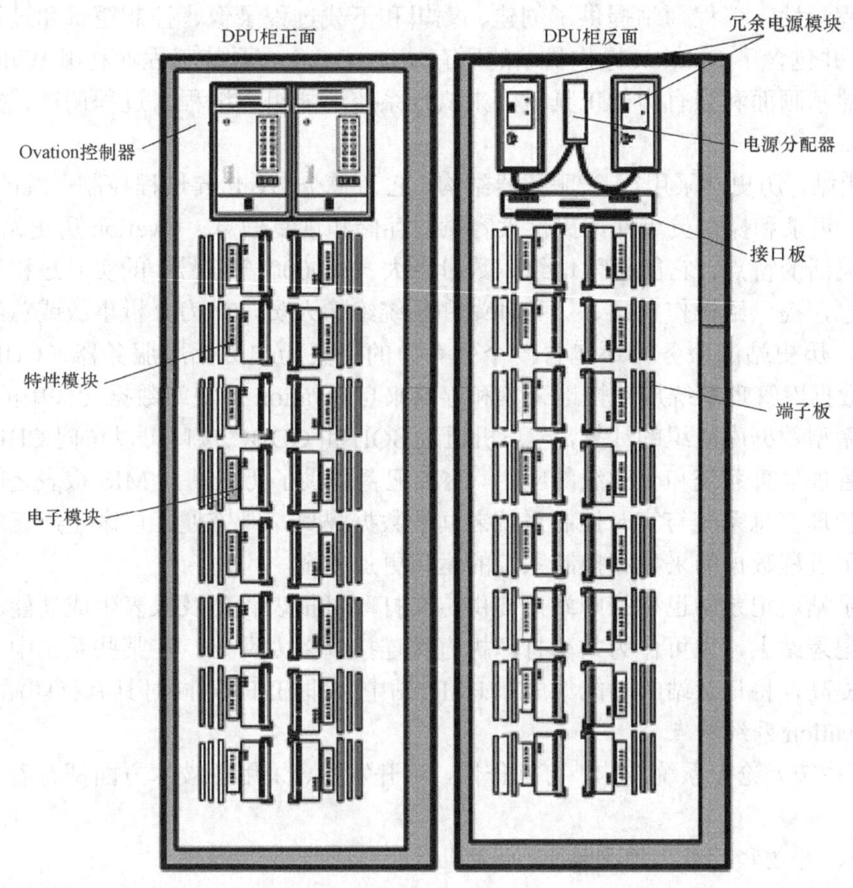

图 15-14　控制柜结构示意图

3. Ovation 人机接口

Ovation 人机接口（man machine interface）是操作人员、管理人员、控制组态和维护人员与分散控制系统交互的界面。Ovation 人机接口包括操作员站、工程师站、历史站、记录站等。Ovation 人机接口为用户提供安全、高效和灵活的监视、操作、管理和维护控制系统的功能。

Ovation 人机接口采用商业化的个人计算机，或计算机工作站，通用的操作系统作为运行平台，为用户提供了强大的显示、操作和维护能力。

Ovation 可按照用户的选择，提供以下标准平台的人机接口：PC 机、SUN 工作站或 Java 浏览器工作站。PC 机使用 Microsoft Windows NT4.0/2000 操作系统，SUN 工作站采用强有力的 UNIX 操作系统，Java/浏览器则适用于过程控制系统的远程监视、操作控制和调试维护。以上任何一种平台都能作为工程师或操作员界面来完成读取和处理企业级的所有信息数据。

（1）操作员站。操作员站作为 Ovation 系统网络中的一个节点，通过 Ovation 网络与分散处理单元 DPU 交换信息，收集过程的实时数据和系统信息，利用显示器显示和键盘操作，为现场过程控制提供一个最有效的窗口。操作员站的应用功能包括过程图形显示系统、报警管理系统、趋势（实时和历史的）、点信息、点回顾、点浏览器和操作员事件信息等。操作人员可以通过它观察、控制和管理过程和系统。操作员站 Ovation 信息管理控制系统提供完整的数据采集、记录及报告能力和操作接口。

（2）工程师站。工程师站提供了创建、编辑和下载过程录像、控制逻辑和过程点数据库必要的工具，并包含了 Ovation 操作员站的所有功能。Ovation 系统工程师利用 Windows 环境、高分辨率的显示画面和强有力的工具软件来执行系统功能组态编程、过程调试、操作站管理维护功能。

（3）历史站。历史站采用客户/服务器结构，它为整个 Ovation 过程控制系统的过程数据、报警、SOE、记录和操作员事件，提供大容量的存储和恢复信息。Ovation 历史站具有高速、高效和高度灵活的特点，它能有效地组织数量巨大（200000 个信号）的实时过程数据和有意义的系统信息，提供给操作员站、工程师站和系统维护人员，作为分析事故或总结过程运行经验的依据。历史站的服务器还包含一个强有力的中央历史数据库服务器（CHDS）。这个 Oracle 实时数据库管理系统周期性地采集和存储来自 Ovation 历史站数据文件中的摘要数据，并能进行关系型数据库组织的计算，客户机通过 SQL 和 ODBC 接口可以访问 CHDS 的数据，提供给商业管理信息系统和企业级的应用。这种配置提供了历史站与 MIS 报表之间的数据缓冲区，实现管理信息系统与实时控制系统之间的数据隔离，既方便了厂区生产管理人员的操作，又保证了过程数据的采集和控制系统的运作更加安全。

（4）记录站。记录站也称打印站，提供定义打印机报表管理及报表生成功能。打印机可直接连接到记录站上，也可作为共享打印机直接连接到以太网上。在某些系统中，因计算机处理能力的提高，将记录站的功能集成在 HSR 站中，即 HSR 站同时具有打印站的功能。

（三）Ovation 系统特点

Ovation 系统无论在系统结构、可操作性、可开发性、采用的技术方面都有着十分突出的特点。

1. 先进、开放和标准化的网络

Ovation 系统采用了高速度、高可靠性、高度开放的无网桥、无网关的通信网络——基于交换机的快速以太网，通信速率达 100Mbit/s。与其他系统比较，其具有以下特点。

（1）全双工运行，等效于双倍的通信速率 200Mbit/s，使通信能力加倍。

（2）交换机支持多重同时通信，允许两个以上的站组同时相互寻址，由交换机维持双向和站间的同步通信。

（3）网络上不存在冲突，不需要冲突检测，通信不会因冲突而停止，交换机可节制独占一个节点的站，信息不在中间节点产生时延，使信息以线速的传输速率通过节点。

（4）网络的物理规模易于扩展。利用交换机作为网关和缓冲器，系统可以无限地互联。

（5）交换型快速以太网是一个站节点通信地位平等的民主系统，它没有固定的控制方案（如通信控制站管理、存储转发、令牌传送等）来确定什么时候允许访问网络，站节点在任何时候都可以访问网络，不会出现诸如令牌传送系统所潜在的等待周期。

2. 安全可靠的系统

Ovation 系统通过多种技术措施来保证系统的安全和可靠性。

（1）分散的系统结构。采用分散结构的理念保证系统的可靠性。这种分散的结构，一方面反映在系统功能的分散上，如过程控制、过程管理和数据通信等功能由不同的具有自治能力的计算机完成；另一方面是地理位置分散，采用现场总线技术，按被控系统划分，保证控制设备分散安装，分而自治；再则是数据库分散。分散结构使系统的危险性得到充分的分散，一旦局部设备出现故障，不会影响系统其他部分的运行。

（2）关键设备冗余配置。系统的可靠性还通过对关键设备进行冗余配置来保证。DCS 中对关键设备如电源、控制器、通信设备等进行冗余配置，一旦主设备出现故障，后备设备能自动平稳地接替它的工作，大大提高了系统的可利用率。

（3）完善的自诊断功能。系统具有完善的自诊断能力。在系统运行的过程中，借助于自诊断程序不断地监视和测试硬、软件的运行状况，发现错误和故障，及时向运行人员发出指示信息，指出出错的类型和位置，使故障和出错能及时得到运行人员的处理。另外，分散处理单元的各种功能模块采用接插技术，允许模块带电插拔，模块功能强大，种类少，这些都大大提高了系统的可维护性，使系统更加安全、可靠。

（4）采用标准化、模块化的软件。系统中大量采用由专业的软件人员和工程技术人员开发的经过严格软件测试和实践考验的标准化、模块化的软件生成系统应用软件，也是系统可靠性高的因素之一。

3. 商业化的硬、软件产品

Ovation 系统采用商业化的硬件平台、操作系统、数据库管理系统和网络技术。在分散控制系统中，采用工业标准的商业化硬件平台和通用系统软件，是新一代 DCS 的发展趋势。它是系统开放性的标志之一。

由于生产过程自动化的发展对 DCS 提出了更多、更高的要求。DCS 制造商必须不断地扩展 DCS 的功能，提高产品性能和进行产品的更新换代，且更新换代的周期日益缩短。为此，DCS 制造商不得不付出巨大的开发投资。与此同时，计算机公司为了扩展市场，研制开发了大量适应生产过程自动化要求的通用工作站、I/O 站和通信网络，不断推出强有力的系统软件和支持软件。由于通用性产品市场大，开发投入效益好，产品的更新和升级异常迅速。在这种情况下，DCS 公司和计算机公司的产业分工发生了变化。DCS 公司开始采用计算机公司提供的硬、软件平台，形成自己的 DCS。改用通用的个人计算机、工作站，在其高性能的硬件和丰富的软件平台的基础上构成 DCS 中的人机接口系统，通信网络大多采用通用的以太网等，大大增强了 DCS 的开放性，技术的先进性，使 DCS 紧跟计算机技术、通信技术和显示技术更新升级的步伐。以前 DCS 中采用的计算机等技术都滞后于通用的商业化产品，且开发周期长。采用商业化的硬、软件产品，使 DCS 中的通用技术同步于先进的计算机技术、通信技术和信息技术的发展。这样，DCS 公司可将精力和资源集中在提高系统监控功能和性能的开发上，大大缩短新产品的开发周期，以最快的速度、最优良的性能适应生产过程自动化对 DCS 的需求。

4. 人机接口友好、组态方便灵活

Ovation 系统采用高智能的操作员站，对过程现场集中监视、操作，信息量大，人机交互界面直观、友好。

操作员站是 Ovation 系统主要的人机接口，它在相应功能软件的支持下，可通过丰富多彩的表现形式（生产流程图、点显示及报警一览、趋势显示等），直观地向运行人员提供生产过程实时的过程参数和设备状态。动态信息更新快，对操作员的操作能快速作出反应。用户可以通过强有力的组态工具，灵活、方便地组态生成符合操作员个性和习惯的显示画面，使人机接口更加友好，从而提高操作员的工作效率。

采用标准化的功能模块和控制图形界面进行控制方案组态代替编程语言编程，自动生成执行文件，下装到控制器中执行。采用图形组态工具对操作员站的显示画面、趋势、报警和报表等进行组态，快捷而又方便。用户不需掌握编程语言的语句、语法和编程技巧，大大降低了对用户编程能力的要求。组态方法易学，组态结果易修改，而且可保证应用程序的可靠性和质量，大大缩短了应用软件的开发周期。

五、单元测试

1．Ovation 系统有哪几部分组成？

2．Ovation 系统主要采用了哪些通信技术？

学习单元三 Symphony 系统认知

一、学习目标

通过本单元学习，能够认知 Symphony 系统的构成，并了解 Symphony 系统在 600MW 火电机组上的应用及配置情况。

二、学习任务

本单元的学习任务有两个：

（1）认知 Symphony 系统的构成。

（2）了解 Symphony 系统在 600MW 火电机组上应用及配置情况。

三、任务分析

Symphony 系统是 ABB 公司于 20 世纪 90 年代中期推出，融过程控制和企业管理为一体的新一代分布式过程控制系统。它是一种系统，也是一种战略，更是一种当代高新技术发展的必然。美国贝利（Bailey）公司在 20 世纪 80 年代初期推出第一代分散控制系统 N-90 时，就为分布式控制系统建立了一个不断采用新技术、保持先进控制与管理功能、系统向上兼容、技术透明以及发展无断层的开发规则。贝利的 DCS 从第一代 N-90 诞生以来，经历了一个非凡的发展过程：从单纯的控制系统，到决策管理系统，直到企业管理系统，都遵循了一个自然而流畅的发展规律。ABB 贝利控制公司的 Symphony 系统以其合理的结构、强大的带载能力、丰富的控制软件、充分体现现代意识的人机接口、得心应手的工程设计及维护工具和开放的通信系统，以及能够适应多种数据采集、过程控制、过程管理、企业管理、市场运作等特点，有着广泛的应用领域。

Symphony 系统不但与其早期的产品 N-90、INFI-90、INFI-90 OPEN 系统完全兼容，而且还进一步发扬了分布式控制系统能做到的：控制器物理位置的分散，控制功能的分散、系统功能分散及显示、操作、记录、管理集中的功能，而且更注意借助当今世界上先进的微处理器技术，CRT 图形显示技术，高速安全通信技术，先进的控制理论和技术的最新成果，而形成一个功能强大，通信系统完美，更具有时代气息，具有决策管理性能更加开放的新型分布式控制系统。

本单元的主要任务就是认知 Symphony 系统的构成和了解 Symphony 系统在 600MW 火电机组上应用及配置情况。

四、任务实施

（一）Symphony 系统的构成

Symphony 系统的结构如图 15-15 所示。

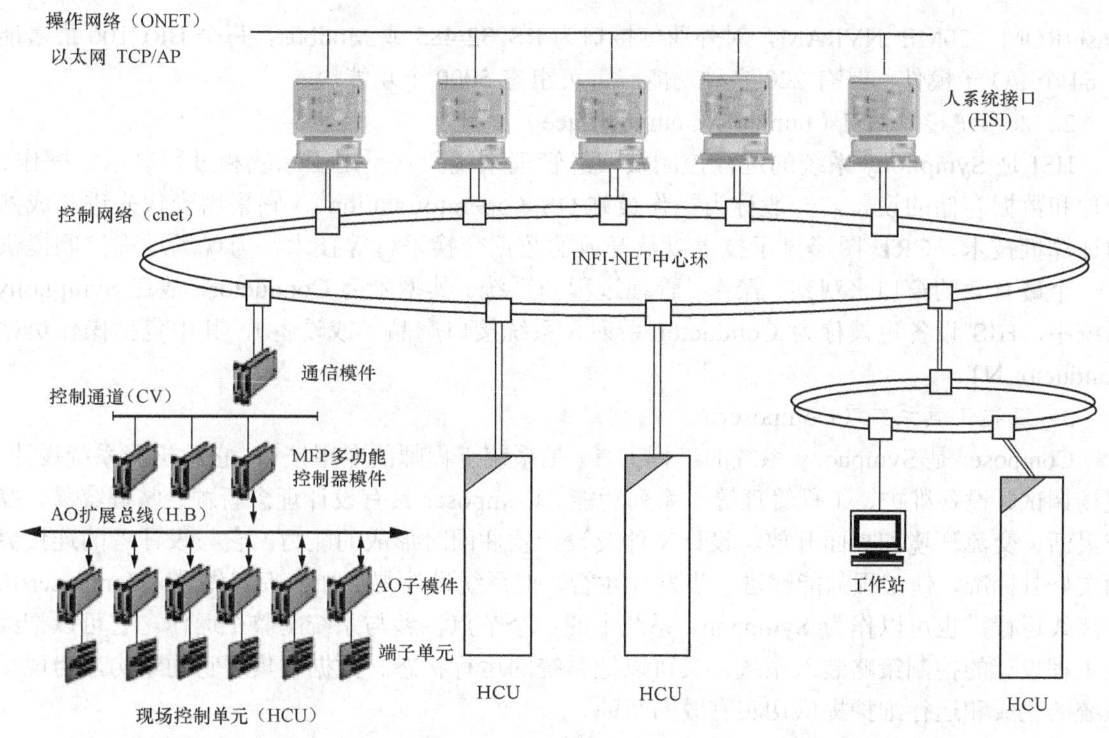

图 15-15　Symphony 系统的结构示意图

构成 Symphony 系统由过程控制级、控制管理级、企业管理级和数据通信系统四个层次组成。过程控制级主要由现场控制单元 HCU（harmony control unit）组成，控制管理级由人系统接口 HSI（human system interface）组成，企业管理级主要由个人计算机、服务器和局域网组成，数据通信系统则由控制网络 Cnet（control network）在内的多层网络组成。

Symphony 系统采用了一个多层的网络中心结构，按功能划分为四大部分：现场控制单元 HCU、过程控制及信息管理系统（Conductor）、工程工具系统（Composer）、系统网络。

1. 现场控制单元 HCU（harmony control unit）

HCU 面向生产过程，完成对过程信息的数据采集、闭环控制和顺序逻辑控制，完成过程控制级功能。HCU 在其早期的产品中称为过程控制单元，由机柜、安装单元、通信接口模件、控制器模件、I/O 子模件及端子单元组成。在模件安装单元（modules mounting unit，MMU）的底板上设置有控制通道和 I/O 子模件扩展总线。底板上对应每个槽位有相应的插座，将插入安装单元的模件的卡边连接器 P_1、P_2 与控制通道和扩展总线连接。模件的卡边连接器 P_3 通过专用电缆与端子单元连接，端子单元上的接线端子与过程的现场信号相连。插入模件安装单元的模件包括与系统网络接口的通信接口模件、控制器模件和 I/O 子模件。通信接口模件将现场控制单元挂接在系统网络上，I/O 子模件用于扩展控制器模件的 I/O 能力。控制器模件具体执行用户确定的控制策略，对过程进行控制。在现场控制单元中多功能处理器 MFP（multi-function processor）是 HCU 的核心和灵魂。一个 HCU 中可以挂接 32 个 MFP，一个 MFP 又可以带载 64 个子模件（如控制 I/O、数字 I/O、模拟 I/O 等）。子模件完成现场信号的预处理，而 MFP 则用来实现控制功能组态与运算。BRC100 桥控制器也是现场控制单元中完成控制功能的核心模件，它采用 Motorla68060CPU，字长 32 位，主频 50MHz，20MB

Flash-ROM，20MB NVRAM，对外通信接口为 RS232/485 或 Modbus。每个 BRC100 最多能带 64 个 I/O 子模件，具有 220 多种功能码，可组态 5000 个功能块。

2. 人系统接口 HSI（human system interface）

HSI 是 Symphony 系统的过程控制及信息管理系统。它是用于系统和过程显示、操作、管理和数据存储的设备，一般称为操作员站 OS（operator station）。它采用当代先进和成熟的计算机技术、CRT 图形显示技术以及开放的数据交换平台等技术，为现场过程控制提供了一个最有效的窗口来观察、操作、管理过程和系统。其型号为 Conductor，故在 Symphony 系统中，HIS 设备也被称为 Conductor 系列人系统接口产品（或设备），其中包括操作员站 Conductor NT。

3. 工程工具系统（Composer）

Composer 是 Symphony 系统的工程工具，是系统工程师的专用接口。它承担着系统设计、现场调试、设备维护、工程管理等一系列功能。Composer 具有设计理念新颖、掌握容易、操作灵活、交流环境和界面开放、设计文件及设计软件同时形成的能力。它与设计者的连接界面友好且标准，使工程师能够进一步发挥才智，把系统设计得更加合理和先进。Composer 可以离线运行，也可以作为 Symphony 系统中的一个节点，参与系统的整个运作。它可以把经过工程设计的控制策略装入系统，又可以把系统的运行状态、数据收集进它的结构，为现场系统的生成和运行维护提供切实有效的帮助。

4. 通信网络结构

Symphony 系统为适应各种过程控制规模和现场应用条件，以及更广范围的数据传送和高层次的管理功能的需要，其通信系统采用了多层通信网络结构。Symphony 系统中的数据分为企业管理数据、过程管理数据、过程控制数据和过程 I/O 数据，Symphony 系统的网络结构根据应用数据的功能分四个层次：在企业数据管理层称为操作网络（operation network，Onet）；在过程数据管理层称为控制网络（control network，Cnet）；在过程控制数据层称为控制通道（control way，CW）或模件总线（module bus）；在过程 I/O 数据层称为子模件扩展总线（expander bus，EB）或 H 网络（Hnet），如图 15-9 所示。

Onet 在一般控制结构中是可选择的网络结构，它采用了以太网结构，符合 IEEE 802.3 规范，网络为总线结构，采用双网冗余，以确保系统的稳定性，以利于系统的开放性成功地进入企业管理数据库。而其他的网络层由于涉及了广泛的过程数据，所以在一般控制结构中都应具备。通过这几层网络，系统就具有了数据采集、数据显示、数据存储的相应结构。

Cnet 是一个面向过程控制的网络，负责不同现场控制单元（HCU）节点之间过程控制参数、过程及系统报警等数据的交换工作，是 Symphony 系统的重要网络。采用环状网络结构，存储转发的通信协议，其通信有如下特点：每一个节点都是对等的、独立的，都带有各自的缓冲寄存器、信息转发器。每个节点都与前后相邻的两个节点相连，形成一个闭合的环形结构。其传播方式为点对点进行。在系统的环行结构中，可分为 Cnet 中心环（cnet central ring）、Cnet 子环（cnet ring）、Cnet 工厂环（cnet plant loop），如图 15-16 所示。Cnet 中心环是控制网络必须选择的，它连接的节点包括子环网络、现场控制单元、人系统接口和计算机。在有多个环行网络的组合结构中，才出现子环网络，子环网络根据系统需要选择。子环通过环网与环网之间的通信接口接入中心环网络。Cnet 工厂环仅适应小型的控制结构。子环和工厂环上连接的节点包括现场控制单元、人系统接口和计算机。

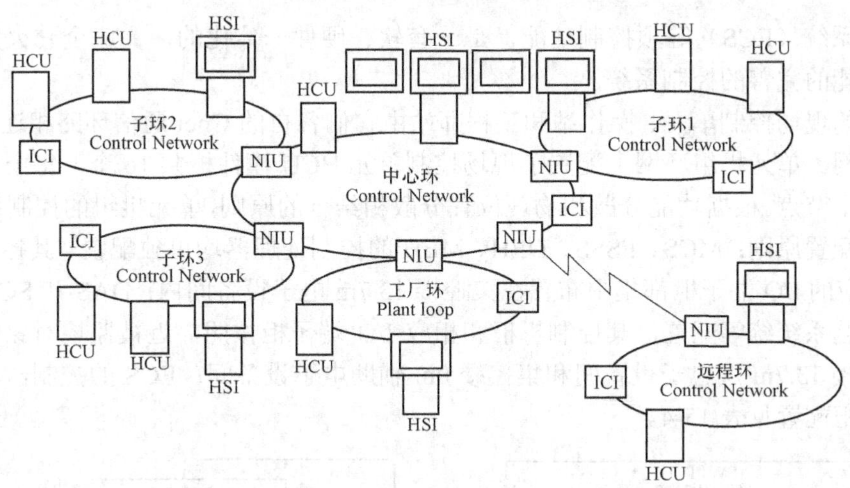

图 15-16　Symphony 系统控制网络 Cnet 结构示意图

控制总线 CW 是 HCU 内的主模件桥路控制器（BRC）、网络处理模件（NPM）等互相通信的网络，采用总线结构，自由竞争式的通信协议。

子模件扩展总线 EB 是 HCU 内的第二级网络，主要承担主模件和它所带的子模件之间的通信，它采用八位并行总线的网络形式。主模件通过 EB 对所带的子模件进行扫描，完成现场数据采集和向现场的设备发出控制命令，有效地确保了对数据的实时处理。Symphony 系统通信网络数据一览表见表 15-3。

表 15-3　　Symphony 系统通信网络数据一览表

名称	操作网络	控制网络			控制通道	扩展总线
英文名称	Onet	中心环 Cnet Central Ring	子环 Cnet Ring	工厂环 Cnet Plant Loop	Control Way	Slave Bus
节点数和模件数	256 个节点	250 个节点	250 个节点	63 个节点	32 个主模件	64 个子模件
速率		10Mbit/s	10Mbit/s	0.5Mbit/s	1Mbit/s	0.5Mbit/s
通信介质	双绞线或同轴电缆	同轴电缆和光纤	同轴电缆和光纤	同轴电缆和光纤	印刷电路板	印刷电路板
节点距离	200m	1000～2000m	1000～2000m	1000～2000m	本机柜	处理器内
相关模件	以太网卡	网络接口 NIS	网络接口 NIS	网络接口 LIM	NPM/BRC	MFP

Symphony 系统的各层网络都有其各自的信息特点、通信方式和自我保护能力。整个网络结构适应于多种过程控制规模、多种现场条件，具有很强的灵活性。目前，国内应用 Symphony 系统的机组，一般都采用了一至三层网络，而它的高层网络则为系统的扩展、升级，以及实现全厂控制、管理、决策为一体的综合自动化创造了条件。

（二）Symphony 系统的应用与配置

Symphony 系统在我国 600MW 火电机组上应用时的主要硬件配置图如图 15-17 所示。该系统的应用功能涵盖了数据采集系统（DAS）、模拟量控制系统（MCS）、顺序控制系统（SCS）、炉膛安全监控系统（FSSS）、汽轮机数字电液控制系统（DEH）、给水泵汽轮机控制系统（MEH）

和电气监控系统（ECS）等项控制功能，是一套软、硬件一体化的，完成全套火力发电机组各项控制功能的完善的控制系统。

该机组的现场控制单元、操作站和工程师站由它们各自的 Cnet 通信环路相连，构成该机组的独立环网。单元机组环网上配置了现场控制单元 HCU 模件柜共 16 个，每个模件盔均为环网上的一个节点。根据功能分散和物理位置分散相结合的原则，单元机组的控制系统在 DCS 中遵循以下配置原则：MCS、FSSS、DEH、MEH 的控制处理器均单独配置，其控制机柜（模件柜）和相应的 I/O 端子柜都集中布置在集控楼 13.7m 电子设备间内；DAS 和 SCS 的控制处理器根据工艺系统统筹配置，其控制机柜和相应 I/O 端子柜按照靠近被监控对象的原则分别布置在集控楼 13.7m 层电子设备间和集控楼 0m 辅助电子设备间；ECS 的控制器单独配置。系统中的机柜配置见表 15-4。

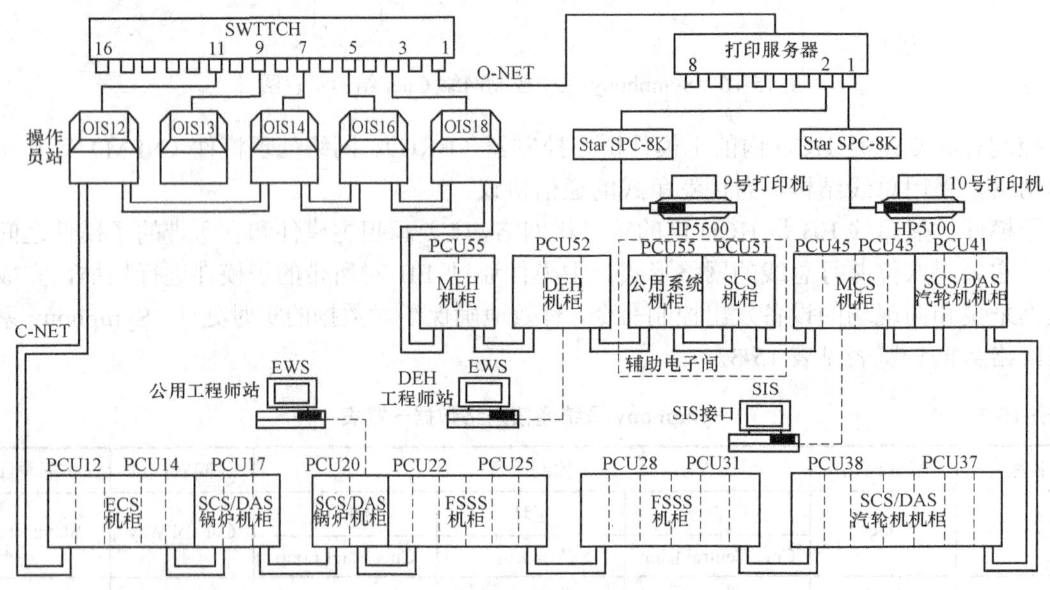

图 15-17 Symphony 系统主要硬件配置图

表 15-4 **Symphony 系统中的机柜配置**

系统划分	模件柜	端子柜	安 装 位 置
SCS/DAS（锅炉）	2	3	集控楼 13.7m 电子间
SCS/DAS（汽轮机）	4	8	集控楼 13.7m 和 0.0m 电子间
SCS（电气）	2	3	集控楼 13.7m 电子间
FSSS	4	7	集控楼 13.7m 电子间
MCS	2	2	集控楼 13.7m 电子间
DEH	1	2	集控楼 13.7m 电子间
MEH	1	1	集控楼 13.7m 电子间

系统中的所有 HCU 通过由双绞线或同轴电缆构成的 Cnet 中心环网，与系统的各人系统接口站——工程师工作站、操作员工作站、报表和记录站等进行信息交换。系统中工程师工作站、报表和记录站各由 1 套计算机和 1 台打印机组成，它们均通过通信接口与 Cnet 中心环

连接；操作员工作站由5套操作员接口站（OIS）和2个支持站组成，各OIS之间通过以太网连接；系统的打印站由2台宽行打印机和一台打印服务器组成。

五、单元测试

1．Symphony系统有哪几部分组成？

2．Symphony主要采用了哪些通信技术？

3．Symphony系统通信系统分哪几个层次？

学习单元四 现场总线控制系统认知

一、学习目标

现场总线控制系统（fieldbus control system，FCS），是继分散控制系统之后出现的新一代控制系统。它用现场总线这一开放的、具有可互操作的网络将现场各控制器及仪表设备互连，构成现场总线控制系统，同时控制功能彻底下放到现场，降低了安装成本和维护费用。因此，FCS实质是一种开放的、具有可互操作性的、彻底分散的分布式控制系统。

通过本单元学习，能够表述现场总线的概念及本质含义，辨识现场总线控制系统的体系结构，并了解以FCS为基础的过程控制系统的应用状况及FCS在火电厂的应用前景。

二、学习任务

本单元的学习任务有四个：

（1）表述现场总线的概念及本质含义。

（2）辨识现场总线控制系统的体系结构。

（3）了解以FCS为基础的过程控制系统的应用状况。

（4）了解FCS在火电厂的应用前景。

三、任务分析

随着计算机技术的发展，嵌入式微处理器（如单片机、数字信号处理器）在变送器、执行机构中得到广泛应用。微型计算机的应用使得仪表具有计算、储存、通信能力及故障自检功能，仪表的性能、测量准确度、整体可靠性都大大提高，成为智能化仪表。同时也使仪表设计模式化，实际上大多数的智能仪表都具有通用型的结构，即传感器+A/D+MCU（微控制器）。

新技术推动了仪表的发展，而智能化的仪表在DCS的应用中，面临一个比较尴尬的问题是DCS与现场设备的接口仍然是用4～20mA电流表示的模拟量信号和逻辑电平表示的开关量信号。于是，智能仪表在设计的过程中不得不再加入D/A转换器，将测量的结果转换成模拟量以配合DCS使用，而在DCS一端，在把经过隔离后的模拟量信号，经A/D转换后，供计算机处理，其传输过程如图15-18所示。在信息处理日益数字化的背景下，这种模拟量的信号传输制式，逐渐成为工业自动化发展的障碍。

现场总线作为一种通信方法实现了仪表与就地设备的数字化互联。而实际上，高性能微控制器的应用，使仪表或就地设备不仅可以完成其本身的工作，还可以完成大量额外的工作。当把一些控制功能用仪表完成后，现场总线的实际意义就不止是一种通信总线，而具有了控制系统的某些性质。例如，一个变送器（流量传感器）和一个执行机构（调节阀）就可以构成一个简单的单回路控制系统。

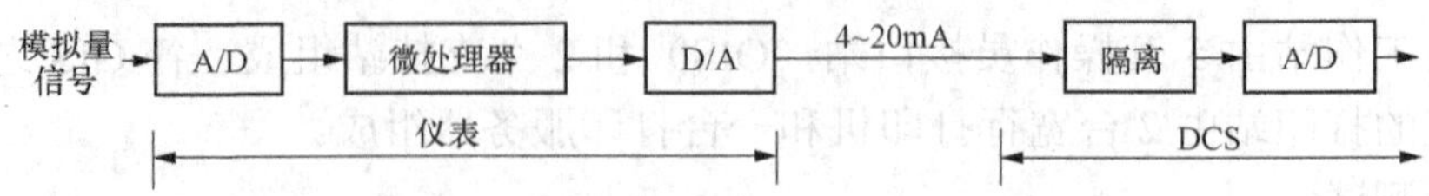

图 15-18　DCS 下模拟量信号传输过程

本单元的主要任务就是认知Symphony系统的构成和了解Symphony系统在600MW火电机组上应用及配置情况。

四、任务实施

（一）现场总线系统概述

1. 现场总线的概念

现场总线（Fieldbus）是用于过程自动化或制造自动化中的、实现智能化现场设备（如变送器、控制器、执行器）与高层设备（如主机、网关、人机接口设备）之间互联的、全数字、串行、双向的通信系统。通过它可以实现跨网络的分布式控制。按照国际电工委员会 IEC 标准和现场总线基金会 FF 的定义：现场总线是连接智能现场设备和自动化系统的数字式、双向传输、多分支结构的通信网络。现场总线也可理解为从控制室连接到现场设备的双向全数字通信总线。顾名思义，现场总线就是将通信总线一直延伸到现场设备。对于工业过程来说，这里的现场指的是温度、压力、流量、物位、密度、pH 值变送器及调节阀门等。

要注意区分的是，在 DCS/PLC 系统中，一些控制器或远程 I/O 安装在离装置或设备较近的分控制室中，也被称为现场，但这和现场总线中的现场是有区别的。使用有现场总线通信能力的智能现场设备是现场总线系统的本质特征之一。

现场总线技术涉及到信号、通信、系统三个层次，现场总线标准见表 15-5。相应地，按不同需要建立起三种现场总线协议，每一种都被过程控制工业所接受。第一种为传感器总线（sensorbus），它应用于简单的 I/O，是满足开/关和传感器/执行器需要的基本数据高速总线；第二种为设备总线（devicebus），它用于智能型离散设备，如 PLC 和以微处理器为基础的离散现场设备；第三种为应用现场总线，它是连续过程的测量与控制总线，对速度要求较低而对过程信息通信量要求较高。

表 15-5　　**现 场 总 线 标 准**

层　次	信号标准	通信标准	系统标准
例　子	4～20mA，RS232/485	Modbus，CAN 等	FF

用于连续过程的测量和控制的现场设备，目前存在三种协议。最初的是混合模拟/数字协议，如 HART。HART 通信协议是一种叠加在 4～20mA 电流信号上的、以频率为基础的数字信号混合协议。严格地说，它不是现场总线，然而，它是一种事实上的标准，获得了广泛的应用。另外两个协议是全数字式的，即基金会现场总线（FF）和 Profibus-PA 现场总线。基金会现场总线是在完全一体化的基础上发展起来的，而 Profibus-PA 现场总线是 Profibus-DP 远程 I/O 能力的扩展。

2. 现场总线的本质含义

现场总线控制系统打破了传统控制系统的结构形式。传统控制系统按控制回路采用一对一的连接方式。位于现场的测量变送器与位于控制室的控制器之间，控制器与位于现场的执行器、开关、电动机之间均采用一对一的物理连接。现场总线系统由于采用了智能现场设备，把原 DCS 中位于控制室的控制模块、输入输出模块置入现场设备，测量变送仪表可以与阀门等执行机构直接传送信号，致使控制系统能够直接在现场完成所需功能，实现了真正的分散控制。

由于采用了数字信号，一条通信线上可传输多个信号（包括多个运行参数值、多个设备状态、故障信息），同时又为多个设备提供电源；现场设备以外不再需要 A/D、D/A 转换部件，这样就为简化系统结构、节约硬件设备、节约连接电缆与各种安装、维护费用创造了条件。

现场总线的本质含义表现在以下六个方面。

（1）现场通信网络。现场总线把通信线一直延伸到生产现场或生产设备，用于过程自动化和制造自动化的现场设备或现场仪表互连的现场通信网络，如图 15-19（b）所示。

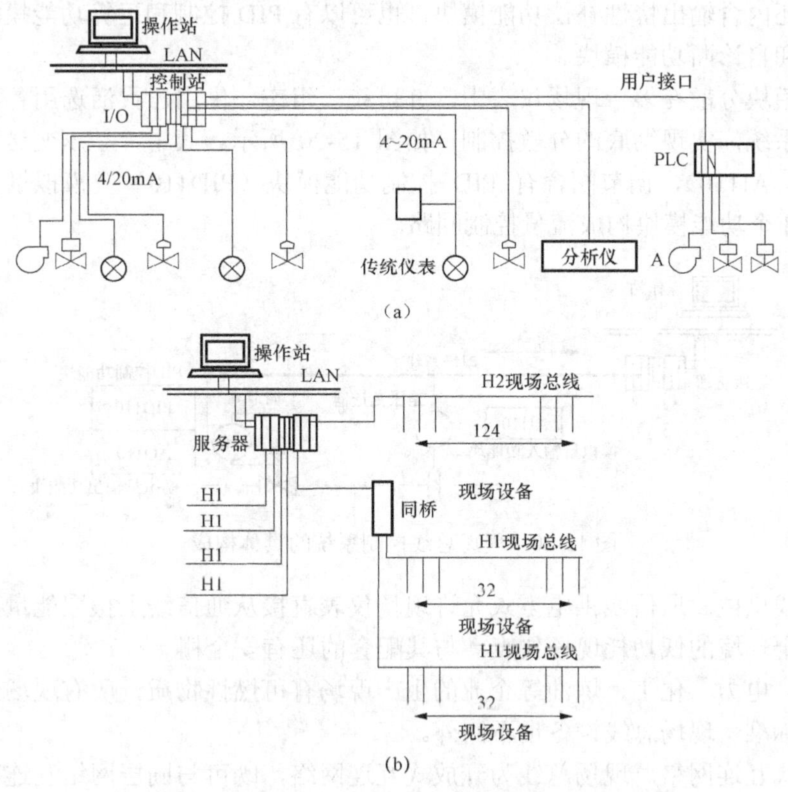

图 15-19　现场总线控制系统与传统控制系统结构的比较

（a）传统控制系统（DCS）；（b）现场总线控制系统

传统 DCS 的通信网络截止于控制站或输入输出单元，现场仪表仍然是一对一模拟信号传输，如图 15-19（a）所示。究其原因之一是工业生产现场环境十分恶劣，既有各种电磁场干扰噪声，又有各种酸、碱、盐等腐蚀性有害物质，还有高温、低温、高湿度和各种粉尘，若要采用现场通信网络，难度太大。

现场总线必须适应这样恶劣的工业生产环境，攻克这道难关，从而实现全数字化通信。

（2）现场设备互连。现场设备或现场仪表是指传感器、变送器和执行器等，这些设备通过一对传输线互连（见图 15-19），传输线可以使用双绞线、同轴电缆、光纤和电源线等，并可根据需要因地制宜地选择不同类型的传输介质。

（3）互操作性。现场设备或现场仪表种类繁多，没有任何一家制造商可以提供一个工厂所需的全部现场设备，所以，互相连接不同制造商的产品是不可避免的。

用户不希望为选用不同的产品而在硬件或软件上花很大气力，而希望选用各制造商性能价格比最优的产品集成在一起，实现“即接即用”，用户希望对不同品牌的现场设备统一组态，构成他所需要的控制回路，这些就是现场总线设备互操作性的含义。

现场设备互连是基本要求，只有实现互操作性，用户才能自由地集成FCS。

（4）分散功能模块。FCS废弃了DCS的输入/输出单元和控制站，把DCS控制站的功能模块分散地分配给现场仪表，从而构成虚拟控制站。例如，流量变送器不仅具有流量信号变换、补偿和累加输入功能模块，而且有PID控制和运算功能模块，调节阀的基本功能是信号驱动和执行，还内含输出特性补偿功能模块，也可以有PID控制和运算功能模块，甚至有阀门特性自校验和自诊断功能模块。

由于功能模块分散在多台现场仪表中，并可统一组态，供用户灵活选用各种功能模块，构成所需控制系统，实现彻底的分散控制，如图15-20所示。其中，差压变送器含有模拟量输入功能模块（AI110），调节阀含有PID控制功能模块（PID110）及模拟量输出功能模块（AO110），这3个功能模块构成流量控制回路。

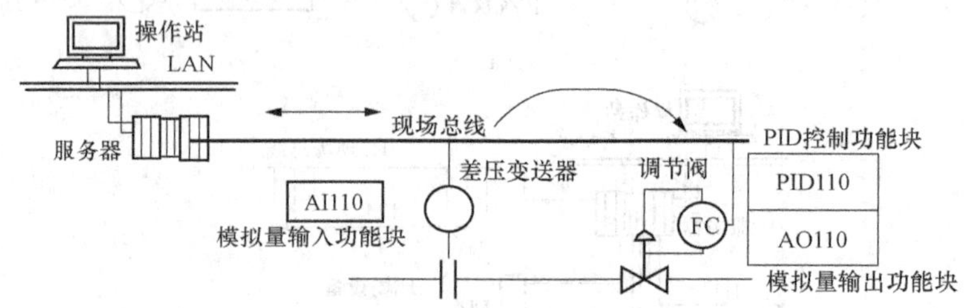

图15-20 现场总线控制系统的具体构成

（5）通信线供电。通信线供电方式允许现场仪表直接从通信线上摄取能量，这种方式提供用于本质安全环境的低功耗现场仪表，与其配套的还有安全栅。

众所周知，电力、化工、炼油等企业的生产现场有可燃性物质，所有现场设备必须严格遵循安全防爆标准，现场总线设备也不例外。

（6）开放式互连网络。现场总线为开放式互连网络，既可与同层网络互连，也可与不同层网络互连。不同制造商的网络互连十分简便，用户不必在硬件或软件上花多大气力。

开放式互连网络还体现在网络数据库共享，通过网络对现场设备和功能模块统一组态，无缝隙地把不同厂商的网络及设备融为一体，构成统一的FCS，如图15-19（b）所示。

经过上述分析明确了FCS的三个关键要点：①核心，FCS的核心是总线协议，即总线标准，也就是说，只有遵循现场总线协议的控制系统，才能称为现场总线控制系统；②基础，FCS的基础是数字智能现场装置。数字智能现场装置是FCS的硬件支撑；③本质，FCS的本质是信息处理现场化，这是FCS效能的体现。

3. FCS与DCS的比较

现场总线控制系统是当今控制领域中的热点，现场总线控制系统（FCS）是在分散控制系统（DCS）的基础上产生的，二者是继承和发展的关系。与集中控制相比，DCS将控制任务分散到不同的控制单元中，并采用冗余配置的方式，降低了控制机构自身故障所带来的风险。控制功能分散、操作显示集中，一直是DCS被称道的优点。FCS则继承并发扬了这一优点，将控制功能彻底分散到就地仪表及执行机构中，通过通信网络的互联，实现操作管理的集中。在此对DCS与FCS做进一步的比较：

（1）DCS是个大系统，其控制器功能强大而且在系统中的作用十分重要，数据公路更是系统的关键，事后扩容难度较大，所以必须整体投资一步到位。而FCS功能下放较彻底，信息处理现场化，广泛采用的数字智能现场装置使得控制器的功能与重要性相对减弱。因此，FCS投资起点低，可以边用、边扩、边投运。

（2）DCS是封闭式系统，各公司产品基本互不兼容。而FCS系统是开放式系统，用户可以选择不同厂商、不同品牌的各种设备连入现场总线，达到最佳的系统集成。

（3）DCS的信息全都是二进制或模拟信号形成的，必须有D/A与A/D转换。而FCS是全数字化，免去了D/A与A/D变换，高集成化高性能，使精度可以从±0.5%提高到±0.1%。

（4）FCS可以将PID闭环控制功能装入变送器或执行器中，缩短了控制周期，目前可以从DCS的2～5次/s，提高到FCS的10～20次/s，从而改善调节性能。

（5）DCS可以控制和监视工艺全过程，对自身进行诊断、维护和组态。但是，由于其自身的致命弱点，其I/O信号采用传统的模拟量信号，无法在DCS工程师站上对现场仪表（含变送器、执行器等）进行远方诊断、维护和组态。FCS采用全数字化技术，数字智能现场装置发送多变量信息，而不仅仅是单变量信息，并且还具备检测信息差错的功能。FCS采用双向数字通信现场总线信号制。因此，它可以对现场装置（含变送器、执行器等）进行远方诊断、维护和组态。FCS这点优越性是DCS无法比拟的。

（6）FCS由于信息处理现场化，与DCS相比，可以省去相当数量的隔离器、端子柜、I/O终端、I/O卡件、I/O文件及I/O柜，同时也节省了I/O装置及装置室的空间与占地面积，还可以减少大量电缆与敷设电缆用的桥架等，同时也节省了设计、安装和维护费用。

（7）FCS相对于DCS组态简单，由于结构、性能标准化，便于安装、运行、维护。

（二）现场总线控制系统的体系结构

现场总线控制系统作为第五代过程控制体系结构目前还处在发展阶段，各种不同的现场总线控制系统层出不穷，其系统结构形态各异，有的是按照现场总线体系结构的概念设计的新型控制系统，有的是在现有的DCS上扩充了现场总线的功能。为了便于讨论，现将重点放在监控级、控制级和现场级。控制级之上的管理级、决策级等不予考虑。因此可以把FCS分为三类：一类是由现场设备和人机接口组成的两层结构的FCS；另一类是由现场设备、控制站和人机接口组成的三层结构的FCS；还有一类是由DCS扩充了现场总线接口模件所构成的FCS。

1. 具有两层结构的FCS

具有两层结构的FCS如图15-21所示，它是由现场和人机接口两部分组成的。现场设备包括符合现场总线通信协议的各种智能仪表。例如，现场总线变送器、转换器、执行器和分析仪表等。由于系统中没有单独的控制器，系统的控制功能全部由现场设备完成。例如，常规的PID控制算法可以在现场总线变送器或执行器中实现。人机接口设备一般有运行员操作站和工程师工作站。运行员操作站或工程师工作站通过位于机内的现场总线接口卡和现场总线与现场设备交换信息，人机接口之间的或与更高层设备之间的信息交换，通过高速以太网HSE实现。高速以太网上还可以连接需要高速通信的现场设备，例如可编程逻辑控制器PLC等。低速现场总线还可以通过网关连接到高速现场总线上，通过高速现场总线与人机接口设备或其他高层设备交换信息。

这种现场总线控制系统的结构适合于控制规模相对较小、控制回路相对独立、不需要复杂协调控制功能的生产过程。在这种情况下，由现场设备所提供的控制功能即可以满足要求。因此在系统结构上取消了传统意义上的控制站，控制站的控制功能下放到现场，简化了系统结构，但带来的问题是不便于处理控制回路之间的协调问题，一种解决办法是将协调控制功能放在运行员操作站或者其他高层计算机上实现；另一种解决办法是在现场总线接口卡上实现部分协调控制功能。

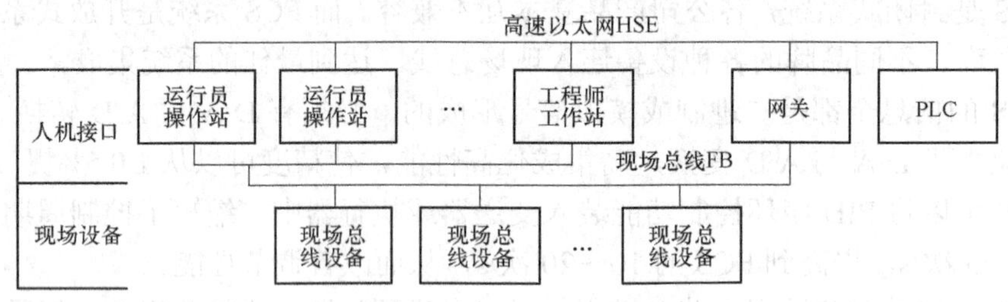

图 15-21 具有两层结构的 FCS

2. 具有三层结构的 FCS

具有三层结构的 FCS 如图 15-22 所示。它由现场设备、控制站和人机接口三层所组成。其现场设备包括各种符合现场总线通信协议的智能传感器、变送器、执行器、转换器和分析仪表等；控制站可以完成基本控制功能或协调控制功能，执行各种控制算法；人机接口包括运行员操作站和工程师工作站，主要用于生产过程的监控以及控制系统的组态、维护和检修。系统中其余各部分的功能同前所述，故不赘述。

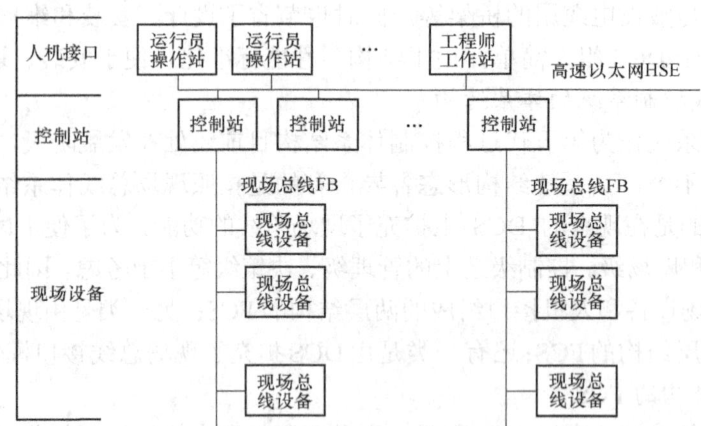

图 15-22 具有三层结构的 FCS

这种现场总线控制系统的结构虽然保留了控制站，但控制站所实现的功能与传统 DCS 有很大区别。在传统的 DCS 中，所有的控制功能，无论是基本控制回路的 PID 运算，还是控制回路之间的协调控制功能均由控制站实现。但在 FCS 中，低层的基本控制功能一般是由现场设备实现的，控制站仅完成协调控制或其他高级控制功能。当然，如有必要，控制站本身是完全可以实现基本控制功能的，这样就可以让用户有更加灵活的选择。具有三层结构的 FCS 适合用于比较复杂的工业生产过程，特别是那些控制回路之间关联密切、需要协调控制功能的生产过程，以及需要特殊控制功能的生产过程。

3. 由 DCS 扩充而成的现场总线控制系统

现场总线作为一种先进的现场数据传输技术正在渗透到新兴产业中的许多领域。DCS 的制造商同样也在利用这一技术改进现有的 DCS，他们在 DCS 的 I/O 总线上挂接现场总线接口模件，通过现场总线接口模件扩展出若干条现场总线，然后经现场总线与现场智能设备相连。由 DCS 扩充而成的 FCS 如图 15-23 所示。

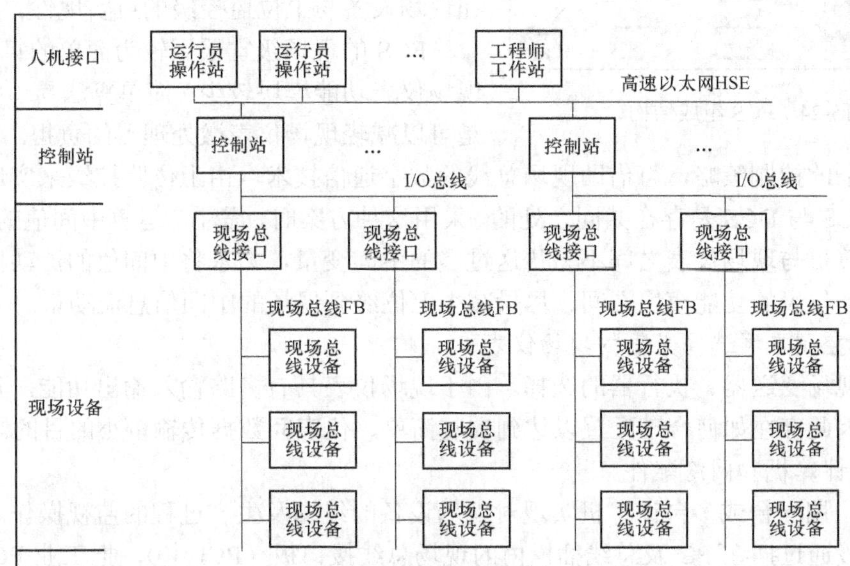

图 15-23　由 DCS 扩充而成的 FCS

这种 FCS 是由 DCS 演变而来的，因此不可避免地保留了 DCS 的某种特征。例如 I/O 总线和高层通信网络可能是 DCS 制造商的专有通信协议，系统开放性要差一些。现场总线装置的组态可能需要特殊的组态设备和组态软件，也就是说不能在 DCS 原有的工程师工作站上对现场设备进行组态等。这种类型的系统比较适合于在用户已有的 DCS 中进一步扩展应用现场总线技术，或者改造现有 DCS 中的模拟量 I/O，提高系统的整体性能和现场设备的维护管理水平。

（三）以 FCS 为基础的过程控制系统

现场总线技术导致了传统的过程控制系统结构的变革，形成了新型控制系统——现场总线控制系统（FCS）。这是继基地式气动仪表控制系统、电动单元组合式模拟仪表控制系统、集中式数字控制系统，乃至今天广为采用的分散控制系统（DCS）后的新一代控制系统。FCS 实现了通信、计算机、控制之间的无缝结合，形成了网络集成全分布式的控制系统。

一个较为完整的现场总线过程控制系统应由上位监控、驱动转换和现场设备三部分组成，组成结构如图 15-18 所示，其中上位监控部分对应于控制操作的人机接口软件 MMI 和控制系统上位监控级软件；现场设备部分对应于网络配件、现场仪表、组态软件及控制系统现场级软件；驱动转换部分由硬件厂商随硬件提供，无需自行设计。

图 15-24 中 OPC 即 ole for process control，是用于过程控制的 OLE 技术，是一种开放的软件接口标准。

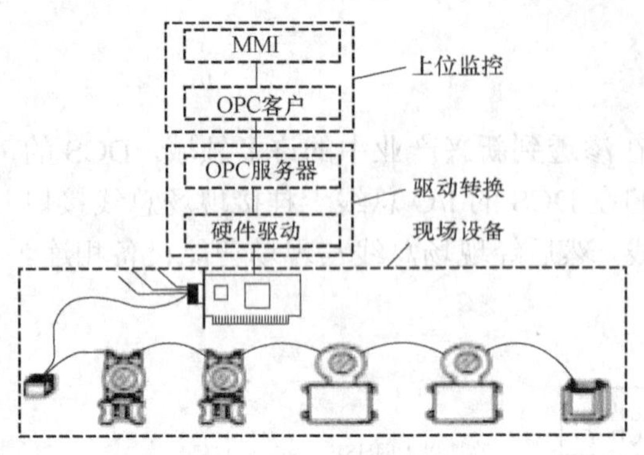

图 15-24 FCS 组成结构

1. 控制方案的选择和制定

这里所指的控制方案，即要在 FCS 中需实现的控制策略。目前用于过程控制的算法较多，简单的如常规 PID、前馈控制、比值控制、串级控制等，复杂的如预测控制、自适应控制、神经网络控制、模糊控制等。在选择控制算法时，应充分考虑算法在现场设备与上位监控级的可实现性。

FCS 的现场级宜采用较为简单的算法。其一是现场仪表功能模块较少，简单算法易于实现；其二是可以减轻现场仪表微处理器的负担。

对于复杂的控制策略，可借助现场总线的数字通信技术，由上位监控级来实现。从这个意义上讲，FCS 与 DCS 是存在共同之处的。采用这种方案时，需注意运算中间值的下载问题。上位监控计算机与现场仪表之间不易传送过多的中间变量，力求将中间值的流动控制在上位级或同一现场仪表的功能模块之间，尽量减少上位级到现场的中间信息流动量。

2. 根据控制方案选择必需的现场仪表

主要是现场变送器、执行器的选择。由于现场仪表具有多路输入输出功能，且完成部分控制运算，因此存在如何合理配置以达到安装简单、仪表间数据传输量小的目的。

3. 选择计算机和网络配件

FCS 中，用一台或多台计算机实现对现场设备的组态及生产过程的监视操作。现场总线控制系统一般通过插在 PC 及总线插槽内的现场总线接口板（PCI 卡），把工业 PC 机与现场总线网段连成一体。PCI 卡可有多个现场总线通道，能把多条现场总线网段集成在一起。另外，还要选择总线电源、总线终端器、总线线缆等网络配件。

为使控制系统更加安全可靠地运行，上位机和传输缆线应当有冗余配置。

4. 选择开发组态软件及人机接口软件 MMI

由于 FCS 的开放性，很多成熟的、在工业中得到成功应用的监控软件可以直接选用，为用户提供了很大的自由度。典型的如 Fix、InTouch、AIMAX 等，从这点来看，DCS 是无法达到的。另外，用户完全可以根据具体需要走自行开发的道路。

组态软件一般由硬件厂家提供，主要完成下述任务：

（1）在应用软件的界面上选中所连接的现场总线设备。

（2）对所选设备分配工位号。

（3）从设备的功能库中选择功能模块。

（4）实现功能模块的连接。

（5）按应用要求为功能赋予特征参数。

（6）对现场设备下载组态信息。

（7）具有对现场设备（故障诊断、状态、参数等）的监控功能。

5. 上位监控的设计和实现

上位监控在现场总线控制系统中占有很重要地位。它不但起着时刻监督现场运行、状态报告、报警处理、实时和历史数据的记录、下载控制参数和命令、实现复杂的控制算法等必不可缺的任务，使操作人员或工程师完全掌握对现场的控制和决策权，而且它还是现场级网络与管理决策级网络间连接的桥梁，只有通过上位监控级，才能真正实现全分布式的数字化、集成化的网络体系，彻底实现管理控制一体化。

6. 现场级控制的设计和实现

（1）根据控制系统结构和控制策略，分配功能模块所在位置。分配在同一设备中的功能模块属内部连接，其信号传输不占用现场总线，而位于不同设备中的功能模块间的连接属于外部连接，其信号传输需通过现场总线传输。分配功能模块位置时应注意减少外部连接，优化通信流量。

（2）通过组态软件，完成功能模块之间的连接。

（3）通过功能模块特征化，为每个功能模块确定相应的参数。如测量输入范围、输出范围、工程单位、滤波时间、是否开方处理等。

（4）总线网络物理组态。由于现场总线是工厂底层网络，网络组态的范围包括一条或几条总线网段。内容有识别网络和现场设备、分配节点号、决定链路活动主管等。

（5）下装组态信息。将组态信息的代码送至相应的现场设备，并启动系统运行。

（四）FCS 在火电厂的应用前景

现场总线控制系统（FCS）是目前最新型的控制系统，它是一种全计算机、全数字、双向通信的新型控制系统。现场总线技术给自动化领域带来了一场革命，代表了自动化的发展方向。现场总线是连接智能现场设备和自动化系统的数字式、双向传输、多分支结构的通信网络。它采用数字传输方式，可实现高精度的信息处理，提高控制质量；它采用 1 对 N 结构，用一对传输线可连接多台仪表，实现主控系统和多台仪表间的双向通信，具有接线简单、配线成本低、维护维修及系统扩展容易等优点；它采用开放式互连网络，所有技术和标准面向全世界各生产厂家开放并共同遵守，用户可任意实现同层网络和不同层网络的互连，共享网络数据库；它将控制功能分散到现场仪表中，实现了真正的分散控制，但仍允许在控制室的人机界面上对现场仪表进行运行、调整和信息集中管理。

FCS 在结构、性能上优于传统的 DCS，是工业控制系统的发展方向，在石化、水电等行业已开始小规模应用并积累了一定的经验，但在控制对象非常复杂而运行可靠性要求又极高的火电厂，FCS 的优势不一定能充分发挥。主要的原因在于：

（1）电站 I/O 特点。FCS 的重要优势之一就是节省大量的现场布线成本，因此现场总线技术适合于分散的、具有通信接口的现场受控设备的系统。而发电厂在主厂房内测点密集、现场装置密集、设备立体布置，属于具有集中 I/O 的单机控制系统，因此发电厂采用 FCS 的在布线成本的节省方面没有太明显的效果。FCS 的另一优势是，它执行的是双向数字通信现场总线信号制，可以实现远程诊断，而电厂的辅助车间相距较远，因此在辅助车间和系统适度集中控制方面，FCS 所具有的节省布线成本、远程诊断的优势可以得到充分发挥。

（2）火电厂控制系统具有复杂性。对于火电厂不同的自动化监控系统，由于其复杂程度不同，FCS 的优越性体现也有所不同。火电厂的 DAS，主要采集全厂信息。采用 FCS，对于地域分散的各个点的信息采集，可以发挥其优越性，即便对于信息相对集中测点，也可采取区域集中采集方式，再通过网桥挂到总线上去。对于火电厂的 MCS，以 300MW 火电机组为例，若不分难易复杂程度，每台机组约有 110 套模拟量闭环控制系统。在这些 MCS 中，作为执行一级的，多数为简单的单回路调节系统，对于这类系统，FCS 最能发挥其优势；作为功能一级的 MCS，其复杂程度有所增加，有时为了改善调节品质，需加入一些前馈信号、反馈信号、校正信号等构成复合控制系统，对于这类系统，FCS 的优势能否充分发挥，要针对各个系统具体分析，不宜一概而论；作为协调一级的 MCS，复杂程度最高，如火电厂中的机炉协调控制系统（CCS），含有负荷控制、主汽压力控制、主汽温度控制及汽包水位控制等控制系统，它的输入、输出将涉及数十台设备的状态，这些设备分散在整个厂域的各个地方，如此复杂的 MCS，FCS 的优势就显得很不明显，如果按照 FCS 的典型做法，将控制和处理功能分散到数字智能现场装置上，而不是采用目前的 DCS 这种传统做法，即通过 I/O 模件送入高一级控制器内进行处理运算，那么由于控制功能分散，对于一个控制系统而言，显然是增加了故障点。再则，为实现复杂控制系统的控制功能，必然要在 FCS 的低速与高速两层通信网络内频繁的更换信息，大大增加了控制系统的处理周期。对于火电厂的 SCS、APS（报警保护）系统，凡是针对单台设备或单个执行器的，现场总线技术的典型系统是采用小型 PLC 来实现，再将该小型 PLC 挂在高速总线上；而对于协调一级的 SCS 与 APS，其 SCS 是控制机组自启停，而 APS 是全厂大连锁，它们在使用 FCS 时所遇到的问题与 CCS 所遇到的问题十分相似。总之，对于火电厂那些涉及输入输出设备较多的复杂的系统（如 CCS），FCS 的优势并不突出。

（3）现场装置与控制器。FCS 虽然采用了智能化的现场仪表，但就目前 FCS 各公司开发研究的情况来看，在模拟量闭环控制方面，数字智能现场装置还不能承担起全部功能。如 FF 现场总线，能提供 10 个基本模块（有各种输入输出及 PID 调节模块）及先进功能块 19 个，共计 29 个，这也只能使 DCS 中一些简单的单回路反馈系统的控制功能下放到数字智能现场装置中。另外，还应看到，尽管部分 FCS 公司开发了一些功能块，利用这些功能块可以组态各种控制系统，但 FCS 在软件模块化设计方面远不如 DCS。DCS 定义了上百种功能块，例如电站专用的热电偶分度表、热电偶冷端自动温度补偿、水位-压差转换关系中的压力校正等，这些运算关系在成熟的 DCS 中都已软件模块化，进行应用软件组态时使用非常方便。可见，对于火电机组这一特殊控制对象，FCS 不可能把控制功能全部下放到数字智能现场装置中，DCS 的传统做法在 FCS 中还应保留。

（4）信息集成。为便于统筹管理，各发电企业纷纷建立管理网络，如建立全厂 MIS 网络。现场总线技术适合对数据集成有较高要求的系统，因此目前火电厂要建立的车间监控系统、全厂 MIS 系统等，在底层使用现场总线技术，可将大量丰富的设备状态及生产运行数据集成到管理层，为实现全厂的信息系统提供重要的基础数据。

由于目前能满足火电厂控制要求的数字式智能现场装置的品种还很少，理论上的现场总线效益还不能充分发挥。因此，在大型机组上全面采用典型的现场总线控制系统的时机尚未成熟。

目前，某些控制系统不失是一种向 FCS 过渡性的控制系统，它既保留了 DCS 中功能很强的控制器及 I/O 模件，同时在通信网络又遵循现场总线协议。我们将该系统称之为在通信和数据传输方向遵循现场总线协议的数字式分散控制系统，暂称该系统为 FDCS。

五、单元测试

1．什么是现场总线？现场总线的本质含义是什么？

2．现场总线控制系统与分散控制系统的区别有哪些？

3．现场总线控制系统的体系结构有哪些？

4．DCS 的过程控制子系统的输入输出模件的作用是什么？一般可分为哪几种？

5．DCS 的人机接口子系统的主要功能有哪些？

附录A 热电偶、热电阻分度表

表 A1 铂铑10-铂热电偶分度表（分度号为 S，冷端温度为 0℃，mV）

温度（℃）	0	10	20	30	40	50	60	70	80	90
0	0.000	−0.053	−0.103	−0.150	−0.194	−0.236	—	—	—	—
0	0.000	0.055	0.113	0.173	0.235	0.299	0.365	0.433	0.502	0.573
100	0.646	0.720	0.795	0.872	0.950	1.029	1.110	1.191	1.273	1.357
200	1.441	1.526	1.612	1.698	1.786	1.874	1.962	2.052	2.141	2.232
300	2.323	2.415	2.507	2.599	2.692	2.786	2.880	2.974	3.069	3.164
400	3.259	3.355	3.451	3.548	3.645	3.742	3.840	3.938	4.036	4.134
500	4.233	4.332	4.432	4.532	4.632	4.732	4.833	4.934	5.035	5.137
600	5.239	5.341	5.443	5.546	5.649	5.753	5.857	5.951	6.065	6.170
700	6.275	6.381	6.485	6.593	6.699	6.806	6.913	7.020	7.128	7.230
800	7.345	7.454	7.563	7.673	7.783	7.893	8.003	8.114	8.226	8.337
900	8.449	8.562	8.674	8.787	8.900	9.014	9.128	9.242	9.357	9.472
1000	9.587	9.703	9.819	9.935	10.051	10.168	10.285	10.403	10.520	10.638
1100	10.757	10.875	10.994	11.113	11.232	11.351	11.471	11.590	11.710	11.830
1200	11.951	12.071	12.191	12.312	12.433	12.554	12.675	12.796	12.917	13.038
1300	13.159	13.280	13.402	13.623	13.644	13.766	13.887	14.009	14.130	14.251
1400	14.373	14.494	14.615	14.736	14.857	14.978	15.099	15.220	15.341	15.461
1500	15.582	15.702	15.822	15.942	16.062	16.182	16.301	16.420	16.539	16.658
1600	16.777	16.895	17.013	17.131	17.249	17.366	17.483	17.600	17.217	17.832
1700	17.947	18.061	18.174	18.285	18.395	18.503	18.609	—	—	—

表 A2 铂铑13-铂热电偶分度表（分度号为 R，冷端温度为 0℃，mV）

温度（℃）	0	10	20	30	40	50	60	70	80	90
0	0.000	−0.051	−0.100	−0.145	−0.188	−0.226	—	—	—	—
0	0.000	0.054	0.111	0.171	0.232	0.296	0.363	0.431	0.501	0.573
100	0.647	0.723	0.800	0.879	0.959	1.041	1.124	1.208	1.294	1.381
200	1.469	1.558	1.648	1.739	1.831	1.923	2.017	2.112	2.207	2.304
300	2.401	2.498	2.597	2.696	2.796	2.896	2.997	3.099	3.201	3.304
400	3.408	3.512	3.616	3.721	3.827	3.933	4.040	4.147	4.255	4.363
500	4.471	4.580	4.690	4.800	4.910	5.021	5.133	5.245	5.357	5.470
600	5.583	5.697	5.812	5.925	6.041	6.157	6.273	6.390	6.507	6.625
700	6.743	6.861	6.980	7.100	7.200	7.340	7.461	7.583	7.705	7.827
800	7.950	8.073	8.197	8.321	8.446	8.571	8.697	8.823	8.950	9.077
900	9.206	9.333	9.461	9.590	9.720	9.850	9.980	10.111	10.242	10.374

续表

温度（℃）	0	10	20	30	40	50	60	70	80	90
1000	10.506	10.638	10.771	10.905	11.039	11.173	11.307	11.442	11.578	11.714
1100	11.850	11.986	12.123	12.260	12.397	12.535	12.673	12.812	12.950	13.089
1200	13.228	13.367	13.507	13.646	13.786	13.926	14.066	14.207	14.347	14.488
1300	14.629	14.770	14.911	15.052	15.193	15.334	15.476	15.616	15.758	15.899
1400	16.040	16.181	16.323	16.464	16.605	16.746	16.887	17.028	17.169	17.310
1500	17.451	17.591	17.732	17.872	18.012	18.152	18.292	18.431	18.571	18.710
1600	18.849	18.988	19.126	19.264	19.402	19.540	19.677	19.814	19.951	20.087
1700	20.222	20.356	20.488	20.620	20.749	20.877	21.003	—	—	—

表 A3　　铂铑 30-铂铑 6 热电偶分度表（分度号为 B，冷端温度为 0℃，mV）

温度（℃）	0	10	20	30	40	50	60	70	80	90
0	0.000	–0.002	–0.003	–0.002	–0.000	0.002	0.006	0.011	0.017	0.025
100	0.033	0.043	0.053	0.065	0.078	0.092	0.107	0.123	0.141	0.159
200	0.178	0.199	0.220	0.243	0.267	0.291	0.317	0.344	0.372	0.401
300	0.431	0.462	0.494	0.527	0.561	0.596	0.632	0.669	0.707	0.746
400	0.787	0.828	0.870	0.913	0.957	1.002	1.048	1.095	1.143	1.192
500	1.242	1.293	1.344	1.397	1.451	1.505	1.561	1.617	1.675	1.733
600	1.792	1.852	1.913	1.975	2.037	2.101	2.165	2.230	2.296	2.363
700	2.431	2.499	2.569	2.639	2.710	2.782	2.854	2.928	3.002	3.087
800	3.154	3.230	3.308	3.386	3.466	3.546	3.626	3.708	3.790	3.873
900	3.957	4.041	4.127	4.213	4.299	4.387	4.475	4.664	4.653	4.743
1000	4.834	4.926	5.018	5.111	5.205	5.299	5.394	5.489	5.585	5.682
1100	6.780	5.878	5.976	6.075	6.175	6.276	6.377	6.478	6.580	6.683
1200	6.786	6.890	6.995	7.100	7.205	7.311	7.417	7.521	7.632	7.740
1300	7.848	7.957	8.066	8.176	8.286	8.397	8.508	8.620	8.731	8.844
1400	8.956	9.069	9.182	9.296	9.410	9.524	9.639	9.753	9.868	9.981
1500	10.099	10.215	10.331	10.447	10.563	10.679	10.796	10.913	11.029	11.146
1600	11.263	11.380	11.497	11.614	11.731	11.848	11.965	12.082	12.199	12.316
1700	12.433	12.549	12.666	12.782	12.898	13.014	13.130	13.246	13.361	13.476
1800	13.591	13.706	13.820							

表 A4　　镍铬-镍硅（镍铝）热电偶分度表（分度号为 K，冷端温度为 0℃，mV）

温度（℃）	0	10	20	30	40	50	60	70	80	90
–200	–5.891	–6.035	–6.158	–6.262	–6.344	–6.404	–6.441	–6.468	—	—
–100	–3.554	–3.852	–4.138	–4.421	–4.669	–4.913	–5.141	–5.354	–5.550	–5.730
–0	0.000	–0.392	–0.778	–1.156	–1.527	–1.889	–2.243	–2.587	–2.920	–3.243
0	0.000	0.397	0.798	1.203	1.612	2.023	2.436	2.851	3.267	3.682
100	4.096	4.509	4.920	5.328	5.735	6.138	6.540	6.941	7.340	7.739

续表

温度（℃）	0	10	20	30	40	50	60	70	80	90
200	8.138	8.539	8.940	9.343	9.747	10.153	10.561	10.971	11.382	11.795
300	12.209	12.624	13.040	13.457	13.874	14.293	14.713	15.133	15.664	15.975
400	16.397	16.820	17.243	17.667	18.091	18.516	18.941	19.366	19.792	20.218
500	20.644	21.071	21.497	21.924	33.350	22.776	23.203	23.629	24.055	24.480
600	24.905	25.330	25.766	26.179	26.602	27.025	27.447	27.869	28.289	28.710
700	29.129	29.548	29.965	30.382	30.798	31.213	31.628	32.041	32.453	32.855
800	33.275	33.685	34.093	34.501	34.908	35.313	35.718	36.121	36.524	36.925
900	37.326	27.725	38.121	38.522	38.918	39.314	39.708	40.101	40.491	40.885
1000	41.276	41.665	42.063	42.440	42.826	43.214	43.596	43.978	44.359	41.744
1100	45.119	45.497	45.873	46.249	46.623	46.996	47.367	47.737	48.105	48.473
1200	48.838	49.202	49.565	49.926	50.285	50.641	51.000	51.355	51.708	52.060
1300	52.410	52.759	53.106	53.451	53.795	54.138	54.479	54.819	—	—

表A5　　镍铬-康铜热电偶分度表（分度号为E，冷端温度为0℃，mV）

温度（℃）	0	10	20	30	40	50	60	70	80	90
−200	−8.825	−9.063	−9.274	−9.455	−9.604	−9.718	−9.797	−9.835	—	—
−100	−5.237	−5.081	−6.107	−6.516	−6.907	−7.279	−7.632	−7.963	−8.273	−8.561
−0	−0.000	−0.582	−1.152	−1.709	−2.255	−2.787	−3.306	−3.811	−4.302	−4.777
0	0.000	0.591	1.192	1.801	2.420	3.048	3.685	4.330	4.985	5.648
100	6.319	5.998	7.685	8.379	9.081	9.789	10.503	11.224	11.951	12.684
200	13.422	14.164	14.912	15.664	16.420	17.181	17.945	18.713	19.484	20.259
300	21.036	21.817	22.600	23.385	24.174	24.964	25.757	28.552	27.348	28.146
400	28.946	29.747	30.550	31.354	32.159	32.965	33.772	34.579	35.387	36.196
500	37.005	37.815	38.624	39.434	40.243	41.063	41.862	42.671	43.479	44.286
600	45.093	45.900	46.705	47.509	48.313	49.116	49.917	50.718	51.517	52.315
700	53.112	53.908	54.703	55.497	56.289	57.080	57.870	58.859	59.446	60.232
800	61.017	61.801	62.583	63.364	64.144	64.922	65.698	66.473	67.246	68.017
900	68.787	69.554	70.319	71.082	71.844	72.603	73.360	74.115	74.869	75.621
1000	76.373	—	—	—	—	—	—	—	—	—

表A6　　铁-康铜热电偶分度表（分度号为J，冷端温度为0℃，mV）

温度（℃）	0	10	20	30	40	50	60	70	80	90
−200	−7.890	−8.095	—	—	—	—	—	—	—	—
−100	−4.633	−5.037	−5.426	−5.801	−6.159	−6.500	−6.821	−7.123	−7.403	−7.659
−0	0.000	−0.501	−0.995	−1.482	−1.961	−2.431	−2.893	−3.344	−3.786	−4.215
0	0.000	0.507	1.019	1.537	2.059	2.585	3.116	3.650	4.187	4.726
100	5.269	5.814	6.360	6.909	7.459	8.010	8.562	9.115	9.669	10.221
200	10.779	11.334	11.889	12.445	13.000	13.555	14.110	14.665	15.219	15.773

续表

温度（℃）	0	10	20	30	40	50	60	70	80	90
300	16.327	16.881	17.431	17.986	18.538	19.090	19.612	20.194	20.745	21.297
400	21.848	22.400	22.952	23.504	24.067	24.610	25.161	25.720	26.276	26.831
500	27.393	27.953	28.516	29.080	29.647	30.216	30.788	31.362	31.939	32.519
600	33.102	33.689	34.279	34.873	35.470	36.071	36.675	37.384	37.896	38.512
700	39.132	39.755	40.383	41.012	41.645	42.281	42.919	43.669	44.203	44.818
800	45.494	46.141	46.785	47.431	48.074	48.715	49.353	49.989	50.622	51.251
900	51.877	52.500	53.119	53.735	54.347	54.956	55.561	56.161	56.763	57.360
1000	57.953	58.545	59.134	59.721	60.307	60.800	61.473	62.054	62.634	63.214
1100	63.792	64.370	61.948	65.625	66.102	66.679	67.255	67.831	68.106	68.980
1200	69.553	—	—	—	—	—	—	—	—	—

表 A7　铜-康铜热电偶分度表（分度号为 T，冷端温度为 0℃，mV）

温度（℃）	0	10	20	30	40	50	60	70	80	90
−200	−5.603	−5.753	−5.888	−6.007	−6.105	−6.180	−6.232	−6.258	—	—
−100	−5.379	−3.657	−3.923	−4.177	−4.419	−4.648	−4.885	−5.070	−5.261	−5.439
−0	0.000	−0.383	−0.757	−1.121	−1.475	−1.819	−2.153	−2.476	−2.788	−3.089
0	0.000	0.391	0.740	1.196	1.612	2.036	2.468	2.009	3.358	3.814
100	4.279	4.750	5.228	5.714	6.206	6.704	7.209	7.720	8.237	8.750
200	9.288	9.822	10.362	10.507	11.458	12.013	12.574	13.139	13.709	14.283
300	14.862	15.445	16.032	16.624	17.219	17.819	18.422	19.030	19.641	20.255
400	20.872	—	—	—	—	—	—	—	—	—

表 A8　铂热电阻分度表

$R_0 = 50.00\Omega$　　分度号：Pt50

$A = 3.96847\times10^{-3}(1/℃)$　　$B = -5.847\times10^{-7}(1/℃^2)$　　$C = -4.22\times10^{-12}(1/℃^4)$

测量端温度（℃）	0	10	20	30	40	50	60	70	80	90
	热电阻值（Ω）									
−200	8.64	—	—	—	—	—	—	—	—	—
−100	29.82	27.76	25.69	23.61	21.51	19.40	17.28	15.14	12.99	10.82
−0	50.00	48.01	46.02	44.02	42.01	40.00	37.98	35.95	33.92	31.87
0	50.00	51.98	53.96	55.93	57.89	59.85	61.80	63.75	65.69	67.62
100	69.55	71.48	73.39	75.30	77.20	79.10	81.00	82.89	84.77	86.64
200	88.51	90.38	92.24	94.09	95.94	97.78	99.61	101.44	103.26	105.08
300	106.89	108.70	110.50	112.29	114.08	115.86	117.64	119.41	121.18	122.94
400	124.69	126.44	128.18	129.91	131.64	133.37	135.09	136.80	138.50	140.20
500	141.90	143.59	145.27	146.95	148.62	150.29	151.95	153.60	155.25	156.89
600	158.53	160.16	161.78	163.40	165.01	166.62	—	—	—	—

表 A9　　铂 热 电 阻 分 度 表

$R_0 = 100.00\Omega$　　分度号：Pt100

$A = 3.96847\times10^{-3}(1/℃)$　　$B = -5.847\times10^{-7}(1/℃^2)$　　$C = -4.22\times10^{-12}(1/℃^4)$

测量端温度（℃）	0	10	20	30	40	50	60	70	80	90
	热电阻值（Ω）									
−200	17.28	—	—	—	—	—	—	—	—	—
−100	59.65	55.52	51.38	47.21	43.02	38.80	34.56	30.29	25.98	21.65
−0	100.00	96.03	92.04	88.04	84.03	80.00	75.96	71.91	67.84	63.75
0	100.00	103.96	107.91	111.85	115.78	119.70	123.60	127.49	131.37	135.24
100	139.10	142.95	146.78	150.60	154.41	158.21	162.00	165.78	169.54	173.29
200	177.03	180.76	184.48	188.18	191.88	195.56	199.23	202.89	206.53	210.17
300	213.79	217.40	221.00	224.59	228.17	231.73	235.29	238.83	242.36	245.88
400	249.38	252.88	256.36	259.83	263.29	266.74	270.18	273.60	277.01	280.41
500	283.80	287.18	290.55	293.91	297.25	300.58	303.90	307.21	310.50	313.79
600	317.06	320.32	323.57	326.80	330.03	333.25	—	—	—	—

表 A10　　铜热电阻分度表（R_0=50Ω，a=0.004280℃$^{-1}$，分度号为 Cu50，Ω）

温度（℃）	0	10	20	30	40	50	60	70	80	90
−0	50.00	47.85	45.70	43.55	41.40	39.24	—	—	—	—
0	50.00	52.14	54.28	56.42	58.50	60.70	62.84	64.98	67.12	69.26
100	71.40	73.54	75.68	77.83	79.98	82.13	—	—	—	—

表 A11　　铜热电阻分度表（R_0=100Ω，a=0.004280，分度号为 Cu100，Ω）

温度（℃）	0	10	20	30	40	50	60	70	80	90
−0	100.00	95.70	91.40	87.10	82.80	78.40	—	—	—	—
0	100.00	104.28	108.56	112.84	117.12	121.40	125.68	129.96	134.24	138.52
100	142.80	147.08	151.36	155.65	159.96	164.27	—	—	—	—

附录B SAMA标准功能图例

表 B1 SAMA 标准功能图例

类别	图例	名称	图例	名称	图例	名称
测量变送类	FE	流量测量元件	TT	温度变送器	PT	压力变送器
	FT	流量变送器	ZT	位置变送器	ST	速率变送器
	LT	液位变送器	AT	成分分析变送器		
信号转换类	I/V	电流-电压转换器	R/I	电阻-电流转换器	P/I	气压-电流转换器
	V/I	电压-电流转换器	F/V	频率-电压转换器	⎍/⎍	脉冲-脉冲转换器
	I/P	电流-气压转换器	R/V	电阻-电压转换器	⎍/V	脉冲-电压转换器
	mV/V	热电势-电压转换器	V/P	电压-气压转换器	D/L	数字-逻辑转换器
	V/V	电压-电压转换器	P/V	气压-电压转换器	L/D	逻辑-数字转换器
	D/A	数字-模拟转换器	A/D	模拟-数字转换器	C/L	触点-逻辑转换器
报警限幅类	≯	高限信号限制器	≮	低限信号限制器	H/	高限信号监视器
	/L	低限信号限制器	HH/	高高限信号监视器	/LL	低低限信号监视器
	≮ ≯	高、低限限制器	H/L	高、低限信号监视器	V ≯	速度或速率限制器
选择类	>	高值信号选择器	<	低值信号选择器	< >	中值信号选择器
运算类	∫	积分控制器	Σ	加法器	Σ/t	积算器
	×	乘法器	÷	除法器	±	偏置，加或减
	△	比较器、差值	d/dt	微分控制器	f(t)	时间函数发生器
	f(x)	未指定或非线性函数发生器	K	比例控制器	+/−	偏置器
	/\	斜坡信号发生器	Σ/n	均值器	√	开方器
		非线性控制器				
显示操作类		指示灯	R	记录仪	I	指示器
	T	自动/手动切换开关	A	模拟信号发生器	↕	手操信号发生器
	A/M	自动/手动平衡器	T	转换或跳闸继电器	TIM	时间继电器
	S	电磁线圈驱动器		常开继电器触点		常闭继电器触点
执行器类	MO	电动执行机构	HO	液动执行机构		气动执行机构
	f(x)	未注明执行机构		直行程阀		三通阀

参 考 文 献

[1] 叶江祺．热工测量和控制仪表的安装．2 版．北京：中国电力出版社，1998.
[2] 王家桢．传感器与变送器．北京：清华大学出版社，1996.
[3] 张宝芬．自动检测技术及仪表控制系统．北京：化学工业出版社，2000.
[4] 张子慧．热工测量与自动控制．北京：中国建筑工业出版社，2007.
[5] 梁国伟．流量测量技术及仪表．北京：机械工业出版社，2005.
[6] 杨庆柏．热工过程控制仪表．北京：中国电力出版社，2004
[7] 左国庆．自动化仪表故障处理．北京：化学工业出版社，2003.
[8] 吕崇德．热工参数测量与处理．北京：清华大学出版社，2001.
[9] 张惠荣．热工仪表及其维护．北京：冶金工业出版社，2005.
[10] 文群英，潘汪杰，黄桂梅，等．热力过程自动化．2 版．北京：中国电力出版社，2007.
[11] 边立秀，周俊霞，赵劲松，等．热工控制系统．北京：中国电力出版社，2002.
[12] 罗万金．电厂热工过程自动调节．北京：中国电力出版社，1990.
[13] 林文孚，胡燕．单元机组自动控制技术．2 版．北京：中国电力出版社，2004.
[14] 高伟．计算机控制系统．北京：中国电力出版社，2000.
[15] 李遵基．热工自动控制系统．北京：中国电力出版社，1997.
[16] 张玉铎，王满稼．热工自动控制系统．北京：水利电力出版社，1985.
[17] 金以慧．过程控制．北京：清华大学出版社，1993.
[18] 朱用湖．热工测量及自动装置．北京：中国电力出版社，2000.
[19] 华东六省一市电机工程（电力）学会．热工自动化．北京：中国电力出版社，2000.
[20] 中国华东电力集团公司科学技术委员会 仪控分册．北京：中国电力出版社，2001.
[21] 张栾英，孙万云．火电厂过程控制．北京：中国电力出版社，2000.
[22] 李江，边立秀，何同祥．火电厂开关量控制技术及应用．北京：中国电力出版社，2000.
[23] 赵燕平．火电厂分散控制系统检修运行维护手册．北京：中国电力出版社，2003.
[24] 上海新华控制技术（集团）有限公司．电站汽轮机数字式电液控制系统——DEH．北京：中国电力出版社，2004.
[25] 赵建立，王永征，陈莲芳，等．大型火电机组热工控制技术与实例．北京：中国电力出版社，2009.
[26] 王永建，史西银，许红彬，等．火电厂热工保护原理及应用．北京：中国电力出版社，2009.
[27] 刘禾，白焰，李新利．火电厂热工自动控制技术及应用．北京：中国电力出版社，2009.
[28] 张彬，陈立新，王亦昕．火电厂模拟量控制系统及其应用．北京：中国电力出版社，2011.
[29] 周明．现场总线控制．北京：中国电力出版社，2002.
[30] 牛玉广．计算机控制系统及其在火电厂中的应用．北京：中国电力出版社，2003.
[31] 白焰．分散控制系统与现场总线控制系统．北京：中国电力出版社，2001.
[32] 文群英．热工自动控制系统．2 版．北京：中国电力出版社，2009.
[33] 肖大雏．控制设备及系统．北京：中国电力出版社，2006.
[34] 朱北恒．火电厂热工自动化系统试验．北京：中国电力出版社，2006.
[35] 杨献勇．热工过程自动控制．北京：清华大学出版社，2000.